위험물 안전관리

오백균 | 한형순 지음

도서출판 동화기술

머리말

위험물이란 화학적 구조나 결합력이 불안정한 화학물질로서 인화성·발화성에 따른 직접적인 연소 및 화재 위험요소와 산화성·금수성·반응성 등의 간접적인 위험요소를 내포하고 있다. 그리고 위험물 화재 등의 재해는 국민의 생명·신체·재산 그리고 환경에 피해를 주고 있다.

따라서 다종 다양한 위험물에 대한 규제가 종전의 「소방법」 체계에서 「위험물안전관리법」 체계로 전환되면서 보다 전문화·세분화 된 큰 변화를 가져왔다.

위험물에 대한 규제는 「위험물안전관리법」을 중심으로 이루어지되, 관련 법령과의 상호보완을 유지하기 위한 법적 체계는 다음과 같다.

「위험물안전관리법」
「위험물안전관리법 시행령」
「위험물안전관리법 시행규칙」
「화재의 예방 및 안전관리에 관한 법률」
「화학물질관리법」
소방청 고시, 「위험물안전관리에 관한 세부기준」
소방청 고시, 「화재안전성능기준(NFPC)」

이에 따라 위의 위험물 규제의 법적 체제를 토대로 다음의 중점사항을 반영하여 교과서를 집필하였다.

1. 최근 개정된 「위험물안전관리법령」 및 관련 법령 체계에 맞추어 서술하였다.
2. 화합물의 명명법은 대한화학회에서 제공하는 무기화합물 및 유기화합물 명명법의 기준에 따라 서술하였다.
3. 제1부 위험물 개론에선 위험물에 대한 안전관리대책을 살펴보고, 위험물의 일반 연소현상과 특이 화재현상을 분석한 연소화학을 이해하여 각론 세부 학습에 도움이 되도록 하였으며, 관련 법령에서 정한 위험물에 대한 규제 제도와 안전기준을 제시하였다.
4. 제2부 위험물 각론에선 유별 위험물로 구분 전개하되, 세부적으로 위험물의 일반 성상 - 연소·화재 위험성 - 예방적 차원의 저장·취급 - 화재 진압적 차원의 소화방법 - 화재현장에서 발생할 수 있는 상해 및 급·만성 중독의 유해성 순으로 일원화 정리하였다.
5. 복습 활동과 중요 부분 강화를 위하여 소방공무원 채용시험 및 위험물 산업기사 자격시험 기출문제 등을 각 장별로 연습문제를 수록하였다.

6. 부록 I에서는 위험물 대형화재와 교훈, 제4류 위험물의 제조소등에서 발생한 대형탱크화재와 소방전술을 실었다.
7. 부록 II에서는 제5류 위험물의 지정수량이 「위험물안전관리에 관한 세부기준」에서 정한 시험을 통한 위험성 유무와 등급에 따라 모든 품명을 별도의 제1종 또는 제2종으로 분류하고 있으므로 제5류 위험물의 시험 및 판정 자료를 수록하였다.

아무쪼록 이 교과서가 학부 교재용으로 유효하게 활용되기 바라고, 소방종사요원에겐 실무용 위험물 안전지침서가 되기 희망하며, 소방공무원 공채·경채 시험 및 관련 국가기술자격증 취득에 도움이 되기 바란다.

집 필 자

차례

제1부

위험물 개론

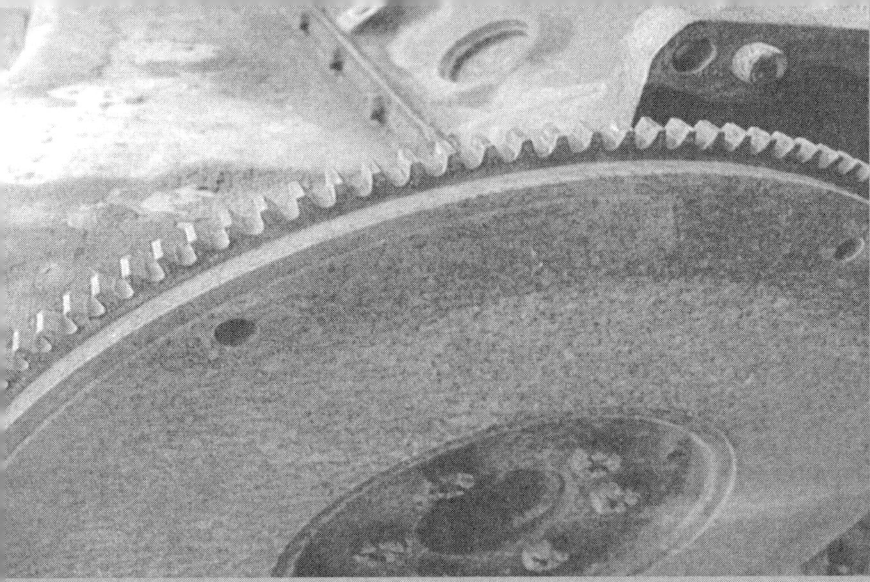

제1부

위험물 개론

Chapter 01 서 론

제1절 위험물과 안전관리대책

1. 위험물의 정의

위험물(위험물질)은 그 자체가 위험하다든가 또는 환경조건에 따라 쉽게 위험성을 나타내는 물질로서 보통 위험성 물질이라고 부르지만 그 용어를 위해 사용되는 많은 정의와 서술적 명칭이 있는데 각각 거론되고 있는 문제의 성질, 주어진 환경적 관점 및 행정적 규제분야 등에 의존하고 있어 모든 것을 다루는데 한 마디의 말로 정의하기는 곤란하다.

행정적 규제분야의 내용에 따라서는 다음과 같이 정의하고 있다.

1) **위험물질**(hazardous materials)

위험물질이란 생명, 신체, 재산 및 환경에 피해를 줄 가능성이 있는 물질(기체, 액체, 고체)을 말하며 위험물질의 일반적인 구분은 UN 및 DOT(미 교통부) 위험등급시스템에 의해 9가지 범주로 표시하고 있다.

Class 1. Explosives(폭발물)

Class 2. Gases(가스)

Class 3. Flammable liquid and combustible liquid(인화성 액체와 가연성 액체)

Class 4. Flammable solid, spontaneously combustible materials, and dangerous when wet materials(가연성 고체, 자연발화성 및 금수성 물질)

Class 5. Oxidizers and organic peroxides(산화제 및 유기과산화물)

Class 6. Poisoners materials and infectious substance(독성 물질 및 전염성 물질)

Class 7. Radioactive materials(방사성 물질)

Class 8. Corrosive materials(부식성 물질)

Class 9. Miscellaneous hazardous materials(기타 위험한 물질)

2) **위험한 물체**(hazardous substances)

어떤 양 이상이 주위 환경으로 방출될 경우 반드시 보고해야 할 필요가 있는 화학물질을 말한다.

3) **극도의 위험물체**(extremely hazardous substances)

각 물질에 대한 허용량 이상치가 노출될 경우 관계 당국에 보고해야 할 화학물질을 말한다.

4) **유독 화학물질**(toxic chemicals)

제조, 처리하는 유독 화학물질을 사용하는 시설물의 소유자, 운영자가 매년 전체 방출량에 대하여 보고해야 할 화학물질을 말한다.

5) 위험한 폐기물(hazardous wastes)

자원보존 및 재생차원에서 규제를 받게 되는 화학물질을 말한다.

6) 위험한 화학물질(hazardous chemicals)

직업안전 및 건강관리 차원에서 작업장에서 노출되었을 경우 근로자에게 위험성을 나타내는 화학물질을 말한다.

2. 「위험물안전관리법」상의 위험물

「위험물안전관리법」에서 정한 위험물은 법률상의 용어이다. 즉, 광범위한 화학물질 중 주로 화재·폭발을 직접적으로 일으키거나 간접적으로 그것을 촉진시키는 물질 중 빈번히 제조·저장·운반·취급·사용되는 것을 선정해 놓은 것이므로 법령에서 정하고 있는 특정한 화학물질만이 규제 위험물의 범위에 속하게 된다.

「위험물안전관리법」 제2조 제1항에서 위험물의 정의를 "위험물이란 인화성(引火性) 또는 발화성(發火性) 등의 성질을 가지는 것으로서 대통령령이 정하는 물품을 말한다."라고 하며, 여기서 대통령령이란 구체적으로 「위험물안전관리법 시행령」 별표 1을 말하며 대표적인 성질과 상태에 따라 위험물을 대분류하고 있다. 「위험물안전관리법」에서 정한 위험물을 물성에 따라 개략적으로 나타내면 <그림 1>과 같다.

1) 산화성 고체(제1류 위험물)

아염소산염류, 염소산염류, 과염소산염류, 무기과산화물, 브로민산염류, 질산염류, 아이오딘산염류, 과망가니즈산염류, 다이크로뮴산염류 등

2) 가연성 고체(제2류 위험물)

황화인, 적린, 황, 철분, 금속분, 마그네슘, 인화성 고체 등

3) 자연발화성 물질 및 금수성 물질(제3류 위험물)

칼륨(포타슘), 나트륨(소듐), 알킬알루미늄, 알킬리튬, 황린, 알칼리금속 및 알칼리토금속, 유기금속화합물, 금속의 수소화물, 금속의 인화물, 칼슘 또는 알루미늄의 탄화물 등

4) 인화성 액체(제4류 위험물)

특수인화물, 제1석유류, 알코올류, 제2석유류, 제3석유류, 제4석유류, 동식물유류

5) 자기반응성 물질(제5류 위험물)

유기과산화물, 질산에스터류, 나이트로화합물, 나이트로소화합물, 아조화합물, 다이아조화합물, 하

이드라진 유도체, 하이드록실아민, 하이드록실아민염류 등

6) 산화성 액체(제6류 위험물)

과염소산, 과산화수소, 질산 등

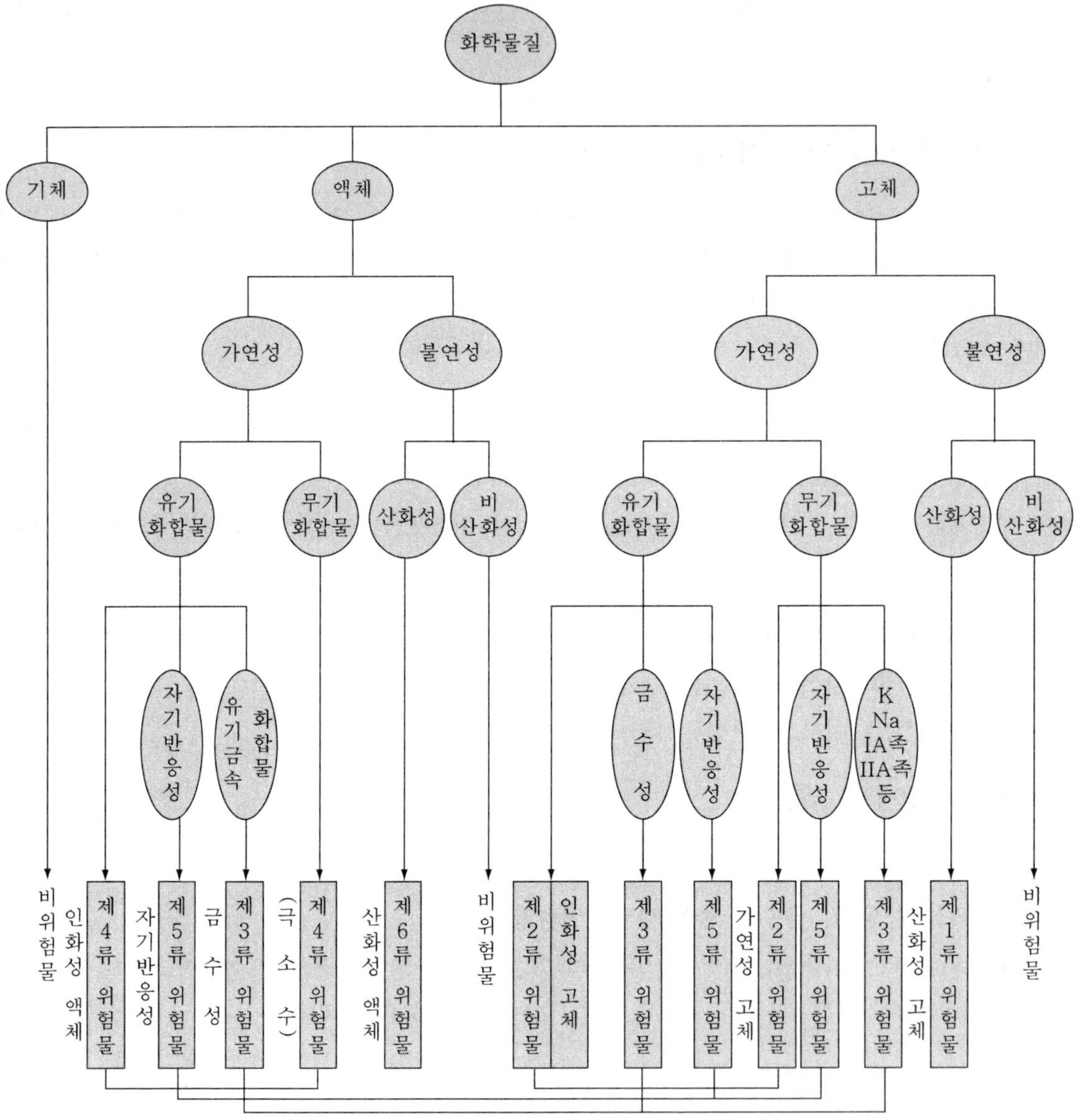

〈그림 1〉 물성에 따른 위험물의 분류

위와 같은 화학물질을 규제 대상의 위험물로만 정함에 따라 비록 가연성 또는 산화성의 물질이라도 여기에 속하지 않는, 예를 들면 Na_2S, ZnS, K_2S, GaAs, $Na_2S_2O_4$ 등의 화학물질은 비위험물로 취급된다.

아울러 동일 조건, 즉 동일한 양, 장소, 시간에서 위험물에 비하면 화재 위험성 자체는 상대적으로 작지만 일단 화재가 발생하면 그 확대가 빠르고 소화가 곤란한 물질들이 있는데 이것을 「화재의 예방 및 안전관리에 관한 법률」에서 특수가연물이라 지정하여 규제를 하고 있다. 여기에는 면화류, 나무껍질 및 대팻밥, 넝마 및 종이부스러기, 사류, 볏짚류, 가연성 고체류, 석탄 및 목탄류, 가연성 액체류, 목제가공품 및 나무부스러기, 합성수지 등이 여기에 속한다.

결국 일반적인 위험물의 범위와 「위험물안전관리법」에서 정한 정의를 종합해보면 위험물이란 "화학적 구조나 결합력이 불안정한 화학물질로서 인화성, 발화성, 폭발성 외에 산화성, 금수성, 반응성, 유해성, 부식성, 방사성 등 여러 가지 직·간접적인 위험요소를 내포하고 있는 물질"로서 생명·신체·건강, 재산 및 환경에 피해를 주는 물질이라고 정의할 수 있다.

3. 안전관리대책

1) 위험물 규제에 관한 법령체계

위험물 규제에 관한 직접적인 법령은 다음과 같은 체계를 이루고 있다.

- 「헌법」 제34조
- 「위험물안전관리법」(법률)
- 「위험물안전관리법 시행령」(대통령령)
- 「위험물안전관리법 시행규칙」(행정안전부령)
- 「위험물안전관리에 관한 세부기준」(소방청 고시)
- 「시·도 위험물안전관리 조례」(시·도 조례)
- 「위험물규제업무 처리규정」(소방청 훈령)
- 「위험물업무 처리지침」(소방청 지침)

한편 위험물 중 안전, 건강 및 분야별 환경보호와 행정적 관리영역에 따른 규제와 관련된 법령과 운영부처는 다음과 같다. 따라서 중복이 되는 경우는 효율적인 화재예방과 사고에 대비·대응하기 위하여 부처 간의 유기적인 상호협력을 통하여 안전관리대책에 만전을 기하여야 한다.

- 「화학물질관리법」(환경부)
- 「총포·도검·화약류 등의 안전관리에 관한 법률」(경찰청)
- 「고압가스안전관리법」(산업통상자원부)
- 「농약관리법」(농림수산식품부)

- 「원자력안전법」(원자력안전위원회)
- 「산업안전보건법」(고용노동부)
- 「수질 및 수생태계 보전에 관한 법률」(환경부)
- 「대기환경보전법」(환경부)

2) 안전관리대책의 중점

재해로부터 국민 보호라는 최상의 이념은 「헌법」 제34조 제6항에서 "국가는 재해를 예방하고 그 위험으로부터 국민을 보호하기 위하여 노력하여야 한다."라고 명시하고 있으며, 그 일환으로서 「위험물안전관리법」 제1조에서 "위험물의 저장·취급 및 운반과 이에 따른 안전관리에 관한 사항을 규정함으로써 위험물로 인한 위해를 방지하여 공공의 안전을 확보함을 목적으로 한다."라고 세부적으로 명시함으로서 위험물의 안전관리에 대한 제도적 근간을 마련하였다.

일반적으로 위험성이란 정상이 아닌 상태로 나타나고 그것을 통제할 수 없게 된 상황을 재해(災害)라고 하는데, 재해를 사전에 방지하기 위한 대응책이 예방대책이며 위험성이 나타난 후에 가능한 한 재해로부터 피해를 제거하거나 줄이려는 조치가 진압대책인데 이들을 정리하면 <그림 2>와 같다.

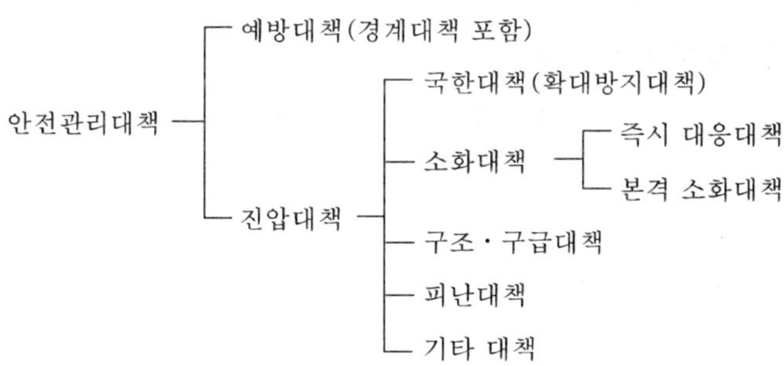

〈그림 2〉 **위험물에 대한 안전관리대책**

예방대책은 화재발생 이전 단계로서 장·단기적 대책을 수립하여 화재발생을 억제하고자 한 것이며, 진압대책은 긴급을 요하는 현장대책으로서 직접적으로 재해 현장에서 피해를 최소화하기 위한 것이다. 따라서 화재·폭발 위험성의 발생을 가능한 한 빨리 감지하여 그 영향을 최소한으로 억제하는 것이 국한대책이며, 화재초기 때 화재현장의 종사요원이 자체 소방시설로써 화재를 소화하는 것이 즉시 대응대책이며 화재의 확대로 인하여 자체 소화가 불가능할 때 이미 신고에 의해 출동한 관설 소방대에 의해 화재를 소화하는 것이 본격 소화대책이라 한다.

화재현장의 인적 피해의 파급 및 확대의 경감을 위한 것이 구조·구급·피난대책이며, 기타 대책으로는 화재확산 사실을 주민에게 알리는 홍보활동이라든가 교통통제가 있다. 예방대책 및 진압대책은 각각 위험물의 위험성의 노출을 사전에 방지하거나 출현한 후에 피해를 최소한으로 경감하고자 하는 것이므로 명확하게 구분하여 대책을 세워야 하지만 예방대책은 근본적 대책이므로 완벽하게 예방대책을 강구했다면 차선책으로서의 긴급대책을 필요 없다고 볼 수 있지만 현실적으로 예방대책의 완벽을 기하기란 어려우므로 진압대책이 필요하게 되고, 위험 발생 가능성을 본질적으로 탐구함으로써 예방대책을 보다 완벽하게 수립할 수 있어야 한다.

따라서 예방대책과 진압대책의 상호작용을 도모해야 하며, 예방대책이 소홀하게 되면 진압대책은 큰 효과를 기대하기 어렵기 때문이다.

3) 안전관리대책의 수립

적절한 안전관리대책이란 화재·폭발 등을 사전에 방지함으로서 효과를 얻을 수 있고, 또 재해가 발생하였더라도 피해를 최소화할 수 있어야 한다. 위험물로 인한 재해는 일반적인 재해와 달리 화재·폭발이 용이하게 발생하고 화재진압이 곤란하며, 대형화의 위험성이 크므로 위험물에 대한 사전적 의미의 안전관리대책 수립은 매우 중요하다.

안전관리대책은 보통 재해 등의 분석 결과로부터 일반적으로 적용되는 대응책으로서 수립한다. 또 개개의 원인과 피해분석 결과에서는 일반적 대책보다는 반응물질 또는 반응공정 특유의 안전관리대책이 도출되어야 하므로 특정 전문가의 조언과 다른 관련기관(산업통상자원부, 환경부, 고용노동부 및 학계·관련기관·단체 등)의 긴밀한 협력이 필요하게 된다.

또한 위험물에 대한 안전관리대책은 유사한 위험물의 화재·폭발 등에 대해서도 효과적인 소방대책이 수반되어야 한다. 따라서 원인 규명이 과학적으로 이루어지고 이의 관리 및 전파는 유사한 재해의 방지에 많은 참고가 되어야 할 것이다.

최근의 화학공업의 발전과 더불어 위험물의 위험 성상, 저장·취급의 방법, 안전의 유지, 화학공정의 특징, 재해의 양상, 소화원리 및 소방전술 등으로부터 본질적인 안전성을 확보하는 차원에서 적극적인 안전관리대책을 수립하는 것이 바람직하다고 볼 수 있다.

동경대 古田교수는 위험한 반응성 물질의 사전 평가방법을 <그림 3>과 같이 여러 단계를 통하여 위험성을 종합평가한 다음 최적의 안전관리대책을 세우는 방법을 제시하고 있다.

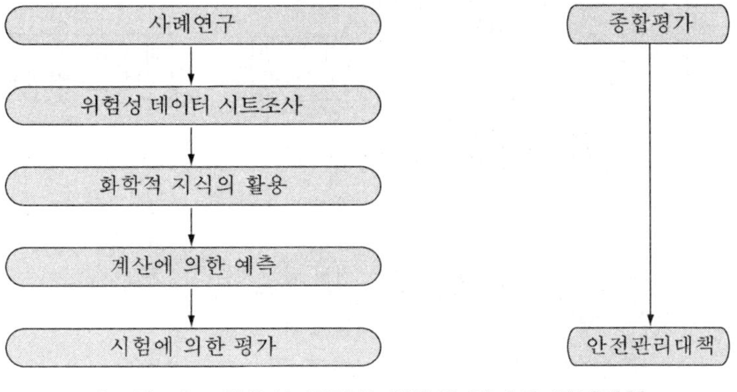

〈그림 3〉 **반응성 물질의 위험성 평가와 안전대책**

4) 「위험물안전관리법」상의 안전관리

(1) 제도적(制度的) 관리

화재의 예방조치, 위험물 출입검사, 화재안전조사, 화재예방강화지구의 지정·관리, 특정소방대상물의 개수명령 등의 조치, 건축물 등의 허가동의, 위험물 제조소등의 설치허가(<그림 4> 및 <그림 5> 참조), 위험물의 임시저장·취급의 승인, 위험물 제조소등의 완공검사, 위험물 제조소등의 설치변경 허가, 예방규정의 수리 및 변경명령, 자체소방조직 지도·감독, 위험물 제조소등에 대한 감독과 설치허가의 취소·사용정치 조치·무허가시설 등에 대한 조치명령 등이 있다.

(2) 인적(人的) 관리

위험물 제조소등의 설치자·승계자 등의 관계인 관리, 소방시설관리사 지도·감독 및 자격취소·정지, 위험물안전관리자 지도·감독, 특정소방대상물의 소방안전관리자 지도·감독, 위험물안전성능시험자 감독, 소방기술자 지도·감독, 자체소방대원 관리 등이 있다.

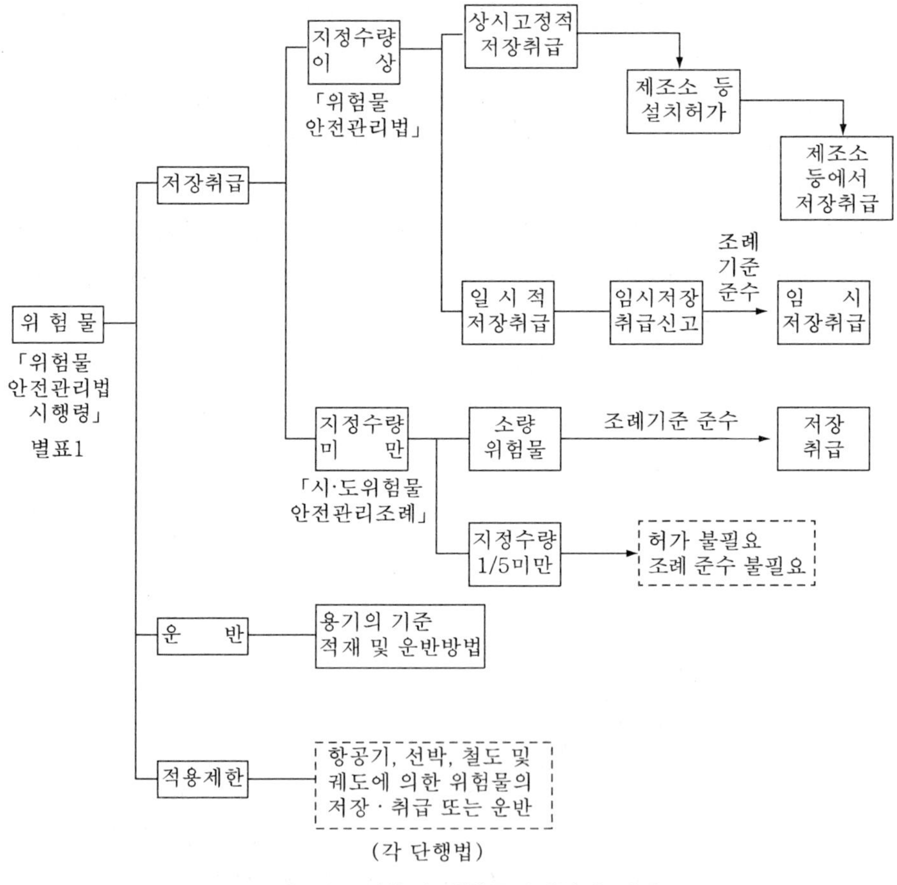

〈그림 4〉 상황별 위험물안전관리 체계

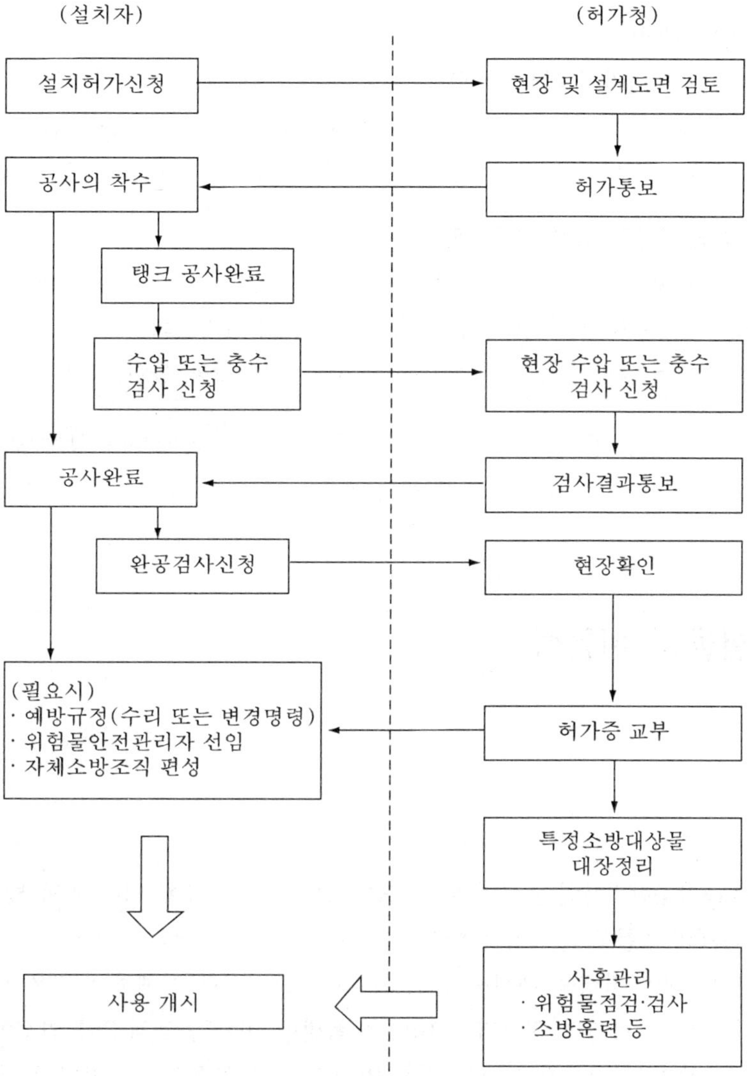

〈그림 5〉 **위험물시설의 설치 흐름도**

(3) 물적(物的) 관리

위험물 제조소등의 위치·구조 또는 설비의 기술기준 준수(위험물 제조소의 시설기준, 옥내탱크저장소·옥외탱크저장소·지하탱크저장소·간이탱크저장소·이동탱크저장소·옥외저장소·옥내저장소·암반탱크저장소의 시설기준, 주유취급소·판매취급소·이송취급소·일반취급소의 기술기준), 위험물의 저장·취급 기술기준 준수, 위험물의 운반·운송기술 준수, 소량 위험물에 대한 조례상의 저장·취급 기술기준 준수, 소방시설의 기술기준 준수, 소방시설의 자체점검 등이 있다.

(4) 사법적(司法的) 관리

「위험물안전관리법」 위반자에 대하여 행정형벌로 징역, 금고 또는 벌금에 처하고 행정질서벌로 과태료를 부과하는 최소한의 벌칙 규정을 둠으로써 관계인 등의 시설 투자를 통한 강제성 확보를 위한 것이므로 사안에 따라 조치되도록 하되 최후적 수단으로 활용되어야 할 것으로 본다.

(5) 기타 위험물 안전관리 교육·연구·홍보 등

소방교육훈련기관의 소방공무원에 대한 위험물 화재 예방 및 진압훈련, 대학교 소방관련 학과에서의 위험물 안전관리 전문교육과 국립소방연구원, 위험물 안전관리협회 등 유관기관의 안전기술의 연구·계발과 소방관서, 한국소방안전원, 매스컴 등에서의 홍보 활동 등이 있다.

위의 내용은 각각 단일적 안전관리 활동이라기보다는 이들 요소 모두가 상호 보완되고 조화를 이루어야만 근본적이고 장·단기적인 안전관리 종합대책이 될 것이다.

제2절 위험물의 위험성

1. 연소성

1) 연소형태

일반적으로 연소(燃燒)란 “가연성 물질과 산소공급원이 화학반응에 의해 열과 빛을 동시에 수반하고, 열의 이동과 기체의 흐름을 일으키는 현상”이라 한다. 연소의 결과 피해가 따르면 화재이며 화재원인의 규명과 화재확대의 진행을 해석하기 위하여 현상론적으로 이해하는 것은 의미가 있다. 연소의 개시가 발화이며 이후 화염의 전파가 일어나고 폭발에 이르는 전과정이 연소이다. 기체 상태의 연소 외에 관계하는 상(相)이 2가지 이상에 걸친 연소가 있고 연소형태에 따라 표면(表面)연소, 분해(分解)연소, 증발(蒸發)연소 및 자기(自己)연소의 4종류로 구분할 수 있다.

(1) 표면연소

공기와 접촉하고 있는 고체 표면 자체에서 연소가 일어나는 경우로서 목탄, 석탄, 코크스, 숯과 제2류 위험물인 금속분, Fe분, Mg 및 제3류 위험물인 K, Na 등의 연소가 있다.

(2) 분해연소

고체 또는 액체가 열분해하여 발생한 가연성 기체와 공기 혼합물에서 연소하는 경우로서 목면, 종이, 섬유, 석탄, 플라스틱, 목재 및 대부분의 특수가연물 등의 연소가 있다.

(3) 증발연소

액체 또는 고체의 증발에 의해 생긴 가연성 증기와 공기 혼합물에서 연소하는 경우로서 알코올, 에터 등의 제4류 위험물인 인화성 액체, 황, 고체 알코올, 양초, 장뇌, 및 나프탈렌 등의 가연성 고체의 연소가 여기에 속한다.

(4) 자기연소(내부연소)

가연물과 산화제의 혼합물의 연소현상과 분자 내에 가연성 성분과 나이트로기(-NO_2)와 같이 쉽게 산소를 유리할 수 있는 기(基)를 가진 것의 화합물의 연소현상을 말하는데 전자의 경우가 성냥알, 꽃불류, 성화봉, 흑색화약, 백색화약, AN-FO(Ammonium Nitrate Fuel Oil)폭약 등이며 후자의 경우가 TNT(Tri Nitro Toluene), 나이트로셀룰로오스, 피크르산 등 제5류 위험물 중 여기에 속하는 것이 많다.

기체 상태에서의 연소는 가연성 기체와 산화성 기체가 미리 혼합되어 있는지 여부에 따라 ① 예혼합연소(豫混合燃燒)와 ② 확산연소(擴散燃燒)로 구분되며, 그리고 통제 안 된 연소의 결과로 나타나는 ③ 폭발연소가 여기에 해당된다.

2) 액면연소

가연성 액체의 액면상에서 확산연소의 형태로 보이는 액면연소의 대부분의 특성은 그대로 석유탱크의 화재에 적용된다.

용기가 작을 때의 연소속도는 직경의 증가에 따라 감소하지만 용기가 커지면 직경의 증가에 동반하여 증대하며 한층 더 용기가 크게 되면 연소속도는 용기의 지름에 무관하며 일정하게 된다.

이것의 연소속도는 화염에서 액면으로의 열전달에 지배되고 용기지름이 작을 때는 용기벽에서의 열전도가 지배적이나 용기 지름이 클 때에는 열방사가 주 요인이 되기 때문이다.

연소하고 있을 때 연료액체 내의 온도는 순물질 액체의 경우 대개 표면에서 가장 높고 그 연료액체의 비점이 되며 액체의 깊이와 함께 급속히 저하한다. 그런데 원유와 같이 비점범위가 넓은 혼합유에서는 액표면에서 증류작용이 일어나 연소하고 잔류한 중질성분은 고온층(또는 열유층)을 형성하며 이것은 200~300℃의 온도에서 연소시간의 경과와 더불어 증대하여 하강하다가 탱크 밑부분의 수분을 급격히 비등시키므로 폭발적 양상인 보일오버(boil over) 현상을 보이고, 탱크 내 화재에서 저장탱크 주변에 대규모 화재로 확대된다.

長谷川 和後에 의하면 액면상의 화염전파속도는 액온에 따라 현저히 변화하는데 그 양상은 <그림 6>과 같다.

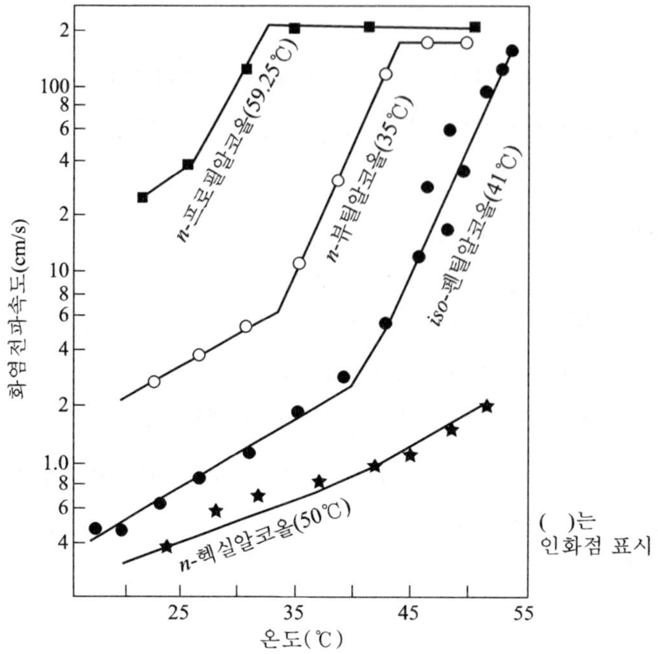

〈그림 6〉 알코올류의 액면화염 전파속도

3) 이연성(易燃性) 물질의 연소

이연성 고체물질에 속하는 것으로서는 특수가연물에 속하는 종이·포목·볏짚·목재·석탄·고무류·면화류·합성수지류 등의 일반 가연물이 있으며, 제2류 위험물의 금속분(Al·Zr·Mg·Ti 등), 적린·황과 제3류 위험물인 황린 등의 강환원성 물질 등도 있다.

이들은 착화원에 의해 쉽게 불이 붙고 연소가 확대·전파된다. 이연성 고체물질은 세분화 상태, 다공성의 유지, 섬유상태, 쌓여 있는 상태, 관로 등의 상태에 의해 연소성이 훨씬 높아지고 있다. 이들

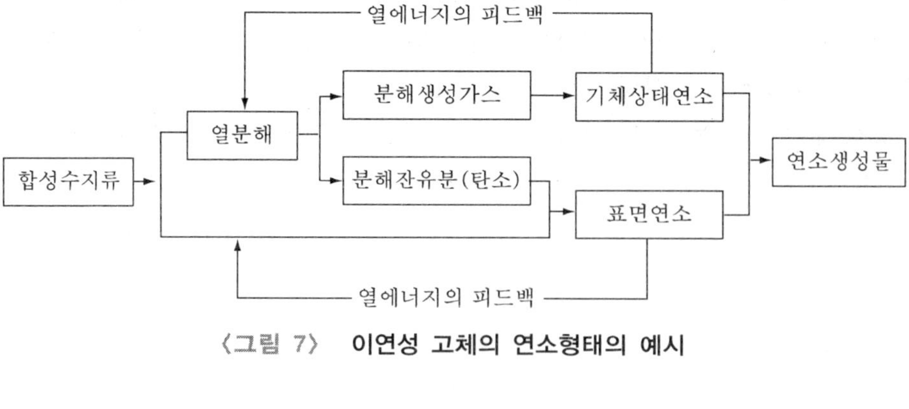

〈그림 7〉 이연성 고체의 연소형태의 예시

형태는 공기와의 접촉 면적이 커지고, 보온성이 좋아서 일단 착화하면 쉽게 연소가 지속되므로 소화하기가 곤란함에 따라 「화재의 예방 및 안전관리에 관한 법률」에서는 특수가연물로 지정하여 규제하고 있다.

「위험물안전관리법」상의 위험물과 이연성 물질은 일단 소화되었다 하더라도 불완전연소 또는 연소 상태가 물질의 내부에서 계속됨에 따라서 석유류 화재와는 다른 특이한 위험성이 나타난다. 합성수지류와 같은 이연성 고체의 연소형태는 <그림 7>과 같다.

4) 위험물과 연소의 4요소

「위험물안전관리법」상의 위험물은 대부분의 가연성 물질과 일부의 불연성 물질(산화제)로 구성되며 위험물에 따른 연소 4요소와의 상호 연관성을 도시하면 <그림 8>과 같다. 반면 외부의 점화에너지 없이 자체물질 간의 반응으로 생긴 점화에너지에 의해 화재를 일으키는 경우를 특수화재라 한다.

<그림 8>에서 보듯이 제2류 위험물(가연물) + 제1류 위험물(산화제) + [무기과산화물 + 물](점화에너지) 형태라면 외부에서 점화에너지의 공급 없이도 연소가 일어난다. 더욱이 이 경우는 예측할 수 없는 폭발의 위험성이 높게 나타나는 경우가 많다.

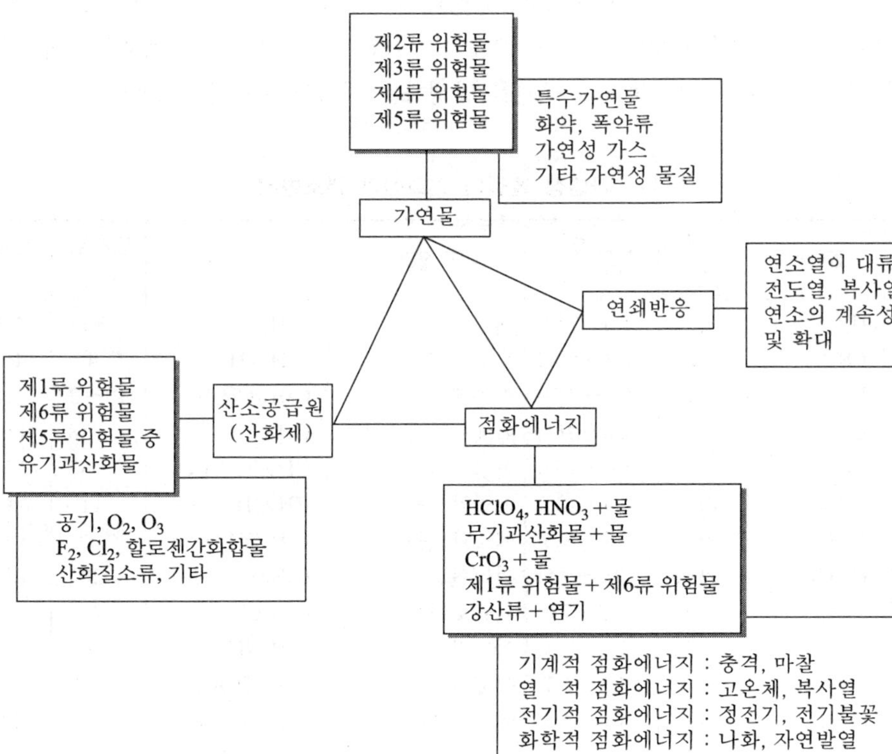

〈그림 8〉 위험물과 연소 4요소의 관련성

또한 두 물질끼리 혼촉해도 발화가 일어난 경우도 있는데, 예를 들면 [에틸알코올 + 삼산화크로뮴], [이황화탄소 + 과산화나트륨], [에틸렌글라이콜 + 과망가니즈산칼륨] 등이 있다.

또한 Mg, Zr, U, Ti, Th 등의 금속분은 소화약제인 CO_2 중에서 연소하며, 산소농도 21% 미만에서도 금속분, 플라스틱, 종이, 함산소가연물은 연소하기도 한다. K, Na, Mg, U, Pu, Ti, 나이트로셀룰로오스, 화약류, 금속수소화물, 유기과산화물 화재 시 할로젠화합물 소화약제를 사용하면 오히려 반응하여 위험성을 급격히 증가시키는 것도 있다. K, Na 및 알칼리금속과 같은 경우는 물과 접촉하면 가연성 가스를 발생하고 스스로 점화에너지를 발생하여 자신이 발화한다.

위와 같은 경우들이 일반적 화재(연소의 4요소)에 비하면 특수화재라 할 수 있기 때문에 이러한 특이화재를 일으키는 위험물에 대한 안전관리를 더욱 엄격하게 하지 않으면 예기치 않은 재해로 진전될 위험성이 있으므로 적절한 예방적 조치와 화재대응이 필요하다.

2. 인화성

1) 인화점과 연소범위

가연성 가스 또는 증기가 공기와 적당히 혼합한 상태에서 불꽃·불티·전기스파크 등의 직접 점화원에 의해 착화되는 것을 인화라 하며, 가연성 액체의 인화점이란 공기 중 그 액체의 표면 부근에서 불꽃의 전파가 일어나기에 충분한 농도의 증기를 발생하는 최저의 온도를 말한다.

〈표 1〉 가연성 물질의 인화점과 연소범위

물질명	화학식	인화점 (℃)	연소범위 (vol%)	물질명	화학식	인화점 (℃)	연소범위 (vol%)
수소	H_2	가스	4.0～75.0	벤젠	C_6H_6	−11	1.3～7.1
이황화탄소	CS_2	−30	1.3～50.0	톨루엔	$C_6H_5CH_3$	4	1.1～7.1
사이안화수소	HCN	−18	6.0～41.0	자일렌	$C_6H_4(CH_3)_2$	17～23	1.1～7.0
아세틸렌	C_2H_2	가스	2.5～100	아세트알데하이드	CH_3CHO	−38	4.0～60.0
메테인	CH_4	가스	5.0～15.0	산화프로필렌	CH_3CHCH_2O	−37	2.3～36.0
에테인	C_2H_6	가스	3.0～12.5	메틸알코올	CH_3OH	11	6.0～36.0
프로페인	C_3H_8	가스	2.4～9.5	에틸알코올	C_2H_5OH	1	3.3～19.0
n-뷰테인	C_4H_{10}	가스	1.9～8.5	피리딘	C_5H_5N	20	1.8～12.4
n-펜테인	C_5H_{12}	−40	1.5～7.8	클로로벤젠	C_6H_5CI	28	1.3～9.6
n-헥세인	C_6H_{14}	−22	1.1～7.5	아닐린	$C_6H_5NH_2$	70	1.3～11
n-헵테인	C_7H_{16}	−4	1.1～6.7	아세트산에틸	$CH_3COOC_2H_5$	−4	2.0～11.5
n-옥테인	C_8H_{18}	13	1.0～6.5	아이소프렌	$CH_2=C(CH_3)CH=CH_2$	−54	2.0～9.0
n-노네인	C_9H_{20}	31	0.8～2.9				
n-데케인	$C_{10}H_{22}$	46	0.8～5.4	뷰틸아민	$C_4H_9NH_2$	−12	1.7～9.8

가연성 액체의 경우는 융점, 비점, 인화점, 발화점, 최소점화에너지가 낮을수록 연소 위험성이 높으며 특히 인화점(flash point)은 가연성 액체의 위험도를 측정하는 중요 기준이다.

주요 물질의 인화점과 연소범위(가열한계 또는 폭발범위)는 <표 1>과 같다.

가연성 가스 또는 증기가 공기, 산소 등의 산화성 기체와 혼합하여 혼합기체의 조성이 되는 농도범위에 있을 때 여기에 점화하면 불꽃이 전파되고, 기체 폭발을 일으키는데 이때의 조성한계를 연소범위라 한다.

다음 <그림 9>는 일정한 압력조건 하에서 연소범위와 온도와의 관계를 나타낸 것이다.

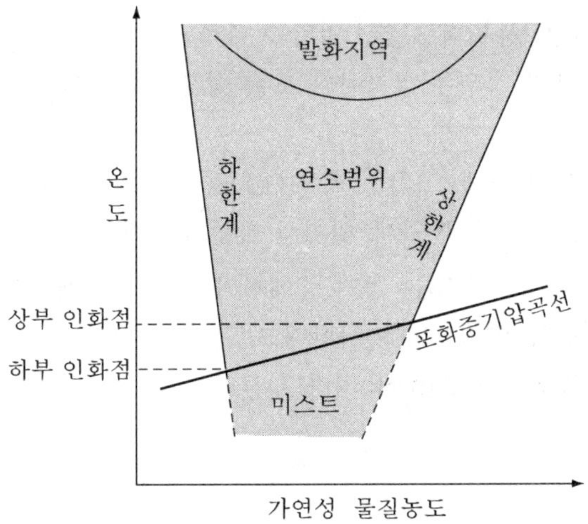

〈그림 9〉 **연소범위와 온도와의 관계**

주위의 온도가 상승하면 하한계(값) 농도는 감소하고 상한계(값) 농도는 증가하여 연소범위가 넓어진다. 충분히 온도가 높아지면 발화영역이 나타난다. 또 온도가 저하하고 포화증기압곡선 이하의 온도에서는 가연성 증기의 응축이 시작되고 증기－공기와 혼합물 중에 작은 물방울 즉, 미스트가 형성되고 미스트가 떠서 움직이는 상태의 가연성 혼합기체가 되고 분무폭발을 일으키는 영역이 된다.

대기온도보다 높은 온도의 인화점을 가진 가연성 액체라도 형태에 따라서는 대기온도 즉, 인화점 이하의 온도 조건에서 연소 또는 폭발하는 일이 있다. 예를 들면, 가연성 액체가 미스트 상태로 연소하는 분무(噴霧)폭발의 경우, 가연성 액체가 다공성 섬유상 물질에 스며 배인 상태로 연소하는 습윤(濕潤)연소(등심연소 또는 심화연소)의 경우, 가연성 액체에 공기를 보내어 거품을 일으키게 한 상태로 연소하는 포(泡)연소의 경우, 윤활유 등의 고인화점 물질이 판 내벽면에 얇은 막 상태로 부착한 상태에서 폭발하는 박막(薄膜)폭핑의 경우 등을 들을 수 있다. 예시 장면은 <그림 10>과 같다.

이들은 액면 연소와 비교해볼 때 표면적이 커서 공기와의 접촉 면적이 크므로 온도가 상승함에 따라 연소를 계속하게 된다.

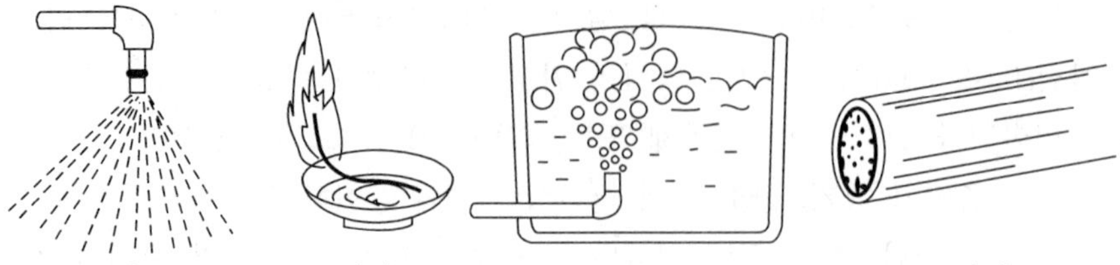

〈그림 10〉 **액체의 형태에 따른 연소현상**

가연성 혼합기체를 형성하는 성분기체가 가연성 기체와 조연성 기체의 두 가지 성분으로 되는 경우는 상한계(값) 및 하한계(값) 농도치로 연소범위를 나타낼 수 있다. [가연성 기체－조연성 기체－불활성 기체]와 같은 3성분계의 경우는 삼각선도 또는 직각 삼각선도로 표시한다면 다음 <그림 11>과 같다.

점 F, O 및 N은 각각 가연성 기체, 조연성 기체(O_2) 및 불활성 기체(N_2)가 100%의 농도상태에 있는 것을 나타낸다. 점 U_1 및 L_1은 산소 중에 있어서 가연성 기체의 상한계 및 하한계의 농도를 나타내고 있다. 밑변 $\overline{FA}$ 위의 점 U_2 및 L_2는 공기 중에서의 가연성 기체의 상한계 및 하한계 농도이다. 곡선 $U_1U_2CL_2L_1$은 연소범위의 한계농도를 나타내고, 정점 C를 폭발임계점(爆發臨界點)이라 부르며, 정점 C에서의 각각의 농도를 피크(peak)치라 부른다.

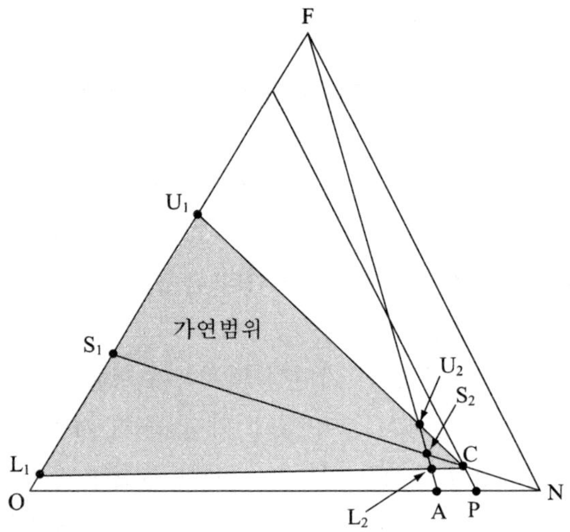

〈그림 11〉 **[가연성 기체 － 산소 － 질소] 3성분계 연소범위**

불활성 기체의 피크치는 화재가 지속될 수 있는 불활성 첨가물의 최대농도를 부여한다. 밑변 $\overline{FN}$과 평행으로 연소범위 곡선에 그어진 접선과 밑변 $\overline{ON}$과의 교점 P는 산소한계농도를 부여하며, 산소가 이 농도 이하인 가연성 기체라면 폭발하는 일은 없다. 점 S_1, S_2, C, N은 통상 직선상에 위치한다. 하한계 농도점 L_1, L_2를 연결하는 선은 직선이 되고, 대개 밑변 $\overline{ON}$에 평행하다.

가연성 혼합기체에 할로젠화합물을 첨가하면 연소범위는 축소된다. 이 때문에 할로젠화합물은 소화약제로 사용된다.

2) 인화에 영향을 주는 인자

가연성 액체의 인화점과 그 비점 사이에는 상호 관계가 있으며 비점이 낮은 물질은 보통 인화점이 낮다. 동족(同族) 또는 동계(同系)의 화합물에 있어서 탄소수의 증가에 따라 비점, 인화점 및 연소열량이 증가한다.

알코올(ROH), 케톤(RCOR'), 아민(RNH_2), 유기산(RCOOH) 등은 친수성(親水性)이므로 그 수용액의 농도에 따라 인화점이 변화된다. 물의 첨가량이 증가함에 따라서 이들 물질의 인화점은 상승하고 어떤 양 이상이면 인화성을 나타내지 않는 것이 보통이다. 이것은 물의 증기가 가연성 혼합기체에 대해 불활성 효과를 나타내기 때문이며 인화점이 낮은 물질에서는 증기 농도가 낮기 때문에 물의 첨가효과는 작고 인화점이 높은 물질은 극히 소량의 첨가량이라도 인화성을 나타내지 않게 된다.

<그림 12>는 에틸알코올(C_2H_5OH)에 물을 첨가했을 때의 인화점의 변화를 나타낸 것이다.

에틸알코올의 농도가 증가할수록 인화점이 낮아지는데 100% 에틸알코올의 경우 인화점이 13℃이지만 물이 첨가되어 에틸알코올 농도가 5%라면 인화점이 62℃로 증가한다. 이 원리 때문에 수용성 석유류에 화재가 발생한 경우 다량의 물로 희석소화가 가능하게 된다.

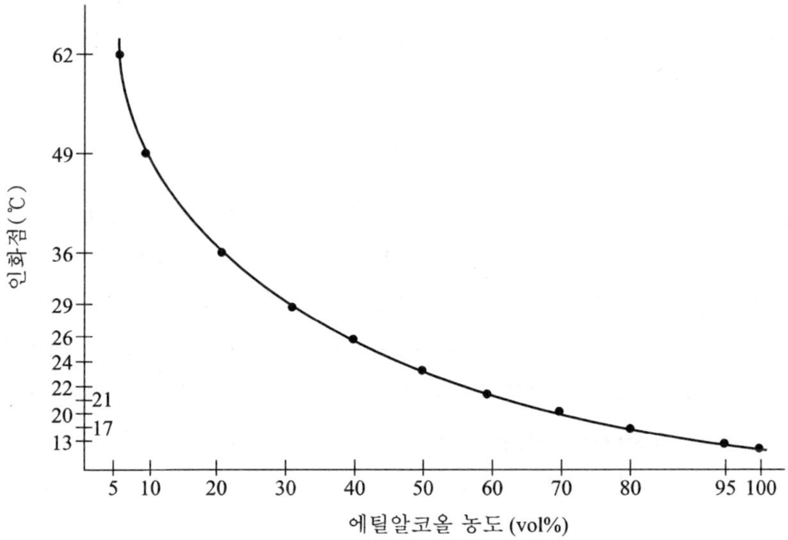

〈그림 12〉 에틸알코올 농도변화에 따른 인화점의 변화

가연성 액체의 인화 특성을 밝히기 위해서는 다음의 데이터를 적극 활용해야 한다. 연소범위가 넓을수록, 증기압·연소속도·연소열·화염전파속도가 클수록 인화 위험이 높으며, 융점·비점·인화점·발화점·연소범위의 하한치·최소점화에너지가 낮을수록 인화 위험은 높다.

① 인화점 : 가연성 물질이 공기 중에서 인화하는 경우 충분한 농도의 증기를 발생할 때의 최저온도
② 발화점 : 공기 중에서 가연성 물질을 가열할 때 불꽃 등의 점화원 접촉 없이도 스스로 발화하는 최저의 온도
③ 연소범위 : 가연성 가스 또는 증기와 공기의 연소가능 혼합비율
④ 최소점화에너지 : 가연성 가스, 증기, 분진을 발화시키는데 필요한 최소의 점화에너지
⑤ 증기압 : 고체 또는 액체와 평형상태에 있는 증기의 압력
⑥ 융점 : 고체와 액체가 평형을 유지하며 공존할 수 있는 온도
⑦ 비점 : 액체의 포화증기압이 대기압과 같아지는 온도

3. 발화성

공기 중에서 가연성 물질을 가열할 경우 여기에 화염, 전기불꽃 등의 접촉 없이도 연소가 일어나 계속 유지되는 것을 발화(發火)라 하고 이때의 최저온도를 발화점(ignition temperature)이라 한다.

보통 자연발화는 상온 부근의 비교적 낮은 온도, 공기 중에서 장시간에 걸쳐 열이 축적되어 일어나는 발화현상을 가리키는 일이 많다.

발화점은 대개 측정방법, 주위로부터 열의 주입방법, 시료의 크기와 형상, 주위의 촉매효과 등의 많은 인자에 의해 변화하는 값이므로 인화점과 같이 물질의 고유 수치는 아니다.

4. 폭발성

폭발과 연소는 본질적으로 양쪽이 다른 것은 아니라 폭발도 연소의 한 형태로 볼 수 있다. 화학적으로 말하면 연소는 발열과 발광을 수반하는 산화반응이고, 폭발은 그 반응이 급격히 진행하여 빛을 발하는 것 외에 폭발음과 충격압력을 내며 순간적으로 반응이 완료되는 차이이다.

위험물의 경우 ① 제1류 위험물과 제2류 위험물의 혼합물의 폭발 ② 제2류 위험물 중 금속분, 철분, 마그네슘분, 적린 분말 등의 분진폭발 ③ 타고 있는 금속분에 주수할 때 발생한 수소가스의 폭발 ④ 제3류 위험물이 물과 반응하여 발생한 가연성 가스의 폭발 ⑤ 제4류 위험물이 노출될 때 발생한 유증기의 폭발 ⑥ 제5류 위험물 자체의 폭발 등을 들 수 있다. 이들 폭발현상에 수반하여 고온·고압하에서 용기의 파열, 균열, 파괴, 고열 발생 등의 결과를 초래한다.

다양한 위험물 등의 화학물질을 취급하면서 실수 또는 이상반응에 의해 일어나는 폭발은 생각하지도 못한 장소에서 생각하지도 않은 때에 발생할 수 있으므로 위험물 사고폭발의 사안별로 특단의 예

방과 진압대책에 중점을 두고 안전관리에 임하지 않으면 안 된다.

1) 가스폭발

일반적으로 가연성의 기체 또는 증기는 O_2 외에 공기, Cl_2, F_2, NO_2 등의 산화성 기체와 일정한 비율로 혼합하면 가연성 혼합기체를 형성하고 여기에 어떤 점화원이 주어지면 가스 폭발에 이른다.

한편, 단일성분이라도 폭발을 일으키는 것이 있다. 이것을 분해폭발이라 하는데 아세틸렌, 에틸렌, 메틸아세틸렌, 모노비닐아세틸렌, 프로파다이엔, 산화에틸렌, 이산화염소, 하이드라진, 아지화수소 등이 있다.

많은 연소현상은 연소파라고 하는 형태로 나타나고 연소파가 전파하는 빠르기가 미연소 매개체의 음속에 비해서 작을 때의 연소상태를 폭연이라 하며 큰 상태에서의 연소현상을 폭굉이라 한다.

폭연에서는 0.5～10 m/s라는 비교적 저속으로 전파하는데 폭굉이 되면 1,500～3,000 m/s라는 대단히 큰 전파속도가 되고, 압력·밀도 등도 달라진다. 통상 연소파로부터 폭굉으로 전이하면 압력이나 전파속도가 급격히 커지기 때문에 폭발로서의 파괴력이 현저히 증가한다. 특히 연소열이 크고, 화학반응속도가 크며, 연소속도가 빠르고, 압력이 높을 때 폭굉으로 전이되기 쉽다.

따라서 폭발이 일어난 경우 폭굉으로 발전하기 전에 화염의 전파를 막아야 하는 등 효과적인 진압활동이 이루어져야 한다.

2) 증기폭발

용융 강철을 넣은 용기를 이동 중 잘못하여 용융 강철이 누출되어 바닥에 고인 물에 흘러들어가자 격렬한 수증기 폭발이 일어나 뜨거운 강철 용융물이 공장 내로 튀면서 화재가 발생한 사례가 있고, LPG 충전소에서 다량의 LPG가 누출되어서 착화되어 화재가 발생한 경우가 있었다. 이 화재에 의해 LPG 압력용기는 가열되고 그 내압력이 저하되어 용기에 구멍이 생기고 증기폭발에 의해 용기가 완전히 파열되었다. 이 때문에 화재가 충전소 내부로 확대됨과 동시에 폭발이 계속되어 다수의 LPG 용기가 상공으로 날아간 사례가 있다.

전자의 경우는 저온도 액체와 고온도 액체가 접촉해서 고온 액체로부터 저온 액체로 급속히 열이동이 일어났기 때문에 저온도의 액체가 과열 상태가 되고 그 후 비등 증발하는 것에 의해 급격한 압력상승이 발생한 증기폭발이며 이를 열이동형 증기폭발이라 부른다.

열이동형 증기폭발이 일어나는 액체의 조성은 철-물, 알루미늄-물, 슬러그-물 등이 있고 튀김기름 화재 시 물을 뿌리면 폭발하는 경우, 중질유·원유 탱크화재에서 일어나는 boil over 등도 열이동형 증기폭발의 범주이다.

후자의 경우는 밀폐용기 내에서 포화증기압과의 기-액 평행상태에 있던 액체가 용기의 뚫린 구멍에 의한 압력 저하 때문에 평형이 깨져 과열 액체가 되고 비등 증발함에 따라 용기 내에 고압력이 발생하는 것으로 평형파괴형 증기폭발 또는 블레비(BLEVE: Boiling Liquid Expanding Vapour Explosion, 끓는 액체 팽창 증기폭발)라 부른다.

이것은 화재 시의 화염의 접촉으로 액체 용기가 가열되면 액체용기 내부에서 액체의 산화·중합·분해 등에 의해 반응열이 축적되어 어떤 시점에서 파괴되는 것이 일반적이다.

3) 분진폭발

가연성 고체분진이 공기 중에서 일정농도(폭발범위) 이상으로 부유하다 점화원을 만나면 분진폭발을 일으킨다.

분진폭발의 특징은 가스폭발에 비하여 연소속도는 느리지만 연소지속시간이 길기 때문에 발생에너지가 크게 되고, 파괴력이 크며, 화염의 전파과정에서 분진입자는 연소하면서 비산하기 때문에 연소면적을 순간적으로 확대시켜 시설물을 파괴시키며, 금속분인 경우 소화종사원에게 결정적인 화상을 초래하기도 한다.

또 1차 폭발에 의해 발생한 폭풍은 퇴적분진을 비산시키므로 2차, 3차 …… 연쇄적 폭발을 일으키는 일이 있고 상대적으로 피해가 증가해 간다. 입자나 연료가 과잉 상태가 될 때 불완전연소하기 쉽고 유기물질의 경우는 유해성의 일산화탄소(CO) 가스를 발생하는데, 특히 밀폐공간에서 CO 가스의 발생·체류하는 경우는 소화종사원에게 치명적이다.

5. 유해성

1) 유해성 화학물질의 규제 및 안전관리

위험물은 일반 가연물에 비하여 자체가 유해한 것이 많고, 취급과정에서 위험에 노출되는 일이 대부분이며, 특히 화재현장에서 소방대원이 직접 피부접촉, 유해성의 증기 또는 연소생성물에 직접 노출된다.

여기서 유해성은 환경적 고찰이나 장기적, 만성적 차원을 고려한 것이 아니라 화재 및 재해현장 상황에서 건강에 직접 피해와 급성적 장애를 주는데 중점을 두고 고찰한 것이다.

「위험물안전관리법」의 위험물 중에는 「화학물질관리법」상 유해성 있는 화학물질로서 지정된 유독물질(<표 2> 참조)이 있다. 이것은 재해현장에 주의하지 않으면 안 되는 물질이며, 적절한 안전대책이 없으면 직접적으로 사람에 대해 유해·위해하며 간접적으로 시설, 재산 및 환경에 피해를 주게 된다.

유해성 화학물질에 대한 관계 기관별 규제 내용은 다음과 같다.

(1) 국내 유관기관

① 소방청

- 위험물안전관리기본계획의 수립
- 위험물 제조소등에 대한 안전관리
- 위험물의 저장·취급·운반·이동과 관련된 기술기준의 수립
- 위험물의 범위·판정 등에 대한 조사·연구

- 위험물·유해화학물질·독성가스 사고에 대한 대응
- 예방규정 관리
- 위험물 취급 소방대상물에 대한 교육·홍보

② 산업통상자원부

- 국가산업단지 대형 재난사고 방재계획의 수립
- 독성가스 사고안전관리 기본계획의 수립
- 안전성향성 계획시의 관리
- 독성가스 사업장 홍보·계도

③ 환경부

- 유독물질 안전관리기본계획의 수립
- 유독물질 사고대비물질 등 취급시설 관리
- 자체방재계획의 관리
- 화학물질 안전관리센터에서의 정보 제공
- 출동 대응기관에 대한 교육훈련 및 취급사업장에 대한 홍보·계도

④ 고용노동부

- 국가산업단지 대형 재난사고 방재계획의 수립
- 유해·위험물질 등 취급시설 관리
- 공정안전보고서 관리
- 중대산업사고 예방센터의 설립·운영
- 중대산업사고 예방 홍보·계도

(2) 외국 유관기관

미국 방화협회의 NFPA 704 Standard System for the Identification of the Fire Hazards of Materials에 의하면 건강위험성(health hazards)을 다음과 같이 분류하고 있으며 위험등급이 높을수록 위험하므로 건강위험성 등급이 높은 것에 대해서는 규제를 강화하고 있다.

① 건강위험성 4등급

정상적이거나 혹은 화재 발생 때 피부에의 접촉 혹은 침투나 흡입될 경우 너무 해로운 물질이 여기에 속한다.

- 급성 구강독성에 대한 LD_{50}[1]이 5 mg/kg과 같거나 작은 물질
- 급성 피부독성에 대한 LD_{50}이 40 mg/kg과 같거나 작은 물질

1) LD_{50} : lethal dose 50% 약물 독성 치사량으로 '둘이 먹다가는 하나가 죽는 양'을 의미

- 급성 흡입독성에 대한 LC_{50}[2)]이 0.5 mg/L이거나 작은 분진과 미스트
- 20℃에서 포화증기의 농도가 LC_{50}이 1,000 ppm과 같거나 작은 경우, 급성 흡입독성의 10배 혹은 그 이상 되는 액체

여기에 해당되는 물질로는 아르신(AsH_3), 아세톤사이아노하이드린[$(CH_3)_2C(OH)CN$], 포스젠($COCl_2$), 다이메틸설페이트[$(CH_3)_2S$], 산화프로필렌(CH_3CHCH_2O), 사이안화수소(HCN) 등이 있다. 화재 발생 때 접근할 때는 특별한 보호장비를 갖추지 않으면 안 된다.

② 건강위험성 3등급

매우 유독한 연소생성물을 발생하는 물질로서 노출되면 일시적 또는 영구적으로 부상을 초래할 물질이다.

- 급성 구강독성에 대한 LD_{50}이 5 mg/kg보다 크고 50 mg/kg과 같거나 작은 물질
- 급성 피부독성에 대한 LD_{50}이 40 mg/kg보다 크고 200 mg/kg과 같거나 작은 물질
- 급성 흡입독성에 대한 LC_{50}이 0.5 mg/L보다 크고 2 mg/L와 같거나 작은 분진과 미스트
- 20℃에서 포화증기의 농도가 급성 흡입독성에 대한 LD_{50}보다 작은 액체인데 LC_{50}이 3,000 ppm과 같거나 작고 위험등급 4에 미치지 않는 액체
- 급성 흡입독성에 대한 LC_{50}이 1,000 ppm보다 크고 3,000 ppm과 같거나 작은 가스
- 짧고 단한번의 노출로 인해 피부를 상하게 하고 눈에 치명적인 상처를 주는 물질

여기에 해당되는 물질로는 뷰틸아민($C_4H_9NH_2$), 뷰틸리튬(C_4H_9Li), 하이드라진(N_2H_4), H_2S, Li, LiH, 포스핀(PH_3), P_4, Na 등이 있다.

③ 건강위험성 2등급

유독하고 매우 자극성 있는 연소생성물을 발생하는 물질로서 일시적인 마비 혹은 상흔을 남기는 물질이다.

- 급성 구강독성에 대한 LD_{50}이 50 mg/kg보다 크고 500 mg/kg과 같거나 작은 물질
- 급성 피부독성에 대한 LD_{50}이 200 mg/kg보다 크고 1,000 mg/kg과 같거나 작은 물질
- 급성 흡입독성에 대한 LC_{50}이 2 mg/L보다 크고 10 mg/L와 같거나 작은 분진이나 미스트
- 20℃에서의 포화증기농도가 급성 흡입독성에 대한 LC_{50}의 1/5과 같거나 큰 액체인데 이 경우 물질의 LC_{50}이 5,000 ppm보다 같거나 작아야 한다.
- 심각하지만 치료될 수 있는 상처로서 피부, 호흡기관 혹은 눈에 피해를 주는 물질

여기에 해당되는 물질로서는 피리딘(C_5H_5N), 에틸벤젠($C_6H_5C_2H_5$), 다이비닐벤젠[$C_6H_4(CH=CH_2)_2$], 나프탈렌($C_{10}H_8$), 크레오소트유, 다이뷰틸에터[$(C_4H_9)_2O$], 비닐클로라이드(CH_2CHCl) 등이 있다. 평상시 또는 화재 진압 중 공기호흡기 등의 보호장비가 필요하다.

---

2) LC_{50} : lethal concentration 50; 반수가 죽는 농도를 의미

④ 건강위험성 1등급

화재 발생 때는 자극성의 연소생성물을 발생하는 물질로서 노출되면 자극은 주지만 큰 상처는 입히지 않는 물질이다.

- 화재 발생 때는 피부를 자극하지만 조직은 파괴하지 않는 물질
- 급성 구강독성에 대한 LD_{50}이 500 mg/kg보다는 크고 2,000 mg/kg과 같거나 작은 물질
- 급성 피부독성에 대한 LD_{50}이 1,000 mg/kg보다는 크고 2,000 mg/kg과 같거나 작은 물질
- 급성 흡입독성에 대한 LC_{50}이 10 mg/L보다는 크고 200 mg/L와 같거나 작은 분진이나 미스트
- 급성 흡입독성에 대한 LC_{50}이 5,000 ppm보다 크고 10,000 ppm과 같거나 작은 가스 또는 증기
- 약한 호흡장애와 눈을 자극하는 물질

여기에 속하는 물질로서는 콜로디온, 뷰탄올(C_4H_9OH), 아니솔($C_6H_5OCH_3$), 다이에틸케톤($C_2H_5COC_2H_5$), C_2H_6, C_2H_4, $Zn(C_2H_5)_2$ 등이 여기에 속한다. 평상시 또는 화재 발생 때는 공기정화기의 사용이 요구되는 물질이다.

⑤ 건강위험성 0등급

화재 발생 때는 노출되어도 일반적으로 특별한 해를 끼치지 않는 물질이다.

- 급성 구강독성이 LD_{50} 2,000 mg/kg 이상인 물질
- 급성 피부독성이 LD_{50} 2,000 mg/kg 이상인 물질
- 급성 흡입독성이 LD_{50} 200 mg/L 이상의 분진 또는 미스트
- 급성 흡입독성이 LC_{50} 10,000 ppm 이상의 가스 또는 증기

여기에 속하는 물질로서는 C_2H_5OH, 옥수수기름, H_2, 돈지, 노네인(C_9H_{20}) 등이 여기에 속한다.

2) 유해성·위해성의 발생 및 대책

유해성(화학물질의 독성으로 사람의 건강이나 환경에 악영향을 미치는 화학물질 고유의 성질)과 위해성(유해성 화학물질이 노출될 경우 사람의 건강이나 환경에 영향을 줄 수 있는 정도)을 가진 어떤 종류의 화학물질은 사람의 체내에 침투되면 유해작용을 보이고 그 작용이 강해지면 유해성을 나타낸다. 체내에는 주로 경구(經口), 접촉 및 흡입의 세 경로를 통해 피하, 피부 내, 근육 내, 폐, 정맥 내로 깊이 침투하며 이 과정에서 자극성·질식성·마취성 등의 생리작용을 나타낸다. 다시 선택적으로 각각의 기관세포에 결합하여 신경계 장애, 간·신장 장애, 폐 장애, 소화기 장애, 호흡기 장애를 일으키고 물질에 따라서는 발암성을 나타낸 것도 있다.

화재 및 재해현장에서 소화종사요원은 직접 눈이나 피부와 접촉하거나 유해성의 증기 또는 유해성의 연소생성물을 접촉 또는 흡입을 통해 체내에 침투하는 경우가 대부분이고, 잘못하여 음용하는 경우는 사고 당사자에 국한된다.

화재현장에서 발생하기 쉬운 유해성 연소생성물로는 CO, CO_2, SO_2, NO_x, NH_3, H_2S, HCN, Cl_2,

HCl, HCHO, 아크롤레인($CH_2=CHCHO$), P_2O_5, $COCl_2$, HF, CH_3CHO, C_6H_6 등이 있으며 가연물에 따른 주요 유해성 연소생성물은 다음 <표 2>와 같다.

〈표 2〉 화재현장에서 발생하는 주요 유해성 연소생성물

발생 조건	유해성 연소생성물
불완전연소	CO
탄화수소류	CO, CO_2
일부 목재·종이, 동물의 털, 양모, 타이어 등의 고무류, 중질유, 황화합물 화재	SO_2
우레탄, 나일론, 폴리에틸렌, 고무, 모직물, 동물의 털, 인조견, 피혁, 질소성분을 가진 합성수지, 질소함유물 화재,	HCN
나일론, 멜라닌수지, 모직물, 요소수지, 아크릴수지, 화재, 냉동시설의 냉매 누출	NH_3
셀룰로이드, 질산셀룰로오스 화재	NO, NO_2
PVC, 플라스틱, 방염수지, 플루오린 및 기타 할로젠 함유 수지류 화재	HCl, HF, HBr, $COCl_2$
PVC 화재, 프레온 가스와 불꽃의 접촉, 연소 중 CO와 Cl_2의 반응	$COCl_2$
폴리스타이렌, 스티로폼 화재	C_6H_6

① 위험물 중 유독물질

위험물 중 유독물질에 속하는 것은 다음 <표 3>과 같다.

〈표 3〉 위험물에 속하는 주요 유독물질

위험물	유독물질(화학물질관리법)
제1류 위험물	과산화나트륨, 과산화요소, 삼산화크로뮴, 아염소산염류, 염소산염류, 다이크로뮴산염류, 질산염류, 아질산염류, 질산카드뮴, 질산탈륨 등
제2류 위험물	오황화인, 아연분, 주석분, 납분 등
제3류 위험물	나트륨, 칼륨, 황린, 인화아연, 인화알루미늄, 테트라알킬납 등
제4류 위험물	나이트로벤젠, 니켈카르보닐, 메틸알코올, 사이안화수소, 벤젠, 에틸브로마이드, 메틸에틸케톤, 메틸비닐케톤, 산화프로필렌, 아닐린, 아크롤레인, 아세트산에틸, 아크릴로나이트릴, 아크릴아마이드, 에틸렌클로로하이드린, 이황화탄소, 자일렌, 톨루엔, 톨루이딘, 아세트산메틸, 알릴알코올, 아이소뷰틸아민, 사이클로헥실아민, 알킬아닐린 등
제5류 위험물	메틸하이드라진, 페닐하이드라진, 하이드라진, 하이드록실아민, 과산화벤조일, 아자이드화나트륨 등
제6류 위험물	과산화수소, 질산, 펜타플루오린화브로민 등

② 유해작용과 응급처치

유해작용별 응급처치 요령은 다음 <표 4>와 같다.

〈표 4〉 유해작용과 응급처치

경 로	인체 유해작용	응급처치
눈에 들어간 경우	시력 장애, 시력 저하, 시력 혼란, 눈물 흘림, 실명, 화상, 약상, 안구 충혈, 통증, 염증, 결막출혈, 결막 자극, 결막염, 점막 자극, 각막염, 각막 혼탁, 기타 자극작용	• 다량의 흐르는 맑은 물로 15분 이상 깨끗이 세척한다. • 의사의 진단을 받는다. (평소 안면보호안경 착용)
피부와 접촉한 경우	피부 염증, 점막 자극, 수포, 화상, 약상, 동상, 조직 부식, 조직 착색, 조직색소 이상, 피부염, 피부암, 습진, 세포조직 파괴(탈지작용), 기타 부식작용 및 자극작용	• 오염된 의복 및 신발 등을 벗긴다. • 부착 또는 접촉부를 다량의 흐르는 물로 10분 이상 씻는다. • 심하면 신선한 공기 중에서 안정조치한다. • 의사의 진단을 받는다. (평소 보호복, 안전장갑, 안전화 등의 착용으로 피부노출 방지)
증기 및 연소생성물을 흡입한 경우	기침, 구토, 기관지 자극 및 장애, 기관지염, 현기증, 호흡 곤란, 점막 자극, 경련, 허탈, 두통, 불안, 혐오, 흥분, 정신 혼란, 혈압 강하, 혼수상태, 후두염, 가슴압박, 저혈압, 설사, 치아노제, 혈액 장애, 폐조직 손상, 폐출혈 폐부종, 폐렴, 폐암, 신경계통 장애 및 기능저하, 신경 장애, 간장 장애, 사망, 기타 질식작용 및 마취작용	• 신선한 장소로 이동하여 안정하고 보온조치한다. • 경우에 따라 공기 및 산소호흡시킨다. • 의사의 진단을 받는다. (진단 중 공기호흡기 등의 호흡보호구를 반드시 착용)

3) 유해화학물질의 안전관리

유해화학물질의 위해(危害) 예방과 적절한 안전관리를 도모하고, 이로 인하여 발생하는 사고에 신속히 대응함으로써 화학물질로부터 모든 국민의 생명과 재산 또는 환경을 보호하여야 한다.

① 유해화학물질 취급시설은 본래의 성능을 발휘할 수 있도록 적절하게 유지·관리하여야 한다.

② 유해화학물질의 취급과정에서 안전사고가 발생하지 않도록 예방대책을 강구하고, 화학사고가 발생하면 응급조치를 할 수 있는 방재장비와 약품을 갖고 있어야 한다.

③ 유해화학물질을 보관·저장하는 경우 다른 유해화학물질과 혼합하지 말아야 한다.

④ 부식성 유해화학물질을 취급하는 장소에서 비상 상황에 대비하여 가까운 거리 내에 샤워시설 또는 세안시설을 갖추어야 한다.

⑤ 물과 반응할 수 있는 유해화학물질을 취급하는 경우에는 보관·저장시설 주변에 설치된 방류벽, 집수시설 및 집수조 등에 물이 괴어 있지 않도록 하여야 한다.

⑥ 가연성 유해화학물질의 경우 다른 가연물과의 접촉을 피하고 열, 용접·용단으로 인한 불꽃, 스파크 등의 점화원을 제거하며, 폭발 위험이 높은 유해화학물질을 취급할 때 사용되는 장비는 반드시 접지하여야 한다.

⑦ 밀폐된 공간에서는 공기 중에 가연성, 폭발성 기체나 유독한 가스의 존재여부 및 산소 결핍 여부를 점검한 이후에 유해화학물질을 취급하여야 한다.

⑧ 저장용기는 유해화학물질로 인한 변형 및 손상이 없는 재질이어야 하고, 유해화학물질의 성질에 따라 적당한 재질, 두께 및 구조를 갖추고 파손 또는 부식되거나 균열이 발생하지 않도록 한다.

⑨ 저장용기는 온도, 압력, 습도와 같은 대기조건에 영향을 받지 않도록 하고 취급자가 사용한 후 다시 잠글 수 있는 밀봉 뚜껑을 갖추어야 한다.

⑩ 차량(버스, 철도, 지하철 등 대중교통수단 제외)을 이용하여 유해화학물질을 운반할 때에는 규정된 제한속도를 준수하고, 200 km 이상(고속국도 경우에는 340 km 이상)의 거리를 운행하는 경우에는 다른 운전자를 동승시키거나 운행 중에 2시간마다 20분 이상 휴식을 취하여야 한다. 운반 도중에 발생할 우려가 있는 화재·폭발·유출·누출에 대한 위험방지 조치를 하고 고체 운반 시에는 분진 형태로 비산되지 않도록 조치하여야 한다.

⑪ 인화성 유해화학물질은 자기반응성 물질과 함께 저장하거나 운반하지 말아야 하고 용기 중의 유해화학물질을 공정에 모두 투입한 경우에는 용기에서 증기가 발생하지 않도록 밀봉하여 두거나 국소배기장치가 설치된 곳에 두어야 한다.

⑫ 유해화학물질이 발생하는 반응, 추출, 교반, 혼합, 분쇄, 선별, 여과, 탈수, 건조 등의 공정은 밀폐 또는 격리된 상태로 이루어지도록 한다.

⑬ 유해화학물질이 유출된 경우에는 넓은 지역으로 확산되지 않도록 차단하는 조치를 하고 주변 사람과 차량의 접근을 통제하여야 한다.

⑭ 누구든지 흥분·환각 또는 마취의 작용을 일으키는 환각물질(톨루엔, 아세트산에틸, 메틸알코올과 이 물질이 들어 있는 시너, 접착제, 풍선류, 도료 등)을 섭취 또는 흡입하거나 이러한 목적으로 소지하지 말아야 한다.

⑮ 기체의 유해화학물질을 취급하는 경우, 액체 유해화학물질에서 증기가 발생할 우려가 있는 경우와 고체 상태의 유해화학물질에서 분말이나 미립자 형태 등이 체류하거나 비산할 우려가 있는 경우에는 개인보호장구(전면형 송기마스크·공기호흡기·방독마스크와 같은 호흡보호구, 보호복 및 안전장갑 등)를 비치·착용하여야 한다.

6. 방사성

1) 개요

방사성 원자핵은 자연붕괴 또는 인공붕괴에 의해 1개의 입자를 방출하여 안정한 상태에 가깝게 하려 한다. 이 방출된 입자를 방사선(放射線)이라 하며 방사선을 내는 물질을 방사능(放射能)물질이라 한다.

방사선에는 α, β, γ 및 X선이 있다. 인체가 방사능에 노출되면 방사선이 가진 에너지에 의해 체내에 화학변화를 일으켜 세포성분인 분자를 변화시키거나 파괴한다. 그 결과 신체의 세포와 조직에 장애를 초래한다. 따라서 조혈, 소화기능 장애, 신경 및 피부 장애, 악성 종양, 백혈병, 백내장, 성장 발육 저해 등의 신체적 영향과 체세포 및 생식세포 돌연변이로 장애가 자손에게 나타나는 유전적 영향을 받는다.

국제해사기구(IMO) 및 UN위험물등급시스템에 의하면 방사성 물질(radio-active materials)은 0.02 μCi/g 이상이어야 한다고 규정하고 있다. 이 기준치는 인간이 연간평균 240 mili rem 정도(흉곽 X선 한 번 촬영시 50～100 mili rem 받음)의 자연방사선량을 지각, 음식물, 건물, 공기, 우주, 심지어 자기 자신의 신체(^{40}K가 대표적 물질)로부터 받고 있음에 따라 이를 근거로 0.02 μCi/g(또는 2,000 pCi/g) 이상의 방사능을 갖는 물질을 방사성 물질로 규정하고 있다.

따라서 이 기준치 자체의 유해성은 크게 걱정하지 않아도 되나 무한정 방사선으로부터의 노출을 보호하기 위해 정해진 기준이라고 생각된다.

2) 방사선의 이용

방사선의 이용을 보면 산업 및 공정기술 연구는 물론이고 생물학 연구, 의료 진단 및 치료 목적으로 동위원소 및 화합물 형태의 방사성 물질을 쓰고 있는데 다음과 같은 곳에 쓰인다.

① 금속 및 화합공업에서 각종 운전제어
② 복합화학반응의 기초연구
③ 윤활유 효율 증대, 모터 마모 및 부식 제어
④ 접근 불가능한 대형 탱크 및 파이프 내의 내용물의 양 및 부식위치 확인
⑤ 필름 도포의 두께 측정 및 제어
⑥ 판상체의 두께 측정 및 제어
⑦ 석유제품 이송관 내의 물질이동 위치 확인
⑧ 용접부, 구조물, 철구조물 및 비투명성 재료의 비파괴시험
⑨ 기기의 마찰 부위에서 생긴 정전기의 제거
⑩ 공기의 이온화
⑪ 의학이용 : 암치료, 갑상선의 치료·진단, 생리관계 응용

⑫ 농업이용 : 품질 개량, 비료, 식품조사

3) 안전대책

(1) 저장·취급

① 방사선 이용 중 사람 또는 소모품 물건을 쓰는 곳과 격리시켜 방사성 물질을 저장 취급해야 하며 가급적 취급지역에서의 대화를 피한다.

② 방사선 오염이 다른 곳으로 확산될 가능성이 적은 낮은 바닥에서 사용토록 한다.

③ 화재 및 방사성 오염 위험을 잘 고려하여 방사성 폐기물을 저장 취급하고 액체 상태의 방사성 폐기물을 견고한 용기에 넣어 저장한다. 질산염류와 접촉하지 않도록 격리하고 공조시설 입구에 방사성 폐기물을 보관해서는 안 된다.

④ 수송 중에 방사선이 차폐되도록 하여 방사성 물질을 운반해야 한다.

(2) 건축물 설계

① 화재, 폭발, 홍수, 지진 등의 사고로 인해 공기 중에 부유하거나 물위에 뜰 수 있는 방사성 물질을 취급하는 건물은 인접 건물과 충분히 떨어져서 건설한다.

② 지하실이나 기타 낮은 곳이 없는 건물은 단층 건물로 설계하는 것이 좋으며 바닥은 방수처리하고 내화성 자재를 사용하여 취급시설을 건설한다.

③ 건물 내 취급시설의 바닥은 방수처리하고 살수장치 및 방수 등으로 처리된 용액을 가두어 둘 수 있는 탱크와 특별 배수장치를 마련하여 주변 지역으로 방사성 물질이 누출되는 것을 막을 수 있는 설비가 필요하다.

④ 폭발사고를 초래할 수 있는 상황에 이르지 않도록 하되 폭발사고가 발생하여도 지탱이 되는 건물구조를 이루도록 한다.

⑤ 실험실 등 실내에서는 오염된 공기, 가스, 증기를 안전하게 다룰 공조시설이 필요하다. 공조구역, 후드, 칸막이 구역 및 기타 구역 간의 열, 화염, 열기 또는 유해성 연기가 유통하지 않도록 공조계통을 배열한다.

⑥ 덕트(duct)는 비가연성 재질을 사용하고 강도 및 내열성이 있어야 하며 알루미늄과 플라스틱제품을 피하되 부득이한 경우 방화조치를 취한다.

(3) 소방대책

① 취급시설 내 자동살수장치는 가장 효과적인 소화시스템의 하나이다. 비록 건축물이 비가연성 재질로 되어 있다 하더라도 가연성 재질의 물건이 있으면 자동소화시스템을 갖추도록 한다.

② 시설에 따라 적응성 있는 물분무소화설비, 포소화설비, 불활성가스소화설비, 할론소화설비, 할로젠화합물소화설비 또는 분말소화설비를 선택하여 갖추도록 한다.

③ 원자력시설기관은 자체적인 소방대 조직과 지역 소방관서와의 연락체제를 마련하고 비상계획

을 수립하며 개인 방호의, 휴대용 방사선측정기, 방독면 등을 휴대한다.

④ 불의의 방사성 물질 방출로 인한 영향을 최소화하도록 오염구역을 신속히 설정하고 적절한 조치를 하여야 한다.

⑤ 다량의 물 사용으로 인한 구조물의 파손방지 및 배수구를 확보한다.

⑥ 현장대응 활동 중 방사선원으로부터 멀리 떨어져야 하며 방사선 피폭시간을 짧게 하며 적절한 엄폐물(콘크리트, 납)을 이용한다. 화상을 입거나 상처가 있는 사람은 건강한 사람보다 방사성 장애를 더 받게 되기 때문에 소화종사자로서 투입해서는 안 된다.

⑦ 지휘관은 방사선 위험구역에 출입하는 사람을 지정하고 엄격히 출입을 통제하여야 한다.

⑧ 주수소화할 때는 관계자와 충분히 협의하고, 방사성 물질에 직접 닿지 않도록 하며, 직사방수로 인한 비산이 되지 않도록 한다. 따라서 분무방수를 하고 소화잔수가 지하실 또는 지하수 등으로 유입되지 않도록 한다.

⑨ 소화작업이 끝나면 모든 복장을 그대로 착용한 채 오염사항을 검사받고, 필요시 폐기 조치하여야 한다.

제3절 위험물시설

1. 개요

1) 위험물시설

위험물은 그 자체의 위험성 때문에 이를 제조·저장·취급하는 데에 있어서 특별한 주의와 안전관리가 필요하다. 위험물시설은 위험물을 안전하게 제조·저장·취급하기 위한 일련의 설비 및 소방시설을 말한다.

위험물의 물리적, 화학적 성질을 알고 그 특성에 적합하도록 제반시설 및 설비를 설치하기 위해 「위험물안전관리법령」에 시설기준을 정하고 있다.

위험물시설은 안전관리의 측면에서는 강화하면 할수록 좋지만, 현실적으로 시설에 소요되는 경제적인 부담을 고려하지 않을 수 없으므로 「위험물안전관리법령」상의 위험물시설의 기준은 안전성의 확보라는 이념과 경제성이라는 현실의 최대공약수를 정한 것이라 할 수 있다. 따라서 완벽한 의미의 안전확보가 아닌 안전의 최소한이라고 할 수 있다. 본 절에서는 현행 「위험물안전관리법령」상의 위험물시설에 관한 기본적 규정을 중심으로 위험물시설의 개요를 간략히 알아보기로 한다.

2) 위험물 제조소등

위험물 제조소등이란 위험물 제조소, 저장소 또는 취급소를 말한다.

제조소는 위험물을 제조할 목적으로 지정수량 이상의 위험물을 취급하기 위한 일련의 시설을 한 장소를 말하며 위험물을 원료로 위험물을 제조하거나, 일반 물질을 원료로 위험물을 제조하거나 간에 모두가 제조소로 분류된다.

저장소는 지정수량 이상의 위험물을 저장하기 위한 장소를 말한다.

취급소는 지정수량 이상의 위험물을 제조 외의 목적으로 취급하기 위한 일련의 시설을 한 장소를 말하며 취급소의 종류는 그 목적에 따라 구분된다.

2. 시설기준

위험시설의 기준은 행정안전부령의 「위험물안전관리법 시행규칙」 및 소방청 고시 「위험물안전관리에 관한 세부기준」에 따라 제조소, 저장소와 취급소로 나누어 각각의 기준을 정하고 있다.

1) 제조소의 시설기준

제조소는 위험물을 만드는 곳이므로 건축물, 설비 등의 기준을 일반 제품을 제조하는 곳보다 안전기준이 매우 강화되어 있다.

(1) 안전거리

안전거리는 제조소의 사고 발생 중 ① 제조소와 인접한 방호대상물을 보호하고 ② 환경 안전을 확보하기 위한 목적으로 방호대상 건축물의 외벽·공작물의 외측과 제조소의 외벽·공작물의 외측까지의 사이에 일정한 수평거리를 확보하도록 하는 것이다.

안전거리의 규제를 받는 시설은 제조소 외에 일반취급소, 옥내저장소, 옥외탱크저장소, 옥외저장소가 있으며 대상별 확보해야 할 안전거리는 다음의 표와 같다.

대 상	안전거리
① 건축물, 주거용(제조소 부지 내 설치된 것과 하기 ②~④에 정한 것 제외)	10 m 이상
② 학교·병원·극장 그 밖에 다수인을 수용하는 시설로서 다음에 해당하는 것 (1) 학교(「초·중등교육법」 제2조 및 「고등교육법」 제2조에 규정) (2) 병원, 치과병원, 한방병원, 요양병원, 정신병원 및 종합병원(「의료법」 제3조제2항제3호 병원급 의료기관) (3) 공연장(「공연법」 제2조제4호의 규정), 영화상영관(「영화 및 비디오물의 진흥에 관한 법률」 제2조제10호의 규정) 및 그 밖에 이와 유사한 시설로서 300명 이상의 인원을 수용할 수 있는 것 (4) 다음의 시설 및 그 밖에 이와 유사한 시설로서 20명 이상의 인원을 수용할 수 있는 것 ○ 아동복지시설(「아동복지법」 제3조제10호의 규정) ○ 노인복지시설(「노인복지법」 제31조제1호부터 제3호까지의 규정) ○ 장애인복지시설(「장애인복지법」 제58조제1항의 규정)	30 m 이상

<table>
<tr><td>○ 한부모가족복지시설(「한부모가족지원법」 제19조제1항의 규정)
○ 어린이집(「영유아보육법」 제2조제3호의 규정)
○ 성매매피해자등을 위한 지원시설(「성매매 방지 및 피해자보호 등에 관한 법률」 제9조제1항의 규정)
○ 정신건강증진시설(「정신건강증진 및 정신질환자 복지서비스 지원에 관한 법률」 제3조제4호의 규정)
○ 보호시설(「가정폭력 방지 및 피해자보호 등에 관한 법률」 제7조의2제1항의 규정)</td><td></td></tr>
<tr><td>③ 유형문화재, 기념물 중 지정문화재</td><td>50 m 이상</td></tr>
<tr><td>④ 허가 또는 신고용 고압가스 제조시설(용기충전 포함), 고압가스 사용시설로서 1일 30 m^3 이상 용적 취급 / 허가 또는 신고용 고압가스 저장시설 / 허가 또는 신고용 액화산소 소비시설 / 허가용 액화석유가스 제조시설 및 액화석유가스 저장시설 / 도시가스 공급시설</td><td>20 m 이상</td></tr>
<tr><td>⑤ 사용전압이 7,000 V 초과 35,000 V 이하의 특고압가공전선</td><td>3 m 이상</td></tr>
<tr><td>⑥ 사용전압이 35,000 V 초과하는 특고압가공전선</td><td>5 m 이상</td></tr>
</table>

(2) 보유공지

보유공지는 위험물시설 또는 그 구성부분 주위에 확보해야 할 절대 공간을 말하는데 화재 발생 때는 ① 연소(延燒)확대 방지 ② 소방대의 현장 소방활동 공간 ③ 요구조자의 피난 공간으로 활용된다.

보유공지의 규제를 받는 시설은 제조소, 일반취급소, 옥내저장소, 옥외저장소, 옥외탱크저장소, 옥외에 주차하는 이동탱크저장소, 간이탱크저장소가 있다.

(3) 표지, 게시판 및 주의사항 게시판

제조소에는 그 시설이 ① 위험물시설임을 불특정 다수인에게 명시하고 ② 관계자에게 주의를 촉구하며 ③ 재해 발생 중 현장 활동자에게 시설에 관한 정보를 제공하기 위해 위험물 제조소라는 표시를 한 표지, 게시판 및 다음과 같은 주의사항 게시판을 설치하여야 한다.

<table>
<tr><th rowspan="2">유 별</th><th rowspan="2">품 명</th><th colspan="2">주의사항 게시판</th></tr>
<tr><th>주의사항</th><th>표지색상</th></tr>
<tr><td>제1류 위험물</td><td>알칼리금속 과산화물과 이를 함유한 것</td><td>물기엄금</td><td>청색바탕, 백색문자</td></tr>
<tr><td rowspan="2">제2류 위험물</td><td>인화성 고체</td><td>화기엄금</td><td>적색바탕, 백색문자</td></tr>
<tr><td>인화성 고체 외</td><td>화기주의</td><td>적색바탕, 백색문자</td></tr>
<tr><td rowspan="2">제3류 위험물</td><td>금수성 물질</td><td>물기엄금</td><td>청색바탕, 백색문자</td></tr>
<tr><td>자연발화성 물질</td><td>화기엄금</td><td>적색바탕, 백색문자</td></tr>
<tr><td>제4류 위험물</td><td>전부</td><td>화기엄금</td><td>적색바탕, 백색문자</td></tr>
<tr><td>제5류 위험물</td><td>전부</td><td>화기엄금</td><td>적색바탕, 백색문자</td></tr>
</table>

(4) 제조소의 건축물과 안전설비

제조소의 건축물은 분진, 유증기 등의 화재나 폭발로부터 가능한 피해를 최소화할 수 있도록 건축되고 있다. 그 내용은 유증기 등의 체류방지를 위한 지하층 설치 불가, 내부 폭발에 대비 폭발압력으로 지붕부분이 빨리 열리도록 지붕은 가벼운 불연재로 하고 기타 주요 구조부는 불연재료로 하고 있다.

내부에 설치되는 안전설비로는 조명설비, 환기설비, 배출설비, 누출비산방지시설, 온도측정장치, 압력계 및 안전장치, 정전기 제거설비, 특수금속 사용제한, 불연성 가스봉입 등이 있고 외부에 시설되는 것으로는 피뢰설비, 옥외시설의 바닥, 방유제 등의 시설기준이 있다.

2) 저장소의 시설기준

(1) 옥내저장소

옥내저장소란 옥내에서 위험물을 저장하는 장소를 말한다. 따라서 밀폐공간에서 발생할 수 있는 분진폭발, 혼촉발화, 자연발화 등에 대한 예방대책이 절실히 요구되는 시설이다. 안전관리를 위한 시설의 기준으로 저장소의 면적, 높이, 층수의 제한을 두고 있으며 창고의 재료 및 구조를 불연성, 방폭성, 연소확대방지 등을 꾀하도록 하고 있다.

(2) 옥외탱크저장소

옥외탱크저장소란 옥외의 탱크에 위험물을 저장하는 장소를 말한다. 따라서 자연적인 환경에 따른 위험에 노출되어 있고 대형화재 등 재해 발생 중 boil over, slop over 등이 발생하기도 하여 예기치 못한 화재확대와 대형인명피해 등의 위험한 상태를 초래하기도 한다.

따라서 탱크의 설계 중 부식방지, 내진, 내풍압 등을 위한 검토가 필요하고 내부 폭발에 대비하여 측판 및 바닥판이 파손되는 것을 막기 위해 이상내압방출구조로 제작하여야 한다.

탱크에 설치되는 안전관리를 확보하기 위한 시설로는 통기장치, 계량장치, 주입구 및 배수배관, 펌프설비, 보냉장치 및 불연성 가스봉입, 피뢰설비, 방유제 등이 있고 금수성(禁水性)위험물 옥외탱크 및 이황화탄소 옥외탱크에 대하여는 특례 기술기준이 있다.

(3) 옥내탱크저장소

옥내탱크저장소란 옥내에 있는 탱크에서 위험물을 저장하는 장소를 말한다. 옥내에 있는 탱크라는 의미에서 이중의 안전장치를 가지고 있는 시설이며 탱크전용실의 설치위치 및 용량을 제한하고 있어 비교적 안전한 저장소로 볼 수 있다. 안전관리를 위한 규정으로는 탱크전용실의 위치, 재료 및 구조, 탱크의 간격, 용량, 통기장치, 배출설비, 안전장치, 부식방지, 불연성 가스봉입 및 보냉장치, 배관 및 배수관 등에 대한 기술기준이 있다.

(4) 지하탱크저장소

지하탱크저장소란 지하에 매설되어 있는 탱크에서 위험물을 저장하는 장소이다. 저장시설 형태 중에서 가장 안전성이 뛰어난 시설이며 화재 때는 다른 저장소에 비해 비교적 소화가 용이한 편이다.

그러나 시설 자체가 지하에 매설되므로 탱크 부식 등의 우려가 있고 위험물의 누출을 조기 발견하기 곤란하여 환경에 대한 오염은 물론 탱크의 수리가 곤란하고 지하수에 의한 탱크의 부양(浮揚)이 우려되므로 사전에 완벽하게 설치 및 관리가 요구된다. 지하탱크의 안전관리를 위한 규정으로는 탱크와 탱크전용실의 재료 및 구조, 주입구 및 배관, 계량장치, 누유검사관, 통기장치, 맨홀, 안전장치에 대한 기술기준이 있다.

(5) 간이탱크저장소

간이탱크저장소란 작은 탱크에서 위험물을 저장하는 장소를 말한다. 용량을 600 L 이하로 하고 있으며 탱크의 수는 3기 이하로 제한하고 있다. 따라서 현실적으로 활용이 적고 주유취급소 등에서 정전 시에 대비한 예비용으로 사용되고 있는 정도이다. 안전관리를 위한 설비로는 탱크의 구조 및 재료, 통기장치, 주유설비, 표지 및 게시판 등이 있다.

(6) 이동탱크저장소

이동탱크저장소란 차량에 고정시킨 탱크에서 위험물을 저장하는 장소이다. 그러나 이동탱크저장소는 주차하면 빈 탱크로 주차하여야 하므로 다른 저장시설이 저장을 목적으로 하는데 반하여 위험물을 운송하기 위한 시설로 볼 수 있다. 위험물의 대량소비 및 운송이 일반화되고 차량의 급격한 증가에 따라 교통사고 등으로 인한 누출 및 화재사고가 우려되는 시설이다.

이동탱크저장소의 안전관리를 위한 시설로는 차고, 탱크의 구조 및 재료, 용량, 안전장치, 방파판, 측면틀, 방호틀, 밸브 및 폐쇄장치, 특수 금속의 사용제한, 결합금속구, 보냉장치 등이 있으며 외국공인 탱크, 진공방식의 탱크, 컨테이너방식의 탱크는 따로 적용하는 특례 기술기준이 있다.

(7) 옥외저장소

옥외저장소란 옥외의 장소에서 위험물을 저장하는 장소이다. 비교적 다량의 위험물을 저장할 때 많이 이용한다. 옥외에서 위험물을 저장하는 시설이므로 자연적인 환경의 영향을 많이 받으며 특히 공기 중의 습기, 빗물 등과 반응성이 있는 위험물 또는 비교적 저인화점 위험물을 저장할 수 없으며 제2류 위험물 중 황 및 인화점 0℃ 이상 인화성 고체, 제4류 위험물 중 인화점 0℃ 이상의 제1석유류, 제2석유류, 제3석유류, 제4석유류, 동식물유류 및 제6류 위험물만 저장할 수 있다.

안전관리를 위한 조치로는 설치장소의 제한, 경계표시, 안전거리 및 보유공지, 표지 및 게시판, 선반 등의 구조물에 관한 기술기준이 있다.

(8) 암반탱크저장소

암반 내의 공간을 이용한 탱크에 액체의 위험물을 저장하는 장소를 말한다.

3) 취급소의 시설기준

(1) 주유취급소

주유취급소란 고정된 주유설비에 의하여 위험물을 자동차·항공기 또는 선박 등의 연료탱크에 직접 주유하기 위하여 위험물을 취급하는 장소를 말한다.

주유취급소에 설치 가능한 저장시설은 지하탱크이며 특수한 경우를 제외하고는 간이탱크를 설치할 수 있다. 주유취급소에 관한 규정은 위치, 공지, 표지 및 게시판, 고정주유설비의 위치, 건축물의 용도 및 구조, 담 또는 벽, 캐노피 등이 있고 항공기주유취급소, 철도주유취급소, 고속도로주유취급소, 자가용주유취급소에 대한 특례 기술기준이 있다.

(2) 판매취급소

점포에서 위험물을 용기에 담아 판매하기 위하여 지정수량의 40배 이하의 위험물을 취급하는 장소를 말한다. 판매취급소는 제1종 판매취급소와 제2종 판매취급소가 있으며 주요 설치기준은 건축물의 구조와 위험물 배합실 등이 있다.

(3) 이송취급소

이송취급소란 배관 및 이에 부속된 설비에 의하여 위험물을 이송하는 장소를 말한다. 주요설치기준은 배관 등의 재료 및 구조, 배관설치관 누설확산방지조치 등이 있으며 별도의 특례기준도 있다.

(4) 일반취급소

일반취급소란 주유, 판매 또는 이송취급소 외의 장소로서 위험물을 사용하여 일반 제품을 사용, 가공 또는 세척하거나 버너 등에 소비하기 위하여 위험물을 취급하는 시설을 말한다.

시설에 관한 안전 규정으로는 대부분 제조소의 시설기준이 준용되며, 발전소, 변전소 등, 열처리공장 등, 분무도장작업공장, 보일러실 등, 인화점이 높은 위험물을 취급하는 일반취급소에 관한 특례 기술기준이 있다.

제4절 위험물 제조소등의 소방시설

위험물 제조소등의 소방시설은 위험물 제조소등에서 화재나 폭발 등의 사고 발생 중 이를 신속하게 진압하기 위한 소화설비와 사고발생 사실을 신속히 전파하기 위한 경보설비 및 피난설비를 말한다.

1. 소방시설의 적용기준

소방시설은 주로 건축물과 위험물 제조소등에 적용된다. 건축물에 소방시설을 적용함에 있어서 그 기준이 되는 요소는 층별, 면적별, 용도별 등이며, 이 요소는 객관적으로 계량화가 가능한 개념들이다. 그러나 위험물 제조소등에 소방시설을 적용함에 있어서 그 기준이 되는 요소는 소화설비에 있어서는 “소화의 난이도”이며 경보설비에 있어서는 “제조소등의 규모 및 지정수량”이다.

또한 건축물에 대한 소방시설의 설치대상은 대통령령으로 정하고 있는데 비해 위험물시설에 대한 소방시설의 설치대상은 행정안전부령으로 정하고 있다. 건축물 또는 위험물 제조소등에 설치하는 소방시설은 법적인 규정에 의해 시설을 설치하는 것도 중요하지만 설치된 시설을 통해 향후 재해 발생 중 정상적으로 사용 가능한 상태로 적정하게 관리·유지하는 것이 더욱 중요하다.

2. 소화설비

위험물 제조소등에 설치하는 소방시설의 설치기준은 「위험물안전관리법 시행규칙」 및 「위험물안전관리에 관한 세부기준」에서 정하며, 위험물 제조소등을 소화난이도에 따라 등급을 Ⅰ, Ⅱ, Ⅲ으로 각각 나누고 등급에 따라 제조소등에 설치하여야 하는 소화설비를 정하고 있다.

소화난이도 등급 Ⅰ, Ⅱ, Ⅲ에 언급되는 "규칙 제48조 및 규칙 별표"는 「위험물안전관리법 시행규칙」 제48조 및 「위험물안전관리법 시행규칙」 별표에 해당됨을 참고하기 바란다.

1) 소화난이도 등급 Ⅰ의 제조소등 및 소화설비

(1) 소화난이도 등급 Ⅰ에 해당하는 제조소등

제조소등의 구분	제조소등의 규모, 저장 또는 취급하는 위험물의 품명 및 최대수량 등
제조소 일반취급소	연면적 1,000 m^2 이상인 것
	지정수량의 100배 이상인 것(고인화점 위험물만을 100℃ 미만의 온도에서 취급하는 것 및 규칙 제48조의 위험물을 취급하는 것은 제외)
	지반면으로부터 6 m 이상의 높이에 위험물 취급설비가 있는 것(고인화점 위험물만을 100℃ 미만의 온도에서 취급하는 것은 제외)
	일반취급소로 사용되는 부분 외의 부분을 갖는 건축물에 설치된 것(내화구조로 개구부 없이 구획된 것, 고인화점 위험물만을 100℃ 미만의 온도에서 취급하는 것 및 규칙 별표 16 Ⅹ의2 화학실험의 일반취급소는 제외)
주유취급소	규칙 별표 13 Ⅴ 제2호에 따른 면적의 합이 500 m^2를 초과하는 것
옥내저장소	지정수량의 150배 이상인 것(고인화점 위험물만을 저장하는 것 및 규칙 제48조의 위험물을 저장하는 것은 제외)
	연면적 150 m^2을 초과하는 것(150 m^2 이내마다 불연재료로 개구부 없이 구획된 것 및 인화성 고체 외의 제2류 위험물 또는 인화점 70℃ 이상의 제4류 위험물만을 저장하는 것은 제외)
	처마높이가 6 m 이상인 단층건물의 것
	옥내저장소로 사용되는 부분 외의 부분이 있는 건축물에 설치된 것(내화구조로 개구부 없이 구획된 것 및 인화성 고체 외의 제2류 위험물 또는 인화점 70℃ 이상의 제4류 위험물만을 저장하는 것은 제외)
옥외탱크저장소	액표면적 40 m^2 이상인 것(제6류 위험물을 저장하는 것 및 고인화점 위험물만을 100℃ 미만의 온도에서 저장하는 것은 제외)
	지반면으로부터 탱크 옆판의 상단까지 높이가 6 m 이상인 것(제6류 위험물을 저장하는 것 및 고인화점 위험물만을 100℃ 미만의 온도에서 저장하는 것은 제외)

	지중탱크 또는 해상탱크로서 지정수량의 100배 이상인 것(제6류 위험물을 저장하는 것 및 고인화점 위험물만을 100℃ 미만의 온도에서 저장하는 것은 제외)
	고체 위험물을 저장하는 것으로서 지정수량의 100배 이상인 것
옥내탱크저장소	액표면적이 40 m^2 이상인 것(제6류 위험물을 저장하는 것 및 고인화점 위험물만을 100℃ 미만의 온도에서 저장하는 것은 제외)
	바닥면으로부터 탱크 옆판의 상단까지 높이가 6 m 이상인 것(제6류 위험물을 저장하는 것 및 고인화점 위험물만을 100℃ 미만의 온도에서 정하는 것은 제외)
	탱크전용실이 단층건물 외의 건축물에 있는 것으로서 인화점 38℃ 이상 70℃ 미만의 위험물을 지정수량의 5배 이상 저장하는 것(내화구조로 개구부 없이 구획된 것은 제외한다.)
옥외저장소	덩어리 상태의 황을 저장하는 것으로서 경계표시 내부의 면적(2 이상의 경계표시가 있는 경우에는 각 경계표시 내부의 면적을 합한 면적)이 100 m^2 이상인 것
	규칙 별표 11 Ⅲ 위험물을 저장하는 것으로서 지정수량의 100배 이상인 것
암반탱크저장소	액표면적이 40 m^2 이상인 것(제6류 위험물을 저장하는 것 및 고인화점 위험물만을 100℃ 미만의 온도에서 저장하는 것은 제외)
	고체 위험물만을 저장하는 것으로서 지정수량의 100배 이상인 것
이송취급소	모든 대상

비고) 제조소등의 구분별로 오른쪽란에 정한 제조소등의 규모, 저장 또는 취급하는 위험물의 수량 및 최대수량 등의 어느 하나에 해당하는 제조소등은 소화난이도 등급 Ⅰ에 해당하는 것으로 한다.

(2) 소화난이도 등급 Ⅰ의 제조소등에 설치하여야 하는 소화설비

제조소등의 구분		소화설비
제조소 및 일반취급소		옥내소화전설비, 옥외소화전설비, 스프링클러설비 또는 물분무등소화설비(화재 발생 때 연기가 충만할 우려가 있는 장소에는 스프링클러설비 또는 이동식 이외의 물분무등소화설비에 한한다.)
주유취급소		스프링클러설비(건축물에 한정한다), 소형수동식 소화기 등(능력단위의 수치가 건축물 그 밖의 공작물 및 위험물의 소요단위의 수치에 이르도록 설치할 것)
옥내저장소	처마높이가 6 m 이상의 단층건물 또는 다른 용도의 부분이 있는 건축물에 설치한 옥내저장소	스프링클러설비 또는 이동식 이외의 물분무등소화설비
	그 밖의 것	옥외소화전설비, 스프링클러설비, 이동식 이외의 물분무등소화설비 또는 이동식 포소화설비(포소화전을 옥외에 설치하는 것에 한한다.)

<table>
<tr><td rowspan="5">옥외
탱크
저장소</td><td rowspan="3">지중탱크
또는
해상탱크
외의 것</td><td>황만을 저장 취급하는 것</td><td>물분무소화설비</td></tr>
<tr><td>인화점 70℃ 이상의 제4류 위험물만을 저장 취급하는 것</td><td>물분무소화설비 또는 고정식 포소화설비</td></tr>
<tr><td>그 밖의 것</td><td>고정식 포소화설비(포소화설비가 적응성이 없는 경우에는 분말소화설비)</td></tr>
<tr><td colspan="2">지중탱크</td><td>고정식 포소화설비, 이동식 이외의 불활성가스소화설비 또는 이동식 이외의 할로젠화합물소화설비</td></tr>
<tr><td colspan="2">해상탱크</td><td>고정식 포소화설비, 물분무소화설비, 이동식 이외의 불활성가스소화설비 또는 이동식 이외의 할로젠화합물소화설비</td></tr>
<tr><td rowspan="3">옥내
탱크
저장소</td><td colspan="2">황만을 저장 취급하는 것</td><td>물분무소화설비</td></tr>
<tr><td colspan="2">인화점 70℃ 이상의 제4류 위험물만을 저장 취급하는 것</td><td>물분무소화설비, 고정식 포소화설비, 이동식 이외의 불활성가스소화설비, 이동식 이외의 할로젠화합물소화설비 또는 이동식 이외의 분말소화설비</td></tr>
<tr><td colspan="2">그 밖의 것</td><td>고정식 포소화설비, 이동식 이외의 불활성가스소화설비, 이동식 이외의 할로젠화합물소화설비 또는 이동식 이외의 분말소화설비</td></tr>
<tr><td colspan="3">옥외저장소 및 이송취급소</td><td>옥내소화전설비, 옥외소화전설비, 스프링클러설비 또는 물분무등소화설비(화재 발생 때 연기가 충만할 우려가 있는 장소에는 스프링클러설비 또는 이동식 이외의 물분무등소화설비에 한한다.)</td></tr>
<tr><td rowspan="3">암반
탱크
저장소</td><td colspan="2">황만을 저장 취급하는 것</td><td>물분무소화설비</td></tr>
<tr><td colspan="2">인화점 70℃ 이상의 제4류 위험물만을 저장 취급하는 것</td><td>물분무소화설비 또는 고정식 포소화설비</td></tr>
<tr><td colspan="2">그 밖의 것</td><td>고정식 포소화설비(포소화설비가 적응성이 없는 경우에는 분말소화설비)</td></tr>
</table>

비고) 1. 위 표 오른쪽란의 소화설비를 설치함에 있어서는 해당 소화설비의 방사범위가 해당 제조소, 일반취급소, 옥내저장소, 옥외탱크저장소, 옥내탱크저장소, 옥외저장소, 암반탱크저장소(암반탱크에 관계되는 부분을 제외한다.) 또는 이송취급소(이송기지 내에 한한다.)의 건축물, 그 밖의 공작물 및 위험물을 포함하도록 하여야 한다. 다만, 고인화점 위험물만을 100℃ 미만의 온도에서 취급하는 제조소 또는 일반취급소의 경우에는 해당 제조소 또는 일반취급소의 건축물 및 그 밖의 공작물만 포함하도록 할 수 있다.

2. 고인화점 위험물만을 100℃ 미만의 온도에서 취급하는 제조소 또는 일반취급소의 위험물에 대해서는 대형수동식소화기 1개 이상과 해당 위험물의 소요단위에 해당하는 능력단위의 소형수동식소화기를 설치하여야 한다. 다만, 해당 제조소 또는 일반취급소에 옥내·외소화전설비, 스프링클러설비 또는 물분무등소화설비를 설치한 경우에는 해당 소화설비의 방사능력범위 내에는 대형수동식소화기를 설치하지 아니할 수 있다.

3. 가연성 증기 또는 가연성 미분이 체류할 우려가 있는 건축물 또는 실내에는 대형수동식소화기 1개 이상과 해당 건축물, 그 밖의 공작물 및 위험물의 소요단위에 해당하는 능력단위의 소형수동식소화기등을 추가로 설치하여야 한다.

4. 제4류 위험물을 저장 또는 취급하는 옥외탱크저장소 또는 옥내탱크저장소에는 소형수동식소화기등을 2개 이상 설치하여야 한다.

5. 제조소, 옥내탱크저장소, 이송취급소, 또는 일반취급소의 작업공정상 소화설비의 방사능력범위 내에 해당 제조소 등에서 저장 또는 취급하는 위험물의 전부가 포함되지 아니하는 경우에는 해당 위험물에 대하여 대형수동식소화기 1개 이상과 해당 위험물의 소요단위에 해당하는 능력단위의 소형수동식소화기등을 추가로 설치하여야 한다.

6. 별표 16 Ⅰ 제2호카목에 따른 반도체 제조공정의 일반취급소에 설치하는 소화설비의 방사범위 내에 있는 위험물 취급설비에 소방청장이 정하여 고시하는 기준에 적합한 소화장치가 내장 또는 부착된 경우 해당 방사범위는 제1호에 따른 소화설비를 설치한 것으로 본다.

2) 소화난이도 등급 II의 제조소등 및 소화설비

(1) 소화난이도 등급 II에 해당하는 제조소등

제조소등의 구분	제조소등의 규모, 저장 또는 취급하는 위험물의 품명 및 최대수량 등
제조소 일반취급소	연면적 600 m^2 이상인 것
	지정수량의 10배 이상인 것(고인화점 위험물만을 100℃ 미만의 온도에서 취급하는 것 및 규칙 제48조의 위험물을 취급하는 것은 제외)
	규칙 별표 16 Ⅱ·Ⅲ·Ⅳ·Ⅴ·Ⅷ·Ⅸ·Ⅹ 또는 Ⅹ의2의 일반취급소로서 소화난이도 등급 Ⅰ의 제조소등에 해당하지 아니하는 것(고인화점 위험물만을 100℃ 미만의 온도에서 취급하는 것은 제외)
옥내저장소	단층건물 이외의 것
	규칙 별표 5 Ⅱ 또는 Ⅳ 제1호의 옥내저장소
	지정수량의 10배 이상인 것(고인화점 위험물만을 저장하는 것 및 규칙 제48조의 위험물을 저장하는 것은 제외)
	연면적 150 m^2 초과인 것
	규칙 별표 5 Ⅲ의 옥내저장소로서 소화난이도 등급 Ⅰ의 제조소등에 해당하지 아니하는 것
옥외탱크저장소 옥내탱크저장소	소화난이도 등급 Ⅰ의 제조소등 이외의 것(고인화점 위험물만을 100℃ 미만의 온도로 저장하는 것 및 제6류 위험물만을 저장하는 것은 제외)
옥외저장소	덩어리 상태의 황을 저장하는 것으로서 경계표시 내부의 면적(2 이상의 경계표시가 있는 경우에는 각 경계표시의 내부의 면적을 합한 면적)이 5 m^2 이상 100 m^2 미만인 것
	규칙 별표 11 Ⅲ의 위험물을 저장하는 것으로서 지정수량의 10배 이상 100배 미만인 것
	지정수량의 100배 이상인 것(덩어리 상태의 황 또는 고인화점 위험물을 저장하는 것은 제외)
주유취급소	옥내주유취급소로서 소화난이도 등급 Ⅰ의 제조소등에 해당하지 아니하는 것
판매취급소	제2종 판매취급소

비고) 제조소등의 구분별로 오른쪽란에 정한 제조소등의 규모, 저장 또는 취급하는 위험물의 수량 및 최대수량 등의 어느 하나에 해당하는 제조소등은 소화난이도 등급 Ⅱ에 해당하는 것으로 한다.

(2) 소화난이도 등급 II의 제조소등에 설치하여야 하는 소화설비

제조소등의 구분	소화설비
제조소 옥내저장소 옥외저장소 주유취급소 판매취급소 일반취급소	방사능력범위 내에 해당 건축물, 그 밖의 공작물 및 위험물이 포함되도록 대형수동식소화기를 설치하고, 해당 위험물의 소요단위의 1/5 이상에 해당하는 능력단위의 소형수동식소화기등을 설치할 것
옥외탱크저장소 옥내탱크저장소	대형수동식소화기 및 소형수동식소화기등을 각각 1개 이상 설치할 것

비고) 1. 옥내소화전설비, 옥외소화전설비, 스프링클러설비 또는 물분무등소화설비를 설치한 경우에는 해당 소화설비의 방사능력범위 내의 부분에 대해서는 대형수동식소화기를 설치하지 아니할 수 있다.
2. 소형수동식소화기등이란 제4호에 따른 소형수동식소화기 또는 기타 소화설비를 말한다. 이하 같다.

3) 소화난이도 등급 III의 제조소등 및 소화설비

(1) 소화난이도 등급 III에 해당하는 제조소등

제조소등의 구분	제조소등의 규모, 저장 또는 취급하는 위험물의 품명 및 최대수량 등
제조소 일반취급소	규칙 제48조의 위험물(염소산염류, 과염소산염류, 질산염류, 황, 철분, 금속분, 마그네슘, 질산에스터류, 나이트로화합물)을 취급하는 것
	규칙 제48조의 위험물 외의 것을 취급하는 것으로서 소화난이도 등급 Ⅰ 또는 소화난이도 등급 Ⅱ의 제조소등에 해당하지 아니하는 것
옥내저장소	규칙 제48조의 위험물(염소산염류, 과염소산염류, 질산염류, 황, 철분, 금속분, 마그네슘, 질산에스터류, 나이트로화합물)을 취급하는 것
	규칙 제48조의 위험물 외의 것을 취급하는 것으로서 소화난이도 등급 Ⅰ 또는 소화난이도 등급 Ⅱ의 제조소등에 해당하지 아니하는 것
지하탱크저장소 간이탱크저장소 이동탱크저장소	모든 대상
옥외저장소	덩어리 상태의 황을 저장하는 것으로서 경계표시 내부의 면적(2 이상의 경계표시가 있는 경우에는 각 경계표시의 내부의 면적을 합한 면적)이 5 m^2 미만인 것
	덩어리 상태의 황 이외의 것을 저장하는 것으로서 소화난이도 등급 Ⅰ 또는 소화난이도 등급 Ⅱ의 제조소등에 해당하지 아니하는 것
주유취급소	옥내주유취급소 외의 것으로서 소화난이도 등급 Ⅰ의 제조소등에 해당하지 아니하는 것
제1종 판매취급소	모든 대상

비고) 제조소등의 구분별로 오른쪽란에 정한 제조소등의 규모, 저장 또는 취급하는 위험물의 수량 및 최대수량 등의 어느 하나에 해당하는 제조소등은 소화난이도 등급 Ⅲ에 해당하는 것으로 한다.

(2) 소화난이도 등급 III의 제조소등에 설치하여야 하는 소화설비

제조소등의 구분	소화설비	설치기준	
지하탱크저장소	소형수동식소화기등	능력단위의 수치가 3 이상	2개 이상
이동탱크저장소	자동차용소화기	무상의 강화액 8 L 이상	2개 이상
		이산화탄소 3.2 kg 이상	
		브로모클로로다이플루오로메테인(CF_2ClBr) 2 L 이상	
		브로모트라이플루오로메테인(CF_3Br) 2 L 이상	
		다이브로모테트라플루오로에테인($C_2F_4Br_2$) 1 L 이상	
		소화분말 3.3 kg 이상	
	마른 모래 및 팽창질석 또는 팽창진주암	마른 모래 150 L 이상	
		팽창질석 또는 팽창진주암 640 L 이상	
그 밖의 제조소등	소형수동식소화기등	능력단위의 수치가 건축물 그 밖의 공작물 및 위험물의 소요단위의 수치에 이르도록 설치할 것. 다만, 옥내소화전설비, 옥외소화전설비, 스프링클러설비, 물분무등소화설비 또는 대형수동식소화기를 설치한 경우에는 해당 소화설비의 방사능력범위 내의 부분에 대하여는 수동식소화기등을 그 능력단위의 수치가 해당 소요단위의 수치의 1/5 이상이 되도록 하는 것으로 족하다.	

비고) 알킬알루미늄등을 저장 또는 취급하는 이동탱크저장소에 있어서는 자동차용 소화기를 설치하는 외에 마른 모래나 팽창질석 또는 팽창진주암을 추가로 설치하여야 한다.

4) 소화설비의 적응성

소화설비의 구분			건축물·그 밖의 공작물	전기설비	제1류 위험물: 알칼리금속과산화물등	제1류 위험물: 그 밖의 것	제2류 위험물: 철분·금속분·마그네슘등	제2류 위험물: 인화성고체	제2류 위험물: 그 밖의 것	제3류 위험물: 금수성물질	제3류 위험물: 그 밖의 것	제4류 위험물	제5류 위험물	제6류 위험물
옥내소화전설비 또는 옥외소화전설비			○			○		○	○		○		○	○
스프링클러설비			○			○		○	○		○	△	○	○
물분무등 소화설비	물분무소화설비		○	○		○		○	○		○	○	○	○
	포소화설비		○			○		○	○		○	○	○	○
	불활성가스소화설비			○				○				○		
	할로젠화합물소화설비			○				○				○		
	분말 소화 설비	인산염류등	○	○		○		○	○			○		○
		탄산수소염류등		○	○		○	○		○		○		
		그 밖의 것			○		○			○				
대형·소형 수동식 소화기	봉상수(棒狀水)소화기		○			○		○	○		○		○	○
	무상수(霧狀水)소화기		○	○		○		○	○		○		○	○
	봉상강화액소화기		○			○		○	○		○		○	○
	무상강화액소화기		○	○		○		○	○		○	○	○	○
	포소화기		○			○		○	○		○	○	○	○
	이산화탄소소화기			○				○				○		△
	할로젠화합물소화기			○				○				○		
	분말 소화기	인산염류소화기	○	○		○		○				○		○
		탄산수소염류소화기		○	○		○	○		○		○		
		그 밖의 것			○		○			○				
기타	물통 또는 수조		○			○		○	○		○		○	○
	건조사				○	○	○	○	○	○	○	○	○	○
	팽창질석 또는 팽창진주암				○	○	○	○	○	○	○	○	○	○

비고) 1. "○"표시는 해당 소방대상물 및 위험물에 대하여 소화설비가 적응성이 있음을 표시하고, "△"표시는 제4류 위험물을 저장 또는 취급하는 장소의 살수기준면적에 따라 스프링클러설비의 살수밀도가 다음 표에 정하는 기준 이상인 경우에는 해당 스프링클러설비가 제4류 위험물에 대하여 적응성이 있음을, 제6류 위험물을 저장 또는 취급하는 장소로서 폭발의 위험이 없는 장소에 한하여 이산화탄소소화기가 제6류 위험물에 대하여 적응성이 있음을 각각 표시한다.

살수기준면적(m^2)	방사밀도(L/m^2분) 인화점 38℃ 미만	방사밀도(L/m^2분) 인화점 38℃ 이상	비고
279 미만	16.3 이상	12.2 이상	살수기준면적은 내화구조의 벽 및 바닥으로 구획된 하나의 실의 바닥면적을 말하고, 하나의 실의 바닥면적이 465 m^2 이상인 경우의 살수기준면적은 465 m^2로 한다. 다만, 위험물의 취급을 주된 작업내용으로 하지 아니하고 소량의 위험물을 취급하는 설비 또는 부분이 넓게 분산되어 있는 경우에는 방사밀도 8.2 L/m^2분 이상, 살수기준면적은 279 m^2 이상으로 할 수 있다.
279 이상 372 미만	15.5 이상	11.8 이상	
372 이상 465 미만	13.9 이상	9.8 이상	
465 이상	12.2 이상	8.1 이상	

2. 인산염류등은 인산염류, 황산염류 그 밖에 방염성이 있는 약제를 말한다.
3. 탄산수소염류등은 탄산수소염류 및 탄산수소염류와 요소의 반응생성물을 말한다.
4. 알칼리금속과산화물등은 알칼리금속의 과산화물 및 알칼리금속의 과산화물을 함유한 것을 말한다.
5. 철분·금속분·마그네슘등은 철분·금속분·마그네슘과 철분·금속분 또는 마그네슘을 함유한 것을 말한다.

5) 소화설비의 설치기준

(1) 전기설비의 소화설비

제조소등에 전기설비(전기배선, 조명기구 등은 제외한다)가 설치된 경우에는 해당 장소의 면적 100 m^2마다 소형수동식소화기를 1개 이상 설치할 것

(2) 소요단위 및 능력단위

① 소요단위 : 소화설비의 설치대상이 되는 건축물 그 밖의 공작물의 규모 또는 위험물의 양의 기준단위

② 능력단위 : ①의 소요단위에 대응하는 소화설비의 소화능력의 기준단위

(3) 소요단위의 계산방법

건축물 그 밖의 공작물 또는 위험물의 소요단위의 계산방법은 다음의 기준에 따를 것

구 분	건축물의 구조	소요단위계산
제조소 또는 취급소의 건축물	외벽이 내화구조인 것	연면적 100 m^2 → 1소요단위
	외벽이 내화구조가 아닌 것	연면적 50 m^2 → 1소요단위
저장소의 건축물	외벽이 내화구조인 것	연면적 150 m^2 → 1소요단위
	외벽이 내화구조가 아닌 것	연면적 75 m^2 → 1소요단위

① 연면적은 제조소등의 용도로 사용되는 부분 외의 부분이 있는 건축물에 설치된 제조소등에 있어서는 해당 건축물 중 제조소등에 사용되는 부분의 바닥면적의 합계를 말한다.

② 제조소등의 옥외에 설치된 공작물은 외벽이 내화구조인 것으로 간주하고 공작물의 최대수평투영면적을 연면적으로 간주하여 위의 규정에 따라 소요단위를 산정할 것

③ 위험물은 지정수량의 10배를 1소요단위로 할 것

(4) 소화설비의 능력단위

① 수동식소화기의 능력단위는 '수동식소화기의 형식승인 및 검정기술기준'에 따라 형식승인 받은 수치로 할 것

② 기타 소화설비의 능력단위는 다음의 표를 따를 것

소화설비	용량	능력단위
소화전용(專用)물통	8 L	0.3
수조(소화전용물통 3개 포함)	80 L	1.5
수조(소화전용물통 6개 포함)	190 L	2.5
마른 모래(삽 1개 포함)	50 L	0.5
팽창질석 또는 팽창진주암(삽 1개 포함)	160 L	1.0

3. 경보설비

1) 제조소등별로 설치해야 하는 경보설비의 종류

<table>
<tr><th>제조소등의 구분</th><th>제조소등의 규모, 저장 또는 취급하는 위험물의 종류 및 최대수량 등</th><th>경보설비</th></tr>
<tr><td>1. 제조소 및 일반취급소</td><td>• 연면적 500 m² 이상인 것
• 옥내에서 지정수량의 100배 이상을 취급하는 것(고인화점 위험물만을 100℃ 미만의 온도에서 취급하는 것을 제외한다)
• 일반취급소로 사용되는 부분 외의 부분이 있는 건축물에 설치된 일반취급소(일반취급소와 일반취급소 외의 부분이 내화구조의 바닥 또는 벽으로 개구부 없이 구획된 것을 제외한다)</td><td>자동화재탐지설비</td></tr>
<tr><td>2. 옥내저장소</td><td>• 지정수량의 100배 이상을 저장 또는 취급하는 것(고인화점 위험물만을 저장 또는 취급하는 것을 제외한다)
• 저장창고의 연면적이 150 m²를 초과하는 것[연면적 150 m² 이내마다 불연재료의 격벽으로 개구부 없이 완전히 구획된 저장창고와 제2류 위험물(인화성 고체는 제외한다) 또는 제4류의 위험물(인화점이 70℃ 미만인 것은 제외한다)만을 저장 또는 취급하는 저장창고는 그 연면적이 500 m² 이상인 것을 말한다.]
• 처마높이가 6 m 이상인 단층건물의 것
• 옥내저장소로 사용되는 부분 외의 부분이 있는 건축물에 설치된 옥내저장소[옥내저장소와 옥내저장소 외의 부분이 내화구조의 바닥 또는 벽으로 개구부 없이 구획된 것과 제2류 위험물(인화성 고체는 제외한다) 또는 제4류 위험물(인화점이 70℃ 미만인 것은 제외한다)만을 저장 또는 취급하는 것은 제외한다.]</td><td rowspan="3">자동화재탐지설비</td></tr>
<tr><td>3. 옥내탱크저장소</td><td>단층건물 외의 건축물에 설치된 옥내탱크저장소로서 시행규칙 제41조제2항에 따른 소화난이도 등급 Ⅰ에 해당하는 것</td></tr>
<tr><td>4. 주유취급소</td><td>옥내주유취급소</td></tr>
<tr><td>5. 옥외탱크저장소</td><td>특수인화물, 제1석유류 및 알코올류를 저장 또는 취급하는 탱크의 용량이 1,000만L 이상인 것</td><td>• 자동화재탐지설비
• 자동화재속보설비</td></tr>
<tr><td>6. 제1호부터 제5호까지의 규정에 따른 자동화재탐지설비 설치대상에 해당하지 않는 제조소등(이송취급소는 제외한다)</td><td>지정수량의 10배 이상을 저장 또는 취급하는 것</td><td>자동화재탐지설비, 비상경보설비, 확성장치 또는 비상방송설비 중 1종 이상</td></tr>
</table>

비고) 이송취급소에 설치하는 경보설비는 다음의 기준에 따른다.

1. 이송기지에는 비상벨장치 및 확성장치를 설치할 것
2. 가연성 증기를 발생하는 위험물을 취급하는 펌프실등에는 가연성 증기 경보설비를 설치할 것

2) 자동차화재탐지설비의 설치기준

① 자동화재탐지설비의 경계구역(화재가 발생한 구역을 다른 구역과 구분하여 식별할 수 있는 최

소단위의 구역을 말한다)은 건축물 그 밖의 공작물의 2 이상의 층에 걸치지 않도록 할 것. 다만, 하나의 경계구역의 면적이 500 m^2 이하이면서 해당 경계구역이 두 개의 층에 걸치는 경우이거나 계단·경사로·승강기의 승강로 그 밖에 이와 유사한 장소에 연기감지기를 설치하는 경우에는 그렇지 않다.

② 하나의 경계구역의 면적을 600 m^2 이하로 하고 그 한 변의 길이는 50 m(광전식분리형 감지기를 설치할 경우에는 100 m) 이하로 할 것. 다만, 해당 건축물 그 밖의 공작물의 주요한 출입구에서 그 내부의 전체를 볼 수 있는 경우에 있어서는 그 면적을 1,000 m^2 이하로 할 수 있다.

③ 자동차화재탐지설비의 감지기(옥외탱크저장소에 설치하는 자동화재탐지설비의 감지기는 제외한다)는 지붕(상층이 있는 경우에는 상층의 바닥) 또는 벽의 옥내에 면한 부분(천장이 있는 경우에는 천장 또는 벽의 옥내에 면한 부분 및 천장의 뒷부분)에 유효하게 화재의 발생을 감지할 수 있도록 설치할 것

④ 옥외탱크저장소에 설치하는 자동화재탐지설비의 감지기 설치기준

a. 불꽃감지기를 설치할 것. 다만, 불꽃을 감지하는 기능이 있는 지능형 폐쇄회로텔레비전(CCTV)을 설치한 경우 불꽃감지기를 설치한 것으로 본다.

b. 옥외저장탱크 외측과 법정 보유공지 내에서 발생하는 화재를 유효하게 감지할 수 있는 위치에 설치할 것

c. 지지대를 설치하고 그 곳에 감지기를 설치하는 경우 지지대는 벼락에 영향을 받지 않도록 설치할 것

⑤ 자동화재탐지설비에는 비상전원을 설치할 것

⑥ 옥외탱크저장소가 다음에 해당하는 경우에는 자동화재탐지설비를 설치하지 않을 수 있다.

a. 옥외탱크저장소의 방유제(防油堤)와 옥외저장탱크 사이의 지표면을 불연성 및 불침윤성(수분에 젖지 않는 성질)이 있는 철근콘크리트 구조 등으로 한 경우

b. 「화학물질관리법 시행규칙」 별표 5 제6호의 화학물질안전원장이 정하는 고시에 따라 가스감지기를 설치한 경우

4. 피난설비

① 주유취급소 중 건축물의 2층 이상의 부분을 점포·휴게음식점 또는 전시장의 용도로 사용하는 것에 있어서는 해당 건축물의 2층 이상으로부터 주유취급소의 부지 밖으로 통하는 출입구와 해당 출입구로 통하는 통로·계단 및 출입구에 유도등을 설치해야 한다.

② 옥내주유취급소에 있어서는 해당 사무소 등의 출입구 및 피난구와 해당 피난구로 통하는 통로·계단 및 출입구에 유도등을 설치해야 한다.

③ 유도등에는 비상전원을 설치해야 한다.

연습문제 1

01. 「위험물안전관리법」상의 위험물의 정의는?

① 행정안전부령으로 정하는 인화성 또는 발화성 등의 물품
② 대통령령으로 정하는 인화성 또는 발화성 등의 물품
③ 행정안전부령으로 정하는 화재가 발생하면 확대가 빠른 물품
④ 대통령령으로 정하는 가연성 또는 폭발성 등의 물품

02. 가연성 위험물로 짝지어진 것은?

① 제1류, 제2류, 제3류, 제4류 위험물
② 제2류, 제3류, 제4류, 제5류 위험물
③ 제3류, 제4류, 제5류, 제6류 위험물
④ 제1류, 제4류, 제5류, 제6류 위험물

03. 유별 위험물의 대표적 성질이 올바른 것은?

① 제2류 위험물 – 인화성 고체
② 제3류 위험물 – 자기반응성 및 자연발화성 물질
③ 제4류 위험물 – 금수성 액체
④ 제6류 위험물 – 산화성 액체

04. 위험물의 품명별 지정수량이 바르게 연결된 것은?

① 염소산염류 – 100 kg
② 제4류 위험물 중 수용성의 제1석유류 – 200 L
③ 황린 – 20 kg
④ 과염소산 – 300 L

05. 제2류 위험물 중 철분 화재에 적응하는 소화설비는?

① 탄산수소염류 분말소화설비
② 불활성가스소화설비
③ 스프링클러소화설비
④ 인산염류 분말소화설비

06. 고체 가연물이 덩어리 상태보다 분말 상태일 때 화재 위험성이 증가한다. 그 이유로 알맞은 것은?

① 열전도율이 증가한다.
② 흡열반응이 증가한다.
③ 공기와의 접촉면적이 증가한다.
④ 활성화에너지가 증가한다.

07. 알칼리금속과산화물에 대한 적응 소화약제는?

① 포
② 물
③ CO_2
④ 분말

08. **스프링클러설비에 적응하는 화재는?**

① 금속분 ② 제3류 위험물
③ 제5류 위험물 ④ 가연성 가스

09. **소화난이도 등급 I에 해당하는 기준으로 적절하지 않는 것은?**

① 옥외저장소에 황을 저장할 때 바닥면적이 66 m^2 이상인 것
② 옥외탱크저장소에 고체 위험물 저장 중 지정수량의 100배 이상인 것
③ 옥내저장소에서 위험물을 지정수량 150배 이상 저장하는 것
④ 제조소의 연면적이 1,000 m^2 이상인 것

10. **위험물 취급소에 해당되지 않는 것은?**

① 주유취급소 ② 판매취급소
③ 이동탱크취급소 ④ 일반취급소

11. **간이탱크저장소의 저장탱크 1개의 용량은?**

① 600 L 이하 ② 800 L 이하
③ 1,000 L 이하 ④ 1,200 L 이하

12. **다음 화재 중 적응 소화약제가 잘못된 것은?**

① 황린 – 물 ② 마그네슘 – CO_2
③ 석유류 – 포 ④ 에탄올 – 알코올형 포

13. **표면연소에 해당하지 않는 것은?**

① 코크스 ② 숯
③ 마그네슘 ④ 황

14. **연소범위에 관한 일반적인 설명 중 틀린 것은?**

① 연소범위는 온도가 높아지면 넓어진다.
② 공기 중에서 보다 O_2 중에서 연소범위는 넓어진다.
③ 연소범위 농도 이하에서는 연소되기 어렵다.
④ 압력이 높아지면 상한 값은 변하지 않으나 하한 값은 변한다.

15. **외벽이 내화구조인 위험물저장소 건축물의 연면적이 1,500 m^2인 경우 소요단위는?**

① 50단위 ② 20단위
③ 15단위 ④ 10단위

16. **제1류 위험물의 성질에 해당하는 것은?**

① 산화성 고체 ② 가연성 고체
③ 자연발화성 물질 ④ 산화성 액체

17. **연소형태별 그 예시가 잘못된 것은?**

① 표면연소 - 금속분, 목탄 ② 분해연소 - 목재, 플라스틱
③ 증발연소 - 나프탈렌, 고체 알코올 ④ 자기연소 - 흑색화약, 피크르산

18. **다음 중 틀린 설명은?**

① 동일 위험물의 인화점은 발화점보다 낮다.
② 연소범위가 넓을수록 위험하다.
③ O_2의 농도가 높을수록 발화점도 높아진다.
④ 석유류의 경우 비점이 낮을수록 유증기 발생이 빠르다.

19. **위험물 제조소의 주의사항 게시판의 내용이 '적색바탕에 백색문자로 화기엄금' 표시를 하여야 하는 것은?**

① 제1류 위험물 중 알칼리금속과산화물 ② 제2류 위험물 모두
③ 제3류 위험물 중 금수성 물질 ④ 제5류 위험물 모두

20. **다음 혼촉 그룹 중 점화에너지의 역할을 하지 못하는 것은?**

① 무기과산화물 + 물 ② 제2류 위험물 + 제5류 위험물
③ 제1류 위험물 + 제6류 위험물 ④ 강산 + 강염기

21. **고체 및 액체상 물질의 연소형태에 대한 설명으로 옳지 않은 것은?**

① 목탄과 같이 공기와 접촉하는 표면에서 불타는 연소를 표면연소라 한다.
② 알코올의 연소는 표면연소이다.
③ 산소공급원을 가진 물질 자체가 연소하는 것을 자기연소라 한다.
④ 목재와 같이 열분해되어 가연성 기체가 연소하는 것을 분해연소라 한다.

22. **메탄올 40,000 L에 대한 소요단위는?**

① 4단위 ② 5단위
③ 8단위 ④ 10단위

23. **물통 또는 수조를 이용한 소화방법으로 다음의 모든 유별의 품명 위험물에 적용이 가능한 것은?**

① 제2류 위험물 ② 제3류 위험물
③ 제5류 위험물 ④ 제6류 위험물

24. **다음 중 점화원에 대한 설명으로 옳지 않은 것은?**

① 점화에너지의 크기는 최소한 가연물의 활성화 에너지의 크기보다 커야 한다.
② 정전기, 뜨거운 열, 마찰열은 점화원이 될 수 있다.
③ 화학적으로 반응성이 큰 가연물 일수록 점화에너지가 작아도 된다.
④ 자기연소를 하는 물질의 점화원으로 가능한 것은 충격열만 있다.

25. **소화원리에 대한 설명으로 가장 거리가 먼 것은?**

① 연소되고 있는 곳에서 가연물을 제거하면 연소반응은 더 이상 확산되지 않는다.
② 연소에서는 O_2가 필요하므로 O_2를 차단하면 질식소화가 된다.
③ 공기 중의 O_2 농도를 15%(부피비) 이하로 떨어뜨릴 필요가 있다.
④ 연소가 일어나면 다른 분자로 점차 활성화에너지를 감소시켜간다.

26. **다음 물질 중 점화원에 의해 폭발할 위험성이 있는 것으로만 모두 짝지어진 것은?**

① 황, 산화칼슘, 알루미늄분 ② 마그네슘분, 황, 산화칼슘
③ 적린, 수산화칼슘, 마그네슘분 ④ 마그네슘분, 알루미늄분, 적린

27. **탄화수소계에서 탄소의 수가 증가할수록 나타나는 현상들로 옳게 짝지어 놓은 것은?**

㉠ 연소속도가 늦어진다.	㉡ 발화온도가 낮아진다.
㉢ 발열량이 커진다.	㉣ 연소범위가 넓어진다.

① ㉠ ② ㉠, ㉡
③ ㉠, ㉡, ㉢ ④ ㉠, ㉡, ㉢, ㉣

28. 무기과산화물의 취급 잘못으로 화재가 났을 때 가장 적당한 소화방법은?

① 마른 모래를 덮어 소화시킨다.
② 포소화기를 사용하여 소화한다.
③ 이산화탄소소화기로 소화한다.
④ 분무상의 물로 소화한다.

29. 위험물 제조소에는 취급되는 위험물에 따라 화기엄금, 화기주의라는 주의사항 표시 게시판을 설치하여야 한다. 이 게시판의 바탕－문자가 바르게 짝지어진 것은?

① 백색바탕 － 청색문자
② 황색바탕 － 적색문자
③ 적색바탕 － 백색문자
④ 백색바탕 － 적색문자

30. 물분무소화설비에 의한 소화가 적응되는 위험물은?

① 금속분
② 금수성 물질
③ 인화성 고체
④ 알칼리금속과산화물

31. 고체연소의 형태로서 틀린 것은?

① 양초의 주된 연소형태는 자기연소이다.
② 석탄의 주된 연소형태는 표면연소이다.
③ 목재의 주된 연소형태는 분해연소이다.
④ 나프탈렌의 주된 연소형태는 증발연소이다.

32. 다음 중 소화설비별 용량과 능력단위가 바르게 연결된 것은?

① 소화전용 물통 3 L : 0.3능력단위
② 수조(소화전용 물통 6개 포함) 190 L : 1.5능력단위
③ 팽창질석(삽 1개 포함) 100 L : 1.0능력단위
④ 마른 모래(삽 1개 포함) 50 L : 0.5능력단위

33. 다음 중 소화약제를 사용할 때 적당하지 않는 것은?

① 마른 모래는 모든 위험물의 화재에 적용된다.
② 분말소화약제는 셀룰로이드의 화재에 가장 적당하다.
③ 물은 탄소화칼슘의 화재에 사용하여서는 안 된다.
④ 자기반응성 물질의 화재에는 일반적으로 다량의 주수가 유효하다.

34. 다음의 소방대상물과 위험물 제조소와의 안전거리 기준으로 틀린 것은?

① 지정문화재 : 70 m 이상
② 주택 : 10 m 이상
③ 학교, 병원, 극장 : 30 m 이상
④ 고압가스 저장시설 : 20 m 이상

35. **소화난이도 등급 I에서 속하는 옥외탱크저장소(지중탱크와 해상탱크 제외) 황만을 저장·취급하는 곳에 설치해야 할 소화설비는?**

① 스프링클러설비 ② 물분무소화설비
③ 분말소화설비 ④ 불활성가스소화설비

36. **다음 중 제4류 위험물 화재에 적응되지 않는 소화기는?**

① 포소화기 ② 물소화기
③ 인산염류소화기 ④ 불활성가스소화기

37. **위험물 제조소와 300명 이상을 수용하는 영화상영관과의 안전거리 기준은?**

① 10 m 이상 ② 20 m 이상
③ 30 m 이상 ④ 50 m 이상

38. **산화성 액체 위험물의 소화설비 적응성으로 옳지 않은 것은?**

① 마른 모래 ② 인산염류소화기
③ 할로젠화합물소화기 ④ 무상강화액소화기

39. **알코올 화재 중 포소화제는 효과가 없다. 그 이유로 가장 적당한 것은?**

① 알코올은 수용성이라 포를 소멸시키므로
② 알코올과 반응해 가연성 가스를 발생하므로
③ 불꽃의 온도를 높이므로
④ 알코올이 포소화제와 작용해 유독한 가스를 발생하므로

40. **제1류~제6류 위험물 모두에 적응성 있는 소화설비는?**

① 불연성 가스를 방사하는 소화기 ② 강화액을 봉상으로 방사하는 소화기
③ 포말을 방사하는 소화기 ④ 팽창진주암

41. **연소가 잘 이루어지는 조건 중 옳지 않은 것은?**

① 가연물의 발열량이 큰 것 ② 가연물의 열전도율이 큰 것
③ 가연물의 표면적이 큰 것 ④ 가연성 가스가 많이 발생하는 것

42. **다음 중 가연성 위험물을 연소시킬 수 있는 점화에너지로서 작용할 수 없는 것은?**

① 유기과산화물 + 소량의 물
② 삼산화크로뮴 + 소량의 물
③ 충격 또는 마찰
④ 제1류 위험물 + 제6류 위험물

43. **제5류 위험물의 제조소에 설치하는 주의사항 게시판의 내용과 같은 것은?**

① 제1류 위험물
② 제2류 위험물
③ 제3류 위험물
④ 제4류 위험물

44. **유별 위험물 중 유독물질이 잘못 적시된 것은?**

① 제1류 위험물 – 염소산염류, 질산염류, 다이크로뮴산염류
② 제2류 위험물 – 철분, 마그네슘, 금속분
③ 제3류 위험물 – 칼륨, 나트륨, 황린
④ 제4류 위험물 – 메틸알코올, 이황화탄소, 톨루엔

45. **물이 소화약제로 이용되는 가장 큰 이유는?**

① 기화열로 가연물을 냉각하기 때문이다.
② 물이 공기를 차단하기 때문이다.
③ 물은 환원성이 있기 때문이다.
④ 물이 가연물을 제거하기 때문이다.

46. **무기과산화물 화재에 적응하는 소화기는?**

① 탄산수소염류소화기
② 포소화기
③ 할로젠화합물소화기
④ 이산화탄소소화기

47. **할로젠화합물소화설비에 의한 소화가 불가능한 것은?**

① 전기설비
② 금속분
③ 인화성 고체
④ 제4류 위험물

48. **제2류 위험물 화재에 대한 소화방법으로 적절하지 않은 것은?**

① 적린, 황 : 물에 의한 냉각소화
② 인화성 고체 : 포소화설비
③ 마그네슘 : 건조사에 의한 질식소화
④ 철분 : 물분무소화설비

49. **제1류 위험물, 제2류 위험물, 제3류 위험물의 모든 화재에 적응하는 것은?**

① 옥내소화전 또는 옥외소화전
② 스프링클러설비
③ 할로젠화합물소화설비
④ 팽창질석 또는 팽창진주암

50. 위험물 제조소등의 전기설비가 있는 곳에 적응하는 소화설비는?

① 옥내소화전설비 ② 스프링클러설비
③ 포소화설비 ④ 할로젠화합물소화설비

51. 소화난이도 등급 I에 해당되는 것은?

① 연면적 660 m^2의 제조소 ② 지정수량의 100배 이상 저장하는 옥내저장소
③ 액표면적이 20 m^2의 암반탱크저장소 ④ 이송취급소

52. 다음 중 환각성 유독물질에 해당하는 것은?

① Na_2O_2 ② C_2H_5OH
③ H_2O_2 ④ C_3H_7OH

53. 알코올($C_nH_{2n+1}OH$)의 경우 다음의 현상 중 잘못된 것은?

① 탄소수가 증가할수록 비점이 증가한다.
② 물의 첨가량이 증가하면 인화점이 낮아진다.
③ 탄소수가 증가할수록 인화점이 증가한다.
④ 탄소수가 증가할수록 연소열량이 증가한다.

54. 대형화재 중 Boil Over현상이나 Slop Over현상을 일으키는 저장소는?

① 옥내탱크저장소 ② 지하탱크저장소
③ 옥외탱크저장소 ④ 이동탱크저장소

55. 대형수동식소화기 및 소형수동식소화기등을 각각 1개 이상 설치해야 할 소화난이도 등급 Ⅱ는?

① 제조소 ② 옥내저장소
③ 옥외탱크저장소 ④ 옥외저장소

56. 소화난이도 등급 III의 지하탱크저장소에 설치하여야 할 소화설비의 기준은?

① 능력단위 수치가 2 이상인 소형수동식소화기 1개 이상
② 능력단위 수치가 2 이상인 소형수동식소화기 2개 이상
③ 능력단위 수치가 3 이상인 소형수동식소화기 1개 이상
④ 능력단위 수치가 2 이상인 소형수동식소화기 2개 이상

57. **알킬알루미늄 등을 저장·취급하는 이동탱크저장소에는 자동차용 소화기 외에 추가적으로 설치해야 할 것이 있다. 해당되지 않는 것은?**

① 마른 모래 ② 소금분말
③ 팽창질석 ④ 팽창진주암

58. **제5류 위험물 화재 중 적응하는 소화설비가 아닌 것은?**

① 물분무소화설비 ② 포소화설비
③ 불활성가스소화설비 ④ 스프링클러설비

59. **제3류 위험물 중 금수성 물질 화재에 적응하는 소화설비는?**

① 탄산수소염류 분말소화설비 ② 할로젠화합물소화설비
③ 불활성가스소화설비 ④ 인산염류 분말소화설비

60. **「위험물안전관리법령」상 질산나트륨에 대한 소화설비의 적응성으로 옳은 것은?**

① 건조사만 적응성이 있다. ② 할로젠화합물소화기는 적응성이 없다.
③ 이산화탄소소화기는 적응성이 있다. ④ 포소화기는 적응성이 없다.

정답

01.②	02.②	03.④	04.③	05.①	06.③	07.④	08.③	09.①	10.③	11.①	12.②
13.④	14.④	15.④	16.①	17.②	18.③	19.④	20.②	21.②	22.④	23.③	24.④
25.④	26.④	27.③	28.①	29.③	30.③	31.①	32.④	33.②	34.①	35.②	36.②
37.③	38.③	39.①	40.④	41.②	42.①	43.④	44.②	45.①	46.①	47.②	48.④
49.④	50.④	51.④	52.①	53.②	54.③	55.③	56.④	57.②	58.③	59.①	60.②

Chapter 02

위험물의 연소화학

제1절 자연발화

1. 개요

넓은 의미에서의 자연발화는 인위적으로 외부에서 점화에너지를 부여하지 않는데도 상온에서 물질이 공기 중 화학변화를 일으켜 비교적 오랜 시간에 걸쳐 열의 축적이 생겨 발화점에 도달하면 마침내 발화하는 현상을 말한다. 자연발화를 일으키는 원인이 되는 점화에너지는 화학변화로 생긴 산화열, 분해열, 중합열, 흡착열 등이다.

2. 자연발화의 분류

1) 완만한 온도 상승을 일으키는 경우(장발성 자연발화)

① 공기 중 자연산화하고 산화열이 축적되어 발화하는 물질
건성유(해바라기기름, 정어리기름, 아마인유, 들기름, 동유 등), 반건성유(채종유, 면실유, 옥수수기름, 대두유 등)가 적셔진 다공성 가연물, 원면, 석탄, 황철광, 금속분, 고무조각 등

② 자연분해 때 발생하는 분해열이 축적되어 발화하는 물질
나이트로셀룰로오스, 셀룰로이드류, 나이트로글리세롤 등의 질산에스터류

③ 물질이 주위의 기체를 흡착할 때 생기는 흡착열이 축적되어 발화하는 물질
탄소분말류(유연탄, 활성탄, 목탄분말), 가연성 물질 + 촉매

④ 물질 제조과정에서 발열반응에 의해 발화하는 물질
아크릴로나이트릴, 스타이렌, 메틸아크릴레이트, 비닐아세틸렌 등의 중합반응

⑤ 미생물의 활동으로 발열하여 발효열에 의해 발화하는 물질
퇴비, 먼지, 곡물 등

2) 비교적 온도가 빨리 상승하는 경우(즉발성 자연발화)

① 발화점이 상온에 가깝고 산화열에 의해 물질 자신이 발화하는 물질
황린과 다이메틸마그네슘, 다이에틸마그네슘, 다이에틸아연, 알킬알루미늄, 알킬리튬 등의 유기금속화합물, 실레인, 다이실레인 등의 수소화규소류, 액체 인화수소 등

② 공기 중의 습기를 흡수하거나 물과 접촉했을 때 발열 또는 발화하는 물질

a. 가연성 가스를 발생하고 자신이 발화하는 물질
칼륨, 나트륨, 알칼리금속, 알칼리토금속, 알루미늄분 및 아연분 등

b. 발열하여 다른 가연성 물질을 발화시키는 물질
과산화나트륨 등의 무기과산화물, 삼산화크로뮴, 진한 황산, 진한 질산, 클로로설폰산, 수산

화나트륨, 염화알루미늄 등

③ 다른 물질과 접촉 또는 혼합하면 발열하고 발화하는 물질

a. 혼합하면 즉시 발화하는 경우(혼촉발화)
[삼산화크로뮴 + 에틸알코올], [과산화나트륨 + 이황화탄소], [과망가니즈산칼륨 + 에틸렌글라이콜], [아염소산나트륨 + 황산 + 에터] 등

b. 폭발성 혼합물을 형성하지만 즉시 발화에 이르지 않지만 원래 물질보다 발화하기 쉬운 물질
[염소산칼륨 + 알루미늄분], [과산화나트륨 + 황] 등

3. 자연발화가 일어나기 위한 조건

상온의 공기 중에서 물질이 스스로 발화하기 위해서는 자체적으로 발생하는 열의 발생과 열의 축적이 이루어져야 자연발화가 일어날 수 있다.

1) 열의 발생

(1) 온도

주위온도가 높으면 반응속도가 빠르기 때문에 열의 발생이 증가하고 이 경우 보통 반응속도는 온도상승에 따라 현저히 증가한다.

(2) 발열량

발열량이 클수록 열의 축적은 크다. 그러나 발열량이 크다 하더라도 반응속도가 느리면 축적열은 적게 된다.

(3) 수분

적당량의 수분이 존재하면 수분이 촉매 역할을 하여 반응속도가 가속화되는 경우가 많다. 따라서 고온·다습한 환경의 경우가 자연발화를 촉진시키며 저온·건조한 경우는 자연발화가 일어나지 않는다.

(4) 표면적

일반적으로 산화반응의 반응속도는 산소의 양에 비례하기 때문에 산소함유물질을 제외한 물질 중 산소량이 적거나 없는 경우는 자연발화가 일어나지 않는다. 따라서 공기 중의 산소와의 접촉관계가 중요하다. 분말상이나 섬유상의 물질이 내부에 다량의 공기를 포함하는 경우 더욱더 자연발화가 일어날 가능성이 크다. 반응계에 고체 또는 액체가 들어있는 경우 반응속도는 표면적에 비례하므로 이 표면적이 클수록 자연발화하기 쉽고 가연성의 분말이나 액체가 포나 종이 등에 스며들어 배이면 자연발화가 용이하다.

(5) 촉매

발열반응에 MnO_2 등의 정촉매적 작용을 가진 물질이 존재하면 반응은 가속화된다.

2) 열의 축적

(1) 열전도율

보온효과를 높이기 위해서는 열이 축적되기 쉬워야 하는데 분말상, 섬유상의 물질이 열전도율이 적은 공기를 많이 포함하기 때문에 열이 축적되기 쉽다.

(2) 축적방법

공기 중 노출되거나 얇은 상태의 물질보다는 여러 겹의 중첩 상황이나 분말상이 좋다. 대량 집적물의 중심부는 표면보다 단열성, 보온성이 좋아지므로 자연발화가 용이하다.

(3) 공기의 이동

공기의 이동은 열의 축적에 많은 영향을 미친다. 통풍이 잘되는 장소에서는 열의 축적이 곤란하기 때문에 자연발화하기가 어렵다.

4. 자연발화 사례

1) 유지류(油脂類)

기름 걸레나 기름 찌꺼기 등이 자연발화하는 것은 잘 알려진 사실이다. 자연발화의 대상이 되는 기름은 주로 동식물 유지와 그 제품의 불포화성(不飽和性)이 발화의 주요인이다. 유지가 실제로 자연발화하기 위해서는 섬유상 물질이나 다공성 물질(낡은 넝마조각, 종이뭉치, 가마니, 우레탄 폼, 골판지, 대팻밥, 톱밥, 삼베자루, 가연성의 쓰레기더미 등)이나 또는 그 외 미세한 물질이 침투 부착되거나 하여 공기와의 접촉면적을 증대하여 산화 발열속도를 증대시키는 동시에 산화열을 축적시켜야 한다.

실제로 기름이 침투된 걸레, 장갑, 작업복이나 기름이 침투된 금속분 등 그 예가 많다. 유지는 일반적으로 불포화 지방산기의 이중결합을 가지는 정도에 따라 산소를 흡수하여 산화 건조가 이루어진다.

2) 석탄

화력발전소의 연료로 사용되는 석탄을 대량으로 쌓은 산더미에서 자연발화한 사례가 있다. 석탄의 자연발화는 무연탄 등 노연탄은 우려할 바가 아니지만 유연탄이나 불포화성이 많고 탄소 함유량이 적은 저급탄에서 많이 일어난다. 석탄이 분말 상태이거나 적당량의 수분과 황화철(FeS)이 존재하면 공기와의 접촉으로 산화될 때 발열하여 석탄의 온도 상승을 촉진시켜 자연발화에 이른다.

3) 고무류

고무의 주성분은 불포화결합을 많이 가지고 있으므로 공기 중 산소에 의해 자동 산화되어 그 중간체로 과산화물을 만든다. 이 산화는 연쇄반응으로 진행한다. 고온에서 가열된 재생고무를 충분히 냉각시키지 않고 쌓아 놓거나 쓰레기를 대량으로 집적해 놓을 경우 자연발화한다. 특히 자외선이나 중금속염이 산화를 촉진시킨다. 고무제화공장 등에서 고무판을 연마기로 갈고 닦았을 때 생긴 고무가루를 그대로 방치하여 퇴적시켜 두었을 때 내부에서 축열되어 발화한 예가 있다.

4) 질화면, 셀룰로이드류

질화면은 섬유소에서 H_2SO_4과 HNO_3의 혼산으로 처리해 얻은 질산에스터로서 정체 중 세척을 충분히 하지 않아 흡착된 산이 잔류하거나 황산에스터 등이 생성되면 대단히 불안정한 물질이 되어 저온에서도 분해해 버린다.

상온에서 수분에 의해 서서히 일어나는 본질적인 분해로서, 질화면 생성반응의 역반응이다.

$$\text{섬유소} + \text{질산} \rightleftarrows \text{질화면} + \text{물}$$

또 섬유소는 산화되기 때문에 발열하여 혹시 이 열이 방산되기 어려운 상황에 놓이게 되면 온도가 급격히 상승하게 되어 열분해가 일어나 분해가 더욱 커지게 되어 자연발화가 일어난다. 질화면은 보통 C_2H_5OH 또는 아이소프로필알코올(C_3H_7OH) 25%의 습면으로 되어 있어 이것이 휘발 건조되면 자연발화의 위험이 있다. 셀룰로이드의 경우도 셀룰로이드가 질화면을 장뇌와 알코올 용액에 용해시킨 후, 알코올을 제거시켜 만든 것이기 때문에 그 주성분은 질화면이고 자연발화의 위험성도 질화면과 동일하다.

5) 탄소분말

활성탄, 목탄 등은 다공질이어서 표면적이 크고, 제조 직후 또는 분쇄 직후에 기체를 흡착해서 평형에 이르지 못한 경우에 주위의 기체를 흡착하여 발열하고 동시에 산화열이 가해져서 발화할 수가 있다. 분쇄되거나 다공성분이 증가되거나 가열하면 활성화되며, 유지와 친화력이 강하므로 건성유와 접촉되면 특히 위험하다.

6) 중합반응으로 발열·발화하는 물질

아크릴산에스터($CH_2=CHCOOR$), 메틸아크릴레이트($CH_2=CHCOOCH_3$)는 실온에 두면 쉽게 열이 동반하여 중합이 개시되고 이 중합열 때문에 반응이 가속되면 위험한 상태가 된다.

액화 사이안화수소는 내압용기에 저장 중 미량의 수분이나 알칼리 성분의 존재에 의해 그것이 촉매로 작용하여 사이안화수소의 중합반응을 촉진시켜 자연발화를 일으킨 경우가 있고, 스타이렌($C_6H_5CH=CH_2$) 저장탱크(옥외저장탱크)에서 증기가 발생하여 공기와 접촉, 탱크상부에 자연중합체가 생성되어 통기관을 폐쇄시켰다. 이때 같은 탱크에서 액체 단량체를 이송하기 위해 운송펌프를 가동하였는데 탱크공간의 공기 배출이 안 되어 탱크내부가 압력증가 상태가 되어 탱크가 파손된 경우가 있다.

7) 발효열에 의한 발화물질

건초나 마른 볏짚 등의 자연발화의 예는 적은 편이다. 짚에 분뇨를 섞어 퇴비로 만들 때 숙성도중 발효하여 내부온도가 상당히 고온이 될 수 있지만 발화에 이르기는 어려우나 외국의 낙농가에서는 그 예가 있다.

건초거름을 습도 19～33%를 유지하고 환기를 시키지 않은 상태에서 실험한 결과 3개월 후에 발열을 시작하여 내부온도가 190～195℃에 달하였다고 한다. 미생물이나 효소작용에 의한 발효 등에 의해 발열되어 80℃에 달하고 이때 불안정 분해물질이 생성되어 이것이 산화됨에 따라 온도가 상승하여 발화에 이른다. 반응성이 큰 불포화 분해생성물의 산화에 의해 한층 더 온도가 상승해서 발화에 이른다.

8) 황린

담황색의 반투명 결정성 덩어리로 활성이 아주 강하다. 산소와 화합력이 강해서 건조된 공기에서는 통상 34℃에서 자연발화한다. 황린은 발화점 자체가 낮으며 공기와의 산화력이 크기 때문에 자연발화가 용이하다. 통상 공기와의 접촉방지를 위하여 물속에 저장해야 한다.

9) 알킬알루미늄, 알킬리튬 등의 유기금속화합물

유기금속화합물 중 저급 알킬금속화합물은 일반적으로 상당히 반응성이 강한 물질로서 열에 불안정하고 공기 중 자연발화하는 것이 많다. 특히 3A족(Al, Ga, Tl)과 2A족(Be, Mg), 2B족(Zn, Cd)의 저급 알킬금속과 알칼리 및 알칼리토금속화합물이 특히 용이하다. 반면 고급 알킬금속화합물에 있어서는 자연발화성이 저하된다. Mg, Al, Zn, Sb, Bi는 알킬기 중 CH_3–, C_2H_5–, C_3H_7–과 결합한 화합물은 공기 중 노출되면 곧 발화한다. 특히 알킬알루미늄은 폴리에틸렌, 폴리프로필렌 중합의 지글러 촉매나 고급알코올의 합성원료로서 또는 환원제, 알킬화제 등 유기합성공업에 널리 사용되고 있다. 저장탱크에 부속된 배관 등에서 알킬알루미늄이 누출되어 공기와 접촉, 자연발화한 예가 많다.

10) 수소화규소

일반적으로 수소화규소(실레인 SiH_4, 다이실레인 Si_2H_6, 트라이실레인 Si_3H_8, 테트라실레인 Si_4H_{10})는 공기 중에서 산화하기 쉬운 특징을 가지고 있고 저급의 실레인은 비교적 안정하지만 고급 수소화규소들은 극히 산화되기 쉬워서 자연발화성을 가진다. 밀폐되어 있어도 점차 분해하여 실레인, 다이실레인 등의 저급화합물이나 불포화 중합물로 변화한다. 그러나 수소화규소에 할로젠이나 유기기가 도입되면 자연발화성이 없어진다.

11) 액화 인화수소

인의 수소화물에는 기상 포스핀(PH_3)과 액상 인화수소(P_2H_4)가 있다.

PH_3의 발화점은 100℃이지만 P_2H_4는 상온에서 발화한다. 황린(P_4)에 강알칼리액(KOH, NaOH 등)

을 가하고 가열해 얻은 기상 인화수소에서는 항상 액화 인화수소의 발생이 수반되기 때문에 생성가스가 공기와 접촉하면 즉시 자연발화한다.

12) 금속분

대부분의 금속분은 화재 위험성을 가지고 있으며, 연소를 좌우하는 물리적 요인으로서 열전도율이 있다. 이들 금속분이 세분 상태로 있으면 주위가 공기로 쌓여 열전도도가 감소되고 동시에 산소와의 접촉면적이 커져서 단위면적당 반응속도가 커지기 때문에 연소가 용이해진다. 반면, 큰 금속의 덩어리 상태에서는 쉽게 열이 전도되어 열의 축적이 어려워서 연소를 일으키는 경우는 매우 드물다.

13) 기타

생석회(CaO)는 물과 반응하면 심하게 발열하고 소석회[$Ca(OH)_2$]가 되는데, 이때 발생한 열은 부근의 가연물을 태울 수 있다.

HNO_3은 무색 투명한 액체로, 부식성이 대단히 큰 무기산이다. 산화성이 강하여 다공성 가연물, 그 밖의 환원성 물질과 접촉하면 반응하여 발열·발화에 이른다.

인화석회(Ca_3P_2)는 물과 접촉하면 가수분해하여 인화수소를 발생한다. 이 인화수소는 상온에서도 공기와 접촉하면 발화 위험이 있다. 물질에 따라서는 다른 물질과 접촉하거나 혼합하면 발화성이나 폭발성을 가진 위험성이 큰 화합물을 만드는 경우도 있다.

5. 자연발화의 예방

자연발화를 일으키는 물질은 특성, 용도, 화학반응기구 등을 볼 때 각양각색이므로 개별적인 예방이 필요하지만 일반적으로 다음 사항에 주의하여야 한다.

① 자연발화는 물질의 자연 발열속도와 열의 확산속도 간의 평형이 깨어져 열이 축적되어 생기는 것이기 때문에 통풍·환기, 저장방법(냉암소)을 고려하여 열의 축적을 방지한다.
② 반응속도가 온도에 크게 좌우하므로 온도의 상승을 방지한다.
③ 습기, 수분 등은 물질에 따라 촉매적 작용을 하므로 가급적 습도가 높은 곳은 피한다.
④ 활성이 강한 황린은 물속에 저장하고, 알칼리금속은 석유, 경유 속에 저장하며 기타의 금속은 습기와의 접촉 및 빗물의 침투를 방지하며, 공기와의 접촉을 통한 산화 방지 및 발화를 방지한다.
⑤ 나이트로셀룰로오스 및 셀룰로이드류는 오래된 것은 폐기시키며, 냉암소에 보관하고, 축열을 방지하며, 수납장소 중 깊숙한 곳이나 아래쪽에 두지 않도록 한다. 또한 이들은 용제의 증발을 억제하고 장기간 방치하지 않도록 하고 재고 파악 및 관리에 철저를 기한다.
⑥ 기름이 다공성 가연물에 섞여 들어가지 않도록 하며 혹시 섞여 있는 넝마, 종이, 가마니, 옷감, 천, 톱밥, 나무상자, 골판지상자 등을 함부로 방치하여 쌓아두지 않도록 한다.

⑦ 석탄, 고무류를 대량으로 집적해서 그 산화열이 축적되는 일이 없도록 하고, FeS 등의 불순물이 포함되거나 수분이 침투되지 않도록 한다.

⑧ 고무의 미세 분말 부스러기, 고무제품의 연마 부스러기 등은 한 곳에 대량 집적하지 않도록 하고 가연성 물질과 격리한다.

⑨ 금속분은 황산, 질산, 클로로설폰산 등의 강산류와의 접촉을 방지한다.

⑩ 유기금속화합물은 적절한 용제 또는 불활성의 가스를 봉입시킨다.

⑪ 산화성 물질과 환원성 물질 또는 가연성 물질은 철저히 격리하고 충격·마찰 등의 분해요인을 제거해야 한다.

⑫ 중합반응으로 발열반응을 일으키는 경우 제조과정에서의 이상반응 발생여부 및 냉각장치의 이상 유무를 확인한다.

제2절 혼촉발화

1. 개요

혼촉발화란 일반적으로 상온, 상압에서 2가지 이상의 액체 또는 고체 화학물질의 혼촉에 의해 화학반응이 일어나 위험한 상태가 생기는 것을 말하지만 혼촉 자체가 모두 발화 위험을 일으키는 것은 아니다.

2 이상의 물질이 혼촉하여 발화위험을 초래하는 과정을 보면 양자가 접촉만 하고 있는가 또는 상당히 강한 혼촉에 의해 확산, 용해, 침투, 기화, 증발 등의 물질 이동을 따라서 발열반응이 진행하고 그 계(係) 전체로서 열의 발생과 방산함에 따라 발화하여 재해에 이르며 그의 해석은 대단히 복잡한 현상이다. 그 혼촉에 의한 현상을 위험성이 큰 순위부터 분류하면 다음과 같다.

① 혼촉하면 즉시 반응이 일어나 발열·발화하거나 폭발에 이른다.

② 혼촉 후 일정시간이 경과하여 급격히 반응이 일어나 발열·발화하거나 폭발에 이른다.

③ 혼촉에 의해 불안정한 폭발성 혼합물을 형성한다.

④ 혼촉에 의해 즉시 발열·발화하지 않으나 원래의 각 물질보다는 발화하기 쉬운 혼합물을 형성한다.

상기의 분류는 엄격하지 않고 단순히 편의상 분류한 것이며 혼합 조건이나 상태, 시간에 따라 다르게 분류된다. 안전관리면에서 상기 중 가장 중요한 것은 ①과 ②이며 이 중 각각 화재 위험성이 없다고 생각된 것도 혼촉하면 예기치 못한 잠재적 위험성을 나타내는 것도 있다.

2. 혼촉 위험물질

화학약품의 물질별 특성에서 혼촉 위험을 분류하면 다음과 같이 대표적인 혼촉 위험물질을 들 수 있다.

1) 산화성 물질과 환원성 물질의 혼촉

일반적으로 강한 산화성을 가진 물질과 환원성을 가진 물질의 경우가 많다.

(1) 산화성 물질

제1류 위험물과 제6류 위험물 및 O_2와 할로젠화합물, Cl_2, Br_2, F_2 등의 비산소 산화제 등이 있다.

(2) 환원성 물질

제4류 위험물, 유지, S, P, C, 금속분, 목탄, 활성탄, 안티모니 등이다.

2) 산화성 염류와 강산의 혼촉(M은 금속 또는 암모늄기)

$MClO_2$, $MClO_3$, $MClO_4$, $MMnO_4$ 등은 진한 H_2SO_4와 접촉하면 각각 불안정한 $HClO_2$, $HClO_3$, $HClO_4$, $HMnO_4$ 혹은 무수물(Cl_2O_3, Cl_2O_5, Cl_2O_7, Mn_2O_7 등)을 생성하여 강한 산화성이 생기고 주위에 가연성 물질에 존재하면 이것을 착화시켜 그것 자신으로 자연분해를 일으켜 폭발하는 경우이다. 예를 들면 $KClO_3$에 진한 H_2SO_4을 혼합하면 다음과 같은 반응을 하여 불안정한 ClO_2를 만든다.

$$6KClO_3 + 3H_2SO_4 \longrightarrow 2HClO_4 + 3K_2SO_4 + 4ClO_2\uparrow + 2H_2O + \text{열}$$

여기에 가연성 고체인 제2류 위험물, 인화성 액체인 제4류 위험물 및 유기물질이 혼촉하면 이것을 폭발적으로 산화시켜 발화에 이른다.

3) 불안정한 물질의 생성

혼촉물질이 서로 접촉하여 화학반응을 일으켜 조건에 따라서는 극히 불안정한 물질을 생성하는 경우가 있다. 이것은 가열·충격·마찰에 의해 심하게 폭발한다.

① 암모니아 + 염소산칼륨 → 질산암모늄
② 하이드라진 + 아염소산나트륨 → 질화나트륨
③ 아세트알데하이드 + 산소 → 퍼아세트산
④ 에틸벤젠 + 산소 → 퍼벤조산
⑤ 암모니아 + 할로젠원소 → 할로젠화질소
⑥ 알코올류 + 질산염류 → 사이안산염
⑦ 아세틸렌 + Cu, Hg, Ag 염류 → 아세틸렌화 Cu, Hg, Ag
⑧ 하이드라진 + 아질산염류 → 질화수소산
⑨ 암모니아 + 질산은 → 사이안산은(AgOCN)

3. 위험한 화학반응 조작

혼촉 위험반응은 2종류 이상의 물질이 혼합하여 일어나는 경우이므로 화학반응, 지진, 수송, 폐기처리 중일 때가 가장 위험하다. 이 중 화학반응할 때 발생할 수 있는 위험한 화학조작 상황을 보면 다음과 같다.

1) 증류조작

증류 잔유물 중에 폭발성 물질이나 불안정 물질이 농축되어 있을 때 플랜트에서 화재·폭발이 일어날 수 있다.

2) 여과

불안정한 물질이 마찰·타격에 대해 민감한 경우 여과할 때 필터과정에서 생긴 마찰열에 의해 위험성이 커진 경우가 있다.

3) 증발

대부분의 위험물은 불활성 용매로 희석하면 보다 안정해지지만 반대로 불활성 용매가 증발한다면 보다 위험한 상태에 이르게 된다. 예를 들면 표백제, 살균제로 사용되는 하이포아염소산나트륨[NaClO]은 수용액 상태로 유통되어 안정하지만 물이 증발하여 건조되어 다공성의 가연물과 접촉하면 상당히 연소 위험성이 증가한다.

4) 추출조작

추출조작에 의하여 위험물을 추출한 액이 농축되면 고농도 상태가 되어 위험해진다.

5) 결정화

결정화 조건에 따라서 불안정한 물질이 생성된 경우 충격이나 마찰에 대하여 상당히 민감해진다.

6) 반응액의 재순환

반응액의 재순환 중에 불안정한 물질이 축적하여 농축될 가능성이 있다.

7) 정치

반응액을 정치할 때 국부적 에너지의 농축에 의해 화재·폭발을 일으킬 가능성이 있다. 예를 들면 유기과산화물 등의 불안정한 물질을 함유한 혼합물을 교반하여 정치할 때 불안정한 물질을 함유한 용액이 벽에 부착하여 증발 농축되면 자연발화의 가능성이 있다.

8) 환류조작

환류조작 중 돌비 또는 과잉 가열에 의해 가연성 액체가 넘치거나 또는 농축될 때 위험하다. 예를 들면 질산의 산화반응 등으로 생성된 NO_2는 냉매를 이용한 환류냉각기에서 반응계에 되돌릴 수 있다. 그러나 환류냉각기 중에서 냉각된 NO_2가 반응기의 날개에 부착된 유기물과 대량 혼합하면 폭발적으로 반응하여 위험하다.

9) 응축

불안정한 위험물이 응축하여 이것이 배관 중의 U자관 부분에 체류하면 폭발이 일어날 가능성이 있다.

10) 교반

교반 속도를 빨리 할 경우 불안정한 물질의 미반응 원료가 계(係) 중에 축적된다. 이때 재교반을 강하게 하면 축적된 원료가 한 번 더 반응하게 되어 계(係)의 온도가 상승하여 폭발의 위험성이 높아진다.

11) 승온

에너지를 함유한 화합물이나 발열반응을 하는 2가지 물질을 저온에서 혼합하였다 하더라도 온도가 상승할 경우 폭발의 우려가 있다.

12) 폐기

불필요한 위험물을 폐기하는 작업 중 화재·폭발사고가 많다. 여기에는 몇 가지의 이유가 있다. ① 폐기물이기 때문에 불필요한 물질로 생각하여 그 위험성에 대하여 소홀히 하고 ② 폐기물 중에는 알 수 없는 물질이 많고(용기 라벨의 손상 또는 다른 용기에 임의로 옮김 등) ③ 폐기물이 놓인 장소는 위험물에 무지한 불특정 다수인이 사용하고 있어 위험성 파악이 안 되고 있는 점이다.

13) 누출

위험한 약품이 누출되어 방치하였을 때 다른 혼촉 위험물질과 부주의하여 반응할 경우 2차적인 재해위험이 크며 유해성 가스를 발생한 경우는 중독 위험성이 있다.

4. 혼촉발화의 사례와 예측실험

(1) 혼촉발화의 사례

- 일시 : 1979. 8.13. 23:54～8.14. 04:53
- 장소 : 인천시 남구 용현동 632 대동보세창고
- 개요 : 30℃가 넘은 무더운 날씨에 낮 동안 직사광선을 받아 위험물 저장창고 안은 온도가 상당히 상승되었으며, 인화성 액체인 아크릴산메틸과 자기반응성 물질인 메틸에틸케톤퍼옥사이드가 열을 받아 산화, 분해, 중합 등 화학반응으로 높은 에너지를 함유한 상태에서 강

산화성 물질인 아염소산나트륨과 질산나트륨이 혼촉하면서 발화됨.

이 후 연쇄적으로 대폭발을 일으켰으며 대화재로 순간 확대되어 다수의 인명 피해와 재산 손실을 가져왔음.

(2) 혼촉발화의 예측실험

화학약품의 혼촉발화에는 약품의 양, 혼합비용, 온도, 습도, 촉매, 불순물, 제3의 물질 존재 등의 영향을 받게 된다. 다음 <그림 13>과 같은 혼촉발화 실험장치를 이용한다.

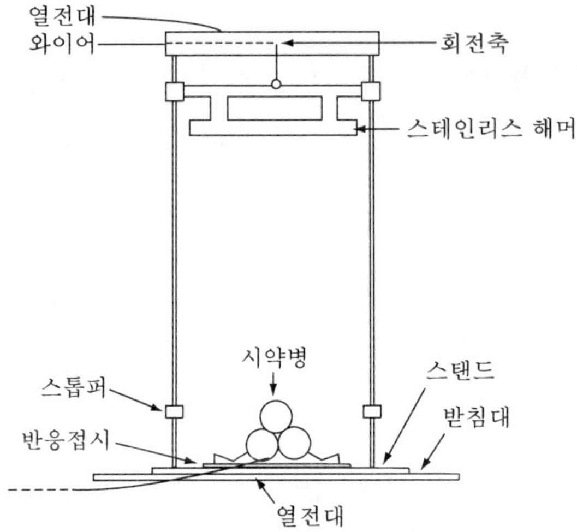

〈그림 13〉 **혼촉발화 실험장치**

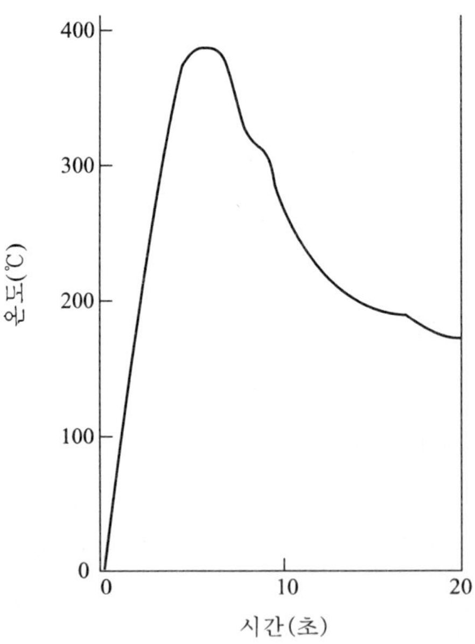

〈그림 14〉 **혼촉(CrO_3 250 g + C_2H_5OH 500 g)발화 실험 온도측정 기록**

스테인리스 해머(두께 5 mm, 중량 2 kg, 높이 1 m)를 낙하, 시약병을 파손시켜 약품을 혼합시킨다. 이때 발화의 상태를 TV모니터로 관찰하여 착화시간, 화염의 크기, 발연상황을 조사한다. 실험의 예를 보면 삼산화크로뮴(CrO_3) 250 g과 에탄올(C_2H_5OH) 500 g을 같은 장치에 의해 실험하였을 때에 열전대온도계로 측정한 온도의 변화는 <그림 14>와 같다.

혼촉발화 실험장치에 의해 얻어진 혼촉발화 조합은 다음과 같다.

$NaClO_2$ + H_2SO_4 + $C_6H_5CH_3$
$NaClO_2$ + H_2SO_4 + $(C_2H_5)_2O$
$NaClO_2$ + HCl + $C_6H_5CH_3$
$KClO_3$ + H_2SO_4 + $C_6H_5CH_3$
CrO_3 + C_2H_5OH
$NaNO_2$ + H_2SO_4 + $C_6H_5CH_3$
HNO_3 + $C_6H_5NH_2$
표백분 + HNO_3 + $C_6H_5CH_3$
$(NH_4)_2Cr_2O_7$ + $C_2H_4(OH)_2$
CrO_3 + $C_2H_4(OH)_2$
BPO[3] + H_2SO_4
MEKPO[4] + H_2SO_4
$NaClO_3$ + CS_2
$KMnO_4$ + H_2SO_4 + C_2H_5OH
$NaClO_2$ + H_2SO_4 + $C_2H_4(OH)_2$
$KClO_3$ + H_2SO_4 + $C_2H_4(OH)_2$
$AgNO_3$ + H_2SO_4 + $C_2H_4(OH)_2$
$NaClO_2$ + H_2SO_4 + 휘발유
$NaClO_2$ + HNO_3 + $C_6H_5CH_3$
$NaClO_2$ + H_2SO_4 + $C_6H_5CH_3$
$KBrO_3$ + H_2SO_4 + $C_6H_5CH_3$
$KMnO_4$ + $C_2H_4(OH)_2$
$NaNO_2$ + H_2SO_4 + $C_6H_5CH_3$
$NaClO_2$ + H_2SO_4 + 설탕
표백분 + $C_2H_4(OH)_2$
Na_2O_2 + $C_2H_4(OH)_2$
HSO_3Cl + 유기과산화물
BPO + HNO_3
MEKPO + HNO_3
$NaClO_4$ + CS_2
HNO_3 + CH_3COOH
$NaClO_3$ + H_2SO_4 + $C_2H_4(OH)_2$
$Ba(ClO_3)_2$ + H_2SO_4 + $C_2H_4(OH)_2$

한편 과거 혼촉발화 사례를 중심으로 정리한 혼촉발화 화학약품의 조합은 다음과 같다.

O_3 + ROH
H_2O_2 + N_2H_4
H_2O_2 + ROH
Na_2O_2 + Al(분말) + H_2O(미량)
K_2O_2 + Al(분말) + H_2O(미량)
BaO_2 + 금속분말 + H_2O(미량)
O_3 + $(C_2H_5)_2O$
H_2O_2 + $C_3H_5(OH)_3$
H_2O_2 + 금속분말
Na_2O_2 + Mg(분말) + H_2O(미량)
K_2O_2 + Mg(분말) + H_2O(미량)
BaO_2 + 유기화합물(가연성) + H_2O(미량)

---

3) BPO : 벤조일퍼옥사이드[$(C_6H_5CO)_2O_2$]
4) MEKPO : 메틸에틸케톤퍼옥사이드[$(CH_3COC_2H_5)_2O_2$]

PbO_2 + H_2S(건조)	PbO_2 + H_2SO_4
$NaClO_2$ + H_2SO_4	$NaClO_2$ + HNO_3
$NaClO_3$ + N_2H_4	$NaClO_3$ + H_2SO_4 + 설탕
$KClO_4$ + N_2H_4	$KClO_4$(무수) + Sb, As, Pb, Fe(분말)
$KMnO_4$ + H_2SO_4 + C_2H_5OH	$KMnO_4$ + H_2SO_4 + $C_6H_2(OH)(NO_2)_3$
$KMnO_4$ + H_2SO_4 + $(C_2H_5)_2O$	$KMnO_4$ + ROH + H_2SO_4
$KMnO_4$ + 테레핀유 + H_2SO_4	CrO_3 + CH_3COOH
CrO_3 + $C_6H_5NH_2$	CrO_3 + C_5H_5N
CrO_3 + CH_3COCH_3	$(NH_4)_2Cr_2O_7$ + N_2H_4
$(NH_4)_2Cr_2O_7$ + $Ca(OH)_2$	HNO_3 + ROH
HNO_3 + 유기화합물(가연성)	[HNO_3 + nNO_2] + 테레핀유
NH_4NO_3(용융) + 금속분말	Cl_2 + 송지, 수지가 묻은 섬유류
Br_2 + 금속분말	Cl_2 + As, Sb(분말)
Cl_2 + 테레핀유가 묻은 종이, 천	Cl_2 + $(C_2H_5)_2O$
BPO + N_2H_4	N_2H_4 + Cl_2, Br_2, I_2
P + I_2, Br_2	P + CS_2

공기 + P_4, 알킬알루미늄, 알킬리튬, K·Na 등 알칼리금속

5. 안전관리

1) 혼촉발화 조건의 제거

① 산화제와 비양립성 물질인 환원제, 가연물과는 같은 실내에 저장하지 말아야 한다.

② 강산과 강염기의 혼촉은 발열하므로 원칙적으로 같은 실내에서 저장·취급하지 말아야 한다.

③ 자연발열형의 불안정한 물질인 유기과산화물, 폭발성 물질, 질산에스터류, 셀룰로이드류는 그 분해촉매가 되는 물질과는 원칙적으로 동일 실내에서 저장·취급하여서는 안 된다.

④ 성질이 명확하게 알려지지 않는 약품에 대하여는 물질 자체의 위험성과 혼촉발화성을 문헌을 통해 조사하고 관리한다.

⑤ 혼촉발화에 대한 평가결과 그 가능성이 인정되는 약품들에 대해서는 같은 실내에서 함께 두지 말아야 한다.

⑥ 사용 빈도가 적은 약품은 폐기처분하고, 인화성 및 가연성 물질의 양은 가급적 적게 한다.

⑦ 인화성의 액체 또는 가스가 존재하는 실내에서 사용하는 화기는 예상되는 위험이 있을 경우에 대비하여 즉시 제거할 수 있도록 한다.

⑧ 혼촉위험 예측프로그램에 의하여 혼촉에 대한 최대반응열을 계산하고 혼촉발화 위험성을 예측

한다.

⑨ 소규모 혼촉실험 후에는 반드시 대규모 실험을 병행 실시한다.

⑩ 지진 등의 혼합요인 등에 대한 약품용기의 전도·전락·파손 및 수송 중 누출·비산 등의 조건을 주지 않도록 한다.

2) 화학약품 취급

① 약품장은 불연재로 하고, 약품용기의 보관은 약품장을 이용하며 될 수 있는 한 일반 선반은 피한다.

② 약품장은 지진 또는 취급장 전도, 전락하지 않도록 균형을 유지하고 바닥, 벽, 기둥은 고정시키며 자중, 하중 등에 충분히 견딜 수 있는 재료를 사용한다.

③ 약품장은 상시 폐쇄하며 관계자 외의 사용을 금한다.

④ 약품장에 놓인 약품용기 중 특별취급을 요하는 예민한 화학약품은 가급적 밑에 놓고 필요한 경우 벤딩 조치한다.

⑤ 약품용기는 용기 1개씩 수납 케이스에 넣어 고정한다.

⑥ 위험성이 큰 화학약품의 경우 모래상자 내에 고정한다.

⑦ 자연발화를 일으키는 약품은 보호액을 충만시키고 물의 증발을 막는다.

⑧ 약품용기의 뚜껑은 완전히 밀폐한다.

⑨ 약품용기에는 품명과 필요에 따라 저장 또는 취급상의 주의사항을 표시한다.

⑩ 약품실의 약품 배치와 약품의 소개에 관한 대장을 만들고 약품의 명칭 및 각 유별 위험물 구분을 기록해야 한다.

3) 화학반응조작

① 폭발성 물질이나 불안정한 물질이 발생하는 반응물의 증류 중 증류 잔유물이 과도하게 농축되지 않도록 하며, 불안정한 물질을 감압증류 중에는 설계 액온 이상이 될 때 분해가 일어날 수 있으므로 필요한 조치를 강구해야 한다.

② 여과 중 필터에서 마찰열이 발생하는 기구를 사용하지 말아야 한다.

③ 불안정한 물질이 불활성 용매에 희석이 되어 있는 경우 용매가 휘발·건조되지 않도록 한다.

④ 재순환하는 과정에서 발생하는 폐액을 매번 순환할 때마다 반드시 안전한 방법으로 제거시킨다.

⑤ 가연성 용매를 이용한 환류조작이나 저인화점 용매의 증류 중에는 착화원과는 철저히 격리하여야 한다. 특히 대규모장치에서 환류조작에 의한 반응을 진행시킬 경우는 특히 주의하여야 한다.

⑥ 교반에 의한 합성반응 중 교반속도가 과도하여 온도가 급상승하지 않도록 한다.

⑦ 화학약품을 폐기할 때는 약품의 폐기방법에 따르며 유통업체에서도 반드시 폐기방법을 명기하도록 한다. 폐기물을 다른 용기에 담았을 경우에도 폐기요령이 계속 인수인계되도록 한다. 또한 평소 위험한 약품은 꼭 필요한 양만 구입하여야 한다.

⑧ 위험한 화학반응조작 및 발열반응을 일으키는 장치에 부속된 냉각장치의 이상 유무를 파악한다.

4) 저장·취급

① 유별을 달리하는 위험물의 혼합 저장 및 혼합 적재되지 않도록 한다.
다음의 조합은 특히 연소 폭발 위험이 높으므로 주의하여야 한다.

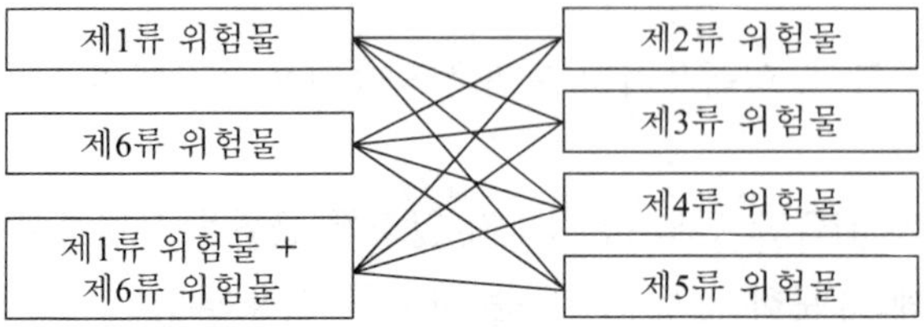

② 저장소 내에 허가와 품목 및 다른 유별 위험물의 방치를 금하며 허가량을 초과하지 않도록 한다.
③ 무분별한 취급으로 혼합·혼촉의 기회를 제공하지 않도록 위험물안전관리자 등에게 안전의식을 고취시킨다.
④ 확실하고 안전한 운전방법으로 개발 보급과 취급 위험물의 위험성상을 파악·관리한다.
⑤ 해당 위험물 제조소등의 자체 안전점검 시에는 탱크저장시설보다는 옥외저장소 및 옥내저장소에 있어서 허가 외 품목의 저장·방치되는 사례가 없도록 세부 검사가 이루어져야 할 것이다.
⑥ 위험물의 경로 즉, 원료 → 반응 → 제조 → 운반 → 사용 → 폐기까지의 전 과정을 추적하여 안전관리의 모델화를 기한다.

혼합·혼촉발화란 두 가지 이상의 화학약품 등이 외부에서 점화에너지원의 공급 없이도 혼합·혼촉 시 발생한 반응열에 의하여 발화가 일어나므로 평소 혼촉발화 가능성의 위험성 화학약품은 저장·취급 등의 과정에서 안전 확보를 위해 노력하여야 한다.

특히, 최근 화학공업의 발전에 따른 새로운 화학약품의 개발과 화학반응과정에서 필요로 하는 새로운 물질의 수입 등으로 새로운 재해의 발생이 우려되므로 "움직이는 과정"(수입·운반·반응·제조·유통·판매·사용 및 화재·폭발)에 대하여 규제와 지도 활동이 강화되어야 하며, 해당 위험물 및 화학약품 취급소에 있어서도 각 물질의 성상, 취급방법, 혼합했을 때 일어날 수 있는 위험성 또는 유해성을 사전에 파악하여 안전관리에 임해야 한다.

제3절 물과의 반응 위험성

"물은 가장 적절한 소화약제이다." 하지만 소화할 때는 여러모로 주의가 필요하다. 물은 연소 중인 몇 가지의 금속과 직접 작용하여 2차적인 중대한 화재를 일으키고 또한 급격한 화학적 활성으로 공기와 접촉하여 자연발화를 일으킨다. 또한 금속화재 중 주수하면 가연성 가스를 발생하거나 어떤 경우 유독한 물질을 만든다. DOT에서는 그 물질이 물과 그 물질과의 반응성을 명확하게 하기 위하여 특별한 표지를 사용할 것을 요구하고 있으며, 물과의 반응성 물질을 수송할 때 "젖으면 위험(dangerous when wet)"이라는 청색바탕에 기재된 표지를 부착하지 않으면 안 된다. 「위험물안전관리법령」에서 제3류 위험물 및 알칼리금속과산화물의 제조소등에 있어서 "물기엄금"을 표시하도록 의무화하고 있다.

1. 알칼리금속

알칼리금속은 주기율표에 있어서 화학적으로 가장 반응하기 쉬운 원소들이다. 이 중 Cs, Rb, Fr은 방사성 물질로서 특정한 용도에 국한됨에 따라서 통상의 화재와 접할 기회가 적으나 다음의 원소는 공업적으로 많이 활용되고 있어 화재 사례가 많다.

〈표 5〉 Li, Na, K의 성상

구분 물성	Li	Na	K
비중(20℃)	0.534	0.972	0.819
용 융 점	179℃	97.5℃	63.7℃
비 점	1,317℃	883℃	760℃
융 해 열	103.2 cal/g	27.2 cal/g	14.6 cal/g
기 화 열	4,680 cal/g	1,005 cal/g	496 cal/g

리튬(Li)은 은백색 금속으로 고체 원소 중 가장 가볍다. 도자기, 주물류, 살균제, 표백제, 의약 및 그리스 등의 제조에 쓰인다. 물과 직접 반응은 다음과 같다.

$$2Li + 2H_2O \longrightarrow 2LiOH + H_2\uparrow$$

Li은 K나 Na보다는 반응성이 느린 편이지만 물과의 반응 때문에 생기는 H_2는 통상 점화원에 의해 발화·폭발하거나 가수분해의 열은 Li에 흡수되므로 O_2에 접촉되어 있어도 실온에서는 자연발화하지는 않는다.

200℃ 이상의 온도에서는 O_2 중 독특한 심홍색을 내면서 Li_2O을 생성한다. 또 다른 알칼리금속과는 달리 N_2와 직접 화합한다.

$$6Li + N_2 \longrightarrow 2Li_3N$$

따라서 리튬금속 화재 때는 질소에 의한 질식소화는 효과가 없다.

나트륨(Na)은 은백색의 광택을 내는 금속이다. 이것은 유기합성에서 환원제로 쓰이고 나트륨-아말감과 나트륨-칼륨 합금으로 쓰인다. 덩어리로 된 Na의 자연발화온도는 일반적으로 115℃ 이상으로 인식되고 있다. 그렇지만 금속 Na은 상온에서도 여러 조건에 따라서 자연발화를 일으킬 가능성이 있다. 이 금속은 그 수산화물로서 표면이 피복되어 있는데 NaOH이 흡습성이기 때문에 수분이 Na 금속과 반응하여 화재를 일으킨다.

$$2Na + 2H_2O \longrightarrow 2NaOH + H_2\uparrow$$

Na은 공기 중 연소하여 독특한 황색을 띠며 Na_2O가 된다. 순수 O_2 중에서는 과산화물인 Na_2O_2가 된다. Na은 Li과 달리 높은 온도에서도 N_2와는 화학적으로 결합하지 않는다. Na 저장용기는 건조하고 화재의 위험성이 적은 곳에 저장하고 스프링클러설비 등 수계소화설비나 수도관 및 수증기관 등과 접촉되지 않도록 하며 저장용기 속에는 석유나 벤젠을 보호액으로 채운다.

칼륨(K)은 은색의 광택 금속으로 다른 알칼리금속에 비해 반응성이 높다. K은 액체의 Br_2과 약간 접촉하면 폭발한다. K과 물과의 반응은 Li, Na과 물과의 반응에 비해 상당히 격렬하고 결국 폭발을 일으킴에 따라 K 금속을 비산시킨다.

$$2K + 2H_2O \longrightarrow 2KOH + H_2\uparrow$$

물과 반응이 진행되고 있는 알칼리금속은 할로젠탄화수소와 반응한다.

가령 CCl_4를 연소하고 있는 Na에 뿌리면 유리탄소의 연기가 발생하여 화재는 계속된다.

$$4Na + CCl_4 \longrightarrow C + 4NaCl$$

CO_2도 알칼리금속 화재의 소화약제로서 적응성이 없다. CO_2는 화학적으로 다음과 같이 반응한다.

$$4Na + CO_2 \longrightarrow 2Na_2O + C$$

2. 활성 금속류

덩어리 상태거나 표면에 산화물을 생성한 경우에 있어 위험성은 감소되지만 활성 금속류는 분말 또는 미분 상태에서는 특이하고 중대한 화재·폭발을 가져온다. 이러한 금속은 물과의 반응성을 나타냄과 동시에 간접적인 피해도 따른다. 또 금속 저장용기 중에 수분이 흡입되어 반응하면 H_2 발생에 의해 생성된 압력으로 용기를 파괴시키는 원인이 된다. H_2의 연소하한계는 4vol% 정도로서 공기와 혼합한 경우 연소·폭발 위험이 있다.

Mg은 물과 천천히 반응한다. 그렇지만 물이 더워지면 그 반응은 격렬히 진행되어 H_2를 생성한다.

$$Mg + 2H_2O \longrightarrow Mg(OH)_2 + H_2\uparrow$$

연소 중인 Mg에 완만하게 주수하면 다량의 H_2를 발생시켜 대단히 위험하다. 소량의 Mg의 경우 다량의 물로 급히 주수하면 금속을 냉각시켜 연소가 정지되지만 매우 주의가 필요하다.

고온도의 Mg은 CO_2나 할로젠 중 연소한다.

$$2Mg + CO_2 \longrightarrow 2MgO + C$$
$$2MgO + CCl_4 \longrightarrow 2MgCl_2 + CO_2$$

고온도로 연소하고 있는 지르코늄은 화학적으로 물, CO_2 및 할로젠과 반응한다.

$$Zr + 2H_2O \longrightarrow ZrO_2 + 2H_2\uparrow$$
$$Zr + CO_2 \longrightarrow ZrO_2 + C\uparrow$$
$$ZrO_2 + CCl_4 \longrightarrow ZrCl_4 + CO_2\uparrow$$

금속 타이타늄분말은 Mg이나 Zr과 동일하게 자연발화의 위험이 있다. Ti은 분말 상태에서 연소하지만 덩어리 상태에서도 용이하게 연소한다. 고온도의 Ti과 그 산화물도 또한 물, CO_2, 할로젠과 반응한다.

$$Ti + 2H_2O \longrightarrow TiO_2 + 2H_2\uparrow$$
$$Ti + CO_2 \longrightarrow TiO_2 + C$$
$$TiO_2 + CCl_4 \longrightarrow TiCl_4 + CO_2\uparrow$$

높은 온도에서 연소하고 있는 알루미늄은 물, CO_2, 할로젠과 반응한다.

$$2Al + 3H_2O \longrightarrow Al_2O_3 + 3H_2\uparrow$$
$$4Al + 3CO_2 \longrightarrow 2Al_2O_3 + 3C$$
$$2Al_2O_3 + 3CCl_4 \longrightarrow 4AlCl_3 + 3CO_2\uparrow$$

아연분은 습기를 흡수하면 스스로 열을 발생하여 발화하고, 산화물을 만든다.

$$2Zn + O_2 \longrightarrow 2ZnO$$

분말 아연은 물과 반응하여 H_2를 내며, 연소하고 있는 Zn은 CO_2, 할로젠과 반응한다.

$$Zn + 2H_2O \longrightarrow Zn(OH)_2 + H_2\uparrow$$
$$2Zn + CO_2 \longrightarrow 2ZnO + C$$
$$2ZnO + CCl_4 \longrightarrow 2ZnCl_2 + CO_2\uparrow$$

3. 유기금속화합물

금속원소와 유기기가 결합한 화합물을 총칭하여 유기금속화합물이라 한다. 유기화합물은 합성과정의 중합촉매로 많이 이용된다. 공업적 가치를 가진 것은 C원자 1～10개를 함유하고 있는 것으로서 50여종 이상이 있다.

「위험물안전관리법」에서는 자연발화성 물질 및 금수성 물질인 제3류 위험물로 분류하고 있다.

① $Al(CH_3)_3$: Trimethyl Aluminium

무색 액체로서 물에 의해 분해하고 폭발을 일으킨다. 공기 중에서 자연발화를 일으키고 증기는 150℃ 이상에서 분해한다.

② $Cd(CH_3)_2$: Dimethyl Cadmium
자극성 냄새를 가진 무색 액체로서 자연발화성이며 물에 의해 분해한다. 100℃ 이상에서 폭발적으로 분해하며 −4.2℃에서 응고한다.

③ $Al(C_4H_9)_3$: Tributyl Aluminium
무색 액체. 자연발화성. 1℃ 응고, 75℃ 이상에서 열에 의해 불안정해진다. 물과 반응한다.

에틸나트륨은 물과 반응하여 가연성의 에테인(C_2H_6)을 발생한다.

$$C_2H_5Na + H_2O \longrightarrow NaOH + C_2H_6\uparrow$$

이것은 할로젠과도 다음과 같이 반응한다.

$$C_2H_5Na + CCl_4 \longrightarrow CH_3CH_2CCl_3 + NaCl$$

알킬알루미늄은 물과 반응하여 폭발적으로 에테인을 발생하여 발화·비산한다.

$$(C_2H_5)_3Al + 3H_2O \longrightarrow Al(OH)_3 + 3C_2H_6\uparrow$$

$$3(C_2H_5)_2AlCl + 6H_2O \longrightarrow 2Al(OH)_3 + AlCl_3 + 6C_2H_6\uparrow$$

4. 수소화합물

수소와 기타 원소의 화합물을 수소화합물이라 한다.

① 붕소(B)의 분자화합물을 보레인이라 하며 이것은 실온에서 불안정하다. 다이보레인과 데카보레인은 공업적으로 중요하며 가연성이다.

$$\underset{\text{다이보레인(가스)}}{B_2H_6} + 3O_2 \longrightarrow B_2O_3 + 3H_2O$$

$$\underset{\text{데카보레인(고체)}}{B_{10}H_{14}} + 11O_2 \longrightarrow 5B_2O_3 + 7H_2O$$

이들은 물과 반응하여 H_2 가스를 발생한다.

$$B_2H_6 + 6H_2O \longrightarrow 2H_3BO_3 + 6H_2\uparrow$$

$$B_{10}H_{14} + 30H_2O \longrightarrow 10H_3BO_3 + 22H_2\uparrow$$

② 규소와 수소화합물은 silane(수소화규소)라 하며 가장 간단한 것이 모노실레인(SiH_4) 기체의 수소화물이다. 성질은 B_2H_6와 비슷하며 공기 중 자연발화하고 연소한다. 물과 반응한다.

$$2Si_2H_6 + 7O_2 \longrightarrow 4SiO_2 + 6H_2O$$

$$Si_2H_6 + 4H_2O \longrightarrow 2SiO_2 + 7H_2\uparrow$$

③ 염과 유사한 수소화물로 알칼리금속의 수소화물이 있다. Li과 Na의 수소화물은 화학식이 각각 LiH, NaH로 고체물질이다. 물과 반응하여 H_2가 생성된다.

$$LiH + H_2O \longrightarrow LiOH + H_2\uparrow$$
$$NaH + H_2O \longrightarrow NaOH + H_2\uparrow$$

이 반응은 상당히 발열적이며 발생한 H_2는 순간적으로 연소한다. 다음과 같은 수소화물은 물과 격렬히 반응한다.

$$LiAlH_4 + 4H_2O \longrightarrow Al(OH)_3 + LiOH + 4H_2\uparrow$$

수소화붕소나트륨은 물에 의해 천천히 분해된다.

$$3NaBH_4 + 6H_2O \longrightarrow Na_3B_3O_6 + 12H_2\uparrow$$

④ 알칼리토금속 수소화물도 물과의 반응성이 있으나 알칼리금속보다는 반응성이 느리다.

$$MH_2 + 2H_2O \longrightarrow M(OH)_2 + 2H_2\uparrow$$

BaH_2, CaH_2, MgH_2는 비교적 물과의 반응성이 풍부한 편이다.

5. 과산화물

O_2를 함유한 화합물을 과산화물이라 한다. 이것은 산화제로서 1차적인 위험성이 있다. 무기과산화물은 찬물과 반응하여 과산화수소를, 높은 온도의 물에는 O_2를 생성하고 발열한다. 그러나 과산화물에 속한 H_2O_2와 유기과산화물은 물과의 반응 위험성은 없다.

$$Na_2O_2 + 2H_2O(\text{냉}) \longrightarrow H_2O_2 + 2NaOH$$
$$2Na_2O_2 + 2H_2O(\text{열}) \longrightarrow 4NaOH + O_2\uparrow + Q\,\text{kcal}$$

위의 경우 조연성 가스인 O_2와 점화원이 존재하므로 부근에서 가연성 물질이 존재하면 연소시킬 수 있다.

6. 질소화합물

질소화합물 대부분은 물과 반응성은 거의 없으나 폭발 위험성은 있다. 질화마그네슘은 물과 반응하여 가연성의 암모니아(NH_3)를 발생한다.

$$Mg_3N_2 + 6H_2O \longrightarrow 3Mg(OH)_2 + 2NH_3\uparrow$$

7. 금속탄소화합물

이것은 물과 반응하여 가연성의 탄화수소를 낸다. CaC_2와 Al_4C_3는 「위험물안전관리법」상의 제3류 위험물이다.

$$\underset{\text{탄소화칼슘(카바이드)}}{CaC_2} + 2H_2O \longrightarrow Ca(OH)_2 + \underset{\text{아세틸렌}}{C_2H_2}\uparrow$$

$$\underset{\text{탄소화베릴륨}}{Be_2C} + 4H_2O \longrightarrow 2Be(OH)_2 + \underset{\text{메테인}}{CH_4}\uparrow$$

$$\underset{\text{탄소화알루미늄}}{Al_4C_3} + 12H_2O \longrightarrow 4Al(OH)_3 + \underset{\text{메테인}}{3CH_4}\uparrow$$

$$\underset{\text{탄소화마그네슘}}{Mg_2C_3} + 4H_2O \longrightarrow 2Mg(OH)_2 + \underset{\text{프로파인}}{H-C\equiv C-CH_3}\uparrow$$

$$\underset{\text{탄소화나트륨}}{Na_2C_2} + 2H_2O \longrightarrow 2NaOH + \underset{\text{아세틸렌}}{C_2H_2}\uparrow$$

$$\underset{\text{탄소화리튬}}{Li_2C_2} + 2H_2O \longrightarrow 2LiOH + \underset{\text{아세틸렌}}{C_2H_2}\uparrow$$

$$\underset{\text{탄소화칼륨}}{K_2C_2} + 2H_2O \longrightarrow 2KOH + \underset{\text{아세틸렌}}{C_2H_2}\uparrow$$

$$\underset{\text{탄소화망가니즈}}{Mn_2C} + 5H_2O \longrightarrow 2Mn(OH)_2 + \underset{\text{메테인}}{CH_4}\uparrow + \underset{\text{수소}}{H_2}\uparrow + \frac{1}{2}O_2\uparrow$$

8. 금속인화합물

금속인화합물은 물과 반응하여 가연성이면서 유해성 가스를 발생한다.

$$\underset{\text{인화칼슘}}{Ca_3P_2} + 6H_2O \longrightarrow 3Ca(OH)_2 + \underset{\text{포스핀}}{2PH_3}\uparrow$$

$$\underset{\text{인화아연}}{Zn_3P_2} + 6H_2O \longrightarrow Zn(OH)_2 + \underset{\text{포스핀}}{2PH_3}\uparrow$$

$$\underset{\text{인화알루미늄}}{AlP} + 3H_2O \longrightarrow Al(OH)_3 + \underset{\text{포스핀}}{PH_3}\uparrow$$

9. 기타

위험물로 분류되지 않지만 최근 반도체공업 등에서 유용하게 이용되는 신물질이 많이 나타나고 있다. 이들 중 물과 반응하여 위험성을 나타내는 물질은 다음과 같다.

〈표 6〉 기타 물과의 반응성 물질

물질명	화학식	위험성	물과의 반응 결과
나트륨아마이드	$NaNH_2$	유해성, 가연성	NH_3와 NaOH을 생성하고 발연한다.
삼산화황	SO_3	맹독성	황산을 만들고 발열한다.
산화칼슘	CaO	유해성	발열한다.
수산화칼륨	KOH	맹독성	발열한다.
사수소화저마늄	GeH_4	유해성	H_2 가스를 발생한다.
테트라플루오린화규소	SiF_4	유해성, 자극성	HF 가스를 발생한다.
포스젠	$COCl_2$	맹독성	염산을 만든다.
메틸브로마이드	CH_3Br	맹독성, 가연성 가스	CH_3OH을 만든다.
헥사플루오린화텅스텐	WF_6	유해성, 부식성	HF 가스를 발생한다.
염화아연	$ZnCl_2$	유해성	발열한다.
염화알루미늄	$AlCl_3$	유해성	발열한다.
염화주석(Ⅳ)	$SnCl_4$	유해성	HCl 가스를 발생한다.
옥시염화인	$POCl_3$	유해성, 발열성	HCl 가스를 발생한다.
오염화안티모니	$SbCl_5$	맹독성	염산과 안티모니산을 만든다.
오염화몰리브덴	$MoCl_5$	자극성	HCl 가스를 발생한다.
오플루오린화인	PF_5	유해성	HF 가스를 발생한다.
삼염화안티모니	$SbCl_3$	유해성	HCl 가스를 발생한다.
삼염화비소	$AsCl_3$	맹독성	HCl 가스를 발생한다.
삼염화붕소	BCl_3	유해성, 자극성	HCl 가스를 발생한다.
삼염화인	PCl_3	맹독성, 부식성	HCl 가스를 발생하고 인산을 만든다.
트라이브로민화붕소	BBr_3	유해성	HBr 증기를 발생한다.
트라이플루오린화붕소	BF_3	유해성, 자극성	다이보레인과 HBr 증기를 발생한다.
트라이플루오린화인	PF_3	유해성	HF 가스를 발생한다.
사이안화아연	$Zn(CN)_2$	맹독성	HCN 가스를 발생한다.
사이안화칼륨	KCN	맹독성	HCN 가스를 발생한다.
사이안화나트륨	NaCN	맹독성	HCN 가스를 발생한다.
사염화규소	$SiCl_4$	유해성, 부식성	HCl 가스를 발생하고 발열한다.
사염화저마늄	$GeCl_4$	유해성, 부식성	산화저마늄과 HCl 가스를 발생한다.
클로로설폰산	HSO_3Cl	강산성, 부식성	H_2SO_4와 HCl 가스를 발생하고 발열한다.
클로로메틸	CH_3Cl	유해성, 가연성 가스	염산과 CH_3OH를 만든다.
클로로폼	$CHCl_3$	유해성	염산을 만든다.

제4절 분진폭발

1. 분진폭발의 재해사례

분진이 폭발한다는 사실은 탄광에서의 탄진폭발이 인식되면서부터 개념화되었다. 1886년 영국에서 인정되기 이전에는 메테인(CH_4)의 갱내 폭발이라고 믿었었다. 이같이 분진 중에서도 탄진은 폭발성을 가지며 위험하다는 것이 수차 대폭발로 인식되었으며 최근 1992. 5. 3. 터키 탄광에서는 263명 사망, 2014. 5. 13. 소마 탄광 사고로 282명 사망의 대참사가 있었다.

NFPA 통계에 의하면 미국에서 1900년부터 1956년(57년간)까지 총 1,083건의 분진폭발을 일으켜 사망 604명, 부상 1,709명, 재산피해 약 1억불에 달하였고, 영국에서는 1951년부터 1960까지(10년간) 243건의 분진폭발로 22명 사망, 182명이 부상했으며, 일본 노동성 산업안전연구소에 의하면 1952년부터 1977년까지(26년간) 186건의 분진폭발로 사상자 502명이 발생했다.

1970～1980년 사이 미국의 대형 곡물창고에서 대형분진폭발사례가 특히 많았는데 1977. 12. 12. 미국 루이지에나주 웨스트웨곤 콘티넨탈그라인사 대형 곡물사일로(높이 75 m, 16만톤 밀가루저장)가 분진폭발로 다갈색의 분진은 폭발과 일시적 폭발로 인한 fire ball 형성 등 대형화재로 발전하여 73기 중 48기가 파괴되어 1000억원 상당의 피해와 36명의 사망자를 기록했고, 1977. 12. 27. 미국 텍사스시 갈베스톤에 있는 헤머스엑스폰사의 철도화물전용 하적장에서 하적장치의 기계과열로 소맥 11만톤을 저장한 73.5 m의 거대한 사이로 폭발로 사망 18명, 150억원의 피해를 주었다.

이 후 분진폭발은 금속분에 이어 최근 플라스틱공업(monomer, polymer 다량 존재), 합성수지, 합성고무, 합성섬유, 유기합성공업, 분말금속공업, 식품공업 등이 기술 발전에 의한 원료 및 제품을 분체로 취급하는 공정이 많아짐에 따라 이러한 분체의 취급분야의 확대, 취급량의 증대, 공정의 연속화, 제조공정의 신속화 경향이 분진폭발의 잠재 위험성을 증대시킨 결과를 가져왔다. 우리나라에서도 1974. 1. 23. 발생한 Y방직공장의 섬유분진에 의한 분진폭발로 인해 대형화재를 초래하여 156억 원에 상당하는 피해를 냈으며, 1989. 10. 4. 여천공단 ABS공장화재 폭발사고로 ABS수지 분말이 기계과열로 점화되어 분진폭발이 몇 차례 계속되면서 대형화재 폭발을 일으켜 다수의 사상자와 수십억 원의 재산피해를 가져왔다.

2. 분진폭발의 4요소

1) 미분상태의 가연물

- 금속분 : Al분, Mg분, Zn분, Zr분, Fe분 등
- 무기화합물 : S분, 적린분, 황화인분, C분, 하이드라진무수물
- 탄분 : 목탄분, 석탄분, 활성탄분 등

- 곡물 및 식품분 : 옥수수가루, 콩가루, 밀가루, 전분, 분유, 설탕가루, 커피가루, 사료, 후춧가루, 인스턴트 식품분말, 등
- 고분자 유기화합물 : 플라스틱류, 합성수지, 합성섬유, 합성고무, 코크스, 염료, 유기합성제품 등
- 기타 : 펄프, 톱밥, 목분, 먼지 등

2) 산소공급원(공기) 중 부유

가연성의 분진의 입자가 클수록 침강하지만 적을수록 부유 상태가 유지된다. 이러한 부유조건은 가연성 고체의 분쇄, 이송, 교반 등 외부의 기계적 작용과 건조, 혼합, 계량공정에서 잘 발생한다. 따라서 가연성 분진과 보통 공기의 혼합범위인 폭발한계농도는 탄화수소류의 경우 45～50 g/m^{2}이다.

분진의 입도가 적어질수록, 온도가 높고 건조할수록, 공기 중 산소농도가 증가할수록, 공기 중 가연성 가스나 유증기가 혼입될수록 폭발한계농도는 낮아진다.

3) 점화원의 존재

일반적으로 가연성 분진의 최소발화에너지는 가연성 가스나 유증기에 비하여 100～1,000배이며 입도가 적을수록, 공기 중 산소가 증가할수록 낮아진다.

보통 점화원은 충격·마찰, 정전기스파크, 자연발화, 용접 용단 불꽃, 전기설비 결함, 나화, 금속 가열 등이 있으며, 자주 발생하는 공정별로는 분쇄·제분·연마·파쇄·사출, 집진·여과·분리, 건조, 운반·이송, 저장공정과 연소실이 있다. 주요 물질의 분진폭발 특성치는 <표 7>과 같다.

〈표 7〉 주요 물질의 분진폭발 특성치

종류	발화점		폭발 하한계 (g/L)	최소 발화에너지 (mJ)	최대 폭발압력 (kg/cm^2)	CO_2 발화
	운상 (℃)	층상 (℃)				
알루미늄분	650	760	0.045	50	5.9	×
아연분	680	460	0.5	96	4.9	×
크로뮴분	580	400	0.23	140	3.9	×
타이타늄분	375	290	0.45	15	6.0	○
지르코늄분	200	220	0.045	5	5.3	○
황화인	280	270	0.05	15	4.5	×
벤조산나트륨	560	680	0.05	80	6.4	×
종이분	440	270	0.055	60	6.7	×
커피가루	360	270	0.085	160	2.7	○
소맥제분	380	360	0.05	50	7.7	×
폴리스타이렌	500	500	0.02	15	7.0	×
대두제분	550	340	0.06	100	6.6	○
사탕	370	400	0.045	30	7.7	×

4) 밀폐된 공간

밀폐된 공간은 실내, 용기, 탱크조, 파이프, 덕트, 집진실 등 닫힌 공간이 존재해야 한다. 제조 공정별 분진폭발의 위험이 상존할 수 있는 공정은 다음과 같다.

① Al 분말의 제조, 분쇄작업 : 집진실, 사이클론, 백필터, 컨베이어, 제조기, 덕트, 실내 밀폐 작업장 및 건물, 볼밀
② Al의 스테아린산염 제조 : 분쇄기, 백필터, 온풍건조기
③ 연마공정에서의 금속분 : 백필터
④ 동물 복합사료 및 면실 부스러기의 제조 : 분쇄기, 파쇄기, 버킷엘리베이터, 사이클론, 백필터, 회전드림, 건조기 저장조, 사일로, 작업실
⑤ 석탄의 제조 : 분쇄기, 덕트(duct), 사이클론, 백필터, 컨베이어벨트
⑥ 코르크의 제조 : 분쇄기, 컨베이어, 사이클론, 실내 밀폐 작업장
⑦ Mg의 제조 : 해머밀, 볼밀, 컨베이어, 사이클론, 선별기, 분쇄공정, 연마공정, 집진실
⑧ 폴리스타이렌의 제조 : 사출기, 온풍건조기, 사이클론, 백필터, 저장조, 실내 밀폐 작업장
⑨ 전분의 제조 : 분쇄기, 사이클론, 백필터, 엘리베이터, 온풍건조기
⑩ 밀가루의 제조 : 분쇄기, 사이클론, 집전기, 사일로, 백필터, 회전건조기

3. 분진폭발의 위험성

1) 유해성과 2차 재해 위험성

분진폭발 후의 연소생성물로는 유기물질인 경우는 CO, CO_2, H_2O, HCN, H_2S, NH_3, SO_2 등을 발생하여 호흡유해성을 유발하고, 금속분의 경우에는 금속산화물의 높은 온도의 재를 생성하게 되어 일시적으로 화재 확대를 가져오며, 소화종사요원에게 치명적인 화상을 입히기도 하며 잘못하여 주수할 경우는 가연성의 H_2 가스를 발생하여 2차적인 큰 피해를 가져오기 때문에 항상 인명 피해가 따른다.

2) 분진폭발의 대형화

① 공기 대신에 산소의 농도가 증가될 경우
② 밀폐공간 내 고온, 고압상태가 유지되고 있을 때
③ 밀폐공간 내 인화성의 가스 및 유증기가 존재할 때
④ 분진자체가 폭발성 물질인 경우(예; 하이드라진무수물, Diphenyltin 화합물)

이 경우 분진폭발은 단 한번으로 끝나는 것이 아니고 2차, 3차 계속 폭발로 인해 대형 화재·폭발로 번지는 것이 보통인데 1차 폭발 때는 소형 폭발로서 밀폐공간 내에서 소규모로 나타나지만 폭풍에 의해 집적분진을 부유·비산시켜 또 다른 분진폭발의 분위기를 형성하기 때문에 2차, 3차 폭발로

⑤ 배관의 연결부위나 기계 가동에 의해 분진의 누출염려가 있는 곳은 흡인이나 밀폐를 철저히 한다.
⑥ 이송용 컨베이어나 엘리베이터의 폭은 가급적 작게 하고 기계의 마찰에 의한 과열이나 전기설비 과열을 방지하고 평소에 잘 정비하여야 한다.
⑦ 공기 수송방식의 공기 취급은 안전한 장소에서 하고 역화에도 주의한다.
⑧ 플랜트는 공정별로 분류하되 연소공정인 경우는 컨베이어나 밸브류에 초크(기화기의 공기개폐장치)를 설치한다.

3) 금속분 제조공장의 예방대책

① 제분기나 컨베이어가 설치된 실내에서 분진이 부유 발산하지 않도록 한다.
② 운송덕트는 비철금속으로 하고 상시 불활성 가스를 봉입시켜 둔다.
③ 저장 중 습기 또는 빗물침투를 방지하고 전기시설의 안전 및 화기에 대해 철저히 통제한다.
④ 분진이 발생하면 적절히 흡입하여 집진시킨다.
⑤ 작업과정 중 가연성 가스 및 인화성 액체의 사용을 금한다.
⑥ 운송덕트는 가급적 짧게 하고, 덕트 내부에 분진의 집적이나 장애물의 축적을 방지하고 덕트 및 집진기에 대해서는 완전 접지한다.
⑦ 건조장치 내부는 청결을 유지하고 폭발성 분진운이 발생하지 않도록 한다.
⑧ 전기설비는 방폭조치하고 건물 밖에 스위치를 설치한다.
⑨ 정전기 스파크, 전기장치의 스파크, 기계적 불꽃을 방지하고 누출에 따른 자연발화를 방지한다.
⑩ 화재 시 물 또는 포의 사용을 금지하고 마른 모래나 불연성 건조분말로 질식소화한다.

4) 폭발벤트(폭발방산공)의 부착

건물, 장치, 용기 내에 있어서의 폭발을 방지할 수 없는 경우 폭발의 피해를 감소하기 위하여 어느 부분의 강도를 전체보다 적게 할 때 폭발압력의 경우 0.07 kg/cm^3 정도 이내에서 파열되고 압력상승을 하지 않는 중에 안전한 대기로 화염 및 미연의 분진-공기 화합물을 방출시키고자 하는 장치이다.

폭발벤트는 가스, 증기의 폭발, 급격한 화학반응에 의한 압력의 상승 때에도 안전장치로서 유효하다. 폭발벤트에 사용하는 파열판은 내수지, 셀로판, 금속 호일, 고무 다이어프램 등이 적당하다. 벤트의 부착 위치는 대용량의 장치, 긴 부분 등에는 통상 많이 부착한다.

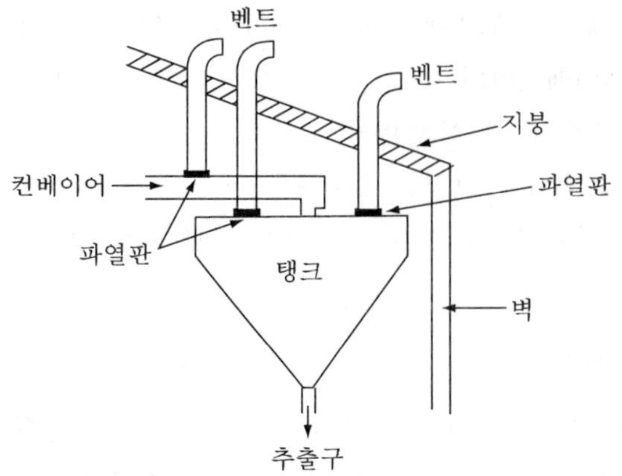

〈그림 15〉 **폭발벤트를 설치하는 실례**

5) 폭발억제설비의 활용

대체로 많은 가스나 분진의 폭발에서는 발화하기 때문에 압력에 달하는 데까지는 40밀리초 정도 이상이다. 폭발의 억제, 압력방산, 불활성 가스의 도입이나 분리가 자동적으로 행해져야 하며 폭발벤트 등과 공용으로 하여 효과적으로 폭발 피해를 감소해야 한다.

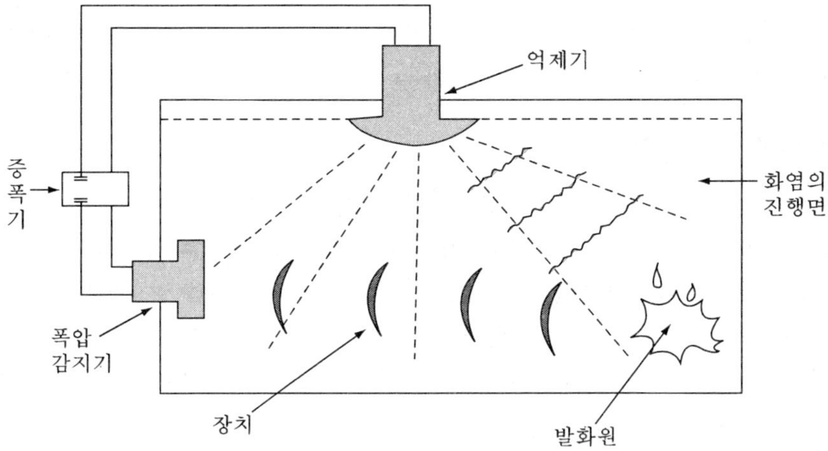

〈그림 16〉 **폭발억제설비의 예**

폭발억제장치에서 그 형식이 가장 간단한 것은 폭발감지기부, 증폭부 몇 개의 억제장치로 되어 있다.

약간 압력의 급상승 즉시 폭발을 감지하고 이것에 의한 신호를 증폭부에서 확대하고 억제장치를 작동하여 소화약제를 방출시킨다. 이 작동시간은 감지 후 1밀리초 이내에서 행해지기 때문에 약간폭발·압력상승에 억제되어 장치에 어떤 피해도 주지 않는다. 감지부와 억제장치의 위치관계, 장치의 구조나 부착장소의 선정, 그 수량 등을 검토해야 한다.

6) 불활성 물질의 활용

분진의 폭발성은 분진 중에 탄산칼슘, 규조토, 회분, 무기염 등의 불활성 분진을 혼입시키거나 CO_2, N_2, 할론, 수증기 등의 불활성 가스로 희석하면 불연성 분진은 비열이 커서 냉각효과와 부유성 억제, 산소 농도의 상대적 저하를 가져오고 불활성 가스도 산소 농도를 저하시키기 때문에 방지대책으로 활용할 수 있다.

그러나 Al, Mg, Zr, Ti, U, Th 등 금속분의 경우는 수증기나 CO_2를 사용하지 않는 것이 좋으며 N_2가 유효하다. 유기 분진의 경우는 N_2보다 CO_2가 효과적이다. 특히 발화 위험이 큰 장치나 기구를 가연분체와 밀폐 상태에서 취급하는 경우에는 불연성 분진이나 불활성 가스의 활용을 권장하고 또한 2, 3차 폭발방지를 위한 건물 내의 필요한 장소에 불활성 분체를 설치해야 한다.

불연성 분체의 활용은 탄광에서 암분 살포나 암분 상자를 설치하여 크게 활용되고 있지만 일반 화학공업에서는 사용상 곤란한 점이 많아 실용화는 어렵다.

7) 점화원의 제거

어떤 분진운은 190℃와 같은 온도에서 점화원에 의해 착화되고 5 mJ 이하의 전기 스파크에서도 발화하지만 대개 화염이나 고열 표면과 같은 작은 점화원에 의해서도 분진폭발이 되는 연소성이 강한 분진을 사용하는 건물이나 지역에서는 특히 점화원을 제거하지 않으면 안 된다.

제조공장 등에서의 발화원으로서 직화·고열 물체·용접 불티·기계적 충격·마찰 불꽃·정전기·불량 전기설비 및 예측할 수 없는 점화원에도 주의가 필요하다. 점화원에 대해 철저히 통제하며 분진 공정장치 중 용접이 필요한 경우는 사전에 청소를 철저히 하고, 주위를 불연성 시트로 덮고, 적응 소화기를 배치하여 만일에 대비하여야 한다. 기계적 충격·마찰이 일어나는 곳에 대한 통제, 전기시설의 방폭화, 정전기의 생성 및 축적 방지를 위한 접지 등의 조치를 하여야 한다.

6. 소화대책

분진 재해에서 소화상 가장 문제가 있는 것은 소화하기 위한 미연소 분진을 빨아올려 역으로 제2, 3차의 분진폭발을 막을 것인가가 문제이다. 특히 직사주수나 순간적인 소화는 화재면적을 확대시키므로 피해야 한다. 가장 적절한 방법은 각 플랜트의 선정이나 구조물의 적당한 위치에 적당한 스프링클러헤드를 설치 분무주수할 것이 요망된다.

이 경우 스프링클러헤드의 가까이에 원료 또는 제품이 쌓아 놓아서 스프링클러의 기능이 저하되는 것을 방지하여야 한다. 소화약제로서 그 적용은 분진의 종류에 따라 다르다. 금속분에 대하여는 물을 사용하지 말아야 하며 기타 물질에도 물과 반응성이 있으면 사용하지 말 것이며 이때는 건조사나 불연성 분체의 활용이 요망된다.

포소화약제나 CO_2, 할로젠화합물의 소화약제는 금속분에 대해 적절하지 않다. 분체저장 탱크나 장치기계 등의 내부에 화재가 발생한 경우 운전 중의 내용물을 추출하는 것 또한 위험하다.

화재의 진행에 따라 예상치 못한 폭발이 일어나므로 직접 화재현장에 소화종사요원이 진입하여 소화하기란 곤란하다. 따라서 무인화·자동화하여 소화작업에 임하도록 사전에 계획되고 준비되어야 한다.

연습문제 2

01. **자연발화의 촉진요인이 아닌 것은?**

① 열이 용이하게 축적되어야 한다.　② 산화 발열량이 커야 한다.
③ 열의 전도율이 커야 한다.　④ 공기의 유동이 적어야 한다.

02. **자연발화의 유형별 예시가 잘못된 것은?**

① 공기 접촉 → 황린　② 물과 접촉 → 칼륨
③ 혼촉 → 고농도 알코올 + 삼산화크로뮴　④ 분해 → 알킬알루미늄

03. **다음 물질들의 저장보호액으로서 적절하지 못한 것은?**

① 나트륨(소듐) - 석유　② 알킬리튬 - CO_2
③ 황린 - 물　④ 나이트로셀룰로오스 - 에탄올

04. **제2류 위험물의 저장·취급 중 지켜야 할 공통기준이 아닌 것은?**

① 충격·마찰 금지　② 산화제와 혼합 금지
③ 고온체와의 접근 금지　④ 과열 금지

05. **다음 물질을 용기 또는 탱크에 저장할 때 안전을 위해 N_2 봉입을 하지 않아도 되는 것은?**

① 알킬알루미늄　② 알킬리튬
③ 과산화수소　④ 아세트알데하이드

06. **다음 중 혼촉발화하지 않는 그룹은?**

① 고농도 과산화수소 + 고농도 하이드라진　② 메틸에틸케톤퍼옥사이드 + 진한 황산
③ 에틸렌글라이콜 + 과망가니즈산칼륨　④ 칼륨 + 벤젠

07. 동식물유류에 관한 설명 중 틀린 것은?

① 아이오딘값이 클수록 자연발화 위험이 크다.
② 아이오딘값이 130 이상인 것을 건성유라 한다.
③ 아이오딘값이 클수록 이중결합이 적다.
④ 아마인유는 건성유이므로 자연발화 위험이 있다.

08. CO_2에 의해 소화가 가능한 것은?

① 알킬알루미늄
② 인화성 고체
③ 유기과산화물
④ 칼륨(포타슘)

09. 마그네슘화재 중 소화 가능한 소화약제는?

① 분말
② 물분무
③ CO_2
④ 할론

10. 분진폭발에 대한 설명 중 올바른 것은?

① 제3류 위험물이 수분과 반응할 때 폭발하는 현상
② 가연성 고체의 미립자가 공기 중 착화에너지에 의해 폭발하는 현상
③ 화약류가 산화열의 축적에 의해 폭발에 이르는 현상
④ 고압의 가연성 가스가 충진된 용기가 점화원에 의해 폭발하는 현상

11. 다음 반응 중 발생한 가스가 잘못된 것은?

① Mg분 + 온수 → H_2
② Al분 + 온수 → H_2
③ K + 얼음 → H_2
④ Na_2O_2 + 물 → H_2

12. 금속분이 연소가 용이한 이유로서 적절하지 못한 것은?

① 산소와의 친화력이 적다.
② 산화 표면적이 크다.
③ 열의 전도가 적다.
④ 분말일수록 발화가 용이하다.

13. 분진폭발의 대형화 요인이 아닌 것은?

① 밀폐공간 내 고온, 고압상태일 때
② 밀폐공간 내 가연성 가스가 혼재할 때
③ 밀폐공간 내 산소의 농도가 적을 때
④ 분진 자체가 폭발성 물질일 때

14. **분진폭발의 조건으로 볼 수 없는 것은?**

① 가연성의 미세 분말일 것
② 밀폐공간 내 분진운을 형성할 것
③ 밀폐공간 내 수분은 10% 이상일 것
④ 점화에너지가 존재할 것

15. **분진폭발 방지대책으로 적절하지 못한 것은?**

① 통풍, 환기로 분진운을 제거한다.
② 불연성 가스나 분체를 첨가한다.
③ 다른 공정으로 전파시킨다.
④ 합리적으로 점화원을 통제한다.

16. **다음 중 분진폭발을 가장 대형화 시킬 수 있는 것은?**

① 건조 하이드라진
② 밀가루
③ 황분
④ 구리분

17. **다음 중 가장 빨리 자연발화가 일어나는 경우는?**

① 건성유가 다공성 가연물에 침투되었을 때
② 활성탄이 대량 집적되어 있을 때
③ 가연물에 미생물이 활동할 때
④ 발화점이 상온에 가까운 물질을 공기 중에 방치할 때

18. **에틸렌글라이콜이 다음 중 어느 것과 만나면 혼촉발화하나?**

① 과산화수소
② 과망가니즈산칼륨
③ 알루미늄분
④ 콜로디온

19. **자연발화 방지대책으로서 틀린 것은?**

① 저장실의 온도를 낮춘다.
② 통풍·환기를 시킨다.
③ 습도가 낮은 곳을 피한다.
④ 퇴적 및 수납할 때 열이 축적되지 않도록 한다.

20. **다음 중 자연발화의 인자가 아닌 것은?**

① 발열량
② 열의 축적
③ 수분
④ 증발잠열

21. **과염소산칼륨에 황린을 혼합하거나 마그네슘분을 섞으면 위험하다. 그 이유 중 옳은 것은?**

① 외부적 충격만 가해도 폭발하므로
② 정전기가 형성되어 점화원이 발생하므로
③ 발화점이 높아지므로
④ 용융하여 가연성 가스를 발생하므로

22. **점화에너지 역할을 할 수 없는 것은?**

① 마찰열 ② 정전기 불꽃
③ 산화열 ④ 기화열

23. **다음 중 공기 중에서 서서히 산화되어 황갈색으로 되는 은백색의 분말로 기름이 묻은 분말일 경우에는 자연발화의 위험이 있는 것은?**

① Fe분 ② P
③ P_2S_5 ④ S

24. **다음 중 화재의 위험성이 가장 적은 것은?**

① 가연성 기체가 연소범위 내의 농도에 있다. ② 산소기체와 수소기체가 공존한다.
③ 미분의 숯가루가 공기 중에 분산되어 있다. ④ 금속 나트륨이 등유에 담겨져 있다.

25. **아이오딘값의 정의를 올바르게 설명한 것은?**

① 유지 100 kg에 부가되는 아이오딘의 g수 ② 유지 100 kg에 부가되는 아이오딘의 g수
③ 유지 100 g에 부가되는 아이오딘의 g수 ④ 유지 10 g에 부가되는 아이오딘의 g수

26. **일반적으로 위험물의 발화점이 낮아지는 경우가 아닌 것은?**

① 압력이 클 때 ② 화학적 활성도가 클 때
③ 산소와 친화력이 작을 때 ④ 습도가 낮을 때

27. **위험물의 자연발화를 방지하는 방법으로 옳지 않은 것은?**

① 금속분은 강산류와의 접촉을 방지한다.
② 위험물 저장장소의 습도를 가급적 높게 유지한다.
③ 나이트로셀룰로오스 및 셀룰로이드류는 용제의 증발을 억제한다.
④ 반응속도는 온도에 크게 좌우되므로 온도의 상승을 방지한다.

28. **연소현상과 관련하여 잘못된 설명은?**

① 인화점이 낮을수록 연소 위험성이 높다.
② 발화점이 낮을수록 연소 위험성이 높다.
③ 연소범위가 넓을수록 연소 위험성이 높다.
④ 인화점이 낮은 물질일수록 발화점이 낮다.

29. 혼합되었을 때 화재 위험이 따르지 않는 것은?

① 아세틸렌과 은
② 염소산나트륨과 황
③ 삼산화크로뮴과 벤젠
④ 황린과 물

30. 다음 중 건성유에 해당되지 않는 것은?

① 들기름
② 정어리기름
③ 아마인유
④ 옥수수기름

31. 자연발화에 영향을 주는 인자 중 가장 영향을 적게 주는 것은?

① 발열량
② 수분
③ 열의 축적
④ 미생물

32. 다음 물질의 성질 상 분진폭발 또는 연소의 위험이 없는 것은?

① 황 분말
② 알루미늄 분말
③ 수산화칼슘 분말
④ 마그네슘 분말

33. 다음 중 위험물 적재 시 방수성이 있는 피복을 해야 할 위험물만으로 구성된 것은?

① 과염소산염류, 삼산화크로뮴, 황린
② 무기과산화물, 과산화수소, 마그네슘분
③ 철분, 금속분, 마그네슘분
④ 염소산염류, 과산화수소, 금속분

34. 다음은 금속 칼륨이 물과 반응했을 때 일어난 것을 나타낸 것이다. 옳은 것은?

① $KOH + H_2$ + 발열
② $K_2O + H_2$ + 흡열
③ $KOH + O_2$ + 흡열
④ $K_2O + O_2$ + 발열

35. 발화 또는 폭발의 위험성이 가장 낮은 것은?

① 나이트로셀룰로오스+알코올
② 과망가니즈산칼륨+글리세롤
③ 적린+염소산칼륨
④ 질산+톱밥

36. 산소공급원으로 작용할 수 없는 것은?

① 과산화칼륨
② 질산나트륨
③ 알킬알루미늄
④ 과망가니즈산칼륨

37. 가연물이 쉽게 자연발화가 일어날 수 있는 조건으로 볼 수 없는 것은?

① 표면적이 넓을 것 ② 열전도율이 클 것
③ 발열량이 클 것 ④ 주위의 온도가 높을 것

38. 금속 나트륨의 저장방법으로 맞는 것은?

① 알코올 속에 넣어 저장한다. ② 물속에 넣어 저장한다.
③ 모래 속에 넣어 저장한다. ④ 석유 속에 넣어 저장한다.

39. 가연성 고체의 미분이 어떤 밀폐공간에서 부유하고 있을 때 점화원에 의해 순간적으로 폭발하는 현상을 무엇이라 하나?

① 박막폭발 ② 분진폭발
③ 분무폭발 ④ 습윤폭발

40. 화재 위험성이 감소하고 있다고 볼 수 있는 것은?

① 주변 온도가 낮아질수록 ② 산소의 농도가 증가할수록
③ 인화점, 발화점이 낮아질수록 ④ 연소범위가 넓어질수록

41. 분해열이 축적되어 자연발화를 일으키는 것은?

① 셀룰로이드류 ② 아마인유
③ 스타이렌 ④ 활성 금속

42. 혼합하면 즉시 발화하는 경우가 아닌 것은?

① 삼산화크로뮴 + 에틸알코올 ② 과산화나트륨 + 이황화탄소
③ 과망가니즈산칼륨 + 에틸렌글라이콜 ④ 염소산칼륨 + 알루미늄분

43. 자연발화가 일어나기 위한 조건과 거리가 먼 것은?

① 물질자체의 발열량이 커야 한다. ② 수분이 없는 건조상태가 유지되어야 한다.
③ 보온효과가 좋은 환경이어야 한다. ④ 공기의 이동이 적어야 한다.

44. CO_2 중에서 연소하지 못하는 것은?

① Mg 분말 ② Zr 분말
③ Ti 분말 ④ Ni 분말

45. 다음 중 물과 반응하면 폭발적으로 분해하는 것은?

① $C_2H_5OC_2H_5$ ② CS_2
③ $Al(C_2H_5)_3$ ④ CH_3CHO

46. 다음 중 물과 반응하여 CH_4을 발생하는 것은?

① CaC_2 ② Be_2C
③ Na_2C_2 ④ Li_2C_2

47. 분진폭발을 대형화 시키는 물질은?

① 밀가루 ② 커피가루
③ 하이드라진무수물 ④ 대리석 분말

48. 분진폭발의 4요소에 해당되는 것은?

① 분진, 공기, 점화원, 밀폐된 공간 ② 분진, 습기, 점화원, 밀폐된 공간
③ 분진, 공기, 점화원, 개방된 공간 ④ 분진, 습기, 점화원, 개방된 공간

49. 고농도의 하이드라진(N_2H_4)이 다음의 어떤 물질과 접촉하면 혼촉발화 하는가?

① KH ② HNO_3
③ H_2O_2 ④ H_2O

50. 자연발화 방지를 위한 보호물질이 잘못된 것은?

① Na - 등유 ② 알킬알루미늄 - He
③ CS_2 - 물 ④ P_4 - 석유

정답

01.③	02.④	03.②	04.①	05.③	06.④	07.③	08.②	09.①	10.②	11.④	12.①
13.③	14.③	15.③	16.①	17.④	18.②	19.③	20.④	21.①	22.④	23.①	24.④
25.③	26.③	27.②	28.④	29.④	30.④	31.④	32.③	33.③	34.①	35.①	36.③
37.②	38.④	39.②	40.①	41.①	42.④	43.②	44.④	45.③	46.②	47.③	48.①
49.③	50.④										

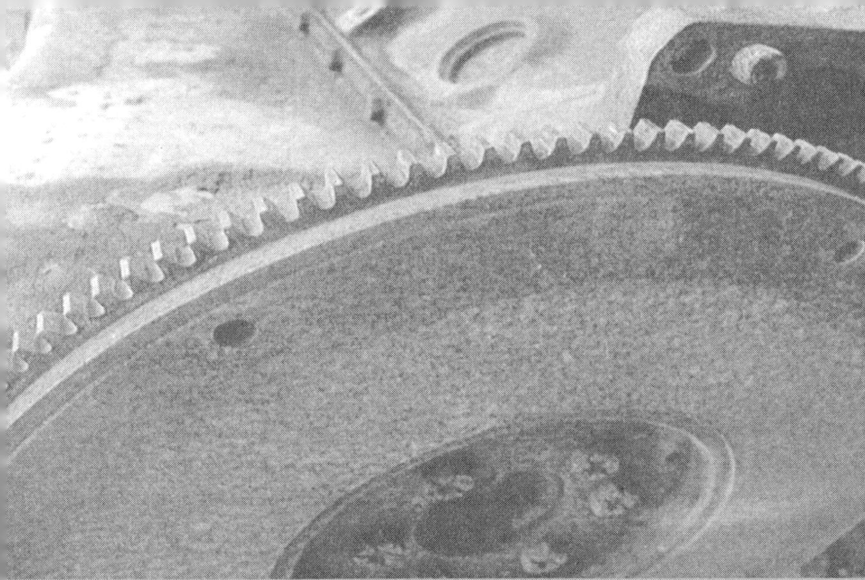

제2부

위험물 각론

Chapter 01 위험물에 대한 규제 제도와 안전기준

제1절 「위험물안전관리법」상의 위험물 규제 제도

1. 행정적 규제

1) 위험물시설의 설치 및 변경의 허가

제조소등을 설치하려는 자는 그 설치장소를 관할하는 특별시장·광역시장·특별자치시장·도지사 또는 특별자치도지사(이하 약칭 "시·도지사")의 허가를 받아야 한다. 제조소등의 위치·구조 또는 설비 사항을 변경하려는 때에도 또한 같다. 단, 주택의 난방시설(공동주택의 중앙난방시설)을 위한 저장소 또는 취급소와 농예용·축산용 또는 수산용으로 필요한 난방시설 또는 건조시설을 위한 지정수량 20배 이하의 저장소의 어느 하나에 해당하는 제조소등의 경우에는 허가를 받지 않고 해당 제조소등을 설치하거나 그 위치·구조 또는 설비를 변경할 수 있으며, 신고를 하지 않고 위험물의 품명·수량 또는 지정수량의 배수를 변경할 수 있다.

2) 군용위험물시설의 설치 및 변경에 대한 특례

군사목적 또는 군부대시설을 위한 제조소등을 설치하거나 그 위치·구조 또는 설비를 변경하려는 군부대의 장은 미리 제조소등의 소재지를 관할하는 시·도지사와 협의하여야 한다. 군부대의 장과 관할하는 시·도지사와 협의한 경우에는 허가를 받은 것으로 본다. 군부대의 장은 협의한 제조소등에 대하여는 탱크안전성능검사와 완공검사를 자체적으로 실시할 수 있다. 이 경우 완공검사를 자체적으로 실시한 군부대의 장은 지체없이 행정안전부령이 정하는 사항을 시·도지사에게 통보하여야 한다.

3) 탱크안전성능검사

위험물을 저장 또는 취급하는 탱크가 있는 제조소등의 설치 또는 그 위치·구조 또는 설비의 변경에 관하여 허가를 받은 자가 위험물탱크의 설치 또는 그 위치·구조 또는 설비의 변경공사를 할 때에는 완공검사를 받기 전에 법정 기술기준에 맞는지의 여부를 확인하기 위하여 시·도지사가 실시하는 탱크안전성능검사를 받아야 한다.

4) 완공검사

제조소등의 허가를 받은 자가 제조소등의 설치를 마쳤거나 그 위치·구조 또는 설비의 변경을 마친 때에는 해당 제조소등마다 시·도지사가 하는 완공검사를 받아 법정 기술기준에 맞다고 인정받은 후가 아니면 이를 사용하여서는 아니 된다.

5) 제조소등의 용도폐지

제조소등의 관계인은 해당 제조소등의 용도를 폐지(장래에 대하여 위험물시설로서의 기능을 완전히 상실시키는 것을 말한다)한 때에는 제조소등의 용도를 폐지한 날부터 14일 이내에 시·도지사에게 신고하여야 한다.

6) 제조소등 설치허가의 취소와 사용정지

시·도지사는 제조소등의 관계인이 변경허가를 받지 않고 제조소등의 위치·구조 또는 설비를 변경한 경우, 완공검사를 받지 않고 제조소등을 사용한 경우, 안전조치 이행명령을 따르지 아니한 때, 수리·개조 또는 이전의 명령을 위반한 경우, 위험물안전관리자를 선임하지 않은 경우 및 정기점검·정기검사를 하지 않은 경우, 저장·취급기준 준수명령을 위반한 경우에 해당하면 허가를 취소하거나 6개월 이내의 기간을 정하여 제조소등의 전부 또는 일부의 사용정지를 명할 수 있다.

2. 위험물시설의 안전관리

1) 위험물시설의 유지·관리

제조소등의 관계인은 해당 제조소등의 위치·구조 및 설비가 법정 기술기준에 맞도록 유지·관리하여야 한다. 시·도지사, 소방본부장 또는 소방서장은 제조소등의 유지·관리 상황이 법정 기술기준에 맞지 않다고 인정하는 때에는 그 기술기준에 맞도록 제조소등의 위치·구조 및 설비의 수리·개조 또는 이전을 명할 수 있다.

2) 위험물안전관리자의 선·해임

제조소등의 관계인은 위험물의 안전관리에 관한 직무를 하게 하기 위하여 제조소등마다 위험물의 취급에 관한 자격이 있는 자를 위험물안전관리자로 선임하여야 한다. 위험물안전관리자를 선임한 제조소등의 관계인은 그 안전관리자를 해임하거나 안전관리자가 퇴직한 때에는 해임하거나 퇴직한 날부터 30일 이내에 다시 안전관리자를 선임하여야 한다. 그리고 위험물안전관리자를 선임 또는 해임하거나 퇴직한 때에는 14일 이내에 소방본부장 또는 소방서장에게 신고하여야 한다.

3) 위험물안전관리자에 대한 안전교육

위험물안전관리자·탱크시험자·위험물운송자 등 위험물의 안전관리와 관련된 업무를 하는 자는 해당 업무에 관한 능력의 습득 또는 향상을 위하여 제조소등의 관계인은 소방청장이 실시하는 안전교육을 받아야 한다.

4) 탱크시험자의 등록 등

시·도지사 또는 제조소등의 관계인은 안전관리업무를 전문적이고 효율적으로 수행하기 위하여 시·도지사에게 등록한 탱크안전성능시험자로 하여금 「위험물안전관리법」에 따른 검사 또는 점검의 일부를 실시하게 할 수 있다. 또한 중요사항을 변경한 경우에는 그 날부터 30일 이내에 시·도지사에게 변경신고를 하여야 한다.

5) 예방규정의 작성

제조소등의 관계인은 해당 제조소등의 화재예방과 화재 등 재해가 발생할 때 비상조치를 위하여 예방규정을 정하여 해당 제조소등의 사용을 시작하기 전에 시·도지사에게 제출하여야 한다. 예방규정을 변경한 때에도 또한 같다. 제조소등의 관계인과 그 종업원은 예방규정을 충분히 잘 익히고 준수하여야 한다.

시·도지사는 제출한 예방규정이 법정 기준에 맞지 않거나 화재예방이나 재해 발생 시의 비상조치를 위하여 필요하다고 인정하는 때에는 이를 되돌려 보내거나 그 변경을 명할 수 있다.

6) 정기점검 및 정기검사

제조소등의 관계인은 그 제조소등에 대하여 법정 기술기준에 맞는지의 여부를 정기적으로 점검하고 점검결과를 기록하여 보존하여야 한다.

소방본부장 또는 소방서장으로부터 해당 제조소등이 법정 기술기준에 맞게 유지되고 있는지의 여부에 대하여 정기적으로 검사를 받아야 한다.

7) 자체소방대의 설치

제4류 위험물을 취급하는 제조소 또는 일반취급소(보일러로 위험물을 소비하는 일반취급소 제외)로서 제조소등이 있는 같은 사업소에서 지정수량 3,000배 이상의 위험물을 저장 또는 취급하는 경우 해당 사업소의 관계인은 해당 사업소에 자체소방대를 설치하여야 한다. 이를 위반한 관계인에게는 1년 이하의 징역 또는 1,000만원 이하의 벌금에 처한다.

3. 위험물의 운반 등

1) 위험물의 운반

위험물의 운반은 그 용기·적재방법 및 운반방법에 관한 중요기준(화재 등 위해의 예방과 응급조치에 있어서 큰 영향을 미치거나 그 기준을 위반하는 경우 직접적으로 화재를 일으킬 가능성이 큰 법정 기준)과 세부기준(화재 등 위해의 예방과 응급조치에 있어서 중요기준보다 상대적으로 적은 영향을 미치거나 그 기준을 위반하는 경우 간접적으로 화재를 일으킬 수 있는 기준 및 위험물의 안전관리에 필요한 표시와 서류·기구 등의 비치에 관한 법정 기준)에 따라 하여야 한다.

2) 위험물의 운송

이동탱크저장소에 따라 위험물운송자는 해당 위험물을 취급 할 수 있는 국가기술자격자 또는 위험물 안전교육이수자이어야 한다.

위험물운송자는 이동탱크저장소에 위험물을 운송할 때에는 해당 국가기술자격증 또는 교육수료증을 지녀야 하며, 법정 기준을 준수하는 등 해당 위험물의 안전확보를 위하여 세심한 주의를 기울여야 한다.

4. 감독 및 조치명령

1) 위험물 제조소등에 대한 출입·검사 등

시·도지사, 소방본부장 또는 소방서장은 위험물의 저장 또는 취급에 따른 화재의 예방 또는 진압 대책을 위하여 필요한 때에는 위험물을 저장 또는 취급하고 있다고 인정되는 장소의 관계인에 대하여 필요한 보고 또는 자료제출을 명할 수 있으며, 관계 공무원으로 하여금 해당 장소에 출입하여 그 장소의 위치·구조·설비 및 위험물의 저장·취급상황에 대하여 검사하게 하거나 관계인에게 질문하게 하고 시험에 필요한 최소한의 위험물 또는 위험물로 의심되는 물품을 수거하게 할 수 있다. 다만, 개인의 주거는 관계인의 승낙을 얻은 경우 또는 화재발생의 우려가 커서 긴급한 필요가 있는 경우가 아니면 출입할 수 없다.

2) 탱크시험자에 대한 명령

시·도지사, 소방본부장 또는 소방서장은 탱크시험자에 대하여 해당 업무를 적정하게 실시하게 하기 위하여 필요하다고 인정하는 때에는 감독상 필요한 명령을 할 수 있다.

3) 무허가장소의 위험물에 대한 조치명령

시·도지사, 소방본부장 또는 소방서장은 위험물에 따른 재해를 방지하기 위하여 허가를 받지 않고 지정수량 이상의 위험물을 저장 또는 취급하는 자에 대하여 그 위험물 및 시설의 제거 등 필요한 조치를 명할 수 있다.

4) 제조소등에 대한 긴급 사용정지명령 등

시·도지사, 소방본부장 또는 소방서장은 공공의 안전을 유지하거나 재해의 발생을 방지하기 위하여 긴급한 필요가 있다고 인정하는 때에는 제조소등의 관계인에 대하여 해당 제조소등의 사용을 일시정지하거나 그 사용을 제한할 것을 명할 수 있다.

5) 저장·취급기준 준수명령 등

시·도지사, 소방본부장 또는 소방서장은 제조소등에서의 위험물의 저장 또는 취급이 법정 기준에 위반된다고 인정하는 때에는 해당 제조소등의 관계인에 대하여 같은 법정 기준에 따라 위험물을 저장 또는 취급하도록 명령할 수 있다.

6) 응급조치·통보 및 조치명령

제조소등의 관계인은 해당 제조소등에서 위험물의 유출 그 밖에 사고가 발생한 때에는 즉시 그리고 지속적으로 위험물의 유출 및 확산의 방지, 유출된 위험물의 제거 그 밖에 재해의 발생방지를 위한 응급조치를 강구하여야 한다.

소방본부장 또는 소방서장은 제조소등의 관계인이 응급조치를 강구하지 아니하였다고 인정하는 때에는 응급조치를 강구하도록 명령할 수 있다.

제2절 현행 규제 위험물의 범위

1. 우리나라의 규제 위험물 등

위험물의 범위와 위험물의 행정적 처리기준이 되는 지정수량은 「위험물안전관리법 시행령」 별표 1(<표 8> 참조)에서 구체화하고, 비위험물이지만 화재가 발생하면 그 확대가 빠른 물품인 특수가연물은 「화재예방 및 안전관리에 관한 법률 시행령」 별표 2(<표 9> 참조)에서 구체화함으로서 각각 법적 규제 대상으로 한다.

〈표 8〉 **위험물 및 지정수량(「위험물안전관리법 시행령」 별표 1)**

위험물			지정수량
유별	성질	품명	
제1류	산화성 고체	1. 아염소산염류	50 kg
		2. 염소산염류	50 kg
		3. 과염소산염류	50 kg
		4. 무기과산화물	50 kg
		5. 브로민산염류	300 kg
		6. 질산염류	300 kg
		7. 아이오딘산염류	300 kg
		8. 과망가니즈산염류	1,000 kg
		9. 다이크로뮴산염류	1,000 kg
		10. 그 밖에 행정안전부령이 정하는 것 11. 제1호부터 제10호까지의 어느 하나에 해당하는 위험물을 하나 이상 함유한 것	50 kg, 300 kg 또는 1,000 kg
제2류	가연성 고체	1. 황화인	100 kg
		2. 적린	100 kg
		3. 황	100 kg
		4. 철분	500 kg
		5. 금속분	500 kg
		6. 마그네슘	500 kg
		7. 그 밖에 행정안전부령이 정하는 것 8. 제1호부터 제7호까지의 어느 하나에 해당하는 위험물을 하나 이상 함유한 것	100 kg 또는 500 kg
		9. 인화성 고체	1,000 kg

<table>
<tr><td rowspan="11">제
3
류</td><td rowspan="11">자연발화성
물질
및
금수성
물질</td><td colspan="2">1. 칼륨</td><td>10 kg</td></tr>
<tr><td colspan="2">2. 나트륨</td><td>10 kg</td></tr>
<tr><td colspan="2">3. 알킬알루미늄</td><td>10 kg</td></tr>
<tr><td colspan="2">4. 알킬리튬</td><td>10 kg</td></tr>
<tr><td colspan="2">5. 황린</td><td>20 kg</td></tr>
<tr><td colspan="2">6. 알칼리금속(칼륨 및 나트륨을 제외한다) 및 알칼리토금속</td><td>50 kg</td></tr>
<tr><td colspan="2">7. 유기금속화합물(알킬알루미늄 및 알킬리튬을 제외한다)</td><td>50 kg</td></tr>
<tr><td colspan="2">8. 금속의 수소화물</td><td>300 kg</td></tr>
<tr><td colspan="2">9. 금속의 인화물</td><td>300 kg</td></tr>
<tr><td colspan="2">10. 칼슘 또는 알루미늄의 탄화물</td><td>300 kg</td></tr>
<tr><td colspan="2">11. 그 밖에 행정안전부령이 정하는 것
12. 제1호부터 제11호까지의 어느 하나에 해당하는 위험물을 하나 이상 함유한 것</td><td>10 kg, 20 kg, 50 kg
또는 300 kg</td></tr>
<tr><td rowspan="10">제
4
류</td><td rowspan="10">인화성
액체</td><td colspan="2">1. 특수인화물</td><td>50 L</td></tr>
<tr><td rowspan="2">2. 제1석유류</td><td>비수용성 액체</td><td>200 L</td></tr>
<tr><td>수용성 액체</td><td>400 L</td></tr>
<tr><td colspan="2">3. 알코올류</td><td>400 L</td></tr>
<tr><td rowspan="2">4. 제2석유류</td><td>비수용성 액체</td><td>1,000 L</td></tr>
<tr><td>수용성 액체</td><td>2,000 L</td></tr>
<tr><td rowspan="2">5. 제3석유류</td><td>비수용성 액체</td><td>2,000 L</td></tr>
<tr><td>수용성 액체</td><td>4,000 L</td></tr>
<tr><td colspan="2">6. 제4석유류</td><td>6,000 L</td></tr>
<tr><td colspan="2">7. 동식물유류</td><td>10,000 L</td></tr>
<tr><td rowspan="10">제
5
류</td><td rowspan="10">자기반응성
물질</td><td colspan="2">1. 유기과산화물</td><td rowspan="10">제1종 : 10 kg
제2종 : 100 kg</td></tr>
<tr><td colspan="2">2. 질산에스터류</td></tr>
<tr><td colspan="2">3. 나이트로화합물</td></tr>
<tr><td colspan="2">4. 나이트로소화합물</td></tr>
<tr><td colspan="2">5. 아조화합물</td></tr>
<tr><td colspan="2">6. 다이아조화합물</td></tr>
<tr><td colspan="2">7. 하이드라진 유도체</td></tr>
<tr><td colspan="2">8. 하이드록실아민</td></tr>
<tr><td colspan="2">9. 하이드록실아민염류</td></tr>
<tr><td colspan="2">10. 그 밖에 행정안전부령이 정하는 것
11. 제1호부터 제10호까지의 어느 하나에 해당하는 위험물을 하나 이상 함유한 것</td></tr>
<tr><td rowspan="5">제
6
류</td><td rowspan="5">산화성
액체</td><td colspan="2">1. 과염소산</td><td>300 kg</td></tr>
<tr><td colspan="2">2. 과산화수소</td><td>300 kg</td></tr>
<tr><td colspan="2">3. 질산</td><td>300 kg</td></tr>
<tr><td colspan="2">4. 그 밖에 행정안전부령이 정하는 것</td><td>300 kg</td></tr>
<tr><td colspan="2">5. 제1호부터 제4호까지의 어느 하나에 해당하는 위험물을 하나 이상 함유한 것</td><td>300 kg</td></tr>
</table>

비고)

1. "산화성 고체"란 고체[액체(1기압 및 20℃에서 액상인 것 또는 20℃ 초과 40℃ 이하에서 액상인 것을 말한다. 이하 같다) 또는 기체(1기압 및 20℃에서 기상인 것을 말한다) 외의 것을 말한다. 이하 같다]로서 산화력의 잠재적인 위험성 또는 충격에 대한 민감성을 판단하기 위하여 소방청장이 정하여 고시(이하 "고시"라 한다)하는 시험에서 고시로 정하는 성질과 상태를 나타내는 것을 말한다. 이 경우 "액상"이란 수직으로 된 시험관(안지름 30 mm, 높이 120 mm의 원통형유리관을 말한다)에 시료를 55 mm까지 채운 다음 해당 시험관을 수평으로 하였을 때 시료액면의 선단이 30 mm를 이동하는데 걸리는 시간이 90초 이내에 있는 것을 말한다.
2. "가연성 고체"란 고체로서 화염에 의한 발화의 위험성 또는 인화의 위험성을 판단하기 위하여 고시로 정하는 시험에서 고시로 정하는 성질과 상태를 나타내는 것을 말한다.
3. 황은 순도가 60wt% 이상인 것을 말하며, 순도측정을 하는 경우 불순물은 활석 등 불연성 물질과 수분으로 한정한다.
4. "철분"이란 철의 분말로서 53 μm의 표준체를 통과하는 것이 50wt% 미만인 것은 제외한다.
5. "금속분"이란 알칼리금속 · 알칼리토류금속 · 철 및 마그네슘 외의 금속의 분말을 말하고, 구리분 · 니켈분 및 150 μm의 체를 통과하는 것이 50wt% 미만인 것은 제외한다.
6. 마그네슘 및 제2류 제8호의 물품 중 마그네슘을 함유한 것에 있어서는 다음 각 목의 어느 하나에 해당하는 것은 제외한다.
   가. 2 mm의 체를 통과하지 않는 덩어리 상태의 것
   나. 지름 2 mm 이상의 막대 모양의 것
7. 황화인 · 적린 · 황 및 철분은 제2호에 따른 성질과 상태가 있는 것으로 본다.
8. "인화성 고체"란 고형알코올 그 밖에 1기압에서 인화점이 40℃ 미만인 고체를 말한다.
9. "자연발화성 물질 및 금수성 물질"이란 고체 또는 액체로서 공기 중에서 발화의 위험성이 있거나 물과 접촉하여 발화하거나 가연성 가스를 발생하는 위험성이 있는 것을 말한다.
10. 칼륨 · 나트륨 · 알킬알루미늄 · 알킬리튬 및 황린은 제9호의 규정에 의한 성상이 있는 것으로 본다.
11. "인화성 액체"란 액체(제3석유류, 제4석유류 및 동식물유류의 경우 1기압과 20℃에서 액체인 것만 해당한다)로서 인화의 위험성이 있는 것을 말한다. 다만, 다음 각 목의 어느 하나에 해당하는 것을 법 제20조 제1항의 중요기준과 세부기준에 따른 운반용기를 사용하여 운반하거나 저장(진열 및 판매를 포함한다)하는 경우는 제외한다.
    가. 「화장품법」 제2조 제1호에 따른 화장품 중 인화성 액체를 포함하고 있는 것
    나. 「약사법」 제2조 제4호에 따른 의약품 중 인화성 액체를 포함하고 있는 것
    다. 「약사법」 제2조 제7호에 따른 의약외품(알코올류에 해당하는 것은 제외한다) 중 수용성인 인화성 액체를 50vol% 이하로 포함하고 있는 것
    라. 「의료기기법」에 따른 체외진단용 의료기기 중 인화성 액체를 포함하고 있는 것
    마. 「생활화학제품 및 살생물제의 안전관리에 관한 법률」 제3조 제4호에 따른 안전확인대상생활화학제품(알코올류에 해당하는 것은 제외한다) 중 수용성인 인화성 액체를 50vol% 이하로 포함하고 있는 것
12. "특수인화물"이란 이황화탄소, 다이에틸에터 그 밖에 1기압에서 발화점이 100℃ 이하인 것 또는 인화점이 −20℃ 이하이고 비점이 40℃ 이하인 것을 말한다.
13. "제1석유류"란 아세톤, 휘발유 그 밖에 1기압에서 인화점이 21℃ 미만인 것을 말한다.
14. "알코올류"란 1분자를 구성하는 탄소원자의 수가 1개부터 3개까지인 포화1가 알코올(변성알코올을 포함한다)을 말한다. 다만, 다음 각 목의 어느 하나에 해당하는 것은 제외한다.
    가. 1분자를 구성하는 탄소원자의 수가 1개 내지 3개의 포화1가 알코올의 함유량이 60wt% 미만인 수용액
    나. 가연성 액체량이 60wt% 미만이고 인화점 및 연소점(태그개방식 인화점측정기에 의한 연소점을 말한다. 이하 같다)이 에틸알코올 60wt% 수용액의 인화점 및 연소점을 초과하는 것
15. "제2석유류"란 등유, 경유 그 밖에 1기압에서 인화점이 21℃ 이상 70℃ 미만인 것을 말한다. 다만, 도료류 그 밖의 물품에 있어서 가연성 액체량이 40wt% 이하이면서 인화점이 40℃ 이상인 동시에 연소점이 60℃ 이상인 것은 제외한다.
16. "제3석유류"란 중유, 크레오소트유, 그 밖에 1기압에서 인화점이 70℃ 이상 200℃ 미만인 것을 말한다. 다만, 도료류 그 밖의 물품은 가연성 액체량이 40wt% 이하인 것은 제외한다.
17. "제4석유류"란 기어유, 실린더유 그 밖에 1기압에서 인화점이 200℃ 이상 250℃ 미만의 것을 말한다. 다만 도료류 그 밖의 물품은 가연성 액체량이 40wt% 이하인 것은 제외한다.
18. "동식물유류"란 동물의 지육(枝肉: 머리, 내장, 다리를 잘라 내고 아직 부위별로 나누지 않은 고기를 말한다) 등 또는 식물의 종자나 과육으로부터 추출한 것으로서 1기압에서 인화점이 250℃ 미만인 것을 말한다. 다만, 법 제20조 제1항의 규정에 의하여 행정안전부령으로 정하는 용기기준과 수납 · 저장기준에 따라 수납되어 저장 · 보관되고 용기의 외부에 물품의 통칭명, 수량 및 화기엄금(화기엄금과 동일한 의미를 갖는 표시를 포함한다)의 표시가 있는 경우

를 제외한다.

19. "자기반응성 물질"이란 고체 또는 액체로서 폭발의 위험성 또는 가열분해의 격렬함을 판단하기 위하여 고시로 정하는 시험에서 고시로 정하는 성질과 상태를 나타내는 것을 말하며, 위험성 유무와 등급에 따라 제1종 또는 제2종으로 분류한다.
20. 제5류 제11호의 물품에 있어서는 유기과산화물을 함유하는 것 중에서 불활성 고체를 함유하는 것으로서 다음 각 목의 어느 하나에 해당하는 것은 제외한다.
    가. 과산화벤조일의 함유량이 35.5wt% 미만인 것으로서 전분가루, 황산칼슘2수화물 또는 인산수소칼슘2수화물과의 혼합물
    나. 비스(4-클로로벤조일)퍼옥사이드의 함유량이 30wt% 미만인 것으로서 불활성 고체와의 혼합물
    다. 과산화다이쿠밀의 함유량이 40wt% 미만인 것으로서 불활성 고체와의 혼합물
    라. 1·4비스(2-터셔리뷰틸퍼옥시아이소프로필)벤젠의 함유량이 40wt% 미만인 것으로서 불활성 고체와의 혼합물
    마. 사이클로헥산온퍼옥사이드의 함유량이 30wt% 미만인 것으로서 불활성 고체와의 혼합물
21. "산화성 액체"란 액체로서 산화력의 잠재적인 위험성을 판단하기 위하여 고시로 정하는 시험에서 고시로 정하는 성질과 상태를 나타내는 것을 말한다.
22. 과산화수소는 그 농도가 36wt% 이상인 것에 한하며, 제21호의 성상이 있는 것으로 본다.
23. 질산은 그 비중이 1.49 이상인 것에 한하며, 제21호의 성상이 있는 것으로 본다.
24. 위 표의 성질란에 규정된 성상을 2가지 이상 포함하는 물품(이하 이 호에서 "복수성상물품"이라 한다)이 속하는 품명은 다음 각 목의 어느 하나에 의한다.
    가. 복수성상물품이 산화성 고체의 성상 및 가연성 고체의 성상을 가지는 경우 : 제2류 제8호의 규정에 의한 품명
    나. 복수성상물품이 산화성 고체의 성상 및 자기반응성 물질의 성상을 가지는 경우 : 제5류 제11호의 규정에 의한 품명
    다. 복수성상물품이 가연성 고체의 성상과 자연발화성 물질의 성상 및 금수성 물질의 성상을 가지는 경우 : 제3류 제12호의 규정에 의한 품명
    라. 복수성상물품이 자연발화성 물질의 성상, 금수성 물질의 성상 및 인화성 액체의 성상을 가지는 경우 : 제3류 제12호의 규정에 의한 품명
    마. 복수성상물품이 인화성 액체의 성상 및 자기반응성 물질의 성상을 가지는 경우 : 제5류 제11호의 규정에 의한 품명
25. 위 표의 지정수량란에 정하는 수량이 복수로 있는 품명에 있어서는 해당 품명이 속하는 유(類)의 품명 가운데 위험성의 정도가 가장 유사한 품명의 지정수량란에 정하는 수량과 같은 수량을 해당 품명의 지정수량으로 한다. 이 경우 위험물의 위험성을 실험·비교하기 위한 기준은 고시로 정할 수 있다.
26. 위 표의 기준에 따라 위험물을 판정하고 지정수량을 결정하기 위하여 필요한 실험은 「국가표준기본법」 제23조에 따라 인정을 받은 시험·검사기관, 기술원, 국립소방연구원 또는 소방청장이 지정하는 기관에서 실시할 수 있다. 이 경우 실험 결과에는 실험한 위험물에 해당하는 품명과 지정수량이 포함되어야 한다.

〈표 9〉 특수가연물(「화재의 예방 및 안전관리에 관한 법률 시행령」 별표 2)

품 명		수 량
면화류		200 kg 이상
나무껍질 및 대팻밥		400 kg 이상
넝마 및 종이부스러기		1,000 kg 이상
사류(絲類)		1,000 kg 이상
볏짚류		1,000 kg 이상
가연성 고체류		3,000 kg 이상
석탄·목탄류		10,000 kg 이상
가연성 액체류		$2\ m^3$ 이상
목재가공품 및 나무부스러기		$10\ m^3$ 이상
고무류·플라스틱류	발포시킨 것	$20\ m^3$ 이상
	그 밖의 것	3,000 kg 이상

비고)

1. "면화류"란 불연성 또는 난연성이 아닌 면상(綿狀) 또는 팽이모양의 섬유와 마사(麻絲) 원료를 말한다.
2. 넝마 및 종이부스러기는 불연성 또는 난연성이 아닌 것(동물 또는 식물의 기름이 깊이 스며들어 있는 옷감·종이 및 이들의 제품을 포함한다)으로 한정한다.
3. "사류"란 불연성 또는 난연성이 아닌 실(실 부스러기와 솜털을 포함한다)과 누에고치를 말한다.
4. "볏짚류"란 마른 볏짚·북데기와 이들의 제품 및 건초를 말한다. 다만, 축산용도로 사용하는 것은 제외한다.
5. "가연성 고체류"란 고체로서 다음 각 목에 해당하는 것을 말한다.
   가. 인화점이 40℃ 이상 100℃ 미만인 것
   나. 인화점이 100℃ 이상 200℃ 미만이고, 연소열량이 1 g당 8 kcal 이상인 것
   다. 인화점이 200℃ 이상이고 연소열량이 1 g당 8 kcal 이상인 것으로서 녹는점(융점)이 100℃ 미만인 것
   라. 1기압과 20℃ 초과 40℃ 이하에서 액상인 것으로서 인화점이 70℃ 이상 200℃ 미만이거나 나목 또는 다목에 해당하는 것
6. 석탄·목탄류에는 코크스, 석탄가루를 물에 갠 것, 마세크탄(조개탄), 연탄, 석유코크스, 활성탄 및 이와 유사한 것을 포함한다.
7. "가연성 액체류"란 다음 각 목의 것을 말한다.
   가. 1기압과 20℃ 이하에서 액상인 것으로서 가연성 액체량이 40wt% 이하이면서 인화점이 40℃ 이상 70℃ 미만이고 연소점이 60℃ 이상인 것
   나. 1기압과 20℃에서 액상인 것으로서 가연성 액체량이 40wt% 이하이고 인화점이 70℃ 이상 250℃ 미만인 것
   다. 동물의 기름과 살코기 또는 식물의 씨나 과일의 살에서 추출한 것으로서 다음의 어느 하나에 해당하는 것
      (1) 1기압과 20℃에서 액상이고 인화점이 250℃ 미만인 것으로서 「위험물안전관리법」 제20조 제1항에 따른 용기기준과 수납·저장기준에 적합하고 용기외부에 물품명·수량 및 "화기엄금" 등의 표시를 한 것
      (2) 1기압과 20℃에서 액상이고 인화점이 250℃ 이상인 것
8. "고무류·플라스틱류"란 불연성 또는 난연성이 아닌 고체의 합성수지제품, 합성수지반제품, 원료합성수지 및 합성수지 부스러기(불연성 또는 난연성이 아닌 고무제품, 고무반제품, 원료고무 및 고무 부스러기를 포함한다)를 말한다. 다만, 합성수지의 섬유·옷감·종이 및 실과 이들의 넝마와 부스러기는 제외한다.

2. UN과 DOT의 위험 등급(Class) 및 부문(Division) 분류

Class 1. Explosives (폭발물)

폭발물은 폭발(즉, 가스나 열의 매우 빠른 분출) 기능을 수행하도록 제작되거나, 화학적 반응에 의해 폭발과 유사한 방식으로 기능(비록 폭발에 의해 작동하도록 의도되지 않은 경우라 해도)하는 상태, 물건, 또는 이를 포함한 장비를 말한다.

Class 1.에서 폭발물은 6개 division으로 분류된다.

Division 1.1. 대량 폭발 위험물로 구성되며, 대량 폭발은 전체 부하에 즉시 영향을 미친다. Division 1.1.의 예는 흑색화약, 다이너마이트, TNT를 포함한다.

Division 1.2. 대량 폭발 위험물은 아니나 발사 위험물로 구성된다. Division 1.2.의 위험물 예는 공중 조명탄, 도폭선, 전원장치 카트리지 등이다.

Division 1.3. 대량 폭발 위험물은 아니나 화재 위험 또는 작은 폭파 위험 또는 발사 위험 등이 개별로 또는 동시에 일어나는 것을 포함한다. Division 1.3.의 예는 액체 연료 로켓 모터와 추진 폭발물 등이다.

Division 1.4. 소규모의 폭발을 일으키는 폭발 장치로 구성된다. 이 Division의 장치는 25 g 이상의 폭발(기폭) 물질을 함유 할 수 없다. 폭발 효과는 크게 보아 폭약에 한정되며 상당한 정도 또는 범위의

파편 방사는 기대되지 않는다. 외부의 발사 행위는 폭약 전체를 구성하는 내용물의 사실상 즉각적인 폭발을 야기해서는 안 된다. Division 1.4.의 예는 구명줄발사 로켓, 연습탄, 신호탄 등이 포함된다.

Division 1.5. 매우 둔감한 폭발물로 구성된다. 이 Division은 대량 폭발 위험물이지만 매우 둔감해서 일반적인 수송 조건 하에서는 발화 또는 화재로부터 폭발로의 전환 가능성이 거의 없는 물질로 구성된다. Division 1.5의 예는 질산암모늄 비료와 연료유(경유)의 혼합 폭약을 들 수 있다.

Division 1.6. 매우 둔감한 물품 중 대량 폭발 위험물이 아닌 것으로 구성된다. 이 Division은 극도로 둔감한 폭발 상태로써 사고의 시작이나 확대 가능성을 무시할 수 있는 물품으로 구성된다.

Class 2. Gases (가스)

Division 2.1. 가연성 가스는 20℃(68°F) 이하 및 101.3 kPa(14.7 PSI) 압력에서 20℃(68°F) 및 101.3 kPa(14.7 PSI) 이하의 비등점에서 이하의 특성을 가진 것들로 구성된다.

(1) 101.3 kPa(14.7 PSI)에서 공기와 13% 이하로 혼합된 경우 인화성을 가진다.

(2) 101.3 kPa(14.7 PSI)에서 공기와 가연성 범위가 하한에 관계없이 적어도 12%를 지닌다.
Division 2.1 가스의 예는 억제 뷰타다이엔, 메틸브로마이드, 프로페인 등이다.

Division 2.2. 불연성, 무독성 압축 가스, 압축 가스 및 액화가스, 압축 극저온 가스, 용해된 압축 가스 등으로 어떤 형태의 물질(또는 혼합물) 중 20℃에서 절대압력 280 kPa로 보관된 것을 말한다. 극저온 액체는 냉동 액화 가스 중 비등점이 −90℃ 및 101.3 kPa보다 낮은 것을 말한다. Division 2.2 가스의 예는 무수 암모니아, 저온 아르곤, 이산화탄소 및 압축 질소를 포함한다.

Division 2.3. 유독 가스는 20℃ 또는 101.3 kPa 이하에서 20℃ 및 101.3 kPa보다 낮은 비등점을 가지는 물질 중 이하의 성질을 갖는 것을 말한다. 특성으로서

(1) 인간에게 독성이 있는 것으로 알려진 것 중 수송 중 건강에 위험을 야기할 수 있는 것

(2) 인체 독성에 관한 정확한 데이터는 부재하나, 실험실 동물에 테스트한 결과(5000 ppm 이하에서 LC_{50} 값을 갖는 것) 인체에도 독성을 미칠 것으로 예상되는 것. Division 2.3 가스의 예는 무수 HF, 아르신, 염소, 메틸브로마이드를 포함한다.

Division 2.3 물질과 관련된 위험구역은 다음과 같다.

(1) 위험 구역 A − 200 ppm 이하 LC_{50}

(2) 위험 지역 B − 200 ppm 초과 1000 ppm 이하 LC_{50}

(3) 위험 지역 C − 1000 ppm 초과 3000 ppm 이하 LC_{50}

(4) 위험 영역 D − 3000 ppm 초과 5000 ppm 이하 LC_{50}

Class 3. Flammable Liquid and Combustible Liquid (인화성 액체와 가연성 액체)

인화성 액체 − 인화성 액체는 60.5℃ 이하에서 인화점을 갖는 액체이다. Class 3.의 액체는 아세톤, 아밀아세테이트, 가솔린, 메틸알코올, 톨루엔을 예로 들 수 있다.

가연성 액체 − 가연성 액체는 다른 위험물 class의 정의를 충족하지 아니하며 인화점이 60℃보다 높으나 93℃보다 낮은 물질을 말한다. 인화성 액체 중 인화점이 38℃를 초과하는 물질은 가연성 액체로 재분류된다. 가연성 액체의 예로는 미네랄 오일, 땅콩오일 등이 있다.

Class 4. Flammable Solid, Spontaneously Combustible Materials, and Dangerous When Wet Materials (가연성 고체, 자연발화성 및 금수성 물질)

Division 4.1. 가연성 고체는 다음 3가지 유형 물질 중 하나로 구성된다.

(1) 유체가 접촉되는 폭발물 - 충분한 물, 알코올, 가소제 등과 접촉하여 폭발성을 나타내는 물질

(2) 자기 반응성 물질 - 평균 온도나 조금 높은 온도에서 수송 시 높은 온도 또는 오염 등이 강력한 열적 분해를 야기할 수 있는 물질

(3) 즉시 가연성 고체 - 금속분말과의 마찰을 통해 점화되어 화재를 유발할 수 있는 고체

Division 4.1.의 예는 마그네슘(펠렛, 부스러기, 리본), 나이트로셀룰로오스를 포함한다.

Division 4.2. 자발적 가연물은 다음 성질을 포함한다.

(1) 자연발화성 물질 - 액체 또는 고체로서 비록 작은 양에 외부의 발화원이 없어도 공기와 5분 이내의 접촉만으로 발화가능한 물질

(2) 발열 소재 - 에너지 공급 없이도 공기와 접촉 시 발열 가능한 물질

Division 4.2의 예로는, 알킬알루미늄, 목탄, 연탄, 알킬마그네슘 및 인이 포함된다.

Division 4.3. 수분 접촉 시 위험물(금수성)은 물과 접촉 시 자발적으로 화염을 내거나 유해성 가스를 시간당 1 L/kg 보다 많은 비율로 발산하는 물질을 말한다. Division 4.3.의 예로는 탄소화칼슘, 마그네슘 분말, 칼륨금속 합금, 수소화나트륨 등이 있다.

Class 5. Oxidizers and Organic Peroxides (산화제 및 유기과산화물)

Division 5.1. 산화제는 산소를 방출시킴으로써 다른 물질과의 연소를 야기하거나 향상시키는 물질을 말한다. Division 5.1.의 예로 질산암모늄, 트라이플루오린화브로민, 하이포아염소산칼슘 등을 들 수 있다.

Division 5.2. 유기과산화물은 유기화합물 중 산소를 포함한 과산화기(-O-O-) 구조가 유기기에 의해 하나 또는 이상의 수소 원자로 대체되어 과산화수소의 부산물로 여겨지는 것을 말한다.

Division 5.2. 유기과산화물은 다음의 7유형 중 하나로 분류된다.

(1) Type A - 용기에 담아 수송 시 폭발 및 폭연 가능 물질. TYPE A 유기과산화물의 수송은 금지된다.

(2) Type B - 유기과산화물이 급격한 폭발이나 폭연을 하지는 않으나, 열 폭발을 겪을 수 있다.

(3) Type C - 유기과산화물이 급격한 폭발이나 폭연을 하지는 않으며, 열 폭발을 겪지 않을 수 있다.

(4) Type D - 유기과산화물에 영향을 미칠 수 있는 물질이 제한되고 열만 가해졌을 때 천천히 부분적으로 폭발 또는 폭연이 가능한 것

(5) Type E - 유기과산화물이 제한된 상태에서 열이 가해져도 폭발 또는 폭연이 없거나 매우 적은 폭발 등만 나타내는 경우

(6) Type F - 유기과산화물이 제한된 상태에서 열이 가해져도 폭발 또는 폭연이 없거나 매우 적은 폭발 등만 나타내는 경우로 폭발력도 낮거나 없는 경우

(7) Type G - 유기과산화물이 제한된 상태에서 열이 가해져도 폭발 또는 폭연이 없거나 매우 적은 폭발 등만 나타내는 경우로 폭발력도 낮거나 없는 경우로 열적으로 안정적이며 민감

성이 제거됨

Division 5.2.의 예로는 벤조일퍼옥사이드, 메틸에틸케톤퍼옥사이드, 과아세트산 등이 있다.

Class 6. Poisoners Materials and Infectious Substance (독성 물질 및 전염성 물질)

Division 6.1. 독성 물질은 가스 이외의 물질로 인체에 유해하여 수송 중에 건강에 영향을 미치거나, 인체 독성에 관한 정확한 데이터는 부재하나 유해성이 예상되는 것으로 염증을 유발하는 물질을 포함한다. Division 6.1.의 예는 아닐린, 비소화합물, 사염화탄소, 사이안화수소산, 그리고 최루 가스 등이 있다.

Division 6.2. 전염성 물질은 생육 가능한 미생물이나 그들의 독소로서 인체나 동물 등에 질병을 유발할 수 있는 것을 말한다. 전염성 물질과 원인체는 같은 용어이다. Division 6.2의 예는 탄저병, 보툴리누스 중독, 광견병, 파상풍 등이 있다.

Class 6.의 물질의 위험 구역은 다음과 같이 분류된다.

(1) 위험 구역 A – 200 ppm 이하에서 LC_{50}

(2) 위험 지역 B – 200 ppm 초과 1000 ppm 이하에서 LC_{50}

Class 7. Radioactive Materials (방사성 물질)

방사성 물질은 0.002 μCi/g 보다 큰 활동성을 갖는 물질을 말한다. Class 7.의 예는 코발트, 헥사플루오린화우라늄, “Éyellow cake. E” 등이 있다.

Class 8. Corrosive Materials (부식성)

부식성 물질은 액체나 고체로서 가시적 파괴나 불개변성 변화를 인체조직과의 접촉 또는 철이나 알루미늄 등에 심각한 부식률을 가져오는 액체 등을 말한다. Class 8.의 예로는 질산, 삼염화인, 수산화나트륨, 황산 등이 있다.

Class 9. Miscellaneous Hazardous Materials (기타 유해물질)

기타 유해물질은 수송 중에 위험성을 나타내나 다른 위험물 분류에 속하지 않는 것으로 다음을 말한다.

(1) 마취, 유해성을 띄는 물질로 심각한 괴로움과 불편함을 비행 승무원에게 유발하여 정확한 임무 수행을 방해하는 물질

(2) 다른 위험물 분류에는 속하지 아니하나 미국 교통부(department of transportation) 요구조건에 따라야 하는 물질(위험물질 또는 유해 폐기물)

Class 9.의 예는 아디프산, 위험물질(폴리클로로바이페닐(polychlorinated biphenyl) 등), 용융 황 등이 있다.

3. NFPA(National Fire Protection Association, 防火協會)의 위험성 등급 분류

구분	등급	내용
건강위험성	4등급	극단적으로 단시간의 노출에 의해서도 사람을 치사시키거나 혹은 현장에서 의료가 가해져도 후에 중대한 건강 장애를 남기는 물질
	3등급	단시간의 노출의 경우 현장에서 의료가 가해져도 일반적으로 중대한 장애 또는 후에 중한 장애가 남는 물질
	2등급	강한 노출 또는 지속적인 노출의 경우 일반적으로 의식 상실이 일어나거나 혹은 현장에서의 의료가 가해지지 않으면 후에 장애가 남는 물질
	1등급	노출에 의해 자극작용을 받지만 의료가 가해지지 않아도 후에 남는 장애가 경미한 물질
	0등급	화재 시 노출이 있어도 통상의 가연성의 위험성 이상이 위험성을 나타내지 않는 물질
화재위험성	4등급	상온, 상압 하에서 급속히 또는 완전히 기화하거나 혹은 용이하게 확산하는 물질
	3등급	통상의 온도 하에서 착화되는 액상 또는 고체상의 물질
	2등급	착화시키기 위하여는 약간으로 가열되거나 또는 비교적 높은 온도까지 가온할 필요가 있는 물질
	1등급	착화시키기 위하여는 예열할 필요가 있는 물질
	0등급	불연성 물질
반응위험성	4등급	그 자신이 용이하게 폭발을 일으키는 것, 혹은 상온 상압 하에서 폭발적인 분해 또는 반응을 일으키는 물질
	3등급	그 자신이 폭발 또는 폭발적 분해를 일으키지만 폭발시키기 위해서는 강력한 기폭원 또는 제한된 상태에서 가열시킬 필요가 있는 물질과 물과 폭발적으로 반응하는 물질
	2등급	그 자신의 상태가 불안정하여 용이하게 화학반응을 일으켜 폭발에 이르는 물질과 물과 격렬하게 반응하거나 또는 물과 접촉하여 폭발성 혼합물을 형성하는 물질
	1등급	그 자신은 안정하지만 고온 고압의 상태가 되면 불안정하게 된 물질과 물과 반응하여 다소 발열하지만 그 정도가 극심하지 않는 물질
	0등급	그 자신은 상온에서도 재차 화재에 노출된 상태에서도 안정한 물질과 물과 반응이 없는 물질

* NFPA에 의한 위험물질 Label 표시법
  건강위험성(Health Hazards) → 청색
  화재위험성(Flammability Hazards) → 적색
  반응위험성(Reactivity Hazards) → 황색

상기 표와 같이 위험물을 취급, 저장하고 있는 공장이나 저장소에 있어서 화재가 발생했을 때 소화활동에 도움을 주고 수송 중에 대책을 강구하고자 한 것이다. 특히 화재위험성 등급은 화학공장의 위험성 평가 때 결정적 기준을 제시해 주고 있다.

제3절 「위험물안전관리법 시행령」 별표 1의 구성

1. 유별(類別)의 지정

「위험물안전관리법 시행령」 별표 1에서 위험물을 제1류에서 제6류까지 ① 화학적 성질, ② 물리적 성질, ③ 소화의 공통성, ④ 예방상 공통성에 따라 구별하고 각 유별로 대표 성질, 품명과 지정수량을 지정하였다.

유별 위험물은 공통적인 화재 위험성을 가지고 있다. 따라서 예외적인 특수한 위험물을 제외하되, 예방상의 안전관리와 진압상의 소화 및 대응활동을 유사하게 대처하도록 대분류한 것이다.

2. 대표적 성질의 표시

각 유별마다 대표적 성질과 상태를 표시토록 하여 결국 위험물이 특정 성질에 따라 구분 및 분류하고 있음을 나타낸다. 예를 들면 알킬알루미늄이나 알킬리튬은 상태로 볼 때는 제4류 위험물에 속하나 자연발화성과 금수성 때문에 제3류 위험물로 분류하게 된 것이다. 상태의 표시는 일단 외관상 구분을 쉽게 하기 위한 것이다.

3. 품명의 지정

1) 특수한 위험성에 의한 지정

인화성이 큰 위험물도 있다. 이것의 증기폭발은 화재 위험 중에서 매우 위험하다.

이 위험물을 한 그룹으로 하여 지정하고 있다. 예를 들면, 제4류 위험물 중 특수인화물로 $C_2H_5OC_2H_5$(다이에틸에터)나 CS_2(이황화탄소)를 지정(이하 "지정 품명"이라 한다)하고, 대다수는 비점, 인화점 및 발화점 등을 기초로 하여 정(이하 "지정 성상"이라 한다)하였다.

이러한 지정방법은 앞으로 비슷한 위험성을 가진 물품이 새로 합성 개발될 경우에 자동적으로 동일 위험물 그룹으로 분류하여 규제를 받도록 하기 위한 것이다.

2) 화학적 조성에 의한 지정

비슷한 성질을 가진 원소, 비슷한 성분과 조성을 가진 화합물은 각각 유사한 성질을 나타낸다. 따라서 화학적 성질이 유사한 화합물을 한 그룹으로 지정하였다. 예를 들면 $MClO_3$(염소산염류), MNO_3(질산염류), ROH(알코올류) 등이 있는데 이러한 품명에 속하는 많은 화합물에 대해서 당연히 공통적인 위험성을 예측할 수 있을 것이다.

3) 상태에 의한 지정

동일한 양의 위험한 물품에 있어서도 위험성의 차이가 있다. 금속 입상의 경우는 화재 위험성은 적으나 가루상의 경우는 화재 위험성의 대폭 증가와 분진폭발 등의 대폭발을 일으킨다.

즉 물리적, 화학적인 차이가 큰 때문이다. Fe분, Zn분, Al분 등의 금속분은 보통 일정 크기의 괴상(塊狀)의 상태는 규제를 하지 않지만 일정 기준의 분상(粉狀)은 위험물로서 규제의 대상이 된다.

4) 농도에 의한 지정

물질은 일반적으로 혼합물이며 성분의 양의 경우도 전체로서의 성질은 변한다. 위험물의 경우도 농도가 낮아지면 위험성은 낮아지게 된다. 반대로 농도가 높아지면 위험성은 커진다. H_2O_2(과산화수소)는 수용액 3%의 경우 소독제로서 안정하지만 60wt% 이상의 경우는 매우 불안정한 물질로 충격에 예민한 위험성을 가진다.

과산화수소는 「위험물안전관리법」에서는 36wt% 이상을 위험물로 본다. HNO_3(질산)은 비중으로 지정되어 있고, ROH(알코올류) 등은 농도 등으로 규제하고 있다.

5) 사용상태에 의한 지정

동일 물품에 있어서도 보관 상태 등에 따라 위험물에 해당하지 않은 것도 있다. 불연성 용기에 수납 밀전되어 저장 보관되어 있는 동식물유류는 「위험물안전관리법」상 위험물에서 제외된다.

6) 지정에서의 제외와 편입

화학적인 호칭과 「위험물안전관리법」의 호칭과는 내용상의 차이가 있는 것도 있다. ROH(알코올류)의 예를 보면 화학적으로 알코올은 수백종이 있지만 「위험물안전관리법」에서의 알코올류는 특수한 소수의 알코올(C_3 이하)을 지칭하며, 변성알코올 같은 물질은 그 명칭과 관계 없이 알코올류에 포함되어 있다.

7) 복수성상물품의 경우의 지정

어떤 물품은 동시에 2 이상의 유별 성상에 해당하는 것이 있다. 이때는 일반 위험보다도 특수 위험성을 우선하여 특수 위험성의 유별로 구분된다. 예를 들면 유기과산화물은 산화성 고체이기 때문에 제1류 위험물에 속할 수도 있고, 가연성의 액체인 것의 경우는 제4류 위험물일 수도 있고, 가연성의 고체인 것의 경우는 제2류 위험물일 수도 있지만, 자기반응성 물질이라는 가장 큰 위험성을 가지므로 이를 중시하여 제5류 위험물로 분류하고 있다.

복수성상물품의 지정은 다음과 같다.

- 제1류 위험물의 성상×제2류 위험물의 성상 → 제2류 위험물
- 제1류 위험물의 성상×제5류 위험물의 성상 → 제5류 위험물
- 제2류 위험물의 성상×제3류 위험물의 성상 → 제3류 위험물
- 제3류 위험물의 성상×제4류 위험물의 성상 → 제3류 위험물
- 제4류 위험물의 성상×제5류 위험물의 성상 → 제5류 위험물

4. 지정수량

「위험물안전관리법 시행령」 별표 1에서 정한 수량을 위험물의 지정수량이라 한다.

지정수량 이상의 위험물은 위험물의 제조·저장·취급·운반·운송 중 「위험물안전관리법령」에 따른 각종 규제를 받아야 하고, 지정수량 1/5 이상 1 미만(소량위험물)의 위험물은 시·도의 「시·도 위험물안전관리 조례」 기준에 따르도록 하고 있다.

1) 지정수량의 기준 설정

지정수량은 연소 위험성·촉진성 및 소화 곤란성 등을 종합적으로 고려하여 기준 수량을 설정하였으며 각 유별 각 품명별로 구분하여 단일화된 기준을 적용하고 있다. 또한 지정수량은 위험물의 관리행정 및 환경변화에 따라 조정이 가능하다. 다만, 제5류 위험물의 지정수량의 경우는 소방청 고시 「위험물안전관리에 관한 세부기준」에서 정한 시험을 통한 위험성 유무와 등급에 따라 모든 품명을 별도의 제1종 또는 제2종으로 분류하고 있다.

2) 지정수량과 위험성

지정수량이 적은 물품은 큰 물품보다는 같은 양, 같은 조건일 때 더 위험하다는 정도이다. 위험물의 양이 지정수량을 단순히 초과했다 하여 갑자기 위험성 자체가 크게 증가하는 것도 아니며 또한 지정수량 미만으로 감소하였다 하여 위험성이 감소하거나 제거됨이 아니다.

3) 지정수량의 계산 및 위험물의 안전관리 행정

지정수량에 미달하는 위험물을 2품명 이상 동일한 장소 또는 시설에서 제조, 저장 또는 취급할 경우에 각 품명별로 제조·저장 또는 취급하는 수량을 그 품명별 지정수량으로 나누어 얻은 수의 합계가 1 이상이 될 때에는 이를 지정수량 이상의 위험물로 본다. 계산된 지정수량의 수치에 따라 위험물의 제조·저장·취급 등에 대한 위험물 안전관리 행정에 적용됨이 중요하다.

〈실례〉

$$\text{지정수량 계산} = \frac{\text{A품명의 수량}}{\text{A품명의 지정수량}} + \frac{\text{B품명의 수량}}{\text{B품명의 지정수량}} + \frac{\text{C품명의 수량}}{\text{C품명의 지정수량}} + \cdots\cdots$$

지정수량 $\geqq 1$ ························ 위험물 → 「위험물안전관리법」의 규제

$\frac{1}{5} \leqq$ 지정수량 < 1 ·············· 소량위험물 → 「시·도 위험물안전관리 조례」의 규제

$\frac{1}{5} >$ 지정수량 ····················· 규제 없음 → 개별적 자율 안전관리

제4절 위험물의 화재 위험성

화재란 실화·천재지변 또는 방화(放火)에 의해 발생하고 개인 또는 사회에 대하여 직접 또는 간접적으로 손실을 주는 연소현상이다.

위험물의 화재 위험성을 대분류하면(특히 일반화재와 비교하면) 다음과 같다.

1. 출화 위험

1) 인화

위험물은 인화성이 강한 것이 많다.

① 저온에서 인화한다.

② 작은 점화원에 의해서도 인화한다.

③ 먼 거리에서도 인화한다.

④ 수분과 반응하여 인화성 가스를 발생한다.

⑤ 혼합·혼촉에 의해 인화하고 또는 다른 가연물을 인화시킨다.

2) 발화

위험물은 발화하기 쉽고 발화시키는 성질이 강하다.

① 낮은 온도에서 발화한다.

② 약간의 가열에 의해 발화한다.

③ 타격·마찰에 의해서도 발화한다.

④ 혼합·접촉에 의해서도 발화되고 또는 다른 가연물을 발화시킨다.

3) 자연발화

외부로부터의 가열(점화에너지)이 없어도 내부 반응열의 축적에 의해 온도가 상승하고 발화점에 도달하여 연소한다.

① 공기 중에서 산화하여 자연발화한다.

② 수분과 반응하여 자연발화한다.
③ 위험물끼리 또는 위험물과 다른 화학물질과 혼합하여 발열하여 자연발화한다.
④ 분해하여 발열하고 자연발화한다.

4) 출화 위험에 대한 예방대책

① 점화에너지 안전관리 철저
② 가연성 위험물 자체에 대한 제조·저장·취급상의 안전관리
③ 위험물·전기·산업안전 등 관계법령에 따른 기술기준 준수 등

2. 연소확대 위험

위험물 화재는 발화직후 확대할 위험성이 크다. 따라서 출화한 화재에 대해 지체 없이 소화활동을 통하여 화재확대 위험을 차단할 필요가 있는 이유이다.

1) 이연성(易燃性)

① 점화에너지가 작아도 연소가 용이하다.
② 연소열이 크다.
③ 연소속도가 빠르다.
④ 연소온도가 높다.
⑤ 연소점이 낮고 연소가 시작되면 연소확대가 계속되기 쉽다.
⑥ 낮은 농도의 산소 하에서도 연소한다.
⑦ 질식성 가스(CO_2, N_2 등) 중에서도 일부는 연소하는 것이 있다.

2) 속연성(速燃性)

① 가연성 가스를 생성하여 본래 화재보다 큰 2차적 폭발을 가져온다.
② 미분입자, 미세한 방울을 생성하여 폭발에 이르면 화재확대를 가져온다.
③ 고농도 산소를 방출하여 산소를 공급하게 되어 연소가 빨라진다.
④ 외부에서 산소 공급 없이도 분자 내 연소가 일어난다.

3) 초기소화 곤란성

① 연소가 용이하고 연소성이 강력하다.
② 저농도 산소 중에서 연소한다.
③ 물에 의한 소화가 곤란하다.
④ 소화활동이 곤란하다.

4) 연소확대 위험에 대한 국소화 대책

① 위험물 시설기준 준수
② 안전 및 긴급차단장치 설치
③ 방유제 설치 등

3. 소화곤란 위험

위험물은 일반적으로 화재 발생하면 소화가 곤란하다. 이 때문에 인명이나 재산에 대한 손해가 크고 피해가 증대하게 된다.

1) 물에 대한 위험

일반화재에 있어서 가장 유효한 소화방법은 주수소화이다. 그러나 위험물 화재에 있어서는 물에 의하여 부적응하는 것이 많아서 오히려 위험이 증대된다. 물과의 반응성 위험물 화재 때 물과 접촉하면

① 발열하고 고온이 발생한다.
② 발화한다.
③ 폭발한다.
④ 가연성 가스를 발생한다.
⑤ 유독 또는 유해한 물질을 생성한다.
⑥ 부식성이 강한 강산, 강알칼리가 되기도 한다.
⑦ 산화력이 강한 수용액이 유지된다.
⑧ 물리적 측면에서는 주수에 의해 비산·부유하고 화재면적을 확대한다.

2) 고온 위험

산소와의 친화력이 큰 물질은 격렬히 연소하고 고온을 발생한다. 따라서 화재 중 상시 근무자 또는 소방대원에게 고온에 의한 열상·화상·부식을 입힌다.

3) 연소계속 위험성

위험물은 일반화재보다 열악한 조건에서도 연소를 계속하고 폭발 등에 따라 확대한다.

① 저농도 산소 중에서도 연소한다.
② 수분 중에서도 연소한다.

4) 유독 또는 유해한 물질 생성

① 자신이 유독한 위험물이 있다.

② 자신은 무독하나 연소생성물이 유독한 위험물이 많다.

③ 소화용수 기타 소화약제 등과 반응하여 유독한 물질을 생성하는 위험물이 있다.

5) 연소생성물의 발생

화재 시 목재 등에 비해 다량의 연소생성물을 발생하는 위험물이 있다. 이 연기에 의해 피난행동이 부자연스럽거나 장해가 되므로 소화활동상 대책이 필요하게 된다.

6) 폭발성

폭발성 위험물은 특히 위험하며, 폭발에 직접 대응하는 소화방법은 없다. 폭발에 의해 인명에 피해를 주며 고정소화설비는 파괴되고 현장 소화활동도 지극히 곤란하게 된다.

7) 특수 소화방법의 필요성

① 물분무·미분무·포 소화설비

② 분말소화설비

③ 할론·할로젠화합물·불활성가스 소화설비

④ 고체에어로졸·강화액 소화설비

8) 소화곤란 위험에 대한 소화대책

① 초기 초동소화 조치 강화

② 본격 소화활동 강화 및 응원·동원체제 확립

③ 대형 특수소화기 비치 및 소화용 차량 확보

④ 다량의 적응 소화약제 비축 및 냉각수 확보

⑤ 소화 무인화대책 및 드론 활용 적극 강구

⑥ 소방헬기 활용

4. 손상 위험

위험물은 일반화재와 동일한 위험한 것 외에 특별한 화재 위험이 있다. 따라서 소화활동을 저해하고 상대적으로 소방력을 저하시켜 피해가 확대되게 된다.

1) 대인 위험

사람에 대한 위험한 작용으로 위험물 자신이 위험성을 가진 것과 연소할 때나 소화할 때 발생한 연소생성물이 위험성인 것이 있다.

(1) 부식 위험

피부·점막 등과 접촉할 때 자극·염증 등을 일으키고 강산·강알칼리를 생성시킨다.

(2) 중독 위험

피부·소화기계통·호흡기계통을 통해 체내로 흡수되어 생리기능에 장애를 주고 중독증상을 나타낸다.

(3) 질식 위험

산소 소모가 많은 연소의 경우 다량의 질식성 가스의 방출 등에 의해 산소농도가 낮은 공기로 변한다.

(4) 화상 위험

일반화재와 같은 화상 외에 특히 치료가 어려운 화상을 일으키는 경우도 있고 이러한 위험은 고온, 위험물의 생리작용, 위험물의 신체로의 침투 등에 의해 일어난다.

(5) 외상 위험

부식이나 화상 외에 폭풍에 의한 폭압이나 비산물 때문에 심각한 외상을 초래하고 고온·복사로 각막을 손상시킨다.

2) 대물 위험

물체에 대한 위험한 작용으로 물질파괴·변형·변질을 일으킨다. 화재 열량이 높은 경우는 주위 가연물체까지 발화시킨다. 의류·장신구 등은 상품가치를 상실한다.

(1) 가열 위험

위험물의 발열반응에 의해 다른 물질에 대해 변형·변질을 일으킨다. 위험물 화재는 에너지나 연소생성물이 작용하는 경우가 있다.

(2) 부식 위험

피부, 금속이나 목재 등을 부식시키는 위험물이 있다. 강산·강알칼리를 생성시킨다.

(3) 파손 위험

위험물 화재는 고온에서 격렬하게 연소하기 때문에 소손·수손 등의 위험이 있다.

3) 손상 위험에 대한 안전대책

① 개인 안전장비(공기호흡기, 내산성 복장, 내전 복장, 고무장갑, 고무장화, 귀마개 등) 작용
② 피난·대피·탈출대책 강구

5. 위험물 화재의 결과

위험물의 위험성은 화재 위험성 하나만이 아니라 많은 다른 위험성도 있다. 1개의 물품이 어떤 화재 위험성을 가진 유별에 속한다는 것은 그 물품의 대표적인 위험성일 따름이다.

1) 물리적 파괴

에너지의 집중 방출에 의해 고온, 고압 발생 등으로 물체(위험물 제조·저장·취급시설 및 소방시설 등)의 변형이나 파괴 등을 초래한다.

2) 화학적 변질

연소에 의해 물질의 원래 상태에서 변질, 유해성 가스의 발생, 산소결핍공기가 생긴다. 물리적 파괴와 더불어 직접적인 화재결과로 나타난 것이다.

3) 생리적 기능장애

고온의 발생, 자체 또는 연소생성물의 유해성, 산소결핍 등에 의해 정상적인 생리작용을 잃어 각종 기능 장애, 실신 또는 사망을 초래한다.

4) 사회적 손실

상해 또는 사망 사고 등 인적자원에 대한 손해, 많은 재산상의 손해, 소화활동·구급·구조 활동에 많은 경제적 손실이 나타나면 간접적으로는 생산저하, 교통차단, 수자원보호 경비 등 많은 낭비를 초래할 수 있다. 대규모의 위험물 재해는 민심혼란 등 사회적 물의를 야기할 수도 있다.

제5절 저장·취급·운반에 관한 안전기준

1. 저장·취급의 공통기준

① 제조소등에서 허가 및 신고와 관련되는 품명 외의 위험물 또는 이러한 허가 및 신고와 관련되는 수량 또는 지정수량의 배수를 초과하는 위험물을 저장 또는 취급하지 않아야 한다.
② 위험물을 저장 또는 취급하는 건축물 그 밖의 공작물 또는 설비는 해당 위험물의 성질에 따라 차광 또는 환기를 실시하여야 한다.
③ 위험물은 온도계, 습도계, 압력계 그 밖의 계기를 감시하여 해당 위험물의 성질에 맞는 적정한 온도, 습도 또는 압력을 유지하도록 저장 또는 취급하여야 한다.
④ 위험물을 저장 또는 취급하는 경우에는 위험물의 변질, 이물의 혼입 등에 의하여 해당 위험물

의 위험성이 증대되지 아니하도록 필요한 조치를 강구하여야 한다.

⑤ 위험물이 남아 있거나 남아 있을 우려가 있는 설비, 기계·기구, 용기 등을 수리하는 경우에는 안전한 장소에서 위험물을 안전하게 제거한 후에 실시하여야 한다.

⑥ 위험물을 용기에 수납하여 저장 또는 취급할 때에는 그 용기는 해당 위험물의 성질에 적응하고 파손·부식·균열 등이 없는 것으로 하여야 한다.

⑦ 가연성의 액체·증기 또는 가스가 새거나 체류할 우려가 있는 장소 또는 가연성의 미분이 현저하게 부유할 우려가 있는 장소에서는 전선과 전기기구를 완전히 접속하고 불꽃을 발하는 기계·기구·공구·신발 등을 사용하지 아니하여야 한다.

⑧ 위험물을 보호액 중에 보존하는 경우에는 해당 위험물이 보호액으로부터 노출되지 아니하도록 하여야 한다.

⑨ 유별 위험물의 저장·취급의 공통기준은 다음과 같다.

유 별	저장·취급의 공통기준
제1류 위험물	가연물과의 접촉·혼합이나 분해를 촉진하는 물품과의 접근 또는 과열·충격·마찰 등을 피할 것. 알칼리금속의 과산화물 및 이를 함유한 것에 있어서는 물과의 접촉을 피할 것.
제2류 위험물	산화제와의 접촉·혼합이나 불티·불꽃·고온체와의 접근 또는 과열을 피하는 한편, 철분·금속분·마그네슘 및 이를 함유한 것에 있어서는 물이나 산과의 접촉을 피하고 인화성 고체에 있어서는 함부로 증기를 발생시키지 않을 것.
제3류 위험물	자연발화성 물질에 있어서는 불티·불꽃 또는 고온체와의 접근·과열 또는 공기와의 접촉을 피할 것. 금수성 물질은 물과의 접촉을 피할 것.
제4류 위험물	불티·불꽃·고온체와의 접근 또는 과열을 피하고, 함부로 증기를 발생시키지 말 것.
제5류 위험물	불티·불꽃·고온체와의 접근이나 과열·충격 또는 마찰을 피할 것.
제6류 위험물	가연물과의 접촉·혼합이나 분해를 촉진하는 물품과의 접근 또는 과열을 피할 것.

2. 저장의 기준

① 저장소에는 위험물 외의 물품을 저장하지 아니하여야 한다.

② 유별을 달리하는 위험물은 동일한 저장소(내화구조의 격벽으로 완전히 구획된 실이 2 이상 있는 저장소에 있어서는 동일한 실)에 저장하지 말아야 한다. 다만, 옥내저장소 또는 옥외저장소에 있어서 다음의 규정에 의한 위험물을 저장하는 경우로서 위험물을 유별로 정리하여 저장하고 서로 1 m 이상의 간격을 두는 경우에는 다음과 같이 함께 저장할 수 있다.

a. 제1류 위험물(알칼리금속의 과산화물 또는 이를 함유한 것을 제외한다) + 제5류 위험물

b. 제1류 위험물 + 제6류 위험물

c. 제1류 위험물 + 제3류 위험물 중 자연발화성 물질(황린 또는 이를 함유한 것에 한한다)

d. 제2류 위험물 중 인화성 고체 + 제4류 위험물

e. 제3류 위험물 중 알킬알루미늄 등 + 제4류 위험물(알킬알루미늄 또는 알킬리튬을 함유한 것에 한한다)

f. 제4류 위험물 중 유기과산화물 또는 이를 함유하는 것 + 제5류 위험물 중 유기과산화물 또는 이를 함유한 것

③ 제3류 위험물 중 황린 그 밖에 물속에 저장하는 물품과 금수성 물질은 동일한 저장소에서 저장하지 않아야 한다.

④ 옥내저장소에 있어서 위험물은 <표 11>에 의한 바에 따라 용기에 수납하여 저장하여야 한다.

⑤ 옥내저장소에서 동일 품명의 위험물이더라도 자연발화할 우려가 있는 위험물 또는 재해가 현저하게 중대할 우려가 있는 위험물을 다량 저장하는 경우에는 지정수량의 10배 이하마다 구분하여 상호간 0.3 m 이상의 간격을 두어 저장하여야 한다.

⑥ 옥내저장소에서 위험물을 저장하는 경우에 다음 높이를 초과하여 용기를 겹쳐 쌓지 않아야 한다.

a. 기계에 의하여 하역하는 구조로 된 용기만을 겹쳐 쌓는 경우 : 6 m

b. 제4류 위험물 중 제3석유류, 제4석유류 및 동식물유류를 수납하는 용기만을 겹쳐 쌓는 경우 : 4 m

c. 그 밖의 경우 : 3 m

⑦ 옥내저장소에서는 용기에 수납하여 저장하는 위험물의 온도가 55℃를 넘지 않도록 필요한 조치를 강구하여야 한다.

⑧ 옥외저장탱크·옥내저장탱크·지하저장탱크 또는 간이저장탱크의 계량구는 계량할 때 외에는 폐쇄하여야 한다.

⑨ 옥외저장탱크·옥내저장탱크 또는 지하저장탱크의 주된 밸브(액체의 위험물을 이송하기 위한 배관에 설치된 밸브 중 탱크의 바로 옆에 있는 것을 말한다) 및 주입구의 밸브 또는 뚜껑은 위험물을 넣거나 빼낼 때 외에는 폐쇄하여야 한다.

⑩ 옥외저장탱크의 주위에 방유제가 있는 경우에는 그 배수구를 평상시 폐쇄하여 두고, 해당 방유제의 내부에 유류 또는 물이 괴었을 때에는 지체 없이 이를 배출하여야 한다.

⑪ 이동저장탱크에는 해당 탱크에 저장 또는 취급하는 위험물의 유별·품명·최대수량 및 적재중량을 표시하고 잘 보일 수 있도록 관리하여야 한다.

⑫ 이동저장탱크 및 그 안전장치와 그 밖의 부속배관은 균열, 결합불량, 극단적인 변형, 주입호스의 손상 등에 의한 위험의 누설이 일어나지 않도록 하고, 해당 탱크의 배출밸브는 사용 시 외에는 완전히 폐쇄하여야 한다.

⑬ 피견인자동차에 고정된 이동저장탱크에 위험물을 저장할 때에는 해당 피견인자동차에 견인자동차를 결합한 상태로 두어야 한다.

⑭ 컨테이너식 이동탱크저장소 외의 이동탱크저장소에 있어서는 위험물을 저장한 상태로 이동저

장탱크를 옮겨 싣지 않아야 한다.

⑮ 이동탱크저장소에는 해당 이동탱크저장소의 완공검사필증 및 정기점검기록을 비치하여야 한다.

⑯ 알칼리알루미늄 등을 저장 또는 취급하는 이동탱크저장소에는 긴급할 때 연락처, 응급조치에 관하여 필요한 사항을 기재한 서류·방호복·고무장갑·밸브 등을 죄는 결합공구 및 휴대용 확성기를 비치하여야 한다.

⑰ 옥외저장소(⑳의 규정에 의한 경우를 제외한다)에 있어서 위험물은 <표 11>에 따라 용기에 수납하여 저장하여야 한다.

⑱ 옥외저장소에서 위험물을 저장하는 경우에 있어서는 ⑥에 따른 높이를 초과하여 용기를 겹쳐 쌓이지 않아야 한다.

⑲ 옥외저장소에서 위험물을 수납한 용기를 선반에 저장하는 경우는 6 m를 초과하여 저장하지 않아야 한다.

⑳ 황을 용기에 수납하지 아니하고 저장하는 옥외저장소에서는 황을 경계표시의 높이 이하로 저장하고, 황이 넘치거나 비산하는 것을 방지할 수 있도록 경계표시 내부의 전체를 난연성 또는 불연성의 천막 등으로 덮고 해당 천막 등을 경계표시에 고정하여야 한다.

㉑ 알킬알루미늄 등, 아세트알데하이드 등 및 다이에틸에터 등은 다음과 같다.

a. 옥외저장탱크 또는 옥내저장탱크 중 압력탱크(최대상용압력이 대기압을 초과하는 탱크를 말한다)에 있어서는 알킬알루미늄 등의 취출에 의하여 해당 탱크 내의 압력이 상용압력 이하로 저하하지 않도록, 압력탱크 외의 탱크에 있어서는 알킬알루미늄 등의 취출이나 온도의 저하에 의한 공기의 혼입을 방지할 수 있도록 불활성의 기체를 봉입한다.

b. 옥외저장탱크·옥태저장탱크 또는 이동저장탱크에 새롭게 알킬알루미늄 등을 주입하는 때에는 미리 해당 탱크 안의 공기를 불활성 기체와 치환하여 둔다.

c. 이동저장탱크에 알칼알루미늄 등을 저장하는 경우에는 20 kPa 이하의 압력으로 불활성의 기체를 봉입하여 둔다.

d. 옥외저장탱크·옥내저장탱크 또는 지하저장탱크 중 압력탱크에 있어서는 아세트알데하이드 등의 취출에 의하여 해당 탱크 내의 압력이 상용압력 이하로 저하하지 않도록, 압력탱크 외에 탱크에 있어서는 아세트알데하이드 등의 취출이나 온도의 저하에 따른 공기의 혼입을 방지할 수 있도록 불활성 기체를 봉입한다.

e. 옥외저장탱크·옥내저장탱크·지하저장탱크 또는 이동저장탱크에 새롭게 아세트알데하이드 등을 주입하는 때에는 미리 해당 탱크 안의 공기를 불활성 기체와 치환하여 둔다.

f. 이동저장탱크에 아세트알데하이드 등을 저장하는 경우에는 항상 불활성의 기체를 봉입하여 둔다.

g. 옥외저장탱크·옥내저장탱크 또는 지하저장탱크 중 압력탱크 외의 탱크에 저장하는 다이에틸에터 등 또는 아세트알데하이드 등의 온도는 산화프로필렌과 이를 함유한 것 또는 다이에틸

에터 등에 있어서 30℃ 이하로, 아세트알데하이드 또는 이를 함유한 것에 있어서는 15℃ 이하로 각각 유지한다.

h. 옥외저장탱크·옥내저장탱크 또는 지하저장탱크 중 압력탱크에 저장하는 아세트알데하이드 등 또는 다이에틸에터 등의 온도는 40℃ 이하로 유지한다.

i. 보냉장치가 있는 이동저장탱크에 저장하는 아세트알데하이드 등 또는 다이에틸에터 등의 온도는 해당 위험물의 비점 이하로 유지한다.

j. 보냉장치가 없는 이동저장탱크에 저장하는 아세트알데하이드 등 또는 다이에틸에터 등의 온도는 40℃ 이하로 유지한다.

3. 취급의 기준

① 위험물의 취급 중 제조에 관한 기준은 다음과 같다.

a. 증류공정에 있어서는 위험물을 취급하는 설비의 내부압력의 변동 등에 의하여 액체 또는 증기가 새지 않도록 한다.

b. 추출공정에 있어서는 추출관의 내부압력이 비정상으로 상승하지 않도록 한다.

c. 건조공정에 있어서는 위험물의 온도가 국부적으로 상승하지 않는 방법으로 가열 또는 건조한다.

d. 분쇄공정에 있어서는 위험물의 분말이 현저하게 부유하고 있거나 위험물의 분말이 현저하게 기계·기구 등에 부착하고 있는 상태로 그 기계·기구를 취급하지 아니한다.

② 위험물의 취급 중 용기에 옮겨 담는 경우에는 <표 11>에 따라 수납한다.

③ 위험물의 취급 중 소비에 관한 기준은 다음과 같다.

a. 분사도장작업은 방화상 유효한 격벽 등으로 구획된 안전한 장소에서 실시한다.

b. 담금질 또는 열처리작업은 위험물이 위험한 온도에 이르지 않도록 하여 실시한다.

c. 버너를 사용하는 경우에는 버너의 역화를 방지하고 위험물이 넘치지 않도록 한다.

④ 자동차 등에 주유할 때에는 고정주유설비를 사용하여 직접 주유한다.

⑤ 자동차 등에 인화점 40℃ 미만의 위험물을 주유할 때에는 자동차 등의 원동기를 정지시킨다.

⑥ 자동차 등의 일부 또는 전부가 주유취급소의 주유공지 밖에 나온 채로 주유하지 아니한다.

⑦ 판매취급소에서는 도료류, 제1류 위험물 중 염소산염류 및 염소산염류만을 함유한 것, 황 또는 인화점이 38℃ 이상인 제4류 위험물을 배합실에서 배합하는 경우 외에는 위험물을 배합하거나 옮겨 담는 작업을 하지 아니한다.

⑧ 위험물은 운반용기에 수납한 채로 판매한다.

⑨ 판매취급소에서 위험물을 판매할 때에는 위험물이 넘치거나 비산하는 계량기(액용 되를 포함한다)를 사용하지 아니한다.

⑩ 위험물을 이송하기 위한 배관·펌프 및 이에 부속한 설비의 안전을 확인하기 위한 순찰을 행하고, 위험물을 이송하는 중에는 이송하는 위험물의 압력 및 유량을 항상 감시한다.
⑪ 알킬알루미늄 등의 제조소 또는 일반취급소에 있어서 알킬알루미늄 등을 취급하는 설비에는 불활성의 기체를 봉입한다.
⑫ 알킬알루미늄 등의 이동탱크저장소에 있어서 이동저장탱크로부터 알킬알루미늄 등을 꺼낼 때에는 동시에 200 kPa 이하의 압력으로 불활성의 기체를 봉입한다.
⑬ 아세트알데하이드 등의 제조소 또는 일반취급소에 있어서 아세트알데하이드 등을 취급하는 설비에는 연소성 혼합기체의 생성에 의한 폭발의 위험이 생겼을 경우에 불활성의 기체 또는 수증기[아세트알데하이드 등을 취급하는 탱크(옥외에 있는 탱크 또는 옥내에 있는 탱크로서 그 용량이 지정수량의 5분의 1 미만의 것을 제외한다)에 있어서는 불활성의 기체]를 봉입한다.
⑭ 아세트알데하이드 등의 이동탱크저장소에 있어서 이동저장탱크로부터 아세트알데하이드 등을 꺼낼 때에는 동시에 100 kPa 이하의 압력으로 불활성의 기체를 봉입한다.

4. 운반기준

1) 위험물의 위험등급

유별 위험물의 위험등급은 다음과 같이 Ⅰ, Ⅱ, Ⅲ으로 분류한다.

유 별	위험등급 Ⅰ	위험등급 Ⅱ	위험등급 Ⅲ
제1류 위험물	아염소산염류, 염소산염류, 과염소산염류, 무기과산화물, 기타 지정수량 50 kg인 위험물	브로민산염류, 질산염류, 아이오딘산염류, 기타 지정수량 300 kg인 위험물	위험등급 Ⅰ, Ⅱ에 해당하지 않는 위험물
제2류 위험물		황화인, 적린, 황, 기타 지정수량 100 kg인 위험물	위험등급 Ⅰ, Ⅱ에 해당하지 않는 위험물
제3류 위험물	칼륨, 나트륨, 알킬알루미늄, 알킬리튬, 황린, 기타 지정수량 10 kg인 위험물	알칼리금속(K, Na 제외) 및 알칼리토금속, 유기금속화합물(알킬알루미늄 및 알킬리튬 제외), 기타 지정수량 50 kg인 위험물	위험등급 Ⅰ, Ⅱ에 해당하지 않는 위험물
제4류 위험물	특수인화물	제1석유류, 알코올류	위험등급 Ⅰ, Ⅱ에 해당하지 않는 위험물
제5류 위험물	유기과산화물, 질산에스터류, 기타 지정수량 10 kg인 위험물	위험등급 Ⅰ에서 정하는 위험물 외의 것	
제6류 위험물	전부		

2) 운반용기

① 운반용기의 재질은 강판·알루미늄판·양철판·유리·금속판·종이·플라스틱·섬유판·고무류·합성섬유·삼·짚 또는 나무로 한다.

② 운반용기는 견고하여 쉽게 파손될 우려가 없고, 그 입구로부터 수납된 위험물이 샐 우려가 없도록 하여야 한다.

③ 운반용기의 구조 및 최대용적은 <표 11>의 기준에 적합하여야 한다.

3) 적재방법

① 위험물이 온도 변화 등에 의하여 누설되지 않도록 운반용기를 밀봉하여 수납한다.

② 수납하는 위험물과 위험한 반응을 일으키지 않는 등 해당 위험물의 성질에 적합한 재질의 운반용기에 수납한다.

③ 고체 위험물은 운반용기 내용적의 95% 이하의 수납률로 수납한다.

④ 액체 위험물은 운반용기 내용적의 98% 이하의 수납률로 수납하되, 55℃의 온도에서 누설되지 않도록 충분한 공간용적을 유지하도록 한다.

⑤ 하나의 외장용기에는 다른 종류의 위험물을 수납하지 아니한다.

⑥ 제3류 위험물은 다음의 기준에 따라 운반용기에 수납한다.

a. 자연발화성 물질에 있어서는 불활성 기체를 봉입하여 밀봉하는 등 공기와 접하지 않도록 한다.

b. 자연발화성 물질 외의 물품에 있어서는 파라핀·경유·등유 등의 보호액으로 채워 밀봉하거나 불활성 기체를 봉입하여 밀봉하는 등 수분과 접하지 아니한다.

c. ④의 규정에 불구하고 자연발화성 물질 중 알킬알루미늄 등은 운반용기의 내용적의 90% 이하의 수납률로 수납하되, 50℃의 온도에서 5% 이상의 공간용적을 유지한다.

⑦ 위험물은 해당 위험물의 전락(轉落)하거나 위험물을 수납한 운반용기가 전도·낙하 또는 파손되지 않도록 적재하여야 한다.

⑧ 운반용기는 수납구를 위로 향하게 하여 적재하여야 한다.

⑨ 적재하는 위험물의 성질에 따라 일광의 직사 또는 빗물의 침투를 방지하기 위하여 유효하게 피복하는 등 다음에 정하는 기준에 따른 조치를 하여야 한다.

a. 제1류 위험물, 제3류 위험물 중 자연발화성 물질, 제4류 위험물 중 특수인화물, 제5류 위험물 또는 제6류 위험물은 차광성이 있는 피복으로 가릴 것

b. 제1류 위험물 중 알칼리금속의 과산화물 또는 이를 함유한 것, 제2류 위험물 중 철분·금속분·마그네슘 또는 이들 중 어느 하나 이상을 함유한 것 또는 제3류 위험물 중 금수성 물질은 방수성이 있는 피복으로 덮을 것

c. 제5류 위험물 중 55℃ 이하의 온도에서 분해될 우려가 있는 것은 보냉컨테이너에 수납하는

등 적정한 온도관리를 한다.

d. 액체 위험물 또는 위험등급 Ⅱ의 고체 위험물을 기계에 의하여 하역하는 구조로 된 운반용기에 수납하여 적재하는 경우에는 해당 용기에 대한 충격 등을 방지하기 위한 조치를 강구한다. 다만, 위험등급 Ⅱ의 고체 위험물을 플렉서블(flexable)의 운반용기, 파이버판제의 운반용기 및 목제의 운반용기외의 운반용기에 수납하여 적재하는 경우에는 그러하지 아니하다.

⑩ 위험물은 다음 규정에 의해 종류를 달리하는 그 밖의 위험물 또는 재해를 발생시킬 우려가 있는 물품과 함께 적재하지 않아야 한다.

a. <표 10>에 의거 혼재가 금지되고 있는 위험물

b. 「고압가스안전관리법」에 의한 고압가스(소방청장이 정하여 고시하는 것을 제외한다.)

〈표 10〉 유별을 달리하는 위험물의 혼재기준(「위험물안전관리법 시행규칙」 별표 19 부표 2)

위험물의 구분	제1류	제2류	제3류	제4류	제5류	제6류
제1류		×	×	×	×	○
제2류	×			○	○	×
제3류	×	×		○	×	×
제4류	×	○	○		○	×
제5류	×	○	×	○		×
제6류	○	×	×	×	×	

비고) 1. "×"표시는 혼재할 수 없음을 표시한다.
2. "○"표시는 혼재할 수 있음을 표시한다.
3. 이 표는 지정수량의 1/10 이하의 위험물에 대하여는 적용하지 아니한다.

⑪ 위험물을 수납한 운반용기를 겹쳐 쌓는 경우에는 그 높이는 3 m 이하로 하고, 용기의 상부에 걸리는 하중은 해당 용기 위에 해당 용기와 동종의 용기를 겹쳐 쌓아 3 m의 높이로 하였을 때에 걸리는 하중 이하로 하여야 한다.

⑫ 위험물은 그 운반용기의 외부에 다음과 같이 위험물의 품명, 수량, 주의사항 등을 표시하여 적재하여야 한다. 다만, 국제해상위험물규칙(IMDG Code)에 정한 기준에 적합한 표시를 한 경우에는 그러하지 아니하다.

a. 위험물의 품명·위험등급·화학명 및 수용성("수용성" 표시는 제4류 위험물로서 수용성인 것에 한한다.)

b. 위험물의 수량

c. 수납하는 위험물에 따라 다음의 규정에 의한 주의사항

유 별		주의사항
제1류 위험물	알칼리금속의 과산화물 또는 이를 함유한 것	화기·충격주의 물기엄금 및 가연물 접촉주의
	기타	화기·충격주의 및 가연물 접촉주의
제2류 위험물	철분·금속분·마그네슘 또는 이 중에 하나 이상 함유한 것	화기주의 및 물기엄금
	인화성 고체	화기엄금
	기타	화기주의
제3류 위험물	자연발화성 물질	화기엄금 및 공기접촉 엄금
	금수성 물질	물기엄금
제4류 위험물		화기엄금
제5류 위험물		화기엄금 및 충격주의
제6류 위험물		가연물 접촉주의

4) 운반방법

① 위험물 또는 위험물을 수납한 운반용기가 현저하게 마찰 또는 동요를 일으키지 않도록 운반하여야 한다.

② 지정수량 이상의 위험물을 차량으로 운반하는 경우에는 해당 차량에 다음의 기준에 의한 표지를 설치하여야 한다.

a. 한 변의 길이가 0.3 m 이상 × 다른 한 변의 길이가 0.6 m 이상인 직사각형의 판으로 한다.

b. 바탕은 흑색으로 하고, 황색의 반사도료 그 밖의 반사성이 있는 재료로 "위험물"이라고 표시한다.

③ 지정수량 이상의 위험물을 차량에 운반하는 경우에 있어서 다른 차량에 바꾸어 싣거나 휴식·고장 등으로 차량을 일시 정차시킬 때에는 안전한 장소를 택하고 운반하는 위험물의 안전확보에 주의하여야 한다.

④ 지정수량 이상의 위험물을 차량으로 운반하는 경우에는 해당 위험물에 적응성이 있는 소형수동식소화기를 해당 위험물의 소요단위에 상응하는 능력단위 이상 갖추어야 한다.

⑤ 위험물의 운반도 중 위험물이 현저하게 새는 등 재난 발생의 우려가 있는 경우에는 응급조치를 강구하는 동시에 가까운 소방관서 그 밖의 관계기관에 통보하여야 한다.

⑥ ① 내지 ⑤의 적용에 있어서 품명 또는 지정수량을 달리하는 2 이상의 위험물을 운반하는 경우에 있어서 운반하는 각각의 위험물의 수량을 해당 위험물의 지정수량으로 나누어 얻은 수의 합이 1 이상인 때에는 지정수량 이상의 위험물을 운반하는 것으로 본다.

〈표 11〉 운반용기의 최대용적 또는 중량(「위험물안전관리법 시행규칙」 별표 19 부표 1)

1. 고체위험물

운반용기				수납위험물의 종류									
내장용기		외장용기		제1류			제2류		제3류			제5류	
용기의 종류	최대용적 또는 중량	용기의 종류	최대용적 또는 중량	Ⅰ	Ⅱ	Ⅲ	Ⅱ	Ⅲ	Ⅰ	Ⅱ	Ⅲ	Ⅰ	Ⅱ
유리용기 또는 플라스틱용기	10 L	나무상자 또는 플라스틱상자(필요에 따라 불활성의 완충재를 채울 것)	125 kg	○	○	○	○	○	○	○	○	○	○
			225 kg		○	○		○		○	○		○
		파이버판상자(필요에 따라 불활성의 완충재를 채울 것)	40 kg	○	○	○	○	○	○	○	○	○	○
			55 kg		○	○		○		○	○		○
금속제용기	30 L	나무상자 또는 플라스틱상자	125 kg	○	○	○	○	○	○	○	○	○	○
			225 kg		○	○		○		○	○		○
		파이버판상자	40 kg	○	○	○	○	○	○	○	○	○	○
			55 kg		○	○		○		○	○		○
플라스틱필름포대 또는 종이포대	5 kg	나무상자 또는 플라스틱상자	50 kg	○	○	○	○	○		○	○	○	○
	50 kg		50 kg	○	○	○	○	○					○
	125 kg		125 kg		○	○	○						
	225 kg		225 kg			○		○					
	5 kg	파이버판상자	40 kg	○	○	○	○	○		○	○	○	○
	40 kg		40 kg	○	○	○	○	○					○
	55 kg		55 kg			○		○					
		금속제용기(드럼 제외)	60 L	○	○	○	○	○	○	○	○	○	○
		플라스틱용기(드럼 제외)	10 L		○	○	○	○		○	○		○
			30 L			○		○					○
		금속제드럼	250 L	○	○	○	○	○	○	○	○	○	○
		플라스틱드럼 또는 파이버드럼(방수성이 있는 것)	60 L	○	○	○	○	○	○	○	○	○	○
			250 L		○	○		○		○	○		○
		합성수지포대(방수성이 있는 것), 플라스틱필름포대, 섬유포대(방수성이 있는 것) 또는 종이포대(여러겹으로서 방수성이 있는 것)	50 kg		○	○	○	○		○	○		○

비고) 1. "○"표시는 수납위험물의 종류별 각 란에 정한 위험물에 대하여 해당 각 란에 정한 운반용기가 적응성이 있음을 표시한다.
2. 내장용기는 외장용기에 수납하여야 하는 용기로서 위험물을 직접 수납하기 위한 것을 말한다.
3. 내장용기의 용기의 종류란이 빈칸인 것은 외장용기에 위험물을 직접 수납하거나 유리용기, 플라스틱용기, 금속제용기, 폴리에틸렌포대 또는 종이포대를 내장용기로 할 수 있음을 표시한다.

2. 액체위험물

운반용기				수납위험물의 종류								
내장용기		외장용기		제3류			제4류			제5류		제6류
용기의 종류	최대용적 또는 중량	용기의 종류	최대용적 또는 중량	Ⅰ	Ⅱ	Ⅲ	Ⅰ	Ⅱ	Ⅲ	Ⅰ	Ⅱ	Ⅰ
유리용기	5 L	나무 또는 플라스틱상자(불활성의 완충재를 채울 것)	75 kg	○	○	○	○	○	○	○	○	○
	10 L		125 kg		○	○		○	○		○	
			225 kg						○			
	5 L	파이비판상자(불활성의 완충재를 채울 것)	40 kg	○	○	○	○	○	○	○	○	○
	10 L		55 kg						○			
플라스틱용기	10 L	나무 또는 플라스틱상자(필요에 따라 불활성의 완충재를 채울 것)	75 kg	○	○	○	○	○	○	○	○	○
			125 kg		○	○		○	○		○	
			225 kg						○			
		파이버판상자(필요에 따라 불활성의 완충재를 채울 것)	40 kg	○	○	○	○	○	○	○	○	○
			55 kg						○			
금속제용기	30 L	나무 또는 플라스틱상자	125 kg	○	○	○	○	○	○	○	○	○
			225 kg						○			
		파이버판상자	40 kg	○	○	○	○	○	○	○	○	○
			55 kg		○	○		○	○		○	
		금속제용기(금속제드럼 제외)	60 L		○	○		○	○		○	
		플라스틱용기(플라스틱드럼 제외)	10 L		○	○		○	○		○	
			20 L					○	○			
			30 L						○		○	
		금속제드럼(뚜껑고정식)	250 L	○	○	○	○	○	○	○	○	○
		금속제드럼(뚜껑탈착식)	250 L					○	○			
		플라스틱 또는 파이버드럼(플라스틱내용기부착의 것)	250 L		○	○			○		○	

비고) 1. "○"표시는 수납위험물의 종류별 각 란에 정한 위험물에 대하여 해당 각 란에 정한 운반용기가 적응성이 있음을 표시한다.
2. 내장용기는 외장용기에 수납하여야 하는 용기로서 위험물을 직접 수납하기 위한 것을 말한다.
3. 내장용기의 용기의 종류란 빈칸인 것은 외장용기에 위험물을 직접 수납하거나 유리용기, 플라스틱용기 또는 금속제용기를 내장용기로 할 수 있음을 표시한다.

제6절 특수가연물에 관한 저장·취급기준

1. 저장·취급기준

① 「화재의 예방 및 안전관리에 관한 법률 시행령」 별표 2(<표 9> 참조)에서 정한 수량 이상의 특수가연물을 저장 또는 취급하는 장소에는 품명·최대저장수량·관리책임자 성명·직책, 연락처 및 관련 규정에 따른 화기취급의 금지 표지를 설치해야 한다.

② 「화재의 예방 및 안전관리에 관한 법률 시행령」 별표 2에서 정한 수량 이상의 특수가연물을 저장 또는 취급하는 장소에는 다음의 각 기준에 따라 쌓아 저장해야 한다. 다만, 석탄·목탄류를 발전(發電)용으로 저장하는 경우에는 그렇지 않다.

a. 품명별로 구분하여 쌓을 것

b. 쌓는 높이는 10 m 이하가 되도록 하고, 쌓는 부분의 바닥면적은 50 m^2(석탄·목탄류의 경우에는 200 m^2) 이하가 되도록 할 것. 다만, 살수설비를 설치하거나, 방사능력 범위에 해당 특수가연물이 포함되도록 대형수동식 소화기를 설치하는 경우에는 쌓는 높이를 15 m 이하, 쌓는 부분의 바닥면적을 200 m^2(석탄·목탄류의 경우에는 300 m^2) 이하로 할 수 있다.

c. 쌓는 부분의 바닥면적 사이는 실내의 경우 1.2 m 이상의 간격이 되도록 할 것

2. 소방시설 설치 기준

① 특정소방대상물 중 공장 및 창고 시설로서 수량의 500배 이상 특수가연물을 저장·취급하는 곳에는 자동화재탐지설비를 설치해야 한다.

② 특정소방대상물 중 공장 및 창고 시설로서 수량의 750배 이상 특수가연물을 저장·취급하는 곳에는 옥내소화전설비를 설치해야 한다.

③ 특정소방대상물 중 공장 및 창고 시설로서 수량의 750배 이상 특수가연물을 저장·취급하는 곳에는 옥외소화전설비를 설치해야 한다.

④ 특정소방대상물 중 공장 및 창고 시설로서 수량의 500배 이상 특수가연물을 저장·취급하는 곳에는 스프링클러설비를 설치해야 한다.

3. 벌칙

특수가연물에 관한 저장 및 취급의 기준을 위반한 자에게는 200만원 이하의 과태료를 부과한다.

연습문제 3

01. 유별 위험물과 품명이 바르게 연결된 것은?

① 제1류 위험물 - 질산
② 제3류 위험물 - 황화인
③ 제4류 위험물 - 알킬알루미늄
④ 제5류 위험물 - 유기과산화물

02. 「위험물안전관리법」에서 정한 운반용기의 재질이 아닌 것은?

① 플라스틱
② 유리
③ 도자기
④ 짚

03. 유별 위험물과 소속 품명이 다른 것은?

① 제1류 위험물 - 염소산나트륨
② 제2류 위험물 - 니켈
③ 제3류 위험물 - 뷰틸리튬
④ 제4류 위험물 - 중유

04. 운반 중 빗물의 침투 방지를 위하여 방수성 피복으로 덮어야 할 위험물은?

① Mg
② TNT
③ CS_2
④ $HClO_4$

05. 시험을 통한 위험성 유무와 등급에 따라 지정수량을 제1종 또는 제2종으로 분류하는 위험물은?

① 제1류 위험물
② 제3류 위험물
③ 제5류 위험물
④ 제6류 위험물

06. 어떤 창고에서 알루미늄분말 500 kg, 휘발유 200 L, 제1종 유기과산화물 10 kg과 비중 1.50인 질산 300 kg을 저장하고 있다. 이 경우 창고에 있는 위험물은 지정수량의 몇 배인가?

① 3.5배
② 4.0배
③ 4.5배
④ 5배

07. 위험물 운반용기 외부에 표시하는 주의사항 모두를 나타낸 것 중 틀린 것은?

① 질산나트륨 : 화기·충격주의, 가연물 접촉주의
② 마그네슘 : 화기주의, 물기엄금
③ 과염소산 : 가연물 접촉주의
④ 황린 : 공기 노출금지

08. 지정수량 이상의 규제 위험물에 대한 기준범위 및 한계에 대한 것 중 틀린 것은?

① 황은 순도가 50wt% 이상이어야 한다.
② 인화성 고체는 인화점이 40℃ 미만인 고체이어야 한다.
③ 인화점이 21℃ 이상 70℃ 미만인 것은 제2석유류이다.
④ 질산은 비중이 1.49 이상이어야 한다.

09. H_2O_2는 농도가 얼마 이상이면 위험물로 보는가?

① 25wt% ② 36wt% ③ 50wt% ④ 60wt%

10. 제5류 위험물의 저장·취급의 공통기준에 해당하는 것은?

① 물이나 산과 접촉을 피하고, 인화성 고체는 함부로 증기를 발생시키지 않아야 한다.
② 공기와의 접촉을 피하고, 물과의 접촉을 피한다.
③ 가연물과의 접촉·혼합이나 분해촉진 물품과의 접촉이나 과열을 피한다.
④ 불티·불꽃·고온체와의 접촉이나 과열·충격 또는 마찰을 피한다.

11. 다음 중 지정수량 400 L인 알코올류에 속하는 것은?

① C_3H_7OH ② $C_2H_4(OH)_2$ ③ $(CH_3)_3COH$ ④ $(CH_3CHO)_4$

12. 제조소등의 위험물에 대한 저장·취급에 관한 기준 중 틀린 것은?

① 위험물을 저장·취급하는 건축물에는 해당 위험물의 성질에 차광 또는 환기를 실시하여야 한다.
② 위험물을 온도계, 습도계, 압력계 등으로 감시하여 해당 위험물의 성질에 맞는 적당한 온도, 습도, 압력을 유지하도록 하여야 한다.
③ 위험물을 보호액 중에 보존하는 경우에는 해당 위험물이 보호액으로부터 일정 부분이 노출되도록 하여야 한다.
④ 가연성 미분이 현저하게 부유할 우려가 있는 장소에는 전선과 전기기구를 완전히 접속하여야 한다.

13. 서로 같은 석유류(지정수량이 같은)에 속하는 것은?

① 특수인화물 : 이황화탄소, 톨루엔 ② 제1석유류 : 톨루엔, 휘발유
③ 제2석유류 : 경유, 벤젠 ④ 제3석유류 : 경유, 중유

14. 제1석유류란 (a), 휘발유 그 밖의 1 atm에서 인화점이 (b) 이하인 것을 말한다. a, b에 알맞은 것은?

① a = 벤젠, b = 100℃ ② a = 알코올, b = 40℃
③ a = 이황화탄소, b = −20℃ ④ a = 아세톤, b = 21℃

15. **대부분이 질소함유물질로 되어 있는 것은?**

① 제3류 위험물 ② 제4류 위험물
③ 제5류 위험물 ④ 제6류 위험물

16. **제조소 또는 일반취급소의 취급시설·설비에는 불활성 기체를 봉입하여야 하는 위험물은?**

① 특수인화물 ② 알킬알루미늄
③ 유기과산화물 ④ 산화프로필렌

17. **고체 위험물의 운반용기 외용적의 수납률은?**

① 99% 이하 ② 98% 이하 ③ 97% 이하 ④ 95% 이하

18. **위험물의 이연성(易燃性)에 대한 설명 중 적절하지 못한 것은?**

① 산화성이 강한 물질은 점화에너지 없이도 연소한다.
② 낮은 농도의 O_2에서도 연소한다.
③ 일단 연소하면 화재가 확대된다.
④ CO_2 중에서도 연소한 것이 있다.

19. **자기반응성물질에 속하지 않는 것은?**

① 질산에스터류 ② 아조화합물
③ 하이드록실아민 ④ 무기과산화물

20. **유별 위험물의 저장·취급 공통기준으로 잘못 설명하고 있는 것은?**

① 제1류 위험물은 가연물과의 접촉·혼합이나 분해를 촉진하는 물품과의 접근 또는 과열·충격·마찰 등을 피하는 하고, 알칼리금속의 과산화물 및 이를 함유한 것에 있어서는 물과의 접촉을 피하여야 한다.
② 제2류 위험물 중 철분·금속분·마그네슘은 물이나 산과의 접촉을 피하고, 인화성 고체는 자연발화 방지를 위하여 공기와의 접촉을 피한다.
③ 제5류 위험물은 불티·불꽃·고온체와의 접근이나 과열·충격 또는 마찰을 피하여야 한다.
④ 제6류 위험물은 가연물과의 접촉·혼합이나 분해를 촉진하는 물품과의 접근 또는 과열을 피하여야 한다.

21. **질산나트륨 90 kg, 황 20 kg, 클로로벤젠 2,000 L를 저장하고 있는 경우 총량은 지정수량의 몇 배인가?**

① 2.5배
② 3.0배
③ 3.5배
④ 4.0배

22. **위험물을 적재·운반할 때 방수성 덮개를 하지 않아도 되는 것은?**

① 알칼리금속과산화물
② 마그네슘
③ 탄소화칼슘
④ 나이트로화합물

23. **제조소 또는 일반취급소에 있어서 취급설비에 불활성 기체를 봉입하여야 할 위험물은?**

① 알킬알루미늄
② 유기과산화물
③ 특수인화물
④ 금속분

24. **제4류 위험물 중에서 제1석유류, 제2석유류로 분류하는 기준은 무엇인가?**

① 비점으로 분류한다.
② 발화점으로 구분한다.
③ 인화점으로 구분한다.
④ 연소점으로 구분한다.

25. **개별 위험물에 대한 정의로서 올바른 것은?**

① "철분"이란 철의 분말로서 53 μm의 표준체를 통과하는 것이 50wt% 미만인 것은 제외한다.
② "마그네슘" 5 mm의 체를 통과하지 아니하는 덩어리 상태의 것은 제외한다.
③ "인화성고체"란 고형알코올 그 밖에 1기압에서 인화점이 20℃ 미만인 고체를 말한다.
④ "동식물유류"란 동물의 지육 등 또는 식물의 종자나 과육으로부터 추출한 것으로서 1기압에서 인화점이 200℃ 이상 250℃ 미만인 것을 말한다.

26. **A와 B와의 품명이 다른 위험물을 동일 장소에서 취급할 경우, 이 장소에서 위험물의 취급에 대한 지정수량 산출방법으로 올바른 것은?**

① A의 취급량 + B의 취급량
② $\dfrac{\text{A의 취급량} + \text{B의 취급량}}{\text{취급량이 큰 것의 지정수량}}$
③ $\dfrac{\text{A의 취급량}}{\text{A의 지정수량}} + \dfrac{\text{B의 취급량}}{\text{B의 지정수량}}$
④ $\dfrac{\text{A의 지정수량}}{\text{A의 취급량}} + \dfrac{\text{B의 지정수량}}{\text{B의 취급량}}$

27. 다이에틸에터, 이황화탄소 그 밖의 1기압에서 액체로 되는 것으로서 발화점이 100℃ 이하, 또는 인화점이 −20℃ 이하, 비점이 40℃ 이하인 위험물의 품명은?

① 특수인화물 ② 제1석유류
③ 제2석유류 ④ 제4석유류

28. 위험물 운반용기 외부에 표시하여야 할 주의사항 내용이 틀리게 연결된 것은?

① 염소산칼륨 : 화기·충격주의, 가연물 접촉주의
② 과산화수소 : 물기엄금, 가연물 접촉주의
③ 철분 : 화기주의, 물기엄금
④ 아세틸퍼옥사이드 : 화기엄금, 충격주의

29. 다음 설명 중 제2석유류에 해당하는 것은? (단, 1기압 상태임)

① 발화점이 21℃ 미만인 것 ② 발화점이 30℃ 이상 50℃ 미만인 것
③ 인화점이 21℃ 이상 70℃ 미만인 것 ④ 인화점이 21℃ 이상 90℃ 미만인 것

30. 지정수량 10배 이상의 위험물을 운반할 때 혼재가 가능한 것은?

① 제1류 위험물 + 제2류 위험물 ② 제3류 위험물 + 제5류 위험물
③ 제2류 위험물 + 제4류 위험물 ④ 제5류 위험물 + 제6류 위험물

31. 다음 중 a, b, c에 알맞은 것은?

황은 순도가 (a)wt% 이상인 것을, 과산화수소는 그 농도가 (b)wt% 이상인 것을, 질산은 그 비중이 (c) 이상인 것을 위험물로 본다.

① a = 50, b = 50, c = 1.45 ② a = 50, b = 40, c = 1.49
③ a = 60, b = 36, c = 1.49 ④ a = 60, b = 30, c = 1.52

32. 위험물 유별의 일반적 특성에 대한 설명으로 옳은 것은?

① 제1류 위험물은 불연성 물질로 산소를 많이 가지며, 가연물과의 접촉을 피해야 한다.
② 제2류 위험물은 불연성 물질이고 냉각소화가 적합하다.
③ 제3류 위험물은 자기연소성이 있으며, 물로 소화한다.
④ 제4류 위험물은 대개 불연성 물질이고, 주수소화가 적합하다.

33. 다음 중 「위험물안전관리법」상 위험등급 I에 해당되지 않는 것은?

① 제1류 위험물 중 아염소산염류, 염소산염류, 과염소산염류, 무기과산화물의 지정수량은 50 kg이다.
② 제3류 위험물 중 칼륨, 나트륨, 알킬알루미늄, 알킬리튬의 지정수량은 10 kg이다.
③ 제5류 위험물 중 유기과산화물, 질산에스터류의 지정수량은 10 kg이다.
④ 제6류 위험물 중 과염소산, 과산화수소의 지정수량은 500 kg이다.

34. 특정소방대상물 중 공장 및 창고시설로서 수량의 1,000배 이상 특수가연물을 저장·취급하는 곳에 반드시 설치하여야 할 소화설비에 해당하지 않는 것은?

① 자동화재속보설비 ② 옥내소화전설비
③ 옥외소화전설비 ④ 스프링클러설비

35. 다음 중 특수인화물의 분류에 속하지 않는 물질은 무엇인가?

① $C_2H_5OC_2H_5$ ② CS_2
③ 1기압에서 발화점이 100℃ 이하인 물질 ④ 나이트로글리세롤

36. [클로로벤젠 1,000 L + 동식물유류 5,000 L + 제4석유류 12,000 L]는 지정수량의 몇 배인가?

① 3.5배 ② 4.0배
③ 4.5배 ④ 5.0배

37. 통상의 위험물 운반용기 외부에 표시해야 할 사항이 아닌 것은?

① 위험물의 품명 ② 위험물의 제조년월일
③ 위험물의 화학명 ④ 위험물의 수량

38. $NaNO_3$을 저장하고 있는 옥외저장소에 함께 저장이 가능한 위험물은?

① 적린 ② 동식물유류
③ 과염소산 ④ 인화성 고체

39. 다음 중 「위험물안전관리법」상 제4류 위험물 중 특수인화물에 속하는 것은?

① 알코올 ② 휘발유
③ 테레핀유 ④ 산화프로필렌

40. 자기반응성 물질에 대한 성질로서 적당한 것은?

① 고체로서 화염에 의한 발화의 위험성 또는 인화의 위험성
② 고체 또는 액체로서 공기 중에서 발화의 위험성이 있거나 물과 접촉하여 발화하거나 가연성 가스를 발생하는 위험성
③ 고체 또는 액체로서 폭발의 위험성 또는 가열분해의 격렬함
④ 1분자를 구성하는 탄소원자의 수가 1개 내지 3개의 포화1가 알코올의 성질을 가진 것

41. 제2류 위험물 중 철분, 금속분, 마그네슘을 수납한 운반용기의 외부에 표시해야 할 주의사항은?

① 공기노출 엄금 ② 물기주의, 화기엄금
③ 충격주의, 화기엄금 ④ 화기주의, 물기엄금

42. 자기반응성 물질이 아닌 것은?

① 다이아조화합물 ② 하이드라진유도체
③ 질산구아니딘 ④ 할로젠화합물

43. 「위험물안전관리법령」상 지정수량의 각각 10배를 운반할 때 혼재할 수 있는 위험물은?

① $KMnO_4$ + 적린 ② Na_2O_2 + 과염소산
③ HNO_3 + 알코올 ④ H_2O_2 + 아세톤

44. 위험물에 대한 저장·취급방법 중 잘못된 것은?

① 위험물은 위험물의 성질에 맞게 적당한 온도, 습도 또는 압력을 유지하도록 저장·취급하여야 한다.
② 위험물 수납용기는 파손·부식·균열 등이 없는 것으로 하여야 한다.
③ 위험물의 저장 건축물에는 공기유입 방지조치를 하여야 한다.
④ 제조소등에는 허가된 지정수량의 배수를 초과하여 위험물을 저장하지 말아야 한다.

45. 유별 위험물의 저장·취급상의 공통기준으로서 틀린 것은?

① 제1류 위험물 - 가연물과의 접촉, 혼합방지
② 제2류 위험물 - 환원제와의 접촉, 혼합방지
③ 제4류 위험물 - 불티, 불꽃, 고온체와의 접근방지
④ 제5류 위험물 - 불티, 불꽃, 고온체와의 접근방지

46. **동일 위험물 저장소에서 함께 저장할 수 없는 것은?**

① 제1류 위험물 + 제2류 위험물
② 알칼리금속과산화물을 제외한 제1류 위험물 + 제5류 위험물
③ 제1류 위험물 + 제3류 위험물 중 자연발화성 물질(황린)
④ 제2류 위험물 중 인화성 고체 + 제4류 위험물

47. **질산에 대한 설명 중 틀린 것은?**

① 지정수량은 300 kg이다.
② 위험물등급 Ⅰ에 해당한다.
③ 농도가 36wt% 이상인 것에 한하여 위험물로 간주한다.
④ 운반할 때 제1류 위험물과 혼재할 수 있다.

48. **비중 1.49 이상의 질산 용기의 외부에 표시하여야 할 주의사항 내용은?**

① 화기엄금 ② 가연물접촉주의
③ 물기엄금 ④ 충격주의

49. **위험물 운반할 때 함께 적재가 가능한 것은?**

① 제2류 위험물 + 제3류 위험물 ② 제3류 위험물 + 제5류 위험물
③ 제1류 위험물 + 제4류 위험물 ④ 제1류 위험물 + 제6류 위험물

50. **위험물 적재할 때 혼재가 금지되고 있는 그룹은?**

① 제1류 + 제6류 위험물 ② 제2류 + 제5류 위험물
③ 제2류 + 제3류 위험물 ④ 제4류 + 제5류 위험물

정답

01.④ 02.③ 03.② 04.① 05.③ 06.② 07.④ 08.① 09.② 10.④ 11.① 12.③
13.② 14.④ 15.③ 16.② 17.④ 18.① 19.④ 20.③ 21.① 22.④ 23.① 24.③
25.① 26.③ 27.① 28.② 29.③ 30.③ 31.③ 32.① 33.④ 34.① 35.④ 36.①
37.② 38.③ 39.④ 40.③ 41.④ 42.④ 43.② 44.③ 45.② 46.① 47.③ 48.②
49.④ 50.③

Chapter 02

제1류 위험물 (산화성 고체)

제1절 개 관

1. 종류

성질	품명	지정수량
산화성 고체	1. 아염소산염류	50 kg
	2. 염소산염류	50 kg
	3. 과염소산염류	50 kg
	4. 무기과산화물	50 kg
	5. 브로민산염류	300 kg
	6. 질산염류	300 kg
	7. 아이오딘산염류	300 kg
	8. 과망가니즈산염류	1,000 kg
	9. 다이크로뮴산염류	1,000 kg
	10. 그 밖에 행정안전부령이 정하는 것 ① 과아이오딘산염류 ② 과아이오딘산 ③ 크로뮴, 납 또는 아이오딘의 산화물 ④ 아질산염류 ⑤ 하이포아염소산염류 ⑥ 염소화(클로로)아이소사이아누르산 ⑦ 퍼옥소이황산염류 ⑧ 퍼옥소붕산염류 11. 제1호부터 제10호까지의 어느 하나에 해당하는 위험물을 하나 이상 함유한 것	50 kg, 300 kg 또는 1,000 kg

2. 「위험물안전관리법」상의 범위 및 한계

① "산화성 고체"란 고체[액체(1 atm 및 20℃에서 액상인 것 또는 20℃ 초과 40℃ 이하에서 액상인 것) 또는 기체(1 atm 및 20℃에서 기상인 것) 외의 것]로서 산화력의 잠재적인 위험성 또는 충격에 대한 민감성을 판단하기 위하여 소방청장이 정하여 고시하는 시험에서 고시로 정하는 성질과 상태를 나타내는 것을 말한다. 이 경우 "액상"이란 수직으로 된 시험관(안지름 30 mm, 높이 120 mm의 원통형유리관을 말한다)에 시료를 55 mm까지 채운 다음 해당 시험관을 수평으로 하였을 때 시료액면의 선단이 30 mm를 이동하는데 걸리는 시간이 90초 이내에 있는 것을 말한다.

② 위 표의 성질란에 규정된 성상을 2가지 이상 포함하는 물품(복수성상물품)이 속하는 품명은 다

음에 따른다.

a. 복수성상물품이 산화성 고체의 성상(제1류) 및 가연성 고체의 성상(제2류)을 가지는 경우 : 제2류 위험물 제8호에 따른 품명

b. 복수성상물품이 산화성 고체의 성상(제1류) 및 자기반응성 물질의 성상(제5류)을 가지는 경우 : 제5류 위험물 제11호에 따른 품명

3. 일반 성질

① 제1류 위험물의 대표적 성질은 산화성 고체(oxidizing solid)이다. 모든 품명이 산소를 다량으로 함유한 강산화제(酸化劑)이며 분해하여 산소(O_2)를 방출한다.

② 자신은 불연성 물질이지만 환원성 물질 또는 다른 가연성 물질에 대하여 강한 산화성을 가지므로 다른 가연물의 연소를 돕는 산소공급원 물질이다.

$$2KClO_3 + 3S \longrightarrow 2KCl + 3SO_2\uparrow$$

$$KClO_4 + 2S \longrightarrow KCl + 2SO_2\uparrow$$

$$2KClO_3 + 3C \longrightarrow 2KCl + 3CO_2\uparrow$$

$$2KNO_3 + 2S \longrightarrow K_2SO_4 + SO_2 + N_2\uparrow$$

$$KClO_3 + 2Al(\text{분}) \longrightarrow Al_2O_3 + KCl\uparrow$$

$$KClO_4 + 2C \longrightarrow KCl + 2CO_2\uparrow$$

③ 대부분 무기화합물이다(행정안전부령으로 정한 염소화(클로로)아이소사이아누르산은 유일한 유기화합물이다). 대부분 무색의 결정이나 백색의 분말 상태의 고체 물질이다.

④ 분해하여 발생한 O_2의 체적은 대폭 증가한다.

⑤ 방출된 산소원자(O)는 분해 직후 라디칼로 되어 특히 산화력이 강하다.

⑥ 분해하면 O_2를 방출한다. 가열하거나 충격·타격 및 마찰 등 약간의 기계적 점화에너지에 의해 분해 반응이 개시되며 그 반응은 연쇄적으로 확대 진행되는 한편, 다른 화학물질(예; 정촉매)과의 접촉에 의해서도 분해가 촉진되기도 한다.

$$2KClO_3 \xrightarrow{350\sim400℃} 2KCl + 3O_2\uparrow$$

$$2KClO_3 \xrightarrow{200℃,\ MnO_2} 2KCl + 3O_2\uparrow$$

여기서, 이산화망가니즈(MnO_2)는 분해속도를 빠르게 해주는 정촉매이다.

⑦ 물보다 무겁고 물에 녹는 것이 많다. 조해성(潮解性)이 있는 것이 있으며 수용액(水溶液) 상태에서도 산화성이 유지된다.

⑧ 가열하여 용융된 진한 용액은 가연성 물질과 접촉하면 혼촉발화 위험이 있다.

⑨ 무기과산화물은 물과 반응하여 O_2를 발생하고 발열한다.

$$2Na_2O_2 + 2H_2O \longrightarrow 4NaOH + O_2\uparrow + \text{열}$$

4. 위험성

1) 산화성

가열·충격·타격·마찰 등에 의해 쉽게 O_2를 방출하며 산화성(조연성, 지연성)이 강하다. 즉 가연성 물질과 산화성 고체가 혼합하고 있을 때 산화성 고체가 연소에 미치는 현상으로서는 ① 공기 중에서 보다 강한 산화작용이 일어나며, 화염온도가 상승하며, 연소속도가 빨라지며, 연소열량이 증가하며, 화염의 길이가 증가하여 연소확대 위험이 커진다. ② 착화온도(발화점)가 낮아지며 ③ 연소범위가 확대되며 ④ 최소점화에너지가 감소하며, 제1류 위험물을 가열하거나 제6류 위험물과 혼합하면 산화성이 현저히 증대된다. ⑤ 가열된 제1류 위험물과 가연물이 접촉하면 화재·폭발한다. ⑥ 폭발의 위험이 증가하며 ⑦ 가연성 유기화합물과 혼합 시 연소 위험성이 현저히 증가한다. <표 12>의 몇 가지 예시를 참고 바란다.

2) 폭발 위험성

제1류 위험물은 단독으로도 분해·폭발하는 물질(예: NH_4NO_3, NH_4ClO_3)도 있지만 가열·충격·정촉매·이물질 등과의 접촉으로 분해가 개시되어 가연물과 접촉, 혼합에 의해 격렬하게 연소하거나 때에 따라서는 폭발한다. 상온에서 소량의 가연성 물질과 혼합하면 발열이 발견되지 않는 것도 대량의 가연물과 존재할 때는 축열하여 발화할 가능성이 매우 높아진다.

3) 손상의 위험성

- 유해성(有毒性) : 아염소산염류, 아질산염류, 염소산염류, 질산염류, 다이크로뮴산염류, 과산화나트륨, 삼산화크로뮴 등
- 부식성(腐蝕性) : 과산화칼륨, 과산화나트륨 등의 무기과산화물

4) 특수 위험성

무기과산화물은 물과 반응하여 발열하고 O_2를 방출하므로 제3류 위험물과 유사한 금수성(禁水性) 물질이며 삼산화크로뮴은 물과 반응하여 강산이 되며 이때 심하게 발열한다.

또한 무기과산화물은 염산과의 혼촉에 의해 발열하고, 황린과 접촉하면 폭발한다. 사이안화칼륨(KCN), 사이안화나트륨(NaCN)과 혼합 접촉에 의해 폭발하며 이때 유해성 가스가 발생한다.

〈표 12〉 공기와 산소에 있어서의 가연성 가스 및 액체의 연소성 비교

구분	품명	발화점(℃)		최소착화에너지(mJ)		연소범위(vol%)	
		공기	산소	공기	산소	공기	산소
가스	메테인	537	–	0.3	0.03	5.0～15	5.1～61
	에테인	515	506	0.25	0.002	3.0～12.4	3.0～66
	뷰테인	304	278	0.25	0.009	1.8～8.4	1.8～48
	사이클로프로페인	500	454	0.18	0.001	2.4～10.4	2.5～60
	에틸렌	490	485	0.07	0.001	2.7～36	2.9～80
	수소	550	542	0.017	0.0012	4.0～75	1.0～90
위험물	헥세인	225	218	0.288	0.006	1.2～7.4	1.2～52
	다이에틸에터	190	182	0.2	0.0013	1.9～48	2.0～82
	비닐에터	360	166	–	–	1.7～27	1.8～85
	에틸브로마이드	490	485	0.07	0.001	2.7～36	2.9～80
	에탄올	385	–	0.14	–	6.7～36	6.7～93
	아세톤	465	–	1.15	0.0024	2.6～13	2.6～60
	벤젠	560	–	0.22	–	1.3～7.9	1.3～30
	뷰틸브로마이드	240	235	0.332	0.007	1.8～10	–

자료 : NFPA, National Fire Protection Handbook

5. 제1류 위험물의 시험 및 판정

제1류 위험물(산화성 고체)에 해당하는 산화성의 잠재적 위험성과 충격에 대한 민감성의 시험방법 및 판정기준은 소방청 고시 「위험물안전관리에 관한 세부기준」 제2장(위험물의 시험 및 판정) 중 산화성 시험 및 충격 민감성 시험에 따른다.

6. 예방대책

① 가열하거나 직사광선 및 화기를 피한다.
② 충격·타격·마찰 등 기계적 점화에너지를 부여하지 않도록 하고 분해요인을 사전에 제거한다.
③ 용기의 가열을 방지하고 저장용기와 파손·전도를 방지하고 취급 중 내용물의 누출을 방지한다.
④ 공기나 물과의 접촉(특히 무기과산화물)을 피한다.
⑤ 환원제, 산화되기 쉬운 물질 또는 다른 가연성의 유별 위험물(특히 제2류 위험물, 제3류 위험물, 제4류 위험물, 제5류 위험물)과의 접촉 및 혼합·혼입을 엄금하며 원칙적으로 같은 저장소에서 함께 저장하여서는 안 된다.
⑥ 분해를 촉진하는 물질(촉매), 재해발생의 위험이 있는 물질 또는 이물질과의 접촉을 피한다.

⑦ 강산류와는 어떤 상황에서도 절대로 접촉을 피하여야 한다.

⑧ 조해성 물질의 경우는 특히 방습하고 용기를 밀봉해야 한다.

⑨ 다른 물질에 대하여 오염(연소성이 증가되는 환경)시키지 않도록 한다.

⑩ 저장할 때는 찬 곳을 선정하고 통풍·환기가 잘 되도록 한다.

⑪ 저장, 운반할 때는 다른 유별의 위험물, 가연성 가스, 화학류와의 혼합 저장 또는 혼합 적재를 절대 피한다.

⑫ 알칼리금속과산화물 위험물 제조소등에는 청색바탕에 백색문자로 "물기엄금"이라는 주의사항 게시판을 설치하여야 한다. 기타 저장·취급 시에 있어서는 「위험물안전관리법령」의 규제에 따라야 한다.

7. 진압대책

자신은 불연성이기 때문에 자체적으로는 화재가 발생하지 않지만 다른 가연물과 혼합되어 화재가 발생하였을 경우 매우 위험하다. 즉, 연소할 때 O_2의 분해 방출이 가속화되어 O_2 공급으로 가연물의 연소(燃燒)를 격렬하게 하여 연소(延燒) 확대 위험성이 커지게 되어 소화가 곤란해진다.

가연물과 혼합하여 연소하고 있는 경우는 예측하지 못한 폭발 위험이 있으므로 충분히 안전거리를 확보한 뒤 소화활동을 하거나 무인방수포를 적극 활용하여 방수하여야 한다.

① O_2의 분해 방지를 위해 온도를 낮추고 타고 있는 주위의 가연물의 소화에 주력해야 한다. 즉, 무기과산화물과 크로뮴산화물을 제외하고는 냉각소화가 유효하다. 대부분이 화재 초기 또는 소량의 화재 시 분말, CO_2, 할론, 포에 의한 질식소화도 효과가 있지만 대형화재의 경우 소화약제에 의한 질식소화는 효과가 없으며 주수소화할 때도 다량의 물로 냉각소화해야 한다.

② 공기가 없는 곳에서도 급격한 산화성 화약류 화재에는 할론(할론 2401, 할론 1211) 및 할로젠화합물 소화약제는 소화효과가 없다.

③ 무기과산화물의 경우는 물과 반응하여 O_2와 열을 발생, 위험을 초래하고 크로뮴산화물의 경우 물과 반응하여 발열하므로 물에 의한 냉각소화를 피하고 건조분말 소화약제에 의한 질식소화가 유효하다.

④ 많은 양이 격렬히 분해하고 있을 경우 또는 가연물과 혼합하여 연소하고 있는 경우는 폭발의 위험이 크므로 모든 소화활동에 있어서 안전확보에 유의하지 않으면 안 된다.

⑤ 화재진화 후 생기는 소화잔수(消火殘水)는 산화성이 잔존하므로 여기서 오염 건조된 가연물은 연소성이 증가할 위험성이 있다.

⑥ 소화작업할 때는 공기호흡기, 보안경 및 보호보 등 보호장비를 반드시 착용하여야 한다.

제2절 제1류 위험물의 각론

1. 아염소산염류 $MClO_2$ 지정수량 50 kg

아염소산($HClO_2$)의 수소(H)가 금속(M) 또는 기타의 양이온(M)으로 치환된 형태의 염을 아염소산염($MClO_2$)이라 하고 이 염의 총칭을 아염소산염류라 한다.

고체 상태이다. 은, 납, 수은염을 제외하고는 대부분 물에 잘 녹는다. 가열·충격·마찰에 의해 폭발하며 중금속염은 어느 정도 민감한 폭발성을 가지고 있어 기폭제로 이용된다. 강산류, 유기물, 싸이오황산나트륨, 황화물, 이황화탄소 등과 접촉 또는 혼합에 의해 발화 또는 폭발한다. 모두 「화학물질관리법」상 유독물질에 속한다.

1) 아염소산나트륨/아염소산소듐(Sodium Chlorite) $NaClO_2$

〈용도〉 섬유의 표백, 펄프·우지의 탈색 및 표백, 가구용 목재 보존, 어유·전분·설탕의 표백, 염색, 수돗물의 살균, 복숭아·포도의 표백, 이산화염소(ClO_2) 제조

〈성상〉

① 무색 또는 백색의 결정성 분말이다.

② 분자량＝90.45 분해온도＝350℃(무수물)
물에 대한 용해도＝40 g(17℃), 55 g(60℃)

③ 조해성이 있고 물에 녹으며 온도가 상승되면 매우 잘 녹는다.

④ 강산화제이며 그 산화력은 표백분의 4～6배 정도이다.

⑤ 무수염은 안정하나 수분이 있는 것은 130～140℃에서 발열 분해한다.

⑥ 산과 반응시키면 분해하여 ClO_2를 발생시키기 때문에 종이, 펄프 등의 표백제로 쓰인다.

〈위험성〉

① 매우 불안정하여 180℃ 이상 가열하면 발열 분해하여 다음과 같이 O_2를 발생한다.

$$3NaClO_2 \xrightarrow{\triangle} 2NaClO_3 + NaCl$$

$$4NaClO_3 \xrightarrow{\triangle} 3NaClO_4 + NaCl$$

$$NaClO_4 \xrightarrow{\triangle} NaCl + 2O_2\uparrow$$

② 자신은 불연성이지만 강력한 산화력을 가지고 있어 환원성 물질, 가연성 물질과 혼합되어 있는 것은 가열·충격·마찰에 의해 발화·폭발한다.

③ 직사광선, 자외선을 쪼이면 분해하여 유해성이며 폭발성인 ClO_2를 발생한다. 산과 접촉할 때도 분해하여 ClO_2를 발생한다. 이것은 특유의 불쾌한 냄새를 가지며 흡입하면 호흡기에 장애를 준다.

④ 수용액 상태에서도 강한 산화력을 가지고 있다.

⑤ 산이나 중금속 산화물과 접촉에 의해서 폭발성의 ClO_2를 발생한다. 암모니아(NH_3), 아민류와 반응하여 폭발성의 물질을 형성한다.

⑥ 싸이오황산나트륨($Na_2S_2O_3$)과 혼합하면 혼촉발화하며, 혼촉발화가 가능한 물질로는 황, 삼황화인, 인, 목탄분, 금속분(Al, Mg, Fe) 등의 환원제, 먼지와 가연성의 유기물 등이 있다.

$$2NaClO_2 + 3S \longrightarrow Cl_2\uparrow + 2SO_2\uparrow + Na_2S$$

$$3NaClO_2 + 4Al \longrightarrow 2Al_2O_3 + 3NaCl$$

가연성의 유기물과 혼합하면 혼촉발화하는 예로서 [에틸알코올 + 삼산화크로뮴], [다이에틸에터 + $NaClO_2$ + 진한 황산], [에틸렌글라이콜 + $NaClO_2$ + 황] 등이 있다.

⑦ 상온에서 소량의 가연성 물질과 혼합하면 통상 발열이 발견되지 않는 것도 대량 존재할 때는 축열하여 발화할 가능성이 매우 높다.

〈저장·취급〉

① 화기를 엄금하며 직사광선을 피하고, 용기는 건조하며 차고 어두운 곳에 저장한다.

② 강산, 다른 강산화제와 가연물(황, 목탄, 황화합물, 유지, 알코올, 고무, 금속분, 암모니아, 아민류, 유기물)과의 혼합·혼입·접촉을 피한다. 수용액 상태에서도 강산류와의 접촉을 피하도록 한다.

③ 저장·취급·운반 중 충격·마찰을 피한다.

④ 싸이오황산나트륨과 같은 혼촉발화 가능성 물질과는 철저히 격리한다.

〈소화방법〉 초기소화는 물, 포소화가 유효하나 기타의 경우는 대량주수에 의해 냉각소화한다. 화재 시 폭발의 위험이 있으므로 안전거리를 충분히 확보하며 소화작업 중 공기호흡기 등을 착용한다. 용기의 외벽을 물분무로 냉각시킨다.

〈유해성〉 분진은 피부 점막에 접촉하면 자극을 주며, 5～6 g 정도 먹으면 생명이 위험하다. 화재 중 발생한 ClO_2를 흡입하면 호흡기와 눈을 상하게 한다.

2) **아염소산칼륨/아염소산포타슘**(Potassium Chlorite) $KClO_2$

〈용도〉 시약, 공업용, 연구용

〈성상〉

① 백색의 침상 결정 또는 결정성 분말

② 조해성이 있다.

〈위험성〉

① 가열하면 160℃에서 O_2를 분해하며 $KClO_3$과 KCl로 된다.

② 열, 햇빛, 충격에 의해 폭발 위험이 있다.

③ 황린, 황, 황화합물, 목탄분과 혼합한 것은 발화·폭발 위험이 있다.

〈기타〉 $NaClO_2$에 준한다.

2. 염소산염류 $MClO_3$ 지정수량 50 kg

염소산($HClO_3$)의 수소(H) 대신에 금속 또는 암모늄기(NH_4^+)와 같이 양이온(M)으로 치환한 화합물의 총칭을 염소산염류라 한다.

대부분 물에 녹는다. 상온에서 안정하나 열에 의해 분해하여 O_2를 발생한다. 햇빛에 장기간 방치하였을 때는 분해하여 아염소산염($MClO_2$)을 만들며 이것 또한 분해가 용이하다. 대부분 백색의 수용성 염이며 수용액도 강한 산화력을 나타낸다. 모두 「화학물질관리법」상 유독물질에 속한다.

1) 염소산칼륨/염소산포타슘(Potassium Chlorate) $KClO_3$

〈별칭〉 potcrate, chlorate of potash, potassium oxymuriate

〈용도〉 성냥알, 산화제, 꽃불류 제조, 제지·섬유의 표백제, 살충제, 제초제, 방부제, 염료, 화학류의 산소공급제, 화학류의 화염 증가제, 폭약, 화약(시에딧트, 백색화약), 염색, 인쇄잉크, 분석시약, 의약품, 실험실에서 산소 제조, 시가지용 폭제(RCB)

〈제법〉

① 공업적으로 수산화칼륨의 가열 용액 중에 염소(Cl_2) 가스를 통과시켜 대량으로 만든다.

$$6KOH + 3Cl_2 \longrightarrow KClO_3 + 5KCl + 3H_2O$$

② 염소산칼슘에 염화칼륨(KCl)을 넣어 만든다.

$$Ca(ClO_3)_2 + 2KCl \longrightarrow 2KClO_3 + CaCl_2$$

〈성상〉

① 무색 무취의 결정 또는 분말로서 불연성 물질이다.

② 분자량 = 122.55 융점 = 368.4℃ 비점 = 400℃(분해)
비중 = 2.32 물에 대한 용해도 = 7.3 g(20℃)

③ 글리세롤, 온수, 알칼리에 잘 녹으며 알코올에는 약간 녹고 냉수, 에터($C_2H_5OC_2H_5$)에는 녹지 않는다. 온도 증가에 따른 용해도의 변화는 다음과 같다.

온도(℃)	0	20	60	40	80	100
용해도	3.3	7.3	13.9	23.8	37.6	56.3

〈위험성〉

① 강산화제이다. 가열에 의해 분해하여 O_2를 발생한다. 촉매 없이 400℃ 정도에서 가열하면 분해한다.

$$2KClO_3 \xrightarrow{\triangle} 2KCl + 3O_2\uparrow$$

② 충격·타격·마찰에 의해서도 쉽게 O_2를 분해한다.

③ 촉매에 의해 200℃에서 빠르게 열 분해하여 염화칼륨과 산소를 발생한다.

$$2KClO_3 \xrightarrow[\triangle]{\text{촉매}} 2KCl + 3O_2\uparrow$$

70℃부근에서 분해하기 시작하고 200℃에서 완전 분해하여 O_2를 발생한다. 촉매로서는 MnO_2, 목탄분 등이 있다. 촉매가 없으면 분해는 느리게 진행되지만 촉매가 $KClO_3$ 중에 널리 분포되어 있을수록 반응속도를 증가시켜 분해반응이 빠르다.

④ 환원제, 다른 가연성 물질을 강하게 산화시킨다. 예를 들면 $KClO_3$과 알루미늄 분말을 혼합하여 가열하면 다음과 같이 격렬하게 연소한다.

산화 (2Al → Al_2O_3)

$$KClO_3 + 2Al \xrightarrow{\triangle} KCl + Al_2O_3$$

환원 ($KClO_3$ → KCl)

여기서 $KClO_3$는 KCl로 되어 환원되었지만 다른 물질(Al분말)을 산화시키므로 산화제이며, Al 분말의 경우는 Al_2O_3가 되어 산화되었지만 다른 물질($KClO_3$)을 환원시키므로 환원제이다.

따라서 [산화제 + 환원제]의 혼합은 매우 위험하다. $KClO_3$와 가연성 물질(금속분, 가연성 유기물, 유기황화물, 목탄분, 적린, 황분 등)과 혼재한 것(폭발성 혼합물 형성)은 가열하거나 약간의 자극·마찰·충격으로 연소·폭발한다.

⑤ 나트륨아마이드($NaNH_2$)와의 혼합물은 폭발의 위험이 있으며 미량의 헥사사이아노철산테트라포타슘{$K_4[Fe(CN)_6]$}과 접촉하면 폭발 위험이 있으며, 테트라하이드로퓨란과 혼촉하면 발열·발화한다.

⑥ 황산 등의 강산과의 접촉으로 격렬하게 반응하여 폭발성의 ClO_2를 발생하고 발열·폭발한다.

$$KClO_3 + H_2SO_4 \longrightarrow KHSO_4 + HClO_3 + \text{열}$$
$$2HClO_3 \longrightarrow Cl_2O_5 + H_2O\uparrow + \text{열}$$
$$2Cl_2O_5 \longrightarrow 4ClO_2\uparrow + O_2\uparrow + \text{열}$$
$$4KClO_3 + 4H_2SO_4 \longrightarrow 4KHSO_4 + 4ClO_2\uparrow + O_2\uparrow + 2H_2O\uparrow + \text{열}$$

따라서 [$KClO_3$ + 강산] 혼합물에 가연성 물질이 혼합하거나, [$KClO_3$ + 가연성 물질]에 강산이 혼합될 때나, [가연성 물질 + 강산] 혼합물에 $KClO_3$ 등 강산화제가 혼합되면 혼촉발화

(hypergolic ignition)를 일으키며 예시는 다음과 같다.

[$KClO_3$ + H_2SO_4 + 휘발유]
[$KClO_3$ + 황 + 에틸렌글라이콜 등]
[$KClO_3$ + H_2SO_4 + 다이에틸에터 등 인화점이 낮은 석유류]
[$KClO_3$ + H_2SO_4 + 황, 목탄분, 금속분 등 제2류 위험물]
[$KClO_3$ + $HClO_4$ + 가연성 위험물]
[$KClO_3$ + H_2SO_4 + 설탕]

여기서 [$KClO_3$ + 설탕]에 진한 황산 몇 방울을 떨어뜨리면 반응이 개시되어 자발적이고 격렬한 발열반응을 일으키자마자 설탕이 연소하고, 때에 따라 폭발한다. 이때 기체 상태의 이산화탄소(CO_2), 수증기(H_2O)를 발생하고 고체 상태의 C, KCl, K_2CO_3를 생성한다.

⑦ 장기 보관 중 일광에 의해 $KClO_2$를 생성하고 또 이것도 다시 분해한다.

$$2KClO_3 \longrightarrow 2KClO_2 + O_2\uparrow$$
$$KClO_2 \longrightarrow KCl + O_2\uparrow$$

⑧ $KClO_3$ 수용액 상태에서도 강한 산화성을 가지므로 이것이 종이, 목탄, 목재 등의 가연물에 스며들어 가열하거나 건조되면 발화·폭발의 위험성이 커지며 연소가 빨라진다. 축열(蓄熱)이 되기 쉬운 상태에서는 자연발화한다.
⑨ [$KClO_3$ + 중금속 + 소량의 물] 혼합물은 폭발성이 강한 중금속의 염소산염을 생성할 위험이 있다.
⑩ [$KClO_3$ + 설탕 + 진한 황산 + 헥사사이아노철산테트라포타슘] 혼합물은 상온에서 격렬하게 연소한다.
⑪ 건조 분쇄한 염소산칼륨(80%)에 가온한 피마자류(8%)와 나이트로화합물(12%)을 가하여 가공하면 혼합 화약류가 만들어진다.
⑫ 밀폐된 저장용기가 가열되면 폭발한다.
⑬ 아이오딘, 아이오딘화합물, 강환원제, 제6류 위험물 등의 다른 강산화제, 금속분말, 알코올과 접촉하면 심하게 반응한다.

〈저장·취급〉

① 화기의 접근을 피하고 가열·충격·전도·마찰 등의 분해요인을 사전에 제거한다.
② 가연물 또는 산화되기 쉬운 물질, 유독물질, 유기과산화물, 화약류, 황화합물과의 혼합 접촉을 피한다. 가연성 위험물(제2류 위험물·제3류 위험물·제4류 위험물·제5류 위험물)과의 혼합은 현저하게 연소 위험이 높아진다.
③ 제6류 위험물, 강환원제, 금속 분말, 아이오딘, 아이오딘화합물, 알코올, 황화합물, 알칼리, 강산류와의 접촉을 피한다.

④ 분해를 촉진하는 약품(촉매 등) 또는 금속 산화물과의 접촉을 피한다.
⑤ 충격·타격에 민감하므로 누출된 것을 삽이나 곡괭이로 수거 작업을 하여서는 안 된다.
⑥ 공기가 잘 통하는 곳에 두며, 습기를 피하고, 직사광선이 차단된 냉암소에 보관한다.
⑦ 저장·취급 중 용기의 파손을 막고 용기를 밀폐·밀전한다.
⑧ 위험물을 저장 또는 운반 중 원칙적으로 다른 유별 위험물과 혼합 저장하거나 혼합 적재하여서는 안 된다.

〈소화방법〉 초기소화의 경우는 포, 분말소화도 유효하지만 기타의 경우는 물과의 직접 반응성이 없으므로 다량의 물로 냉각소화한다. 대량 연소하고 있는 경우는 폭발 위험이 있으므로 무인 방수포 등을 이용하고 개인은 보호복, 공기호흡기 등의 보호장비를 장착한다.

〈유해성〉 독성이 강하여 치사량은 어른 15 g, 어린이 2 g 정도이다. 분말이 피부, 눈, 점막에 부착하면 자극하고 약상을 입고, 혈액에 침투하면 혈액독이 나타난다. 분말을 흡입한 경우 점막자극, 호흡곤란, 복통, 구토, 의식 불명, 허탈 등의 급성 증상이 나타나며 수용액 상태에서도 유효하다. 연소에 의해서 유해성의 ClO_2를 발생한다.

2) **염소산나트륨/염소산소듐**(Sodium Chlorate) $NaClO_3$

〈용도〉 산화제, 성냥, 꽃불류 제조, 폭약 등의 원료, 숯탄, 섬유·펄프의 표백제, 잡초의 제초제, 섬광제의 산소 공급원, 염색, 염료, 살충제, 금속 표면처리제, 의약, 인쇄 잉크, 분석 시약, 피혁 유화제, 과염소산 염류의 제조, 화장품, 제지, 산소발생제

〈성상〉
① 무색 무취의 결정 또는 분말이다. 물, 알코올, 에터 또는 글리세롤에 잘 녹는다.
② 분자량 = 106.46 비중 = 2.5 융점 = 246℃ 분해온도 = 300℃
물에 대한 용해도 = 77 g(0℃), 101 g(20℃), 230 g(100℃)
③ 조해성과 흡습성이 강하다. 따라서 섬유, 천, 종이, 가연성 분진, 나무 조각에 침투하기 쉬우며, 이 경우 산화력이 증가한다.

〈위험성〉
① 매우 불안정하여 300℃의 분해온도에서 O_2를 분해 방출하고 촉매에 의해서는 낮은 온도에 분해한다. $KClO_3$보다 분해온도가 낮지만 화재 중 화재열에 의해서 격렬하게 분해한다.

$$4NaClO_3 \xrightarrow{\triangle} 3NaClO_4 + NaCl$$

$$NaClO_4 \xrightarrow{\triangle} NaCl + 2O_2\uparrow$$

$$2NaClO_3 \xrightarrow{\triangle} 2NaCl + 3O_2\uparrow$$

② 자신은 불연성 물질이지만 강한 산화제이다. 가연물(유기물, 목탄분, 황, 이연성 물질, 유기과산화물)과 혼합하면 연소 위험성이 급격히 증가하고 약간의 자극·분쇄·충격·마찰에 의해 발화·폭발하며 강력한 충격·마찰에 의해 단독으로 폭발할 수 있다.

③ 수용액 상태에서도 산화성을 가지며 유독하다. 연소할 때 유해성의 Cl_2, ClO_2, Na_2O를 발생한다.

④ 산과 반응하면 유독하고 폭발성·유해성의 ClO_2를 발생한다.

⑤ 황과 혼합하면 충격·마찰, 가열(100℃ 이하)로 폭발한다. 유기황화물, 적린, 하이드라진, 가연성 분말, 아민류와 혼합하면 충격·마찰로 폭발한다. 또한 비소분, 안티모니분, 철분, 황화안티모니, 황화구리, 황화비소, 아이오딘화질소, 아이오딘화인과 접촉할 때 충격에 의해 발화·폭발의 위험이 있다. 혼촉발화가 가능한 상대적 물질로는 황린, 나트륨, 인화점이 낮은 석유류, 금속분, 뷰틸아크릴레이트, 테레핀유, 트라이클로로에틸렌, 나이트로글리세롤, 다이페닐에터 등이 있다.

⑥ 암모니아, 아민류와 접촉으로 폭발성 화합물을 형성한다.

〈저장·취급〉

① 방습에 유의하고 용기를 밀전시킨다. 용기는 차고 건조하며 환기가 잘 되는 안전한 곳에 저장한다.

② 철을 부식시키므로 철제 용기에 저장하지 말아야 한다.

③ 가연성의 무기물, 암모니아, 아민류, 강산류, 이연성 물질, 유기과산화물, 유기물과 금속분 등과의 혼합, 혼입을 방지한다.

〈소화방법〉 소량인 경우와 초기소화인 경우에는 물, 강화액, 포, 분말 소화가 유효하나 기타의 경우에는 다량의 물로 냉각소화한다. 소화 중 폭발의 위험이 있으므로 충분히 안전거리를 확보해야 하며 연소생성물은 유독하므로 반드시 공기호흡기 등을 착용하여야 한다.

〈유해성〉 15~30 g 정도 다량 먹으면 사망할 위험이 있으며 피부에 닿으면 자극하고 눈에 들어가면 결막증이 나타난다. 분진의 경우 피부, 눈, 호흡기계통, 점막을 자극하고 흡입하면 구토, 통증, 혐오감이 나타난다.

3) 염소산암모늄(Ammonium Chlorate) NH_4ClO_3

〈용도〉 화약, 꽃불류 제조

〈성상〉

① 물보다 무거운 무색의 결정이며 조해성이 있다.

② 수용액도 산화성 및 금속의 부식성이 있다.

〈위험성〉

① 불안정한 폭발성의 강산화제이다.

② 폭발성기인 암모늄기(NH_4^+)와 산화성기인 염소산기(ClO_3^-)가 결합하고 있어 폭발이 용이하다.

100℃에서 폭발하고 폭발 시에는 다량의 기체를 발생한다. 따라서 화약의 원료로 이용된다.

$$2NH_4ClO_3 \xrightarrow{\triangle} \underbrace{N_2\uparrow + Cl_2\uparrow + O_2\uparrow + 4H_2O\uparrow}_{\text{다량의 가스}}$$

③ 장기간 보관 중 분해하여 아염소산암모늄(NH_4ClO_2)이 생성되고 이것은 폭발이 용이하며 일광에 의해서 분해가 촉진된다.

$$2NH_4ClO_3 \longrightarrow 2NH_4ClO_2 + O_2\uparrow$$
$$2NH_4ClO_2 \longrightarrow N_2\uparrow + Cl_2\uparrow + 4H_2O\uparrow$$

〈저장·취급〉 분해하지 않도록 주의하고 장기간 보관 중 직사광선을 피한다. 기타는 $KClO_3$에 준한다.

〈소화방법〉 초기소화는 물, 포소화기가 유효하다. 기타의 경우는 다량의 물로 주수하는 것이 좋다. 소화작업 중 폭발의 위험이 상당히 높으므로 충분히 안전거리를 확보하며, 공기호흡기 등을 착용한다.

〈유해성〉 피부 등에 장기간 노출 부착하면 염증을 유발한다.

4) **염소산칼슘**(Calcium Chlorate) $Ca(ClO_3)_2$

〈용도〉 제초제, 시약, 사진, 꽃불류 제조용

〈성상〉

① 무색 무취의 결정이며 흡습성이 있다.

② 비중=2.71 융점=100℃

〈위험성〉

① 황린, 황, 금속분, 가연성의 유기물, 황화물과 혼합하면 충격·마찰·가열에 의해 발화하거나 폭발의 위험이 있다.

② 단독으로도 가열에 의해 폭발의 위험이 있다.

〈저장·취급〉 $KClO_3$에 준한다.

〈소화방법〉 초기소화는 강화액, 포, CO_2, 분말소화기가 유효하며 기타의 경우는 물, 포를 대량 사용하여 냉각소화한다. 소화작업 중 폭발의 위험이 있으므로 충분히 안전거리를 확보한다.

〈유해성〉 장시간 동안 피부, 점막에 부착하며 염증을 유발한다.

5) **염소산아연**(Zinc Chlorate) $Zn(ClO_3)_2$

〈용도〉 제초제, 시약, 불꽃류 제조, 산화제

〈성상〉

① 무색 무취의 결정이다. 물에 녹으면 조해성이 있다.

② 분자량 = 232.4　　　　　　융점 = 60℃　　　　　　비중 = 2.15

〈위험성〉

① 강산화제이다. 가열하면 Cl_2와 O_2를 방출한다.

$$2Zn(ClO_3)_2 \xrightarrow{\triangle} 2Cl_2\uparrow + 5O_2\uparrow + 2ZnO$$

② 황린, 금속분, 가연성의 유기물, 목탄분, 황화물과 혼합하면 가열·충격·가벼운 마찰에 의해 발화하거나 폭발의 위험이 있다.

③ 화재 중 화염에 의해 염화수소(HCl)를 포함하여 자극성·유해성 가스를 발생한다.

④ 아이오딘, 아이오딘화합물, 강산류, 강환원제, 알칼리, 알코올, 금속분과 접촉하면 격렬히 반응한다.

〈저장·취급〉 $KClO_3$에 준한다.

〈소화방법〉 초기소화는 강화액, 포, 분말소화기가 유효하며 기타의 경우는 다량의 물, 포, 알코올형포가 유효하다. 소화작업 중 폭발 위험이 있으므로 충분히 안전거리를 확보하고 공기호흡기 등을 착용한다.

〈유해성〉 피부나 점막에 부착하면 자극 및 염증 유발, 증기는 호흡기계통에 알러지 유발

6) **염소산은**(Sliver Chlorate)　　$AgClO_3$

〈용도〉 분석 시약, 염분 측정시약

〈성상〉 백색의 결정

〈위험성〉

① 100~270℃로 가열하면 O_2를 방출한다.

② 금속분, 황, 가연성의 유기물, 강산류와 혼합하면 조건에 따라서 발화·폭발의 가능성이 있으며 황과의 혼합물은 가압하면 폭발한다.

③ 벤젠과 혼촉하면 발화한다.

〈기타〉 $KClO_3$에 준한다.

7) **염소산바륨**(Barium Chlorate)　　$Ba(ClO_3)_2$

〈용도〉 산화제, 염소산($HClO_3$)제조

〈성상〉

① 무색 무취의 결정 또는 백색 분말이다.

② 분자량 = 304.3　　　　　　융점 = 41.4℃　　　　　　비중 = 3.18

③ 물에 녹고 에탄올에 약간 녹는다.

〈위험성〉

① 100～250℃ 부근에서 분해하기 시작하며 충격을 가하면 폭발한다.

② 적린, 황, 구리, 금속분, 인화성 석유류와 혼합된 것을 가열·충격·가벼운 마찰에 의해서 폭발할 위험이 있다.

③ 스테아린산염과 혼합하면 가열·충격에 의해 발화한다.

〈저장·취급〉〈소화방법〉 $KClO_3$에 준한다.

〈유해성〉 불쾌감, 구토, 설사 등에 일으킨다.

8) **염소산구리**(Copper Chlorate)　　$Cu(ClO_3)_2$

〈용도〉 시약, 꽃불류 제조, 매염제, 시약

〈성상〉 무색 무취의 결정이며 물보다 무겁다.

〈위험성〉

① $KClO_3$과 유사한 위험성이 있으며 불안정하여 100～250℃로 가열하면 분해·폭발한다.

② 가연물과 혼합된 것은 가열에 의해 폭발한다.

〈기타〉 $KClO_3$에 준한다.

9) **염소산수은**(I) {Mercurry(I) Chlorate}　　$Hg_2(ClO_3)_2$

〈용도〉 시약, 꽃불류 제조

〈성상〉 무색 무취의 결정이며 물보다 무겁다.

〈위험성〉

① 염소산칼슘과 유사한 위험성을 가지며 가열에 의해 분해가 용이하다.

② 가연성의 유기물 등과 혼합, 혼입된 것은 가열에 의해 폭발한다.

〈저장·취급〉 $KClO_3$에 준한다.

〈소화방법〉 초기소화는 CO_2, 분말소화기가 유효하고 기타의 경우 다량의 물로 냉각소화한다. 그러나 물과는 분해반응하기 때문에 화재의 규모나 상황에 따라 판단하여야 한다.

〈유해성〉 피부, 점막에 부착하면 염증을 일으킨다.

10) **염소산스트론튬**(Strontium Chlorate)　　$Sr(ClO_3)_2$

〈용도〉 시약, 꽃불류 제조, 신호탄, 예광탄

〈성상〉 무색 무취의 결정이며 물보다 무겁다.
휘발성이 대단히 크고, 불꽃반응하면 찬란한 심홍색을 띤다.

〈위험성〉 가열에 의해 쉽게 분해하고, 황, 목탄분, 유기물과 혼합된 것을 가열하면 폭발의 위험이 있으며 금속분, 활성탄과 혼합하면 충격·마찰에 의해 폭발한다.

〈저장·취급〉 $KClO_3$에 준한다.

〈소화방법〉 초기소화는 강화액, 포, CO_2, 분말소화기가 유효하고 기타의 경우는 물, 포, 알코올형 포는 효과적이며 다량의 물로 주수소화한다. 소화작업 중 폭발의 위험이 있으므로 충분히 안전거리를 확보한다.

〈유해성〉 피부나 점막에 장시간 부착하면 염증을 유발한다.

3. 과염소산염류 $MClO_4$ 지정수량 50 kg

과염소산($HClO_4$)의 수소(H) 대신에 금속 또는 암모늄기(NH_4^+)와 같은 양이온(M)으로 치환한 화합물의 총칭을 과염소산염류라 한다. 대부분이 물에 녹고 여러 가지 유기용매에도 녹는 것이 많으며 무색 무취의 결정 또는 분말이다. 수용액은 화학적으로 안정하다. 불용성의 염 외에는 조해성이 있다.

가연물(인, 황, 목탄분, 유기물)과 혼합할 때는 가열·마찰·충격·타격에 의해 급속히 연소시키며 경우에 따라서는 폭발을 일으킨다.

강산화제이며 수용액이 산성일 때는 강한 산화성이 있다. $MClO_3$에 비하여 산화성, 격렬함, 위험성이 적은 편이다.

과염소산염류를 함유한 화약류를 갱내에서 사용하거나 밀폐공간 내에서 화재가 발생하면 유독한 Cl_2 가스가 발생한다. 따라서 공기호흡기 등을 반드시 착용하여야 한다.

1) 과염소산칼륨/과염소산포타슘(Potassium Perchlorate) $KClO_4$

〈용도〉 산화제, 폭약, 화약(카릿), 섬광제, 꽃불류 제조, 대포·로켓 추진약, 화약류의 산소공급제, 신호통의 원료, 사진약, 분식시약, 의약

〈성상〉

① 무색 무취의 결정 또는 백색의 분말로 물에 약간 녹고 에탄올, 에터에 녹지 않는다.

② 분자량=138.55 융점=610℃(분해)
비중=2.52 물에 대한 용해도=1.8 g(20℃), 18.5 g(100℃)

〈위험성〉

① 자신은 불연성 물질이지만 강산화제로서 연소를 촉진시킨다.

② 염소산염류($KClO_4$는 $KClO_3$나 $NaClO_3$ 등)에 비해 가열·충격·타격·마찰 등에 안정한 편이지만 400℃ 이상으로 가열하면 분해하여 O_2를 방출하고, 610℃에서 완전 분해한다.

$$KClO_4 \xrightarrow{\triangle} KCl + 2O_2\uparrow$$

이때 MnO_2와 같은 촉매가 존재하면 분해를 촉진한다.

③ 진한 황산(H_2SO_4)에 접촉하면 폭발성 가스를 생성하고 튀는 듯이 폭발할 위험이 있다.

④ 가연물(금속분, 비소, 안티모니, 목탄, 인, 황, 탄소, 강환원제, 에터, 유기물 등)과 혼합될 때는 착화에 의해 급격히 연소를 일으켜 충격·마찰·타격에 의해 폭발한다.

⑤ 화재 중 화염에 의해 칼륨산화물과 유해성 가스인 HCl를 발생한다.

⑥ 알코올과 혼합한 것은 폭발의 위험이 있고 여러 유기화합물과 접촉하면 분해한다.

〈저장·취급〉

① 화기엄금. 직사광선 차단. 가열·충격·타격·마찰 등의 분해요인을 사전에 제거한다.

② 강산류, 알코올, 기타 가연물(금속분, 황, 알루미늄, 마그네슘 및 가연성 유기물)과 혼합·혼입되지 않도록 한다.

③ 용기는 차고 건조하며, 환기가 잘 되는 안전한 곳에 저장한다.

〈소화방법〉 초기소화는 물, 포, 분말소화기가 유효하고 기타의 경우는 다량의 물로 냉각소화한다. 소화작업 중 폭발 위험이 있으므로 충분히 안전거리를 확보하고 화재 중 발생한 유해성 가스에 대비하여 공기호흡기 등을 착용하도록 한다.

〈유해성〉 유독물질로서 피부와 접촉되면 염증을 일으키고 눈에 들어가면 눈을 자극한다. 분진을 흡입하는 경우 호흡기를 자극한다.

2) 과염소산나트륨/과염소산소듐(Sodium Perchlorate) $NaClO_4$

〈용도〉 산화제, 폭약, 꽃불류 제조, 나염, 과염소산 및 염소산염류의 제조

〈성상〉

① 무색 무취의 결정 또는 백색의 분말이다.

② 분자량＝122.44　　융점＝482℃　　비중＝2.5

물에 대한 용해도＝170 g(0℃)

③ 50℃ 이하에서 $NaClO_4 \cdot H_2O$ 수화물의 결정을 얻고 더 가열하면 $NaClO_4$가 된다.

가열하면 $NaClO_4 \cdot H_2O \xrightarrow{\triangle} NaClO_4 + H_2O\uparrow$

④ 조해성이 있고, 물에 매우 잘 녹는다.

⑤ 알코올, 아세톤에 녹으며 에터에는 녹지 않는다.

〈위험성〉

① 강산화제이다.

② 130℃ 이상으로 가열하면 분해하여 O_2를 방출한다.

$$NaClO_4 \xrightarrow{\triangle} NaCl + 2O_2\uparrow$$

③ 유기물 등의 가연물과 혼합하여 착화하면 격렬히 연소하며 충격·타격·마찰에 의해 폭발을 일으킨다. 연소할 때는 Na_2O, HCl 등을 방출한다.

④ 하이드라진, 비소, 안티모니, 가연성의 금속분, 목탄분 등과 혼합할 때 충격·가열하면 폭발의 위험이 있다. 종이, 나무 조각 등과 상온에서 습기 또는 직사광선을 받으면 발화 위험이 있다.

⑤ 각종 유기물, 강환원제, 금속분, 진한 H_2SO_4과 접촉하면 심하게 반응하고 경우에 따라 분해 또는 폭발한다. 알코올과 혼합하면 폭발성 물질을 만든다.

⑥ 인화점이 낮은 석유류(CS_2, C_6H_5Cl, 테레핀유, C_6H_6, 에터 등)와 혼촉되면 발화 위험이 있다.

〈저장·취급〉〈소화방법〉 $KClO_4$에 준한다.

〈유해성〉 눈, 피부, 호흡기관을 자극한다.

3) 과염소산암모늄(Ammonium Perchlorate) NH_4ClO_4

〈용도〉 산화제, 폭약원료, 로켓 추진약, 화약류의 산소공급제, 꽃불류 제조, 성냥 제조, 과염소산($HClO_4$) 제조

〈성상〉

① 무색 또는 백색의 결정으로 물, 알코올, 아세톤에 잘 녹으며 에터에 녹지 않는다.

② 분자량 = 117.5 비중 = 1.87 분해온도 = 130℃

〈위험성〉

① 강산화제로서 130℃에서 분해가 시작하여 O_2를 방출하고, 300℃에서 급격히 분해 폭발할 위험성이 있다.

$$2NH_4ClO_4 \xrightarrow{\triangle} \underbrace{N_2\uparrow + Cl_2\uparrow + 2O_2\uparrow + 4H_2O\uparrow}_{\text{다량의 가스}}$$

② 산화력이 강하다.

③ 강알칼리에 의해 NH_3를 발생한다.

④ 충격이나 화재에 의해 단독으로 폭발할 위험이 있으며 금속분이나 가연성 물질과 혼합하면 충격에 민감하고 강한 충격에 의해 발화·폭발의 위험이 높아진다.

〈저장·취급〉〈소화방법〉 $KClO_3$에 준한다.

〈유해성〉 분진과 접촉하면 피부, 눈, 목을 자극한다.

4) 과염소산마그네슘(Magnesium Perchlorate) $Mg(ClO_4)_2$

〈용도〉 분석시약, 가스 건조제, 꽃불류 제조

〈성상〉
① 백색의 결정(덩어리)
② 조해성이 강하고 물에 잘 녹는다.

〈위험성〉
① $KClO_4$과 거의 같은 성질을 가지고 있으며 산화력이 강하다.
② 금속분, 가연물과 혼합되면 조건에 따라 폭발의 위험이 있다.

〈저장·취급〉〈소화방법〉 $KClO_4$에 준한다.

〈유해성〉 분말의 흡입은 매우 유독하다.

5) 과염소산바륨(Barium Perchlorate) $Ba(ClO_4)_2$

〈용도〉 분석시약, 화약류의 산소공급제

〈성상〉
① 백색의 결정 또는 분말
② 물, C_2H_5OH, CH_3COCH_3에 녹으며 $C_2H_5OC_2H_5$에 거의 녹지 않는다.

〈위험성〉 $KClO_4$과 거의 같은 성질을 가지며 산화력이 강하다.

〈저장·취급〉〈소화방법〉 $KClO_4$와 같다.

〈유해성〉 체내 흡수 및 분말 흡입은 유독하다.

6) 기타의 과염소산염류

과염소산납 : $Pb(ClO_4)_2$
과염소산루비듐 : $RbClO_4$
과염소산칼슘 : $Ca(ClO_4)_2$
과염소산바륨·3수화물 : $Ba(ClO_4)_2 \cdot 3H_2O$
과염소산마그네슘·6수화물 : $Mg(ClO_4)_2 \cdot 6H_2O$
과염소산은·1수화물 : $AgClO_4 \cdot H_2O$
과염소산구리·6수화물 : $Cu(ClO_4)_2 \cdot 6H_2O$
과염소산리튬·8수화물 : $LiClO_4 \cdot 8H_2O$

4. 무기과산화물(Inorganic Peroxide) M_2O_2, MO_2 지정수량 50 kg

무기과산화물은 과산화수소(H_2O_2)의 수소(H) 대신 금속 등(M)으로 치환된 화합물의 총칭이다.

알칼리금속(M)과산화물의 예 : $\underline{M}_2O_2 \rightarrow \underline{Li}_2O_2,\ \underline{Na}_2O_2,\ \underline{K}_2O_2$

알칼리토금속(M')과산화물의 예 : $\underline{M'}O_2 \rightarrow \underline{Mg}O_2,\ \underline{Ca}O_2,\ \underline{Ba}O_2$

무기과산화물은 제1류 위험물의 품명 중 독특한 위험성을 가지고 있다. 그 특징은 분자 중에 산소원자의 결합을 가진 화합물로서 산소원자 간에 －O－O－의 구조식을 가지는데 이 산소다리(oxygen bridge, 과산화기)는 원자 간에 결합력이 약하여 불안정하다.

$$M-O-O-M \longrightarrow M-\overset{O}{\overset{/\ \backslash}{O-M}} \longrightarrow M-O-M + [O]$$

과산화물결합	산소원자유리	통상의 산소결합	분리된 산소원자
(불안정)	(불안정)	(안정)	(강산화성)

이 분리된 O원자(발생기산소[O] 라디칼)는 특히 반응성이 강하고 O_2보다 산화력이 강하다.

이러한 반응성이 강한 성질 때문에 화학공업에 있어 광범위하게 이용된다.

또한 제1류 위험물 중 독특한 위험성으로서 물과 격렬히 반응하여 O_2를 발생하고 발열한다. 따라서 수화물을 생성하지도 못한다.

알칼리금속과산화물 : $2M_2O_2 + 2H_2O \longrightarrow 4MOH + O_2\uparrow$ + 발열

알칼리토금속과산화물 : $2M'O_2 + 2H_2O \longrightarrow 2M'(OH)_2 + O_2\uparrow$ + 발열

일반적인 성질은 다음과 같다.

① 일반적으로 불안정한 화합물이다.

② 분해가 용이하고 O_2를 발생한다. 가열·타격·충격 등에 의해 분해를 시작하고 강산이나 알칼리에 의해 분해를 촉진시킨다.

③ 분해하면 발열하며, 강산화제이다.

④ 자신은 불연성이지만 가연물(특히 CS_2, 에터 등의 인화점이 낮은 석유류)과 혼촉하면 혼촉발화시키고 경우에 따라서는 폭발한다.

⑤ 물과 격렬히 반응하여 부식성이 강한 알칼리액을 만든다. 제2류 위험물(P, S, 금속분 등)과 혼합하면 약간의 물을 투입하면 발화한다. 자신이 불연성인 점만 제외하면 물과 반응성이 크므로 제3류 위험물과 유사한 성질을 가지고 있다.

⑥ 무기과산화물과 다이보레인(B_2H_6)이 접촉하면 폭발한다.

⑦ 황화인과 접촉하면 자연발화의 위험성이 있다.

1) 과산화나트륨/과산화소듐(Sodium Peroxide) Na_2O_2

〈용도〉 산화제, 목재·펄프·직물·섬유·모피 등의 표백제, 방취제, 살균제, 소독제, 유지, 왁스, 정수(淨水), 제약, 탈색, 염색, 분석시약, 기타 무기과산화물 및 유기과산화물의 제조원료, 실험실용 산소발생제, CO 및 CO_2 제거제(공기정화), 열량측정, 시약, 흡수제

〈제법〉 순수한 금속 나트륨을 고온으로 건조한 공기 중에서 연소시켜 얻는다.

$$2Na + O_2 \xrightarrow{\triangle} Na_2O_2$$

〈성상〉

① 순수한 것은 백색이지만 보통 황색의 분말 또는 과립상이다.

② 분자량 = 78.0 비중 = 2.8 융점 = 460℃ 비점 = 657℃(분해)

③ 흡습성이 강하고 조해성이 있다. 공기 중 수분을 흡수하여 $Na_2O_2 \cdot 8H_2O$의 결정이 되며 이것은 물에 잘 녹으며 알코올에는 녹지 않는다.

④ 융점 이하에선 열에 안정하나 600℃를 초과하면 분해하여 O_2를 방출한다.

$$2Na_2O_2 \xrightarrow{\triangle} 2Na_2O + O_2\uparrow$$

〈위험성〉

① 강산화제로서 금, 니켈을 제외한 다른 금속을 침식하여 산화물을 만든다. 가연물(면, 종이, 톱밥, 금속분, 가연성의 유기물, 기타 산화되기 쉬운 물질)과 혼합·혼입하면 연소 위험성이 현저히 증가하여 가열·자극·마찰·충격에 의해 발화 또는 폭발한다.

② 상온에서 물과 접촉하면 격렬히 반응하여 부식성이 강한 수산화나트륨(NaOH)을 만든다.

a. 물이 차고 다량인 경우는 H_2O_2를 만든다.

$$Na_2O_2 + 2H_2O \longrightarrow 2NaOH + H_2O_2$$

b. 상온에서 적당한 물과 반응한 경우 O_2를 발생한다.

$$2Na_2O_2 + 2H_2O \longrightarrow 4NaOH + O_2\uparrow$$

c. 온도가 높은 소량의 물과 반응할 경우 발열하고 O_2를 발생한다.

$$2Na_2O_2 + 2H_2O \longrightarrow 4NaOH + O_2\uparrow + 69.8\ kcal$$

따라서, 역으로 Na_2O_2와 가연물의 혼합물이 있을 때 물을 접촉시켜 발생된 열과 O_2에 의해 발화한다. 그리고 Na_2O_2가 습기를 가진 가연물(종이, 목탄 등)과 혼합하면 자연발화한다.

③ 혼촉발화가 가능한 물질로는 이황화탄소(CS_2), 에틸렌글라이콜[$C_2H_4(OH)_2$], 다이에틸에터($C_2H_5OC_2H_5$), 벤젠(C_6H_6), 고농도의 아세트산(CH_3COOH), 글리세롤[$C_3H_5(OH)_3$], 황화수소(H_2S) 등이 있다.

④ P, Mg분, Al분, 목탄분 등과 혼합되어 있을 때는 공기 중 습기를 흡수하여 발열·발화한다. 특히 금속분과 혼합하면 수분에 의해 자연발화를 일으키며 혼합될 때 진동·충격·마찰로 자연발화한다. 그리고 유기물, 아민류, 테레핀유, 알코올, 유기산, 유지, 목탄, 황분과 혼합하면 혼촉발화하거나 소량의 수분 또는 마찰에 의해서 발화 위험성이 높아진다.

⑤ 저장용기에 물이 일시에 들어가면 분출 비산한다. 용기를 장기간 방치하였을 때는 공기 중의 수증기를 흡수하여 서서히 반응을 일으켜 발열하고, O_2를 방출하게 되는데 내압이 높아지면 용

기가 파열할 위험이 있다.

⑥ 산과 반응하여 과산화수소(H_2O_2)를 생성한다.

$$Na_2O_2 + 2HCl \longrightarrow 2NaCl + H_2O_2$$
$$Na_2O_2 + H_2SO_4 \longrightarrow Na_2SO_4 + H_2O_2$$
$$Na_2O_2 + 2CH_3COOH \longrightarrow 2CH_3COONa + H_2O_2$$

⑦ CO와 반응하여 CO를 흡수하므로 CO 제거제로 활용된다.

$$CO + Na_2O_2 \longrightarrow Na_2CO_3$$

⑧ 공기 중에서 서서히 CO_2를 흡수 반응하여 탄산염을 만들고 O_2를 방출한다.

$$2CO_2 + 2Na_2O_2 \longrightarrow 2Na_2CO_3 + O_2\uparrow$$

⑨ 유기물질, 강산, 금속분 중 일부는 Na_2O_2와 혼합하면 자연발화성 물질이 형성된다.

〈저장·취급〉

① 직사광선 차단. 화기와의 접촉을 피하고 충격·마찰 등 분해요인을 제거한다.

② 물(습기, 빗물, 눈, 얼음, 수증기, 우박)과의 접촉을 피하며 저장용기는 밀전 밀봉하여 수분의 침투를 막는다. 또한 저장시설 내에는 스프링클러설비, 옥내소화전, 포소화설비 또는 물분무소화설비 등을 설치하여서도 안 되며 이러한 수계소화설비에서 나오는 물과의 접촉도 피해야 한다.

③ 가연물, 강산화제, 유기물, S분, Al분 및 Mg분 등의 금속분과의 혼합·혼입을 방지하고 연소가 일어나는 초기부터 연소확대 방지에 노력해야 한다.

④ 물에 녹아 강알칼리가 되므로 피부나 피복에 닿으면 부식하기 때문에 주의가 필요하다.

⑤ 화재 발생 때는 물론이고 통상 취급할 때도 보호복, 안전장갑 및 보호안경을 착용해야 한다.

⑥ 용기는 차고 건조한 곳에 안전하게 저장한다.

⑦ 알칼리금속과산화물 저장창고의 바닥은 물이 스며나거나 스며들지 않는 구조로 하여야 한다.

〈소화방법〉

① 타고 있는 가연물과의 격리 회수하여 연소확대 방지에 노력해야 한다.

② 다량의 마른 모래, 소금분말, 건조석회 등으로 피복하여 질식소화하고, 주수는 엄금한다. 극히 소량 연소하고 있는 경우는 다량의 물로 소화할 수도 있으나 그 때의 상황을 고려하여야 한다. CO_2는 효과가 없다.

③ 눈이나 피부에 닿지 않도록 방화복을 착용하고 분진을 호흡하지 않도록 주의한다.

④ 폐기할 때 습기가 있는 포장지나 용기에 넣어 버리지 않도록 한다.

⑤ 기타는 제3류 위험물의 소화방법에 준한다.

〈유해성〉

① 유독물질이다. 피부와 점막을 강하게 침투하고 피부에는 심한 염증을 일으킨다. 소화잔수에 노출되는 것도 유독하다.

② 분진을 흡입하면 심한 기침을 한다.

③ 눈에 들어가면 각막이 다치거나 시력 저하, 시력 장애를 일으키며 실명의 위험이 있으므로 주의한다.

④ 물과 접촉하면 순간적으로 발생하는 유해성 연기(NaOH 증기)에 노출되지 않도록 한다.

2) **과산화칼륨/과산화포타슘**(Potassium Peroxide) K_2O_2

〈용도〉 산화제, 표백제, 살균제, 소독제, 염색, 제약, 공기 정화제(수증기, CO_2 제거), 분석시약, 촉매

〈성상〉

① 무색 또는 오렌지색의 분말로 흡습성이 있으며 C_2H_5OH에 녹는다.

② 분자량=110.2 융점=490℃ 비중=2.9

③ 가열에 의한 분해하여 O_2를 방출한다.

$$2K_2O_2 \xrightarrow{\triangle} 2K_2O + O_2\uparrow$$

〈위험성〉

① 자신은 불연성이지만 물과 급격히 반응하여 발열하고 O_2를 발생한다.

$$2K_2O_2 + 2H_2O \longrightarrow 4KOH + O_2\uparrow$$

② 강산화제이다. 산화력이 강하여 가연물과 혼합되어 있을 때 충격·마찰이 가해지거나 소량의 물과 접촉에 의해 쉽게 발화 또는 폭발한다.

③ 강산과 작용하여 심하게 반응하여 과산화수소를 만든다.

$$K_2O_2 + H_2SO_4 \longrightarrow K_2SO_4 + H_2O_2$$

④ CO를 흡수하고, CO_2와 반응 시는 O_2를 발생한다.

$$CO + K_2O_2 \longrightarrow K_2CO_3$$
$$2CO_2 + 2K_2O_2 \longrightarrow 2K_2CO_3 + O_2\uparrow$$

〈저장·취급〉

① 물기엄금, 가열금지, 화기엄금. 용기는 차고 건조하며 환기가 잘 되는 곳에 저장한다.

② 강환원제, 강산류, 금속분, 유기화합물, 기타 가연성 위험물과의 접촉을 방지한다.

〈소화방법〉 초기화재는 분말소화기가 유효하며 그 밖의 경우에는 금수성 물질이기 때문에 물, 포의 사용을 금한다. 주수는 인접 가연물에의 연소확대 방지에 국한하여 사용한다.

〈유해성〉 눈, 피부, 호흡기관에 유독하다.

3) **과산화리튬**(Lithium Peroxide) Li_2O_2

〈용도〉 요업, 금속 제련, 실내 밀폐공간(우주선) CO_2 제거

〈성상〉

① 백색의 분말로 에터에 약간 녹는다.

② 분자량 = 48.5 융점 = 180℃ 비점 = 1,336℃

〈위험성〉

① 가열 또는 산화물과 접촉하면 분해하여 O_2를 발생한다.

② 물과 심하게 반응하여 발열하고 O_2를 발생한다.

$$2Li_2O_2 + 2H_2O \longrightarrow 4LiOH + O_2\uparrow$$

③ CO_2와 폭발적으로 반응하고 O_2를 발생한다.

〈저장·취급〉〈소화방법〉 Na_2O_2에 준한다.

〈유해성〉 피부와 접촉하면 심하게 자극하며 흡입하였을 때는 호흡 장애를 일으킨다.

4) **과산화루비듐**(Rubidium Peroxide) Rb_2O_2

〈용도〉 산화제

〈성상〉

① 백색 분말

② 물보다 무겁다.

〈위험성〉

① 산화력이 강하여 가연물과 혼합되어 있는 것은 가열·충격·마찰 또는 소량의 물과 접촉하여 쉽게 발화에 이른다.

② 물과 급격히 반응하여 발열하고 O_2를 방출한다.

〈저장·취급〉〈소화방법〉 Na_2O_2에 준한다.

〈유해성〉 눈, 피부, 호흡기관을 자극하여 유독하다.

5) **과산화세슘**(Cesium Peroxide) Cs_2O_2

〈용도〉 산화제

〈성상〉

① 순수한 것은 백색 고체이다.

② 공기 중 수분을 흡수하여 수화물 $Cs_2O_2 \cdot H_2O$가 된다.

③ 가열하면 분해하여 O_2를 방출한다.

〈위험성〉

① 산화력이 강하여 황, 에터, CH_3COOH 등 가연성 물질과 혼합·혼입 또는 접촉하면 가열·충격·마찰에 의해 발화·폭발할 위험이 있다.

② 물과 반응하여 발열하고 O_2를 방출한다.

$$2Cs_2O_2 + 2H_2O \longrightarrow 4CsOH + O_2\uparrow$$

〈저장·취급〉〈소화방법〉 Na_2O_2에 준한다.

〈유해성〉 피부와 접촉하면 자극하여 염증을 일으키고 분진을 흡입하였을 때는 심한 기침을 한다.

6) **초산화나트륨**(Sodium Superoxide) NaO_2

〈용도〉 산화제

〈성상〉

① 황색의 결정

② 건조한 공기 중에서는 안정하다.

〈위험성〉

① 강산화제이다. 열에 불안정하여 스스로 O_2를 분해한다.

$$4NaO_2 \xrightarrow{\triangle} 2Na_2O + 3O_2\uparrow$$

② 물과는 격렬히 반응하여 다량의 O_2를 발생하고 발열한다.

$$2NaO_2 + 2H_2O \longrightarrow 2NaOH + H_2O_2 + O_2\uparrow$$

$$2H_2O_2 \longrightarrow 2H_2O + O_2\uparrow$$

$$\text{결국, } 4NaO_2 + 2H_2O \longrightarrow 4NaOH + 3O_2\uparrow$$

③ 산과 반응하여 과산화수소와 O_2를 발생한다.

$$2NaO_2 + H_2SO_4 \longrightarrow Na_2SO_4 + H_2O_2 + O_2\uparrow$$

④ CO_2를 흡수하고 O_2를 발생한다.

$$4NaO_2 + 2CO_2 \longrightarrow 2Na_2CO_3 + 3O_2\uparrow$$

〈기타〉 Na_2O_2에 준한다.

7) 초산화(超酸化)칼륨(Potassium Superoxide) KO_2

480℃에서 열분해하는 강산화제이다.

$$4KO_2 \xrightarrow{\triangle} 2K_2O_3 + O_2\uparrow$$

8) 삼산화이칼륨(Dipotassium Trioxide) K_2O_3

KO_2의 열분해로 얻어지며 강산화제이다.

9) 과산화마그네슘(Magnesium Peroxide) MgO_2

〈용도〉 산화제, 표백제, 소독제, 의약, 살균제

〈성상〉

① 무취 또는 백색의 분말로 물에 녹지 않는다.

② 가열하면 O_2가 발생된다.

$$2MgO_2 \xrightarrow{\triangle} 2MgO + O_2\uparrow$$

〈위험성〉

① 환원제, 가연성 유기물과 혼합되어 있을 때 가열·충격·마찰에 의해 폭발 위험이 있다.

② 습기 또는 물과 접촉하면 O_2를 발생한다.

$$2MgO_2 + 2H_2O \longrightarrow 2Mg(OH)_2 + O_2\uparrow$$

③ 산과 접촉하여 과산화수소를 발생한다.

$$MgO_2 + 2HCl \longrightarrow MgCl_2 + H_2O_2$$

〈저장·취급〉 Na_2O_2에 준한다.

〈소화방법〉 초기소화는 분말소화기가 유효하며, 소량인 경우에는 다량의 물을 주수한다.

〈유해성〉 피부와 접촉하면 염증을 일으키고 눈에 들어가면 시력을 저하시킨다. 분진을 흡입하면 심한 기침을 일으켜 자극증상이 나타난다.

10) 과산화칼슘(Calcium Peroxide) CaO_2

〈용도〉 표백제, 산화제, 소독제, 유리, 시멘트, 석유정제, 살충제, 싸이오콜 경화제

〈성상〉

① 백색 또는 담황색의 분말이며 수화물($CaO_2 \cdot 8H_2O$)은 무색의 결정이다.

② 분자량 = 72.08　　비중 = 1.70　　융점 = 257℃(분해온도)

③ 물에 녹기 힘들고, C_2H_5OH, 에터에 녹지 않는다.

〈위험성〉

① 가열하면 100℃에서 결정수를 잃고 분해온도에서 폭발적으로 O_2를 방출한다.

② 더운 물에서 녹아 O_2를 발생한다.

$$2CaO_2 + 2H_2O \longrightarrow 2Ca(OH)_2 + O_2$$

③ 염산과 반응하여 과산화수소를 발생한다.

$$CaO_2 + 2HCl \longrightarrow CaCl_2 + H_2O_2$$

〈저장·취급〉〈소화방법〉 Na_2O_2에 준한다.

〈유해성〉 피부와 접촉하면 염증을 일으키고 눈에 접촉하면 시력이 저하된다. 분진을 흡입하면 심한 기침을 일으켜 호흡기를 자극한다.

11) **과산화바륨**(Barium Peroxide) BaO_2

〈용도〉 산화제, 표백제, 화약(시가지용 폭제)의 원료, 실험실용 H_2O_2 제조, 시약

〈성상〉

① 백색 또는 회색의 분말이다.

② 분자량 = 169.35 비중 = 4.96
융점 = 450℃ 물에 대한 용해도 = 0.168g

③ 고온 800~840℃에서 분해하여 O_2를 발생한다.

$$2BaO_2 \xrightarrow{\triangle} 2BaO + O_2$$

④ 냉수에는 약간 녹으며 CH_3COCH_3에는 녹지 않는다.

⑤ 수화물($BaO_2 \cdot 8H_2O$)은 무색 결정이며 100℃에서 P_2O_5 존재 하에서 무수염이 된다.

$$BaO_2 \cdot 8H_2O \xrightarrow{100℃} BaO_2 + 8H_2O$$

〈위험성〉

① 물(온수)과 접촉하면 O_2를 발생한다.

$$2BaO_2 + 2H_2O \longrightarrow 2Ba(OH)_2 + O_2\uparrow$$

② 산화되기 쉬운 물질, 습기가 있는 종이나 섬유와 혼합하면 폭발의 위험이 있다.

③ 산과 반응하여 과산화수소를 만든다.

$$BaO_2 + H_2SO_4 \longrightarrow BaSO_4 + H_2O_2$$

$$BaO_2 + 2HCl \longrightarrow BaCl_2 + H_2O_2$$

〈저장·취급〉 Na_2O_2에 준한다.

〈소화방법〉 초기화재는 마른 모래, 소다회, 분말소화기가 유효하며 기타의 경우는 물, 포 등의 사용을 금한다. 주수는 인접 가연물의 연소방지하는데 국한하여야 한다.

〈유해성〉 피부와 접촉하면 염증을 일으키고 눈에 들어가면 시력 저하와 실명의 우려가 있다. 분말의 호흡은 매우 유독하다.

12) 과황산암모늄(Ammonium Persulfate) $(NH_4)_2(SO_4)_2$

〈용도〉 산화표백제, 금속표면 처리(표백)제, 전분의 분해, 식품 첨가제, 분석시약, 중합촉매

〈성상〉

① 무색의 결정 또는 백색 분말
② 분자량 = 192.2 융점 = 120℃ 비중 = 1.98
③ 물에 녹기 쉽고 온도의 상승에 따라 용해도가 증가한다.
④ 일종의 과산화물 형태로서 용액 중에서도 강력한 산화작용을 나타낸다.

〈위험성〉

① 습도의 상승에 따라 분해가 촉진되어 120℃에서는 급속히 분해한다.
② 산화하기 쉬운 유기화합물과 접촉하면 분해되어 O_2를 발생하여 강한 산화작용을 나타낸다.
③ 물, 철분, 알루미늄분과 혼합하면 폭발의 위험이 있다.

〈저장·취급〉

① 화기엄금
② 습기, 물을 피하고 냉암소에 보관한다.

〈소화방법〉 다량의 물로 냉각소화한다. 소화작업 중 연소생성물 중 유해성 가스인 이산화황(SO_2)이 발생하므로 공기호흡기 등을 착용한다.

〈유해성〉 피부나 눈에 접촉하면 오염시킨다.

5. 브로민산염류 $MBrO_3$ 지정수량 300 kg

브로민산($HBrO_3$)의 수소(H)가 금속 또는 기타 양이온(M)으로 치환된 형태의 화합물을 브로민산($MBrO_3$)염이라 하며, 이들 염류의 총칭을 브로민산염류(또는 취소산염류)라 한다. 대부분 무색 또는 백색의 결정이고 물에 녹기 쉬운 것이 많다. 가열할 때 분해하여 산소를 방출한다. $MClO_3$와 유사한 성질을 가지고 있다.

1) **브로민산칼륨**(Potassium Bromate) $KBrO_3$

〈용도〉 분석시약, 콜드파마용제, 소맥분 개량제(0.5 g/kg), 산화제, 어육반죽제품의 탄력부여제(0.027% 사용), 브로민산염 적정, 화약류의 산소공급제

〈성상〉

① 백색 무취의 결정 또는 결정성 분말

② 분자량 = 167.0 융점 = 370℃
비중 = 3.27 물에 대한 용해도 = 8 g(20℃), 50 g(100℃)

③ 물에 녹으며 에터, 알코올에는 녹지 않는다.

④ 융점 이상으로 가열하면 분해하여 O_2를 발생한다.

$$2KBrO_3 \xrightarrow{\triangle} 2KBr + 3O_2\uparrow$$

〈위험성〉

① 자신은 불연성이지만 산화력이 커서 S, 목탄분, Mg분, Al분, 가연성 물질과 혼합되어 있는 상태에서는 가열·충격·마찰에 의해 폭발한다. $KClO_3$보다는 위험성은 적다.

② 혼촉발화가 가능한 물질은 황화합물, Na, $C_2H_5OC_2H_5$, CS_2, C_2H_5OH, $C_2H_4(OH)_2$, CH_3COCH_3, 톨루엔($C_6H_5CH_3$), 헥세인(C_6H_{14}), 클로로벤젠(C_6H_5Cl), 아닐린($C_6H_5NH_2$), 등유, 경유 등이 있다.

〈저장·취급〉

① 저장·취급·운반 중 충격·마찰을 피한다.

② 통풍·환기가 잘 되도록 하고 화기를 엄금한다.

③ 용기를 밀전 보관하고 환원성 물질 및 가연성 물질과 혼합·혼입을 차단한다.

④ 직사광선을 피하고 서늘한 곳에 저장한다.

⑤ 화재 발생에 대비하여 가급적 다량의 물을 항상 사용할 수 있는 곳에 저장한다.

〈소화방법〉 초기소화는 물, CO_2, 분말소화기가 유효하며 기타는 다량의 물로 냉각소화한다.

〈유해성〉 많은 양을 먹으면 유독하다. 분진은 눈, 코, 목구멍을 자극한다. 염소산염류보다 독성이 강하고 중추신경을 마비시킨다. 혈액에 침투하면 메타헤모글로빈 증세를 일으키는 혈액독이 있다.

2) **브로민산나트륨**(Sodium Bromate) $NaBrO_3$

〈용도〉 분석시약, 화약

〈성상〉

① 무색의 결정 또는 결정성 분말로 물에 잘 녹는다.

② 분자량 = 150.9 융점 = 381℃ 비중 = 3.3

③ 강한 산화력이 있고 고온에서 분해하여 O_2를 발생한다.

〈기타〉 $KBrO_3$에 준한다.

3) 브로민산암모늄(Ammonium Bromate) NH_4BrO_3

〈용도〉 산화제, 꽃불류, 원료, 화학약품

〈성상〉
① 무색 무취의 결정성 고체
② 융점 이상에서 분해가 시작된다.

〈위험성〉
① 강산화제이며, 불안정하여 가열하면 폭발한다.
② 가연성 물질과 혼합한 것은 폭발의 위험이 있다.

〈저장·취급〉 〈소화방법〉 $KBrO_3$에 준한다.

〈유해성〉 분진은 피부, 눈, 호흡기를 자극한다.

4) 브로민산은(Silver Bromate) $AgBrO_3$

〈용도〉 분석시약

〈성상〉 무색의 결정 또는 백색 분말

〈기타〉 $KBrO_3$에 준한다.

5) 브로민산아연·육수화물(Zine Bromate) $Zn(BrO_3)_2 \cdot 6H_2O$

〈용도〉 의약, 화약

〈성상〉
① 무색의 결정이며 물, C_2H_5OH, CS_2, 클로로폼($CHCl_3$)에 잘 녹는다.
② 융점=100℃ 비중=2.56
③ 강산화제이나 Cl_2보다 약하다.

〈위험성〉
① 가연물과 혼합되어 있을 때는 폭발적으로 연소한다.
② 플루오린(F_2)과 심하게 반응하여 트라이브로민화플루오린(FBr_3)이 생성된다.
③ 연소 중 유해성 증기를 발생하며 이것은 부식성이 강하며 금속 또는 유기물을 침해한다.

〈저장·취급〉 $KBrO_3$에 준한다.

〈소화방법〉 초기소화는 CO_2, 분말 소화약제를 사용하며, 기타의 경우는 다량의 물로 냉각소화한다. 연소 중 유해성 가스를 발생하므로 공기호흡기 등을 착용하여야 한다.

〈유해성〉 유독물질. 호흡기 점막을 자극하고 고농도 흡입하면 기관지염, 폐수종을 일으킨다.

6) 브로민산바륨·수화물(Barium Bromate) $Ba(BrO_3)_2 \cdot H_2O$

〈용도〉 분석 시약, 산화제, $HBrO_3$ 제조, 브로민산염류 제조

〈성상〉

① 무색의 결정이며 물에 약간 녹는다.

② 분자량=411.1 융점=414℃ 비중=3.99

③ 120℃에서 결정수를 잃고 무수염이 된다.

〈위험성〉

① 융점 이상 가열하거나 충격·마찰에 의해 분해하여 O_2를 발생한다.

② 강한 산화력이 있어 가연성 물질과 혼합된 것은 가열·충격·마찰에 의해 발화 폭발의 위험이 있다.

〈저장·취급〉〈소화방법〉 $KBrO_3$에 준한다.

7) 브로민산마그네슘(Magnesium Bromate) $Mg(BrO_3)_2$

〈용도〉 의약, 시약, 산화제

〈성상〉

① 무색 또는 백색 결정으로 물에 녹는다.

② 200℃에서 무수물이 된다.

③ 냉각하거나, 물에 희석하면 산화력을 상실한다.

〈위험성〉

① 가열하면 분해하여 O_2를 방출한다.

② 유기물과 반응하면 발화·폭발의 위험이 있다.

③ 불순물이 혼입된 것은 분해 위험이 있다.

〈소화방법〉 $Ba(BrO_3)_2$에 준한다.

〈유해성〉 피부에 장시간 접촉하면 염증이 생기고 눈에 들어가면 점막을 자극한다.

8) 브로민산납·수화물(Lead Bromate) $Pb(BrO_3)_2 \cdot H_2O$

〈용도〉 첨가제, 시약

〈성상〉

① 백색의 결정성 분말

② 냉수에 약간 녹고 온수에 잘 녹는다.

〈위험성〉 가연물과 혼합한 상태에서 가열·충격·마찰에 의해 폭발한다.

〈저장·취급〉〈소화방법〉 $Ba(BrO_3)_2$에 준한다.

〈유해성〉 유독물질이다. 분진은 눈, 폐, 호흡기를 자극한다.

6. 질산염류 MNO_3 지정수량 300 kg

질산(HNO_3)의 수소(H)가 금속 또는 양이온(M)으로 치환된 화합물을 질산염(MNO_3)이라 하며 이들 염류의 총칭을 질산염류라 한다. 금속에 질산을 작용시켜 만들거나 금속 탄산염, 금속 산화물 또는 수산화물에 질산을 작용시켜 만든다. 대부분 무색 또는 백색의 결정 또는 분말로 모두 물에 잘 녹으며 조해성이 있는 것이 많다.

물에 결합하여 수화물($MNO_3 \cdot xH_2O$)이 되기 쉽다. 열분해하여 O_2를 발생한다. 강산화제이지만 $MClO_3$나 $MClO_4$보다 타격, 가열에 대하여 안정한 편이다. 따라서 화약, 폭약의 원료와 화학공업용으로 널리 이용한다. 모두 「화학물질관리법」상 유독물질에 속한다.

1) 질산칼륨(Potassium Nitrate) KNO_3

〈용도〉 산화제, 폭약, 흑색화약(산소공급제), 꽃불류 원료, 화약류의 산소공급제, 시가지용폭제, 성냥, 연탄 조연제, 양초, 비료, 촉매, 야금, 분석시약, 유리 청등제, 식품가공(햄), 의학용(이뇨제), 금속 열처리제, 식품 방부제

〈제법〉 염화칼륨을 열탕에 용해하여 여기에 질산나트륨을 넣어 용해하여 복분해한다.

$$KCl + NaNO_3 \longrightarrow NaCl + KNO_3$$

〈성상〉

① 무색의 결정 또는 백색 분말이며 차가운 자극성의 짠맛이 있다.

② 분자량 = 101.11 융점 = 333℃

비중 = 2.1 분해온도 = 400℃

③ 물에 잘 녹고 온도가 상승하면 매우 잘 녹지만 흡습성·조해성 물질은 아니다.

온도(℃)	0	15	20	40	60	80	100
용해도	13	26	32	64	110	169	246

④ $C_3H_5(OH)_3$ 또는 C_2H_5OH에 잘 녹으며, 에터에는 녹지 않는다.

⑤ 단독으로는 분해하지 않지만 가열하면 400℃에서 완전히 열분해하여 서서히 O_2를 발생한다. 분해하면 O_2의 방출량이 많아서 화약이나 폭약의 산소공급원으로 이용된다.

$$2KNO_3 \xrightarrow{\triangle} 2KNO_2 + O_2\uparrow$$

〈위험성〉

① 강산화제이므로 가연성 분말, 유기물, 환원성 물질과 혼합하면 가열·충격에 의해 폭발하므로 가연물과의 접촉은 연소성이 증대되고 화재·폭발의 원인이 된다.

예를 들면 흑색화약(blacking powder)은 질산칼륨(KNO_3)과 황(S), 목탄분(C)을 75% : 10% : 15% 비율(표준배합비율)로 혼합된 것이다. 각자는 폭발성은 없으나 적정비율로 혼합된 것은 폭발력이 있으며, 뇌관을 사용하지 않고도 충분히 폭발시킬 수 있다. 흑색화약의 분해반응은 다음과 같다.

$$16KNO_3 + 3S + 21C \longrightarrow 13CO_2\uparrow + 3CO\uparrow + 8N_2\uparrow + 5K_2CO_3 + K_2SO_4 + 2K_2S$$

이것의 발화점은 260℃, 열량 700 kcal/g, 부피 270 mm^3/g, 폭발속도는 300 m/s이다. 흑색화약 조성에 따른 용도는 다음과 같다.

구 분	KNO_3 (%)	S (%)	숯가루 (%)
도화선용	60 ~ 70	15 ~ 25	10 ~ 12
광산용	60 ~ 70	10 ~ 20	10 ~ 20
엽총용	74 ~ 80	8 ~ 12	10 ~ 26

② 혼촉발화가 가능한 물질로는 P_4, S, 금속분(Al, Mg, Fe, Ge), 목탄분, 나트륨아마이드($NaNH_2$), Na, $C_2H_5OC_2H_5$, CS_2, CH_3COCH_3, $C_6H_5CH_3$, 자일렌[$C_6H_4(CH_3)_2$], 등유, C_2H_5OH, $C_2H_4(OH)_2$, 황화타이타늄(TiS_2), 황화안티모니(Sb_2S_3) 등이 있다.

③ 아세트산나트륨(CH_3COONa), 아인산나트륨, 구연산염과 함께 가열되면 폭발한다.

④ $SnCl_2$(Ⅱ)과의 혼합물은 폭발위험이 있다.

〈저장·취급〉

① 유기물과의 접촉을 피하고 밀폐용기에 넣어 습한 곳을 피하여 건조한 곳에 저장한다.

② 직사광선을 차단하여, 화기를 엄금하고 가열·충격·마찰을 피한다.

③ 목탄분, 황, 가연성 분말, 인화성 액체류, 강산류와는 같은 장소에 저장하지 않도록 철저히 격리한다.

④ 화재 때는 밖으로 반출이 용이한 곳에 저장하는 것이 좋다.

⑤ 저장·취급·운반할 때는 비에 젖지 않도록 한다.

〈소화방법〉 다량의 물로 냉각소화한다. 대형 화재인 경우 융해하여 비산할 위험이 있으므로 주의하여야 하며 화재 중 유해성 가스를 발생하므로 소화작업할 때는 보호안경, 공기호흡기 등을 착용한다. 가연성 물질과 함께 연소할 때는 폭발 위험이 있으므로 충분히 안전거리를 확보한다. 소화할 때는 바람을 등지고 소화하며, 연소생성물이나 증기를 호흡하지 않도록 한다.

〈유해성〉 피부와 눈에 닿으면 약상을 입으며 흡입하면 호흡기 계통을 자극한다.

2) 질산나트륨(Sodium Nitrate) $NaNO_3$

〈용도〉 질산 제조, 질소 비료, 유리(발포제), 황산·염산 제조, 다이너마이트, 화약류의 산소공급제, 염료, 산화제, 의약, 분석시약, 열처리제, 담배 조연제, 식품첨가 발색제, $Ba(NO_3)_2$ 제조, 제약

〈성상〉

① 무색 무취의 결정 또는 백색 분말이다. 칠레초석이라고도 부른다.

② 분자량＝85.0　　　　융점＝308℃
　 비중＝2.27　　　　분해온도＝380℃

③ 물, 글리세롤[$C_3H_5(OH)_3$]에 잘 녹으며 조해성이 있다.

④ 액체 NH_3에 녹고 C_2H_5OH에는 잘 녹지 않는다.

⑤ 가열하면 380℃에서 열분해하여 O_2를 발생하고 1,000℃ 이상 가열하면 폭발한다.

$$2NaNO_3 \longrightarrow 2NaNO_2 + O_2\uparrow$$

〈위험성〉

① 강산화제로서 유기물, 가연물과 혼합하면 가열·충격·마찰에 의해 발화하여 격렬히 연소한다.

② 싸이오황산나트륨과 함께 가열하면 폭발한다.

③ 사이안화합물과 접촉하면 발화하고 기타 혼촉발화 가능 물질은 KNO_3의 경우와 유사하다.

〈저장·취급〉

① 화기를 엄금하고 물과의 접촉을 피한다.

② Al, Na, 사이안화칼륨(KCN), 유기과산화물, 강산류, 가연물과 혼합·혼입되지 않도록 한다.

③ 조해성이 있으며 저장용기를 밀폐하고 저장·취급 운반 중 비에 젖지 않도록 한다.

〈소화방법〉 다량의 물로 주수소화한다. 폭발의 위험성이 있으므로 충분히 안전거리를 확보하고 소화작업하며, 연소 중 유해성 가스가 발생하므로 보호안경, 공기호흡기 등을 착용한다.

〈유해성〉 눈, 피부와 접촉하면 약상을 입으며 증기는 호흡기계통을 자극한다. 적은 양을 먹으면 설사, 복통이 있고 많은 양을 먹으면 현기증, 경련, 혈변이 있다.

3) 질산암모늄(Ammonium Nitrate, AN) NH_4NO_3

〈용도〉 화약, 폭약의 산소 공급제, 제라틴다이너마이트 제조, AN-FO폭약, 질소비료, 꽃불류 원료, 살충제, 인쇄, 기폭제, 한제, NO_2 제조

〈성상〉

① 무취·백색, 무색 또는 연회색의 결정으로 알코올, 알칼리에 잘 녹는다. 초안(硝安)이라고도 부른다.

② 분자량=80.25　　　　　　　융점=169.5℃
비중=17.5　　　　　　　　　분해온도=220℃
물에 대한 용해도=118.3 g(0℃), 214 g(25℃), 1,000 g(100℃)

③ 물에 잘 녹고 물에 녹을 때 다량의 물을 흡수하여(흡열반응) 온도가 내려가므로 한제(寒劑)로 쓰인다.

④ 조해성과 흡습성이 강하기 때문에 수분을 흡수하면 스스로 용해하여 액체로 변한다. 따라서 NH_4NO_3이 원료로 된 폭약은 수분이 흡수되지 않도록 포장하며, 비료용인 경우는 우기 때 사용하지 않는 것이 좋다.

〈위험성〉

① 강산화제이다. 혼합 화약류의 재료로 쓰인다.

② 융점 169.5℃이지만 100℃부근에서 반응하고 200℃에서 불안정하여 열분해하고 일산화이질소와 물로 분해한다.

$$NH_4NO_3 \xrightarrow{\triangle} N_2O + 2H_2O$$

여기서 다시 가열하면 250～260℃에서 분해가 급격히 일어나 지속적으로 O_2를 분해하고, 격렬하게 폭발한다.

$$2NH_4NO_3 \longrightarrow \underbrace{2N_2\uparrow + 4H_2O\uparrow + O_2\uparrow}_{\text{다량의 가스}}$$

가스 발열량이 980 L/kg 정도로 많기 때문에 화약류 제조할 때 산소공급제로 널리 사용된다. 예를 들면 AN-FO 폭약(백색화약)은 NH_4NO_3 : 경유를 94wt% : 6wt% 비율로 혼합시키면 폭약이 된다. 경유 대신에 등유, 석탄, 당밀을 쓰기도 한다. 이것은 기폭제를 사용하여 점화시키면 다량의 가스를 내면서 폭발한다.

또한 NH_4NO_3을 TNT, 나이트로글리세롤 등과 배합하여 폭약으로 사용된다. 완전히 폭발하면 NH_4NO_3 1 mol(80 g)은 가스 78.4 L를 만들어낸다. 즉, 체적 40 mL가 가스화될 때 약 480배로 증가한다.

③ 상온에서 안정하나 단독으로 급격한 가열·충격으로 분해하여 폭발의 위험이 있다. 각국 방제기관에서도 불안정한 물질로 지정하여 위험성을 연구하고 있다.

④ 소량의 점화원으로 폭발하지 않지만 뇌관으로 기폭하면 폭발한다,

⑤ S, 금속분, 가연성의 유기물이 섞이면 가열·충격에 의해 화재·폭발을 일으킨다.

⑥ 혼촉발화가 가능한 물질로는 P_4, Na, $C_2H_5OC_2H_5$, CS_2, CH_3COCH_3, $C_6H_5CH_3$, C_6H_{14}, C_2H_5OH, $C_2H_4(OH)_2$, 목탄분 등이 있다.

⑦ 상온에서 Zn분과 혼합물에 수분이 가해지면 연소하며, $(NH_4)_2SO_4$과 혼합한 것에 충격을 가하면 폭발한다.

⑧ 강산류, 환원제, 금속분, 유기물질과 심하게 반응한다.

〈저장·취급〉

① 단독으로 폭발하는 성질이 있으므로 폭발물과 같이 취급하여야 한다.

② 화기를 엄금하고 저장·취급·운반 중 충격·마찰을 피한다.

③ 가연물, 유기물, 금속분 또는 산화하기 쉬운 물질이 혼합·혼입되지 않도록 한다.

④ 저장소는 직사광선을 피하고, 건조한 곳에 저장하며 통풍·환기가 잘 되는 곳으로 한다.

〈소화방법〉 $NaNO_3$에 준한다.

〈유해성〉 분진은 눈, 코, 목을 자극하고 흡입하면 기침, 호흡 곤란을 일으킨다. 다량 먹으면 헤모글로빈 결핍증을 일으키며 위점막의 자극으로 위염을 일으킨다. 피부와 눈에 닿으면 약상을 입는다.

4) **질산은**(Silver Nitrate) $AgNO_3$

〈용도〉 분석 시약, 염분 측정, 은거울, 은도금, 보온병 제조, 의약, 살균제, KBr 제조, 사진 감광제, 촉매, 유리 착색제, 염화물 검출

〈성상〉

① 무색 무취의 투명한 결정으로 금속성의 맛이 있다.

② 분자량=169.9 용점=212℃ 비중=4.35

물에 대한 용해도=122 g(0℃), 215 g(20℃), 952 g(100℃)

③ 물, 알코올, 글리세롤, 아세톤에 잘 녹는다.

④ 단백질에 대한 응고작용이 있으며 피부 조직에 부식성이 있다.

⑤ Pb, Cu, Zn을 $AgNO_3$ 용액에 담갔을 때 Ag가 석출된다.

〈위험성〉

① 순수한 것은 햇빛에 안정하지만 445℃로 가열하면 분해하여 O_2를 발생한다.

$$2AgNO_3 \xrightarrow{\triangle} 2Ag + 2NO_2\uparrow + O_2\uparrow$$

② 가연물과 접촉한 것은 가열하면 발화·폭발한다.

③ 아이오딘에틸사이아노은과 혼합하면 폭발성 물질을 생성한다.

〈저장·취급〉 갈색병에 저장하며 기타 사항은 KNO_3에 준한다.

〈소화방법〉 다량의 물로 주수하며 폭발의 위험성을 고려하여 충분히 안전거리 확보한다.

〈유해성〉 피부 점막을 부식하고 눈에 들어가면 심한 염증을 일으킨다. 흡입하였을 경우 위통, 두통 등을 일으킨다. 수용액 상태에서도 유독하고 화재 중 유해성 가스를 발생한다.

5) **질산리튬**(Lithium Nitrate) $LiNO_3$

〈용도〉 분석시약, 산화제

〈성상〉

① 무색 또는 백색의 결정으로 물, 알코올에 녹기 쉬우며 조해성이 있다.

② 분자량 = 68.9 　　융점 = 261℃
　비중 = 2.37 　　비점 = 600℃

〈위험성〉

① S, 금속분 등의 가연물과 혼합하면 가열에 의해 폭발할 위험이 있다.

② P_4, Na, $C_2H_5OC_2H_5$ 등 인화성 액체류와 혼합하면 혼촉발화의 위험이 있다.

〈저장·취급〉〈소화방법〉 KNO_3에 준한다.

〈유해성〉 장시간 피부 접촉하면 염증을 일으킨다.

6) **질산마그네슘·육수화물**(Magnessium Nitrate) $Mg(NO_3)_2 \cdot 6H_2O$

〈용도〉 화공품, 의약, 수지가공 촉매, 염료, 로켓·미사일의 산소공급원

〈성상〉

① 무색 또는 백색의 결정으로 물에 녹으며 조해성이 있다.

② 분자량 = 256.34 　　융점 = 95℃
　비중 = 1.46 　　비점 = 320℃

③ 400℃ 이상으로 가열하면 분해하여 MgO이 된다.

〈위험성〉

① *N,N*-다이메틸폼아미드와 혼합하면 반응열이 높아져서 자연 분해의 위험이 있다.

② P_4, Na, 인화성 액체류 혼합하면 혼촉발화 위험이 있다.

③ S, Al분, Mg분, Fe분 등의 가연물과 혼합한 것은 가열·충격·마찰로 발화 폭발의 위험이 있다.

〈저장·취급〉

① 조해성이 있으므로 밀봉하여 보존한다.

② 가연성 물질, 화약류, 인화성 액체, 강산류와 격리한다.

③ 직사광선을 피하고 운송 중 비에 젖지 않도록 한다.

〈소화방법〉 $NaNO_3$에 준한다.

〈유해성〉 피부와 눈에 접촉하면 염증을 일으키고 다량 먹으면 사망할 수 있다.

7) 질산칼슘 · 사수화물(Calcium Nitrate) $Ca(NO_3)_2 \cdot 4H_2O$

〈용도〉 비료, 염색 가공제, 냉매 용제, 산화제, 꽃불류 제조

〈성상〉

① 무색의 결정 또는 결정성 분말이다.

② 분자량＝236.16 융점＝561℃

비중＝2.36 물에 대한 용해도＝129 g(20℃)

③ 물이나 C_2H_5OH에 녹기 쉽고 조해성이 있다.

〈위험성〉

① 강한 열을 받으면 CaO, 질소산화물과 O_2를 분해한다.

② P_4, Al분, Mg분, Na, 인화성 액체류와 혼합하면 혼촉발화의 위험이 있다.

〈저장 · 취급〉

① 흡습성이 있어 젖지 않도록 하고 밀폐용기에 저장한다.

② 화기엄금. 직사광선을 피한다.

〈소화방법〉 다량의 물로 냉각소화한다.

〈유해성〉 많은 양을 먹으면 위험하고 사망할 우려가 있다.

8) 질산바륨(Barium Nitrate) $Ba(NO_3)_2$

〈용도〉 꽃불류 제조(산화제), 화약제조(녹색불꽃), 신호탄, 화약, 폭약, 화공품, 조명탄, 발연통, 분석시약, 의약품, 고무, 신호등, 진공관, 광학유리, 진공관, 번개탄의 산소공급제

〈성상〉

① 무색의 결정 또는 광택이 있는 백색 결정이다.

② 분자량＝261.35 융점＝575～592℃ 비중＝3.24

물에 대한 용해도＝8.7 g(20℃), 34.2 g(100℃)

③ 물에 녹으며 알코올과 진한 HNO_3에는 녹지 않으나 진한 H_2SO_4에 잘 녹는다.

④ 습기가 많은 곳에서 분해한다.

⑤ 불꽃반응에서는 자주색을 나타낸다.

〈위험성〉

① 강산화제로 고온으로 가열하면 폭발적으로 BaO, N_2, O_2로 분해한다.

$$2Ba(NO_3)_2 \xrightarrow{\triangle} 2BaO + 2N_2\uparrow + 5O_2\uparrow$$

② 과산화물과는 격렬하게 반응한다.

③ Al과 Mg의 합금과 혼합하면 쉽게 발화하고 마찰·충격에 매우 민감하다.

〈저장·취급〉 KNO_3에 준한다.

〈유해성〉 피부나 눈에 닿으면 약상을 입으며 맹독성으로 직접 중추신경을 자극하여 경련을 일으키고 중독되면 불쾌감, 구토, 설사, 혈압 상승, 호흡 곤란을 일으킨다.

9) **질산스트론튬**(Strontium Nitrate) $Sr(NO_3)_2$

〈용도〉 형광제, 광학유리, 꽃불류 제조, 신호등, 시약, 발연통, 예광탄

〈성상〉

① 무색의 결정 또는 분말로 물에 녹고 알코올에 녹지 않는다.
휘발성이 대단히 크고, 불꽃반응은 찬란한 심홍색을 띤다.

② 분자량=211.63 융점=645℃ 비중=2.98

〈위험성〉 가연물과 혼합되어 있는 것은 가열에 의해 폭발의 우려가 있다.

〈저장·취급〉〈소화방법〉 KNO_3에 준한다.

〈유해성〉 중독 증상이 나타나며 피부를 오염시킨다.

10) **질산망가니즈·수화물**(Manganese Nitrate) $Mn(NO_3)_2 \cdot nH_2O(n=4\sim6)$

〈용도〉 촉매, 산화제

〈성상〉

① 담홍색의 결정으로 물, C_2H_5OH에 잘 녹고 조해성이 있다.

② 4수화물 염의 융점=약 32℃, 6수화물 염의 융점=약 26℃

〈위험성〉 가연물과 혼합하면 가열에 의해 폭발할 위험이 있다.

〈저장·취급〉〈소화방법〉 KNO_3에 준한다.

〈유해성〉 장시간 피부 부착되면 피부 염증을 일으킨다.

11) **질산철(III)·육수화물** [Iron(III) Nitrate] $Fe(NO_3)_3 \cdot 6H_2O$

〈용도〉 염료, 의약품, 안료, 가죽 다듬질, 표면 처리제, 방사성 물질 흡착제

〈성상〉

① 자색 또는 황갈색의 결정으로 공기 중 갈색으로 변한다.

② 융점=24~40℃

③ 온수에 잘 녹고, C_2H_5OH에도 잘 녹으며 조해성이 크다.

〈위험성〉 가연물과 혼합 연소할 때는 폭발의 위험이 있다.

〈저장·취급〉〈소화방법〉 KNO_3에 준한다.

〈유해성〉 피부에 닿으면 부식성이 강하게 나타난다.

12) 질산코발트(III)·육수화물 [Cobalt(III) Nitrate] $Co(NO_3)_3 \cdot 6H_2O$

〈용도〉 석유화학 촉매, 각종 코발트 촉매원료

〈성상〉

① 적색의 결정으로 조해성이 있으며 C_2H_5OH, CH_3COCH_3에 녹는다.

② 분자량 = 291.04　　　　융점 = 91℃

비중 = 1.87　　　　물에 대한 용해도 = 103 g(25℃)

〈위험성〉

① 100～105℃에서 분해되어 NO를 발생한다.

② 목탄분, 금속분 등의 가연물과 혼합하면 가열하면 심하게 연소하고 충격·마찰에 의해 폭발한다.

③ 황린, 인화성이 낮은 인화성 액체류와 혼합하면 혼촉발화의 위험이 있다.

〈저장·취급〉〈소화방법〉 KNO_3에 준한다.

〈유해성〉 피부에 장시간 접촉하면 염증을 일으킨다.

13) 질산니켈·육수화물(Nickel Nitrate) $Ni(NO_3)_2 \cdot 6H_2O$

〈용도〉 금속표면 처리제, 공업용 도금원료

〈성상〉

① 초록색의 결정 또는 담녹색의 분말로 조해성이 있으며 C_2H_5OH, NH_4OH에 녹는다.

② 분자량 = 290.81　　　　융점 = 567℃

비중 = 2.05　　　　물에 대한 용해도 = 94.2 g(25℃)

〈위험성〉

① 산화제이며 105～110℃로 가열하면 분해한다.

② 불연성 물질이지만 가연물과 혼합된 것은 가열하면 폭발 위험이 있고 화재를 더욱 격렬하게 만든다.

〈저장·취급〉 조해성이 있어 밀폐용기에 넣어 냉암소에 저장한다. 기타 사항은 KNO_3에 준한다.

〈소화방법〉 KNO_3에 준한다.

〈유해성〉 가열되면 유해성 가스를 방출한다. 분진은 눈, 코, 목에 자극적이고 흡입하면 기침, 호흡 곤란을 일으키고 고체는 눈에 자극적이며 피부에 장시간 접촉하면 염증을 일으키고 먹었을 경우 구토, 메스꺼움 증상이 나타난다.

14) 질산구리(II)·삼수화물 [Copper(II) Nitrate] $Cu(NO_3)_2 \cdot 3H_2O$

〈용도〉 살충제, 분석 시약, 페인트, 촉매, 도금 원료, 산화제, 의약, 구리염류 제조, 꽃불류 제조

〈제법〉 탄산구리를 질산에 작용하여 얻는다.

$$CuCO_3 + 2HNO_3 \longrightarrow Cu(NO_3)_2 + H_2CO_3$$

〈성상〉

① 심청색의 결정으로 조해성이 있으며 물, 알코올에 녹는다.

② 분자량 = 241.6　　융점 = 114.5℃　　비중 = 2.04
비점 = 170℃　　물에 대한 용해도 = 60 g(25℃)

〈위험성〉

170℃ 이상 가열하면 분해한다. 헥사사이아노철산테트라포타슘{$K_4[Fe(CN)_6]$}과 혼합한 경우 220℃ 정도로 가열하면 폭발한다.

〈저장·취급〉〈소화방법〉 KNO_3에 준한다.

〈유해성〉 유독하며 피부 점막을 부식한다.

15) 질산아연·육수화물(Zinc Nitrate) $Zn(NO_3)_2 \cdot 6H_2O$

〈용도〉 의약, 매염제, 수지가공 촉매, 금속표면 처리제, 분석 시약

〈성상〉

① 무색의 괴상 또는 결정

② 분자량 = 297.38　　융점 = 36.4℃
비중 = 2.06　　비점 = 131℃

③ 물, 알코올에 녹고 조해성이 있으며 수용액은 약한 부식성이 있다.

〈위험성〉

① 불연성 물질이지만 화재를 더욱 격렬하게 한다.

② 가연물과 혼합된 것은 용이하게 발화하고 심하게 연소한다.

〈저장·취급〉

① 화기엄금. 직사광선을 피한다.

② 조해성이 있어 밀봉하여 냉암소를 보관한다.

③ 저장·취급·운송 중 물에 젖지 않도록 한다.

〈소화방법〉 다량의 물로 냉각소화한다. 폭발의 위험을 고려하여 안전거리를 확보하고 화재 중 유해성 가스를 배출하므로 보호안경, 공기호흡기 등을 착용하고 오염지역에 다량의 물을 뿌린다.

〈유해성〉 분진은 눈, 코, 목 등을 자극하고 흡입하면 기침, 호흡 곤란을 일으키며 고체는 피부와 눈에 자극적이고 먹었을 경우 지각신경 마비, 급성 위경련, 혈변 배설, 두통, 메스꺼움, 현기증, 동공 확대, 신경 마비를 일으킨다. 가열하면 유해성 가스를 발생한다.

16) 질산카드뮴 · 사수화물(Cadmium Nitrate) $Cd(NO_3)_2 \cdot 4H_2O$

〈용도〉 도자기 착색제, 전지, 사진원료

〈성상〉

① 무색 무취 또는 백색의 결정으로 흡습성이 있다.

② 분자량 = 308.4 　 융점 = 59.5℃

비점 = 132℃ 　 비중 = 2.45

③ 물, 알코올, CH_3COCH_3에 잘 녹고 진한 HNO_3에 녹지 않는다.

〈저장 · 취급〉 〈소화방법〉 KNO_3에 준한다.

〈유해성〉 분진을 흡입하면 두통, 기침, 호흡 곤란을 일으키며 중독되면 간장, 신장, 위장에 유해하다. 고체는 피부와 눈을 자극하고 먹었을 경우 구토, 메스꺼움이 나타난다.

17) 질산수은(I) · 일수화물[Mercury(I) Nitrate] $Hg_2(NO_3)_2 \cdot H_2O$

〈용도〉 단백질 분석, 시약, 방부제, 의약품

〈성상〉

① 무색의 결정으로 소량의 물에 녹고 다량의 물을 가하면 황색의 침전물을 만든다.

② 분자량 = 290.6 　 비중 = 4.78 　 물에 대한 용해도 = 30 g(25℃)

③ 70℃에서 분해 폭발한다.

〈저장 · 취급〉 〈소화방법〉 KNO_3에 준한다.

〈유해성〉 눈, 피부, 호흡기 계통의 점막을 자극하고 염증을 일으킨다. 중독되면 수은 중독과 같은 손떨림, 입, 잇몸이 붓고 이가 빠지며 얼굴이 창백해진다.

18) 질산수은(II) · 일수화물[Mercury(II) Nitrate] $Hg(NO_3)_2 \cdot H_2O$

〈용도〉 촉매, 산화제, 단백질 검출시약

〈성상〉

① 백색의 결정 또는 분말로 물에 아주 잘 녹으며 조해성이 있다.

② 분자량＝324.6　　융점＝79℃　　비중＝4.3

〈위험성〉

① 가열에 의해 분해된다.

② 분해하면 발생되는 O_2에 의한 폭발과 Hg에 의한 독성에 유의한다.

〈저장·취급〉〈소화방법〉 KNO_3에 준한다.

〈유해성〉 질산수은(Ⅰ)보다 독성이 강하다.

19) **질산알루미늄·구수화물**(Aluminium Nitrate)　　$Al(NO_3)_3 \cdot 9H_2O$

〈용도〉 유기합성 촉매, 유기알루미늄 제조, 매염제, 피혁 및 가죽제품 다듬질

〈성상〉

① 무색의 결정 또는 결정성 분말이다.

② 물, C_2H_5OH에 녹고 조해성이 있다.

〈위험성〉 목탄분, 설탕, 황 등의 가연성 분말과 혼합한 것은 가열·충격에 의하여 발화 또는 폭발의 위험이 있다.

〈저장·취급〉〈소화방법〉 KNO_3에 준한다.

〈유해성〉 질산염에 의한 중독, 다량 먹으면 사망한다.

20) **질산탈륨**[Thallium(I) Nitrate]　　$TlNO_3$

〈용도〉 특수 분석시약, 살서제

〈성상〉

① 백색 또는 무색의 결정으로 물에 잘 녹고 C_2H_5OH에 거의 녹지 않는다.

② 분자량＝266.4　　융점＝206.5℃
　물에 대한 용해도＝9.75 g(18℃)

〈위험성〉

① 260℃ 이상에서 분해되어 아질산탈륨과 산화탈륨이 된다.

② 환원성 물질과 혼합하면 발화한다.

〈저장·취급〉 KNO_3에 준한다.

〈소화방법〉 다량의 물로 주수소화하며, 충분히 안전거리를 확보하고 공기호흡기 등을 착용한다.

〈유해성〉 유독물질로서 체내에 흡수되면 유독하며 눈에 들어가면 점막을 자극한다.

21) **질산납(II)** [Lead(II) Nitrate] $Pb(NO_3)_2$

〈용도〉 성냥, 폭약, 방부제, 산화제, 피혁, 코팅, 의약, 페인트 안료, 시약, 착색제, 매염제

〈성상〉

① 무색 무취의 결정으로 물, NH_4OH에 잘 녹지만 C_2H_5OH에 녹지 않는다.

② 분자량=331.23 융점=470℃ 비중=4.53
물에 대한 용해도=38.9 g(0℃), 56.5 g(20℃)

〈위험성〉

① 223℃ 이상으로 가열하면 O_2를 방출하고 연소를 촉진시킨다.

$$2Pb(NO_3)_2 \xrightarrow{\triangle} 2PbO + 4NO_2\uparrow + O_2\uparrow$$

② 목탄분, 금속분, S, 설탕 등의 가연성 분말과 혼합하면 가열 또는 충격에 의해 발화·폭발의 위험이 있다.

③ P_4, Na, 인화성 액체류와 혼합하면 혼촉발화의 위험이 있다.

④ 아질산납, 아인산납 혼합물에 의해 충격·마찰을 가하면 폭발한다.

⑤ 적린과 혼합한 것은 충격을 가하거나 가열하면 폭발적으로 발화한다.

〈저장·취급〉〈소화방법〉 KNO_3에 준한다.

〈유해성〉 다량 흡수하면 급성 중독되어 식은땀, 구토, 복통, 설사가 나타난다. 만성 중독되면 잇몸 침착, 복통, 동맥 경화, 고혈압이 되어 납독성 뇌증을 일으킨다.

22) **질산비스무트·오수화물**(Bismuth Nitrate) $Bi(NO_3)\cdot 5H_2O$

〈용도〉 알칼로이드 검출, 각종 촉매원료

〈성상〉

① 무색 결정으로 HNO_3 냄새가 난다.

② 분자량=485.1 비중=2.82

③ 묽은 HNO_3, $NaClO_3$ 수용액에 잘 녹고 알코올, 아세트산에틸에스터($CH_3COOC_2H_5$)에 녹지 않는다.

〈저장·취급〉〈소화방법〉 KNO_3에 준한다.

〈유해성〉 피부와 접촉하면 피부염을 일으킨다.

23) **질산토륨·사수화물**(Thorium Nitrate) $Th(NO_3)_4\cdot 4H_2O$

〈용도〉 옥외 조명용 텅스텐필라멘트 제조, 촉매, 토륨화합물 원료, 가스맨틀

〈성상〉

① 백색의 결정성 분말이다.

② 물, 알코올에 잘 녹으며 조해성이 있다.

〈위험성〉 가연물과 혼합한 것은 연소 중 폭발할 수 있다.

〈저장·취급〉 〈소화방법〉 KNO_3에 준한다.

〈유해성〉 피부에 장시간 접촉하면 염증을 일으킨다.

7. 아이오딘산염류 MIO_3 지정수량 300 kg

아이오딘산(HIO_3)의 수소(H)가 금속 또는 기타의 양이온(M)으로 치환된 형태의 화합물을 아이오딘산염(MIO_3)이라 하며, 이들 염의 총칭을 아이오딘산염류(또는 옥소산염류)라 한다.

대부분 결정성 고체이고 알칼리금속염은 물에 잘 녹고 중금속염은 잘 녹지 않는다. $MClO_3$나 $MBrO_3$보다 안정하지만 산화력이 강하여 유기물과 혼합하여 가열하면 폭발한다.

1) 아이오딘산칼륨(Potassium Iodate) KIO_3

〈용도〉 의약 분석시약, 용량분석, 싸이오황산나트륨($Na_2S_2O_3$) 적정, 침전제

〈성상〉

① 광택이 나는 무색의 결정성 분말이다.

② 분자량 = 214.01 융점 = 560℃ 비중 = 3.89

③ 물에 녹으며 수용액은 리트머스시험지에 중성반응을 나타낸다.

〈위험성〉

① $MClO_3$나 $MBrO_3$보다 안정하지만 산화력이 강하고 융점 이상으로 가열하면 분해하여 O_2를 방출한다.

② 유기물·가연물과 혼합한 것은 가열·충격·마찰에 의해 폭발한다.

③ P_4, 목탄분, 금속분(Al, Mg, Fe), K, Na, 인화성 액체류, 셀룰로오스, 황화합물[CuS, ZnS, K_2S, Sb_2S, BaS, Ag_2S, MnS, $(NH_4)_2S$] 등과 혼촉되면 가열·충격·마찰에 의해 폭발의 위험이 있다.

〈저장·취급〉

① 화기엄금, 직사광선을 피하여 저장한다.

② 가연성 물질과 황화합물 등과 함께 저장하지 않도록 한다.

③ 이물질과 혼합·혼입을 방지한다.

④ 유출되지 않도록 밀폐·밀봉한다.

⑤ 환기가 잘 되고 서늘한 곳에 저장한다.

〈소화방법〉 초기소화에는 포, 분말 소화약제도 유효하지만 기타의 경우는 다량의 물로 냉각소화한다.

〈유해성〉 분진을 호흡하거나 눈에 들어가면 자극성이 있다.

2) 아이오딘산나트륨(Sodium Iodate) $NaIO_3$

〈용도〉 용량분석, 싸이오황산나트륨 적정, 분석시약, 의약

〈성상〉

① 백색의 결정 또는 결정성 분말로 물에 녹으며 C_2H_5OH에 녹지 않는다.

② 분자량=197.9 비중=4.28

③ 수용액은 리트머스종이에 중성 반응이 나타난다.

〈위험성〉〈저장·취급〉 KNO_3에 준한다.

〈소화방법〉 초기소화는 포, 분말소화제약도 유효하지만 고온에서는 폭발의 위험성이 있으므로 다량의 물로 냉각소화한다.

3) 아이오딘산암모늄(Ammonium Iodate) NH_4IO_3

〈용도〉 산화제

〈성상〉 무색의 결정, 분자량=192.9 비중=3.3

〈위험성〉

① 금속과 접촉하면 심하게 분해한다.

② 150℃ 이상으로 가열하면 분해한다.

③ 혼촉에 의해 폭발의 위험성이 있는 물질로는 인화성 액체류, P_4, K, Na 등이 있다.

〈저장·취급〉〈소화방법〉 KIO_3에 준한다.

4) 아이오딘산은(Silver Iodate) $AgIO_3$

〈용도〉 분석시약, 의약

〈성상〉

① 백색의 결정성 분말로 물에 녹지 않는다.

② 분자량=282.8 융점=200℃ 이상 비중=2.52

〈위험성〉

① 410℃ 가열하면 분해되어 O_2를 발생한다.

② 목탄분, 유기물과 혼합한 것은 가열에 의해 폭발한다.

〈기타〉 KIO_3에 준한다.

5) 아이오딘산마그네슘(Magnesium Iodate) $Mg(IO_3)_2$

〈용도〉 시약

〈성상〉 결정성 고체로 물에 약간 녹는다.

〈위험성〉 가열에 의해 분해되어 O_2를 발생하고, 가연물과 혼합한 것은 가열에 의해 폭발한다.

〈기타〉 KIO_3에 준한다.

6) 아이오딘산칼슘(Calcium Iodate) $Ca(IO_3)_2$

〈용도〉 의약, 탈취소제, 식료품에 대한 아이오딘 첨가제

〈성상〉
① 조해성이 있는 물질로 물에 녹는다.
② 분자량=215.0 융점=42℃(6수화물)

〈기타〉 KIO_3에 준한다.

7) 아이오딘산바륨(Barium Iodate) $Ba(IO_3)_2$

〈용도〉 의약

〈성상〉
① 결정성 분말로 물에 약간 녹는다.
② 분자량=312.2 융점=130℃(6수화물) 비중=5.23

〈위험성〉
① 융점 이상으로 가열하면 분해되어 O_2를 발생한다.
② 충격·마찰에 의해 분해한다.
③ 혼촉하면 폭발 위험이 있는 물질은 KIO_3과 같다.

〈기타〉 KIO_3에 준한다.

8) 아이오딘산아연(Zinc Iodate) $Zn(IO_3)_2$

〈용도〉 의약, 용량분석, 싸이오황산나트륨 적정

〈성상〉
① 백색의 결정성 분말로 물에 약간 녹으며 C_2H_5OH에 녹지 않는다.
② 분자량=240.3 비중=5.06

③ 수용액은 리트머스시험지에 중성 반응을 나타낸다.

〈위험성〉

① 산화력이 강하며 가열에 의해 분해하여 O_2를 발생한다.

② 충격을 주거나 강산의 첨가로 단독 폭발할 위험이 있다.

③ 유기물과 혼합하면 급격한 연소·폭발을 일으킨다.

〈기타〉 유독물질이다. KIO_3에 준한다.

8. 과망가니즈산염류 $M'MnO_4$ 지정수량 1,000 kg

과망가니즈산($HMnO_4$)의 수소(H)가 금속 또는 양이온(M')으로 치환된 화합물과 과망가니즈산염($M'MnO_4$)이라 하고 이들 염의 총칭을 과망가니즈산염류라 한다.

1) 과망가니즈산칼륨/과망가니즈산포타슘(Potassium Permanganate) $KMnO_4$

〈용도〉 산화제, 살균제, 소독제(3%: 피부살균, 0.25%: 점막살균), 분석 시약, 섬유·수지·유지·마·목면의 표백, 사카린 제조, 의약, 방취제, 염료, 페인트, 촉매, 폭약, 화약, 피혁, 특수사진, 전착제, 가스마스크의 흡수제, 정량분석시약, 비타민 제조, 금속 처리제, $ZnCl_2$ 제조

〈제법〉 MnO_2를 함유한 망가니즈광의 분말을 수산화칼륨 수용액에 넣어 혼합, 산화시켜 만든다.

$$2MnO_2 + 4KOH + O_2 \xrightarrow{\triangle} 2K_2MnO_4 + 2H_2O$$

여기서 K_2MnO_4 수용액을 전해, 산화시키거나 CO_2를 작용시켜 얻는다.

$$2K_2MnO_4 + 2H_2O \longrightarrow 2KMnO_4 + 2KOH + H_2$$

$$3K_2MnO_4 + 2CO_2 \longrightarrow 2KMnO_4 + 2K_2CO_3 + MnO_2$$

〈성상〉

① 흑자색 또는 적자색의 결정. 융점에서 녹으면 캐러멜과 같이 된다.

② 분자량 = 158.04　　융점 = 240℃　　비중 = 2.7

물에 대한 용해도 = 5.3 g(15℃), 6.3 g(20℃)

③ 물, C_2H_5OH, 고농도 CH_3COOH, CH_3COCH_3에 녹는다. 물에 녹았을 때는 진한 보라색을 띠며 강한 산화력과 살균력을 나타낸다.

〈위험성〉

① 상온에서는 안정하지만 가열하면 240℃에서 분해하며 O_2를 발생한다.

$$2KMnO_4 \xrightarrow{\triangle} K_2MnO_4 + MnO_2 + O_2\uparrow$$

② 강산화제로 다음과 같은 경우는 순간적으로 혼촉발화하고, 폭발의 위험성이 상존한다.

[$KMnO_4$ + 에터]

[$KMnO_4$ + 알코올류]

[$KMnO_4$ + 에틸렌글라이콜]

[$KMnO_4$ + 글리세롤]

[$KMnO_4$ + 진한 황산 + 가연성 가스]

[$KMnO_4$ + 진한 황산 + 염화칼륨]

[$KMnO_4$ + 진한 황산 + 테레핀유]

[$KMnO_4$ + 진한 황산 + 유기물]

[$KMnO_4$ + 진한 황산 + 피크르산]

가연물(P, S, Sn, Sb, As, 유기물, 목탄분, 탄닌산)과 혼합하면 약간의 가온 및 충격에 의해서 발화 폭발한다.

③ 강알칼리와 접촉에 의해 O_2를 발생한다.

$$4MnO_4 + 4KOH \longrightarrow 4KMnO_4 + 2H_2O + O_2\uparrow$$

④ 묽은 황산과 반응하면 다음과 같으며, 진한 황산의 경우는 격렬하게 튀는 듯이 폭발을 일으킨다.

묽은 황산 : $4KMnO_4 + 6H_2SO_4 \longrightarrow 2K_2SO_4 + 4MnSO_4 + 6H_2O + 5O_2\uparrow$

진한 황산 : $2KMnO_4 + H_2SO_4 \longrightarrow K_2SO_4 + 2MnSO_4$

$[MnO_4^- + H^+ \longrightarrow HMnO_4(aq)]$

$2HMnO_4 \longrightarrow Mn_2O_7 + H_2O$

$2Mn_2O_7 \longrightarrow 4MnO_2 + 3O_2\uparrow$

처음에 $HMnO_4$가 생성되고, 이것은 계속 황산에 의해 탈수되어 Mn_2O_7이 된다.

칠산화이망가니즈(Mn_2O_7)는 기름상의 녹색 액체로 $KMnO_4$보다 강력한 산화제로 폭발한다. 이것은 대단히 불안정한 화합물로서 0℃에서 산소를 잃으며 0℃보다 높은 온도에서는 폭발한다. 이 화합물은 강산화제로서 가연성 물질을 산화시키고 특히 인화점이 낮은 석유류의 경우는 폭발적으로 연소한다. $KMnO_4$과 진한 H_2SO_4과 혼합하면 암적색의 기름 모양으로 분리되어 나오는데 이 과정은 매우 위험하다.

망가니즈산화물의 산화성 크기는 다음과 같다. 또 MnO_2와 Mn_2O_7은 가연성 물질과 혼합하면 불안정한 폭발성 산화제로 작용한다.

$$MnO < Mn_2O_3 < MnO_2 < Mn_2O_7$$

⑤ 고농도의 H_2O_2와 접촉할 때는 폭발하며, 염산과 반응하면 유해성의 Cl_2를 발생한다.

⑥ 황화인과 접촉하면 자연발화의 위험이 있다.

〈저장·취급〉

① 직사광선을 차단하고 저장용기는 밀봉한다.

② 저장·취급·운반 중 가열하거나 충격·마찰을 피한다.

③ 강산, 유기물, 알코올, 에터, 글리세롤, 에틸렌글라이콜, 가연성 가스, 강알칼리와 S, P, 목탄분 기타 환원성 물질과 철저히 격리한다.

〈소화방법〉 폭발의 위험에 대비하여 안전거리를 충분히 확보하고 공기호흡기 등의 보호장비를 착용하며 초기소화에는 마른 모래로 피복소화하거나 물, 포, 분말도 유효하지만 기타의 경우는 다량의 물로 냉각소화한다. 대량 화재 때는 비산에 의한 연소확대 방지에 노력해야 한다.

〈유해성〉 유독물질이다. 눈, 피부, 점막에 닿으면 염증을 일으키고 심하면 화상을 유발한다. 먹으면 불쾌감, 혐오감, 정신 장애, 안면 경련, 감각 이상, 현기증을 일으킨다. 분진을 흡입하면 중추신경계에 이상을 일으킨다. 화재진압 중에는 반드시 공기호흡기 등을 착용하도록 한다.

2) 과망가니즈산나트륨·삼수화물(Sodium Permanganate) $NaMnO_4 \cdot 3H_2O$

〈용도〉 살균제, 소독제, 유기합성, 사카린 제조, 모르핀 또는 인 중독 시의 해독제, 표백제

〈성상〉

① 적자색의 결정으로 물에 잘 녹으며 조해성이 강하며 무수물로 얻기가 힘들다.

② 융점 = 170℃ 비중 = 2.46

③ 가열하면 융점 부근에서 분해하여 O_2를 발생한다.

〈위험성〉

① P, S, 금속분, 유기물과 혼합하면 가열·충격·마찰에 의해 폭발한다.

② 혼촉 발화가능성 물질로는 Na, $C_2H_5OC_2H_5$, CS_2, 아닐린, 아세톤, 톨루엔, 에탄올, 진한 아세트산, 에틸렌글라이콜이 있으며 황산, 삼산화크로뮴 등과 접촉하면 격렬하게 발열한다.

〈저장·취급〉〈소화방법〉 $KMnO_4$에 준한다.

〈유해성〉 먹으면 불쾌감, 신경 장애 등이 일어난다.

3) 과망가니즈산칼슘(Calcium Permanganate) $Ca(MnO_4)_2$

〈용도〉 산화제, 살균제, 소독약, 표백제

〈성상〉

① 적자색의 결정이며 가열에 의해 O_2를 발생한다.

② 융점 = 40℃ 비중 = 2.4 물에 대한 용해도 = 3.31 g(14℃)

〈기타〉 $NaMnO_4$에 준한다.

4) 과망가니즈산암모늄(Ammonium Permanganate) NH_4MnO_4

〈용도〉 시약, 표백제

〈성상〉

① 흑자색의 결정이다.

② 물보다 무거우며 물에 잘 녹는다.

〈위험성〉

① 가열하면 분해하며 O_2를 발생하는 불안정한 폭발성 산화제이다.

② 가연물과 혼합하면 가열·충격·마찰에 의해 폭발한다.

〈기타〉 $NaMnO_4$에 준한다.

5) 과망가니즈산바륨(Barium Permanganate) $Ba(MnO_4)_2$

〈용도〉 시약, 표백제

〈성상〉

① 물보다 무거운 고체이며 물에 녹는다.

② 물에 대한 용해도 = 6.25 g(11℃)

〈기타〉 $NaMnO_4$에 준한다.

〈유해성〉 먹으면 불쾌감, 구토, 설사, 경련, 호흡 곤란을 일으킨다.

9. 다이크로뮴산염류 MCr_2O_7 지정수량 1,000 kg

다이크로뮴산($H_2Cr_2O_7$)의 수소(H)가 금속 또는 기타 양이온(M)으로 치환된 화합물을 다이크로뮴산염($M_2Cr_2O_7$)이라 하고, 이들 염의 총칭을 다이크로뮴산염류라 한다.

대부분 황적색 또는 적색 계통의 결정이고 거의가 물에 녹는다. 위험성은 $KMnO_4$와 유사하며 가열에 의해 분해하며 O_2를 발생한다.

아닐린, 피리딘과 장기간 방치하거나 가열하면 폭발하며 기타의 가연물과 혼합한 것은 가열에 의해 폭발한다. 하이드록실아민과 접촉하면 발화 폭발한다. 모두 「화학물질관리법」상 유독물질에 속한다.

1) 다이크로뮴산칼륨/다이크로뮴산포타슘(Potassium Dichromate) $K_2Cr_2O_7$

〈용도〉 산화제, 성냥, 꽃불류, 원료, 의약, 피혁 다듬질, 염료, 우지의 표백, 폭약, 크로뮴안료, 방부제, 향료 합성, 분석 시약, 인쇄 잉크, 크로뮴 도금, 촉매, 사카린 제조, 사진 인쇄, 매염제, 전기 도금, 세정제, 유리기구 세척용 클리닝용액, 안료

〈성상〉

① 등적색의 결정 또는 결정성 분말로 쓴맛과 금속성 맛이 있다.

② 분자량=294.2　　융점=398℃　　비점=500℃(분해)
비중=3.69　　물에 대한 용해도=8.89 g(15℃)

③ 물에 잘 녹고 알코올에는 녹지 않는다. 독성이 있다.

〈위험성〉

① 강산화제이며 500℃에서 분해하여 O_2를 발생한다.

$$4K_2Cr_2O_7 \xrightarrow{\triangle} 4K_2CrO_4 + 2Cr_2O_3 + 3O_2\uparrow$$

② 가연물과 혼합된 것은 발열 또는 발화하거나 가열·충격·마찰에 의해 폭발의 위험이 있다.

③ 적열하면 산화크로뮴과 크로뮴산칼륨이 있다.

④ 수산화칼슘, 하이드록실아민, [아세톤 + 황산]과 혼촉하면 발화·폭발의 위험이 있다.

⑤ 고농도의 수산화칼슘[$Ca(OH)_2$]과 혼합하면 폭발의 위험이 있다.

〈저장·취급〉

① 화기엄금, 가열·충격·마찰을 피한다.

② 산, 황, 화합물, 유지 등의 이물질과의 혼합을 금지하며 유기물, 가연물, 폭약류 등과 격리하여 냉암소에 저장한다.

③ 용기는 밀봉하여 저장한다.

④ 기타 사항은 $KMnO_4$에 준한다.

〈소화방법〉 초기소화는 물, 포소화약제가 유효하며, 기타의 경우는 물과의 직접 반응 위험성이 없으므로 다량의 물로 냉각소화한다. 소화작업 중 폭발우려가 있으므로 충분히 안전거리를 확보하고 보호복, 안전장갑, 공기호흡기 등을 착용한다.

〈유해성〉 분진은 기관지를 자극하며 상처와 접촉하면 염증을 일으키고 흡입하면 중독증상이 나타난다. 눈에 들어가거나 피부와 접촉하면 염증과 피부염을 일으키며, 입과 식도가 적황색~청록색으로 변한다. 복통과 녹색의 구토물을 토하고 심하면 혈변 배설, 중증이면 혈뇨, 경기, 실신을 일으킨다. 수용액 상태에서도 유독하다.

2) **다이크로뮴산나트륨·이수화물**(Sodium Dichromate)　$Na_2Cr_2O_7 \cdot 2H_2O$

〈용도〉 화약, 염료, 유기 합성, 산화제, 촉매, 분석 시약, 명반, 의약, 전지, 꽃불류 제조, 성냥, 시약, 인쇄 잉크, 목제의 방부제, 사카린 원료, 크로뮴화합물의 원료, 피혁(가죽 탈지), 금속의 표면 처리제, 매염제, 염색체, 유지의 표백, 사진, CrO_3 제조, Na_2SO_4 제조, 모의화산 분출실험

〈성상〉

① 등황색 또는 등적색의 결정, 무취이다.

② 분자량 = 298.0　　융점 = 356℃(무수물)　　비중 = 2.52

③ 물에 잘 녹고 알코올에는 녹지 않으며 흡습성과 조해성이 있다.

④ 84.6℃에서 결정수를 잃고 400℃에서는 분해하여 O_2를 발생한다.

〈위험성〉

① 강산화제이다. 단독으로는 안정하지만 유기물, 가연물과 혼합된 것은 가열·충격·마찰에 의해 발화 또는 폭발한다. 결국 가열될 경우 분해되어 O_2를 발생, 근처에 있는 가연성 물질을 연소시킬 수 있다.

② 황산, 하이드록실아민, [에탄올 + 황산], [TNT + 황산]과 혼촉되면 발화·폭발의 위험이 있다.

〈저장·취급〉〈소화방법〉 $K_2Cr_2O_7$에 준한다.

〈유해성〉 분진은 눈, 코, 목을 자극하고 장시간 피부와 접촉되면 피부 염증이 생긴다. 흡입하면 호흡 곤란 증상이 나타난다. 먹었을 경우는 구토, 메스꺼움 증상이 나타난다. 눈에 들어가면 결막염을 일으킨다.

3) 다이크로뮴산암모늄(Ammonium Dichromate)　　$(NH_4)_2Cr_2O_7$

〈용도〉 꽃불류 제조, 석유 정제, 그라비아인쇄의 사진 제판, 사진 제판, 피혁 가공, 염료, 염색, 유기 합성의 산화제, 촉매, 유지 세척, 양초 심지, 향료, 미용제, 시약, 도자기의 유약

〈성상〉

① 적색 또는 등적색의 침상 결정이다.

② 분자량 = 252.1　　융점 = 185℃(분해)
비중 = 2.15　　물에 대한 용해도 = 47.17 g(30℃)

③ 물, 알코올에 녹지만 아세톤에는 녹지 않는다.

④ 융점 이상 가열하면 분해하여 질소, 물 및 푸석푸석한 초록색의 삼산화이크로뮴을 만든다.

$$(NH_4)_2Cr_2O_7 \longrightarrow N_2\uparrow + 4H_2O + Cr_2O_3$$

〈위험성〉

① 강산화제이다. 상온에서 안정하지만 가열하거나 강산을 가하면 산화성이 증가한다.

② 가연물, 유기물이 섞이면 가열·충격·마찰에 의해 폭발하여 카바이드나 사이안화수은 혼합물에 마찰을 가하면 연소한다.

③ 400℃ 이상 가열하면 분해하여 O_2를 발생한다.

④ 하이드라진 및 그 수화물, 하이드록실아민염류와 혼촉에 의해 폭발을 일으킨다.

⑤ 강산류, 환원제, 알코올과 반응한다.

⑥ 밀폐용기를 가열하면 심하게 파열한다.

〈저장·취급〉 $K_2Cr_2O_7$에 준한다.

〈소화방법〉 초기소화는 마른 모래, 분말, CO_2, 소화기가 유효하며 기타의 경우는 다량의 물로 냉각 소화한다. 화재진압 중 반드시 공기호흡기와 방열복 등을 착용한다.

〈유해성〉 분진은 눈을 자극하고 상처에 접촉하면 염증이 있으며 흡입하면 기관지의 점막에 침투하고 중독 증상이 나타난다. 수용액 상태에서도 유독하고 가열에 의해서도 유독가스를 발생한다.

4) **다이크로뮴산칼슘**(Calcium Dichromate) $CaCr_2O_7$

〈용도〉 산화제, 소독제

〈성상〉 등적색의 결정으로 조해성이 있다.

〈위험성〉 가연물과 혼합된 것은 가열·충격·마찰에 의해 폭발을 일으킨다. H_2SO_4, 가연성 가스와 접촉하면 폭발한다.

〈저장·취급〉〈소화방법〉 $K_2Cr_2O_7$에 준한다.

〈유해성〉 분진은 눈을 자극하고 흡입하면 중독 증상을 나타낸다. 상처에 침투하여 염증을 일으킨다.

5) **다이크로뮴산아연·삼수화물**(Zinc Dichromate) $ZnCr_2O_7 \cdot 3H_2O$

〈용도〉 안료, 염료, 촉매, 분석 시약

〈성상〉
① 등적색의 결정으로 조해성이 있다.
② 물, C_2H_5OH, CH_3COCH_3에 녹는다.

〈위험성〉
① 강산화제이며 가열에 의해 분해하여 O_2를 발생한다.
② 가연성, 환원성 물질과 혼합된 것은 가열에 의해 발화·폭발한다.

〈저장·취급〉〈소화방법〉 $K_2Cr_2O_7$에 준한다.

〈유해성〉 피부, 눈과 접촉하면 자극성이 있다.

6) **다이크로뮴산납**(Lead Dichromate) $PbCr_2O_7$

〈용도〉 안료

〈성상〉
① 적색 결정으로 조해성이 있다.

② 물보다 무겁고 물, 알코올에 녹는다.

〈위험성〉

① 상온에서 안정하지만 가열하면 산화성이 증가한다.

② 유기물 기타 가연성 물질과 혼합된 것은 가열·충격·마찰에 의해 발화 또는 폭발한다.

〈저장·취급〉〈소화방법〉 $K_2Cr_2O_7$에 준한다.

〈유해성〉 분진은 눈에 접촉되거나 피부 상처로 침투하면 자극과 염증을 일으킨다.

10. 그 밖에 행정안전부령으로 정하는 것 지정수량 50 kg, 300 kg 또는 1,000 kg

1) 과아이오딘산염류 MIO_4 지정수량 300 kg

(1) 과아이오딘산칼륨 KIO_4

〈용도〉 분석 시약, 산화제

〈성상〉

① 무색의 결정 또는 백색 입상 분말

② 분자량 = 3.618 융점 = 582℃

③ 물에 녹지만 알코올에는 녹지 않는다.

〈위험성〉

① 위험물 또는 가연물과 혼합하면 발화 위험이 있다.

② 300℃에서 분해하기 시작하여 O_2를 발생한다.

〈저장·취급〉 금속 분말 등과 격리하여 보관하고, 통풍·환기가 잘되는 냉암소에 저장한다.

〈소화방법〉 물에 의해 냉각소화한다. CO_2, 분말에 의한 질식소화는 효과가 없다.

〈유해성〉 증기 및 분진 흡입하면 점막 자극, 복통, 구토, 오심, 설사, 호흡 곤란, 의식 불명

(2) 과아이오딘산나트륨 $NaIO_4$

(3) 과아이오딘산암모늄 NH_4IO_4 등

2) 과아이오딘산 HIO_4 지정수량 300 kg

〈용도〉 유기합성, 산화제, 분석 시약

〈성상 및 위험성〉

① 백색의 결정 또는 분말, 산화력이 있고 부식작용이 있다.

② 물, 알코올에 녹고 에터에 약간 녹는다.

〈저장·취급〉 금속 분말 등과 격리하여 보관한다. 통풍·환기가 잘 되는 냉암소에 저장한다.

〈소화방법〉 물에 의해 냉각소화한다. CO_2나 분말에 의한 질식소화는 효과가 없다.

〈유해성〉 증기 및 분진 흡입하면 눈, 코, 입 인후의 점막을 자극하고 복통, 구토, 오심, 설사, 호흡곤란, 의식 불명을 일으킨다. 먹었을 때는 토하게 하고 피부에 묻었을 때는 물로 씻는다.

3) 크로뮴, 납 또는 아이오딘의 산화물　　지정수량　　300 kg

(1) 삼산화크로뮴(무수크로뮴산)　CrO_3

〈용도〉 합성 촉매, 어망 염료, 피혁 다듬질, 크로뮴 도금, 유기 합성, 산화제, 의약, 도자기, 색유리, 고무 안료, 전지, 사진, 시약, 크로뮴메틸 제조, $H_2SO_4 \cdot CH_3OH \cdot CH_3COCH_3$ 제조할 때 촉매, 안료, 염료, 탄닌 안정제, $(NH_4)_2Cr_2O_7$ 제조

〈성상〉

① 암적색의 침상 결정으로 물, 에터, 알코올, 황산에 잘 녹는다.

② 분자량＝135.6　　융점＝196℃　　비중＝2.7

③ 융점 이상으로 가열하면 200～250℃에서 분해하여 O_2를 발생하고 녹색의 삼산화이크로뮴으로 변한다.

$$4CrO_3 \xrightarrow{\triangle} 2Cr_2O_3 + 3O_2\uparrow$$

〈위험성〉

① 강산화제이다. 크로뮴산화물의 산화성 크기는 다음과 같다.

$$CrO < Cr_2O_3 < CrO_3$$

② 산화되기 쉬운 물질이나 유기물, 인, 피크린산, 목탄분, 가연물과 혼합하면 심한 반응열에 의해 연소, 폭발의 위험이 있다.

③ 특히 고농도 에탄올과 고농도 아세트산, 아세톤, 벤젠, 다이에틸에터, 아닐린, 벤젠, 톨루엔, 자일렌, 피리딘, 다이메틸폼아마이드, 글리세롤, 시너, 그리스 등과 접촉하면 혼촉발화한다.

$$2CrO_3 + CH_3OH \longrightarrow Cr_2O_3 + CO_2\uparrow + H_2O$$

④ 강환원제(S, 목탄분, P, 금속분 등)와 접촉하면 가열·충격으로 폭발의 위험이 있다.

⑤ 물과 접촉하면 격렬하게 발열하고, 따라서 가연물과 혼합하고 있을 때 물이 침투되면 발화 위험이 있다.

$$CrO_3 + H_2O \longrightarrow H_2CrO_4 + \text{발열}$$

⑥ 헥사사이아노철산테트라포타슘$\{K_4[Fe(CN)_6]\}$과 혼합한 것을 가열하면 폭발한다.

〈저장·취급〉

① 화기엄금, 가열금지, 직사광선을 피하도록 한다.

② 물 또는 습기와의 접촉을 피하며 냉암소에 보관한다.

③ 철재 용기에 밀폐하고 차고 건조한 곳에 보관한다.

④ 유기물, 유기산, 가연물, 환원제, 인, 황, 화약류, 유기과산화물, 알코올, 할로젠, 금속분 및 기타 가연물의 접촉을 피하며 철저히 격리 보관해야 한다.

⑤ 취급 중 피부와 접촉되지 않도록 한다.

〈소화방법〉 가연물과의 격리를 기하고 마른 모래로 덮어 질식소화한다. 부득이한 경우 소량의 경우는 다량의 물로 소화한다. 소화작업 중에는 소화잔수나 분진 또는 연소생성물의 접촉 또는 흡입되지 않도록 적당한 보호복, 안전장갑, 보호안경, 방독마스크 및 공기호흡기 등을 착용하도록 한다.

〈유해성〉 유독물질로서 인체에 대한 독성이 강하다. 피부 점막을 자극시켜 피부염을 일으키고 흡입하면 입과 식도가 청록색으로 변하고 두통, 절명, 구토, 혈변이 나온다.

(2) 삼산화이크로뮴 Cr_2O_3

산화성은 CrO_3보다 적다.

(3) 삼산화크로뮴 CrO_3

산화성은 Cr_2O_3보다 적다.

(4) 산화납(이산화납) PbO_2

〈용도〉 산화제, 전지 또는 전해용 전극제조, 분석시약

〈성상 및 위험성〉

① 비중 = 9.375　　　　　　융점 = 290℃

② 흑갈색의 결정성 분말, 가연성 물질과 혼합하면 발화할 수가 있다.

③ 염산 등의 산과 반응하면 O_2와 Cl_2를 발생한다. 열분해하면 O_2를 발생한다.

〈저장·취급〉

① 직사광선을 피하여 통풍·환기가 잘되는 건조한 냉암소에 보관한다.

② 가연성 물질, 강산류와는 격리하여야 한다.

〈소화방법〉 물에 의해 소화한다. 작업 전 분진(증기)농도를 확인하고 통풍·환기를 충분히 실시한다. 가연성 물질 등은 작업 전 사전에 제거한다.

화재 초기부터 급격히 연소되므로 주의를 요하고 처리수에 의한 2차적 오염에 주의를 하여야 한다.

〈유해성〉 유독물질. 증기·분진 등 흡입하면 목의 갈증, 빈혈, 상복부의 불쾌감, 식욕 부진, 변비, 근육 및 관절에 약한 동통, 운동 마비, 피로, 혼수 경련, 불임증, 유산, 사산 등 초래, 납중독

(5) 사산화삼납 Pb_3O_4

〈용도, 성상 및 위험성〉 PbO_2와 유사하다.

〈저장·취급〉 가열·충격에 주의하고, 통풍·환기가 잘되는 건조한 냉암소에 보관한다. 가연물 등과 연소 폭발을 일으키므로 격리하며 보관하여야 한다.

〈소화방법〉

① 조연성 물질이므로 화재가 발생한 때는 CO_2 분말, 포는 효과가 없으며, 유독한 가스를 발생하므로 바람을 등지거나 공기호흡기 등을 착용한다.

② 가연성 물질과는 연소·폭발을 일으킬 우려가 있으므로 작업 전 반드시 격리하여야 한다.

〈유해성〉 유독물질이다. 가수분해되어 $(NH_4)_2SO_4$와 H_2O_2를 생성하고 습기와 작용하여 오존을 생성한다. 증기·분진 등을 흡입하면 기도를 자극하여 비염, 궤양 등을 일으킨다.

(6) 아이오딘산화물(오산화이아이오딘 I_2O_5)

① 비중＝4.8

② 산화제이며, 부식성 물질이다.

4) 아질산염류 MNO_2 지정수량 300 kg

(1) 아질산칼륨 KNO_2

〈용도〉 다이아조화합물 합성, 식품 발색제, 식품 방부제, 의약, 시약, 염색

〈성상〉

① 백색 또는 담황색의 결정성 분말 또는 덩어리이다.

② 분자량＝85.11 융점＝297℃ 비점＝350℃(분해) 비중＝1.9

③ 물에 녹으며 알코올에는 녹지 않는다. 조해성이 있다.

〈위험성〉

① 공기 중에서 서서히 분해하고 가열하면 폭발한다.

② 수용액 상태에서 산을 넣으면 갈색의 유해성 NO_2를 내면서 분해한다.

③ 하이드라진, 암모늄염, 할로젠화암모늄, 사이안화칼슘, 헥사사이아노철산테트라포타슘, 하이포아인산나트륨, 기타 가연물과 혼합물을 가열하면 발열·발화·폭발한다.

④ 경우에 따라서는 KNO_3보다 더 위험하다.

⑤ 사이안화합물과의 혼합물을 가열하면 폭발성 물질을 생성한다.

⑥ 황린과 혼합하면 발화 폭발하고, 적린과 혼합한 것은 충격·타격·가열에 의해 발화한다.

〈저장·취급〉

① 화기엄금. 직사광선을 피한다.

② 저장·취급·운반 중 젖지 않도록 한다.

〈소화방법〉 초기소화에는 물, 포, CO_2 소화약제도 유효하지만 기타의 경우는 다량의 물로 냉각소화한다. 화재 발생 중 유해성 가스에 중독 우려가 되므로 공기호흡기 등을 착용한다.

〈유해성〉 유독물질로서 피부와 접촉하거나 눈에 들어가면 약상을 입으며 유해성 분해가스를 흡수하면 구토, 허탈, 실신에 이른다. 가열에 의해 유독가스를 발생하고 수용액 상태도 유독하다.

(2) 아질산나트륨 $NaNO_2$

〈용도〉 열처리제, 발포제, 금속표면 처리제, 나이트로화합물 제조, 분석 시약, 사진반응 시약, 의약, 가황 촉진제, 과자 및 식품(햄, 소시지, 베이컨)첨가제, 폭약(다이아조다이나이트로페놀) 제조, 표백, 염색, 유기합성의 원료, 염색

〈성상〉

① 백색 또는 미황색 무취의 입상 분말로 외관상 소금과 유사하다.
② 분자량=69.01 융점=270℃ 비중=2.17 비점=320℃(분해)
③ 쓴맛과 약간의 신맛이 있다.
④ 물에 잘 녹으며 알코올, 에터에 약간 녹으며 흡습성이 있다.
⑤ 공기 중 서서히 산화되어 $NaNO_3$이 된다.

〈위험성〉

① 불연성 물질이지만 가연성 물질과 접촉될 경우 충격·마찰에 의해 화재·폭발을 일으킬 수도 있고 화재를 더욱 격렬하게 한다.
② 유기 화학약품이나 암모늄염류와 혼촉하면 발화 위험하다.
③ 산과의 접촉에 의해 분해되어 갈색의 유해성 NO_2를 발생한다.

〈저장·취급〉 KNO_2에 준한다.

〈소화방법〉 초기소화는 다량의 물로 분무주수하며 CO_2, 분말, 포는 효과가 없고 오히려 위험성을 증가하지만 소다회는 효과적이다. 가열하거나 화재 중 유해성 가스가 발생하므로 보호안경, 공기호흡기 등을 착용한다.

〈유해성〉 유독물질로서 분진은 눈, 코, 목에 자극적이며 흡입하면 두통, 호흡 곤란, 의식 불명이 나타나고 많은 양을 먹으면 두통, 메스꺼움, 호흡 곤란, 허탈, 의식 불명에 빠진다.

만성 중독되면 실신, 혼수상태, 혈압 저하, 맥박 과다, 두통, 시력 장애를 일으킨다. 피부와 접촉하거나 눈에 들어가면 약상을 입으며 수용액 상태도 유독하다.

(3) 아질산칼슘 $Ca(NO_2)_2$

〈용도〉 방청용

〈성상〉

① 무색의 조해성 결정 또는 결정성 분말이다.

② 분자량 = 132.0 융점 = 108℃ 비중 = 1,029 응고점 = − 10℃

〈위험성, 저장·취급, 소화방법〉 $NaNO_2$에 준한다.

〈유해성〉 유독물질로서 많은 양을 먹으면 구토, 실신, 혼수상태에 빠지고, 만성 중독되면 혈압 저하, 맥박 과다, 두통, 시력 장애가 일어난다.

(4) 아질산은 $AgNO_2$

〈용도〉 분석시약

〈성상〉

① 황색에 가까운 결정 또는 분말이며 햇빛에 의해 탈색된다.

② 분자량 = 153.8 융점 = 140℃ 비중 = 4.45

③ 냉수에 약간 녹고 온수에 잘 녹으며 C_2H_5OH에 녹지 않는다.

④ 강한 산화력과 부식성이 있다.

⑤ 사이안화은(AgCN)과의 혼합물에 가열하면 폭발한다.

〈소화방법〉 $NaNO_2$에 준한다.

(5) 아질산아연 $Zn(NO_2)_2$

(6) 아질산암모늄 NH_4NO_2

(7) 아질산알루미늄 $Al(NO_2)_3$ 등

5) 차아염소산염류/하이포아염소산염류 MClO 지정수량 50 kg

(1) 차아염소산나트륨/하이포아염소산소듐 NaClO

〈용도〉 산화제, 종이·펄프·직물·섬유의 표백, 살균 소독제, 락스 제조, 분석 시약, 염색, 하이드라진 제조, 탈색제, 탈취제, 식품(음료수, 전분) 첨가제, 식품 방부제, 살균제, 주류의 양조

〈성상〉

① 무색 또는 백색의 결정 또는 분말로 부식성이 강하다.

② 분자량 = 74.44 비중 = 1.097

③ 냉수에 용해되며 열탕에 분해한다.

④ 공기, 열, 직사광선에 방치하면 서서히 유독한 Cl_2를 분해한다.

〈위험성〉

① 무수물은 대단히 불안정하며 폭발적으로 분해하기 쉽다.

② 수용액은 유리된 O_2를 발생하며 산화·표백·살균작용을 나타낸다.
③ CH_3OH, 수산($C_2H_2O_4$)과 혼촉하면 조건에 따라 폭발할 가능성이 있다.

〈저장·취급〉
① 냉암소에 저장하고, 장기간 보관하지 않도록 한다.
② 금속류(Cu, Ni)의 혼입을 피하고 차광된 유리용기에 넣어 저장한다.
③ 가연성의 유기물과의 접촉을 피한다.

〈소화방법〉 초기소화에는 물, 포소화약제도 유효하지만, 다량의 물로 냉각소화한다. 폭발 위험이 있으므로 안전거리를 확보하고 연소생성가스가 유독하므로 공기호흡기 등을 착용한다.

(2) 차아염소산칼슘/하이포아염소산칼슘 　$Ca(ClO)_2$

〈용도〉 살균제, 표백제, 탈취제

〈성상〉
① 햇빛, 산, 열에 의해 폭발의 위험이 있다.
② 분자량＝142.99 　　용점＝100℃ 　　비중＝2.35
③ 뜨거운 Co, Ni, Mn, Fe 등의 혼촉에 의해 자연 폭발할 수 있다.
④ 100℃에서 분해되며 150℃ 이상 가열하면 즉시 O_2를 발생하면서 폭발한다.
⑤ 물에 의해서도 분해한다.
⑥ 강한 산화력과 자극성을 가지고 있다.
⑦ CH_3OH, C_2H_5OH, $C_6H_5NO_2$, C_6H_5OH, 글리세롤, 산화제이철, 목탄분과 혼촉하면 발화 또는 폭발의 위험이 있다.

6) 염소화(클로로)아이소사이아누르산 　$C_3N_3Cl_3O_3$ 　**지정수량** 　300 kg

〈용도〉 용수·폐수의 산화처리제(정화, 악취 제거), 수영장 소독제, 식기류 살균소독제, 세제, 고무의 염소화, 폐수악취제거, 오수 정화

〈성상〉 제1류 위험물 중 유일한 유기화합물이다. 3개의 염소가 포함된 것을 트라이클로로아이소사이아누르산이라 하며 유효 염소함량 90%의 백색 결정이다. 2개의 염소가 포함된 염에는 대표적인 물질로 다이클로로아이소사이아누르산나트륨과 다이클로로아이소사이아누르산칼륨이 있다.

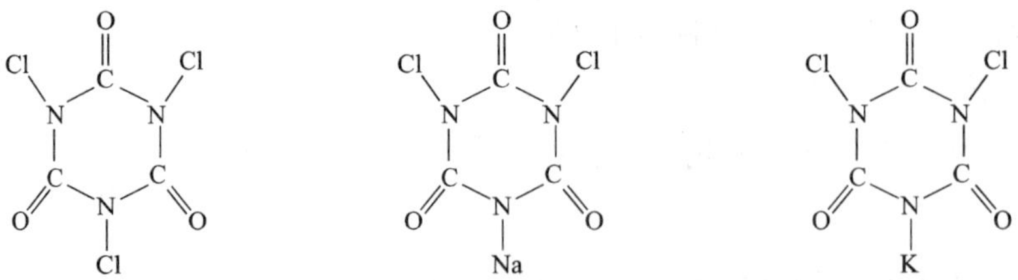

트라이클로로아이소사이아누르산 　다이클로로아이소사이아누르산나트륨 　다이클로로아이소사이아누르산칼륨

〈위험성〉

① 산화성 고체이다. 물에 대한 용해도는 1.2 g(25℃)이다.

② 물과 접촉하여 가수분해가 일어나면 하이포아염소산(HClO)을 유리시켜 산화력이 증가하는 산화성 고체이다.

③ 유기용제 및 가연성 물질과 접촉하면 가열에 의해 위험해진다.

〈저장·취급〉

① 냉암소에 보관하며, 물과의 접촉을 피한다. 물로 직접 소화하지 말아야 한다.

② 화기엄금. 가열금지. 산, 알칼리, 유기용제, 가연성 물질과의 혼합을 피한다.

7) 퍼옥소이황산염류 지정수량 300 kg

(1) 과황산칼륨 $K_2(SO_4)_2$

〈용도〉 합성수지 중합촉매, 산화제, 표백제, 분석 시약

〈성상 및 위험성〉

① 무색 또는 백색의 결정. 물보다 무겁고 물에 녹는다.

② 장기간 저장 중 서서히 분해하여 산성염을 형성한다.

③ 분해할 때 발생한 O_2와 가연성 물질이 공존하면 연소 위험성이 생긴다.

④ 가수분해하면 산성 $(NH_4)_2SO_4$과 H_2O_2를 생성하고, 습기와 작용하여 오존(O_3)을 생성한다.

〈저장·취급〉

① 가열·충격에 주의하며 통풍·환기 잘 되는 건조한 냉암소에 저장한다.

② 가연물과는 격리하여 저장한다.

〈소화방법〉

① 조연성 물질이므로 CO_2, 분말, 포에 의한 질식소화는 효과가 없다.

② 유독한 가스를 발생하므로 바람을 등지거나 공기호흡기 등을 착용하여야 한다.

(2) 과황산나트륨 $Na_2(SO_4)_2$

〈용도〉 시약

〈성상 및 위험성〉

① 고체이다. 피부에 부식작용이 있다.

② 가열·충격·마찰에 의해 폭발의 위험이 있다.

③ 가수분해하면 산성 $(NH_4)_2SO_4$과 H_2O_2를 생성하고 습기와 작용하여 O_3을 생성한다.

〈기타〉 과황산칼륨에 준한다.

(3) 과황산암모늄 $(NH_4)_2(SO_4)_2$

〈용도〉 산화성 표백제, 염화비닐 등의 중합촉매, 금속표면 처리제, 산화성 발색제, 분색 시약

〈성상〉

① 무색의 결정, 물에 녹는다.

② 비중 = 1.98　　융점 = 120℃　　비점 = 120℃

③ 가열·충격에 분해하여 O_2를 발생하고, 가연물과 혼합하면 연소·폭발을 일으킬 우려가 있다.

④ 금속과 접촉하여도 분해한다.

⑤ 가수분해하면 산성 $(NH_4)_2SO_4$과 H_2O_2를 생성하고 습기와 작용하여 O_3을 생성한다.

〈기타〉 $K_2(SO_4)_2$에 준한다.

8) 퍼옥소붕산염류　　지정수량　　300 kg

(1) 퍼옥소붕산나트륨·사수화물　　$NaBO_3 \cdot 4H_2O$

〈용도〉 산화표백제, 소독, 세척, 염색 조제, 화장품, 치약, 직물, 유지 등의 표백제, 방부제, 탈취제, 살균제, 분석 시약

〈성상 및 위험성〉

① 백색 분말, 공기 중 습기에 의해 서서히 분해되어 O_2를 발생한다.

② 물 및 열에 의해 발열, 분해하여 O_2를 발생하고, 폭발의 위험이 있다.

〈저장·취급〉

① 금속 분말, 과망가니즈산염류 유기물과 가연물은 격리하여야 하며, 직사광선을 피하며 통풍·환기가 잘 되는 냉암소에 보관한다.

② 이물질의 혼입, 용기의 파손 등을 방지하고, 가열·충격·마찰에 유의해야 한다.

〈소화방법〉 적응 소화약제는 분말이다. 물을 사용하면 발열 등의 위험성이 있으므로 충분히 고려해야 하며, 2차적인 오염에 유의해야 한다. 통풍·환기를 충분히 실시하며 마찰·타격 등에 주의하여 작업에 임한다.

〈유해성〉 증기 분진 등 흡입하면 코, 기도를 심하게 자극하여 통증, 기침 등을 일으키고 점막을 부식시킨다.

(2) 퍼옥소붕산칼륨·사수화물　　$KBO_3 \cdot 4H_2O$

(3) 퍼옥소붕산암모늄·사수화물　　$NH_4BO_3 \cdot 4H_2O$ 등

11. 상기 각 호에 정하는 어느 하나 이상을 함유하는 것
지정수량　　50 kg, 300 kg 또는 1,000 kg

연습문제 4

01. 제1류 위험물의 일반 성상 중 틀린 것은?

① 모두 산소를 함유하고 있다. ② 모두 불연성 물질이다.
③ 모두 고체로서 무기화합물이다. ④ 다른 가연물의 연소를 돕는 강한원성 물질이다.

02. 다음 중 제1류 위험물이 아닌 것은?

① $NaClO_3$ ② NaH
③ Na_2O_2 ④ $NaClO_4$

03. 과산화나트륨(Na_2O_2)이 물과 반응하면 나타나는 현상은?

① 즉시 수소와 산소 그리고 열을 발생한다. ② 즉시 수소와 열을 발생한다.
③ 즉시 산소와 열을 발생한다. ④ 즉시 수소와 산소를 발생한다.

04. 다음의 혼합물에 약간의 물을 가하면 즉시 발화에 이르는 것은?

① Na_2O_2 + 알루미늄분 ② C_2H_5OH + 황
③ 휘발유 + H_2SO_4 ④ Mg + 알루미늄분

05. 다음 제1류 위험물 중 금수성 위험물과 유사한 것은?

① 질산칼륨(KNO_3) ② 삼산화크로뮴(CrO_3)
③ 아이오딘산나트륨($NaIO_3$) ④ 염소산칼륨($KClO_3$)

06. 제1류 위험물에 관한 설명 중 바른 것은?

① 질산나트륨은 무색 결정으로 조해성이 있으며 칠레초석이라 불린다.
② 염소산칼륨은 청색 분말로 유독하고 냉수, 알코올에 잘 녹는다.
③ 질산암모늄은 황색 결정으로 조해성이 있다.
④ 과망가니즈산칼륨은 흑자색 결정으로 물에 녹지 않으나 알코올에 녹아 피부병 치료에 쓰인다.

07. 다음 중 가장 빨리 발화에 이르게 되는 것은?

① 과염소산칼륨($KClO_4$)을 가열시킨다. ② Na_2O_2에 물을 반응시킨다.
③ $KClO_3$과 금속분을 혼합하여 둔다. ④ 황린과 $KClO_3$을 혼촉시킨다.

08. 「강산화제 + 강환원제」의 혼합형태의 대표적 용도는?

① 인쇄 잉크 ② 염료
③ 흑색화약 ④ 제초제

09. 제1류 위험물이 급격히 산화성이 증대되는 요인은?

① 물과 혼합시킨다. ② 제6류 위험물과 혼합한다.
③ 가연물과 혼합한다. ④ 공기와의 접촉을 증가시킨다.

10. 무기과산화물에 대한 설명 중 틀린 것은?

① 가열·충격·마찰에 의해 O_2를 분해한다. ② 물과 반응하여 격렬하게 발열한다.
③ 가연성 물질이다. ④ 강산화제이다.

11. 다음 중 O_2를 발생하지 못하는 것은?

① CrO_3에 물을 가한다. ② 염소산칼륨을 가열시킨다.
③ 무기과산화물을 충격·마찰시킨다. ④ 물을 전기분해한다.

12. 제1류 위험물이 가연물과 혼합되었을 때의 잘못된 현상은?

① 연소속도가 증가한다. ② 화염의 온도가 상승한다.
③ 발화점이 낮아진다. ④ 최소점화에너지가 높아진다.

13. 다음 중 CO_2와 반응하여 O_2를 발생하는 것은?

① 과산화나트륨(Na_2O_2) ② 삼산화크로뮴(CrO_3)
③ 하이드라진(N_2H_4) ④ 이황화탄소(CS_2)

14. 다음 혼합물 중 가장 안정된 것은?

① 과산화소듐 + 물 ② 칼륨 + 물
③ 알코올 + 물 ④ 진한 질산 + 염소산포타슘

15. 무기과산화물(A)과 유기과산화물(B)의 소화방법은?

① A : CO_2에 의한 질식소화, B : CO_2에 의한 냉각소화
② A : 분말에 의한 질식소화, B : 포에 의한 질식소화
③ A : 포에 의한 질식소화, B : 분말에 의한 질식소화
④ A : 분말에 의한 질식소화, B : 물에 의한 냉각소화

16. **제1류 위험물의 대표적 성질은?**

① 환원성 또는 충격 민감성
② 산화성 또는 충격 민감성
③ 자기반응성 또는 금수성
④ 인화성 또는 강산화성

17. **제1류 위험물 중 큰 충격에 의해 단독으로도 분해·폭발의 위험이 있는 것은?**

① $KClO_4$
② $KMnO_4$
③ NH_4NO_3
④ $K_2Cr_2O_7$

18. **제1류 위험물의 예방대책으로 적절하지 못한 것은?**

① 화기를 엄금한다.
② 가연물과 격리한다.
③ 저장용기의 파손을 방지한다.
④ 강산류와 함께 중화시킨다.

19. **무기과산화물은 성질상 몇 류 위험물과 유사한가?**

① 제2류 위험물
② 제3류 위험물
③ 제4류 위험물
④ 제5류 위험물

20. **질산나트륨에 대한 안전관리요령으로서 틀린 것은?**

① 화재 발생 때 주수소화는 엄금한다.
② 가열하면 열분해하므로 화기를 엄금한다.
③ 충격, 타격, 마찰을 엄금한다.
④ 유기물과의 혼합을 피한다.

21. **다음은 NH_4NO_3의 성질을 설명한 것이다. 옳은 것은?**

① 물과 격렬하게 반응하며 발열한다.
② 물에 잘 녹고, 가열하면 산소를 발생한다.
③ 환원성 고체로서 가열하면 폭발한다.
④ 조해성과 흡습성이 없어서 화약의 원료로 사용된다.

22. **과산화마그네슘의 저장 및 취급상 주의사항이 아닌 것은?**

① 산화제와의 혼합은 폭발의 위험이 있으나 환원제와 혼합은 안전하다.
② 이물질의 혼입을 방지한다.
③ 분해를 촉진하는 약품과의 접촉을 피한다.
④ 용기는 밀봉, 밀전한다.

23. 과산화나트륨(Na_2O_2)의 위험성을 설명한 것 중에서 틀린 것은?

① 물과 접촉하면 산소를 발생하여 위험하나 유기물과는 접촉하여도 위험하지 않다.
② 가연성 물질과 접촉하면 발화하기 쉽다.
③ 가열하면 분해되어 산소가 발생한다.
④ 수분이 있는 피부에 닿으면 화상의 위험이 있다.

24. 제1류 위험물의 공통 성질이 아닌 것은?

① 상온에서 고체 상태로 존재한다.
② 비중이 1보다 작으며 지용성인 것이 많다.
③ 모두 불연성이며 강산화제이다.
④ 분해하면 산소를 방출하며 다른 가연물의 연소를 돕는다.

25. 염소산포타슘의 성질에 대한 설명 중 틀린 것은?

① 찬물 및 에터에 잘 녹는다.
② 무색, 무취의 결정 또는 분말로서 불연성 물질이다.
③ 촉매 없이 400℃에서 분해되어 산소를 발생시킨다.
④ MnO_2의 촉매가 존재할 때 분해반응이 빠르게 진행된다.

26. 제1류 위험물 중 알칼리금속 과산화물과 물이 접촉하였을 때 주로 발생하는 것은?

① 수소 ② 산소
③ 이산화탄소 ④ 수성가스

27. 다음 보기 항 중 질산염류 물질을 취급하는 과정에서 화재(혼촉발화)나 폭발 등의 위험성이 없는 것은?

① 황린을 섞는 경우 ② 마찰시키는 경우
③ 가열하는 경우 ④ 물에 용해시키는 경우

28. 과망가니즈산포타슘(과망가니즈산칼륨)의 성질을 설명한 것 중 옳은 것은?

① 강산화제이다.
② 알칼리와 반응하지 않는다.
③ 물에는 용해하나 에탄올에 불용이다.
④ 진한 황산과 접촉하면 서서히 반응한다.

29. **아염소산나트륨에 관한 설명 중 틀린 것은?**

① 자신은 불연성이다.
② 불안정하여 180℃ 이상 가열하면 O_2를 방출한다.
③ 수용액 상태에서도 강력한 환원력이 있다.
④ 싸이오황산나트륨과 혼합하면 혼촉발화한다.

30. **적린과 염소산칼륨의 위험물이 혼합하면 안되는 주된 이유는?**

① 용해되기 때문이다.
② 반응하여 수소(g)가 발생하기 때문이다.
③ 저장용기를 부식, 용해시키기 때문이다.
④ 가열·충격·마찰에 의해 폭발하기 때문이다.

31. **염소산나트륨의 저장 및 취급할 때 주의사항에 관한 설명이다. 틀린 것은?**

① 가열·충격·마찰을 피한다.
② 분해를 촉진하는 약품류와의 접촉을 피한다.
③ 조해성이므로 용기의 밀폐, 밀봉에 주의한다.
④ 공기와의 접촉을 피하기 위하여 물속에 저장한다.

32. **과염소산칼륨의 일반적인 성질에 대한 설명 중 틀린 것은?**

① 강산화제이다.
② 자신은 불연성 물질이다.
③ 180℃에서 분해하기 시작하여 340℃에서 완전분해 한다.
④ 진한 황산에 접속하면 폭발성 가스를 생성하고 튀는 듯이 폭발할 위험이 있다.

33. **염소산염류에 관한 설명으로 틀린 것은?**

① 제1류 위험물에 속하는 산화성 고체이다.
② 염소산염류의 지정수량은 질산염류의 지정수량보다 작다.
③ 가열하거나 강한 충격을 주면 분해하여 산소를 발생한다.
④ 일부 위험물은 여름철 고온 하에서 공기 중에 노출되면 자연발화한다.

34. **제1류 위험물의 저장 취급할 때 주의사항으로 옳지 않은 것은?**

① 저장용기의 전락·전도 방지조치를 한다.
② 충격·마찰을 피하고 화기를 피해 저장한다.
③ 가연물 및 강산류와의 접촉을 금지한다.
④ 가급적 어둡고 습기가 많은 곳에 보관한다.

35. 과염소산칼륨의 성질에 대한 설명 중 틀린 것은?

① 조해성이 있고 물, 다이에틸에터에 잘 녹는다.
② 황산과 반응하면 폭발성 가스가 생성된다.
③ 가연물과의 혼합하면 충격에 의해 폭발한다.
④ 무색, 무취 결정 또는 백색분말이다.

36. 질산암모늄의 일반적인 성질에 관한 설명으로 올바른 것은?

① 조해성이 없다.
② 무색 무취의 액체이다.
③ 물에 녹을 때에는 발열반응을 나타낸다.
④ 급격한 가열·충격에 따라 폭발의 위험이 있다.

37. 염소산나트륨의 저장 및 취급에 관한 설명 중 잘못 설명된 것은?

① 가열·충격·마찰을 피한다.
② 분해를 촉진하는 약품류와는 접촉을 피한다.
③ 공기와의 접촉을 피하기 위하여 물속에 저장한다.
④ 조해성이 있으므로 용기의 밀폐·밀봉하여 저장한다.

38. 다음 위험물에 해당되는 것은?

1. 대부분 무색의 결정, 백색 분말이다. 2. 물과 작용하여 열과 산소를 발생시키는 것도 있다. 3. 가열 등에 의해 산소를 발생한다.

① 제1류 위험물 ② 제2류 위험물
③ 제3류 위험물 ④ 제5류 위험물

39. 염소산칼륨의 성질에 대한 설명 중 옳은 것은?

① 강산화제이며 가열·충격·마찰에 의해서 가연성 가스가 발생한다.
② 그 자신은 불연성 물질이지만 황, 목탄, 유기물 등과 혼합한 것은 위험하다.
③ 수용액은 약한 산성이며, 물, 알코올에 잘 녹는다.
④ 유리용기를 부식시키므로 철재용기에 저장한다.

40. **염소산나트륨에 대한 설명 중 틀린 것은?**

① 무취, 무색의 입방정계 주상결정이다.
② 산과 반응하여 유독하고, 폭발성의 ClO_2가 발생한다.
③ 저장할 때 철제용기를 피한다.
④ 풍해성이 있기 때문에 포장을 잘해야 한다.

41. **CaO_2와 K_2O_2의 공통점에 해당하는 것은?**

① 노란색의 침상결정이다. ② 물과 알코올에 잘 녹는다.
③ 염산과 반응하여 수소를 발생한다. ④ 가열하면 산소를 분해 발생한다.

42. **과산화나트륨의 위험성에 대한 설명이다. 옳은 것은?**

① 인화되기 쉬운 물질이다.
② 물과는 반응성이 약하다.
③ 상온에서 불안정하여 산소를 발생한다.
④ 공기 중에서 서서히 CO_2를 흡수하여 탄산염을 만들고 산소를 발생한다.

43. **과산화마그네슘 성상 및 취급에 관한 설명으로 틀린 것은?**

① 가연성 유기물과 혼합되어 있을 때 가열·충격에 의해 폭발 위험이 있다.
② 습기 또는 물과 접촉하면 O_2를 발생한다.
③ 산과 접촉하여 H_2O_2를 발생한다.
④ 적녹색의 결정이다.

44. **무색 무취의 결정으로 물, 알코올 등에 잘 녹고 산과 반응하여 폭발성의 ClO_2를 발생시키는 위험물로 살충제, 꽃불류의 원료로 사용되는 것은?**

① 과망가니즈산칼륨 ② 과염소산칼륨
③ 과산화나트륨 ④ 염소산나트륨

45. **다음은 과산화마그네슘에 대한 설명이다. 옳은 것은?**

① 화재진압할 때 주수를 엄금하며, 건조사로 질식소화 시킨다.
② 물에 녹지 않기 때문에 습기와 접촉해도 무방하다.
③ 과산화마그네슘이 분해하면 금속 마그네슘이 된다.
④ 과산화마그네슘은 공기 중에서는 안전하기 때문에 용기를 밀폐해 둘 필요가 없다.

46. 다음은 질산칼륨에 대한 설명이다. 틀린 것은?

① 물에 거의 녹지 않는다.
② 화재 중 주수소화가 가능하다.
③ 열분해하여 산소를 방출한다.
④ 비중은 1보다 크다.

47. 산화성 고체 위험물의 취급방법이 잘못된 것은?

① 습윤시켜서 저장한다.
② 용기는 밀폐하여 보관한다.
③ 가연물과의 접촉을 피한다.
④ 환기가 잘 되는 곳에 저장한다.

48. 다음 물질 중 가열하면 분해온도가 가장 낮은 물질은?

① Na_2O_2
② $KClO_3$
③ KNO_3
④ NH_4ClO_4

49. 염소산칼륨($KClO_3$)의 취급 시 주의사항으로 틀린 것은?

① 충격에 주의한다.
② 강산과의 혼합을 피한다.
③ 중금속 + 소량의 물과 혼합을 피한다.
④ 누출되면 분해되므로 삽으로 수거작업을 한다.

50. 산화성 고체 위험물이 공통적인 위험성에 관한 설명 중 옳은 것은?

① 물과 작용할 때 발화하기 쉽다.
② 대부분의 공기 속에서 발화하기 쉽다.
③ 유기물의 혼합 등에 의해서 폭발의 위험이 있다.
④ 산소를 많이 함유하므로 자기연소의 위험성이 있다.

정답

01.④ 02.② 03.③ 04.① 05.② 06.① 07.④ 08.③ 09.② 10.③ 11.① 12.④
13.① 14.③ 15.④ 16.② 17.③ 18.④ 19.② 20.① 21.② 22.① 23.① 24.②
25.① 26.② 27.④ 28.① 29.③ 30.④ 31.④ 32.③ 33.④ 34.④ 35.① 36.④
37.③ 38.① 39.② 40.④ 41.④ 42.④ 43.④ 44.④ 45.① 46.① 47.① 48.④
49.④ 50.③

Chapter 03

제2류 위험물 (가연성 고체)

제1절 개 관

1. 종류

성 질	품 명	지정수량
가연성 고체	1. 황화인	100 kg
	2. 적린	100 kg
	3. 황	100 kg
	4. 철분	500 kg
	5. 금속분	500 kg
	6. 마그네슘	500 kg
	7. 그 밖에 행정안전부령이 정하는 것 8. 제1호부터 제7호까지의 어느 하나에 해당하는 위험물을 하나 이상 함유한 것	100 kg 또는 500 kg
	9. 인화성 고체	1,000 kg

2. 「위험물안전관리법」상의 범위 및 한계

① "가연성 고체"란 고체로서 화염에 의한 발화의 위험성 또는 인화의 위험성을 판단하기 위하여 소방청장이 정하여 고시하는 시험에서 고시로 정하는 성질과 상태를 나타내는 것을 말한다.

② 황은 순도가 60wt% 이상인 것을 말하며, 순도측정을 하는 경우 불순물은 활석 등 불연성 물질과 수분으로 한정한다.

③ "철분"이란 철의 분말로서 53 μm의 표준체를 통과하는 것이 50wt% 미만인 것은 제외한다.

④ "금속분"이란 알칼리금속·알칼리토류금속·철 및 마그네슘 외의 금속의 분말을 말하고, 구리분·니켈분 및 150 μm의 체를 통과하는 것이 50wt% 미만인 것은 제외한다.

⑤ 마그네슘 및 제2류 위험물 제8호의 물품 중 마그네슘을 함유한 것에 있어서는 다음에 해당하는 것은 제외한다.

a. 2 mm의 체를 통과하지 아니하는 덩어리 상태의 것

b. 지름 2 mm 이상의 막대 모양의 것

⑥ 황화인·적린·황 및 철분은 ①에 따른 성질과 상태가 있는 것으로 본다.

⑦ "인화성 고체"란 고형알코올 그 밖에 1 atm에서 인화점이 40℃ 미만인 고체를 말한다.

⑧ 위 표의 성질란에 규정된 성상을 2가지 이상 포함하는 물품(복수성상물품)이 속하는 품명은 다음에 따른다.

a. 복수성상물품이 산화성 고체의 성상(제1류) 및 가연성 고체의 성상(제2류)을 가지는 경우 : 제2류 위험물 제8호에 따른 품명
b. 복수성상물품이 가연성 고체의 성상(제2류)과 자연발화성 물질의 성상 및 금수성 물질의 성상(제3류)을 가지는 경우 : 제3류 위험물 제12호에 따른 품명

3. 일반 성질

① 대표적인 성질은 가연성 고체이다. 비교적 낮은 온도에서 착화하기 쉬운 이연성, 속연성 물질이다.

② 대부분 물보다 무겁고 물에 녹지 않는다. 인화성 고체(유기화합물)를 제외하고 모두 무기화합물이며 강력한 환원성 물질이다.

③ 강환원제로서 O_2와 결합이 용이하여 연소되기 쉽고 저농도의 O_2에서도 결합한다.

④ 연소하면 연소열이 크고 연소온도가 높아서 연소속도가 빠르고 연소 확대 위험이 크다. 또한 연소생성물은 유독한 것이 많다.

⑤ 모두 가연성 물질이므로 무기과산화물과 혼합한 것은 소량의 수분에 의해 발화한다.

⑥ 마그네슘, 철분 및 금속분(알칼리금속, 알칼리토금속 제외)의 물리적인 성질로서 상온에서 Hg(융점 −38.87℃)을 제외하고 고체이며 모두 결정을 만든다. Pb의 융점은 327.5℃, Zn의 융점은 420℃, Cd의 융점은 320.9℃, Bi의 융점은 271℃로 낮지만 금속의 대부분은 융점이 높은 편이며 비중도 비교적 크다.

화학적인 이온화경향이 큰 금속은 물과 산에 의해 다음과 같이 반응한다.

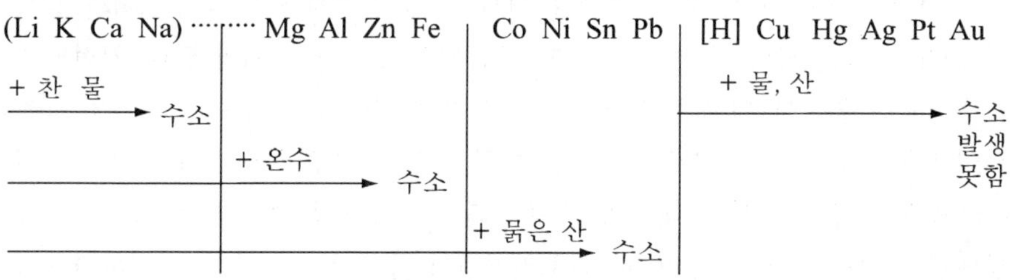

또 양쪽성 금속인 Al, Zn, Sn, Pb은 알칼리 수용액과 반응하여 수소(H_2)를 발생한다. 금속은 일반적으로 할로젠과 일정한 화합물을 만들지만 H_2와는 잘 화합하지 않는다.

⑦ 금속은 양성원소이므로 O_2와의 결합력이 일반적으로 크고 이온화경향이 큰 금속일수록 산화되기 쉽다. Mg, Al은 자외선을 포함한 강한 빛을 내면서 연소하여 MgO, Al_2O_3로 변한다. Cu, Ni와 Hg은 연소하지 않는다.

4. 위험성

1) 연소 위험

비교적 일반 가연물에 비하여 발화점이 낮기 때문에 저온에서 발화가 용이하고 대단히 연소속도가 빠르다. 산화제와 접촉한 것은 매우 연소 위험이 높다. 연소하면 다량의 빛과 열을 낸다. 금속분은 산, 할로젠원소, 황화수소(H_2S)와 접촉하면 발열하고 발화하며 습기와 접촉한 것은 자연발화의 위험이 있다. 인화성 고체는 석유류 화재 양상과 유사하다.

2) 폭발 위험

산화제와 혼합한 것은 가열·충격·마찰에 의해 발화·폭발의 위험이 있으며 연소 중인 금속분에 물을 가하거나, 산과 접촉하면 H_2가 발생하여 2차적 폭발 위험이 있다.

S분, Fe분, Mg분 및 금속분은 밀폐된 공간 내에서 부유할 때 점화원 또는 충격·마찰 등에 의해 분진폭발을 일으켜 대형 화재로 확대되고 시설 파괴력이 커진다.

3) 소화곤란 위험

연소 중 발생한 대류열, 복사열과 다량의 유해성 연소생성물 때문에 소화가 곤란하다.

철분, 마그네슘 및 금속분 화재는 대표적인 D급 화재로서 표면연소한다. 물에 의해 냉각소화하면 H_2를 발생하여 예기치 못한 2차적인 H_2 폭발의 위험이 발생한다.

4) 특수 위험

일반적으로 금속은 산소를 가지고 있지 않기 때문에 산화되기 쉽다. 그러나 비교적 큰 덩어리로 되어 있거나 보통의 금속 물체(예; 알루미늄 새시, 금속 건축자재 및 물건 등)의 경우 연소하기 어렵기 때문에 화재 위험은 낮다. 이들은 금속이 가연성의 종이나 목재와 달리 열전도율이 높기 때문에 산화열이 축적되기 힘들어 연소가 어렵고 표면이 산화되었다 하더라도 연소가 지속되지 않는다.

그러나 미세한 가루로 되어 있거나 박모양을 하고 있을 경우 산화 표면적이 증가하여 공기와의 혼합이 용이하게 되고 열의 전도가 적어 열이 축적되기 쉽기 때문에 연소를 일으키기 쉬워진다. 금속이 덩어리 상태일 때보다 가루 상태일 때 연소위험성이 증가하는 이유를 정리하면 다음과 같다.

① 표면적의 증가 → 반응면적의 증가
② 체적의 증가 → 인화, 발화의 위험성 증가
③ 보온성의 증가 → 발생열의 축적 용이
④ 비열의 감소 → 적은 열로 고온 형성
⑤ 유동성의 증가 → 공기와 혼합가스 형성
⑥ 부유성의 증가 → 분진운(dust cloud)의 형성
⑦ 복사선의 흡수율 증가 → 수광면(受光面)의 증가

⑧ 대전성의 증가 → 정전기의 발생

예를 들면 쇠막대기는 연소하지 않지만 쇠솜은 연소가 가능하고 쇠분진은 연소가 용이하고 경우에 따라 분진폭발을 일으킨다. 또한 금속분의 입자의 크기는 그 표면적을 좌우하므로 반응에 중요하다. 선상(線狀) Zn이나 선상 Cd은 500～600℃로 가열하여도 연소하지 않지만 부드러운 분말은 잘 연소한다.

5. 제2류 위험물의 시험 및 판정

제2류 위험물(가연성 고체)에 해당하는 화염에 의한 발화 위험성과 인화 위험성의 시험방법 및 판정기준은 소방청 고시「위험물안전관리에 관한 세부기준」제2장(위험물의 시험 및 판정) 중 착화 위험성 및 고체의 인화 위험성 시험에 따른다.

6. 예방대책

① 가열하거나 화기를 피하며 불티, 불꽃, 고온체와의 접촉을 피한다.
② 제1류 위험물 및 제6류 위험물 같은 산화제와의 혼합·혼촉을 방지한다.
③ Fe분, Mg, 금속분은 물, 습기, 습한 공기, 산과의 접촉을 피하여 저장하여야 한다.
④ 저장용기는 밀봉하여 용기의 파손과 위험물의 누출을 방지한다.
⑤ 통풍이 잘 되는 냉암소에 보관, 저장한다. 폐기할 때는 소량씩 소각 처리한다.
⑥ 다른 유별의 위험물과 동일한 위험물 저장소와 원칙적으로 함께 저장해서는 안 되며, 위험물 제조소등에는 적색바탕에 백색문자로 "화기주의"라는 주의사항 게시판을 설치한다. 단, 인화성 고체의 주의사항 게시판의 경우는 "화기엄금"이다.

7. 진압대책

① 금속분, Fe분, Mg, 황화인은 마른 모래, 건조 분말 등으로 질식소화하며 적린과 황은 물에 의한 냉각소화가 적당하다.
② 금속분, Fe분, Mg이 연소하고 있을 때 주수하면 급격히 발생한 수증기의 압력이나 분해에 의해 발생한 H_2에 의해 폭발의 위험이 있으며 연소 중인 금속의 비산을 가져와 오히려 화재면적을 확대시킬 수 있으므로 절대 주수하여서는 안 된다.
③ 금속분, Fe분, Mg이 밀폐공간(예; 작업장, 덕트 등 시설공간, 실내)에서는 발화하면 분진폭발로 이어지므로 소화작업 중 충분히 안전거리를 확보하여야 한다.
④ 연소하면 발생하는 다량의 유해성 연소생성물의 흡입을 방지하기 위하여 반드시 공기호흡기

등을 착용하여야 한다. 연소 열량이 크고 연소온도가 높아서 소방대원의 화상이나 열상에 주의하여야 한다.

⑤ 질식소화시키기 위하여 마른 모래를 사용할 수 있으나 장기간 방치된 모래는 공기 중 습기를 흡수하기 때문에 습한 상태로 되어 타고 있는 금속분에 덮어 질식소화를 시킬 때 습기와의 반응으로 H_2가 발생되므로 사용할 때는 주의가 필요하다.

⑥ 인화성 고체는 석유류 화재와 같이 질식소화한다.

8. 유해성

연소 중 발생한 연소생성물은 대부분은 유해하며 다음 <표 13>과 같은 중금속분은 매우 유독하다.

〈표 13〉 중금속분의 유해성 및 만성중독증상

금속	체내침입경로	형태	증상
비소	흡입, 입, 피부	가루, 먼지, 비소	피부염, 색소, 침전, 복통, 신경 이상, 구토, 설사, 간강변
수은	흡입, 입, 피부	증기, 알킬수은	피부염, 경련, 지각 장애, 단백뇨, 신염, 기억 상실
카드뮴	흡입	가루, 먼지, 산화카드뮴	위병, 온몸 감퇴, 코궤양, 신장기능 장애, 골격 변화, 호흡 곤란
탈륨	흡입	가루, 먼지, 산화탈륨	신경통, 착란 상태, 복통, 시신경 염
안티모니	흡입	가루, 먼지, 산화안티모니	구토, 설사, 혼수상태, 작은 창자의 염증
아연	흡입	증기, 가루, 먼지, 산화아연	구토, 피똥, 근육 위축, 근육 경련, 피부 변질, 탈모
구리	입	황산구리, 가루, 먼지	구토, 설사, 온몸 통증, 근육 경련, 소화기관 장애
망가니즈	입	가루, 먼지, 이산화망가니즈	혈전, 보행 곤란, 무표정, 폐렴
납	흡입, 입	테트라에틸납, 증기, 가루, 먼지	빈혈, 두통, 현기증, 중추신경 장애, 설사, 복통, 시력 장애
크로뮴	흡입, 입	크로뮴화합물	궤양, 폐암, 코 속 연골 구멍
니켈	흡입	니켈카르보닐	습진, 폐출혈, 호흡 장애
주석	흡입	알킬주석	두통, 사지 마비, 지각 상태 장애
베릴륨	흡입	가루, 먼지 산화베릴륨	지각 장애, 폐기능 장애

제2절 제2류 위험물 각론

1. 황화인(Phosphorus Sulfide) 지정수량 100 kg

〈성상〉

① 삼황화인(P_4S_3)

황색의 결정성 덩어리로 이황화탄소(CS_2), 질산(HNO_3), 알칼리에 녹지만 물, 염소(Cl_2), 염산(HCl), 황산(H_2SO_4)에는 녹지 않는다. 용도는 유기합성, 탈색, 성냥 제조에 쓰인다.

분자량 = 220.19 융점 = 172.5℃ 비점 = 407℃

발화점 = 100℃ 비중 = 2.03

② 오황화이인(P_2S_5)

담황색의 결정성 덩어리로 특이한 냄새를 가지며 조해성과 흡습성이 있다. 습기 있는 공기 중 분해하여 가연성·유해성이며 계란 썩는 냄새가 나는 H_2S를 발생하며 물 또는 알칼리와 반응 분해하여 H_2S와 인산이 된다. 알코올, CS_2에 녹고, HNO_3과 반응하면 오산화이질소(N_2O_5)가 생성된다. 「화학물질관리법」상 유독물질에 속한다. 용도는 섬광제, 의약품 제조, 농약 제조, 윤활유 제조에 쓰인다.

분자량 = 222.27 융점 = 290℃ 비점 = 514℃

증기압 = 1 mmHg(287℃) 발화점 = 142℃ 비중 = 2.09

③ 칠황화사인(P_4S_7)

담황색의 결정으로 조해성이 있고 CS_2에 약간 녹는다. 수분을 흡수하면 분해한다. 냉수에서는 서서히 분해하고 더운 물에서는 급격히 반응 분해하여 H_2S를 발생한다. 용도는 유기합성에 쓰인다.

분자량 = 348.30 융점 = 310℃

비점 = 523℃ 비중 = 2.19

〈위험성〉

① 가연성 고체로서 약간의 열에 의해서도 대단히 연소하기 쉽고, 때에 따라 폭발한다.

② P_4S_3은 공기 중 약 100℃에서 발화하고 마찰에 의해서도 쉽게 연소하며, 자연발화 가능성도 있다.

③ 단독 또는 무기과산화물, 과망가니즈산염류, 납, 안티모니, 금속분, 유기물 등과 혼합하면 가열·충격·마찰에 의해 발화 또는 폭발한다.

④ 연소생성물은 모두 유독하다.

$$P_4S_3 + 8O_2 \longrightarrow 2P_2O_5\uparrow + 3SO_2\uparrow$$

$$2P_2S_5 + 15O_2 \longrightarrow 2P_2O_5\uparrow + 10SO_2\uparrow$$

⑤ 물과 접촉하여 가수분해하거나 습한 공기 중 분해하여 발생한 H_2S는 공기와 혼합하면 인화·폭발성 혼합기를 형성하므로 위험하다.

$$P_2S_5 + 8H_2O \longrightarrow 5H_2S\uparrow + 2H_3PO_4$$
$$2H_2S + 3O_2 \longrightarrow 2H_2O\uparrow + 2SO_2\uparrow$$

⑥ 알칼리, 알코올, 아민류, 유기산, 강산과 접촉하면 심하게 반응한다.

〈저장·취급〉

① 가열금지. 직사광선 차단. 화기를 엄금하고 충격·마찰을 피한다.
② 산화제, 과산화물, 알칼리, 알코올, 아민류, 유기산, 강산류, 금속분과의 접촉을 피한다.
③ 용기는 차고 건조하며 통풍이 잘 되는 안전한 곳에 저장한다.
④ 빗물의 침투를 막고 습기와의 접촉을 피한다.
⑤ 용기는 밀폐 하에 보관하고 밖으로 누출되지 않도록 한다.
⑥ P_4S_3은 자연발화성이 있으므로 습기, 가열방지 및 산화제와의 접촉을 피한다.

〈소화방법〉 물에 의한 냉각소화는 적당하지 않으며(유해성·가연성의 H_2S 발생), CO_2, 건조 소금분말, 건조분말, 마른 모래 등으로 질식소화한다. 누설된 증기는 물분무로 회수하여야 한다. 연소할 때 발생하는 유해성의 연소생성물(P_2O_5, SO_2)의 흡입방지를 위해 공기호흡기, 보호복, 보호안경, 안전장갑 등을 착용한다.

〈유해성〉 접촉하면 눈, 피부 자극, 피부염, 탈색. 흡입하면 호흡기관 자극

2. 적린(Red Phosphorus) P 지정수량 100 kg

〈용도〉 성냥의 마찰약, 꽃불류·화약 제조, 염소산염 폭약, 폭죽, 인합금 공업, 의약, 농약, 구리의 탈산, 유기합성, 경금속의 탈산제, 폭음제

〈성상〉

① 암적색의 분말로 전형적인 비금속의 원소이다.
② 분자량 = 123.9 융점 = 596℃ 비중 = 2.2
승화온도 = 400℃ 발화점 = 260℃
③ P_4의 동소체(同素體)이지만 P_4와 달리 자연발화하지 않으므로 공기 중 안전하며, 독성이 약하며 어두운 곳에서 인광을 발생하지 않는다.
④ P_4에 비하여 화학적으로 활성이 적은 편이다. P_4와의 비교는 <표 14>와 같다.

〈표 14〉 황린과 적린의 비교

성질 / 구분	유별	색깔	형상	비중	융점 (℃)	비점 (℃)	발화점 (℃)	독성	자연 발화성	보호액	활성	인광	연소 생성물
황린	제3류	담황색	왁스상	1.82	44.1	280	34	있음	있음	물	크다	있음	P_2O_5
적린	제2류	적갈색	분상	2.2	596	400	260	없음	없음	없음	적다	없음	P_2O_5

⑤ 트라이브로민화인(PBr_3)에 녹고, CS_2, 물, 알코올, 에터, NH_3, NaOH수용액에 녹지 않는다.
⑥ 물과의 직접 반응성은 없으나 조해성이 있다.
⑦ 적린 중에 제조원료인 미량의 황린이 남아 있을 경우 공기 중의 습기를 흡수하기 때문에 인산(H_3PO_4)이 되어 산성을 나타낸다.

〈위험성〉

① 연소하면 유해성이 강한 백색 연기의 오산화인을 발생한다. 일부 포스핀(PH_3)도 발생한다.

$$4P + 5O_2 \xrightarrow{\triangle} 2P_2O_5\uparrow$$

② 강산화제(염소산염류 및 과염소산염류 등)와 혼합하면 불안정한 폭발성 물질이 되어 약간의 가열·충격·마찰에 의해 폭발한다.

$$6P + 5KClO_3 \longrightarrow 5KCl + 3P_2O_5\uparrow$$

③ 강산화제(Na_2O_2, $NaClO_2$)와 함께 혼합되어 있는 것은 현저히 낮은 온도에서(착화온도 저하) 발화하거나 충격·마찰에 의해서 발화한다. $NaClO_3$, $AgNO_3$, $HgNO_3$와 혼합한 것은 100℃ 이상에서 발화하고, KNO_3, $NaNO_3$과 혼촉하면 발화 위험이 있다.
④ 무기과산화물과 혼합한 적린, 제2류 위험물은 마찰을 가하거나 소량의 수분에 의해 발화한다.
⑤ 공기 중 방치하면 황린과 같이 자연발화하지 않지만 260℃ 이상 가열하면 발화한다.
⑥ 불량품에는 황린이 혼재할 수 있는데 이 경우에는 자연발화할 수 있다.
⑦ 공기 중 부유하고 있는 분진은 점화원에 의해 분진폭발한다.
⑧ 강알칼리와 반응하여 유해성의 PH_3 가스를 발생한다.
⑨ 비산소산화제인 브로민(Br_2), 아이오딘(I_2)과 격렬하게 직접 화합반응하면서 혼촉발화한다.

$$2P + 3Br_2 \longrightarrow 2PBr_3 + \text{발열}$$
$$2P + 5Br_2 \longrightarrow 2PBr_5 + \text{발열}$$
$$2P + 3I_2 \longrightarrow 2PI_3 + \text{발열}$$

〈저장·취급〉

① 제1류 위험물 및 기타 강산화제와 절대 혼합되지 않도록 하고 화학류·폭발성 물질·강알칼리·할로젠원소·가연성 물질과 격리하며, 직사광선을 피하여 냉암소에 보관한다.

② 화기엄금. 가열·충격·타격·마찰이 가해지지 않도록 한다.

〈소화방법〉 다량의 물로 냉각소화한다. 소량인 경우는 모래나 CO_2도 일시적 효과가 있다. 연소할 때 발생하는 P_2O_5의 흡입 방지를 위해 공기호흡기 등 보호장비를 착용하고 산화제와 함께 연소할 경우는 폭발 위험이 있으므로 충분히 안전거리를 확보한다. 소화 후 재발화의 위험이 있으므로 젖은 모래로 덮어두어야 한다.

〈유해성〉 황린과 같이 직접적인 유해성은 없으나 연소생성물은 자극적이다. 눈에 들어가면 약상을 입으며 흡입하면 점막을 자극한다.

3. 황(Sulfur) S 지정수량 100 kg

〈한계〉 순도 60wt 이상이 규제대상의 위험물이다. 이 경우 순도 측정에 있어서 불순물은 활석 등 불연성 물질과 수분에 한한다.

〈용도〉 황화합물(CS_2, H_2SO_4, H_2SO_3, SO_2 등)의 제조, 꽃불류 제조, 성냥, 화약의 원료, 흑색화약(가연제), 염소산염 폭약, 다이너마이트, 표백제, 고무가황, 의약(피부병약), 농약, 살균제, 살충제, 소독, 에보나이트, 펄프 제조, 염료, 나일론 제조, 화학섬유 제조, 전기의 절연제, 물감의 원료, 유리 착색제(노란색), 싸이오황산나트륨 제조

〈성상〉

① 황색의 연한 결정 또는 미황색의 분말이다. 무취, 비휘발성, 비조해성. 물과의 직접 반응성은 없다. 3종의 동소체가 있는데, 8면체인 황색의 사방황(斜方黃) S_α와 바늘모양의 단사황(單斜黃) S_β가 있으며 비결정성의 고무상황이 있다. 사방황을 95.5℃로 가열하면 단사황이 되고 119℃로 가열하면 단사황이 녹아서 황색의 액체황이 된다. 계속 444.6℃ 이상 가열하면 비등하게 된다. 그리고 용융된 황을 물에 넣어 급하게 냉각시키면 탄력성이 있는 흑갈색의 고무상황을 얻을 수 있다.

② 분자량 = 32　　융점 = 120℃　　비점 = 444℃
인화점 = 207℃　　발화점 = 232℃　　비중 = 2.07

③ 물이나 산에 녹지 않으나 알코올에는 조금 녹고, 고무상황을 제외하고 CS_2에 잘 녹는다.

④ 높은 온도에서 금속이나 할로젠원소 등 비금속과 작용하여 황화합물을 만든다.

$$2S + Cl_2 \longrightarrow S_2Cl_2$$

이 S_2Cl_2는 등황색의 유상 액체로 자극적 냄새가 나며, 가연성이다.

⑤ 황은 전기를 통하지 않으므로 전기절연체에 쓰이며 탄성고무, 펄프, 성냥, 화약 등에 널리 쓰인다.

〈위험성〉

① 매우 연소하기 쉬운 가연성 고체이다. 연소하면 푸른 불꽃을 보이며 유독한 이산화황(SO_2)을 발생하여 소화종사원에게 치명적인 영향을 주기 때문에 소화가 곤란하다. 연소할 때는 연소열에 의해 액화되고 여기서 증발한 증기가 연소한다. 연소 그 자체는 격렬하지 않다.

$$S + O_2 \xrightarrow{\triangle} SO_2 + 71.0\,\text{kcal}$$

② 제1류 위험물과 같은 산화성 고체와 혼합되어 있는 것은 약간의 가열·충격·자극·마찰에 의해 발화·폭발한다. 미세한 가루상태로 밀폐공간 내에서 공기 중 부유할 때는 공기 중의 산소와 혼합하여 폭명기(최저 폭발한계 30 mg/L)를 만들어 분진폭발을 일으킨다.

③ 이산화납(PbO_2), 삼산화이철(Fe_2O_3), 이산화염소(ClO_2)와 혼합한 것은 가열·충격·마찰에 의해 발화·폭발의 위험이 있다. 상온에서 $NaClO_2$와 혼합하면 발화위험이 높다.

④ 고온에서 용융된 황은 다음 물질과 반응하여 격렬히 발열한다. 발열이 계속되면 심하게 연소하거나 폭발한다.

$$H_2 + S \longrightarrow H_2S\uparrow + \text{발열}$$
$$Fe + S \longrightarrow FeS + \text{발열}$$
$$Cl_2 + 2S \longrightarrow S_2Cl_2 + \text{발열}$$
$$C + 2S \longrightarrow CS_2 + \text{발열}$$

⑤ 탄소화칼슘(CaC_2)과 혼합·혼촉하면 폭발 위험성이 생긴다.

⑥ 황은 전기의 절연재료로 사용되어 정전기가 생기며 심한 마찰에 의해 용이하게 대전하여 불꽃방전을 일으켜 점화원이 된다.

〈저장·취급〉

① 화기엄금. 가열·충격·마찰을 피한다. 용기는 차고 건조하며 환기가 잘 되는 곳에 저장한다.

② 증기 또는 분말의 부유·비산을 방지한다.

③ 정전기의 발생 분위기를 제거하고, 비전도성 물질이므로 정전기의 축적을 방지한다.

④ 제1류 위험물, 유기과산화물, 탄화수소류, 화약류, 목탄분, 산화성 가스류와의 혼합을 피한다.

〈소화방법〉 소규모 화재는 모래로 질식소화한다. 보통 직사주수할 경우 비산의 위험이 있으므로 다량의 물로 분무주수에 의해 냉각소화한다. 산화제와 혼합하여 연소하고 있을 때는 폭발 위험이 있으므로 충분히 안전거리를 확보하고 연소 중 발생한 유해성 가스인 SO_2의 흡입방지를 위해 공기호흡기 등의 보호장비를 착용한다.

〈유해성〉 피부에 닿으면 염증을 유발하고 눈에 들어가면 눈을 자극하여 결막염을 일으킨다. 연소 중 발생한 유독한 SO_2는 눈이나 점막을 자극하고 흡입하면 기관지염, 폐렴, 위염, 혈담 증상이 나타난다.

4. 철분(Iron Powder) Fe 지정수량 500 kg

〈한계〉「위험물안전관리법」상 분말로서 53 μm의 표준체를 통과하는 것이 50wt% 미만인 것은 제외(비위험물)한다.

〈용도〉 환원제, 야금, 유리 착색제(녹색, 흑색), 수소저장합금(FeTi), 꽃불류, 화약의 원료, 생화학, 매염제, 의학용, 연구용, CCl_4 제조 촉매, NH_3 합성 촉매, 알칼리축전지음극, 스테인리스강(Fe–Cr–Ni), 규소강(Fe–Si–C), 자동차 연료

〈성상〉

① 철회색 또는 철흑색 분말이며, 강자성체이지만 766℃에서 강자성을 상실한다.

② 분자량 = 55.8 융점 = 1,530℃
비점 = 2,750℃ 비중 = 7.86

③ 강산화제인 발연 HNO_3에 넣었다 꺼내면 산화 피막을 형성하여 부동태(passivity)가 된다.

④ 알칼리에 녹지 않지만 산화력을 갖지 않는 묽은 산에 용해된다.

$$Fe + 4HNO_3 \longrightarrow Fe(NO_3)_3 + NO + 2H_2O$$

⑤ 건조한 공기 또는 질소(N_2)와 반응하지 않지만 습기가 있는 실온에서는 산화되어 녹(Fe_2O_3)을 만든다.

⑥ 200℃에서 Cl_2와 빨리 반응하여 삼염화철($FeCl_3$)이 된다.

〈위험성〉

① 표면연소하기 쉽다. 절삭유와 같은 기름이 묻은 철분을 장기 방치하면 자연발화하기 쉽다. 특히 환원 철분은 매우 산화되기 쉽고 공기 중 525～700℃에서 발화한다.

② 미세한 분말일수록 적은 점화원에 의해 발화·폭발한다. 그리고 덩어리는 자연발화 위험은 없으나 미세한 분말 또는 미세한 조각이 대량으로 쌓여 있을 경우는 자연발화의 위험이 발생한다.

③ 가열되거나 금속의 온도가 충분히 높을 때 온수 또는 수증기와 반응하면 H_2를 발생하고 경우에 따라 폭발한다.

$$2Fe + 3H_2O \longrightarrow Fe_2O_3 + 3H_2\uparrow$$

④ 용융 철분과 용융 황이 접촉하면 폭발하며, 또한 무기과산화물과 혼합한 것은 소량의 물에 의해 발화한다.

$$Fe + S \longrightarrow FeS + \text{발열}$$

⑤ 상온에서 묽은 산과 반응하여 H_2를 발생한다.

$$Fe + 2HCl \longrightarrow FeCl_2 + H_2\uparrow$$

⑥ HNO_3 또는 퍼폼산(HCOOOH)과 접촉에 의해 심하게 발화하며 산화제와 혼합하고 있는 것은 가열·충격·마찰에 의해 폭발한다.

⑦ 산화성 물질과 혼합한 것은 가열·충격·마찰에 대해 매우 민감하다.

⑧ $KClO_3$, $NaClO_3$과 혼합한 것은 약간의 가격에 의해서 폭발하며 과염소산($HClO_4$)과 격렬히 반응하여 산화물을 만든다. $KClO_4$과 혼촉하면 발화 또는 폭발한다.

⑨ 뜨거운 철분, 철솜과 Br_2을 접촉시키면 격렬하게 발열반응을 일으키고 연소한다.

$$2Fe + 3Br_2 \longrightarrow 2FeBr_3 + \text{발열}$$

〈저장·취급〉 마그네슘에 준한다.

〈소화방법〉 주수 엄금·마른 모래, 소금 분말, 건조 분말, 소석회로 질식소화한다.

〈유해성〉 눈에 들어가면 각막을 상하게 한다.

5. 금속분(Metal Powder) 지정수량 500 kg

1) 개요

〈한계〉

① 제3류 위험물 중 개별 품명인 알칼리금속과 알칼리토금속은 금속분에서 제외한다.

② 제2류 위험물의 품명 분류상 이미 개별품명으로 지정된 철분 및 마그네슘은 제외한다.

③ 난연성 또는 불연성의 구리(Cu)분과 니켈(Ni)분은 제외한다.

④ 금속분으로서 150 μm체를 통과하는 것이 50wt% 미만인 것은 제외한다.

⑤ 성질상 불연성이고 액체 상태인 수은(Hg)은 금속분에서 제외한다.

〈위험성〉

품명 분류상 금속분에서 제외된 개별품명인 철분과 마그네슘의 위험성이 특이한 것이 아니라 아래와 같은 금속분의 위험성을 가진다.

① 연소위험 : Au, Ag, Pt 등 귀금속을 제외하고는 연소가 용이하고 연소하여 산화물이 되며 이때 발열한다. 부드러운 금속분은 반응력이 강한 Cl_2 가스 중에서 자연발화 또는 폭발적인 발화를 일으킨다. 금속분 화재는 연소열이 매우 높다. 이것은 대표적인 D급 화재로 분류된다.
금속의 연소난이도를 좌우하는 물리적 요소는 열전도도이다. 금속은 열전도도가 큰 물질이기 때문에 덩어리 상태에서는 잘 연소하지 않지만 금속이 세분화되고 다공성 물질에 혼합된 것은 주위가 공기를 포함하고 있어서 열전도가 현저히 감소함과 동시에 O_2와의 접촉면적이 증대하여 단위질량당 반응속도가 크게 되어 연소가 용이해 진다. 금속분은 연소할 때 가연성 액체나 고체와 달리 열분해나 증발을 일으키지 않고 공기 중의 O_2가 고체 표면에 확산되어 반응하여

연소하기 때문에 표면연소한다.

② 물과의 반응 : 이온화경향이 수소보다 큰 금속은 물을 분해하여 H_2를 발생하고 발열한다.

$$2M + 2H_2O \longrightarrow 2MOH + H_2\uparrow + \text{발열}$$

Ag, Au, Pt 등은 높은 온도에서도 물과 반응하지 않는다.

③ 산과 반응 : 이온화경향이 수소보다 적은 금속을 제외하고 H_2SO_4, HCl 등 대부분의 산과 반응하여 H_2를 발생한다.

$$2M + 2HAc \longrightarrow 2MAc + H_2\uparrow + \text{발열}$$

④ 자연발화 : H_2S나 할로젠 등 산화성이 강한 물질과 접촉하면 반응하여 염이 되고 축열된 부분에서 다시 고온이 되어 발화한다.

$$2M + H_2S \longrightarrow M_2S + H_2\uparrow$$
$$2M + Cl_2 \longrightarrow 2MCl$$

고농도 H_2S 가스와 접촉할 금속분이 발화·폭발할 위험이 있다. 발생된 H_2도 폭발하기 쉽다. Pd나 Pt는 표면 활성이 크기 때문에 가연성 가스가 존재하면 표면을 산화시키고 이때 고온으로 되어 발화된다.

⑤ 폭발성 : Au, Pt를 제외한 금속분이 산화성 물질과 혼합한 것은 가열·충격·마찰에 의해 폭발한다. 또, 연소하고 있는 금속분에 주수하면 화세가 급격히 증대하고 물을 분해하여 생긴 H_2를 폭발시킨다. Ag은 아세틸렌(C_2H_2)과 작용하여 아세틸레이트(Ag－C≡C－Ag)를 형성하는데 이것은 상당히 폭발성이 강한 물질이다.

⑥ 혼촉 위험성 : Ag, Pt, Pb 등 중금속분은 상온에서 고농도의 H_2O_2와 접촉에 의해 폭발하며 무기과산화물과 혼합하고 있을 때 소량의 수분에 의해 자연발화한다. NH_4NO_3와 혼촉에 의해 연소 또는 폭발의 위험이 있고 클로로하이드린과 접촉하면 폭발하며, 황화인, I_2과 접촉하면 발화 위험이 있다. 또한 진한 H_2SO_4, 유기과산화물, Br_2 및 염소산염류, 과염소산염류 등 제1류 위험물과 혼합하고 있을 경우 점화원 또는 충격·마찰에 의해 발화 또는 폭발한다.

⑦ 분진폭발 : 가연성 고체의 연소속도는 물질의 표면적과 공급되는 O_2의 양에 따라 좌우된다. 금속 덩어리를 직접 불꽃과 접촉하면 연소하지 않지만 금속분의 형태는 표면적이 훨씬 증가하게 되어 연소에 필요한 대기 중의 O_2를 쉽게 공급받을 수 있어 연소속도가 빠르다. 뿐만 아니라 밀폐된 공간 내에서 분말이 공기 중 부유하여 분진운(dust cloud)을 형성하고 있을 때 정전기, 충격·마찰에너지의 경우는 물론이고 기타의 점화에너지의 의하여 분진폭발을 일으켜 시설물에 막대한 파괴력이 나타난다.

⑧ 금속분의 재 : 타고난 금속분은 알불을 형성하여 1,500～2,000℃ 정도의 상당한 고온을 형성하고 있기 때문에 재발화가 우려되며, 소화작업 중 비산할 때 화상을 입을 수 있고 주수할 때 물을 분해하여 H_2를 발생하여 2차 폭발을 일으킨다.

〈소화방법〉 물 또는 물을 주제로 한 소화기 등에 의한 냉각소화는 부적절하고 질식소화가 적당하다. 마른 모래, 건조 규조토, 건조 $CaCO_3$, 건조 $NaCO_3$, $Ca(OH)_2$ 등으로 주변을 피복하여 연소확대를 방지한다. 불연성 가스로서는 CO_2보다 N_2가 더 소화효과가 크다. 금속분 중에서는 저산소 농도에서 연소하는 것이 있고, CO_2 중에서도 Mg, Zr, Ti, U, Th 등은 연소한다.

2) **알루미늄분**(Aluminium Powder)　　Al

〈용도〉 테르밋(Fe_2O_3 + Al), 도료(안료), 단열재, 압연품, 피복 포장재, 인쇄, 전선, 용접, 식기, 송전선, 비행기(듀랄루민), 선박재료, 건축자재, 일용품, 알루미늄알콕시드(촉매) 제조, 알루미늄박, 야금, 화약류의 발연체, 흡수체, 가연체, 초안폭약, 액체산소폭약(LOX)의 흡수제, 공업용 뇌관(뇌충)의 관제, 신호탄, 시가지용 폭제, 성화봉(가연체), 꽃불류(조명제, 폭음제, 불꽃제)

〈성상〉

① 은백색의 광택이 있는 무른 경금속이다. 공기 중 광택을 상실하며 전성(展性)과 연성(延性)이 풍부하다. 열과 전기의 도체이다.

② 분자량 = 26.98　　　　용점 = 660.3℃

비점 = 2,470℃　　　　비중 = 2.7

③ 실온의 공기 중에서는 표면에 치밀한 산화 피막이 형성되어 내부를 보호하므로 부식성이 작다.

④ 진한 질산에는 침식당하지 않지만 묽은 HNO_3, H_2SO_4, 묽은 HCl에 잘 녹는다.

⑤ 1% 염화수은($HgCl_2$) 촉매 하에서 따뜻하게 반응시키면 유기화합물에 유용하게 쓰이는 알루미늄알콕사이드와 H_2를 발생한다.

$$2Al + 6ROH \xrightarrow{\triangle} 2(RO)_3Al + 3H_2\uparrow$$

⑥ H_2와 반응하지 않지만 N_2나 할로젠과 반응하여 질화물과 할로젠화합물을 형성한다.

⑦ 밀도가 낮고 강도가 크기 때문에 용도가 다양하다.

〈위험성〉

① 연소하기 쉽다. 알루미늄 분말이 발화하면 다량의 열을 발생하고 광택을 내고 흰 연기를 내면서 연소하므로 소화가 곤란하다.

$$4Al + 3O_2 \xrightarrow{\triangle} 2Al_2O_3 + 4\times199.6\ kcal$$

이때 발생된 연소열량은 금속 중 가장 크다.

② 진한 HNO_3을 제외한 대부분의 산과 반응하여 H_2를 발생한다.

$$2Al + 6HCl \longrightarrow 2AlCl_3 + 3H_2\uparrow$$

③ 알칼리 수용액과 반응하여 H_2를 발생한다.

$$2Al + 2NaOH + 2H_2O \longrightarrow 2NaAlO_2 + 3H_2\uparrow$$

④ 분말은 찬물과 반응은 매우 느리고 미미하지만 뜨거운 물과는 격렬하게 반응하여 H_2를 발생한다.

$$2Al + 6H_2O \longrightarrow 2Al(OH)_3 + 3H_2\uparrow$$

활성이 매우 커서 미세한 분말이나 미세한 조각이 공기 중 부유할 때는 분진폭발의 위험이 있고 대량으로 쌓여 있을 때 수분, 빗물의 침투, 또는 습기가 존재하면 자연발화의 위험성이 있다.

⑤ 다른 금속산화물을 환원시킨다. 예를 들면 테르밋은 Al와 Fe_2O_3의 혼합물을 말하며 혼합물이 점화되면 심하게 반응하여 철금속과 산화알루미늄을 생성한다. 이 반응은 강렬한 발열반응이며 추진력이 크다.

$$3Fe_3O_4 + 8Al \xrightarrow{\triangle} 4Al_2O_3 + 9Fe + \text{발열}$$

⑥ 제1류 위험물과 같은 강산화제와의 혼합물은 약간의 가열·충격·마찰에 의해 발화·폭발의 위험이 있다. 밀폐된 곳에 강산화제와 혼합하고 있는 것은 외부에서 공기, O_2의 유입 없이도 가온하면 발화·폭발한다. 다이크로뮴산나트륨($NaCr_2O_7$)과 혼촉하면 발화위험이 있고 $KClO_4$과 혼합하면 발화 또는 폭발의 위험이 있다.

⑦ 할로젠원소와 고온에서 접촉하면서 자연발화의 위험이 있다.

⑧ 셀레늄(Se)과 반응하여 발열한다.

⑨ 브로민화메틸(CH_3Br)과 접촉하면 발화하고, Br_2와 접촉하면 발열하고 혼촉발화한다.

$$2Al + 3Br_2 \longrightarrow 2AlBr_3 + \text{발열}$$

⑩ 오염화인(PCl_5)과 혼합·혼촉하면 발화 위험이 있다.

⑪ 강산류, 강알칼리류와 접촉하면 위험성이 증가한다.

⑫ 석유류, 황 등이 혼입하면 산화 발열이 촉진된다. 따라서 윤활유 등이 혼입한 분말이나 조각은 기름의 특성에 따라 자연발화가 촉진된다.

〈저장·취급〉 Mg에 준한다.

〈유해성〉 분말을 다량 흡입하면 만성적으로 피부 염증, 기관지 손상, 식욕 부진, 호흡 곤란을 일으킨다. 눈의 점막을 자극하고 피부의 상처에 침투하면 피부염을 일으킨다.

3) 4A족 원소의 금속분 : $_{22}Ti$, $_{40}Zr$, $_{72}Hf$

(1) 타이타늄분(Titanium Powder) Ti

〈용도〉 합금(로켓, 고속항공기, 소방용 경량사다리), 우주선·미사일·선박의 부품, 수소저장합금(Fe−Ti), 형상기억합금(Ni−Ti), 화학공업용 기기 및 장치, 전기부품, 공해관련 시설의 공업용 재료, 터빈, 엔진, 해양장비, TiO_2(페인트, 치약의 백색안료) 제조, 초전도 재료, 건축내화용, 의료용(인공장기), 탈

산제, 합금첨가제

〈성상〉

① 은회색의 금속으로 딱딱하고 내부식성이 큰 고체이므로 건축용으로 많이 쓰인다.

② 원자량=47.90　　　　융점=1,660℃

비점=3,300℃　　　　비중=4.50

③ 발연 HNO_3 등 부식성이 강한 약품에도 보호 피막을 형성하기 때문에 부식당하지 않지만 알칼리에는 강하게 부식된다.

④ 상온에서 반응성이 적으나 610℃ 이상 가열하면 활성을 가지며 고온에서 산소와 결합하여 이산화타이타늄(TiO_2)이 된다.

⑤ 뜨거운 질산(HNO_3)과 반응하면 불용성의 이산화타이타늄으로 변한다.

$$Ti + 4HNO_3 \xrightarrow{\triangle} TiO_2 + 4NO_2\uparrow + 2H_2O$$

그리고, 차가운 산과 반응하지 않지만 뜨거운 산과 반응하여 H_2를 발생한다.

$$2Ti + 3H_2SO_4 \longrightarrow Ti_2(SO_4)_3 + 3H_2\uparrow$$

$$2Ti + 6HCl \longrightarrow 2TiCl_3 + 3H_2\uparrow$$

⑥ 800℃ 이상 가열하면 N_2와 반응하여 질화물(TiN)을 만들고 300℃ 이상에서 Cl_2와 반응하여 $TiCl_4$가 된다.

⑦ 가열된 Ti은 H_2를 흡수하여 금수성 물질인 수소화타이타늄(TiH_2)을 만든다.

⑧ CO_2 중에서도 연소하고, 제조과정에서 심한 발열반응을 일으킨다.

〈소화방법〉 물, 포, CO_2, 건조분말, 할론(할론 2402, 할론 1211) 및 할로젠화합물 소화약제는 Ti화재에 적응하지 않는다. 특수한 금속화재용 소화약제로 질식소화한다.

(2) 지르코늄분(Zirconium Powder)　Zr

〈용도〉 원자로 재료(연료봉의 피복·원자로심의 구조물), 합금(도가니, 가열로의 내부표면 처리제), 섬광탄의 내관, 전자관 부품재료, 부식성 화학장치 및 기계(펌프, 밸브, 열교환기) 제작, 활성금속, 잔류가스 게터, 특수강철 첨가제

〈성상〉

① 물리적으로 Ti과 비슷하며 단단하고 겉모양은 은백색의 스테인리스와 유사하다.

② 원자량=91.22　　　　융점=1,850℃

비점=4,400℃　　　　비중=6.5

③ 강도가 매우 크고 내부식성이 있어 유용한 금속재료(원자로의 구조물)로 쓰인다.

④ 플루오린화수소산(HF)과 반응하여 H_2를 발생한다.

$$Zr + 7HF \longrightarrow H_3ZrF_7 + 2H_2\uparrow$$

⑤ 실온의 공기 중에서 산화피막을 형성하여 반응성은 적으나 분말상태이거나 800℃로 가열하면 활성을 가지며 많은 양의 O_2와 결합하여 발화하여 이산화지르코늄(ZrO_2)이 된다.

⑥ 할로젠과 반응하여 ZrX_4가 된다.

⑦ 가열된 Zr은 H_2를 흡수하여 금수성 물질인 수소화지르코늄(ZrH_2)이 되며, 많은 양의 질소를 흡수하며 보호막을 형성한다.

⑧ 물에 녹지 않지만 산, 알칼리 수용액에 아주 적게 녹으며 왕수에 녹는다.

⑨ CO_2 중에서도 연소하고, 제조과정에서 심한 발열을 일으킨다.

〈소화방법〉 물, 포, CO_2, 건조분말, 산, 알칼리, 할론(할론 2402, 할론 1211) 및 할로젠화합물 소화약제는 Zr화재에 적응되지 않으므로 사용을 금한다. 소규모화재 또는 초기소화에는 마른 모래나 마른 소석회 등으로 질식소화한다. 단, 이때도 수분이 함유되지 않는 것을 사용하여야 한다.

(3) 하프늄분(Hafnium Powder)　　Hf

① 화학적으로 Zr과 유사한 회색의 금속으로 강도가 매우 크고 내구성이 뛰어나서 유용한 금속재료(원자로 제어봉)로 쓰인다.

② 원자량＝178.5　　　　융점＝2,230℃
비점＝4,600℃　　　　비중＝13.09

③ 실온의 공기 중에서는 반응성이 적어서 산화물이나 질소화물의 보호막을 형성하지만 가열하면 활성이 커지며 고온에서 O_2와 결합하여 이산화하프늄(HfO_2)이 된다.

④ 고온에서 N_2 또는 Cl_2와 반응한다.

⑤ 약산, 알칼리 수용액에 녹지 않지만 불산에 녹는다.

4) 5A족 원소의 금속분 : ${}_{23}V$, ${}_{41}Nb$, ${}_{73}Ta$

(1) 바나듐분(Vanadium Powder)　　V

〈용도〉 합금강, 탄소강, 초전도체 재료, 고강력 구조용 강재, 내마모성 주철, 촉매, 원자로 고속증식로용 연료피복 재료

〈성상〉

① 은회색의 딱딱한 고체로 내부식성이 있으며 융점이 높고 경도가 크다.

② 원자량＝50.95　　　　융점＝1,910℃
비점＝3,400℃　　　　비중＝5.96

③ $HClO_4$, HNO_3, 뜨거운 H_2SO_4, HF, 왕수에 녹고 HCl, NaOH, 묽은 H_2SO_4에 녹지 않는다.

④ 상온에서 공기나 물과 작용하지 않지만 고온에서 충분히 가열하면 연소한다.

$$4V + 5O_2 \xrightarrow{\triangle} 2V_2O_5$$

⑤ 고온에서 상당량의 H_2를 흡수하여 합금과 같은 고체로 되는데 이것은 부스러지기 쉽다.

⑥ 고온에서 N_2 또는 Cl_2와 반응하여 VN과 VCl_4가 된다.
⑦ V과 Fe은 액체상태에서 어떤 비율로도 섞인다.

(2) 나이오븀분(Niobium Powder) Nb

〈용도〉 전자 진공관, 철강 또는 비철금속의 합금, 공구, 금형, 초전도 재료(자석), 원자로의 노심

〈성상〉

① 광택이 나는 회백색의 금속으로 고온에서 녹으며 내산성이 있다. 융점이 높으며 경도가 크다.
② 원자량 = 92.91 융점 = 2,470℃
비점 = 4,744℃ 비중 = 8.4
③ 산화력이 없는 산에는 용해하지 않으며 왕수에도 녹지 않는다.
④ 상온에서 공기나 물과 작용하지 않지만 400℃ 이상 고온으로 충분히 가열하면 연소한다.

$$4Nb + 5O_2 \xrightarrow{\triangle} 2Nb_2O_5$$

⑤ 고온에서 상당량의 H_2를 흡수하여 합금과 같은 고체가 되는데 이것은 푸석푸석하여 부스러지기 쉽다.
⑥ HNO_3와 HF 혼합물에 심하게 반응하면서 녹고 용융 수소화나트륨(NaH)에 매우 서서히 녹는다.
⑦ 1,000℃ 이상에서 N_2와 반응하여 질화물을 만들고 200℃ 이상에서 Cl_2와 반응하여 $NbCl_5$가 된다.

(3) 탄탈럼분(Tantalum Powder) Ta

〈용도〉 Ta전극, 내부식성이 강한 화학기기의 제조, 전해질 축전지, 전자관의 잔류가스게터, 고속제어제, 콘덴서 직접회로, 내열제, 광학유리, 백열등의 필라멘트, 전자관의 게터, 부품정류기, 보철장비

〈성상〉

① 매우 단단한 광택이 나는 흑회색의 금속 고체로 융점이 매우 높다.
② 원자량 = 180.95 융점 = 3.017℃
비점 = 5,458℃ 비중 = 16.6
③ 상온에서 공기나 물과 작용하지 않는다. 그러나 고온에서 충분히 가열하면 연소한다.

$$4Ta + 5O_2 \xrightarrow{\triangle} 2Ta_2O_5$$

④ 산화력이 없는 산이나 왕수에도 녹지 않아 내산성이 강하다.
⑤ N_6와 화학적 성질이 매우 유사하며, HNO_3나 HF 혼합물에서 심하게 반응하고 용융 NaOH에 매우 서서히 녹는다.
⑥ 고온에서 상당량의 H_2를 흡수하고 합금과 같은 고체가 되는데 이것은 부스러지기 쉽다.
⑦ 고온에서 F_2 또는 Cl_2와 반응하여 TaF_5와 $TaCl_5$이 된다.

5) 6A족 원소의 금속분 : $_{24}Cr$, $_{42}Mo$, $_{74}W$

(1) 크로뮴분(Chromium Powder) Cr

〈용도〉 철, 구리의 도금, 크로뮴산화물 제조, 사진인화액 제조, Ni-Cr선, 크로뮴합금강(스테인리스강 등), 기름관, 자동차 내장, 금속식기

〈성상〉

① 단단한 철회색의 광택이 나는 금속으로 융점이 있으며 내부식성이 있다.

② 원자량 = 52.0 융점 = 1,907℃
비점 = 2,670℃ 비중 = 7.2

③ 상온에서 물, 습기, 건조공기와 반응하지 않는다. 고온 상태가 아니면 화학시약과 작용하지 않기 때문에 특수한 성질을 갖는 크로뮴강과 같은 합금을 만들어 유용한 재료로 쓰인다.

④ 철보다 전기적으로 양성이지만 HNO_3에는 용해되지 않는다. 즉 왕수, 진한 HNO_3에는 산화물의 막을 만들어 막이 형성되기 때문에 금속은 부동태를 이룬다.

⑤ 고온에서 할로젠원소, N_2, S, C 및 물과 반응한다. 그러나 어떤 온도에서도 H_2와 반응하지 않지만 상당량의 H_2를 흡수한다.

⑥ Cr 원소의 아말감이 증발되면 발화성을 갖는다. 낮은 온도에서 F_2와 작용한다. 염산, 묽은 황산에 녹고 H_2를 발생한다.

〈유해성〉 6가 크로뮴화합물을 만든다.

(2) 몰리브덴분(Molybdenum Powder) Mo

〈용도〉 철합금, 진공관 부품, 전기전자 부품, 철강, 내열 재료, 저항체, 착색제, 내화물, 윤활제, 촉매(수소화 반응, 암모니아의 산화), 절단공구(W-Cr), 산화환원 촉매

〈성상〉

① 은백색의 결정 또는 분말로 융점이 높다.

② 원자량 = 95.94 융점 = 2,620℃
비점 = 4,660℃ 비중 = 10.22

③ 고온 상태가 아니면 대부분의 화학시약과 작용하지 않으며 특수한 성질을 가진 몰리브덴강과 같은 합금의 유용한 재료로 쓰인다.

④ 묽은 HCl과 묽은 H_2SO_4와 작용하지 않지만 낮은 온도에서 F_2와 작용하고 왕수와 뜨거운 황산에 녹는다.

⑤ O_2 중에서 가열하면 삼산화몰리브덴이 된다.

$$2Mo + 3O_2 \xrightarrow{\triangle} 2MoO_3$$

⑥ 고온에서 S, C 및 물과 반응한다. 어떤 온도에서도 H_2와 반응하지 않지만 상당량의 H_2를 흡수

한다.

⑦ 진한 HNO_3에는 산화물의 막을 형성하기 때문에 금속은 부동태를 이룬다.

⑧ Mo 원소의 아말감이 증발되면 발화성을 가진다.

⑨ F_2와 반응하여 MoF_6이 되고 300℃ 이상에서 Cl_2와 반응하여 $MoCl_5$가 되며, 600℃ 이상에서 Br_2와 반응하여 $MoBr_4$가 된다. 200기압에서 CO와 반응하여 $Mo(CO)_6$가 된다.

(3) 텅스텐분(Tungsten Powder)　W

〈용도〉 전구의 필라멘트, 화학약품, 촉매, 전자 부품 및 기구, 의약, 철합금, 공구용 철강, 뾰족한 절단공구(W–Cr), 진공관, 안료, 내화물

〈성상〉

① 회백색의 분말로 금속 중 융점이 가장 높고 가장 인장 강도가 높다.

② 원자량 = 183.85　　융점 = 3,400℃
비점 = 5,930℃　　비중 = 19.3

③ 대부분의 화학시약과 작용하지 않아 특수한 용도의 유용한 재료로 쓰인다. 묽은 HCl과 H_2SO_4와는 작용하지 않지만 HF과 HNO_3 혼합물에 녹는다. HNO_3과는 산화물이 막을 형성하기 때문에 금속은 부동태를 이룬다.

④ 금속 중 융점이 가장 높기 때문에 O_2가 존재하지 않으면 고온에서 가열하여도 녹지 않기 때문에 전구의 필라멘트에 유용하게 사용된다.

⑤ O_2 중에서 300℃ 이상 가열하면 산화텅스텐(WO_2, WO_3)이 되며 고온에서 할로젠원소, N_2, S, C 및 물과 반응한다. 낮은 온도에서 F_2와 작용한다.

⑥ W 원소의 아말감이 증발되면 발화성을 가진다. H_2와 반응하지 않고 상당량의 H_2를 흡수한다.

6) 7A족 원소의 금속분 : $_{25}Mn$, $_{43}Tc$, $_{75}Re$

(1) 망가니즈분(Manganese Powder)　Mn

〈용도〉 제철공업에서의 탈산제, 첨가제, 철합금, 스테인리스, 고무의 산화촉매, 섬광탄의 연소제, 의약, 유리공업 및 요업공업에서의 착색제(흑색), 암모니아 합성촉매, 석유정제 시 촉매, 휴대전화 2차 전지(배터리)

〈성상〉

① 회백색의 푸석푸석한 금속으로 부스러지기 쉬우며 반응성이 풍부하다.

② 원자량 = 54.94　　융점 = 1,240℃
비점 = 1,960℃　　비중 = 7.43

③ 습한 공기 중 쉽게 금속 광택을 잃어 녹이 잘 생기기 때문에 일반 금속재료로 쓰이지 않는다.

④ 묽은 산에 녹으며 공기 중 표면이 산화되어 녹는다.

⑤ 미세한 분말은 찬물과는 반응이 느리지만 가열(또는 수증기)하거나 산과 반응시키면 H_2를 발생한다.

$$Mn + 2H_2O \longrightarrow Mn(OH)_2 + H_2\uparrow$$
$$Mn + 2HCl \longrightarrow MnCl_2 + H_2\uparrow$$

덩어리는 자연발화의 위험성은 없으나 미세한 분말 또는 미세한 조각이 대량 쌓여 있는 경우는 자연발화의 위험이 발생한다.

⑥ 미세한 분말은 점화원에 의해 폭발위험이 있다. 많은 공기 또는 O_2 중에서 가열하면 조건에 따라 MnO 또는 Mn_3O_4를 만든다.

⑦ 강산화제(H_2O_2, NH_4NO_3, HNO_3, Cl_2, NO_2, F_2)와 혼합하면 발화 위험이 있다.

⑧ 황과 함께 가열하면 다음과 같이 반응할 때 발열하고 황화망가니즈를 만든다.

$$Mn + S \xrightarrow{\triangle} MnS$$

〈소화방법〉 초기소화는 마른 모래, 건조분말로 질식소화한다. 밀폐공간 내 화재인 경우 불연성 가스를 사용하여 분진폭발을 방지시킨다.

(2) 테크네튬분(Technetium Powder) Tc

〈용도〉 방사성 원소이므로 생체의 간장 또는 내장기관을 방사성 기록계로 관찰하는데 쓰이는 의료기구에 쓰인다.

〈성상〉

① 은백색의 금속이며 공기 중 쉽게 광택을 잃는다.

② 원자량＝99.0　　융점＝2,170℃

비점＝4,900℃　　비중＝11.5

③ 테크네튬의 동위원소 모두는 방사성이다.

④ 실온의 공기 중 표면이 산화되고 많은 공기 또는 산소 하에서 400℃로 가열하면 연소되어 휘발성의 산화물을 만든다.

$$4Tc + 7O_2 \xrightarrow{\triangle} 2Tc_2O_7\uparrow$$

⑤ HCl, HF에 녹지 않지만 Br_2 수용액이나 뜨거운 HNO_3, 진한 H_2SO_4 및 왕수에 녹는다.

⑥ 기타 성질은 레늄(Re)과는 정도의 차이가 있지만 대체로 비슷하다.

⑦ F_2 또는 Cl_2와 반응하여 TcF_6, TcF_4가 된다.

(3) 레늄분(Rhenium Powder) Re

〈용도〉 화학공업용 촉매, Ni-Re합금(연소실, 터빈날개, 제트엔진 및 배기노즐)

〈성상〉

① 은백색의 금속이며 공기 중 쉽게 광택을 잃는다.

② W 다음으로 융점이 높고 방사성을 가지고 있다.

원자량＝186.2　　　　　융점＝3,180℃

비점＝5,700℃　　　　　비중＝21.4

③ 30% H_2O_2에 녹으며 Br_2 수용액이나 뜨거운 HNO_3에 녹아 산화물로 된다.

④ 물 또는 보통 산과는 반응하지 않지만 아질산(HNO_2)과는 다음과 같이 반응한다.

$$Re + 7HNO_2 \longrightarrow HReO_4 + 7NO\uparrow + 3H_2O\uparrow$$

⑤ 공기 중 덩어리는 변화가 없으나 분말은 발화한다. 많은 공기 또는 O_2 중에서 400℃ 이상 가열하면 연소하여 휘발성의 산화물을 만든다.

$$4Re + 7O_2 \longrightarrow 2Re_2O_7\uparrow$$

⑥ S과 함께 가열하면 다음과 같이 반응할 때 발열하고 황화레늄을 만든다.

$$Re + 2S \longrightarrow ReS_2$$

⑦ F_2과 반응하여 ReF_6이 되며 Cl_2, Br_2과 반응하여 $ReCl_5$과 $ReBr_5$이 된다.

7) 8A족 원소의 금속분 : $_{27}Co$, $_{44}Ru$, $_{45}Rh$, $_{46}Pd$, $_{76}Os$, $_{77}Ir$, $_{78}Pt$

철(Fe)족 원소와 백금(Pt)족 원소라고도 한다.

철(Fe)분은 별도 품명으로 지정되어 있고, 구리(Cu)분은 비위험물로 지정되어 있기 때문에 여기서 제외하였다.

(1) 코발트분(Cobalt Powder)　Co

〈용도〉 스텔라이트 합금(절단기, 외과용 기구), 내열성 합금, 자성재료, 특수강, 공구, 촉매, 도료, 페인트, 건조제, 유리 착색제(흑색), 휴대전화 2차 전지(배터리)

〈성상〉

① 회백색의 금속으로 딱딱한 고체이다. 유독물질이다.

② 원자량＝58.93　　　　　융점＝1,490℃

비점＝2,970℃　　　　　비중＝8.9

③ 1,100℃에서는 강자성(자석에 세게 끌리는 성질)을 상실하여 반자성으로 된다. H_2 또는 N_2와 반응하지 않지만 약 200℃에서 Cl_2와 서서히 반응하여 $CoCl_2$가 된다.

④ 산화코발트(CoO, Co_2O_3, Co_3O_4)를 H_2로 환원하여 얻은 Co는 공기 중 발화한다. 덩어리 상태도 가열하면 산화된다.

⑤ NH_4NO_3이나 질산하이드라진($N_2H_4 \cdot HNO_3$)과 혼합하면 폭발 위험성이 있다.

⑥ 활성이 큰 비금속을 반응시킬 때 가루화 할수록 심하게 반응한다.

⑦ 상온에서 물 또는 알칼리 용액과 반응하지 않지만 산화력을 갖지 않는 묽은 산 용액에서는 느리게 용해된다.

$$Co + 2HCl \longrightarrow CoCl_2 + H_2\uparrow$$

⑧ 산화력을 가진 산에는 다음과 같이 용해된다.

$$3Co + 8HNO_3 \longrightarrow 3Co(NO_3)_2 + 2NO\uparrow + 4H_2O$$

⑨ 실온의 공기 중에선 반응이 없으나 400～500℃에서 산화되어 Co_3O_4가 되며 1100℃에선 CoO가 된다.

(2) 루테늄분(Ruthenium Powder) Ru

〈용도〉 루테늄 백금 촉매

〈성상〉

① 은백색의 금속으로 덩어리는 비활성이며 O_2가 없으면 왕수와도 작용하지 않는다.

② 원자량＝101.07 융점＝2,310℃
비점＝3,900℃ 비중＝12.2

③ 대단히 높은 융점을 가지고 있으며 활성이 대단히 적기 때문에 루테늄화합물을 세게 가열하면 분해하여 금속으로 된다.

④ 가루화 시킨 것은 강산화력을 가진 산과 반응하고 H_2를 흡수한다.

⑤ 공기 중 쉽게 산화되어 매우 휘발성이 강한 산화물로 된다.

$$Ru + O_2 \xrightarrow{\triangle} RuO_2\uparrow(\text{흑색})$$

⑥ 보통의 산과 알칼리 수용액 및 순수한 물과는 반응하지 않지만 O_2, $KClO_3$, KNO_3과 같은 강산화제의 존재 하에서 알칼리 수용액과 반응한다.

⑦ N_2와는 반응하지 않지만 고온에서 황, 할로젠원소와 발열반응한다.

$$2Ru + 5F_2 \xrightarrow{\triangle} 2RuF_5(\text{녹색})$$

$$2Ru + 3Cl_2 \xrightarrow{\triangle} 2RuCl_3(\text{흑색})$$

(3) 팔라듐분(Palladium Powder) Pd

〈용도〉 촉매(암모니아 공업), 수소 정제, 유기합성 촉매

〈성상〉

① 백색 빛이 도는 철회색의 광택이 나는 금속이다.
원자량＝106.4 융점＝1,550℃

비점 = 3,100℃ 비중 = 12.0

② 어떤 상태에서도 미세한 분말인 경우는 체적의 900배나 되는 H_2를 흡착하는 성질이 있기 때문에 수소첨가 또는 탈수소 등의 화학반응에서 촉매로 쓰인다.

③ 진한 HCl, 염소 혼합물 또는 왕수에 넣고 가열하면 서서히 용해된다.

$$Pd + 2HCl + Cl_2 \xrightarrow{\triangle} H_2PdCl_3$$

④ 대단히 높은 융점을 가지고 있고 활성이 대단히 적기 때문에 팔라듐화합물을 세게 가열하면 분해하여 금속으로 된다.

⑤ 가루화 시킨 것은 강산화력을 가진 산과 반응하여, 고온에서 O_2와 서서히 반응한다.

$$2Pd + O_2 \xrightarrow{\triangle} 2PdO(\text{흑색})$$

⑥ 보통의 산과 알칼리 수용액 및 순수한 물과는 반응하지 않지만 $KClO_3$, KNO_3과 같은 강산화제와 혼합한 것은 알칼리 수용액과 반응한다.

⑦ N_2와는 반응하지 않지만 고온에서 황, 할로젠원소와 반응한다.

$$2Pd + 3F_2 \xrightarrow{\triangle} 2PdF_3(\text{흑색})$$

$$Pd + Cl_2 \xrightarrow{\triangle} PdCl_2(\text{적색})$$

(4) 오스뮴분(Osmium Pwder) Os

〈용도〉 암모니아 합성 촉매

〈성상〉

① 청회색의 부드러운 금속 분말이며 O_2와 함께 가열하면 독특한 냄새가 나고 유해성·휘발성이 강한 사산화오스뮴이 된다.

$$Os + 2O_2 \longrightarrow OsO_4\uparrow(\text{황색})$$

② 원자량 = 190.2 융점 = 3,045℃

비점 = 5,027℃ 비중 = 22.57

③ 대단히 높은 융점을 가지며 활성이 적기 때문에 세게 가열하면 분해하여 분말로 된다.

④ 보통의 산과 알칼리 수용액 및 순수한 물과는 반응하지 않지만 왕수, 진한 HNO_3, 뜨거운 H_2SO_4과 강산화제와 혼합한 것은 알칼리용액($KOH + KNO_3$)과 반응한다.

⑤ 덩어리 상태를 활성이 적어 O_2가 없으면 왕수와도 반응하지 않는다.

N_2와 반응하지 않지만 고온에서 황, 할로젠원소와 반응한다.

$$Os + 3F_2 \xrightarrow{\triangle} OsF_6(\text{황색})$$

$$Os + 2Cl_2 \xrightarrow{\triangle} OsCl_4(\text{갈색})$$

(5) 이리듐분(Iridium Powder) Ir

〈용도〉 합금(Ir–Pt) 제조, 만년필 펜촉, 위성통신 재료

〈성상〉

① 은백색의 금속이다.

원자량 = 192.2 융점 = 2,410℃

비점 = 4,100℃ 비중 = 22.4

② 대단히 융점이 높고 화학적으로 활성이 매우 적기 때문에 이리듐화합물을 세게 가열하면 분해하여 금속으로 된다.

③ 덩어리 상태는 O_2가 없으면 왕수와도 작용하지 않지만 125～150℃에서 [HCl + $NaClO_3$] 혼합물과는 잘 반응한다.

④ 가루 상태에선 H_2를 잘 흡수하며 강산화력을 가진 산과 반응한다.

또한 고온에서 O_2와 서서히 반응한다.

$$Ir + O_2 \xrightarrow{\triangle} IrO_2(\text{흑색})$$

⑤ 보통의 산과 알칼리 수용액 및 순수한 물과 반응하지 않지만 강산화제의 존재하면 알칼리 수용액(KOH + KNO_3)과 반응한다.

$$Ir + 3F_2 \xrightarrow{\triangle} IrF_6(\text{황색})$$

$$2Ir + 3Cl_2 \xrightarrow{\triangle} 2IrCl_3(\text{녹색})$$

(6) 백금분(Platinum Powder) Pt

〈용도〉 보석, 반응촉매(백금장, 백금박), 화학실험용 기구 및 용기합금 촉매(Pt–Re–Ge)

〈성상〉

① 백색 빛의 광택이 나는 은백색의 단단한 금속이며 화학적으로 안정하여 산화되지 않는다.

② 원자량 = 195.09 융점 = 1,770℃

비점 = 3,800℃ 비중 = 21.45

③ 진한 HCl, 염소 혼합물 또는 왕수 이외의 산에 녹지 않는다.

$$Pt + 2HCl + 2Cl_2 \longrightarrow H_2PtCl_6$$

④ 높은 융점을 가지고 있고 활성이 대단히 적기 때문에 백금 화합물은 세게 가열하면 분해하여 금속으로 된다.

⑤ 보통의 산과 알칼리 수용액 및 순수한 물과는 반응하지 않지만 강산화제와 혼합한 것은 알칼리 수용액과 반응한다.

⑥ 미분 상태에선 많은 양의 H_2를 흡수할 수 있다. N_2와 반응하지 않지만 고온에서 황, 할로젠원

소와 반응한다.

$$Pt + 2F_2 \xrightarrow{\triangle} PtF_4\text{(황색 또는 갈색)}$$

$$Pt + Cl_2 \xrightarrow{\triangle} PtCl_2\text{(적갈색)}$$

⑦ H_2O_2와 상온에서 접촉하면 폭발한다.

8) 1B족 원소의 금속분 : $_{47}Ag$, $_{79}Au$

소위 귀금속 원소라 부른다. $_{29}Cu$는 「위험물안전관리법」상 비위험물로 지정됨에 따라 제외하였다.

(1) 은분(Silver Powder) Ag

〈용도〉 장식품, 식기류, 합금, 도금, 사진, 할로젠화물의 재료

〈제법〉 휘은광(Ag_2S)으로 산출되며 Cu를 제련할 때 부산물로 얻어진다.

〈성상〉

① 은백색의 광택을 가진 아름다운 금속으로 공기 중 녹슬기 쉽고 무르다.

② 원자량＝107.87 융점＝961.9℃

비점＝2,210℃ 비중＝10.5

③ 물, HCl에 녹지 않지만 가열된 진한 H_2SO_4과 반응하여 황산은으로 되고, HNO_3에 녹아서 질산은으로 되지만 H_2를 발생하지 않는다.

$$2Ag + 2H_2SO_4 \xrightarrow{\triangle} Ag_2SO_4 + 2H_2O + SO_2\uparrow$$

$$Ag + 2HNO_3 \longrightarrow AgNO_3 + H_2O + NO_2\uparrow$$

④ H_2, N_2와 반응하지 않지만 할로젠원소와 직접 반응하여 금속할로젠화합물을 만든다.

⑤ 물, 공기 및 O_2에서는 안정하지만 O_3과 반응하여 흑색의 과산화은(Ag_2O_2)을 만들며 이것은 묽은 산과 반응할 때 H_2O_2를 만든다. 그리고 O_2 중 가압하면서 가열하면 AgO가 된다.

⑥ H_2O_2, HCOOOH, HNO_2, $Pb(N_3)_2$과 혼합 시 발화위험이 있다.

⑦ H_2O_2와 상온에서 접촉하면 폭발하고 아세틸렌(C_2H_2)과 접촉하여 폭발성 물질로 변한다.

⑧ NH_3(암모니아, 아제인)와 혼합·혼촉하면 폭발성 물질을 만든다.

(2) 금분(Gold Powder) Au

〈용도〉 귀금속, 화폐, 장식품, 도금, 유리 착색제(적색)

〈성상〉

① 황금색의 광택이 나는 금속이다.

원자량＝196.86 융점＝1,064℃

비점＝2,800℃ 비중＝19.32

② 금은 안정한 금속으로 공기 중 가열하여도 변하지 않는다. 습한 할로젠과 작용하여 왕수에 녹아 증발시키면 담황색의 침상 결정의 염화제이금산($HAuCl_4 \cdot H_2O$)을 만든다.

③ 산, 알칼리에 녹지 않지만 왕수에 녹으며 O_2 또는 H_2O_2 존재하면 사이안화칼륨 용액에 녹는다.

④ 고온에서 Cl_2, Br_2과 반응하여 할로젠화합물 AuX_3이 된다.

⑤ Hg과는 수은아말감($AuHg$, Au_2Hg_2, Au_2Hg) 등이 만들어진다.

9) 2B족 원소의 금속분 : $_{30}Zn$, $_{48}Cd$

수은(Hg)은 액체 상태이고 「위험물안전관리법」상 비위험물에 해당되기 때문에 여기서 제외하였다.

(1) 아연분(Zinc Powder)　　Zn

〈용도〉 철의 아연도금, 주물, 금속 정련, 화약, 전지, 도금 함석판, 전극의 음극용 금속, 녹쇠(Zn-Cu), 양은(Zn-Ni-Cu), 염색, 의약, 수소 제조, 합성화학, 안료, 유기화학반응의 환원제, ZnO, $Zn(OH)_2$ 제조, 수은 아말감, 꽃불류(흰연기 발연제), 방청안료

〈성상〉

① 흐릿한 회색의 광택이 나는 금속으로 비교적 융점과 비점이 낮다.

② 원자량 = 65.38　　　융점 = 420℃

비점 = 907℃　　　비중 = 7.14

③ 습기 있는 공기 중 염기성 탄산아연의 회백색의 피막을 만들어 내부를 보호한다.

$$2Zn + CO_2 + H_2O + O_2 \longrightarrow Zn(OH)_2 \cdot ZnCO_3$$

④ 용융되면 유동성이 크고 고화될 때 수축이 적어 주물용으로 이용된다.

⑤ H_2, N_2, C 및 건조한 할로젠과 반응하지 않지만 습한 할로젠과는 할로젠화합물 ZnX_2를 만든다.

⑥ KCN 수용액과 NH_4OH에 녹는다.

⑦ O_2 존재 하에서 물과 반응하여 $Zn(OH)_2$과 H_2O_2를 만든다.

〈위험성〉

① 공기 중 융점 이상 가열하면 용이하게 연소한다.

$$2Zn + O_2 \xrightarrow{\triangle} 2ZnO$$

② 비교적 활성이 큰 금속이고 이온화경향이 비교적 크며, 양쪽성으로 산이나 알칼리와 반응하며 H_2를 발생하고 뜨거운 물과도 격렬하게 반응하여 H_2를 발생한다.

$$Zn + H_2SO_4 \longrightarrow ZnSO_4 + H_2\uparrow$$
$$Zn + 2HCl \longrightarrow ZnCl_2 + H_2\uparrow$$
$$Zn + 2H_2O \longrightarrow Zn(OH)_2 + H_2\uparrow$$
$$Zn + 2NaOH \longrightarrow Na_2ZnO_2 + H_2\uparrow$$

분말은 적은 양의 물과 혼합하거나 저장 중 빗물이 침투되어 열이 발생, 축적되면 자연발화를 일으킨다. 미세한 분말 상태에서의 발화점은 360℃ 정도로 낮아진다.

③ 산화성 물질과 혼합한 것은 가열·충격·마찰에 의해 발화·폭발한다. $BaSO_4$과 혼합한 것은 가열하면 갑자기 폭발한다.

④ 하이드록실아민염류, 염산염류, 과염소산염류와 혼합한 것은 가열·충격·마찰로 발화·폭발하며 NH_4NO_3과의 혼합물에 소량의 물을 가하면 발화 위험이 있다.

⑤ $HClO_4$과 접촉하면 격렬히 반응하고 산화물을 만든다.

⑥ 석유류, 황 등의 가연물이 혼입되면 산화 발열이 촉진된다. 따라서 윤활유 등이 혼입하면 기름의 특성에 따라 자연발화를 일으킨다.

⑦ I_2과 실온에서 접촉하면 격렬하게 반응하여 많은 열을 발생하고 자줏빛의 I_2 증기를 발생한다.

〈소화방법〉 초기소화 때는 마른 모래 또는 건조분말로 질식소화한다. 물, 포에 의한 냉각소화는 적당하지 않다. 진압작업 중 분진폭발에 주의하고 공기호흡기 등을 착용한다.

〈유해성〉 유독물질이다. 분진을 흡입하면 두통, 불쾌감, 손발 통증을 일으킨다.

(2) 카드뮴분(Cadmium Powder) Cd

〈용도〉 원자로의 제어제(중성자 조절), 안료, 전지, 도금(금속 보호 피막제), 합금, 염화비닐의 안정제, 수은 아말감, 야금 환원제, 발연탄, 화약, 유리착색, 도장, 백열전구의 필라멘트, 알칼리축전지 음극, 선광, 염료, 비료

〈성상〉

① 은백색의 가벼운 금속으로 강한 내식성이 있다.

② 원자량 = 112.41　　　융점 = 320.9℃
비점 = 765℃　　　비중 = 8.65
융점과 비점이 다른 금속에 비해 상당히 낮다.

③ Zn과 비슷한 금속이지만 Zn보다 녹슬지 않고 양쪽성 금속도 아니다.

④ 실온의 공기에서는 표면이 산화되고 고온에서는 적색 불꽃을 내며 CdO가 된다. H_2, N_2, C와 반응이 없지만 고온에서는 할로젠과 반응하여 할로젠화합물 CdX_2를 만든다. 묽은 HNO_3, 뜨거운 H_2SO_4 및 HCl에 녹으며 알칼리 수용액에 녹지 않는다.

〈소화방법〉 Zn에 준한다.

〈유해성〉 유독물질이다. 눈과 피부에 접하면 염증을 유발하고 분진을 흡입하면 기관지염, 호흡 곤란, 폐렴, 두통, 발열을 일으킨다. 급속 중독되면 위장 장애를 일으키며 코 궤양, 혈액 장애, 폐 및 골육 등에 장애, 대소변의 흑변, 장염, 사망하는 전형적인 직업병을 유발시킬 수 있다.

10) 3B족 원소의 금속분 : ${}_{13}Al$, ${}_{31}Ga$, ${}_{49}In$, ${}_{81}Tl$

비금속인 붕소(B)는 비위험물이기 때문에 제외되며 알루미늄은 금속분 중에서 활성이 크고 연소 위험성이 높아서 편의상 5. 금속분 2)에서 분류하여 기술하였다.

(1) 갈륨분(Gallium Powder) Ga

〈용도〉 고온측정용 온도계, 합금(트랜지스터)

〈성상〉

① 백색 또는 대청색의 금속으로 융점이 매우 낮아 액체온도 영역이 매우 넓으며 날씨가 더운 날이면 액체로 존재하고 또 쉽게 과냉각되는 경향이 있다.

② 원자량 = 69.72 융점 = 29.78℃
비점 = 2,400℃ 비중 = 5.94
여러 금속을 적시며 금속의 내부까지 침식한다.

③ 차고 마른 공기나 물과 반응하지 않지만 고온으로 가열하면 공기 중 느리게 연소한다.

$$4Ga + 3O_2 \xrightarrow{\triangle} 2Ga_2O_3 + \text{발열}$$

④ 산과 반응하여 H_2를 발생한다.

$$2Ga + 6HCl \longrightarrow 2GaCl_3 + 3H_2\uparrow$$

삼염화갈륨($GaCl_3$)은 융점 = 78℃, 비점 = 201℃로 매우 낮으며 물에 잘 녹는다.

⑤ F_2, Cl_2와 반응하여 GaX_3가 되며 알칼리 수용액에도 녹아 H_2를 발생한다.

(2) 인듐분(Indium Powder) In

〈용도〉 납땜, 합금, 전극, 방식 알루미늄, TV카메라, 전자부품, 디스플레이 투명화면(LED, LCD), 투명화면, 풍력 및 태양광발전소 박막

〈성상〉

① 은백색의 광택을 가진 금속으로 납보다 가볍다.

② 원자량 = 114.82 융점 = 156.6℃
비점 = 2,080℃ 비중 = 7.31

③ 공기 중 안정하며 산에 녹고 알칼리에 녹지 않는다. 차고 마른 공기나 물과 반응하지 않지만 고온으로 가열하면 공기 중 연소한다.

$$4In + 3O_2 \xrightarrow{\triangle} 2In_2O_3 + \text{발열}$$

④ 물, 알칼리 수용액과 반응하지 않지만 산과 반응하여 H_2를 발생한다.

$$2In + 6HCl \longrightarrow 2InCl_3 + 3H_2\uparrow$$

⑤ Cl_2와 반응하여 $InCl_3$이 된다.

(3) 탈륨분(Thallium Powder)　Tl

〈용도〉 탈륨 화합물은 쥐약으로 쓰이며 탈륨할로젠화합물은 광학적 결정체로 이용된다.

〈성상〉

① 은백색의 광택을 가지며 납보다 가볍다. 융점은 낮지만 비점은 높다. 인장강도가 낮아서 자르면 광택이 나지만 곧 공기에 노출되면 청회색으로 변한다.

② 원자량＝204.38　　　융점＝303.5
　비점＝1,457℃　　　비중＝11.85

③ 습한 공기 중 서서히 광택을 잃는다. 염기에 잘 녹으며 할로젠원소와 반응한다.

④ 차고 마른 공기와 반응하지 않지만 고온으로 가열하면 공기 중 연소한다.

$$4Tl + 3O_2 \xrightarrow{\triangle} 2Tl_2O_3 + \text{발열}$$

⑤ 실온의 공기 중에서는 산화탈륨 피막을 만든다.

$$4Tl + O_2 \longrightarrow 2Tl_2O$$

⑥ 물과 반응하여 H_2를 발생한다.

$$2Tl + 2H_2O \longrightarrow 2TlOH + H_2\uparrow$$

⑦ Tl 자체도 독성이 있지만 TlOH은 황색으로 NaOH보다 강하지 않지만 피부를 부식하고 유리를 부식시킨다.

⑧ S과 함께 가열하면 황화물이 생기고 심하게 발열하면 연소한다.

$$2Tl + 3S \xrightarrow{\triangle} Tl_2S_3 + \text{발열}$$

⑨ HCl과 반응하지 않지만 H_2SO_4, HNO_3, $HClO_4$, 왕수에 녹는다.

11) 4B족 원소의 금속분 : $_{32}Ge$, $_{50}Sn$, $_{82}Pb$

(1) 저마늄분(Germanium Powder)　Ge

〈용도〉 폴리에스터의 촉매, 반도체 재료(트랜지스터, 다이오드)

〈성상〉

① 회백색의 광택을 가진 금속으로 대표적인 공유결합 결정(다이아몬드 형)으로 되어 있고 가볍고 연하다.

② 원자량＝72.6　　　융점＝937.4℃
　비점＝2,840℃　　　비중＝5.32

③ 순도가 매우 높기 때문에 반도체 공업에 이용된다.

④ 실온의 공기와 반응하지 않지만 600~700℃에서 공기와 반응하여 산화물을 GeO_2를 얻는다.

⑤ 물에 녹지 않지만 뜨거운 H_2SO_4, HNO_3, 왕수에 잘 녹는다.

⑥ 알칼리 수용액에서는 서서히 녹지만 산화제와 공존하면 쉽게 녹는다.

⑦ N_2, H_2, C와 직접 결합하지 않지만 Cl_2와 반응하여 $GeCl_4$이 된다.

〈소화방법〉 건조분말, 마른 모래로 질식소화한다.

(2) 주석분(Tin Powder) Sn

〈용도〉 청동합금(Sn–Cu), 땜납(Sn–Pb), 양철 도금, 수은 제조, 환원제, 주석박, 튜브용, 도금, 주석염류 제조, 통조림통, 양철, 담배 및 과자의 포장지, 반도체

〈성상〉

① 은백색의 청색 광택을 가진 금속으로 다음과 같은 3가지 동소체가 있다.

$$\underset{\text{동축정계}}{Sn(\alpha)} \xrightleftharpoons{18℃} \underset{\text{정방정계}}{Sn(\beta)} \xrightleftharpoons{161℃} \underset{\text{사방정계}}{Sn(\gamma)} \xrightleftharpoons{232℃} \text{액체 주석}$$

② 원자량=118.69 융점=232℃
비점=2,270℃ 비중=7.31

③ 공기나 물속에서 안정하고 습기 있는 공기에서도 녹슬기 어렵다. 유독물질이다.

④ 진한 HCl에 녹여 농축하면 무색 결정의 $SnCl_2 \cdot 2H_2O$가 생긴다. 실온의 공기 중 반응하지 않지만 고온에서 연소하여 SnO_2가 된다.

⑤ 뜨겁고 진한 HCl과 반응하여 H_2를 발생한다.

$$Sn + 2HCl \longrightarrow SnCl_2 + H_2\uparrow$$

⑥ 뜨거운 염기와 서서히 반응하여 H_2를 발생한다.

$$Sn + 2NaOH \longrightarrow Na_2SnO_2 + H_2\uparrow$$

⑦ 할로젠과 급격히 반응하여 SnX_4이 된다.

⑧ H_2SO_4, 진한 HNO_3, 왕수와 반응시켜도 H_2를 발생하지 못한다.

$$Sn + 2H_2SO_4 \longrightarrow SnSO_4 + SO_2\uparrow + 2H_2O$$

$$Sn + 4HNO_3 \longrightarrow SnO_2 + 4NO_2\uparrow + 2H_2O$$

$$Sn + 4HNO_3 + 6HCl \longrightarrow H_2SnCl_6 + 4NO_2\uparrow + 4H_2O$$

⑨ 염화싸이오닐과 촉매 하에서 반응한다.

$$Sn + 2SOCl_2 \longrightarrow SnCl_4 + S + SO_2$$

⑩ 강산화제(Na_2O_2, $KMnO_4$, KO_2, Cl_2)와 혼합하면 조건에 따라서 발화할 위험이 있다.
⑪ 덩어리는 자연발화의 위험성은 없으나 미세한 분말 또는 미세한 조각이 대량으로 쌓여 있는 경우는 자연발화의 위험이 생긴다.

〈소화방법〉 Ge에 준한다.

(3) 납분(Lead Powder)　　Pb

〈용도〉 전선의 케이블, 축전지, 전기재료, 전선피복, 수은 아말감, 수도용 배관, 연판, 연단, 연백, 용접, 아자이드화납[$Pb(N_3)_2$] 제조(화약), 테트라에틸납 제조, 방사성 물질 차폐물, 활자금(Pb-Sn-Sb), 퓨즈(Pb-Sn-Sb), 땜납(Pb-Sn)

〈성상〉
① 회백색의 연하고 가벼운 금속으로 무겁고 융점이 낮다.
② 원자량＝207.21　　　　융점＝327.5℃
비점＝1,470℃　　　　비중＝11.34
③ 납은 습기가 있는 공기 중 산화되어 염기성 탄산염인 $2PbCO_3 \cdot Pb(OH)_2$의 얇은 막으로 변하여 내부가 보호된다.
④ 뜨겁고 진한 H_2SO_4 또는 묽은 HNO_3과는 다음과 같이 반응한다.

$$Pb + 3H_2SO_4 \longrightarrow Pb(HSO_4)_2 + SO_2\uparrow + 2H_2O$$
$$3Pb + 8HNO_3 \longrightarrow 3Pb(NO_3)_2 + 2NO\uparrow + 4H_2O$$

⑤ 뜨거운 염기와 반응하여 H_2를 발생한다.

$$Pb + 2NaOH \longrightarrow Na_2PbO_2 + H_2\uparrow$$

⑥ 공기 중 고온에서 연소하여 일산화납이 된다.

$$2Pb + O_2 \xrightarrow{\triangle} 2PbO$$

⑦ N_2, H_2, C와 직접 반응하지 않지만 할로젠원소와는 쉽게 반응하여 할로젠화합물을 만든다.

〈소화방법〉 Ge에 준한다.

〈유해성〉 유독물질이다.
대기오염 : 납중독, 식욕 부진, 근육통
급성중독 : 우울증, 구토, 두통, 불안, 무기력, 변비, 설사, 소화기관 및 신경계통 장애
만성중독 : 환각작용, 실명, 뇌장애, 사망

12) 5B족 원소의 금속분 : $_{51}Sb$, $_{83}Bi$

비금속원소인 질소(N), 비소(As)와 흑색 또는 황색의 안티모니(Sb)는 비위험물로서 규제 대상이

아니다(금속분의 <한계> 확인). 한편 「위험물안전관리법」상 별도 품명으로 지정된 인(P)은 여기서 제외하였다.

(1) 안티모니분(Antimony Powder) Sb

〈용도〉 활자금(Sb-Pb-Sn), 도료, 페인트, 전자제품, 합금, 반도체 및 통신 재료, 의약, 촉매제

〈성상〉

① 은백색의 광택이 나는 Sb는 금속이다. 흑색 또는 황색 Sb는 불안정한 비금속이다.

② 원자량 = 121.75 융점 = 630℃
비점 = 1,750℃ 비중 = 6.68

③ 상온에서 변하지 않지만 가열하면 연소한다.

$$4Sb + 3O_2 \xrightarrow{\triangle} 2Sb_2O_3$$

④ 물, HCl, 묽은 H_2SO_4, 알칼리 수용액에 녹지 않지만 왕수, 뜨겁고 진한 H_2SO_4에 녹으며 뜨겁고 진한 HNO_3과 다음과 같이 반응한다.

$$2Sb + 10HNO_3 \longrightarrow Sb_2O_5 + 10NO_2\uparrow + 5H_2O$$

⑤ 흑색 안티모니는 상온에서 쉽게 변하며 무정형 안티모니는 약간 가열·자극에 의해 폭발적으로 회색 안티모니로 변하고 융점 이상 가열하면 발화한다.

⑥ 강산화제(과염소산염류, 염소산염류 등)와 혼합하면 가열·충격·마찰로 발화·폭발하며 O_2, Cl_2와 접촉하면 발화한다.

⑦ $HgCl_2$과 접촉 또는 혼합한 것은 가열 또는 충격에 의해 폭발한다.

〈소화방법〉 건조분말, 마른 모래로 질식소화하고 화재 중 비산할 경우 다량의 물로 세척한다.

(2) 비스무트분(Bismuth Powder) Bi

〈용도〉 전기 퓨즈, 합금 재료(자동화재 탐지기 바이메탈), 의약품, 의료 처치, 화장품, 촉매, 안료, 접점, 가열기의 안전마개, 반도체, 주물틀, Woods metal(Bi-Sb-Cd-Sn)

〈성상〉

① 회백색을 띤 독특한 색의 고체로 강자성을 띠고 광택이 나는 금속이다.

② 원자량 = 208.98 융점 = 271.3℃
비점 = 1,560℃ 비중 = 9.8

③ 융점이 대단히 낮고 용해할 때 그의 부피가 준다. 실온의 공기 중 반응하지 않지만 가연성 고체로서 고온에서 파란 불꽃을 내며 연소한다.

$$4Bi + 3O_2 \xrightarrow{\triangle} 2Bi_2O_3$$

④ 수소화물은 극히 불안정하고 수산화물은 염기성이다.

⑤ 물, HCl, 알칼리 수용액과 반응하지 않지만 묽은 HNO_3과 반응한다.

$$Bi + 4HNO_3 \longrightarrow Bi(NO_3)_3 + NO\uparrow + 2H_2O$$

⑥ N_2, H_2, C와 작용하지 않지만 S과 반응하며 할로젠과 반응하여 BiX_3가 된다.

〈소화방법〉 Sb에 준한다.

〈유해성〉 흡입하면 중독 증상, 간장 장애가 나타난다.

13) 폴로늄분(Polonium Powder)　Po

① 방사성계 계열의 산물로서 우라늄과 토륨광석에 존재하며 가열하여 승화 분리하거나 핵 반응로에서 비스무트(Bi)를 조사하여 극히 소량으로 얻는다. 알파선의 선원으로 사용된다.

$$^{210}Bi \xrightarrow{-\beta} {}^{210}Po$$

② Po은 강한 방사성이므로 특수 취급기술이 필요하며 화학적 성질은 텔루륨(Te)과 비슷하지만 금속성은 약하다.

③ 원자량 = 210　　융점 = 254℃

비점 = 962℃　　비중 = 9.32

④ 은백색의 금속으로 공기 중 서서히 산화 피막을 형성한다. H_2와 반응하지 않지만 200~400℃에서 Cl_2, Br_2, I_2와 반응하여 PoX_4이 된다.

⑤ 물에 녹지 않지만, HCl, H_2SO_4, 진한 HNO_3에 녹는다.

⑥ KCN보다 약 2.5억 배 강한 맹독성 물질로서 음용하면 사망한다. 해독제가 없다.

14) 3A족 원소의 금속분 : $_{21}Sc$, $_{39}Y$ 및 란타넘계열 원소(15), 악티늄계열 원소(15)

(1) 스칸듐분(Scandium Powder)　Sc

원자량 = 44.95　　융점 = 1,540℃

비점 = 2,830℃　　비중 = 2.98

은백색의 연한 금속으로 실온의 공기에서 표면이 산화되며 고온에서 Sc_2O_3가 된다. 물에 서서히 녹고 뜨거운 물과 산에 녹아 H_2를 발생한다.

(2) 이트륨분(Yttrium Powder)　Y

원자량 = 88.90　　융점 = 1,520℃

비점 = 3,300℃　　비중 = 4.46

PDP TV의 형광체 및 에너지 절약형 형광등의 재료로 쓰인다. 흑회색의 금속으로 실온의 공기에서는 표면이 산화되어 산화 보호막 형성 때문에 1,000℃까지도 공기 중 산화에 대한 내성이 있다. 물에 서서히 녹아 H_2를 발생하고 산에 녹아 H_2를 발생하며 알칼리 수용액에 녹지 않는다. 고온에서 H_2, N_2, C, Si, P, S 및 다른 비금속과 반응하여 YX_3가 된다. 기타 화학성질은 란타넘과 유사하다.

(3) 란타넘계열 원소의 금속분

대부분 은백색을 띄는 금속이다. 원자번호의 증가에 따라 원자량과 비중이 증가하고 있다. 여기에 속하는 금속들은 물과 반응하는데 차가우면 서서히 반응하고 뜨거우면 빨리 반응하여 H_2를 발생한다. 대기 중 쉽게 변색하고 용이하게 연소하여 산화물을 만든다.

① 란타넘(La)은 카메라와 캠코더의 렌즈로 쓰이고, PDP TV의 형광체 및 에너지 절약형 형광등의 재료로 쓰인다. 백색의 금속으로 실온의 공기에서 산화되고 445℃ 이상에서 La_2O_3가 된다. 고온에서 H_2 또는 N_2와 반응하여 수소화물(LaH_3)과 질소화물(LaN)을 만들며, 할로젠원소와는 LaX_3가 된다. 물에 서서히 녹으며, 뜨거운 물과 산에 녹고 H_2를 발생한다.

② 세륨(Ce)은 반도체 표면 광택제 및 휴대전화의 액정화면 제조에 쓰인다. 회색의 금속으로 실온의 공기에서 서서히 산화되고 160℃에서 분말은 발화하여 CeO_2가 된다. H_2와는 수소화물을 만들고 F_2, Br_2, Cl_2와 반응하여 CeF_4, $CeCl_3$, $CeBr_3$이 된다. 물에 서서히 녹으며 뜨거운 물과 산에 녹고 H_2를 발생한다. Ce의 혼합금속은 라이터돌을 만드는데 쓰인다.

③ 프라세오디뮴(Pr)은 은백색의 금속으로 실온의 공기 중에서 표면이 황색으로 변하며 290℃ 이상에서 발화하여 Pr_2O_3가 된다. 고온에서 N_2와는 질소화물(PrN)을 만들고 H_2와는 수소화물(PrH_3)을 만든다. 할로젠원소와는 할로젠화합물을 만든다. 물에 서서히 녹으며, 뜨거운 물과 산에 녹아 H_2를 발생한다.

〈표 15〉 란타넘계열 원소

원자번호	원소기호	명명법	원자량	비중	융점(℃)	비점(℃)
57	La	란타넘(lanthanum)	138.9	6.2	921	3,500
58	Ce	세륨(cerium)	140.12	6.66	799	3,400
59	Pr	프라세오디뮴(praseodymium)	140.9	6.77	931	3,000
60	Nd	네오디뮴(neodymium)	144.24	6.80	1,020	3,100
61	Pm	프로메튬(promethium)	145	7.22	1,170	2,460
62	Sm	사마륨(samarium)	150.36	7.52	1,080	1,790
63	Eu	유로퓸(europium)	151.96	5.24	822	1,600
64	Gd	가돌리늄(gadolinium)	157.3	7.90	1,310	3,300
65	Tb	터븀(terbium)	158.92	8.23	1,360	3,100
66	Dy	디스프로슘(dysprosium)	162.5	8.55	1,410	2,560
67	Ho	홀뮴(holmium)	164.93	8.79	1,470	2,690
68	Er	어븀(erbium)	167.3	9.06	1,530	2,860
69	Tm	툴륨(thulium)	168.9	9.32	1,550	1,950
70	Yb	이터븀(ytterbium)	173.04	6.96	819	1,194
71	Lu	루테튬(lutetium)	174.96	9.84	1,660	3,400

④ 네오디뮴(Nd)은 레이저 빛 만드는 재료, 전기모터, 전기자동차 및 전자산업에 쓰인다. 은백색의 금속으로 실온에서 산화막을 만들고 고온에서 H_2 또는 N_2와 반응하여 수소화물과 질소화물을 만든다. 그리고, 고온의 O_2 중 산화되어 Nd_2O_3가 된다. 할로젠원소와는 할로젠화합물을 만들고 물에 서서히 녹으며, 뜨거운 물과 산에 녹아 H_2를 발생한다.

⑤ 프로메튬(Pm)은 천연에 거의 존재하지 않는다.

⑥ 사마륨(Sm)은 회색의 금속으로 150℃ 이상에서 Sm_2O_3가 된다. 물에 서서히 녹으며, 뜨거운 물과 산에 녹고 H_2를 발생한다.

⑦ 유로퓸(Eu)은 PDP TV의 형광체 및 에너지 절약형 형광등의 재료로 쓰인다. 은백색의 금속으로 실온의 공기에서 산화되고 150℃ 이상에서 연소하여 Eu_2O_3가 된다. H_2 또는 할로젠과 반응하여 수소화물(EuH_2)과 할로젠화합물(EuX_3)이 된다. 물에 서서히 녹으며, 뜨거운 물과 산에 녹아 H_2를 발생하며 액체 NH_3에 녹아 청색을 띤다.

⑧ 가돌리늄(Gd)은 광섬유 제조에 쓰이고, PDP TV의 형광체 및 에너지 절약형 형광등의 재료로 쓰인다. 백색의 금속으로 실온의 공기에서 표면이 산화되며, 고온에서 Gd_2O_3가 된다. 물에 서서히 녹으며, 뜨거운 물과 산에 녹아 H_2를 발생한다.

⑨ 터븀(Tb)은 은회색의 금속으로 실온의 공기에서 표면이 산화되며, 고온에서 Tb_2O_3가 된다. 물에 서서히 녹으며, 뜨거운 물과 산에 녹아 H_2를 발생한다.

⑩ 디스프로슘(Dy)은 유도미사일에 쓰인다. 은백색의 금속으로 실온의 공기에서 표면이 산화되며 고온에서는 Dy_2O_3가 된다. 물에 서서히 녹으며, 뜨거운 물과 산에 녹아 H_2를 발생한다.

⑪ 홀뮴(Ho)은 은백색의 금속으로 실온의 공기에서 표면이 산화되고 고온에서 Ho_2O_3가 된다. 물에 서서히 녹으며, 뜨거운 물과 산에 녹아 H_2를 발생한다.

⑫ 어븀(Er)은 광섬유 제조에 쓰인다. 회색의 금속으로 실온의 공기에서 표면이 산화되고 고온에서 Er_2O_3가 된다. 물에 서서히 녹으며, 뜨거운 물과 산에 녹아 H_2를 발생한다.

⑬ 툴륨(Tm)은 은백색의 금속으로 실온의 공기에서 표면이 산화되고 고온에서 Tm_2O_3가 된다. 물에 서서히 녹으며 뜨거운 물과 산에 녹아 H_2를 발생한다.

⑭ 이터븀(Yb)은 회색의 금속으로 실온의 공기에서 표면이 산화되고 H_2와 반응하여 수소화물(YbH_2)을 만들며 할로젠원소와는 할로젠화합물(YbX_3)이 된다.

⑮ 루테튬(Lu)은 은백색의 금속으로 실온의 공기에서 표면이 산화되고 고온에서 Lu_2O_3가 된다. Cl_2, Br_2과는 LuX_3이 된다. 물에 서서히 녹으며 뜨거운 물과 산에 녹아 H_2를 발생한다.

(4) 악티늄계열 원소의 금속분

모두 방사성 원소이며, 보통은 백색이며 반응성이 적은 편이고 대기 중 변색된다. 가루화된 것은 발화성이 있다. 이들 금속은 방사성 때문에 원격조절(작업)이 필수적이다. 온도, 압력에 관계없이 방사선을 방출하므로 납 상자 속에 저장 보관하여야 한다.

① 악티늄(Ac)은 은백색의 방사성 금속으로 물에 녹는다.

② **토륨**(Th)은 원자로에서 연료로 쓰인다. 은회색의 방사성 금속으로 실온의 공기 중 분말은 연소하여 ThO_2가 된다. 고온에서 H_2, N_2, 할로젠원소와 반응하여 ThH_4, Th_3N_4, ThX_4이 된다. 왕수에 녹고 H_2SO_4에 서서히 녹으며 진한 HNO_3과는 부동태를 만든다. HCl과 접촉하면 발화위험이 있다. CO_2 중에서도 연소한다.

③ **프로트악티늄**(Pa)은 은회색이 방사성 금속으로 1,100℃에서 산화되어 Pa_2O_5이 된다. 400℃에서 H_2와 반응하여 수소화물(PaH_3)이 되며 300℃에서 F_2와 반응하여 PaF_5가 되고 HCl과 반응하여 $PaCl_4$이 된다.

④ **우라늄**(U)은 밀도가 대단히 큰 은백색의 방사성 금속으로 실온의 공기에서 표면이 산화되고, 분말의 경우 대단히 활성이 커서 공기 중 가열하면 발화하여 U_3O_8이 된다. CO_2 중에서도 연소한다. N_2, H_2, C와 잘 결합하므로 순수한 금속으로 얻기는 힘들다. 고온에서 할로젠원소 및 황과도 반응한다. 찬물과 알칼리와는 반응하지 않지만 H_2SO_4, HF에 서서히 녹는다. 우라늄은 여러 산에 녹아 H_2를 발생한다. 우라늄은 25℃에서 H_2와 반응하여 발화성의 수소화물인 검정 분말로 된다.

$$2U + 3H_2 \xrightarrow{\triangle} 2UH_3$$

이 수소화우라늄은 다음과 같이 여러 화합물을 만든다.

$$2UH_3 + 7Cl_2 \xrightarrow{200℃} 2UCl_4 + 6HCl$$

뜨거운 물과 반응하여 H_2를 발생한다. 덩어리일 때보다 분말일 때 발화점이 낮다. 자연발화성이며 특히 절삭 직후 또는 탈지, 침출작업 후 새로운 금속면을 노출한 경우 발화하기 수비다. 일반적으로 원자로에 사용되는 우라늄 핵연료형태는 금속 우라늄(Al 또는 Zr과의 합금) UO_2, UC_2의 것을 쓴다. 우라늄은 유리, 도자기의 착색, 폭탄의 제조에 쓰인다. 화재 시 물, 포, CO_2, 건조분말, 할론(할론 2402, 할론 1211) 및 할로젠화합물 소화약제는 적응되지 않는다.

방사선을 차폐시키고 소화활동은 위험구역 외에서 실시하고 특수방호의, 고무장갑과 공기호흡기를 착용한다. 초기소화는 마른 모래, 진흙 등으로 피복한다. 대량 저장 중 화재에는 절대 주수하여서는 안 된다.

⑤ **넵투늄**(Np)은 은백색의 방사성 금속으로 고온에서 산화되며 묽은 HCl에 녹는다.

⑥ **플루토늄**(Pu)은 은백색의 방사성 금속으로 공기 중 산화되며 H_2와는 수소화물을 만든다. HCl, 묽은 H_2SO_4, 하이포아염소산(HClO)에 녹고 진한 H_2SO_4, HNO_3과는 부동태를 만든다. 분말은 자연발화성이며 특히 절삭 직후 또는 탈지, 침출작업 후 새로운 금속면이 노출되면 발화하기 힘들다. 치사량은 10^{-6} g 정도이다.

화재 때는 물, 포, CO_2, 건조분말, 할론 및 할로젠화합물 소화약제는 적용되지 않는다.

〈표 16〉 악티늄계열 원소

원자번호	원소기호	명명법	원자량	비중	융점(℃)	비점(℃)
89	Ac	악티늄(actinium)	227	10.07	1,050	3,200
90	Th	토륨(thorium)	232.0	11.72	1,750	4,800
91	Pa	프로트악티늄(protactinium)	231	15.37	1,840	–
92	U	우라늄(uranium)	238.0	18.7	1,150	3,800
93	Np	넵투늄(neptunium)	237	20.45	640	3,900
94	Pu	플루토늄(plutonium)	242	19.84	639.5	3,200
95	Am	아메리슘(americium)	243	13.67	994	2,600
96	Cm	퀴륨(curium)	247	13.51	1,340	3,110
97	Bk	버클륨(berkelium)	249	14.01	986	2,625
98	Cf	캘리포늄(californium)	251	15.10	900	1,200
99	Es	아인슈타이늄(einsteinium)	254	18.64	860	996
100	Fm	페르뮴(fermium)	253	–	1,527	–
101	Md	멘델레븀(mendelevium)	256	–	827	–
102	No	노벨륨(nobelium)	254	–	827	–
103	Lr	로렌슘(lawrencium)	257	–	1,623	–

⑦ 아메리슘(Am)은 은백색의 방사성 금속으로 실온의 건조공기 중에서 표면이 산화되며 묽은 산에 녹는다. 이온화식 감지기의 이온전류 발생원으로 이용된다.

⑧ 퀴륨(Cm)은 은백색의 방사성 금속으로 공기 중 피막을 형성한다.

⑨ 기타 : 버클륨(Bk), 캘리포늄(Cf), 아인슈타이늄(Es), 페르뮴(Fm), 멘델레븀(Md), 노벨륨(No), 로렌슘(Lr)은 인공원소로서 방사성 물질이다.

6. 마그네슘(Magnesium) Mg 지정수량 500 kg

〈한계〉 마그네슘 및 마그네슘을 함유한 것 중 2 mm체를 통과하지 않는 덩어리 상태 또는 막대모양의 것은 제외(규제 대상에서 제외되는 비위험물)한다.

〈용도〉 합금원료, 꽃불류(조명제, 불꽃제), 화약, 사진 섬광분, 화약(소이탄, 신호탄), 시가지용 폭제, 방식용, 성화봉(가연제), 환원제, 마그네슘 전지, 철광의 탈황제, Grinard시약, 플래시램프, 타이타늄 제조용, 주물 제조용, 경금속, 항공기 공업, 수소저장합금(Mg_2Ni), 화학약품 제조원료, 특수합금, 미사일

〈성상〉

① 알칼리토금속에 속하는 대표적인 경금속이다. 은백색의 광택이 있는 금속으로 공기 중 서서히 산화되어 광택을 잃는다.

② 분자량 = 24.32　　　　　　　　융점 = 650℃　　　　　　　　비점 = 1,107℃
비중 = 1.74　　　　　　　　　　발화점 = 473℃
분말 상태인 것도 물보다 무거워서 물 밑으로 가라앉는다.

③ 공기 중 부식성은 적으나 산이나 염류에 의해 침식당한다.

④ H_2와 반응하지 않지만 할로젠원소와 직접 반응하여 금속할로젠화합물을 만든다.

$$Mg + Br_2 \longrightarrow MgBr_2$$

⑤ S, P, As와 심하게 화합한다.

〈위험성〉

① 가열하면 연소하기 쉽고 표면연소한다. 양이 많은 경우 순간적으로 맹렬하게 폭발한다.

$$2Mg + O_2 \xrightarrow{\triangle} 2MgO + 2\times143.7\ kcal$$

이때 잘 부스러지기 쉬운 백색 고체인 산화마그네슘(MgO)을 대부분 만들지만 약간의 질소화마그네슘(Mg_3N)도 생성된다.
자외선을 다량 함유한 강한 흰 빛과 흰 연기를 내면서 표면연소한다. 연소할 때 연소열이 매우 높기 때문에 온도가 높아지고 화세가 격렬하게 되어 소화가 곤란해진다.

② 미분상으로 대량 직접된 것은 상온에서도 공기 중 습기와 서서히 반응하여 산화 발열하여 온도가 상승하고 열이 축적되면 자연발화에 이른다.

③ 공기 중에 미세한 분말이 밀폐공간 내 부유할 때는 스파크 등 적은 점화원에 의해 분진폭발을 일으키며 엷은 박, 칩, 부스러기도 쉽게 발화한다.

④ 강산화제(PbO_2, Fe_2O_3, NO_2, Cl_2, Br_2, I_2, F_2 및 제1류 위험물)와 혼합하고 있는 것은 약간의 가열·충격·마찰에 의해 발화·폭발한다.

⑤ 저농도 O_2 중에서 연소하며, CO_2와 같은 질식성 가스 중에서도 Mg이 불이 붙은 채로 넣으면 연소한다.

$$2Mg + CO_2 \longrightarrow 2MgO + C$$
$$Mg + CO_2 \longrightarrow 2MgO + CO\uparrow$$

이때 분해된 C는 흑연을 내면서 연소하고 CO는 맹독성이면서 가연성 가스이다. 따라서 Mg 화재 때는 CO_2 소화약제는 사용하지 않아야 한다.

⑥ 상온에서는 물을 분해하지 못하여 안정하지만 뜨거운 물이나 과열 수증기와 접촉하면 격렬하게 H_2를 발생하며 염화암모늄(NH_4Cl) 용액과의 반응은 위험을 초래한다. 마그네슘이 연소하고 있을 때 주수한다면 다음과 같은 과정을 거쳐 위험성이 증대된다. 따라서 물에 의한 냉각소화는 절대로 해서는 안 된다.

$$1차\ (연소) : 2Mg + O_2 \longrightarrow 2MgO + 발열$$

$$2차\ (주수) : Mg + 2H_2O \longrightarrow Mg(OH)_2 + H_2\uparrow$$
$$3차\ (수소폭발) : 2H_2 + O_2 \longrightarrow 2H_2O$$

⑦ 불순물과 혼합되어 있을 때는 400℃ 부근에서 발화점이 형성된다.

⑧ 할로젠화합물(CCl_4, C_2H_4ClBr)과 고온에서 작용하면 폭발적으로 반응하여 포스젠($COCl_2$)이 생긴다. 이 $COCl_2$은 맹독성 가스로서 밀폐된 실내에서는 매우 위험하다.

⑨ 알칼리 수용액과 반응하여 H_2를 발생하지 않지만 대부분의 강산과 반응하여 H_2를 발생한다.

$$Mg + H_2SO_4 \longrightarrow MgSO_4 + H_2\uparrow$$

⑩ 다이사이안과 접촉하면 폭발한다.

⑪ 밀폐된 상태 하에서 산화성 고체와 혼합하고 있을 때는 외부의 공기나 O_2 공급 없이도 가온하면 발화·폭발한다.

⑫ 무기과산화물과 혼합한 것은 마찰을 시키거나 약간의 수분에 의해 발화한다.

⑬ 다이크로뮴산나트륨($Na_2Cr_2O_7 \cdot 2H_2O$)과 혼촉하면 발화 위험이 있다.

⑭ N_2 기체 속에 타고 있는 Mg을 넣으면 직접 반응하여 공기나 CO_2 속에서 보다 활발하지는 않지만 연소한다. 따라서 Mg 화재 중 N_2나 CO_2는 소화약제로 사용할 수 없다.

$$3Mg + N_2 \longrightarrow Mg_3N$$

여기서 생긴 Mg_3N은 푸석푸석한 검은색의 고체이다.

⑮ 뜨거운 Mg을 SO_2속에 넣으면 SO_2가 산화제로 작용하여 다음과 같이 연소한다.

$$3Mg + SO_2 \longrightarrow 2MgO + MgS$$

〈저장·취급〉

① 화기엄금, 가열·충격·마찰을 피한다.

② 산화제(제1류 위험물이나 제6류 위험물)와 혼합되지 않도록 격리 저장한다.

③ 산, 물 또는 습기와의 접촉을 피한다. 저장용기는 밀폐 건조시키고 습기나 빗물이 침투되지 않도록 한다.

④ 분진폭발 방지를 위하여 분말이 비산하지 않도록 하고 완전 밀봉 저장한다. 분말을 취급하는 작업장은 통풍·환기가 잘 되도록 하고 분말이 쌓이지 않도록 수시 청소한다.

〈소화방법〉 일단 연소하면 소화가 곤란하다. 초기소화 또는 소규모 화재는 석회분, 마른 모래 등으로 소화하고 기타의 경우는 다량의 소화분말, 소석회, 건조사 등으로 질식소화한다.

물, CO_2, N_2, 포, 할론 및 할로젠화합물 소화약제는 소화 적응성이 없으므로 절대 사용을 엄금한다.

특히 연소 중일 때 주수하면 연소중인 Mg의 비산을 초래하고 물과 반응하여 생긴 H_2 가스의 폭발을 가져오므로 주의한다. 산화제와 혼합 연소할 때는 충분히 안전거리를 유지하고 공기호흡기 등을 착용한다. 방수 조치가 된 용기는 그 외벽을 물로 냉각시킨다. 분진폭발이 우려되는 경우는 충분히 안전거리를 유지한다.

〈유해성〉 연소할 때 방출되는 강한 자외선에 의해 각막, 망막, 수정체의 장애를 초래한다(소화작업 중 보호안경 착용). 분말이 비산하여 눈에 들어가면 약상을 입고 피부와 접촉하면 자체 수분에 의해 수포가 생기며 심한 염증을 일으킨다. 연소생성물을 흡입하면 발열한다.

7. 그 밖에 행정안전부령으로 정하는 것 지정수량 100 kg, 500 kg

8. 상기 각 호에 정하는 어느 하나 이상을 함유하는 것 지정수량 100 kg 또는 500 kg

9. 인화성 고체 지정수량 1,000 kg

1) 지정품명 : 고형 알코올

〈용도〉 등산용 휴대연료

〈제법〉 합성수지에 메탄올(CH_3OH)을 혼합 침투시켜 한천 모양으로 만든다.

〈성상〉

① 30℃ 미만에서 가연성의 증기를 발생하기 쉽고 이 증기는 매우 인화하기 쉽다. 이 발생 증기는 CH_3OH의 증기(CH_3OH의 인화점＝11.1℃)로서 환각작용이 있어서 매우 유독하다.

② 열 또는 화염에 의한 화재 위험성이 대단히 높다. 연소할 때는 용융하면서 타고 그을음을 내지 않고 완전연소한다.

〈저장·취급〉

① 화기엄금. 가열하거나 점화원을 피하고 불꽃이나 화염을 내는 기구와 멀리한다.

② 증기의 발생을 억제하고 낮은 곳에 증기가 체류하지 않도록 통풍·환기시키고 평소 환기가 양호하고 찬 곳에 저장한다.

③ 저장·취급할 때는 강산화제와 혼합되지 않도록 충분히 격리한다.

④ 인화성 고체를 저장·취급하는 옥외저장소에는 저온으로 유지하기 위한 살수설비 등을 설치하여야 한다.

〈소화방법〉 직접 물에 의한 소화는 효과가 없고 알코올형 포, 물분무, CO_2, 건조분말이 유효하다.

〈유해성〉 메탄올에 준한다.

2) 지정성상으로 정하는 품명(1 atm 상태에서 인화점이 40℃ 미만인 고체)

(1) 메타알데하이드(Metaldehyde) $(CH_3CHO)_{4\sim6}$의 중합체

〈용도〉 등산용 휴대연료

〈성상〉

① 무색의 침상 또는 판상 결정으로 100℃ 부근에서 승화한다.

② 분자량 = 176.2　　융점 = 246℃　　증기비중 = 6.1
비점 = 112 ~ 116℃　　인화점 = 36℃

③ 물에 녹지 않으며 에탄올, 에터, 벤젠에 녹기 어렵고 가열된 클로로폼에 녹는다.

〈위험성〉

① 증기는 공기보다 무겁고 인화가 용이하며 산화성 물질과 반응한다.

② 80℃에서 일부 분해하여 인화성이 강한 액체인 아세트알데하이드(CH_3CHO)를 만들어서 더욱 더 연소 위험성이 커진다.

③ 방치하면서 서서히 파라알데하이드[$(CH_3CHO)_3$]로 변한다. 이 파라알데하이드는 상온에서 액체상태이고 인화점이 그대로 유지되므로 제4류 위험물 중 제2석유류에 속하는 물질이 된다. 주요 성상은 다음과 같다.
융점 = 12℃　　비점 = 124℃　　인화점 = 36℃
발화점 = 124℃　　연소범위 = 3.1vol%

〈저장·취급〉〈소화방법〉 고형 알코올에 준한다.

(2) 제삼뷰틸알코올 (*tert*-Butyl Alcohol) $(CH_3)_3COH$

〈구조식〉

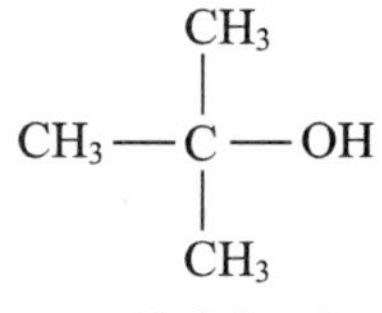

tert-뷰틸알코올

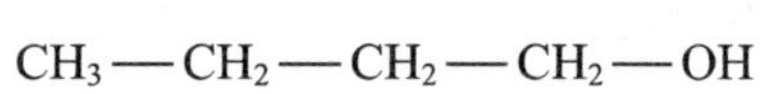

n-뷰틸알코올(제4류 위험물 제2석유류)

〈성상〉

① 무색의 고체로서 물보다 가볍고 물에 잘 녹는다.

② 분자량 = 74　　증기비중 = 2.6
융점 = 25.6℃　　비점 = 83℃　　비중 = 0.8
인화점 = 11℃　　발화점 = 478℃　　연소범위 = 2.4 ~ 8.0vol%

③ *n*-뷰틸알코올(C_4H_9OH)에 비해서 알코올로서의 특성은 적고 탈수제에 의해 가연성 기체인 아이소뷰틸렌[$(CH_3)_2C=CH_2$]되어 연소 위험성이 증가한다.

④ 여러 유기용제에 쉽게 용해된다.

〈위험성〉

① 가연성의 증기 발생이 용이하고 증기는 공기보다 무거워 밀폐공간 내에 체류한다.
② 인화점이 매우 낮아 인화가 용이하다.
③ 연소성이 강하여 소화가 곤란하다.
④ 강산화제와 혼합하면 연소 위험성이 현저히 증가한다.

〈저장·취급〉〈소화방법〉 고형 알코올에 준한다.

(3) 래커퍼티(Lacquer Putty)

〈용도〉 접착제, 고무제품 접착, 래커 에나멜의 기초도료

〈제법〉

질소함유율이 11.7～12.2%의 저점도 나이트로셀룰로오스를 주제로 하여 소량의 경질수지(에스터 고무)와 안료, 가소제를 배합하여 휘발성 용제에 용해하여 만든다.

나이트로셀룰로오스와 에스터 고무의 표준배합률은 1 : 1 또는 1 : 2의 비율이며, 아세트산에틸, 아세트산뷰틸, *n*-뷰탄올, 톨루엔은 휘발성이 강한 용제들로서 제4류 위험물 중 제1석유류 또는 제2석유류에 속한다.

표준배합률은 다음과 같다.

품 명	배합률(%)	용 도
나이트로셀룰로오스	10	주원료
에스터 고무	4	도막향상제
산화아연(ZnO)	20	백색안료
흑연	1	흑색안료
석회석 분말	20	증량제(안료보충제)
탈크($3MgO \cdot 4SiO_2 \cdot H_2O$)	14	수지충진제, 절연제
피마자유	2	가공유
인산트라이크레실[$(CH_3C_6H_4O)_3PO$]	2	가소제
아세트산에틸($CH_3COOC_2H_5$)	8	주용제
아세트산뷰틸($CH_3COOC_4H_9$)	6	주용제
n-뷰탄올(C_4H_9OH)	2	조용제
톨루엔($C_6H_5CH_3$)	11	희석제

〈성상〉

① 휘발 건조성의 도료로서 용매의 증발로 짧은 시간 내에 건조된다. 백색 또는 쥐색의 고체로서 공기 중 비교적 빨리 고화된다.
② 함유한 용제의 휘발에 의해 도막이 형성되나 도막의 성질은 원료의 배합 비율에 좌우되며 여러 가지 경도와 내구성 등을 가진다.

〈위험성〉

① 인화점은 20℃ 미만, 공기 중 함유 휘발성 용제 석유류 때문에 상온에서 쉽게 인화성 증기를 발생하므로 위험하다.

② 일단 연소하면 연소확대 위험성이 커서 진압이 곤란하다.

〈저장·취급〉 직사광선 차단. 불꽃·화기 등의 접촉을 피하고 통풍이 양호한 찬 곳에 저장한다.

〈소화방법〉 포, CO_2, 건조분말, 할론 및 할로젠화합물 소화약제로 질식소화한다.

〈유해성〉 유기용제 등의 증기를 흡입하면 중독작용 및 환각작용이 있다.

(4) 고무풀

〈용도〉 신발, 피혁, 케미컬슈즈의 접착제, 종이, 포, 기타 고무제품의 접착제

〈제법〉

생고무에 석유계 용제를 혼합하여 녹여서 풀모양으로 만든다. 용제로서 휘발유, 벤젠, 톨루엔, 경유, 등유 등이 사용된다.

〈성상〉

① 황갈색의 끈끈한 풀모양의 고체로서 휘발유 냄새가 난다.

② 용제에 따라 색깔도 변하며 가황함에 따라 고화한다.

③ 인화점＝10℃ 이하　　농도＝1～10%

④ 물에 녹지 않으며 점착성 및 응집성이 강하다.

〈위험성〉

① 휘발유 등의 용제 때문에 상온 이하에서 쉽게 인화성 증기를 발생한다.

② 일단 화재가 발생하면 단일의 제4류 위험물 석유류보다도 매우 소화가 곤란하다.

③ 기타 위험성은 휘발유와 비슷하다.

〈저장·취급〉

① 화기엄금, 직사광선 차단, 용기의 가열이나 불꽃, 점화원을 피한다.

② 저장용기는 완전 밀전 수납하고 뚜껑을 열어 사용할 때는 통풍이 양호한 곳에서 취급한다.

③ 가연성의 증기 체류에 주의하고 통풍·환기시킨다.

〈소화방법〉

초기화재 및 소규모 화재의 경우에는 CO_2, 분말, 할론 및 할로젠화합물 소화약제가 유효하며 기타의 경우는 알코올형 포를 사용하여 질식소화한다.

〈유해성〉

피부와 접촉하면 자극이 있고 증기를 흡입하면 두통, 현기증, 빈혈을 일으키고 심하면 환각작용도 나타난다.

연습문제 5

01. 제2류 위험물의 대표적 성질은?

① 산화성 고체
② 금수성 물질
③ 가연성 고체
④ 자기반응성 물질

02. 금속분에 관한 설명 중 틀린 것은?

① 금속분 화재 중 물을 가하면 H_2 가스를 발생한다.
② 밀폐공간 중에 분진이 부유하면 점화원에 의해 분진폭발한다.
③ 묽은 산과 반응하면 H_2 가스를 발생하는 것이 많다.
④ 가루 상태일 때보다 덩어리 상태일 때가 발화하기 쉽다.

03. 제2류 위험물의 위험성 중 틀린 것은?

① 연소하면 다량의 유해성 연소생성물을 발생한다.
② 연소속도가 느리지만 다량의 빛과 열을 발생한다.
③ 금속분 화재 중 주수하면 오히려 위험해진다.
④ 비교적 다른 가연물에 비해 착화온도가 낮다.

04. 물에 의한 냉각소화가 가능한 것은?

① S 화재
② 금속분 화재
③ Fe분 화재
④ Mg 화재

05. 제2류 위험물에 대한 설명 중 틀린 것은?

① Mg은 CO_2 속에서 연소한다.
② 타고 있는 금속분에 주수하면 H_2가 발생한다.
③ 인화성 고체의 화재 양상은 제4류 위험물 화재와 유사하다.
④ Cu분과 Ni분은 공기 중 점화원에 의해 잘 연소한다.

06. 제2류 위험물의 일반 성질로서 틀린 것은?

① 비교적 저온에서 착화하고 연소가 신속하게 진행된다.
② 모두 비금속 물질이다.
③ 연소하면 유독가스를 발생하기 쉽다.
④ 산화제와 접촉하고 있는 것을 가열하면 위험하다.

07. **제2류 위험물에 대한 위험성 중 올바른 것은?**

① 마찰, 충격에 의해 폭발한다.
② 연소하기 쉬운 고체이다.
③ 공기 중 자신은 환원되고 발열한다.
④ 황린, 적린은 물과 반응하여 수소를 발생한다.

08. **황린과 적린의 비교 중 올바른 것은?**

① 황린은 공기 중에 노출되면 자연발화 하지만 적린은 그렇지 않다.
② 적린은 인광을 내지만 황린은 그렇지 않다.
③ 적린의 발화점은 황린의 발화점보다 낮다.
④ 연소생성물은 각각 다르다.

09. **적린의 위험성에 관하여 올바른 것은?**

① 염소산염류와 접촉하면 조건에 따라 폭발의 위험이 있다.
② 물과 반응하여 고열을 낸다.
③ 공기와의 접촉으로 자연발화한다.
④ 충격, 타격에 의해 발화한다.

10. **다음 중 제2류 위험물의 일반적 성질이 아닌 것은?**

① 대부분 무기화합물이다.
② 산소를 함유하고 있지 않다.
③ 금속분 화재는 질식소화한다.
④ 위험물 제조소등에서 주의사항 게시판 내용은 화기엄금이다.

11. **P_2S_5가 습한 공기 중에서 분해하여 발생한 가스에 대한 설명 중 올바른 것은?**

① 불연성이다. ② 유독하다.
③ 물에 전혀 녹지 않는다. ④ 냄새가 없다.

12. **황에 관한 성상 중 맞는 것은?**

① 동소체 모두는 CS_2에 잘 녹는다.
② 전기를 잘 통한다.
③ 물보다 가볍고 물에 녹지 않는다.
④ 황색 또는 미황색의 결정 또는 분말이다.

13. 마그네슘이 뜨거운 물과 작용할 때의 변화는?

① 산소를 발생하고 $Mg(OH)_2$을 만든다.
② 수소를 발생하고 $Mg(OH)_2$을 만든다.
③ 가스를 발생하지 않지만 $Mg(OH)_2$을 만든다.
④ CO_2를 발생하고 MaO이 생긴다.

14. 마그네슘의 위험성에 관한 것 중 맞는 것은?

① 연소하면 수산화마그네슘을 발생한다.
② 연소할 때는 다량의 물로 냉각소화한다.
③ 연소할 때는 CO_2로 질식소화하는 것이 가장 좋다.
④ 연소할 때는 연소열이 매우 높고 화세가 격렬하다.

15. 「위험물안전관리법」상의 마그네슘에 대한 위험성 중 틀린 것은?

① 온수와 작용하면 수소를 발생한다.
② 공기 중 습기와 장기간 반응하면 자연발화한다.
③ 연소시키면 격렬하게 흰 연기를 내면서 연소한다.
④ 대부분 가연성 유기물과 혼합하면 폭발한다.

16. 다음 중 적린과 혼합하면 연소 위험성이 증가하는 것은?

① KOH ② H_2O
③ P_4S_3 ④ $KClO_3$

17. 마그네슘의 성상 중에서 올바른 것은?

① 공기 중에 부유하면 분진폭발의 위험이 있다.
② 경금속이므로 물보다 가볍다.
③ 2 mm의 마그네슘은 공기 중에서 연소하지 않는다.
④ 습기가 있는 장소에 저장하면 안전하다.

18. 제2류 위험물(가연성 고체)에 해당하지 않는 위험물은?

① 황린 ② 적린
③ 황화인 ④ 황

19. **제2류 위험물과 발화점이 바르게 연결된 것은?**

① P_4S_3 : 100℃ ② P : 120℃
③ Mg : 250℃ ④ P_2S_5 : 220℃

20. **황린과 적린의 비교 중 틀린 것은?**

① 모두 연소하면 유해성의 P_2O_5를 발생한다.
② 황린과 산화제와의 혼합은 극히 위험하나, 적린은 안전하다.
③ 황린의 독성은 적린보다 강하다.
④ 융점은 황린이 적린보다 낮다.

21. **가연성 고체 물질의 일반적 성질에 해당되지 않는 것은?**

① 연소속도가 빠른 고체들이다.
② 산화제와의 접촉은 위험하다.
③ 저온에서 착화되기 쉬운 가연성 물질이다.
④ 물과 접촉하면 O_2와 불활성 가스가 발생한다.

22. **마그네슘분의 성질 중 옳지 않은 것은?**

① 산이나 염류에 침식당한다.
② 산과 작용하여 산소를 발생한다.
③ 점화하면 백광을 내고 심하게 탄다.
④ 미분 상태의 경우 공기 중 습기와 반응하여 자연발화한다.

23. **다음 설명 중 올바르게 표현된 것은?**

① 황린은 담황색이며 자극성 냄새를 가지고 있으며 맹독성이다.
② 황화인은 녹색의 결정이며 물에 분해하여 이산화황과 인산이 된다.
③ 적린은 적갈색의 분말로서 조해성이 있는 자연발화성 물질이다.
④ 황은 고체 또는 분말이며 많은 이성질체를 갖고 있는 전기 도체이다.

24. **금속분 제조공장에서 분진폭발을 예방하기 위한 조치로 가장 거리가 먼 것은?**

① 제분기나 컨베이어가 설치된 실내에서 분진이 부유, 발산되지 않도록 한다.
② 저장할 때는 적당한 습기를 유지하고 전기시설의 안전화 및 화기는 철저히 통제한다.
③ 운송덕트를 비철금속으로 하고 상시 불연성 가스를 봉입시켜 둔다.
④ 운송덕트는 가급적 짧게 하고 내부에 분진의 집적이나 장애물의 축적을 방지한다.

25. 다음은 위험물의 성질을 설명한 것이다. 옳은 것은?

① 황화인의 착화온도는 35℃이다.
② 황화인이 연소하면 O_3가스가 발생한다.
③ 마그네슘분은 알칼리 수용액과 반응하여 H_2를 발생시킨다.
④ 황은 전기의 절연재료로 사용되며, 3종의 동소체가 존재한다.

26. 마그네슘(Mg)분에 대한 성질을 옳게 설명한 것은?

① 과열 수증기와 작용시키면 H_2를 발생한다.
② 가벼운 금속분으로서 비중은 물보다 약간 작다.
③ 화재 중 소화약제로는 CO_2, N_2를 사용하여 소화한다.
④ 산, 알칼리 등과 작용하면 O_2를 발생시킨다.

27. 아연 분말, 알루미늄 분말의 저장 방법 중 옳은 것은?

① C_2H_5OH 수용액에 넣어 보관한다.
② 유리병에 넣어 건조한 곳에 저장한다.
③ 폴리에틸렌병에 넣어 수분이 많은 곳에 보관한다.
④ HCl 수용액에 넣어 보관한다.

28. 다음 중 적린과 혼합했을 때 불안정한 폭발성 혼합물질을 만드는 것은?

① 피리딘(C_6H_5N)　　② 황(S)
③ 하이드라진(N_2H_4)　　④ 염소산칼륨($KClO_3$)

29. 칠황화사인(P_4S_7)에 관한 설명 중 틀린 것은?

① 담황색의 결정이다.
② 이황화탄소에 약간 녹는다.
③ 냉수와 작용해서 불연성 가스를 발생한다.
④ 조해성이 있고, 수분을 흡수하면 분해한다.

30. 알루미늄분의 저장 및 취급 시 주의사항 중 옳지 못한 것은?

① 분진폭발에 주의한다.
② 브로민과 혼합하여 저장한다.
③ 산화제와 격리시켜 저장한다.
④ 수분과 접촉시키지 않도록 한다.

31. **다음 각 물질에 대한 설명 중 틀린 것은?**

① 황은 물이나 산에 녹지 않는다.
② 오황화인은 CS_2에 녹는다.
③ 삼황화인은 가연성 물질이다.
④ 칠황화인은 더운 물에 분해하여 이산화황을 발생한다.

32. **제2류 위험물의 일반적 성질 중 옳지 않은 것은?**

① 가연성 고체로서 속연성 물질이다.
② 연소할 때는 연소열이 크고 연소온도가 높다.
③ 산소를 포함하고 있어 연소 중 조연성 가스를 공급이 필요하지 않다.
④ 대부분 비중은 1보다 크고, 인화성 고체를 제외하고 무기화합물질이다.

33. **황의 성질을 옳게 나타낸 것은?**

① 물에 잘 녹는다.
② 황색의 연한 금속이다.
③ 전기 절연체로 쓰이며 가연성 고체이다.
④ 황의 동소체인 사방황, 단사황, 고무상황은 CS_2에 잘 녹는다.

34. **다음은 알루미늄 성질에 대한 설명이다. 잘못된 것은?**

① 진한 질산에 녹는다.
② 알루미늄 분말이 발화하면 다량의 열을 발생한다.
③ 질소나 할로젠과 반응하여 질화물과 할로젠화합물을 형성한다.
④ 화재에 대응하는 소화작업은 주수소화보다 마른 모래에 의한 질식소화가 효과적이다.

35. **황린과 P의 성질에 대한 설명 중 잘못된 것은?**

① 황린이나 P는 CS_2에 녹는다.
② 황린이나 P는 물과 반응하지 않는다.
③ P는 황린에 비하여 화학적으로 활성이 작다.
④ 황린과 P를 각각 연소시키면 P_2O_5이 생성된다.

36. 알루미늄(Al)분의 성질을 설명한 것 중 옳은 것은?

① 은백색의 중(重)금속이고, 불연성이다.
② 산에서만 녹아 수소 가스를 발생한다.
③ 뜨거운 물과 반응하여 수소 가스를 발생한다.
④ 진한 질산과는 표면에 환원막이 생성되어 부동태로 되므로 잘 녹는다.

37. 다음은 황의 동소체를 나열한 것이다. 이들 중 이황화탄소(CS_2)에 녹는 것들로 바르게 짝지어 놓은 것은?

㉠ 사방황	㉡ 단사황	㉢ 고무 상황

① ㉠, ㉡ ② ㉠, ㉢
③ ㉡, ㉢ ④ ㉠, ㉡, ㉢

38. 다음 위험물 화재에 대하여 주수소화에 의한 냉각소화가 오히려 위험성이 있는 것은?

① S ② P
③ P_4 ④ Al분

39. 황화인의 성상에 대한 설명 중 옳은 것은?

① 황과 인의 혼합물이다.
② 황화인은 상온에서 액체이다.
③ 황화인은 여러 가지 화학식을 갖는다.
④ 화재 중 건조사에 의한 질식소화보다 주수소화가 효과적이다.

40. 제2류 위험물이 공통으로 요구되는 안전관리 사항이 아닌 것은?

① 산화제와의 접촉을 피해야 한다.
② 화기를 가까이 하거나 가열해서는 안 된다.
③ 냉암소에 저장해서는 안 된다.
④ 습기를 유의하고 용기는 밀봉해야 한다.

41. Al분의 위험성에 대한 설명 중 틀린 것은?

① 연소하면 다량의 열을 발생한다.
② 온수와 접촉하면 가연성 가스를 발생한다.
③ 강산화제와 혼합하고 있는 것은 충격·마찰에 의해 발화한다.
④ 물분무소화기에 의해 질식소화가 가능하다.

42. **적린의 성질에 대한 설명 중 틀린 것은?**

① 물이나 에틸알코올에 녹지 않는다.
② 착화온도는 약 250℃ 정도이다.
③ 연소할 때 인화수소 가스가 발생한다.
④ 산화제가 섞여 있으면 마찰에 의해 착화하기 쉽다.

43. **P_4S_3은 다음의 어떤 물질에 잘 녹는가?**

① H_2O ② CS_2
③ H_2SO_4 ④ HCl

44. **제2류 위험물 중 마그네슘에 대한 설명으로 옳지 않은 것은?**

① 2 mm체를 통과한 것만 위험물에 해당한다.
② 이산화탄소 소화약제를 방사하면 소화가 가능하다.
③ 가연성 고체로 산소와 반응하여 산화반응을 하면서 몰당 143.7 kcal의 열을 발생한다.
④ 연소 중일 때 주수소화를 하면 가연성의 수소를 발생한다.

45. **공기 중에서 표면에 산화 피막을 형성하는 제2류 위험물로 짝지어진 것은?**

① 황화인, 마그네슘 ② 적린, 알루미늄분
③ 알루미늄분, 아연분 ④ 아연분, 제삼뷰틸알코올

46. **마그네슘(Mg)분의 성질에 대한 설명 중 옳은 것은?**

① 강산과 반응하면 수소 가스가 발생한다.
② 분말의 비중은 물보다 적으므로 물위에 뜬다.
③ 알칼리 수용액과 반응하여 수소를 발생한다.
④ 상온에서 수분과 반응하여 산화마그네슘이 생성된다.

47. **가연성 고체 위험물의 일반 성질로서 잘못 설명된 것은?**

① 모두 단체의 비금속 원소이다.
② 물에 불용하며, 산화하기 쉬운 물질이다.
③ 연소할 때 유독한 기체를 발생하는 것도 있다.
④ 비교적 낮은 온도에서 착화하기 쉬운 가연성 물질이다.

48. **황화인에 관한 성상 중 틀린 것은?**

① 고체이다.
② 가연성 물질이다.
③ P_4S_3, P_2S_5 등의 물질이 있다.
④ 물질에 따른 지정수량은 50 kg, 100 kg, 300 kg이다.

49. **제2류 위험물의 저장방법에 대한 설명 중 틀린 것은?**

① 황린은 산화제와 혼합되지 않게 한다.
② 황은 정전기가 축적되지 않도록 저장한다.
③ 적린은 인화성 물질로부터 격리 저장한다.
④ 마그네슘분은 분진 발생의 방지를 위하여 약간의 수분을 포함시켜 저장한다.

50. **적린의 성질에 관한 설명 중 틀린 것은?**

① 착화온도는 약 260℃이다.
② 물, 암모니아에 녹지 않는다.
③ 연소하면 인화수소 가스 발생한다.
④ 산화제와 혼합하면 착화가 용이하다.

정답

01.③	02.④	03.②	04.①	05.④	06.②	07.②	08.①	09.①	10.④	11.②	12.④
13.②	14.④	15.④	16.④	17.①	18.①	19.①	20.②	21.④	22.②	23.①	24.②
25.④	26.①	27.②	28.④	29.③	30.②	31.④	32.③	33.③	34.①	35.①	36.③
37.①	38.④	39.③	40.③	41.④	42.③	43.②	44.②	45.③	46.①	47.①	48.④
49.④	50.③										

Chapter 04

제3류 위험물

(자연발화성 물질 및 금수성 물질)

제1절 개 관

1. 종류

성 질	품 명	지정수량
자연 발화성 물질 및 금수성 물질	1. 칼륨	10 kg
	2. 나트륨	10 kg
	3. 알킬알루미늄	10 kg
	4. 알킬리튬	10 kg
	5. 황린	20 kg
	6. 알칼리금속(칼륨 및 나트륨을 제외한다) 및 알칼리토금속	50 kg
	7. 유기금속화합물(알킬알루미늄 및 알킬리튬을 제외한다.)	50 kg
	8. 금속의 수소화물	300 kg
	9. 금속의 인화물	300 kg
	10. 칼슘 또는 알루미늄의 탄화물	300 kg
	11. 그 밖에 행정안전부령이 정하는 것(염소화규소화합물) 12. 제1호부터 제11호까지의 어느 하나에 해당하는 위험물을 하나 이상 함유한 것	10 kg, 20 kg, 50 kg 또는 300 kg

2. 「위험물안전관리법」상의 범위 및 한계

① "자연발화성 물질 및 금수성 물질"이란 고체 또는 액체로서 공기 중에서 발화의 위험성이 있거나 물과 접촉하여 발화하거나 가연성 가스를 발생하는 위험성이 있는 것을 말한다.

② 칼륨·나트륨·알킬알루미늄·알킬리튬 및 황린은 상기 ①에 따른 성상이 있는 것으로 본다.

③ 위 표의 성질란에 규정된 성상을 2가지 이상 포함하는 물품(복수성상물품)이 속하는 품명은 다음에 따른다.

a. 복수성상물품이 가연성 고체의 성상(제1류)과 자연발화성 물질의 성상 및 금수성 물질의 성상(제3류)을 가지는 경우 : 제3류 위험물 제12호에 따른 품명

b. 복수성상물품이 자연발화성 물질의 성상, 금수성 물질의 성상(제3류) 및 인화성 액체의 성상(제4류)을 가지는 경우 : 제3류 위험물 제12호에 따른 품명

3. 일반 성질

① 대표적인 성질은 자연발화성 물질 및 물과 반응하여 가연성 가스를 발생하는 물질로서 복합적 위험성을 가지고 있다.

② K, Na, 황린, 알칼리금속, 알칼리토금속, 금속의 인화물 그리고 칼슘 또는 알루미늄의 탄화물은 무기화합물이며 알킬알루미늄, 알킬리튬과 유기금속화합물은 유기화합물이다.
③ K, Na, 알킬알루미늄과 알킬리튬은 물보다 가볍고 나머지 품명은 물보다 무겁다.
④ 황린을 제외하고 모두 물과 반응하여 화학적으로 활성화되고, 물과의 접촉에 의해 가연성 가스 발생과 발열하는 위험한 반응을 초래하는 물질이다.

4. 위험성

① 대통령령으로 정한 제3류 위험물의 품명은 물과 반응하여 모두 가연성 가스를 발생한다. (황린과 행정안전부령으로 지정된 염소화규소화합물은 제외)
② 일부 품명은 공기 중에 노출되면 자연발화를 일으킨다.
③ 일부 품명은 물과의 접촉·반응에 의해 발화하거나 점화원이 될 수 있는 열을 발생한다.
④ K, Na, 알칼리금속류 및 알칼리토금속류는 표면연소하는 D급 화재에 해당한다.
⑤ 가열되거나 강산화성 물질 또는 강산류와의 접촉에 의하여 위험성이 현저히 증가한다.
⑥ 물과 반응할 때 부식성 물질을 발생하는 것도 있다.

5. 제3류 위험물의 시험 및 판정

제3류 위험물(자연발화성 물질 및 금수성 물질)에 해당하는 자연발화성 물질과 금수성 물질의 시험방법 및 판정기준은 소방청 고시 「위험물안전관리에 관한 세부기준」 제2장(위험물의 시험 및 판정) 중 자연발화성 시험 및 금수성 시험에 따른다.

6. 예방대책

① 저장용기는 완전히 밀폐하여 공기와의 접촉을 방지하고 물, 수분, 물의 변형된 형태(눈, 얼음, 우박 등)의 침투 및 이의 접촉을 엄금하여야 한다.
② 산화성 물질(제1류 위험물, 제6류 위험물 등)과 강산류와의 혼촉·혼합을 방지한다.
③ 용기는 금속제의 견고한 것을 이용하고, 저장용기의 파손과 부식을 방지하며, 용기의 가열을 방지한다.
④ K, Na 및 알칼리금속은 석유, 경유, 등유, C_6H_6 등의 석유류(알코올, 에터, 아세톤 등 함산소 석유류 제외)에 저장한다. 이 보호액의 증발을 막으며 보호액 중에 물이 들어가지 않도록 한다. 저장용기의 부식·균열 등을 정기적으로 점검하고 운반 중 보호용 용제의 누출을 방지하며 낙하·전도에 주의한다. 황린은 물속에 저장한다.
⑤ 원칙적으로 유별이 다른 위험물과는 동일한 위험물저장소에 함께 저장해서는 안 된다.

⑥ 저장·취급장소는 부식성 가스가 발생한 장소, 고습의 장소, 빗물의 침투 및 습지대를 피한다.
⑦ 다른 위험물, 수용액, 함습물, 흡습성 물질, 수용성 위험물 또는 결정수를 가진 염류 등과의 저장을 피한다.
⑧ 알킬알루미늄, 알킬리튬 및 유기금속화합물은 화기를 엄금하고 용기 내 내압이 상승되지 않도록 한다.
⑨ 위험물 제조소등에는 청색바탕에 백색문자로 "물기엄금"을 표기한 주의사항 게시판을 설치한다. (단, 황린 등 자연발화성 물질은 적색바탕에 백색문자로 "화기엄금" 표기)
⑩ 알킬알루미늄과 알킬리튬을 취급하는 설비는 불활성 기체를 봉입할 수 있는 장치를 설치해야 하며, 이들을 저장하는 이동탱크저장소에는 긴급할 때 연락처, 응급조치를 할 수 있는 장비를 휴대시켜야 한다.
⑪ 금수성 물질의 옥외탱크저장소에는 방수성의 불연성 재료로 피복한다.
⑫ 황린을 제외한 모든 품명의 저장창고의 바닥은 물이 스며나거나 스며들지 않는 구조로 하여야 한다.
⑬ 자연발화성 물질에 있어서는 불티·불꽃 또는 고온체에의 접근을 방지한다.
⑭ 대량저장 중 발생한 화재는 소화작업이 곤란하므로 가급적 소분하여 저장한다.

7. 진압대책

① 절대 주수를 엄금하며, 대형화재는 어떠한 경우든 물에 의한 냉각소화 즉, 수계소화설비(옥내소화전, 옥외소화전, 스프링클러설비 등)는 불가능하다. (황린 제외)
② 물분무, 포, CO_2 등 불활성가스, 할론(할론 2402, 할론 1211) 및 할로젠화합물 소화약제에 의한 질식소화는 효과가 없어서 잘 적응되지 않는다. 인산염류 등의 건조분말, 마른 모래, 팽창질석, 건조석회를 상황에 따라 조심스럽게 사용하여 질식소화한다.
③ K, Na은 격렬히 연소하기 때문에 특별한 소화수단이 없으므로 연소할 때 연소확대 방지에 주력하여야 한다.
④ 알킬알루미늄, 알킬리튬 및 유기금속화합물은 화재 발생 초기에는 석유류와 같은 연소형태에서 후기에는 금속화재와 같은 양상이 되므로 소화작업 중 특히 주의하여야 한다.
⑤ 알킬알루미늄 및 알킬리튬 등을 저장 또는 취급하는 이동탱크저장소에 있어서는 자동차용소화기를 설치하는 외에 마른 모래나 팽창질석 또는 팽창진주암을 추가로 설치하여야 한다.

제2절 제3류 위험물의 각론

1. 칼륨/포타슘(Potassium) K 지정수량 10 kg

〈용도〉 K－Na 합금(액체 금속성 열전달 매질, 원자로의 냉각제·감속제), 알콕시드의 제조, 탈수제, 유기합성 원료, 고온 온도계 재료, 환원제, 칼륨화합물의 원료, 합성화학, K아말감(환원제), 알켄의 반응촉매, 황산칼륨(비료)의 제조

〈제법〉 KOH이나 KCl을 용융시켜 전기분해하여 얻는다.

〈성상〉

① 알칼리금속. 은백색의 광택이 있는 경금속이다. 무른 금속으로 물보다 가볍다. 연하여 칼로 자르기 쉬우며 융점이 낮고, 증기는 녹색을 띤다. 열전도도와 전지전도도가 크다.

② 원자량＝39.1 융점＝63.6℃
비점＝774℃ 비중＝0.86

③ 실온의 공기 중 빠르게 산화되어 회백색의 피막(K_2O)을 형성하여 곧 광택을 잃는다. 석유 등 보호액에 장기간 보관 중 표면에 KO_2, KOH, K_2CO_3가 회백색으로 피복되어 가라앉는다.

④ 고온에서 H_2와 반응하여 수소화물(KH)을 만들고 할로젠과 반응하여 할로젠화합물(KX)을 만든다.

⑤ Hg과 격렬하게 반응하여 아말감을 만든다.

⑥ 화학적으로 활성이 커서 대부분 다른 금속과 직접 반응하며 가열하면 여러 가지 화합물을 만든다.

⑦ 흡습성·조해성이 있고, 금속 재료를 부식시킨다.

⑧ 백금선에 묻혀 불꽃에 접촉시키는 불꽃반응에서는 보라색을 낸다.

〈위험성〉

① 가연성 고체이다. 공기 중 잘게 갈라진 채로 장기간 방치되면 자연발화를 일으키기 쉬우며, 가열하면 융점 이상에서 연소하고, 용이하게 대기 또는 O_2 중 적자색의 불꽃을 내며 연소하며 자극성·유해성 가스를 발생한다.

$$4K + O_2 \xrightarrow{\triangle} 2K_2O$$

연소형태는 표면연소이다. 농도가 낮은 O_2 중에서도 연소 위험이 있다. 또한 공기 중 연소할 때는 튀는 듯 소리를 내며, 불꽃이 붙은 용융 상태에서 비산하면 화재를 확대시키고, 용융물이 피부와 접촉하면 심한 화상을 초래한다.

② 물과 격렬히 반응하여 발열하고 폭발성의 H_2를 발생한다. 이때 K은 화염을 내면서 연소한다.

$$2K + 2H_2O \longrightarrow 2KOH + H_2\uparrow + 2 \times 46.2\ \text{kcal}$$

여기서 H_2는 가연성 가스이고, KOH는 부식성이 매우 강한 물질이며 반응할 때 소량의 증기로 변하여 눈, 목, 피부를 자극한다. 발생된 반응열은 K 자체를 태우기도 하고 H_2와 공기 혼합물을 폭발시킬 수 있으므로 물과의 반응결과 나타난 현상은 모두 위험하다.

또한 K이 뜨거운 물이나 수증기와 접촉하면 반응이 매우 격렬하며 순간적으로 폭발하며, 불이 붙은 채 용융 상태일 때 주수하면 비산하여 화재를 확대시킨다.

그리고 밀폐된 용기 등에 빗물 등이 혼입하여 H_2를 발생하는 경우는 밀폐 공간이 순간적으로 폭발한다.

여기서 물의 변형 형태로서 공기 중의 습기, 빗물, 수용액, 함수물, 흡습성 물질, 결정수를 가진 염류, 포 방사물, 강화액 방사물이 있으며 산과 접촉할 때의 위험성도 유사하다.

③ 알코올(메탄올, 에탄올, 뷰탄올 등)과 반응하여 알코올레이트와 H_2를 발생한다.

$$2K + 2C_2H_5OH \longrightarrow 2C_2H_5OK + H_2\uparrow$$

이때는 물과의 반응과는 달리 격렬하지도 않고, K 자체를 태우는 연소현상은 나타나지 않는다.

④ 폼산(HCOOH), 아세트산(CH_3COOH), 페놀(C_6H_5OH), 아닐린($C_6H_5NH_2$) 등 수용성 석유류 및 묽은 산과 반응하여 격렬하게 H_2를 발생한다.

⑤ CO_2와 반응할 때는 폭발 등의 위험이 있고, CCl_4와 접촉하면 폭발적으로 반응한다. 따라서 K 화재에는 CO_2나 할로젠화합물 소화약제로 사용할 수 없다.

$$4K + 3CO_2 \longrightarrow 2K_2CO_3 + C\ (\text{연소·폭발})$$
$$4K + CCl_4 \longrightarrow 4KCl + C\ (\text{폭발})$$

⑥ CS_2, Cl_2, F_2, HF, 할로젠 및 O_2, 수증기 등과 접촉 반응하여 발화할 위험이 있다.

⑦ H_2O_2, NO, NO_2와 혼촉하면 발화 위험이 있고 $ZnCl_2$, $AlCl_3$, $MnCl_2$, $SbCl_3$, NH_4Br, AgF, C_2H_6, CCl_4 등과 혼합하면 충격·마찰에 의해 폭발한다.

⑧ 액체 암모니아에 녹아 H_2를 발생한다.

$$2K + 2NH_3 \longrightarrow 2KNH_2 + H_2\uparrow$$

KNH_2는 물과 반응하여 NH_3를 발생한다.

⑨ 염화주석(Ⅳ)($SnCl_4$) 및 다이클로로메테인(CH_2Cl_2)과 혼합하고 있는 것에 강한 충격을 가하면 폭발한다.

⑩ 염화구리(Ⅱ)($CuCl_2 \cdot 2H_2O$)와 접촉하면 폭발하며, CH_3Br과 혼촉하면 폭발적으로 연소한다.

⑪ 습기가 존재할 때 CO와 접촉하면 폭발한다.

〈저장·취급〉

① 공기, 습기와의 접촉을 방지하기 위하여 반드시 석유, 경유, 등유, C_6H_6, 유동파라핀 등의 보호액을 넣은 내통에 밀봉하여 저장하고 외부로의 누출 방지를 위해 외통을 별도 설치한다. 경우에 따라 불활성 가스를 봉입하기도 한다. 이때 보호액으로서 에터, 케톤 등 산소함유물을 사용하였을 경우는 K과 반응하여 발열하므로 사용을 금한다.

② 물과 물의 상태변화(빗물, 얼음, 눈, 수증기, 수분, 습기, 우박 등)와의 접촉을 절대 피한다.

③ HCOOH, CH_3COOH, C_6H_5OH 등의 수용성 물질과 알코올의 접촉을 절대 피하고 강산류, 황, 할로젠, 중금속, 유기화합물, 테플론, 질산염류, 산화물, 규산염, 인산염, 탄산염, 수산화물, H_2O_2 등의 혼촉 위험성 약품과 혼합·혼입을 방지한다.

④ 화기를 엄금하며 가급적이면 소량씩 나누어서 저장·취급한다.

⑤ 용기의 부식을 막기 위하여 강산류와의 접촉을 피한다.

⑥ 건조되고 환기가 양호한 냉암소에 저장한다.

⑦ 공기 중의 대부분의 성분과 반응하므로 공기와 충분히 격리하여 보호한다.

〈소화방법〉 주수를 절대 엄금한다. 포, 강화액, CO_2와 할론(할론 2402, 할론 1211) 및 할로젠화합물 소화약제도 적응성이 없으므로 사용하지 말아야 한다. 다량의 K이 연소할 때는 적당한 소화 수단이 없으므로 이의 확대방지를 노력하여야 한다.

D급 화재 소화약제, 마른 흙, 팽창질석, 잘 건조된 염화나트륨(NaCl) 분말과 탄산칼슘($CaCO_3$) 분말 혼합물을 다량으로 피복하여 질식소화시킨다.

소화작업할 때는 보호복, 방수화, 안전장갑, 보호안경, 방진마스크, 공기호흡기 등 안전보호장비를 반드시 착용하여 용융 K의 비산에 대비하여 안전거리를 확보한다.

〈유해성〉 유독물질로서 피부에 닿으면 심한 화상 또는 염증을 일으키며 눈에 들어가면 점막을 심하게 해치고 화상 또는 실명하게 된다. 화재 중 유독한 K_2O이 발생하고 공기 중 가수분해되거나 물과 반응하면 부식성이 강한 KOH 증기가 순간적으로 발생하여 피부, 기관지를 심하게 자극한다.

연소 중인 용융 K이 비산하여 피부에 닿으면 심한 화상을 입는다.

2. 나트륨/소듐(Sodium) Na 지정수량 10 kg

〈용도〉 Na－K 합금(원자로의 냉각제·열교환제, 열매, 감속제), Na－Pb 합금, $(C_2H_5)_4Pb$의 제조, 산소 제거, 전선, 나트륨램프·전등, 광전관 제조, Na아말감(환원제), 뷰타다이엔 합성고무 제조(반응촉매), 의약품 제조, 염료, 유기합성, 고급알코올 제조, NaOH·Na_2CO_3·Na_2SO_4·NaCN·Na_2O_2·$NaNH_2$의 제조 원료, $Pb(N_3)_2$의 제조(화약), 에스터 환원제, Ti 제조, NaH 제조, U 제조, 엔진

〈제법〉 용융 수산화나트륨 또는 낮은 온도에서 CaCl + NaCl을 녹여 전기분해하여 얻는다.

$$2NaOH \xrightarrow{전류} 2Na + O_2 + H_2$$

$$2NaCl \xrightarrow[CaCl_2,\ 600℃]{전류} 2Na + Cl_2$$

〈성상〉

① 알칼리금속. 은백색의 반짝이는 광택이 있는 부드러운 경금속으로 칼로 잘 잘리는 연하고 무른 금속이다. 물보다 가볍고 융점이 낮다. 열과 전기를 잘 전도하고 광전효과가 크다.

② 원자량 = 23.0 융점 = 97.8℃ 증기압 = 1 mmHg(440℃)
비중 = 0.97 비점 = 883.9℃ 발화점 = 121℃

③ 실온의 공기 중 산화되어 회백색의 피막(Na_2O)을 형성하고 광택을 상실하여 흐릿한 순회색으로 변하는데 이것은 대부분 NaOH이다. 그러나 이것을 다시 자르면 순수한 Na이 나타나서 반짝거리는 표면이 나온다.

④ 고온에서 H_2를 쉽게 흡수 반응하여 다소 불안정한 수소화합물(NaH)을 만드는데 이것은 물과 반응하여 H_2를 발생한다. 할로젠과는 할로젠화합물(NaX)을 만든다.

$$2Na + I_2 \longrightarrow 2NaI$$

$$2Na + Cl_2 \longrightarrow 2NaCl$$

⑤ Hg에 격렬히 녹아 아말감(amalgam)을 만들며 Na 함량이 작을 때는 액체 상태를 이루지만 많으면 고체 상태가 된다.

⑥ 액체 NH_3에 녹아 청색으로 변하고 나트륨아마이드와 H_2를 발생한다.

$$2Na + 2NH_3 \longrightarrow 2NaNH_2 + H_2\uparrow$$

이 $NaNH_2$는 물과 반응하면 역으로 NH_3를 발생한다.

⑦ 화학적으로 매우 활성이 커서 대부분의 다른 금속과 직접 반응하며, 가열하면 여러 화합물을 만든다.

⑧ 불꽃반응은 노란색을 띈다.

〈위험성〉

① 가연성 고체이다. 공기 중 장시간 방치하면 자연발화를 일으키고 대기나 O_2 중 융점 이상으로 가열하면 쉽게 밝은 황색 불꽃을 내면서 표면연소한다.

$$4Na + O_2 \xrightarrow{\triangle} 2Na_2O$$

압력을 가하면 더 많은 O_2를 받아들이고 가열하면 과산화물(peroxide)인 과산화나트륨(Na_2O_2)과 초과산화물(superoxide)인 초산화나트륨(NaO_2)을 만든다.

② 물과 격렬하게 반응하여 발열하고 H_2를 발생하고 이 반응열로 발화에 이른다.

$$2Na + 2H_2O \longrightarrow 2NaOH + H_2\uparrow + 2\times44.1\ kcal$$

③ 알코올과 반응하여 H_2를 발생한다.

$$2Na + 2C_2H_5OH \longrightarrow 2C_2H_5ONa + H_2\uparrow$$

④ HNO_3 등의 산과 격렬하게 반응하여 H_2를 발생한다. 아이오딘산(HIO_3)과 접촉하면 폭발한다. 수용성의 HCOOH, CH_3COOH, C_6H_5OH과 반응하면 H_2를 발생한다.

⑤ 용융 Na과 NH_3를 Fe_2O_3 촉매 중에서 반응시키거나 액체 NH_3에 Na이 녹을 때 H_2를 발생한다.

$$2Na + 2NH_3 \longrightarrow 2NaNH_2 + H_2\uparrow$$

$NaNH_2$는 물과 반응하여 NH_3를 발생한다.

⑥ HNO_3, H_2SO_4, CS_2, HCl, HF, F_2, HIO_3, 수증기, 목탄분과 혼촉하면 발화·폭발의 위험이 있으며 Cu, $FeCl_3$, S, NH_4NO_3 등과 혼합하면 가열·충격·마찰에 의해 폭발 위험이 있다.

⑦ CCl_4 및 할로젠화합물과 접촉하면 폭발적으로 반응하고 CO_2와 반응한다.

⑧ Hg과 반응하면 격렬하게 반응을 일으키고 발열하며 조건에 따라서는 폭발을 일으킨다.

⑨ 강산화제로 작용하는 Cl_2 가스 속에서도 연소하며, 용융 상태에서 Cl_2와 접촉하면 직접 화학반응을 일으켜 강력한 발열반응으로 밝은 황색 불꽃을 내면서 발화 위험이 있다.

$$2Na + Cl_2 \longrightarrow 2NaCl$$

⑩ 염화주석(Ⅳ)($SnCl_4$) 및 다이클로로메테인(CH_2Cl_2)과 혼합하고 있을 때 충격을 가하면 폭발하고, 메틸브로마이드(CH_3Br) 및 염화구리(Ⅱ)($CuCl_2 \cdot 2H_2O$)와 접촉하면 폭발한다.

〈저장·취급〉 K에 준한다.

〈소화방법〉 주수소화 엄금. 포·물분무·할론 및 할로젠화합물 소화약제 사용금지. CO_2 사용금지. 용융 Na 화재에는 건조분말로 피복하여도 재발화할 우려가 있어 완전소화는 곤란하므로 이 경우는 용기 외벽을 동시에 냉각시키면 효과가 있다. 소화약제로서는 건조 소금분말, 건조 흑연분말, 건조 탄산나트륨, 탄산칼슘이 있으며, 기타 사항은 K에 준한다.

〈유해성〉 유독물질로서 눈, 피부와 접촉하면 화상 및 알칼리 약상을 입는다. 흡입하면 소화기관, 점막에 심한 화상을 입히며 일정량 이상은 사망에 이른다. 모든 세포에 강한 부식성이 있다.

3. 알킬알루미늄(Alkyl Aluminium) R_nAlX_{3-n} 지정수량 10 kg

알킬기($R = C_nH_{2n+1}$)와 알루미늄의 화합물 또는 알킬기, 알루미늄과 할로젠원소(X)의 화합물을 알킬알루미늄이라 하며 일종의 유기금속화합물이다.

종전 「소방법」에서는 상태만을 고려했기 때문에 제4류 위험물 중 특수인화물로 분류된 바 있으나 알킬알루미늄은 금수성이고 자연발화성 물질이기 때문에 성질에 따라 「위험물안전관리법」에서는 제

3류 위험물로 재분류된 것이다. 저급 알킬알루미늄은 일반적으로 반응성이 풍부하고 공기 중 자연발화한다.

C_4까지의 알킬알루미늄은 양의 대소에 관계없이 공기 중 자연발화한다. 이 자연발화성의 원인은 공기와의 접촉으로 자동 산화되기 때문이다. C_1～C_{14}까지의 알킬알루미늄의 연소생성물은 심한 백색 연기를 내며 C_1～C_9까지는 물과 격렬하게 반응한다.

1) **트라이에틸알루미늄**(Tri Ethyl Aluminium, TEA) $(C_2H_5)_3Al$

〈용도〉 중합용 촉매, 폴리에틸렌 및 폴리프로필렌 합성촉매, 알루미늄 도금원료, 알킬화 시약

〈제법〉

① 알루미늄과 에틸수은을 반응시켜 얻는다.

$$2Al + 3(C_2H_5)_2Hg \longrightarrow 2(C_2H_5)_3Al + 3Hg$$

② 수소화알루미늄과 에틸렌을 반응시켜 대량으로 제조한다.

$$AlH_3 + 3C_2H_4 \longrightarrow (C_2H_5)_3Al$$

〈성상〉

① 무색 투명한 액체로서 외관은 등유와 비슷하며 가연성이다.

② 분자량＝114.2　　융점＝－46℃　　증기비중＝3.9

비중＝0.83　　비점＝185℃

〈위험성〉

① C_1～C_4는 자연발화성이 강하다. 공기 중에 노출 접촉하면 백연을 발생하며 연소한다.

$$\underset{\text{TEA}}{2(C_2H_5)_3Al} + 21O_2 \longrightarrow 12CO_2\uparrow + Al_2O_3 + 15H_2O + 2\times735.4\text{ kcal}$$

이 백연은 Al_2O_3의 미분이다. C_5 이상은 점화하지 않으면 연소하지 않는다.

② 물과 접촉하면 폭발적으로 반응하여 에테인을 생성하고 발열·폭발에 이른다.

$$(C_2H_5)_3Al + 3H_2O \longrightarrow Al(OH)_3 + 3C_2H_6\uparrow + \text{발열}$$

이 C_2H_6는 순간적으로 발생하고 반응열에 의해 연소한다.

③ 인화점은 정확한 측정치는 없지만 융점 이하이기 때문에 매우 위험하며 일반적으로 고온에서 불안정하며 200℃ 이상으로 가열하면 폭발적으로 분해하여 가연성 가스를 발생한다.

$$(C_2H_5)_3Al \xrightarrow{\triangle} (C_2H_5)_2AlH + C_2H_4\uparrow$$

$$2(C_2H_5)_2AlH \longrightarrow 3H_2\uparrow + 4C_2H_4\uparrow + 2Al$$

④ 산과 격렬히 반응하여 가연성의 에테인을 발생한다.

$$(C_2H_5)_3Al + HCl \longrightarrow (C_2H_5)_2AlCl + C_2H_6\uparrow$$

⑤ CH_3OH, C_2H_5OH 등 알코올과 폭발적으로 반응 가연성 가스를 발생한다.

$$(C_2H_5)_3Al + 3CH_3OH \longrightarrow Al(CH_3O)_3 + 3C_2H_6\uparrow$$
$$(C_2H_5)_3Al + 3C_2H_5OH \longrightarrow Al(C_2H_5O)_3 + 3C_2H_6\uparrow$$

⑥ 할로젠과 반응하여 가연성 가스를 발생한다.

$$(C_2H_5)_3Al + 3Cl_2 \longrightarrow AlCl_3 + 3C_2H_5Cl\uparrow$$

⑦ CCl_4, CO_2와 반응하여 발열하므로 이들은 소화약제로 적당하지 않다.
⑧ 저장용기가 가열되면 심하게 용기가 파열되고 내용물이 누출된다.
⑨ 증기압이 낮아 누출되어도 폭명기를 만들지 않으며, 연소속도는 휘발유의 반 정도이다.
⑩ 산화성 물질(제1류 위험물, H_2O_2 등)과 혼합하면 격렬하게 반응하여 발열·발화한다.

〈저장·취급〉

① 화기엄금. 저장용기는 밀전하고 차고 어두운 곳에 저장하며 항상 건조되고 통풍·환기가 양호한 곳에 둔다.
② 수분 또는 공기와의 접촉을 방지하며 잔량은 완전 폐기한다.
③ 산화제, 할로젠화합물, 강산류, 알코올과는 철저히 격리하고 외부와는 떨어진 곳에 저장한다.
④ 실제 사용할 때는 희석제(벤젠, 헥세인, 톨루엔, 펜테인 등 탄화수소용제)로 20~30% 희석하여 안전을 도모한다. 이때 희석제의 종류에 따라 위험성이 달라지므로 주의를 요한다.
⑤ 저장·취급 중 불활성 가스 중에서 취급하고, 용기 파손으로 인한 공기 누출을 방지하여야 한다.
⑥ 알킬알루미늄을 위험물 제조소등에서 저장·취급할 때는 제조소등의 특례기준에 의거 누설국한 설비와 누설에 대비하여 저장실(조) 유입설비 및 불활성 기체 봉입장치를 설치하여야 한다.
⑦ 알킬알루미늄을 저장·취급하는 이동탱크저장소에는 긴급할 때 연락처, 응급조치사항 기재서류, 보호복, 안전장갑, 밸브 등 결합공구와 확성기를 비치하여야 한다.
⑧ 이동저장탱크의 용량 1900 L 미만이어야 한다.
⑨ 운반용기의 내용적은 90% 이하로 수납하고, 동시에 50℃의 온도에서 5% 이상의 공간용적을 유지하여야 한다. (상기 ⑥~⑨는 법규상의 규정으로 모든 알킬알루미늄에 적용된다.)

〈소화방법〉

① 주수소화 엄금. 소규모의 화재 경우 건조분말은 효과가 있다.
화재가 발생하면 저장용기나 컨테이너를 냉각시키기 위해 외벽에 분무주수할 수 있다.
② 물, 포, CO_2, 할론 및 할로젠화합물 소화약제는 적응되지 않으므로 직접 소화에 사용을 금한다.
③ 팽창질석, 팽창진주암, 흑연분말, 규조토, 소다회, $NaHCO_3$, $KHCO_3$를 주재로 한 건조분말로 질식소화하고 화재 주변을 마른 모래 등으로 차단하여 화재확대 방지에 주력한다.

④ 연소생성가스는 매우 질식성이 강하므로 공기호흡기 등을 착용하고 피부 등에 닿지 않도록 보호장구비를 착용한다.

⑤ 저장용기의 화재나 초기화재 성상은 기름불 화재와 같은 양상이므로 건조분말에 의한 질식소화가 효과가 있으나 화재가 확대되거나 후기 화재 양상은 금속분 화재와 유사하게 되므로 절대로 주수하지 말아야 한다.

〈유해성〉 인체에 대하여 자극성·부식성·독성이 강하며 눈에 점막을 자극하고 피부, 호흡기계통에 화상을 입히며 화상은 상당한 통증이 수반되며 회복이 늦다. 연소생성가스는 질식성이 있으며 백연을 다량 흡수하면 기관지나 폐에 손상을 준다.

2) **트라이아이소뷰틸알루미늄**(Tri iso Butyl Aluminium) $(iso{-}C_4H_9)_3Al$

〈용도〉 유기화합물의 합성

〈성상〉

① 무색의 투명한 가연성 액체이다. 물과는 심하게 반응한다.

② 분자량＝198.3 융점＝11℃ 증기비중＝6.8
비중＝0.79 비점＝212℃

〈위험성〉

① 가연성 액체로서 공기 중에 노출되면 자연발화한다.

② 공기 또는 물과 격렬하게 반응하며 산화제, 강산, 알코올과 반응한다.

③ 저장용기를 가열하면 용기가 심하게 파열한다.

④ 안전을 위해 넣어준 보호용 용제(희석제)가 누출되어 증발되면 제4류 위험물의 석유류와 같은 유증기 화재·폭발의 위험이 있다.

〈저장·취급〉 TEA에 준한다.

〈소화방법〉 주수소화 엄금. 짧은 시간에 가능한 안전거리에서 흑연분말, 소다회, 건조한 NaCl 분말로 일시에 소화한다. 누출되면 모든 점화원을 제거하고 누출된 용제(희석제) 화재에는 분말, CO_2, 포로 소화한다. 특수방호의 및 공기호흡기 등을 착용한다. 화재진압할 때는 바람을 등지고 접근하며 물로부터 멀리 떨어져야 한다. 증기를 막거나 피복을 위해서 포를 사용하지 말아야 하며, 과도한 위험이 없으면 누설을 차단한다.

〈유해성〉 부식성이 강하여 피부, 눈, 호흡기 계통에 화상을 일으키면 연소할 때 발생한 독성 가스와 Al_2O_3 분말을 포함하여 자극성 물질이 생성되어 흡입하면 기관지 및 폐에 손상을 준다.

3) **다이에틸알루미늄클로라이드**(Di Ethyl Aluminium Chloride, DEAC) $(C_2H_5)_2AlCl$

〈용도〉 유기화합물의 합성

〈성상〉

① 무색 투명한 가연성 액체이며, 외관은 등유와 비슷하다.

② 분자량＝120.54 융점＝－74℃ 비중＝4.2
증기비중＝4.2 비점＝214℃

③ 부식성이 있다.

〈위험성〉

① 공기 중에 노출되면 어떤 온도에서도 자연발화한다.

② 연소할 때는 자극성·유해성 물질인 HCl와 Al_2O_3 분진을 발생한다.

$$2(C_2H_5)_2AlCl + 14O_2 \longrightarrow 8CO_2\uparrow + Al_2O_3 + 2HCl\uparrow + 9H_2O\uparrow$$

이 염화수소(HCl)는 흡습성이 강하며 수용액은 염산(HCl)이 되어 부식성이 강한 물질이 된다.

③ 물과 접촉하면 심하게 반응하고 폭발한다.

$$3(C_2H_5)_2AlCl + 6H_2O \longrightarrow 2Al(OH)_3 + AlCl_3 + 6C_2H_6\uparrow$$

④ 저장용기를 가열하면 심하게 파열한다.

⑤ 산화제, 산, 알코올과 반응한다.

⑥ 희석제가 노출되면 석유류와 같이 증발하므로 위험하다.

〈소화방법〉

① 물, 포, CO_2, 할론 및 할로젠화합물 소화약제의 사용 엄금. 흑연분말, 건조 NaCl 분말, 소다회, 팽창질석, 팽창진주암을 사용하여 질식소화하고 화재확대를 억제하여 주위로 확산되지 않도록 한다.

② 연소할 때 부식성 물질과 유해성 가스를 발생하므로 특수보호복과 공기호흡기 등을 필수적으로 착용하고 안전장갑, 고무장화, 보호안경을 착용한다.

③ 희석제(용제) 화재에 대하여 건조분말, 포, CO_2로 진화한다.

④ 화재발생 용기에 대해서는 물분무로 조심스럽게 외벽을 냉각한다.

〈저장·취급〉

① 저장용기에 희석제(헥세인, 톨루엔)를 넣어 20% 용액으로 공급하고 용기 공간에는 N_2 등의 불활성 가스를 봉입한다.

② 산화제, 산, 알코올, 공기, 물과 철저히 격리한다.

③ 화기엄금. 냉암소에 저장하고 통풍·건조·환기시킨다.

〈유해성〉 접촉하면 눈, 피부, 호흡기계통에 화상을 입고, 증기를 흡입하면 매우 유독하다.

4) 트라이메틸알루미늄(Tri Methyl Aluminium, TMA) $(CH_3)_3Al$

〈용도〉 유기화합물의 중합촉매

〈성상〉

① 무색의 액체이다.

② 분자량 = 72.03　　융점 = 15℃　　비점 = 126℃
　증기비중 = 2.5　　인화점 = 8℃　　발화점 = 190℃

〈위험성〉

① 공기 중에 노출되면 자연발화한다.

② 물과 접촉하면 심하게 반응하고 폭발한다.

③ 강산화제(제1류 위험물, H_2SO_4 및 H_2O_2 등)와 혼합하면 심하게 반응하여 발열·발화의 위험성이 있다.

④ 기타 위험성은 TEA에 준한다.

〈기타〉 TEA에 준한다.

5) 기타

① Di Methyl Aluminium Chloride : $(CH_3)_2AlCl$
　융점 = −21℃　　비점 = 126℃　　비중 = 0.99
　공기 중 자연발화하며 물과 반응한다. : 저장용기 중에 N_2 가스를 봉입한다.

② Di Iso Butyl Aluminium Hydride : $[(CH_3)_2CHCH_2]_2AlH$
　가연성 액체로서 공기 중 자연발화한다. 물과 심하게 반응하는 물질이다.
　화재진압 중 물, 포, 할론 및 할로젠화합물 소화약제를 사용하지 말아야 한다.

③ Di Propyl Aluminium Hydride(DPAH) : $(C_3H_7)_2AlH$
　가연성 액체로서 공기 중 자연발화한다. 물과 심하게 반응하는 물질이다.
　화재진압 중 물, 포, 할론 및 할로젠화합물 소화약제를 사용하지 말아야 한다.

④ Ethyl Aluminium Di Chloride(EADC) : $C_2H_5AlCl_2$
　융점 = −32℃　　비점 = 115℃　　비중 = 1.21
　가연성 액체로서 공기 중 강하게 증기를 발생하며 자연발화한다. 심하게 물과 반응하는 물질이다. 저장용기에 헥세인, 톨루엔 등의 희석용제를 넣고 N_2를 봉입한다. 화재진압 중 물, 포, 할론 및 할로젠화합물 소화약제를 사용하지 말아야 한다.

⑤ Ethyl Aluminium Sesqui Chloride : $(C_2H_5)_3Al_2Cl_3$
　비중 = 1.1　　비점 = 147℃　　인화점 = −20℃
　가연성 액체로서 공기 중 자연발화한다. 물과 심하게 반응하는 물질이다.

화재진압 중 물, 포, 할론 및 할로젠화합물 소화약제를 사용하지 말아야 한다.

⑥ Methyl Aluminium Sesqui Bromide : $(CH_3)_3Al_2Br_3$

가연성 액체로서 공기 중 자연발화한다. 물과 심하게 반응하는 물질이다.

화재진압 중 물, 포, 할론 및 할로젠화합물 소화약제를 사용하지 말아야 한다.

⑦ Methyl Aluminium Sesqui Chloride : $(CH_3)_3Al_2Cl_3$

융점 = 23℃ 비점 = 144℃ 비중 = 1.15

위험성은 Methyl Aluminium Sesqui Bromide와 유사하다. 저장용기에 톨루엔 등의 희석용제를 넣고 N_2를 봉입한다.

⑧ Tri Iso Butyl Aluminium : $[(CH_3)_2CHCH_2]_3Al$

위험성은 Methyl Aluminium Sesqui Bromide와 유사하다.

〈기타〉 TEA에 준한다.

4. 알킬리튬(Alkyl Lithium) RLi 지정수량 10 kg

알킬리튬은 알킬기와 리튬 금속의 화합물로서 보통의 유기금속화합물이다. 종전 「소방법」에서는 상태에 따라 제4류 위험물 중 특수인화물로 분류한 바 있으나 알킬리튬은 금수성이고 자연발화성 물질이라는 특수 위험성을 감안하여 「위험물안전관리법」에서 제3류 위험물로 재분류하였다.

1) 뷰틸리튬(Butyl Lithium) C_4H_9Li

〈용도〉 알켄(C_nH_{2n})의 중합반응 촉매, 합성고무 제조, 아이소프렌 중합촉매

〈제법〉 뷰틸브로마이드(C_4H_9Li)과 Li을 직접 반응시켜 얻거나 벤젠, 석유, 에터 용매 하에서 금속-수소 치환반응 또는 금속-금속 치환반응으로 얻는다.

$$C_4H_9Cl + 2Li \longrightarrow C_4H_9Li + LiCl$$

$$2Li + (C_4H_9)_2Hg \longrightarrow 2C_4H_9Li + Hg$$

〈성상〉

① 무색의 가연성 액체이며 자극성이 있다.

② 용제의 종류에 따라 성질이 달라진다.

③ 탄화수소나 다른 비극성 액체에 용해가 잘 되며 휘발성이 크다.

④ 1 atm에서 H_2와 반응하여 LiH와 C_4H_8을 생성한다.

〈위험성〉

① O_2와 빠른 속도로 반응하여 공기 중 노출되면 어떤 온도에서도 자연발화한다.

② 물 또는 수증기와 심하게 반응한다.

③ 증기는 공기보다 무겁고 점화원에 의해 역화의 위험이 있다.
④ 저장용기는 가열되면 심하게 파열된다.
⑤ CO_2와는 격렬하게 반응하여 위험성이 높아진다.

〈저장·취급〉

① 자연발화의 위험이 있으므로 저장용기에 펜테인, 헥세인, 헵테인 등의 안전 회석용 용제를 넣고, 불활성 가스(N_2, Ne, Ar 등)를 봉입한다.
② 불꽃·불티·고온체·화기엄금. 발화원 배제. 공기, CO_2, 물과의 접촉을 피한다.
③ 용제의 증발을 막기 위하여 저장용기를 완전 밀봉한다.
④ 냉암소에 저장하고 통풍·환기, 건조 상태를 유지한다.
⑤ 산화제, 할로젠화합물, 유기물 및 다른 약품과의 접촉을 피한다.
⑥ 알킬리튬을 위험물 제조소등에서 저장·취급할 때는 제조소등의 특례기준에 의거 누설국한설비와 누설에 대비하여 저장실(조) 유입설비 및 불활성 기체 봉입장치를 설치하여야 한다.
⑦ 알킬리튬을 저장·취급하는 이동탱크저장소에는 긴급할 때 연락처, 응급조치사항 기재서류, 보호복, 안전장갑, 밸브 등 결합공구와 확성기를 비치하여야 한다.
⑧ 이동저장탱크의 용량 1,900 L 미만이어야 한다.
⑨ 운반용기의 내용적은 90% 이하로 수납하고, 동시에 50℃의 온도에서 5% 이상의 공간용적을 유지하여야 한다. (상기 ⑥~⑨는 법규상의 규정으로 모든 알킬리튬에 적용된다.)

〈소화방법〉

① 주수소화 엄금. 물분무로 용기 외부의 냉각에 사용된다. 포, CO_2, 할론 및 할로젠화합물 소화약제의 사용을 금하며 마른 모래, 건조분말을 사용하여 소화한다.
② 누출되면 안전거리 확보 후 소화는 가능한 짧은 시간에 실시한다.
③ 연소 중 부식성 물질과 유해성 가스를 발생하므로 특수방호의 및 공기호흡기 등을 착용한다.

〈유해성〉 눈, 피부를 심하게 부식시킨다.

2) **메틸리튬** CH_3Li(Methyl Lithium) : 성상은 C_4H_9Li과 유사하다.

3) **에틸리튬** C_2H_5Li(Ethyl Lithium) : 성상은 C_4H_9Li과 유사하다.

5. 황린(Yellow Phosphorus) P_4 지정수량 20 kg

〈별칭〉 White phosphorus, wp, 백린, 흰인

〈용도〉 적린, 인산 및 염화인 등 인화합물의 제조, 성냥, 꽃불류, 농약, 살서제, 유기합성제, 인산비료, 살충제, 청동합금, 산소 제거, 소이탄, 연막탄, 비누, 동물사료, 청량음료

〈성상〉

① 백색 또는 담황색의 정사면체 구조를 가진 왁스상의 가연성·자연발화성 고체이다.

② 분자량 = 123.9　　융점 = 44.1℃　　비점 = 280.5℃

발화점 = 34℃　　증기비중 = 4.3　　비중 = 1.82

③ 물과 반응하지 않기 때문에 가연성 가스 발생이나 발열하지 않고, 물에 녹지 않는다. C_6H_6, CS_2, 알코올에는 잘 녹는다. 제3류 위험물 중 유일한 금수성 물질이 아니다. 물속에 저장한다.

④ 강한 마늘 냄새가 나며 증기는 공기 중 서서히 발생하고, 공기보다 무거우며, 매우 자극적이며 가연성·맹독성 물질이다.

⑤ 화학적으로 활성이 커서 많은 원소와 직접 결합한다. 특히 S, O_2, 할로젠과 격렬하게 결합한다.

⑥ 어두운 곳에서 청백색의 인광을 낸다.

⑦ 공기 중 O_2는 황린 표면에서 일부가 O_3이 된다.

⑧ 공기를 차단하고 260℃로 가열하면 적린으로 변화한다.

⑨ 황린은 대기 중의 공기와 쉽게 반응하기 때문에 자연에서 순수한 상태로 존재하지 않는다.

〈위험성〉

① 발화점이 매우 낮고, 화학적으로 활성이 크고, 공기 중의 O_2와 산화할 때 산화열이 크기 때문에 공기 중 노출이 되어 방치하면 액화되면서 자연발화한다. 일단 소화하여도 방치하면 재연소의 위험이 따른다.

② 공기 중 다량의 백색연기(P_2O_5)를 내면서 연소한다. 일부 유해성의 PH_3도 발생한다.

$$P_4 + 5O_2 \longrightarrow 2P_2O_5 + 741.6\ \text{kcal}$$

이 P_2O_5는 물과 반응하여 인산을 만든다.

$$2P_2O_5 + 6H_2O \longrightarrow 4H_3PO_4$$

인이 탈 때 공기를 적게 공급되면 P_2O_3가 생기며, 이것은 물과 반응하여 아인산을 만든다.

$$P_4 + 5O_2 \longrightarrow 2P_2O_5$$
$$2P_2O_3 + 6H_2O \longrightarrow 4H_3PO_3$$

③ 환원력이 강하기 때문에 O_2 농도가 낮은 분위기에서도 연소한다.

④ 연소할 때 용융하면서 연소하기 때문에 낮은 곳으로 이동하며 또한 증발 면적이 확대되면서 연소한다.

⑤ 강산화성 물질(Br_2, Cl_2, F_2, I_2, ClO_2, PbO, Na_2O_2, H_2O_2, K_2O_2 등) 및 NaOH와 혼촉하면 발화 위험이 있다. 그리고 [황린 + CS_2 + 염소산염류]는 폭발한다. 즉, 황린을 CS_2 중에서 녹인 뒤 $KClO_3$ 등의 염소산염류와 접촉시키면 발열하면서 심하게 폭발한다.

⑥ 공기 외에 할로젠화합물, 목탄분, 금속분, 황과 강산화제(아질산염류, 질산, 발연 질산, 염소산

염류 등)와 혼합되어 있을 때 가열·충격·마찰시키면 심하게 반응하거나 발화·폭발의 위험이 있다.

⑦ 수산화칼륨 용액 등 강알칼리 용액과 반응하여 가연성·맹독성의 PH_3을 발생한다.

$$P_4 + 3KOH + 3H_2O \longrightarrow PH_3\uparrow + 3KH_2PO_2$$

이때 부수적으로 액상인 인화수소(P_2H_4)도 발생하는데 이것은 공기 중 자연발화한다.

⑧ $HgCl_2$과 접촉 또는 혼합한 것은 가열 또는 충격에 의해 폭발한다.

⑨ CS_2 및 C_6H_6에 녹아 있는 황린이 CS_2와 C_6H_6 증기가 증발되고 나면 황린이 공기 중에 노출되어 흰 연기를 내기 시작하다가 곧 자연발화에 이른다.

〈저장·취급〉

① 화기엄금. 고온체와의 접촉금지. 직사광선을 차단한다.

② 반드시 저장용기 중에서는 보호액으로 물을 넣어 저장하며 저장 중 pH를 측정하여 산성을 나타내면 $Ca(OH)_2$를 넣어 약 알칼리성(pH = 9)이 유지되도록 하며, 경우에 따라 불활성 가스를 봉입하기도 한다.

③ 공기 중에 노출되지 않도록 하고 밀봉하고 가연물, 유기과산화물, 산화제와 격리한다.

④ 증기 노출되면 즉시 통풍·환기시키고, 황린은 이중 용기에 넣어 냉암소에 저장한다.

〈소화방법〉

① 초기소화는 물, 포, CO_2, 건조분말 소화약제가 유효하다. 불꽃을 일시에 주수하면 비산하여 연소가 확대할 위험이 있으므로 물을 분무상으로 조심스럽게 소화한다.

② 젖은 모래, 흙, 토사, CO_2로 덮어 질식소화할 수 있다. 단, 증기의 누출에 주의하고 재발화하지 않도록 한다.

③ 연소할 때 발생하는 유해성 가스(P_2O_5)를 피하기 위해 바람을 등지고 접근하며 고무장갑, 고무장화, 공기호흡기와 방호의 등을 착용한다.

〈유해성〉

① 맹독성 유독물질로서 9.8 mg만 먹으면 중독을 일으키며 대인 치사량은 0.02 ~ 0.05 g(쥐의 치사량 = 1 g)이다. 따라서 저장할 때는 시건장치나 보안장치를 설치하여 관리하여야 한다.

② 피부에 닿으면 심하게 화상을 입으며 눈에 들어가면 매우 유독하며 치명적인 장애를 주며 증기 흡입하면 기관지, 폐에 흡수되며 허탈, 혼수, 경련, 복통을 일으킨다.

③ 연소할 때 발생한 심한 백색 연기인 P_2O_5는 매우 유독하다. 흡습성이 강하고 물과 접촉하면 H_3PO_4를 생성하는데 소화잔수도 부식성이 있다.

$$P_2O_5 + 3H_2O \longrightarrow 2H_3PO_4$$

④ 연소 중인 황린이 피부와 접촉하면 더욱 심한 화상을 입는다.

6. 알칼리금속(칼륨 및 나트륨 제외) 및 알칼리토금속 지정수량 50 kg

1) 개요

알칼리금속(alkali metals)은 「위험물안전관리법」상의 분류에 의하여 1A족 원소 중 개별 품명인 K, Na을 제외한 금속이며 알칼리토금속(alkaline earth metals)은 2A족 원소 중 제2류 위험물 개별품명인 Mg을 제외한 금속들이 여기에 속한다.

이들 금속은 다른 금속류에 비하여 매우 활성이 크며 실온에서 물 또는 산과 맹렬히 반응하여 H_2를 발생한다. 이들은 다른 물질을 쉽게 환원시키고 자신은 산화된다. 일단 산화되면 환원되기는 어렵다. 이들 금속은 H_2와 반응시키면 금속수소화합물을 만든다. 알칼리금속과 알칼리토금속에 대한 비교는 <표 17>과 같다.

〈표 17〉 알칼리금속과 알칼리토금속의 비교

알칼리금속 (1A족)						알칼리토금속류 (2A족)					
원자번호	원소기호	원자량	비중	융점(℃)	비점(℃)	원자번호	원소기호	원자량	비중	융점(℃)	비점(℃)
3	Li	6.94	0.53	180.54	1,530	4	Be	9.01	1.85	1,280	2,970
11	[Na]	23.0	0.97	97.81	882.9	12	[Mg]	24.31	1.74	646.8	1,090
19	[K]	39.1	0.86	63.65	774	20	Ca	40.08	1.55	839	1,480
37	Rb	85.47	1.53	38.89	688	38	Sr	87.62	2.54	769	1,380
55	Cs	132.91	1.87	28.40	678.4	56	Ba	137.33	3.5	725	1,640
87	Fr	223	1.87	27	677	88	Ra	226.03	5.0	700	1,550

[ ]는 개별 품명

알칼리금속(1A족)은 무르고 순수하며 은 같은 광택을 나타내며 융점이 낮고 비교적 밀도가 적은 편이다.

이 금속은 H_2, S, 할로젠과 거의 모든 원소 및 많은 화합물과 반응하며 할로젠과는 촉매 등의 참여 없이 자발적으로 격렬히 반응하고 발열한다.

$$2M(고체) + X_2(기체) \longrightarrow 2MX(고체) + 열$$

공기 중 쉽게 O_2와 반응하여 산화물(oxide)이 되고 고온에서 O_2와 반응하면 과산화물(peroxide)과 초과산화물(superperoxide)을 만든다.

$$4M + O_2 \longrightarrow 2M_2O$$

$$2M + O_2 \longrightarrow M_2O_2$$

과산화물과 초과산화물은 물과 격렬히 반응할 때 O_2와 열을 내는 금수성 물질이다. 그리고 200~300℃ 온도에서 H_2와 반응하여 알칼리금속수소화합물을 만드는데 이것들은 물과 반응하여 H_2 가스를 발생한다.

원자번호가 클수록 반응성이 증가하며($Li < Na < K < Rb < Cs < Fr$) 강한 환원제 역할을 한다. 따라서 물을 격렬하게 분해시켜 H_2를 발생하고 강알칼리용액을 나타낸다. 이때 큰 반응열을 발생하기 때문에 직접 알칼리금속을 발화시키고, 2차적으로 H_2를 폭발시킨다.

$$2M + 2H_2O \longrightarrow 2MOH + H_2\uparrow + \text{열}$$

알칼리금속의 위험성은 물과의 반응성이며 이들 금속은 O_2와의 친화력이 강하고 가온하면 발화하며 O_2가 희박한 상태이나 CO_2 중에서도 연소가 계속된다. 또한 AgO, AgCl, HgO 등의 중금속염과 접촉하면 폭발하고 CCl_4, 클로로설폰산과 접촉하면 발화한다.

몇 가지를 제외하고 알칼리금속화합물을 모두 물에 잘 녹지만 C_6H_6과 같은 비극성 용매에는 잘 녹지 않는다.

이 금속의 화합물은 대부분은 백색 고체이고 물에 잘 녹으며 물에 녹아 만들어진 수산화물은 대단히 강한 염기성 용액이다. 따라서 소화작업 중 피부 등에 접촉 오염되지 않도록 주의해야 한다.

알칼리토금속(2A족)은 비교적 무른 금속이며 알칼리금속보다 융점이 훨씬 높은 편이며 활성이 약한 편이다. 이 금속은 물, O_2, S 및 할로젠과 쉽게 반응하지만 알칼리금속처럼 격렬하고 급속하게 일어나지는 않는다.

그리고 N_2, H_2, C와 고열에서 반응하여 금속질소화합물, 금속수소화합물, 금속탄소화물을 만들며 이것들은 물과 반응하여 가연성의 가스를 만든다.

$$3M + N_2 \longrightarrow M_3N_2(\text{금속질소화합물}) \qquad M_3N_2 + \text{물} \longrightarrow NH_3\uparrow$$
$$M + H_2 \longrightarrow MH_2(\text{금속수소화합물}) \qquad MH_2 + \text{물} \longrightarrow H_2\uparrow$$
$$M + 2C \longrightarrow MC_2(\text{금속탄소화합물}) \qquad MC_2 + \text{물} \longrightarrow C_2H_2\uparrow$$

알칼리토금속산화물은 물과 반응하여 수산화물을 형성하고 상당량의 열을 발생한다. Ca, Ba, Sr은 알칼리금속처럼 상온에서 물과 반응하여 H_2를 발생하지만 그 반응은 완만하다.

산과 쉽게 반응하여 H_2를 발생하고, Be을 제외한 것들은 뜨거운 물이나 수증기와 반응하여 쉽게 H_2를 발생한다.

$$M + 2HCl \longrightarrow MCl_2 + H_2\uparrow$$
$$M + 2H_2O \longrightarrow M(OH)_2 + H_2\uparrow$$

장시간 공기 중의 습기와 반응하면 반응열이 축적되기 쉬운 조건이 되면 자연발화를 일으킨다. Ag_2O, AgCl, HgO 등의 중금속염과 접촉하면 폭발한다.

2) **리튬**(Lithium)　　Li

〈용도〉 중합반응의 촉매, Li 화합물·합금, 비철금속의 가스제거, 수소 첨가제·발생제, 합금 경화제, 조합약, 원자로서의 제어봉, 아민의 환원제, 합금 첨가제, 중합 촉매, 알킬리튬의 합성, Li염 제조(정신착란증 치료제), X-선 기기의 창, LiH 제조, 냉동기, 휴대전화의 2차 전지(배터리), 전기자동차 배터리

〈성상〉

① 알칼리금속. 빛나는 은백색의 금속으로 무르고 연하며 금속 중 가장 가볍고, 물에 뜬다. 고체 금속 중 비열(0.97 cal/gm·℃)이 가장 크고, 공기 중에선 황색으로 변한다.

② 원자량 = 6.94　　융점 = 180℃　　증기압 = 1 mmHg(723℃)
비중 = 0.53　　비점 = 1,317℃　　발화점 = 179℃

③ 가연성 고체로서 건조한 실온의 공기에서 반응하지 않지만 100℃ 이상으로 가열하면 적색 불꽃반응을 내며 표면연소하여 미량의 Li_2O_2와 Li_2O을 산화된다.

④ 활성이 대단히 커서 대부분의 다른 금속과 직접 반응하며, N_2와는 25℃에서 서서히, 400℃에서는 빠르게 적색 결정의 질소화리튬(Li_3N)을 만든다.

$$6Li + N_2 \longrightarrow 2Li_3N$$

이 Li_3N은 물과 반응하여 NH_3를 만든다. 그리고 고온에서 H_2와 반응하여 수소화합물(LiH)을 만든다.

〈위험성〉

① 물과는 상온에서 천천히, 고온에서는 격렬하게 H_2를 발생한다.

$$2Li + 2H_2O \longrightarrow 2LiOH + H_2\uparrow$$

알칼리금속 중 물과의 반응성은 가장 적은 편으로 이때 작은 양의 경우 반응열로 Li을 태우지는 못하지만 다량의 경우는 발화시킨다. 무엇보다도 H_2를 발생하기 때문에 2차적인 H_2 폭발의 위험성이 큰 편이다.

② 산과 격렬히 반응하여 H_2를 발생한다.

③ HCOOH, CH_3COOH, C_6H_5OH 및 알코올과 같은 수용성 석유류와 반응하여 H_2를 발생한다.

④ CCl_4와 접촉하면 폭발적으로 반응하고 CO_2 중에서도 연소한다.

⑤ 산화제(제1류 위험물, H_2O_2 및 H_2SO_4 등)와 반응하여 발열하고 HNO_3과 혼합하면 발화한다. CCl_4, $CFCl_3$와 혼합하면 충격에 의해 폭발 위험이 있다.

⑥ 다이보레인(B_2H_6)과 격렬하게 반응하고 다이클로로메테인(CH_2Cl_2)과 반응하여 폭발성 물질을 형성한다.

⑦ O_2 중에서 격렬히 반응하여 산화물을 생성한다.

$$2Li + O_2 \xrightarrow{\triangle} 2LiO$$

〈저장·취급〉

① 물과의 접촉·혼합을 방지하고 빗물 등 물의 상태가 변화된 것들의 침투를 방지한다.

② 건조하고 환기가 양호한 실내에 저장하고, 소량은 대기 중에서 습기와 반응하므로 바셀린을 칠해서 보관한다.

③ 경유가 들어있는 밀폐된 용기에 저장하고 외부로의 누출을 방지한다.

④ 강산화제, 강산류, 알코올·폼산 등 수용성 물질, 가연물과 분리하여 저장하고 화기를 엄금한다.

〈소화방법〉 주수를 엄금한다. 잘 건조된 소금분말, 건조 소다회, 마른 모래, 건조분말 소화약제에 의해 질식소화한다. 그러나 마른 모래는 외부가 건조해 보여도 내부에는 습기가 있을 수 있으므로 사용할 때 주의하여야 한다. 용융 Li은 물과 접촉하면 비산하므로 안전거리를 둔다.

〈유해성〉 피부 등에 접촉하면 부식작용이 있다. 화재 때 발생하는 Li산화물의 흡입하면 호흡기에 장애를 준다.

3) **루비듐**(Rubidium) Rb

〈용도〉 유기화합물 중합촉매, 가스게터(getter), 원자시계

〈성상〉

① 알칼리금속. 광택이 나는 부드러운 은백색의 금속이다.

② 원자량 = 85.47 비중 = 1.53

융점 = 38.89℃ 비점 = 688℃

③ 반응성이 커서 고온에서 할로젠과 반응하여 할로젠화합물(RbX)을 만든다.

④ Hg에 격렬하게 녹아 아말감을 만든다.

〈위험성〉

① 물 또는 묽은 산과 격렬하게 반응하여 H_2를 발생한다.

$$2Rb + 2H_2O \longrightarrow 2RbOH + H_2\uparrow$$

② 공기 중 스스로 자연발화에 이른다.

③ 고온에서 연소하여 초과산화물(RbO_2)을 만든다.

$$Rb + O_2 \xrightarrow{\triangle} RbO_2$$

④ 액체 NH_3에 녹아 H_2를 발생한다.

$$2Rb + 2NH_3 \longrightarrow 2RbNH_2 + H_2\uparrow$$

루비듐아마이드($RbNH_2$)는 물과 반응하여 NH_3를 발생한다.

⑤ 수용성의 HCOOH, CH_3COOH, C_6H_5OH 및 알코올과 반응하여 H_2를 발생한다.

⑥ 염화주석(Ⅳ)($SnCl_4$)과 접촉하고 있는 경우 충격·전도에 의해 폭발한다.

⑦ CCl_4와 접촉하면 폭발적으로 반응한다.

〈저장·취급〉 반응성이 대단히 크기 때문에 Ar 중에서 취급하여야 한다. 기타는 K과 같다.

〈소화방법〉〈유해성〉 K에 준한다.

4) **세슘**(Cesium) Cs

〈용도〉 합성고무 중합촉매, 산업용, 의료용, 광전지, TV카메라, 원자시계, 가스게터

〈성상〉

① 알칼리금속. 은백색의 금속. 금속 중 반응성이 가장 크다. 융점이 낮아서 따뜻한 곳에서는 액체 상태로 존재한다.

② 원자량 = 132.9 비중 = 1.87

융점 = 28.4℃ 비점 = 678.4℃

③ H_2와 반응하여 수소화물(CsH)을 만들고, 할로젠과 반응하여 할로젠화합물(CsX)를 만든다.

〈위험성〉

① 대기 또는 공기 중 청색 불꽃을 내며 연소하여 초과산화물(CsO_2)이 된다.

$$Cs + O_2 \xrightarrow{\triangle} CsO_2$$

② 물 또는 묽은 산과 폭발적으로 반응하여 H_2를 발생한다.

$$2Cs + 2H_2O \longrightarrow 2CsOH + H_2\uparrow$$

③ NH_3에 녹아 H_2를 발생한다.

$$2Cs + 2NH_3 \longrightarrow 2CsNH_2 + H_2\uparrow$$

세슘아마이드($CsNH_2$)는 물과 반응하여 NH_3를 발생한다.

④ 염화제이주석($SnCl_4$)과 접촉하고 있는 경우 충격·전도에 의해 폭발한다.

⑤ CCl_4와의 접촉하면 폭발적으로 반응한다.

⑥ HCOOH, CH_3COOH, C_6H_5OH 등 수용성 물질과 접촉하면 H_2를 발생한다.

⑦ 암 유발 물질이다.

〈저장·취급〉〈소화방법〉〈유해성〉 Rb에 준한다.

5) 프랑슘(Francium) Fr

알칼리금속. 은백색의 금속으로 자연방사성 원소의 붕괴계열이나 원자로에서 생성되는 반감기가 22분에 불과하여 짧은 수명의 방사성 원소이다. 맹독성 물질이며 의료용, 산업용 외 핵연료나 핵무기 개발에 쓰인다.

원자량 = 223　　　　융점 = 27℃　　　　비점 = 667℃

융점이 매우 낮기 때문에 경우에 따라 실온에서 쉽게 액체로 되며 화학적 성질은 Cs과 유사하다.

6) 베릴륨(Beryllium) Be

〈용도〉 X선관구의 창, X선 튜브, 안전공구(Be–Cu), 구리 등의 합금, 우주항공재료, 원자로의 반사체 및 중성자 감속제, 야금 경화제, 미사일·항공기·우주선 등의 장치

〈성상〉

① 알칼리토금속. 회백색의 단단하고 가벼운 금속으로 쉽게 부서지며, 금속 내열성이 풍부하고 X선을 투과시킨다. 강염기에 녹는다. 안정된 경금속으로 비교적 융점이 높다.

② 원자량 = 9.01　　　　비중 = 1.85
　융점 = 1,280℃　　　　비점 = 2,970℃

③ H_2와 반응성은 없으나 900℃에서 N_2와 반응하여 질소화물을 만들고 할로젠과 반응하여 할로젠화합물을 형성한다.

④ 진한 HNO_3과는 반응하지 않지만 H_2SO_4 및 HCl과는 즉시 반응한다.

〈위험성〉

① 상온에서 공기 또는 물과 잘 반응하지 않지만 뜨거운 물, 묽은 산, 알칼리 수용액에 녹아 H_2를 발생한다.

② 실온의 공기에서 산화되어 막을 형성하며 고온에서는 분말이 연소하여 BeO이 된다.

③ 대부분 강산 또는 알칼리 수용액과 반응하여 H_2를 발생한다.

〈저장·취급〉 증기, 분진, 연기를 흡입하지 않도록 한다.

〈소화방법〉 주수소화 엄금. 건조분말로 질식소화한다. 기타 소화활동 중 방호의와 공기호흡기 등을 착용한다.

〈유해성〉 유독물질로서 증기, 분진 등을 흡입 시 호흡기 질환 및 폐조직이 변질되며 중독증상이 나타난다. 베릴륨 화합물도 매우 유독하며 피부와 접촉하면 피부병을 일으키며 눈에 들어가면 결막염을 일으킨다.

7) **칼슘**(Calcium) Ca

〈용도〉 금속 제조용 환원제, CaH_2의 제조, CaO 제조(원유 정제), $CaSO_4$ 제조(비료, 페인트), 제련(탈산소, 탈탄소, 탈황제), 가스의 정체, 철합금의 탈황, 합금, 토륨 제조, 축전지 전극, 금속 중 불순물 제거, 유기액체의 탈수제, 전화선의 외피(Ca+Pb 합금)

〈성상〉

① 알칼리토금속. 은백색의 단단하고 가벼운 금속이며 냄새가 없다.

② 분자량=4.08 비중=1.55
융점=839℃ 비점=1,480℃

③ 고온에서 H_2 또는 N_2와 반응하여 수소화물(수소화칼슘 CaH_2)과 질화물(질소화칼슘 Ca_3N_2)을 만든다. 할로젠과 반응하여 할로젠화합물(CaX_2)을 만든다.

④ Hg에 녹아 아말감을 만든다. 공기 중의 O_2, 수증기, 질소와 천천히 반응하여 금속 표면에 노란색 보호막이 생긴다.

⑤ 묽은 액체 NH_3에 녹아 청색을 띄는 용액이 되며 이것은 전기를 전도한다.

〈위험성〉

① 물과 반응하여 상온에서는 서서히, 고온에서는 격렬하게 H_2를 발생한다. Mg에 비해 더 무르며 Mg에 비해 물과의 반응성이 빠르다.

$$Ca + 2H_2O \longrightarrow Ca(OH)_2 + H_2\uparrow$$

② 실온의 공기에서 표면이 산화되며 고온에서 등색 불꽃을 내며 연소하여 CaO이 된다. 대량으로 쌓인 Ca 분말은 습기 중에 장시간 방치하거나 금속산화물이 습기 중에서 접촉하면 자연발화의 위험이 있다.

③ 산과 격렬히 반응하며, C_2H_5OH과 반응하여 H_2를 반응한다.

④ 강산화제(제1류 위험물, H_2O_2, HNO_3 및 H_2SO_4 등)와 반응하면 발열 위험이 있고 Cl_2와 반응하면 발화 위험이 있다. 하이드록실아민과 혼합한 것은 가열·충격·마찰에 의해 발화한다.

⑤ CCl_4와 접촉하면 폭발적으로 반응한다.

〈저장·취급〉

① 물, 알코올, 할로젠, 강산류와의 접촉을 피한다.

② 화기엄금. 차고 건조하며 통풍이 잘 되는 곳에 저장한다.

〈소화방법〉 주수소화 엄금. CO_2, 할로젠화합물 소화약제 사용엄금. 마른 모래와 흙으로 덮어 질식소화

8) 스트론튬(Strontium) Sr

〈용도〉 발염 착색제, 진공관 음극제, 콘덴서 재료, 광학유리, 탈연제, 탈철제, 의료용(골수암 치료), 우주선 전력원, 적색 신호탄, 항해부표, 원거리 기상관측소 전력원

〈성상〉

① 알칼리토금속, 은백색의 연한 금속. 방사성 물질. 반감기는 28년이다.

② 원자량 = 87.62　　비중 = 2.54
　융점 = 769℃　　비점 = 1,380℃

③ 묽은 액체 NH_3에 녹아 청색을 띠는 용액이 되며 이것은 전기를 전도한다.

④ 진한 HNO_3과 진한 H_2SO_4에 서서히 녹는다.

⑤ Hg에 녹아 아말감을 만든다. 공기 중 빠르게 반응하므로 등유 속에 저장한다.

⑥ H_2와 반응하여 수소화물(SrH_2)을 만든다. 강력한 환원제로 할로젠, O_2, S과 쉽게 반응한다.

〈위험성〉

① 물 또는 묽은 산과 격렬하게 반응하여 H_2를 발생한다.

② 실온의 공기에서 회백색의 피막을 만들며 고온에서는 홍색 불꽃을 내며 연소하여 SrO이 된다.

$$2Sr + O_2 \longrightarrow 2SrO$$

③ 방사선 낙진 중 가장 치명적이며 뼈나 치아를 침식시킨다.

〈소화방법〉 물로서 소화하면 폭발의 위험이 있으므로 사용하지 않도록 한다. 초기화재 또는 소규모 화재는 건조분말, 마른 모래, 건조한 소석회 등으로 질식소화한다.

9) 바륨(Barium) Ba

〈용도〉 바륨 화합물 제조, TV 제조, 진공튜브의 잔유공기 제거제, 구리 정련, 석유 채취

〈성상〉

① 알칼리토금속, 광택을 띤 은백색의 금속. 납보다 약간 단단하다.

② 원자량 = 137.33　　비중 = 3.5
　융점 = 725℃　　비점 = 1,640℃

③ 고온에서 H_2 또는 N_2와 반응하여 수소화물(BaH_2)과 질소화물(Ba_3N_2)을 만든다. 할로젠과 반응하여 할로젠화합물(BaX_2)을 만든다.

④ 묽은 액체 NH_3에 녹아 청색을 띠는 용액이 되며 이것은 전기를 전도한다.

⑤ 진한 HNO_3과 진한 H_2SO_4에 서서히 녹으며 Hg에 녹아 아말감을 만든다.

⑥ CCl_4와 접촉하면 폭발적으로 반응한다.

〈위험성〉

① 산과 격렬하게 반응하여 H_2를 발생한다.

② 고온의 공기 중에서 황록색 불꽃을 내며 연소하여 BaO가 된다.

③ 대량으로 쌓인 분말이 습기와 접촉하거나 금속산화물이 습기 중에서 접촉하면 자연발화의 위험이 생긴다.

〈소화방법〉 주수소화 엄금. 마른 모래나 건조한 소석회 분말로 질식소화한다.

10) 라듐(Radium)　　Ra

〈용도〉 의료용(암치료), 시험용, 석유탐사

〈성상〉

① 은백색의 광택을 가진 금속으로 알칼리토금속 중 가장 화학 반응성이 크다.

② 원자량＝226.03　　비중＝5.0

융점＝970℃　　비점＝1,140℃

③ 동위원소 모두가 강한 방사성이다. 농도가 증가하면 빛이 난다.

④ Ba과 화학적 성질이 유사하다.

〈위험성〉

① 물 또는 산에 녹고 격렬하게 H_2를 발생한다.

② 공기 중 산화되어 흑색(질소화합물)으로 변하며 고온에서는 RaO이 된다.

〈저장·취급〉

① 평상시에는 노출되면 방사성 때문에 위험하지만 화재 시에는 더욱 위험해지므로 적절한 방호복장을 갖추어야 한다.

② 납, 철 또는 콘크리트 차폐물을 설치하고 금속제 캅셀 속에 저장한다.

〈유해성〉 방사성에 따른 독성이 있으며 피부 장애, 빈혈, 골수암, 백혈병을 일으킨다.

7. 유기금속화합물(알킬알루미늄 및 알킬리튬 제외) (Organometallic compounds) 지정수량　50 kg

「위험물안전관리법」상 유기금속화합물은 알루미늄(Al)과 리튬(Li)을 제외한 금속과 유기기의 화합물을 말한다. 저급 유기금속화합물은 일반적으로 반응성이 풍부하고 공기 중 자연발화한다. 특히 3B족의 Al, Ga, In, Tl과 1A족, 2A족 그리고 Zn, Cd 금속의 저급화합물은 공기 중 격렬하게 자연발화할 위험성이 있다.

1) **다이에틸텔루륨**(Di Ethyl Telluride) $Te(C_2H_5)_2$

〈용도〉 유기화합물의 합성, 반도체 공업

〈성상〉

① 무취 황적색의 유동성 액체로서 가연성이다.

② 분자량=185.6 비점=138℃

③ 공기 또는 물과의 접촉에 의해 분해된다.

〈위험성〉

① 공기 중에 노출되면 자연발화하며 푸른색 불꽃을 내며 연소한다.

② 물 또는 습기 찬 공기와의 접촉에 의해 인화성 증기와 열을 발생하는데 이것은 2차적인 화재의 원인이 된다.

③ CH_3OH, 산화제, 할로젠과 심하게 반응한다.

④ 열에 매우 불안정하며 저장용기가 가열되면 심하게 파열된다.

⑤ 기타 유기텔루륨화합물은 C수가 적을수록 공기 중 자연발화하며 물과 격렬하게 반응한다.

〈저장·취급〉

① 차고 건조한 장소에 보관하며 통풍이 잘 되도록 유지한다.

② 화재진압은 가능한 한 짧은 시간에 실시한다.

③ 안전거리가 확보되면 화재가 발생한 저장용기 외부에 조심스럽게 분무주수하여 냉각시킨다.

④ 화재진압 중 반드시 보호복과 공기호흡기 등을 착용한다.

〈유해성〉 흡입하면 점막을 자극한다.

2) **다이메틸텔루륨**(Di Methyl Telluride) $Te(CH_3)_2$

3) **다이에틸아연**(Di Ethyl Zinc) $Zn(C_2H_5)_2$

〈용도〉 반도체 공업

〈성상〉

① 무색 마늘 냄새가 나는 유해성 액체로서 가연성 물질이다.

② 분자량=123.5 비중=1.21
융점=−28℃ 비점=117℃

③ 물에 의해 분해된다.

〈위험성〉

① 공기와의 접촉에 의해 자연발화하며 푸른색 불꽃을 내며 연소한다.

② 열에 매우 불안정하며 120℃ 이상 가열하면 분해 폭발한다.

③ 물 또는 습기 찬 공기와의 접촉에 의해 인화성 증기와 열을 발생하는데 이것은 2차적인 화재의 원인이 된다.
④ CH_3OH, 산화제, 할로젠과 심하게 반응한다.
⑤ 저장용기가 가열되면 심하게 파열된다.
⑥ 기타 유기아연화합물은 C수가 작을수록 공기 중 쉽게 자연발화하며 물과 격렬하게 반응한다.

〈저장·취급〉〈소화방법〉 다이에틸텔루륨과 유사하다. 대량으로 저장할 때는 헥세인, 톨루엔 등 안전용제를 넣어준다.

〈유해성〉 흡입하면 점막을 자극하고 폐부종을 일으킨다.

4) **다이메틸아연**(Di Methyl Zinc) $Zn(CH_3)_2$

bp＝46℃이며 위험성은 $Zn(C_2H_5)$와 유사하다.

5) **테트라에틸납**(Tetra Ethyl Lead, TEL) $(C_2H_5)_4Pb$

〈용도〉 자동차 및 항공기 연료 안티녹킹제

〈성상〉
① 상온에서 무색 액체이며 단맛이 있고 특유한 냄새가 난다. 매우 유독하다.
② 융점＝－136℃ 비점＝195℃
인화점＝85～105℃ 비중＝1.65
③ 대부분의 유기용제에 녹지만 물, 묽은 산, 묽은 알칼리에 녹지 않는다.

〈위험성〉
① 상온에서 기화하기 쉬우며 증기는 공기와 혼합(연소범위 하한 1.8vol%)하여 인화·폭발하기 쉽다.
② 햇볕에 쪼이거나 가열하면 195℃ 정도에서 분해·발열하고 폭발 위험이 있다.
③ 화약류, 가연성의 고압가스, 부식성 물질, 할로젠화합물, 강산류 및 강산화제와 혼합에 의해 격렬하게 분해 또는 인화·폭발한다.

〈저장·취급〉
① 화기엄금. 직사광선 차단. 통풍·환기 유지. 공기 중 노출을 금한다.
② 증기 누출을 방지하며 강산류, 강산화제, 주위의 혼촉 위험성이 있는 물질을 제거한다.

〈소화방법〉 소화작업은 물분무, 포, 분말, CO_2에 의한 질식소화가 유효하다. 특히 접근이 필요할 때는 물분무로 증기를 냉각, 제거하는 것이 좋다. 소화작업 중 충분히 안전거리를 유지하고 신체 모든 부위를 노출시키지 않도록 방호의와 공기호흡기 등의 보호장비를 착용한다.

〈유해성〉 유독물질로서 TEL은 유지(油脂)에 매우 잘 용해하므로 눈, 피부와 접촉하거나 증기를 흡입한 경우에는 쉽게 체내에 흡수되어 중추신경계통에 침투하고 장애를 주며 저농도인 경우는 혈압 강하, 불면증, 두통 등을 일으키고 고농도인 경우는 호흡 곤란, 중독을 일으키고 심하면 사망한다.

6) 기타 유기금속화합물

물질명	화학식	성상	위험성	안전용제 등
Diethyl aluminium cyanide	$(C_2H_5)_2AlCN$	비중=0.86	가연성 액체 맹독성	톨루엔 용기 내 N_2 봉입
Diethyl aluminium ethoxide	$(C_2H_5)_2AlOC_2H_5$	융점=2.5~45℃ 비점=108℃ 비중=0.85	공기 중 자연발화성 물과의 반응성	용기 내 N_2 봉입
Dimethyl mercury	$(CH_3)_2Hg$	융점=43℃ 인화점=5℃	가연성, 맹독성 열에 불안정	
Ethyl magnesium bromide	C_2H_5MgBr		물과의 반응성	용기 내 N_2 봉입
Ethyl magnesium chloride	C_2H_5MgCl		물과의 반응성	용기 내 N_2 봉입
Hexamethyl ditin	$(CH_3)_3Sn_2(CH_3)_3$	융점=23℃ 비점=182℃ 인화점=61℃	맹독성, 자극성	용기 내 N_2 봉입
Lithium dicyclo hexyl amide	$(C_6H_{11})_2NLi$		공기 중 자연발화성 물과의 반응성	용기 내 N_2 봉입
Lithium diethyl amide	$(C_2H_5)_2NLi$		공기 중 자연발화성 물과의 반응성	용기 내 N_2 봉입
Lithium diisopropyl amide	$[(CH_3)_2CH]_2NLi$	비중=0.8	가연성 액체 공기 중 자연발화성 물과의 발화성	헥세인, 헵테인
Lithium dimethyl amide	$(CH_3)_2NLi$		공기 중 자연발화성 물과의 반응성	용기 내 N_2 봉입
Lithium dimethyl boro hydride	$LiB(CH_3)_2H_2$	비중=0.86	가연성 고체 물과의 반응성	헥세인 용기 내 N_2 봉입
Lithium methoxide	CH_3OLi		가연성 고체 물과의 반응성	
Lithium trimethyl silanolate	$(CH_3)_3SiOLi$	비중=0.83	물과의 반응성 부식성	
Lithium (trimethylsilyl) acetylide	$(CH_3)_3SiC\equiv CLi$	비중=0.7~0.9	물과의 반응성 부식성	용기 내 N_2 봉입
Methyl lithium	CH_3Li	비중=1.01	공기 중 자연발화성 물과의 반응성	에터 용기 내 N_2 봉입

Methyl magnesium chloride	CH_3MgCl	비중=1.26	물과의 반응성 용체에 따라 인화위험	에터 용기 내 N_2 봉입
Methyl magnesium iodide	CH_3MgI	비중=0.82	물과의 반응성 가연성	에터 용기 내 N_2 봉입
Magnesium dimethoxide	$(CH_3O)_2Mg$	융점=50℃ 인화점=40℃	맹독성 가연성 고체	메탄올
Methyl tintrichloride	CH_3SnCl_3	비중=0.86~1.01	물과의 반응성 가연성	용기 내 N_2 봉입
Methyl magnesium bromide	CH_3MgBr	비중=0.83	물과의 반응성 가연성	톨루엔, 에터 용기 내 N_2 봉입
Phenyl lithium	C_6H_5Li	비중=1.0	공기 중 자연발화성 물과의 심한 반응성	사이클로헥세인, 에터 용기 내 N_2 봉입
Phenyl magnesium chloride	C_6H_5MgCl	융점=256℃ 비중=0.8~0.9	물과의 반응성 가연성	테트라하이드로퓨란
Potassium tert-butoxide	$(CH_3)_3COK$		물과의 반응성 가연성	테트라하이드로퓨란 용기 내 N_2 봉입
Potassium methoxide	CH_3OK		가연성 고체 부식성	에터 용기 내 N_2 봉입
Patassium tri-sec-butyl boro hydride	$KB[(CH(CH_3)-C_2H_5]_3H$		공기 중 자연발화성 물과의 반응성	자일렌 용기 내 N_2 봉입
Sodium acetylide	$HC{\equiv}CNa$		가연성 액체 물과의 반응성	테트라하이드로퓨란 용기 내 N_2 봉입
Sodium cyclopenta dienylide	C_5H_5Na	비중=0.93	가연성 액체 물과의 반응성	톨루엔 용기 내 N_2 봉입
Sodium aluminium diethyl dihydride	$[(C_2H_5)_2AlH_2]Na$	비중=0.87	공기 중 자연발화성 물과의 반응성	
Sodium ethoxide	C_2H_5ONa	융점=300℃	가연성 고체 물과의 반응성 맹독성	에터, 톨루엔 용기 내 N_2 봉입
Sodium triethyl borohydride	$NaB(C_2H_5)_3H$	비중=0.8	공기 중 자연발화성 물과의 반응성	
Thallium ethoxide	C_2H_5OTl	비중=3.5	물과의 반응성 가연성, 맹독성	
Trimethyl tinbromide	$(CH_3)_3SnBr$	융점=26℃	물과의 반응성 가연성, 자극성	
Triethyl tinbromide	$(C_2H_5)_3SnBr$	비중=1.63	물과의 반응성 가연성, 부식성	

다이메틸카드뮴(dimethyl cadmium) : $(CH_3)_2Cd$
다이에틸카드뮴(diethyl cadmium) : $(C_2H_5)_2Cd$
트라이메틸갈륨(trimethyl gallium) : $(CH_3)_3Ga$
트라이에틸갈륨(triethyl gallium) : $(C_2H_5)_3Ga$
트라이메틸인듐(trimethyl indium) : $(CH_3)_3In$
트라이에틸인듐(triethyl indium) : $(C_2H_5)_3In$
테트라메틸주석(tetramethyl tin) : $(CH_3)_4Sn$
테트라에틸주석(tetraethyl tin) : $(C_2H_5)_4Sn$

이들 유기금속화합물은 반도체 공업에 이용되며 공기 중 자연발화의 위험이 있으며 물과 격렬하게 반응한다.

8. 금속의 수소화물 지정수량 300 kg

1) 수소화리튬(Lithium Hydride) LiH

〈용도〉 환원제, 건조제, H_2 발생원(수소차), 케톤과 에스터의 축합제, AlH_3 제조, 수소폭탄 제조, 유기합성 응축제, 원자로 피복방지 재료, 리튬염 비누 제조

〈성상〉

① 무취 무색 또는 회색의 유리 모양의 불안정한 가연성 고체이다.

② 분자량 = 7.9 비중 = 0.82
융점 = 680℃ 증기압 = 0 mmHg(20℃)

③ 빛에 노출되면 빠르게 흑색으로 변한다.

④ C_6H_6, $C_6H_5CH_3$에는 녹지 않지만 에터에 녹는다.

〈위험성〉

① 물과는 실온에서 격렬하게 반응하여 수산화리튬과 많은 양의 H_2를 발생한다. 이때 반응열에 의해 LiH을 태운다.

$$LiH + H_2O \longrightarrow LiOH + H_2\uparrow$$

② 공기 또는 습기, 물과의 접촉으로 자연발화의 위험이 있다.

③ 대체로 불안정하며 특히 열에 불안정하여 400℃에서 리튬과 H_2를 분해한다.

$$2LiH \xrightarrow{\triangle} 2Li + H_2\uparrow$$

④ 부드러운 분말과 공기와의 화합물은 연소 폭발할 수 있다. 연소할 때 자극성·유해성 가스를 발생한다.

⑤ 저급 알코올, 카르본산, Cl_2 및 NH_3 등과 반응하여 H_2를 발생한다.

⑥ C_6H_5Cl, H_2SO_4, CCl_4, HCl, $AlCl_3$과 혼합하면 심하게 반응하고 혼촉발화의 위험성이 있다.

〈저장·취급〉

① 물과의 접촉을 엄금하며 건조하고 환기가 양호한 실내에서 밀폐된 용기 중에 저장한다.

② 점화원, 고온체와 격리하여 저장한다.

③ 누출되면 모든 점화원을 배제하고 물과의 접촉을 피하게 한다.

④ 대량의 저장용기 중에는 Ar, He 또는 N_2를 봉입한다.

⑤ 분진 발생장소에는 국소배기장치를 설치한다.

〈소화방법〉 주수소화 엄금. 포 소화 엄금. 마른 모래 및 건조한 흙에 의해 질식소화한다. CO_2, 할론(할론 2402, 할론 1211) 및 할로젠화합물 소화약제는 적응하지 않으므로 사용을 금한다. 소화작업 중 반드시 보호안경, 특수방보호복 및 공기호흡기 등을 착용한다.

〈유해성〉 음용하면 맹독성이다. 피부를 통하여 흡수하면 치명적이다. 분진은 호흡기 계통을 자극하고 연소할 때는 자극성이며 유해성인 가스를 발생한다. 과다 노출되면 메스꺼움, 근육경련, 정신혼란, 시각장애 증상이 나타난다.

2) **수소화나트륨**(Sodium Hydride) NaH

〈용도〉 유기합성 환원제 및 축합제, 알킬화제, 건조제, 시약, 붕화수소나트륨의 제조

〈성상〉

① 회백색의 결정 또는 분말이며 불안정한 가연성 물질이다.

② 분자량 = 24.0　　비중 = 0.92

　융점 = 800℃　　분해온도 = 425℃

③ 유독하며 유기 용매 및 액체 NH_3에 녹지 않는다.

④ NaH을 용융 전기분해하면 양극에서 H_2를 발생하고 음극에서 Na이 생긴다.

〈위험성〉

① 물과 실온에서 격렬하게 반응하여 H_2를 발생하고 발열하며 습도가 높을 때는 공기 중의 수증기와도 반응한다.

$$NaH + H_2O \longrightarrow NaOH + H_2\uparrow$$

이때 발생한 반응열에 의해 자연발화한다.

② 가연성 물질로서 건조한 공기 중에서 안정하지만 습기 찬 공기 중에 노출되면 자연발화한다.

③ 425℃ 이상 가열하면 H_2를 분해한다.

④ 많은 물질과 심하게 반응하며 강산화제와 접촉에 의해 발열·발화한다.

⑤ S, C_6H_5Cl, SO_2 혼합하면 격렬하게 반응하고 글리세롤과 혼합하면 발열한다.

⑥ 부드러운 분말로 만들어지면 인화성이 증가한다.

〈저장·취급〉

① 물, 빗물, 습기 등의 침투를 막고 용기는 차고 건조하며 환기가 양호한 실내에서 밀폐하여 저장한다.

② 대량의 저장 용기 중에는 Ar 또는 N_2를 봉입한다.

③ 공기 중에 노출되지 않도록 하며 화기와의 접촉을 피하며 가연물과 격리한다.

④ 누출되면 모든 점화원을 제거하고 물과의 접촉을 피한다.

⑤ 산화제와의 접촉을 피한다.

〈소화방법〉 주수소화 엄금. D급 화재 탄산수소염류 소화약제, 마른 모래, 소석회, 팽창질석, 팽창진주암 또는 건조한 흙 등으로 질식소화한다. 또 CO_2, 할론(할론 2402, 할론 1211) 및 할로젠화합물 소화약제는 사용을 금한다. 소화작업 중 반드시 보호안경, 특수보호복 및 공기호흡기 등을 착용한다.

〈유해성〉 음용하면 맹독성이며 피부를 통하여 흡수 또는 흡입되면 치명적이다. 눈, 피부와 접촉하면 화상을 입는다. 연소할 때는 자극성이 있고 유해성인 가스를 발생한다.

3) 수소화칼슘(Calcium Hydride) CaH_2

〈용도〉 금속염의 환원제, 촉매, H_2 발생원 및 공급원, 시약 건조제

〈성상〉

① 백색 또는 회색의 결정 또는 분말이다.

② 분자량 = 42.1 비중 = 1.7 융점 = 815℃

③ 건조공기 중에서 안정되며 환원성이 강하다.

〈위험성〉

① 물과는 실온에서 격렬히 반응하여 수산화칼슘과 H_2를 발생하며 발열한다.

$$CaH_2 + 2H_2O \longrightarrow Ca(OH)_2 + 2H_2\uparrow$$

② 약 600℃로 가열하면 Ca과 H_2를 분해한다.

③ H_2SO_4, 염소산염류, 브로민산염류와 혼합하면 마찰에 의해 격렬하게 폭발할 위험이 있다.

④ 부드러운 분말이 되면 인화성이 증가한다.

4) 수소화알루미늄리튬(Lithium Aluminium Hydride) $LiAlH_4$

〈용도〉 수소화제, 추진제, 중합 촉매, 유기합성(알데하이드, 케톤, 카르복시산 등) 환원제

〈성상〉

① 흰색의 결정성 분말이며 가연성이다.

② 분자량 = 37.9 비중 = 0.92 융점 = 125℃(분해)

〈위험성〉

① 물과 접촉하면 H_2를 발생하고 발화한다.

$$LiAlH_4 + 4H_2O \longrightarrow LiOH + Al(OH)_3 + 4H_2\uparrow$$

② 125℃에서 분해하기 시작하여 Li, Al, H_2로 분해한다.

③ 부드러운 분말이 될 때 인화성이 증가하고 분쇄할 때 발화의 가능성이 있다.

④ 다이벤조일퍼옥사이드, 에터, 아세토나이트릴, 아세트산에틸, 트라이클로로아세트산과 혼합하면 폭발의 위험이 있다.

〈저장·취급〉

① 물과의 접촉을 피하며 건조하고 환기가 양호한 실내에서 밀폐된 용기 중에 저장한다.

② 대량 저장할 때는 용기 중에 N_2 또는 Ar, He을 봉입한다.

③ 가연물 및 케톤, 알데하이드, 유기질소화합물과 격리한다.

④ 누출되면 모든 점화원을 제거하고 물과의 접촉을 피한다.

⑤ 분진 발생장소에는 국소배기장치를 설치한다.

〈소화방법〉 주수 및 포소화엄금. CO_2와 할론(할론 2402, 할론 1211) 및 할로젠화합물 소화약제 사용금지. 마른 모래 및 건조한 흙으로 질식소화한다. 소화작업 중 반드시 보호안경, 특수보호복 및 공기호흡기 등을 착용한다.

〈유해성〉

① 음용하면 맹독성이며 피부를 통해 흡수되면 치명적이다.

② 피부나 눈에 접촉되면 화상을 입고 분진은 호흡기계통을 자극한다.

③ 연소할 때는 자극성이며 유해성인 가스를 발생한다.

④ 과다 노출되면 경련, 염증, 폐부종, 기관지염, 메스꺼움, 구토, 기침, 호흡 곤란, 홍분을 일으킨다.

5) 봉수소화나트륨 $NaBH_4$

공기 중 습기와 서서히 반응하며 H_2를 발생한다.

$$3NaBH_4 + 6H_2O \longrightarrow Na_3B_3O_6 + 12H_2\uparrow$$

소다회, 소금 분말로 질식소화시킨다.

6) 기타

① 수소화칼륨 : KH

② 수소화루비듐 : RbH

③ 수소화세슘 : CsH
④ 수소화바륨 : BaH_2
⑤ 수소화스트론튬 : SrH_2
⑥ 수소화란타넘 : LaH_3
⑦ 수소화토륨 : ThH_4
⑧ 수소화마그네슘 : MgH_2
⑨ 수소화아연 : ZnH_2
⑩ 수소화세륨 : CeH_2
모두 물과 반응하여 가연성의 H_2를 발생한다.

9. 금속의 인화물　　지정수량　　300 kg

1) 인화알루미늄(Aluminium Phosphide)　　AlP

〈용도〉 곡물·사료·엽연초의 해충구제용 훈증제, 살충제, 살서제

〈성상〉
① 암회색 또는 황색의 결정 또는 분말이며 가연성이다.
② 분자량＝58.0　　비중＝2.40～2.85　　융점＝1,000℃ 이하
③ 습기 찬 공기 중 탁한 색으로 변한다.

〈위험성〉
① 공기 중 안정하지만 습한 공기, 물, 스팀과 접촉하면 가연성·유해성의 PH_3을 발생한다.

$$AlP + 3H_2O \longrightarrow Al(OH)_3 + PH_3\uparrow$$

PH_3은 맹독성의 무색 기체로서 연소할 때도 유해성의 P_2O_5를 발생한다.
② 강산, 알칼리용액, 카르바민산암모늄(NH_2COONH_4), 탄산암모늄[$(NH_4)_2CO_3 \cdot H_2O$]과 격렬하게 반응하여 PH_3을 분해시킨다.
③ 공기 중에선 서서히 PH_3을 발생한다.

〈저장·취급〉
① 물기엄금. 제조소등에는 스프링클러설비 등 수계소화설비를 설치하지 말아야 한다.
② 밀폐된 용기 중에 저장하고 건조 상태를 유지시킨다.
③ 누출되면 모든 점화원을 제거하고 마른 모래나 마른 흙으로 흡수 회수한다.
④ 강산 등 분해약품과 철저히 격리한다.

〈소화방법〉 주수소화 엄금. 마른 모래나 건조흙으로 덮어 질식소화하거나 D급 소화약제를 사용한

다. 소화작업 중 반드시 특수보호복과 공기호흡기 등을 착용한다.

〈유해성〉 유독물질로서 물 등과의 접촉에 의해 발생한 PH_3과 연소할 때 발생한 인화합물을 흡입하면 맹독성을 지닌다. 눈에 들어가면 점막을 자극하고 흡입하면 두통, 구토, 오한, 현기증을 일으키고 대량의 경우는 호흡 곤란, 폐수종을 일으킨다.

2) 인화갈륨(Gallium Phosphide) GaP

〈용도〉 훈증제

〈성상〉

① 무색 또는 황갈색의 결정이다.

② 분자량 = 100.7 융점 = 1,465℃

③ 물에 녹지 않으며 습기 중에서는 물고기 썩은 냄새가 난다.

〈위험성〉

① 물과의 접촉에 의해 PH_3을 발생한다. 이 PH_3은 가연성·유해성 가스이다.

② 연소할 때는 자극성이며 유해성의 가스를 발생한다.

③ 산과 반응하여 가연성·유해성의 PH_3을 발생한다.

〈저장·취급〉

① 밀폐된 용기 중에 저장하고 차고 건조하며 환기가 좋은 곳에 저장한다.

② 물, 산 및 다른 화학물질과 격리하여 저장한다.

③ 누출되면 물과의 접촉을 피하도록 하며 불연성 물질로 흡수하여 회수한다.

④ 분진이 발생하지 않도록 주의한다.

〈소화방법〉

① 주수소화 엄금. CO_2, 할론 및 할로젠화합물 소화약제의 사용금지.

② 마른 모래, 건조흙으로 질식소화하거나 D급 화재 소화약제를 사용한다.

③ 소화작업 중 반드시 특수보호복과 공기호흡기 등을 착용한다.

〈유해성〉 맹독성 물질이며 피부로 흡수되면 치명적이다. 피부와 접촉하면 피부염 증상이 있고 흡입하면 호흡기계통을 자극한다.

3) 인화아연(Zinc Phosphide) Zn_3P_2

〈용도〉 살충제, 살서제

〈성상〉

① 암회색의 결정 또는 무딘 분말 상태이며 가연성 물질이다.

② 분자량 = 258.1 비중 = 4.55

융점＝420℃ 비점＝1,100℃

③ 알코올, 물에 녹지 않지만 C_6H_6, CS_2에 녹는다.

〈위험성〉

① 가연성 고체물질로 연소하면 자극성·유해성 가스와 아연산화물을 발생한다.

② 산, 알칼리와 접촉하면 유해성·가연성 가스인 PH_3을 발생한다.

③ 물에 의해 서서히 분해하여 PH_3을 발생한다.

④ 공기 중에서도 서서히 인화수소를 발생한다.

〈저장·취급〉

① 물, 산, 산화제로부터 격리한다.

② 차고 건조하며 환기가 좋은 곳에 저장한다.

③ 누출되면 점화원을 제거하며 분진이 발생하지 않도록 한다.

〈소화방법〉

① 물, CO_2, 할론 및 할로젠화합물 소화약제의 사용금지. 마른 모래, 마른 흙, 건조석회, 건조규조토 등으로 화재 표면을 덮어 질식소화하거나 D급 화재 소화약제를 사용한다.

② 소화작업 중 반드시 특수보호복의 및 공기호흡기 등을 착용하며 위험한 증기나 유해성 분해물을 피하면서 화점에 접근한다.

〈유해성〉 유독물질로서 눈에 들어가면 점막을 자극하고 피부 접촉하면 약상을 입는다. 흡입하면 기침, 현기증, 두통을 일으키고 심하면 호흡 곤란, 폐수종을 일으킨다.

4) **인화칼슘(인화석회)** (Calcium Phosphide) Ca_3P_2

〈용도〉 신호연화

〈성상〉

① 적갈색의 괴상 고체로 건조한 공기 중에서 안정하나 300℃ 이상에서 산화한다.

② 분자량＝182.3 비중＝2.5 융점＝1,600℃

③ 알코올, 에터에 녹지 않는다.

〈위험성〉

① 물 및 산과 심하게 반응하여 유해성·가연성의 PH_3을 발생한다.

$$Ca_3P_2 + 6H_2O \longrightarrow 3Ca(OH)_2 + 2PH_3\uparrow$$

이 포스핀은 무색의 기체로서 악취가 있으며 독성이 강하다. 공기보다 1.2배 무겁기 때문에 증기가 낮은 곳에 체류하면 연소 위험이 크다.

② $C_2H_5OC_2H_5$, C_6H_6, CS_2와 습기 중에서 접촉하면 발화한다.

〈저장·취급〉 수분·물기엄금. 화기엄금. 건조되고 환기가 좋은 곳에 저장한다. 용기는 밀전한다.

〈소화방법〉

① 주수소화 엄금. 마른 모래·흙·분말소화약제·건조 소석회, CO_2 등으로 질식소화한다.

② 발생가스는 유독하므로 필히 소화작업 중 반드시 특수보호복과 공기호흡기 등을 착용한다.

〈유해성〉 물과 반응하여 발생한 PH_3을 흡입하면 두통, 현기증, 호흡기계통 장애, 동공 확대, 신경계통 장애가 일어나면 중병일 때 사망에 이른다.

5) 기타

① 인화나트륨 : Na_3P

② 인화수은 : Hg_3P_4

이들은 공기 중 모두 자연발화 위험이 있다.

10. 칼슘 또는 알루미늄의 탄화물 지정수량 300 kg

1) 탄소화칼슘(탄화칼슘, 칼슘카바이드, 카바이드) (Calcium Carbide) CaC_2

〈용도〉 아세틸렌의 제조, 비료용 석회질소의 제조, 탈산화제, 야금, 금속산화물의 환원제, 용접 및 용단용, 구리의 탈황, 아세트알데하이드·아세트산 및 아세트산비닐의 합성용

〈성상〉

① 순수한 것은 무색 투명하나 통상 흑회색이며 불규칙적인 덩어리 상태이다.

② 분자량=64.1 비중=2.2 융점=2,300℃

③ 건조한 공기 중에서는 안정하나 350℃ 이상으로 가열하면 산화된다.

$$2CaC_2 + 5O_2 \xrightarrow{\triangle} 2CaO + 4CO_2\uparrow$$

④ N_2 중에서 고온으로 가열하면 사이안아마이드화칼슘($CaCN_2$)이 얻어진다.

$$CaC_2 + N_2 \xrightarrow{\triangle} CaCN_2 + C$$

⑤ 흡습성이 있고 미량의 수분이 있는 경우 불쾌한 냄새가 난다.

〈위험성〉

① 물과 심하게 반응하여 수산화칼슘(소석회)과 가연성 가스인 아세틸렌을 만들며, 공기 중 수분과 반응하여도 아세틸렌이 발생한다.

$$CaC_2 + 2H_2O \longrightarrow Ca(OH)_2 + C_2H_2\uparrow + 32\ kcal$$

C_2H_2 발생량은 약 366 L/kg이다.

C_2H_2은 고도의 가연성 가스로서 연소범위가 2.5～81vol%로 대단히 넓다. 인화하기 쉽고 때로는 폭발한다.

$$2C_2H_2 + 5O_2 \xrightarrow{\triangle} 2H_2O\uparrow + 4CO_2\uparrow + 2\times310\ \text{kcal}$$

또한 1기압 이상으로 가압하면 단독으로 분해·폭발한다.

이러한 폭발은 가연성 가스의 폭발 중 매우 격렬한 것이다.

$$C_2H_2 \xrightarrow{\triangle} H_2\uparrow + 2C + 45\ \text{kcal}$$

C_2H_2은 많은 금속(M)과 직접 반응하여 H_2를 발생하고 아세틸레이트를 만든다.

$$C_2H_2 + 2Ag \longrightarrow Ag_2C_2 + H_2\uparrow$$

여기서 만들어진 Ag_2C_2나 Cu_2C_2는 상당히 폭발이 용이한 위험한 물질이다.

② CaC_2 제품은 통상 여러 가지의 불순물을 함유하고 있으며 물과 반응하면 C_2H_2 외에 유독한 기체를 부수적으로 발생하는데 이들 모두 가연성 가스이다.

$$As \longrightarrow AsH_3(\text{알신}) \qquad P \longrightarrow PH_3(\text{포스핀})$$

$$S \longrightarrow H_2S(\text{황화수소}) \qquad N \longrightarrow NH_3(\text{암모니아})$$

③ 용기 내에서 C_2H_2가 생겨 충만하게 되면 고압이 생겨 용기의 변형 또는 용기 파열을 가져온다. 따라서 대량으로 저장할 때는 CaC_2와 반응성이 없는 N_2, CO_2 등 불연성 가스를 봉입하여 C_2H_2의 연소범위 확대를 막아야 한다.

④ Na_2O_2, C_6H_5Cl, H_2SO_4, HCl, CCl_4와 혼합하면 가열·충격·마찰에 의해 심하게 발열하거나 발화 위험이 있다. 여러 산화성 물질과 심하게 반응한다.

⑤ 황과 혼합·혼촉하면 폭발 위험성이 생긴다.

〈저장·취급〉

① 밀폐된 저장용기 중에 저장하며 물 또는 습기, 눈, 얼음 등이 침투되지 않도록 한다. 산화성 물질과의 접촉을 방지한다. 옥외저장탱크에 저장 중 방수성 피복설비를 하여야 한다.

② 화기엄금. 주위에 가연성 물질을 방치하지 말아야 한다.

③ 대량으로 저장할 때는 N_2 등 불연성 가스를 봉입시킨다.

④ 용기를 밀전하고 용기의 파손에 주의하며, 차고 건조하고 환기가 잘 되는 곳에 저장한다.

〈소화방법〉 주수 절대엄금. 포소화 엄금. CO_2·할론 및 할로젠화합물 소화약제 사용금지. 다량의 마른 모래, 흙, 석회석 또는 건조분말로 질식소화한다. 밀폐된 실내에서는 C_2H_2가 체류하여 인화성 혼합기를 형성하여 2차 폭발을 가져올 수 있으므로 주의하여야 한다.

〈유해성〉 분말이 눈에 들어가면 소석회가 되어 눈을 자극하고 피부와 접촉하면 약상을 입는다. 흡입한 경우 기관지를 자극한다.

2) 탄소화알루미늄(Aluminium Carbide) Al_4C_3

〈용도〉 CH_4의 발생, 금속산화물의 환원 촉매, 야금, 건조제, 질화알루미늄의 제조

〈성상〉

① 순수한 것은 백색이지만 통상은 불순물 때문에 황색의 결정을 이룬다. 가연성 물질이다.

② 분자량=143.95 비중=2.36 융점=2,200℃

③ 상온의 공기 중에선 안정하지만 공기 중 가열하면 표면에 산화알루미늄(Al_2O_3)막을 만들어 반응이 지속되지 않는다.

〈위험성〉

① 상온에서 물과 반응하여 발열하고 가연성·폭발성의 메테인 가스를 발생하고 발열한다.

$$Al_4C_3 + 12H_2O \longrightarrow 4Al(OH)_3 + 3CH_4\uparrow$$

밀폐된 실내에서 CH_4가 축적되어 인화성 혼합기를 형성하면 2차 폭발의 위험이 있다.

② 1,400℃ 이상에서 분해된다.

③ 강산화제(H_2O_2와 제1류 위험물 등)와 반응하면 심하게 발열한다.

〈저장·취급〉

① 밀폐된 용기 중에 저장하고 건조하고 환기가 양호한 곳에 둔다.

② 다른 가연물과 분리하여 저장한다.

〈소화방법〉 물, 포, 할론 및 할로젠화합물 소화약제의 사용을 엄금한다. 주위의 가연물을 제거하고 마른 모래, 건조분말, CO_2로 소화한다.

11. 그 밖에 행정안전부령으로 정한 것 지정수량 10 kg, 20 kg, 50 kg 또는 300 kg

1) 염소화규소화합물 지정수량 300 kg

(1) 트라이클로로실레인(Tri chloro silane) $HSiCl_3$

〈용도〉 실리콘 제품 기초원료, 반도체공업, 광통신 화이버재료, 태양열 판

〈성상〉

① 자극성, 하이포아염소산 냄새가 나는 휘발성·발연성(HCl 발생)·유동성·가연성의 무색 액체이다.

② 분자량=135.5 증기비중=4.67 증기압=500 mmHg(20℃)
융점=－127℃ 비점=32℃ 비중=1.34
인화점=－28℃ 발화점=182℃ 연소범위=7.0～83vol%

③ 물보다 무거우며 물과 접촉하면 분해하며 공기 중 쉽게 증발한다.
④ C_6H_6, $C_2H_5OC_2H_5$, $CHCl_3$, CCl_4에 녹는다.

〈위험성〉

① 연소범위가 넓고 인화점이 매우 낮으며 적은 점화원에 의해서도 인화 위험이 높다.
② 증기는 공기와 혼합하여 광범위하게 폭발성 혼합기를 형성한다.
③ 증기는 공기보다 무겁고 점화원에 의해 일시에 번지며 심한 백색연기를 발생한다.
④ 수용액, 알코올, 유기화합물, 과산화물, 아민, 강산화제와 심하게 반응하며 경우에 따라 혼촉발화하는 것도 있다.
⑤ 정전기의 발생이 용이하여 점화원이 되는 경우도 있다.
⑥ 물과 심하게 반응하여 부식성·자극성·맹독성 기체인 염화수소(HCl)를 발생한다.
⑦ 산화성 물질과 접촉하면 폭발적으로 반응하며, 아세톤, 알코올과 반응한다.

〈저장·취급〉

① 직사광선 차단. 화기엄금. 용기는 차고 건조한 통풍이 좋은 곳에 저장한다.
② 물, 알코올, 강산화제, 유기화합물, 아민과 철저히 격리한다.
③ 누설되면 모든 점화원을 제거하며 누출액은 특히 물과 접촉하지 않도록 한다.

〈소화방법〉

① 물은 소화효과가 없다. 6% 중팽창포를 제외하고 건조분말, CO_2, 할론 및 할로젠화합물 소화약제는 효과가 없으므로 사용하지 말아야 한다.
② 밀폐 소구역에서는 분말, CO_2에 의한 질식소화가 유효하다.
③ 밸브의 조작을 통해 누설을 차단하고 용기를 옮긴다. 용기의 외벽을 물로 냉각하되 물이 용기 내로 들어가지 않도록 한다.
④ 발생 증기나 연소생성물(Cl_2, HCl)은 유독하므로 방호의와 공기호흡기 등을 착용하고 바람 위쪽에서 접근 진화한다. 연소가스는 물분무로 흡수, 회수한다.
⑤ 불이 난 용기는 물분무로 집중 냉각하고 화재확대 방지에 주력한다.

〈유해성〉

자극성·부식성 유독물질로서 눈이나 피부 접촉하면 강한 자극성 염증과 화상을 입는다. 연소생성물은 HCl, Cl_2, 염화실레인류 등을 함유하여 액체 자체의 독성보다 더욱 자극적이고 유독하다. 증기를 흡입하면 기관지에 심한 통증을 일으키고 체내 흡수되면 치명적이다.

(2) 클로로실레인(염화실레인)　SiH_4Cl

① 무색의 휘발성 액체, 부식성·인화성 물질이다. 물에 용해되지 않는다.
② 산화성 물질과 격렬하게 반응한다.

(3) 다이메틸다이클로로실레인 $(CH_3)_2SiCl_2$

〈성상 및 위험성〉

① 무색의 액체이다.

② 비중＝1.09　　비점＝115℃

인화점＝22℃　　발화점＝355℃

〈저장·취급〉 가열금지. 증기누설 및 체류방지. 액온 상승방지. 통풍·환기, 찬 곳에 저장

〈소화방법〉

① 적응 소화약제 : 분말, CO_2

② 유독물질이므로 연소할 때 가스누출에 대비하여 보호장비를 착용하고, 연소 중인 발화원에 물을 사용하여 소화작업을 하지 말아야 한다.

〈유해성〉 증기나 분진 등을 흡입하면 마비, 두통, 현기증

(4) 트라이클로로에틸실레인(Ethyl Trichlorosilane) $C_2H_5SiCl_3$

〈성상〉

① 아크리드 냄새가 나는 무색의 액체이다. 물에 녹지 않는다.

② 분자량＝163.5　　증기비중＝5.64　　융점＝－106℃

비점＝98℃　　비중＝1.24　　인화점＝18℃(oc)

〈위험성〉

① 증기는 공기보다 무겁고 낮은 곳에 체류하며 점화원에 의해 쉽게 인화·폭발한다.

② 화염과 접촉하면 H_2를 방출하고 발화위험이 있다.

③ 연소하면 자극성·유해성의 HCl 등을 발생한다.

④ 물과 반응하여 유해성의 HCl를 발생한다.

⑤ 강산류, 알칼리, 산화제와 심하게 반응한다.

〈저장·취급〉

① 화기엄금. 가열금지. 직사광선 차단. 용기는 차고 건조하며 환기가 잘 되는 곳에 저장한다.

② 물, 강산류, 알칼리, 산화제, 염과의 접촉을 방지한다.

③ 증기누설 및 액체누출 방지를 위해 용기를 완전히 밀봉한다.

〈소화방법〉 알코올형 포, CO_2가 유효하다. 직접 주수하는 것은 오히려 위험하다. 화재진압 중 유해성의 분해가스 및 인화성의 증기에 노출되지 않도록 하고 바람을 등지고 화점에 접근한다. 공기호흡기 등의 안전장비를 착용한다.

〈유해성〉 유독물질로서 눈과 피부에 심한 화상. 증기를 흡입하면 기관지계통을 자극한다.

(5) 메틸트라이클로로실레인(Methyl Trichloro Silane) CH_3SiCl_3

〈용도〉 반도체공업

〈성상〉

① 무색의 액체이다. 물에 녹지 않는다.

② 분자량=149.5 증기비중=5.14 증기압=1150 mmHg(20℃)
융점=−90℃ 비점=66℃ 비중=1.27
인화점=6℃ 연소범위=7.2∼11.9%

〈위험성〉

① 증기는 공기보다 무겁고 낮은 곳에 체류하며 점화원에 의해 인화·폭발한다.

② 연소하면 역화의 위험이 있으며 HCl를 포함한 자극성·유해성의 가스를 발생한다.

③ 염과 접촉하면 H_2를 방출하고 경우에 따라 발화한다.

④ 물과 접촉하여 유해성의 HCl를 발생한다. 강산류, 알칼리, 산화성 물질과 반응한다.

〈저장·취급〉

① 가열금지. 화기엄금. 직사광선 차단. 용기는 차고 건조하며 환기가 잘되는 곳에 저장한다.

② 염, 강산류, 알칼리, 산화성 물질 및 습기, 물과의 접촉을 방지한다.

③ 증기의 누설 및 액체의 누출 방지를 위해 용기를 완전히 밀봉한다.

〈소화방법〉 건조분말, CO_2, 포가 유효하다. 직접 주수하는 것은 효과가 없다. 용기 외벽은 물분무로 냉각시킨다. 분해가스, 연소생성물, 증기를 피하고 바람을 등지고 접근한다. 화점과는 충분히 안전거리를 유지하고 공기호흡기 등의 안전장비를 착용한다.

〈유해성〉 맹독성·부식성 유독물질로 체내 침투하며 치명적이다. 눈, 피부에 화상을 입히며, 과다노출되면 기침, 호흡 곤란, 경련, 후두염, 두통, 메스꺼움, 구토, 폐부종을 일으킨다.

(6) 다이클로로메틸비닐실레인 $C_3H_6Cl_2Si$

〈성상 및 위험성〉

① 비중=1.08 비점=92℃ 인화점=4℃

② 액체, 무채색, 물에 녹는다. C_6H_6, 에터에 녹는다.

③ 공기, 빛, 습기 및 열과 접촉하면 또는 실온보다 높은 곳에 저장 또는 사용하였을 때 분해 위험이 있다.

④ 부식성·유해성이 있고, 인화성 또는 폭발성 가스를 발생한다.

〈저장·취급〉 혼합금지 물질(산화제, 과산화물, 가연성 물질)과 분리. 적절한 접지 필요

〈소화방법〉

① 입자상 분말소화약제, CO_2, 물, 포로 질식소화한다.

② 다량의 물로 냉각소화한다.

〈유해성〉 유독물질로서 흡입하면 유독하며, 피부와 접촉하면 화상을 입는다.

(7) 클로로다이에틸실레인(Chlorodiethyl Silane) $(C_2H_5)_2SiHCl$

〈성상〉

① 무색의 액체이며 물에 녹지 않는다.

② 분자량＝122.7 증기비중＝4.23 비중＝1.0 인화점＝32℃

〈위험성〉

① 알칼리와의 접촉에 의해 H_2를 방출하고 발화의 위험이 있다.

② 증기는 공기보다 무겁고 공기와 혼합한 것은 점화원에 의해 인화·폭발의 위험이 있으며 연소시 역화의 위험이 있다.

③ 연소하면 유해성의 HCl와 자극성·유독성이 강한 여러 가지의 가스를 발생한다.

④ 여러 물질과 반응하고, 물과 반응하여 유해성의 HCl를 발생한다.

〈저장·취급〉

① 화기엄금. 가열금지. 용기는 차고 건조하며 환기가 잘 되는 곳에 저장한다.

② 강산류, 알칼리, 산화성 물질 및 물과의 접촉을 방지한다.

③ 용기를 완전히 밀폐하여 증기의 누설 및 액체의 누출을 방지한다.

〈소화방법〉 건조분말, 포, CO_2가 유효하며 직접 주수하는 것은 효과가 없다. 물분무로 용기 외벽을 냉각시킨다. 화점에 접근할 때는 유해성의 증기, 분해물, 연소생성물을 피하고 바람을 등지며 공기호흡기 등의 안전장비를 착용한다.

〈유해성〉 부식성이 강한 유독물질로서 눈과 피부에 화상을 입으며 기관지계통을 자극한다.

(8) 메틸다이클로로실레인(Methyl Dichloro Silane) CH_3SiCl_2

〈성상〉

① 매우 자극적인 무색의 액체이다. 유독물질이다. 물에 녹지 않는다.

② 분자량＝115.0 증기비중＝3.96

융점＝－93℃ 비점＝42℃ 비중＝1.11

인화점＝－26℃(oc) 발화점 > 316℃ 연소범위＝6～5.5vol%

〈위험성〉

① 인화점 및 비점이 매우 낮고 연소범위가 광범위하여 인화 위험이 매우 높다. 증기는 공기보다 무겁고 낮은 곳에 체류하며 소화원에 의해서 인화·폭발한다. 연소하면 역화의 위험이 있다.

② 염과 접촉하면 H_2를 방출하고 발화우려가 있다.

③ 연소하면 자극성·유해성의 HCl 가스를 방출한다.
④ 완전히 소화하지 않으면 재발화의 위험이 있다.
⑤ 물과 접촉하면 HCl를 발생하며 산화성 물질, 강산류, 알칼리와 접촉하면 심하게 반응한다.

〈저장·취급〉
① 화기엄금. 가열금지. 직사광선 차단. 점화원 배제. 용기는 차고 건조하며 환기가 잘 되는 안전한 곳에 저장한다.
② 강산화제, 강산류, 알칼리 및 물과의 접촉을 방지한다.
③ 증기의 누설 및 액체의 누출 방지를 위하여 용기를 완전히 밀봉해야 한다. 취급장소의 전기설비는 방폭조치한다.

〈소화방법〉 건조분말, 포, CO_2가 유효하다. 직접 주수하는 것은 효과가 없다. 소화작업 중 반드시 충분히 안전거리를 유지하며 가급적 짧은 시간에 진압해야 한다. 반드시 공기호흡기 등 안전장비를 착용한다.

(9) 프로필트라이클로로실레인(Propyl Trichloro Silane) $C_3H_7SiCl_3$

〈성상〉
① 독특한 냄새가 나는 무색의 액체이다. 물에 녹지 않는다.
② 분자량 = 177.5　　증기비중 = 6.12　　비중 = 1.19
　비점 = 122℃　　인화점 = 38℃

〈위험성〉
① 염기와 접촉하면 H_2를 발생하고 발화의 위험이 있다.
② 가연성 액체로서 증기는 공기보다 무겁고 낮은 곳에 체류하며 점화원에 의해 인화·폭발한다.
③ 연소하면 역화의 위험이 있으며 $COCl_2$, HCl를 포함한 자극성·유해성의 가스를 발생한다.
④ 물과 반응하여 유해성의 HCl를 방출한다.
⑤ 강산류, 강산화제, 알칼리와 심하게 반응하고 때때로 혼촉발화한다.

〈저장·취급〉
① 가열금지. 화기엄금. 직사광선 차단. 물 또는 습기와의 접촉방지, 용기는 차고 건조하며 환기가 잘되는 안전한 곳에 저장한다.
② 강산류, 강산화제, 알칼리와의 접촉을 방지한다.

〈소화방법〉 건조분말, CO_2, 포가 유효하다. 직접주수하는 것은 효과가 없고 물분무로 용기의 외벽을 냉각시킨다. 화점에 접근할 때는 연소가스 및 분해가스를 피하고 바람을 등지며 공기호흡기 등을 착용해야 한다. 충분히 안전거리를 유지하고 가급적 짧은 시간에 소화하여야 한다.

〈유해성〉 독성·부식성 유독물질로서 눈과 피부에 약상을 입고 눈, 코, 피부, 점막을 자극한다.

연습문제 6

01. **대부분이 금수성 물질로만 이루어져 있는 위험물은?**

① 제2류 위험물 ② 제3류 위험물
③ 제4류 위험물 ④ 제5류 위험물

02. **제3류 위험물의 대표적 성질은?**

① 인화성 액체 ② 가연성 고체
③ 자연발화성 물질 및 금수성 물질 ④ 자기반응성 물질

03. **대통령령으로 정한 제3류 위험물에 관한 성질 중 올바른 것은?**

① 모두 물과 반응하여 가연성 가스를 발생한다. (단, 황린 제외)
② 모두 고체 물질이다.
③ 모든 품명은 물과의 접촉에 의해 발화한다.
④ 일부 품명은 물과 반응하면 O_2를 발생한다.

04. **제3류 위험물의 제조소등의 주의사항 게시판 내용은? (단, 황린은 제외한다.)**

① 흑색바탕에 백색문자로 「물기엄금」 ② 청색바탕에 백색문자로 「물기엄금」
③ 백색바탕에 적색문자로 「화기엄금」 ④ 적색바탕에 청색문자로 「물기엄금」

05. **제3류 위험물에 대한 예방대책으로 적절하지 못한 것은?**

① 저장용기를 완전히 밀폐한다.
② 공기, 습기와의 접촉을 피한다.
③ 눈, 얼음, 우박 등과의 접촉도 피한다.
④ 알코올을 저장보호액 대용으로 이용할 수 있다.

06. **황린을 제외한 제3류 위험물 화재에 대한 적응 소화약제는?**

① 물 ② CO_2
③ 할론 ④ 팽창질석

07. **초기화재는 석유류와 같은 양상이지만 후기에는 마치 금속화재와 같은 양상을 나타내는 것은?**

① 금속수소화물 ② 금속인화물
③ 알킬알루미늄 ④ 셀룰로이드류

08. **칼륨(K)과 반응하면 H_2 가스를 발생하지 못하는 것은?**

① 벤젠 ② 에탄올 ③ 페놀 ④ 아세트산

09. **칼륨(포타슘)의 일반 성상에 관한 설명 중 알맞은 것은?**

① 회백색의 중금속이다.
② 칼로 잘리기 쉽지만 융점은 100℃가 넘는다.
③ 수은과 격렬하게 반응하여 수소를 발생한다.
④ 흡습성과 조해성이 있고, 금속재료를 부식시킨다.

10. **금속 소듐(Na)이 물과 작용하면 위험한 이유는?**

① 물과 반응하여 $HClO_4$을 생성하므로
② 물과 반응하여 H_2를 생성하므로
③ 물과 반응하여 HCl을 생성하므로
④ 물과 반응하여 O_2를 생성하므로

11. **K과 Na의 비교 중 틀린 것은?**

① 모두 물보다 가볍다.
② 모두 공기 중에서 자연발화한다.
③ 융점은 Na보다 K이 낮다.
④ K은 알코올과 반응하지만 Na은 반응하지 않는다.

12. **황린을 밀폐용기 속에서 260℃로 가열하여 얻어지는 물질을 연소시킬 때 발생하는 것은?**

① CO_2 ② PH_3 ③ P_2O_5 ④ SO_2

13. **다음 중 물과 일시에 접촉시켜도 위험성이 나타나지 않는 것은?**

① Na_2O_2 ② 알킬알루미늄
③ P_4 ④ $HClO_4$

14. **다음 물질이 물과 반응할 때 생성되는 가스가 잘못 연결된 것은?**

① 인화알루미늄 + 물 ⟶ 오산화인
② 수소화나트륨 + 물 ⟶ 수소
③ 탄소화칼슘 + 물 ⟶ 아세틸렌
④ 마그네슘 + 뜨거운 물 ⟶ 수소

15. **나트륨에 관한 설명 중 틀린 것은?**

① 가연성 고체이며 공기 중에서 자연발화를 일으킨다.
② 물과 접촉하면 발열하고 수소 가스를 발생한다.
③ 아세트산과 접촉하면 수소 가스를 발생한다.
④ 나트륨 화재 때는 물분무소화는 질식효과가 있다.

16. **다음과 같은 성질을 가지고 있는 물질은?**

1. C_4 이하인 것은 공기 중 자연발화한다. 2. 물과 접촉하면 가연성 가스를 발생한다. 3. 저장·취급할 때는 불활성 가스 중에서 취급해야 한다.

① 알킬알루미늄 ② 알칼리토금속
③ 유기과산화물 ④ 칼슘탄소화합물

17. **$(C_2H_5)_3Al$(트라이에틸알루미늄)에 관한 설명 중 틀린 것은?**

① 화재 시 CO_2 또는 할론소화약제가 가장 효과적이다.
② 에탄올과 폭발적으로 반응한다.
③ 무색 투명한 액체이다.
④ 수분과의 접촉으로 가연성 가스를 발생한다.

18. **$(C_2H_5)_3Al$(트라이에틸알루미늄)의 위험성 중 틀린 것은?**

① 강산화제와 접촉하면 격렬히 반응하여 발화에 이른다.
② 할로젠과 반응하면 안정한다.
③ 물, 산, 알코올과 접촉하면 가연성 가스를 발생한다.
④ 200℃ 이상 가열하면 가연성 가스를 발생한다.

19. **다음 중 황린과 접촉하면 가장 위험한 것은?**

① Na ② CO_2 ③ H_2O ④ NaOH

20. **다음 반응식 중 생성된 가스가 맞는 것은?**

① 탄소화알루미늄 + 물 ⟶ 아세틸렌
② 탄소화칼슘 + 물 ⟶ 메테인
③ 인화알루미늄 + 물 ⟶ 포스핀
④ 수소화나트륨 + 물 ⟶ 산소

21. 금수성 물질인 금속 칼륨, 금속 나트륨 취급 시 사고예방 또는 응급조치로 적당치 못한 것은?

① 저장·취급하는 경우 위험물의 변질, 이물질의 혼입으로 위험성이 증대되지 않도록 한다.
② 피부와 접촉하면 화상 또는 염증을 일으키므로 소화할 때는 보호장비를 착용한다.
③ 화재가 발생하면 주수소화는 엄금하고, 사염화탄소 소화기를 사용한다.
④ 석유(보호액) 속에 넣어 수분의 혼입을 피해서 보관한다.

22. 다음의 조건을 갖추고 있는 위험물은?

1. 지정수량은 20 kg이고 백색 또는 담황색 고체이다. 2. 상온에서 증기를 발생하고 천천히 산화된다. 3. 비중 = 1.92, 융점 = 44℃, 비점 = 280℃, 발화점 = 34℃

① 적린 ② 황린 ③ 트라이클로로실레인 ④ 마그네슘

23. 금속 칼륨은 공기 중에서 수분과 반응하여 수소를 발생시킨다. 이때 열량은 약 몇 kcal인가?

$$2K + 2H_2O \longrightarrow 2KOH + H_2\uparrow + Q\,(kcal)$$

① 62.8 ② 72.8 ③ 82.8 ④ 92.8

24. 다음 중 제3류 위험물의 공통된 성질로 옳은 것은? (단, 황린은 제외)

① 물과 만나면 산소를 발생하고 다음 물질을 산화시킨다.
② 일반적으로 불연성 물질이지만 유기물과 접촉하며 산소를 발생한다.
③ 착화온도가 낮은 액체이며 일반적으로 무기화합물이다.
④ 물과 접촉하여 발화하거나 가연성 가스를 발생한다.

25. 다음 중 탄소화칼슘(카바이드)의 성질에 대한 설명으로 틀린 것은?

① 건조한 공기 중에서는 안정하나 350℃ 이상으로 열을 가하면 산화된다.
② 분자량은 64.1이며 보통은 통상 흑회색의 괴상 고체이다.
③ 물과 반응해서 수산화칼슘과 아세틸렌이 생성된다.
④ 질소와 고온에서 작용하여 흡열반응한다.

26. 다음 중 금속 칼륨(K)을 석유에 넣어 보관하는 이유로 가장 타당한 것은?

① 산화력이 크기 때문 ② 취급이 대단히 위험함을 표시
③ 수분과 접촉을 차단하고 산화를 방지 ④ 마찰, 충격에 의한 분진 발생 방지

27. 제3류 위험물의 일반적 성질로서 옳은 것은?

① 황린을 제외하고 물에 대하여 위험한 반응을 초래하는 물질이다.
② 조연성 고체로서 비교적 낮은 온도에서 착화하기 쉬운 이연성(易燃性), 속연성(速燃性) 물질이다.
③ 모두 무기금속화합물이며 대부분 무색의 결정이나, 백색 분말상태의 고체이다.
④ 물에 대한 비중은 1보다 크며 조해성이 있다.

28. 제3류 위험물의 공통적인 성질을 설명한 것 중 옳은 것은? (단, 황린은 제외)

① 모두 무기화합물이다.
② 저장액으로 석유류를 이용한다.
③ 햇빛에 노출되는 순간 발화한다.
④ 물과 반응하면 발열 또는 발화한다.

29. 알킬알루미늄에 대한 설명 중 틀린 것은?

① C의 수가 증가할수록 자연발화 위험성이 커진다.
② 물과 폭발적으로 반응하여 가연성 가스를 발생한다.
③ 이동저장탱크는 외면을 청색으로 도장하고 용량은 1,900 L 미만으로 저장한다.
④ 화재 중 발생하는 흰 연기는 유독하다.

30. 소듐과 포타슘 금속의 성질에 대한 설명 중 틀린 것은?

① 은백색의 경금속이다.
② 물질 저장할 때는 석유 속에 넣는다.
③ 물과 작용하여 O_2를 발생한다.
④ 공기 속에서 융점 이상 가열하면 용이하게 연소한다.

31. 제3류 위험물에 대한 일반적인 성질 중 틀린 것은?

① 인화석회는 적갈색의 괴상이며 물과 반응하여 인화수소를 발생한다.
② 생석회는 고체 또는 분말이며 물과 반응하여 수소 가스를 발생한다.
③ 탄소화칼슘은 순수한 것은 백색의 고체이며 물과 반응하여 가연성 가스를 발생한다.
④ 금속 나트륨 은백색 광택이 나는 연한 금속이며, 비중은 물보다 가볍다.

32. 다음 위험물 중 독성이 강하고 물과 반응하면 인화성 가스가 생성되는 적갈색 괴상의 물질은?

① 탄산나트륨 ② 탄산칼슘
③ 인화칼슘 ④ 탄소화칼슘

33. 인화석회(Ca_3P_2)가 물과 반응하면 발생하는 가스는?

① 포스젠($COCl_2$) ② 포스핀(PH_3)
③ 메테인(CH_4) ④ 아세틸렌(C_2H_2)

34. 일반적인 제3류 위험물의 성질로서 적합한 것은?

① 산화력이 강하다. ② 물과 반응하여 화학적으로 활성화 된다.
③ 전부 보호액 중에 보관해야 된다. ④ 전부 단체 금속이다.

35. 다음 위험물 중 저장방법이 옳은 것은?

① 황화인 - 가열금지하고, 알코올 속에 저장하여 보관한다.
② 마그네슘 - 건조하면 분진폭발의 위험성이 있으므로 물로 습하게 하여 저장한다.
③ 적린 - 제1류 위험물과 혼합하여 저장한다.
④ 수소화리튬 - 대용량의 저장 용기에는 아르곤과 같은 불활성 기체를 봉입한다.

36. 다음은 어떤 위험물에 대한 설명인가?

1. 어두운 곳에서 인광을 내는 백색 또는 담황색의 고체이다. 2. 자신도 독성이 강하지만 연소할 때 P_2O_5의 흰 연기를 발생하여 이것은 유독하다. 3. 물에 녹지 않고 CS_2에 녹으며, 물속에 저장한다. 4. 녹는점이 약 44℃이다. 5. 지정수량은 20 kg이다.

① P_2S_5 ② P_4S_3 ③ P_4 ④ CS_2

37. 다음은 제3류 위험물의 일반적 성질에 대한 설명이다. 올바른 것은?

① 무기화합물질로만 구성되어 있다.
② 대표적인 성질은 자기반응성 물질이다.
③ 황린을 제외하고 모두 물에 대하여 반응하므로 화재 중 주수소화는 엄금한다.
④ 칼륨, 나트륨, 알킬리튬은 물보다 무겁고 나머지 품명은 물보다 가볍다.

38. 황린의 일반적 성질 중 옳지 않은 것은?

① 백색 또는 담황색의 자연발화성 물질이다.
② 화학적으로 활성이 작아 7족 원소와 결합하지 않는다.
③ 증기는 공기보다 무거우며, 유해성 물질이다.
④ 물과 반응하지 않으며 물에 녹지 않는다. 따라서 물속에 저장한다.

39. 금속 칼륨의 보호액으로 적절한 것은?

① 경유 ② 물
③ 알코올 ④ 아세트산

40. 탄화칼슘의 저장 및 취급과 관계 없는 것은?

① 물, 습기와의 접촉을 피한다.
② 석유 속에 저장해 둔다.
③ 장기 저장할 때는 N_2 가스를 충전한다.
④ 화기로부터 먼 곳에 저장한다.

41. 탄소화칼슘(CaC_2)이 물과 작용할 경우 바른 반응식은?

① $CaC_2 + H_2O \rightarrow CaO + C_2H_2\uparrow$
② $2CaC_2 + 6H_2O \rightarrow 2Ca(OH)_3 + 2C_2H_2\uparrow$
③ $CaC_2 + 3H_2O \rightarrow CaCO_3 + 2CH_4\uparrow$
④ $CaC_2 + 2H_2O \rightarrow Ca(OH)_2 + C_2H_2\uparrow$

42. 화재예방상 위험물의 저장 및 취급 방법으로 틀린 것은?

① Mg, Zn 등의 금속분은 산화성 물질과의 혼합을 피할 것
② CrO_3는 환원제와 접촉을 피할 것
③ HNO_3는 직사일광을 피하고 찬 곳에 저장할 것
④ $C_3H_5(ONO_2)_3$는 흡습성이므로 햇빛이 잘 들고 건조한 장소에 저장할 것

43. 인화알루미늄 화재 중 물로 냉각소화하면 발생하는 가스는?

① H_2 ② C_2H_4
③ PH_3 ④ C_2H_2

44. 다음 중 황린의 자연발화가 쉽게 일어나는 이유로 올바른 것은?

① 조해성이 커서 공기 중 수분을 흡수하여 분해하기 때문이다.
② 환원력이 강하여 분해하여 폭발성 가스를 생성하기 때문이다.
③ 발화점이 매우 낮고 화학적 활성이 크기 때문이다.
④ 상온에서 산화성 고체이기 때문이다.

45. 제3류 위험물에 관한 설명 중 바른 것은?

① 모든 품명에 대해서는 물에 의한 냉각소화를 금지한다.
② 알킬알루미늄, 나트륨, 수소화나트륨은 물보다 무겁다.
③ 지정수량은 모두 300 kg 이하이다.
④ 모두 무기화합물에 해당한다.

46. 수소화나트륨 화재발생 시 주수소화가 부적당한 가장 큰 이유는?

① 발열반응을 일으킴
② 수화반응을 일으킴
③ 산화반응을 일으킴
④ 중합반응을 일으킴

47. 금속 나트륨 화재에 적응한 소화약제는?

① 팽창질석, 마른 모래
② 할로젠화합물
③ 분말소화약제
④ 이산화탄소

48. 물과 반응하면 폭발적으로 에테인을 생성하는 것은?

① CS_2
② $(C_2H_5)_2O$
③ CH_3CHO
④ $(C_2H_5)_3Al$

49. 제3류 위험물의 화재 위험성에 대한 설명 중 틀린 것은?

① K과 Na은 금수성 물질로서 물과 반응하여 가연성 기체를 발생한다.
② 황린은 물과 반응하여 유해성의 포스핀 가스를 발생한다.
③ 알킬알루미늄은 알킬기의 탄소수에 따라 주수하면 발생하는 가연성 기체의 종류가 다르다.
④ 탄소화칼슘은 물과 반응하여 폭발성의 아세틸렌 가스를 발생한다.

50. 탄소화알루미늄이 물과 반응했을 때 생성되는 것은?

① H_2
② C_4H_{10}
③ CH_4
④ O_2

정답

01.②	02.③	03.①	04.②	05.④	06.④	07.③	08.①	09.④	10.②	11.④	12.③
13.③	14.①	15.④	16.①	17.①	18.②	19.④	20.③	21.③	22.②	23.④	24.④
25.④	26.③	27.①	28.④	29.①	30.③	31.②	32.③	33.②	34.②	35.④	36.③
37.③	38.②	39.①	40.②	41.④	42.④	43.③	44.③	45.③	46.①	47.①	48.④
49.②	50.③										

Chapter 05

제4류 위험물

(인화성 액체)

제1절 개 관

1. 종류

성 질	품 명		지정수량
인화성 액체	1. 특수인화물		50 L
	2. 제1석유류	비수용성 액체	200 L
		수용성 액체	400 L
	3. 알코올류		400 L
	4. 제2석유류	비수용성 액체	1,000 L
		수용성 액체	2,000 L
	5. 제3석유류	비수용성 액체	2,000 L
		수용성 액체	4,000 L
	6. 제4석유류		6,000 L
	7. 동식물유류		10,000 L

2. 「위험물안전관리법」상의 범위 및 한계

① "인화성 액체"란 액체(제3석유류, 제4석유류 및 동식물유류의 경우 1기압과 20℃에서 액체인 것만 해당한다)로서 인화의 위험성이 있는 것을 말한다. 다만, 다음 각 목의 어느 하나에 해당하는 것을 「위험물안전관리법」 제20조 제1항의 중요기준과 세부기준에 따른 운반용기를 사용하여 운반하거나 저장(진열 및 판매를 포함한다)하는 경우는 제외한다.

a. 「화장품법」 제2조 제1호에 따른 화장품 중 인화성 액체를 포함하고 있는 것

b. 「약사법」 제2조 제4호에 따른 의약품 중 인화성 액체를 포함하고 있는 것

c. 「약사법」 제2조 제7호에 따른 의약외품(알코올류에 해당하는 것은 제외한다) 중 수용성인 인화성 액체를 50vol% 이하로 포함하고 있는 것

d. 「의료기기법」에 따른 체외진단용 의료기기 중 인화성 액체를 포함하고 있는 것

e. 「생활화학제품 및 살생물제의 안전관리에 관한 법률」 제3조 제4호에 따른 안전확인대상생활화학제품(알코올류에 해당하는 것은 제외한다) 중 수용성인 인화성 액체를 50vol% 이하로 포함하고 있는 것

② "특수인화물"이란 이황화탄소, 다이에틸에터 그 밖에 1 atm에서 발화점이 100℃ 이하인 것 또는 인화점이 −20℃ 이하이고 비점이 40℃ 이하인 것을 말한다.

③ "제1석유류"란 아세톤, 휘발유 그 밖에 1 atm에서 인화점이 21℃ 미만인 것을 말한다.

④ "알코올류"란 1분자를 구성하는 탄소원자의 수가 1개부터 3개까지인 포화1가 알코올(변성알코올을 포함한다)을 말한다. 다만, 다음에 해당하는 것은 제외한다.

a. 1분자를 구성하는 탄소원자의 수가 1개 내지 3개의 포화1가 알코올의 함유량이 60wt% 미만인 수용액

b. 가연성 액체량이 60wt% 미만이고 인화점 및 연소점(태그개방식 인화점측정기에 의한 연소점을 말한다. 이하 같다)이 에틸알코올 60wt% 수용액의 인화점 및 연소점을 초과하는 것

⑤ "제2석유류"란 등유, 경유 그 밖에 1 atm에서 인화점이 21℃ 이상 70℃ 미만인 것을 말한다. 다만, 도료류 그 밖의 물품에 있어서 가연성 액체량이 40wt% 이하이면서 인화점이 40℃ 이상인 동시에 연소점이 60℃ 이상인 것은 제외한다.

⑥ "제3석유류"란 중유, 크레오소트유 그 밖에 1 atm에서 인화점이 70℃ 이상 200℃ 미만인 것을 말한다. 다만, 도료류 그 밖의 물품은 가연성 액체량이 40wt% 이하인 것은 제외한다.

⑦ "제4석유류"란 기어유, 실린더유 그 밖에 1 atm에서 인화점이 200℃ 이상 250℃ 미만의 것을 말한다. 다만, 도료류 그 밖의 물품은 가연성 액체량이 40wt% 이하인 것은 제외한다.

⑧ "동식물유류"란 동물의 지육(枝肉: 머리, 내장, 다리를 잘라 내고 아직 부위별로 나누지 않은 고기를 말한다) 등 또는 식물의 종자나 과육으로부터 추출한 것으로서 1 atm에서 인화점이 250℃ 미만인 것을 말한다. 다만, 「위험물안전관리법」 제20조 제1항에 따라 행정안전부령이 정하는 용기기준과 수납·저장기준에 따라 수납되어 저장·보관되고 용기의 외부에 물품의 통칭명, 수량 및 화기엄금(화기엄금과 동일한 의미를 갖는 표시를 포함한다)의 표시가 있는 경우를 제외한다.

⑨ 복수성상물품이 인화성 액체의 성상(제4류) 및 자기반응성 물질의 성상(제5류)을 가지는 경우 : 제5류 위험물 제11호에 따른 품명으로 한다.

3. 일반 성질

대표적인 B급 화재로 분류된다. 인화성 액체에 대한 화재, 폭발 위험성은 물질의 성상, 인화점, 발화점, 증발률, 물과의 혼합성과 비중, 전기전도도, 최소점화에너지 등의 영향을 받으므로 이러한 인자들을 중심으로 위험성을 파악하기로 하자.

1) 인화점(flash point)

인화점은 제4류 위험물의 화재 위험성을 판단하는 가장 기본적 요소이다.

인화점이란 공기 중에서 인화성 액체를 가열했을 때 그 액체 표면에서 가연성의 증기가 발생하는데 그 증기에 직접 점화원을 가까이 댔을 때 증기에 인화되는 최저의 액체온도를 말한다.

석유화학공장에서 취급되는 인화성 액체는 매우 인화되기 쉬운 것이 많고 특히 휘발유 같은 것은 인화점이 최저 −43℃이기 때문에 상온에서 증발하여 쉽게 인화되는 물질이다.

예를 들면 경유는 인화점이 50~70℃이므로 상온에서의 인화 위험은 없으나 이것을 가열하여 인

화점 이상으로 가열하면 가연성 증기를 발생하게 되면 쉽게 점화원에 의해 인화된다. 따라서 인화성 액체를 취급할 때는 그 물질의 인화점을 알고 있어야 하고 현재 취급 중인 액체의 온도는 얼마인가를 확인하고 이것이 인화점 이상으로 상승하였을 때는 휘발유와 같이 주의하여 취급하지 않으면 안 된다.

중유, 기계유와 같이 인화점이 높은 액체도 천에 스며 배이거나 분무 상태로 적셔 있을 때는 그 물질의 인화점 이하에서도 쉽게 착화하게 된다.

석유버너의 연소에서 보듯이 분무 상태로 떠돌아다닐 때는 가연성 가스와 같이 연소, 폭발할 위험성을 가지므로 이러한 상태가 되지 않도록 주의가 필요하다.

안개 상태의 기름에 의한 폭발 재해는 유압기의 작동유 계통에서 누출되어서 일어난 사례가 많다. 고인화점의 가연성 액체라도 그 작업조건에 따라서는 저인화점 인화성 액체와 마찬가지로 엄격한 안전관리대책을 세워야 한다.

2) 발화점(ignition temperature, ignition point)

발화점이란 외부로부터 화원(火原), 전기불꽃 등의 착화원 없이 가연성 물질이 조연성 가스 속에서 스스로 축적된 열에 의해 발화 또는 폭발을 일으키는 최저의 온도이다. 자연발화온도, 자동발화온도, 착화점 또는 착화온도라고도 한다.

발화점은 물질을 가열하는 용기의 재질, 표면상태, 가열속도 등에 의해 크게 영향을 받기 때문에 측정조건에 따라서 대개 차이를 나타낸다. 따라서 각 물질에 대한 발화점은 특정의 정수가 아니다.

특수인화물 중 이황화탄소(CS_2), 다이에틸에터($C_2H_5OC_2H_5$), 아세트알데하이드(CH_3CHO)의 발화점은 100～200℃로서 낮은 온도에서 발화하므로 취급할 때 세심한 주의가 필요하다.

보통 공장 내의 고온 물체는 보온재로 단열되어져 있으므로 직접 가연물이 접촉할 기회는 적지만 스팀라인, 열매체유라인 및 봄베, 스팀터빈 등의 고온 물체 부근의 보수 및 수리공사 중 발화점 이상으로 뜨거워진 열매체유나 유증기가 누출되면 공기와 접촉하여 발화할 위험이 있다.

자동차 등의 내연기관의 엔진 표면온도가 400～450℃ 정도인데 달리던 자동차가 추돌사고에 의해 발화점 300℃인 휘발유가 누출되어 접촉하면 엔진의 뜨거운 표면이 점화원이 되어 발화가 일어난다.

3) 자연발화

자연발화란 인위적으로 외부에서 점화원을 주지 않아도 상온 부근의 물질이 공기 중에서 자연산화, 중합, 분해 등 화학반응에 의해 생긴 열에 의해 이 반응이 점점 촉진되고 동시에 이 열이 축적되어 비교적 완만히 온도가 상승하여 발화점에 이르면 결국 자연발화에 이른다. 따라서 제4류 위험물 중 자연발화를 일으키는 경우와 공기 중 노출되어 즉시 발화하는 황린, 알킬알루미늄이나 물과 접촉하여 발열·발화하는 알칼리금속 경우와는 양상이 다르다.

제4류 위험물의 경우는 중질유나 불포화도가 높은 건성유 또는 반건성유가 다공성 가연물에 스며 배어 장기간 저장된 경우 공기와 자연 산화하고 산화열이 장기간 축적되어 자연발화한다.

4) 연소범위

물질이 탈 때 연소의 3요소로서 가연성 물질, 산소공급원, 점화에너지가 필요한데 가연성 물질이 기체일 때는 그 가연성 기체와 공기와의 혼합비가 어떤 일정 범위 내에 들어 있을 필요가 있다.

이 일정한 혼합범위를 연소범위(flammable limits) 또는 폭발한계(explosive limits) 또는 가연범위라 한다. 이것은 가연성의 가스 또는 석유류(유증기)의 위험성을 판정하는데 중요하다. 보통 부피(용량)백분율 vol%, 또는 mg/L로 나타낸다.

vol%를 mg/L 단위로 나타내려면 20℃라고 가정할 때 아보가드로법칙에서 유도시키면 다음과 같다.

$$Y = \frac{M \times x}{2.4} \quad \left[\begin{array}{l} Y : \text{mg/L} \\ M : \text{물질의 분자량} \\ x : \text{vol \%} \end{array}\right]$$

예를 들면 다이에틸에터($C_2H_5OC_2H_5$)의 연소범위가 1.9～48vol%라 한다면

$$\text{연소범위 상한값} \ Y_1 = \frac{78 \times 1.9}{2.4} \fallingdotseq 58\ (\text{mg/L})$$

$$\text{연소범위 하한값} \ Y_2 = \frac{78 \times 48}{2.4} \fallingdotseq 1,580\ (\text{mg/L})$$

여기서 1.9vol%는 58 mg/L이므로 1드럼통(200 L)에는 $C_2H_5OC_2H_5$가 약 12 g 정도만 들어 있어도 연소범위 하한이 형성될 수 있다는 계산이다.

따라서 연소범위가 넓을수록 점화원에 의해 인화가 용이하고, 연소범위 하한이 낮을수록 약간의 액체나 증기가 누설되면 인화 위험이 있다.

(1) 가연성 기체 또는 증기의 연소범위

각종 가연성의 기체 또는 증기의 연소범위는 <표 18>과 같다.

이 표에서 보면 가스 중 연소범위가 넓은 편에 속하는 것은 H_2(4.0～74.2vol%), C_2H_2(2.5～81.0vol%)이 있고 인화성 액체 중 연소범위가 넓은 것은 $C_2H_5OC_2H_5$(1.9～48.0vol%), CS_2(1.3～50.0vol%)이며, 연소범위가 의외로 좁은 것은 휘발유로서 1.4～7.6vol%이다.

'공기 중에서의 연소범위'가 '산소 중에서의 연소범위'는 다르며 후자의 경우가 연소범위가 넓다. 산소 중에서는 공기 중일 때와 비교하면 연소범위의 하한은 거의 변하지 않지만 상한이 확대되고 전체적으로 연소범위가 넓어진다. 예를 들면 메테인(CH_4)의 연소범위는 5.0～15.0vol%이지만 O_2 중에서는 5.1～61vol%이다. 따라서 O_2 중에서의 위험성이 훨씬 크다. 그러나 N_2나 CO_2와 같은 불연성 가스가 첨가되어 있을 경우 연소범위가 좁아진다. 따라서 탱크와 공간용적에 불연성 또는 불활성 가스를 첨가시키면 가연성 혼합가스의 생성을 방지할 수 있다.

예를 들면 휘발유의 공기 중 연소범위는 1.4～7.6vol%인데 N_2를 40vol%를 첨가했을 때 연소범위는 1.5～3.0vol%로 좁아지게 되어 연소 위험성이 낮아진다.

〈표 18〉 주요 물질의 연소범위(공기 중)

물 질 명	분 자 식	연 소 범 위		연소열 (kcal/mol)
		하한(vol%)	상한(vol%)	
수소	H_2	4.0	74.2	57.8
일산화탄소	CO	12.5	74.2	67.6
아세틸렌	C_2H_2	2.5	81.0	301.5
메테인	CH_4	5.0	15.0	191.7
에테인	C_2H_6	3.2	12.5	336.7
프로페인	C_3H_8	2.4	9.5	484.1
뷰테인	C_4H_{10}	1.9	8.4	634.4
펜테인	C_5H_{12}	1.4	7.8	774.9
헥세인	C_6H_{14}	1.3	6.9	915.9
벤젠	C_6H_6	1.2	7.8	750.6
톨루엔	$C_6H_5CH_3$	1.1	7.1	892.0
자일렌	$C_6H_4(CH_3)_2$	1.1	7.0	1038.9
메틸알코올(메탄올)	CH_3OH	6.0	36.0	149.8
에틸알코올(에탄올)	C_2H_5OH	3.3	19.0	295.9
다이에틸에터	$C_2H_5OC_2H_5$	1.9	48.0	598.8
이황화탄소	CS_2	1.3	50.0	246.6
휘발유	C_5 ~ C_9	1.4	7.6	–

(2) 연소범위에 영향을 주는 요소

일반적으로 압력을 높이면 기체의 밀도를 높여 분자 간의 평균거리가 줄어들고 화염의 전파가 쉽게 일어나며 연소범위도 넓어지고 압력이 낮아지면 연소범위는 상대적으로 좁아진다. 한편, O_2의 농도가 증가하면 연소범위가 확대된다. 예컨대 C_2H_5OH은 공기 중 6.7~36vol%이지만 O_2 중에는 6.7~93vol%가 된다.

온도가 높아지면 기체 분자의 운동은 활발해지고 반응성이 풍부해진다. 보통 화학반응은 온도가 10℃ 높아지면 반응속도는 2배가 되는데 연소범위도 온도의 상승과 더불어 넓어지는 경향이 있다. 예를 들면 CH_4의 경우 20℃에선 6.0~13.2vol%이지만 250℃에선 4.6~14.0vol%로 증가한다.

5) 증기비중(vapor density)

인화성 액체의 위험성은 인화점, 발화점, 비점, 연소범위와 더불어 증기비중이 중요한 영향을 미친다. 증기비중은 해당 물질의 분자량을 공기의 분자량(29)으로 나누면 쉽게 구할 수 있는데 1 이상이면 공기보다 무겁고, 1 미만이면 공기보다 가볍다.

제4류 위험물의 경우는 거의 대부분이 공기보다 무겁다. 따라서 발생된 가연성의 유증기는 벽의 아래쪽이라던가 지면의 움푹 패인 곳에 체류하게 되고 아무리 위쪽에 공기의 통풍이 잘 된다하더라도 움직이지 않고 바닥에 가라앉아서 가연성 증기가 연소범위 내에 든 상태에서 지표면에 존재할 수 있다. 만약 이때 점화원이 있으면 연소·폭발한다. 이 가연성의 증기는 눈으로 쉽게 확인할 수 없기 때문에 소위 '보이지 않는 적'으로 취급하여 안전관리에 임하여야 한다.

6) 비점(boiling point)

액체의 증기압이 대기압과 같아지면 액체가 비등하고 왕성한 증발이 일어난다. 이때의 온도를 그 액체의 비점이라 하는데 비점이 낮은 액체는 매우 기화하기 쉬우므로 가연성의 가스나 증기의 경우 공기와 혼합하여 인화성의 폭발성 혼합가스를 형성한다.

또한 대체로 비점이 낮은 쪽이 인화점도 역시 낮아지는 경향이 있다. 예를 들면 제4류 위험물 중 휘발유의 경우 비점범위가 30~225℃, 인화점은 -43℃인데 비하여 등유의 경우는 비점범위가 151~301℃, 인화점이 40~70℃인 것처럼 비점이 높은 것과 낮은 것을 비교해 보면 비점이 낮은 인화성 액체 쪽의 위험성이 높다.

7) 융점(melting point)

대기압 상태에서 고체가 녹아 액체가 될 때의 온도를 융점이라 한다. 융점이 낮은 쪽이 액체가 되기 쉽고 화재가 발생할 때는 화재면적을 넓혀가기 때문에 위험성이 크다. 가연물이라도 상온에서 고체인 경우에는 자신이 자기반응성 물질이거나 폭발성 물질인 경우를 제외하고는 연소 위험성은 낮은 편이다. 제4류 위험물에 해당되기 위해서는 1기압, 20℃에서 액상이어야 하므로 융점이 20℃ 이하인 셈이다.

8) 점성(粘性)

유동(流動)에 대한 유체 자신의 저항을 점성이라 한다. 즉 끈적끈적함의 정도를 말하며 보통 끈적끈적한 것은 유동성이 적고, 끈기가 없는 것은 유동성이 크다.

유체의 점도는 온도에 의해 변화하는데 일반적으로 액체의 경우는 온도가 높을수록 점도가 낮다. 제4류 위험물은 상온에서 액체이므로 가열될수록 인화점, 발화점 등에 주의를 먼저 해야겠지만 점도가 내려감으로서 유동성이 증가하고 이러한 상태 하에서 대량의 액체물질이 탱크에서 누출될 경우 연소면적을 크게 확대시키는 위험을 초래하므로 안전관리에 주의하여야 한다.

9) 전기전도도

전기가 전해진다는 것은 음전하를 띤 전자가 흐른다는 것이므로 자유전자를 가진 금속은 전기전도도가 좋으며, 석유류와 같은 탄화수소는 대개 전기전도도가 작다.

휘발유, 경유, 등유 등의 비저항이 $10^{12} \sim 10^{13}\ \Omega \cdot cm$이므로 정전기의 발생과 축적이 용이하다. 정전기의 축적이 많은 경우 정전기 스파크를 일으키기 쉽고 이 상황에서 유증기나 가연성 가스가 존재한다면 폭발을 일으킨다. 따라서 이들 물질을 취급할 때는 유속의 제한, 운전속도의 감소와 적절한 접지 등의 조치가 필요하다.

10) 최소점화에너지

가연성의 가스와 공기와의 혼합가스에 불꽃으로 점화했을 때 발화가 일어나기 위해서 필요한 불꽃의 최저에너지를 최소점화에너지라 한다.

최소점화에너지를 측정하는 방법으로서는 일반적으로 구형의 용기에 가연성 가스와 공기의 혼합가스를 넣고, 그 중심에 콘덴서에 의한 불꽃방전을 행하여, 착화에 필요한 최소의 전기에너지를 산출하는 방법인데 그 에너지는 다음 식에 의해서 구해진다.

$$E = \frac{1}{2}CV^2 \quad \begin{bmatrix} E : \text{착화에너지(joule)} \\ C : \text{콘덴서용량(farad)} \\ V : \text{전압(volt)} \end{bmatrix}$$

통상 최소점화에너지는 극히 작으므로 실제 그 단위에는 Joule의 1/1,000인 밀리줄(mJ)이 사용된다. 에너지단위로서의 Joule은 대개 익숙지 않은데 일상에 사용되고 있는 칼로리(cal)라는 단위로 환산하면 1 cal는 약 4.2 Joule에 상당한 것이다.

예를 들면 수소의 최소점화에너지는 0.017 mJ, $C_2H_5OC_2H_5$는 0.0013 mJ, C_6H_6은 0.22 mJ이다.

최소점화에너지는 온도, 압력, 조성, 전극의 형태에 따라 영향을 받는데 O_2의 농도가 증가하거나 온도, 압력이 상승하면 최소점화에너지가 감소하게 되므로 연소 위험성이 증가하게 된다. 반면, 가연성 가스와 공기 이외의 불활성 가스가 첨가되면 연소범위의 축소와 최소점화에너지가 높아져서 위험성이 낮아진다.

11) 증발률

액체는 그 온도에서 일정한 증기압을 갖는데 대기 중에 방치할 때 그 증기압에 이르기까지 증발을 계속한다. 가연성 액체의 경우 이 증발속도가 빠르며 증기를 확산시켜 인화·폭발의 위험범위를 확대시키게 된다. 반대로 밀폐용기 내에서는 연소범위 이상의 농도에 이르는 시간이 적기 때문에 안전성이 높아진다.

아세트산뷰틸($CH_3COOC_4H_9$)을 표준 1로 보면 증발률의 예는 다음과 같다.

아세톤 = 7.7	벤젠 = 6.3	톨루엔 = 2.4	자일렌 = 0.6
아세트산메틸 = 6.8	아세트산에틸 = 4.2	메틸에틸케톤 = 4.6	메틸알코올 = 6.1
뷰틸알코올 = 0.5	메틸아이소뷰틸케톤 = 1.6	테레핀유 = 0.5	

12) 수용성(水溶性)과 비중

가연성 액체로서 물과 혼합하기 쉬운 수용성인 것은 그렇지 않은 비수용성인 것에 비해 안전한 편이다. 그 이유로서는 물에 녹기 때문에 증기압을 저하시켜 증발량을 감소시킬 수 있고 화재 때 물을 잘 이용하여 희석소화가 가능하기 때문이다. 따라서 제1석유류, 제2석유류 및 제3석유류의 경우 비수용성과 수용성으로 구분하여 지정수량을 달리 적용하고 있다. 또한 정전기의 발생 위험도 줄일 수 있다. 수용성 액체란 온도 20℃, 1기압에서 동일한 양의 증류수로 인화성 액체를 완만하게 혼합하여, 혼합액의 유동이 멈춘 후 혼합액이 균일한 외관을 유지하는 것을 말하며 그렇지 못하고 경계층이 나타난 것이 비수용성 액체이다.

비중이 물보다 작을 때에는 수면 위에 떠있기 때문에 소화가 곤란하고 화재면적을 확대한다. 대체로 탄화수소류는 물에는 난용성 물질이지만 알코올 중 C_1~C_5나 알데하이드와 케톤류 중 C수가 적은 것은 물에 녹을 수 있으나 고급일수록 녹기 어려운 성질이 있다. 따라서 물에 녹는 성질과 물보다 가벼운가 무거운가에 따라서 화재진압에 잘 활용하면 효과적이다.

4. 위험성

화재, 폭발의 원인별 분류에서 대부분은 제4류 위험물이다. 이것은 물량면에서 많은 양이 유통되고 사용되고 있는 면도 있지만 공장뿐만 아니라 일반 사업장, 가정에서까지 많이 취급하고 있기 때문이다. 「위험물안전관리법」에서 정한 제4류 위험물은 극히 일부를 제외하고 거의 대부분이 유기화합물로서 1기압, 20℃에서 액체 상태의 인화성 물질이다.

그 주된 공통 위험성은

① 일반가연물 및 특수가연물 등의 A급 화재에 비하여 대개 인화점이 낮으며,
② 거의 대부분의 가연성 증기(유증기)는 공기보다 무거우며,
③ 연소범위의 하한이 낮은 것이 많다는 것이며,
④ 대부분 물보다 가볍고 또 약간의 예외를 제외하고는 물에 녹기 어려운 점이며,
⑤ 발화점이 비교적 낮다는 점이다.

1) 인화 위험이 높다.

인화성 액체의 연소는 액체 표면으로부터 발생하는 증기와 공기와의 혼합가스의 증발연소이다.

따라서 연소에 충분한 양의 증기가 발생하지 않으면 연소는 일어날 수는 없다. 액체의 증기는 액체의 온도가 높을수록 발생하기 쉬운데 연소가 계속하기에 충분한 양의 증기를 발생하는 가장 낮은 액체의 온도가 인화점이다. 인화점이 상온 이하인 것은 인화 위험이 상존하므로 가장 위험하지만 하절기에 인화점이 40℃ 이하이면 또한 위험하다. 그렇다고 인화점이 높다 하여 막연하게 인화 위험이 적다고 생각해서는 안 된다.

제4류 위험물 중에서는 특수인화물과 제1석유류 그리고 알코올류, 제2석유류 중 인화점이 40℃ 이하인 것이 연소 위험성이 높으므로 제조·저장·취급·사용에 있어 1차적으로 점화원 배제, 화기엄금, 가열금지 등의 특별한 주의가 필요하다.

2) 증기는 공기보다 무겁다.

제4류 위험물은 사이안화수소산(HCN) 등 극히 몇 가지를 제외하고 인화성 액체에서 발생하는 인

화성의 증기는 공기보다 비중이 커서 LPG와 같이 공기보다 무겁다.

'증기가 공기보다 무겁다는 것'은 증기가 공기 중에 방출되었을 때, 예를 들면 밀폐된 공간에 증기가 누설되어 체류하거나 저장탱크의 지붕이 파손되어 있을 때 발생한 증기는 위쪽으로 상승하지 못하고 탱크 측판을 거쳐 지표에 흘러 쌓이기 쉽고 지표의 패인 부분에 쌓이는 경우는 좀처럼 확산하지 않고 도랑이나 하수구 같은 곳에 들어간 경우는 의외로 멀리까지 이동된다.

작업장에서 인화성 증기를 효과적으로 배출하지 못한다면 장기간 작업 중 유해 증기에 노출된 결과를 가져와서 직업병을 초래할 수 있으므로 이에 대한 고려도 추가적으로 필요할 것이다.

화재의 확대가 계속될 때 화재의 열에 의해 증기의 발생은 가속화되고 대형탱크의 경우 폭발하여 fire ball을 형성하므로 화재진압할 때는 화점에의 접근이 어려워서 진압이 곤란하며 진압요원에 대한 치명적인 부상 위험성을 초래한다. 또 누설된 증기를 잘 통제하지 못하여 증기운(vapor cloud) 속에 갇히면 매우 위험하게 된다.

3) 연소범위의 하한이 낮다.

제4류 위험물의 연소범위 하한(값)은 보통 1～2vol% 정도이며 어떤 경우는 5～10vol%도 있지만 상당히 드물다. 예를 들면 $C_2H_5OC_2H_5$는 1.9vol%, 휘발유는 1.4vol%, C_6H_6은 1.4vol% 정도이다.

제4류 위험물의 증기가 1～2vol%와 공기 98～99vol%가 혼합가스를 형성하게 되면 인화한다. 따라서 제4류 위험물을 저장탱크, 탱크로리, 드럼통 등 용기에 수납한 후에 이것을 비운 상태일 때가 위험성이 증가하므로 주의가 더 필요하다. 예를 들면 드럼통에 휘발유가 충만된 상태에서 상부에 인화되어 연소 중인 것보다 빈 드럼통에 연소범위가 형성되어 있는 경우가 더 위험(폭발)하다.

4) 액비중은 물보다 가볍고 물에 녹지 않는 것이 많다.

제4류 위험물의 액체비중은 1보다 작은 것이 많다. 1보다 큰 것은 CS_2 1.26, 염화아세틸(CH_3COCl) 1.1, 클로로벤젠(C_6H_5Cl) 1.1 등을 비롯하여 어느 정도 있으며 제3석유류가 대체로 1이상인 것이 많다. 그러나 전체적으로 볼 때 물보다 가벼운 것이 많다.

또한 물에 대한 용해성에 대해서도 알코올(C_2H_5OH 등), 아민류($C_2H_5NH_2$ 등), 알데하이드류(CH_3CHO 등)가 용해하지만 전체적으로 볼 때 물에 녹지 않는 쪽이 많다.

이것은 물에 녹지 않고 물에 떠 있는 것이 많다는 것은 석유류가 물에 뜨는 경우 그 두께는 얇고 광범위하게 퍼지므로 제4류 위험물 화재에서는 물(물론 인화점이 낮은 것은 물에 의한 냉각에 의해 인화점을 낮출 수 없기 때문도 있지만)을 뿌려 소화하려면 가연물이 수면에 떠올라서 연소하기 때문에 오히려 화재면적을 확대시킨다.

5) 비교적 낮은 발화점을 가진다.

연소범위 내에 들어 있는 가연성 증기가 불꽃이나 화염과 같은 점화원의 존재 없이 예를 들면 전기다리미, 고온의 파이프와 같은 고온체와의 접촉에 의해 착화할 때 증기의 최적온도를 발화점(착화온도)이라 하는데 제4류 위험물 중에서는 극히 낮은 것이 많다.

CS_2는 100℃, $C_2H_5OC_2H_5$는 180℃, CH_3CHO 175℃ 등이기 때문에 이것들은 매우 용이하게 고온체에 의해 착화하는 반면 비교적 휘발성에 약한 제3석유류, 제4석유류, 동식물유류 중 새어나온 기름이 다공성의 보온재 등에 스며 배어들면 고온 파이프나 발열하는 시설물과 접하게 되면 열이 축적되기 쉬워서 실제 발화점보다 낮은 온도에서 발화가 일어난다.

6) 폭발의 위험성이 상존한다.

가연성 가스나 유증기의 연소, 폭발조건은 연소범위 내의 가연성 혼합기가 존재해야 되고 점화원의 존재, 즉 에너지의 조건이 있어야 한다. 가연성 혼합기와 점화원의 통제가 없으면 예기치 못한 폭발에 이르는 경우가 허다하다.

7) 시설물을 도괴시킬 위험성이 있다.

인화성 액체, 가연성 가스, 폭발성 물질 및 기타의 위험성 물질의 연소, 분해 또는 폭발 등에 의해 발생하는 산업 재해나 폭발 재해에서는 생산설비나 공장건물 등의 소실, 도괴 또는 설비의 일부가 구부러지는 등 재해의 규모가 한층 더 확대되어 손해를 끼친 사례가 많다.

1983. 8. 30. 미국 밀포드 헤이븐에 있는 제유소의 대형원유탱크(FRT)화재에서는 소화활동 중일 때 화염은 지붕 씰(seal) 부분에 한정되지 않고 급속히 확대되어 화염이 탱크의 최상부보다 10 m 더 높게 오르고, 전면화재의 양상을 보여 소화종사요원이 접근할 수 없었다. 소화활동 중 지붕이 닫혀있는 채였고 지붕 위에 남아 있던 기름 700톤, 소화용수 및 빗물의 하중에 의해 떠있는 지붕이 변형되고 주저앉음에 따라 새로운 기름이 상승하게 되어 결과적으로는 boil over가 두 번이나 일어났으며 화염은 100 m 이상 상승하였다. 이러한 boil over 현상 이후 측판과 바닥판의 이음매가 4곳에서 파손되어 기름이 방유제로 누출되고 방유제 내부에 큰 화재가 발생한 사례가 있다.

5. 제4류 위험물의 시험 및 판정

제4류 위험물(인화성 액체)에 해당하는 인화성 액체의 인화점 측정시험방법 및 판정기준은 소방청 고시「위험물안전관리에 관한 세부기준」제2장(위험물의 판정 및 시험) 중 인화점 측정시험에 따른다.

6. 예방대책

1) 누출방지

(1) 밀폐용기의 사용

증기 또는 액상으로 대기 중에 누출된 경우 인화의 위험성이 크다. 누출 방지의 대책은 밀폐용기를 사용하고 용도상 밀폐하기가 곤란한 경우는 후드 등을 통하여 발산된 증기의 확산을 방지한다.

(2) 배관의 사용

배관은 일종의 밀폐용기이며 가연성 액체의 운반 수단으로서 가장 안전한 수단이다. 다량 저장·취급할 때는 배관을 통하여 입·출고하도록 설계되어야 한다.

(3) 누출의 극소화

만일 액체가 누출된 경우 확대되지 않는 구조로 하고 적당한 경사와 집유구를 설치 운영하며, 방유제의 관리에 철저를 기한다.

2) 폭발성 혼합기의 형성방지(통풍·환기)

밀폐용기의 사용은 양호한 대책이지만 사용상 불가능한 경우가 많다. 이 같은 경우에는 환기장치를 이용하여 증기농도를 안전한 농도, 즉 연소범위 하한 이하로 할 필요가 있다.

가연성 액체의 증기는 대부분 공기보다 무겁기 때문에 낮은 곳에 체류할 위험이 있으므로 환기장치의 배기구는 증기 발생원의 가까운 낮은 곳에, 급기구는 높은 곳에 설치하는 것이 원칙이다.

환기장치에는 방폭기기를 사용한다. 또 위험한 장치 부근의 증기농도는 농도계로 수시 파악하여 기록, 경보, 안전조치 등을 행하여야 한다.

3) 점화원의 차단과 연소분위기 형성 제거

점화원으로서는 정전기, 낙뢰, 용접, 용단, 그라인더 등의 불꽃, 보일러, 가열로, 연돌 등에서의 불꽃, 전기설비에서의 불꽃, 충격·마찰에 의한 불꽃이 있다. 따라서 제4류 위험물 제조소등에 있어서는 적색바탕에 백색문자로 "화기엄금"이라는 주의사항 게시판을 설치하여야 한다.

따라서 일반 화기의 사용금지, 작업용 직접 화기에 의한 가열, 건조를 피하고 열매체에 의한 간접 가열방식을 채택함과 동시에 온도의 자동제어 장치를 설치하고 액체온도가 발화점 이상이 되지 않도록 하고 공정 중 액온이 발화점 이상인 경우 공기 중 노출되면 곧 발화되므로 반응 용기나 배관에서의 누출을 방지하여야 한다.

용접, 용단 등의 임시 화기 사용 시는 안전한 장소에서 안전관리자의 충분한 감독과 적응소화기를 배치한 뒤 행하되 용기나 배관 내의 액체를 완전히 제거하고 가연성 증기를 배제하기 위해 강제 환기, 물 또는 불활성 가스로 치환한다.

전기설비가 발화원이 되는 것을 방지하기 위해서는 위험물 저장·취급장소를 사전 검토함과 동시에 방폭 구조화하여야 한다.

4) 석유류 Tank의 폭발 예방대책

석유류 탱크의 위험성은 폭발이 일어나 순간적으로 큰 피해를 가져오는 것이다. 따라서 일반적인 대책, 소화대책으로는 부족하기 때문에 사전 예방대책이 중요하다. 석유류 탱크의 폭발 재해는 탱크

내 큰 공간에 체류하고 있는 가연성 혼합기체가 착화하여 폭발을 일으키는 경우가 많다.

이때 폭발과 동시에 많은 에너지가 일시에 발생하기 때문에 소화가 곤란하고 피해 또한 크다.

이러한 경우 ① 점화원이 될 수 있는 가능성에 대하여 총체적으로 관리하며 ② 인화성 액체의 온도관리에 의해 기상 공간에 대해 가연성 혼합기체의 형성을 막으며 ③ 불활성 가스를 기상공간에 봉입하며 ④ 기상공간이 형성되지 않는 구조의 탱크로 개선하는 것이다.

(1) 점화원 관리

인화성 액체와 발화 또는 인화하여 화재 또는 폭발을 일으킬 수 있는 점화원은 기계적 점화원으로서 충격·마찰·타격·단열압축·충격파압축 등을 들을 수 있고, 열적 점화원으로서 고온체·방사열·열광선 등이 있고, 전기적 점화원은 전기불꽃·정전기적 스파크 등이 있으며, 화학적 점화원으로는 나화(open flame)와 발열반응, 자연발열 등을 들을 수 있다.

이와 같이 점화원은 어느 한 개에 국한되지 않고 다종다양하고 그 환경과 분위기에 따라서는 무한히 많은 점화원이 존재한다고 볼 수 있다.

이에 대응할 예방대책을 들면 다음과 같다.

① 탱크의 보수 관리를 실시하여 증기 공간 내에 착화하기 쉬운 H_2S 등의 가연성 가스가 고농도로 체류하지 않도록 한다.
② 이상(異常) 발열이 일어나지 않도록 반응장치 등을 개량한다.
③ 시료 채취기의 구조 및 재질을 개선하고 시료 채취방법도 개선한다.
④ 배풍기 및 스위치를 방폭형으로 하고 가연성 증기가 체류할 분위기에서는 전기기구의 사용에 주의한다.
⑤ 슬러지의 냉각을 행하고 통풍·환기시킨다.
⑥ 탱크 내에 도체 구조물을 설치하고 탱크본체에 본딩(bonding)하여 인화성 액체에의 정전기 대전을 억제한다.
⑦ 배관 또는 파이프 용접 시는 완전히 밸브를 폐쇄하고 내부에 불활성 가스로 치환한다.
⑧ 액면계를 탱크본체와 전기적으로 접속시킨다.
⑨ 지붕판의 부착물 및 오물을 제거하고 청소를 철저히 한다.

이 같은 대책은 직접적인 최소한의 예방대책이며 무한한 모든 점화원에 대한 만족하지는 않기 때문에 다른 예방대책과 병행하여 가능한 종합적 검토가 이루어져야 한다.

(2) 인화성 액체의 온도관리

인화성 액체의 증기가 공기와 혼합하여 가연성 혼합기체를 만들고 연소범위를 형성하는데 여기에 착화되면 폭발을 일으킨다.

인화성 액체의 취급에 있어 그 기상공간에 가연성 혼합기체를 조성하지 않는 조건은 인화성 액체의 온도를 인화점 이하로 보존하는 것이다.

(3) 분무 등의 상태 제거

인화성 액체가 인화점 이하의 온도조건에서도 공기 중에서와 같은 형태의 분무(噴霧), 습윤(濕潤), 포(泡), 필름(薄膜) 형태로 공기 중에 존재할 경우 화재 또는 폭발을 일으킨다.

인화성 액체가 섬유질, 다공질 등의 물질에 침입할 때는 착화가 용이하다. 이들 물질의 말단 부분의 열용량이 적어지기 때문에 그 부분이 점화원에 의해 가열되면 침투된 인화성 액체의 온도가 부분적으로 인화점 이상이 되어 인화한다. 인화성 액체가 많은 기포를 형성할 때도 습윤상태와 같이 연소하여 폭발에 이를 수 있다. 그리고 배관 등의 관벽에 고인화점의 기름인 윤활유, 경유, 등유 등이 막에 부착하여 배관 내에 공기 등이 충만할 때 필름폭굉이 일어나 격렬히 폭발을 일으킨다.

이 경우는 석유류 탱크내부와 같은 큰 공간에서는 일어나지 않지만 이들의 탱크에 접속하고 있는 배관에는 가능하고 이후 탱크화재로 확대될 때 위험성은 더욱 증대한다. 따라서 인화성 액체가 인화점 이하라도 분무, 습윤, 포, 박막의 형태인 경우 용이하게 폭발 및 화재가 되므로 이러한 상태가 되지 않도록 주의해야 한다.

(4) 불활성 가스의 봉입

석유류 저장탱크의 기상 공간에 가연성 혼합 기체를 형성할 위험이 있는 인화성 액체를 저장할 때는 그 공간 내에 불활성 가스를 봉입하여 기상 공간부분을 불연화한다.

연소가스, N_2, CO_2 등의 가스를 봉입하면 탱크 내부의 기상 공간의 산소농도를 한계산소농도(12.1vol%) 이하로 관리하면 안전이 확보될 것이다. 이때 주의할 점은 외부로부터의 공기의 유입을 통제하여야 한다.

예를 들면, 불활성 가스 봉입만 한 채 이후의 관리를 소홀히 하여 공기가 유입되면 한계산소농도를 상회하여 폭발 사고가 간혹 발생한 바 있다.

(5) 탱크의 구조개선

가연성 혼합기체가 형성되었다고 해서 반드시 폭발이 일어나는 것은 아니다. 기상 공간을 될 수 있는 대로 만들지 않는 구조의 부유식 저장탱크(floating roof tank)는 당초에 있어서는 휘발성이 높은 석유류의 증기 손실을 방지할 목적으로 만들었으나 가연성 혼합기체를 형성하지 않는 구조로서의 기능을 겸하게 되었다.

Inner floating group형은 인화성 액체의 저장 구조물로서 안전상 필요하며 충분한 것은 아니지만 기상폭발의 위험성을 경감하는 구조물이다.

석유류 탱크는 화학공업의 다양한 장치 등의 하나로 가장 단순한 대형시설이다. 구조적으로나 화학적으로나 복잡한 다른 화학시설에 비해 석유류 탱크 안전은 단순한 편이다. 그러나 이 탱크의 안전은 화학장치 산업안전의 기본이라는데 의의가 크므로 상술한 간단한 예방책을 잘 적용하여 안전대책에 참고하여야 할 것이다.

7. 진압대책

제4류 위험물의 화재는 B급 화재로 분류되며, 위험물 자체가 증발연소하여 대부분이 다량의 흑연을 발생하여 smoke blocking effect(차단효과)를 나타냄에 따라 화재시의 화점 발견이 곤란하고 요구조자의 경우 패닉현상을 초래하여 피난하는데 곤란을 겪게 된다.

양이 많을수록 강력한 방사열을 방사함과 동시에 화재면적이 유동 확산하기 쉽다.

소화방법은 연소 위험물 및 저장·취급·제조시설 등에 대응하는 진압태세를 갖추지 않으면 안 된다.

① 타고 있는 위험물을 제거시킨다. 예를 들면 탱크군에서 화재가 발생하면 화재탱크의 위험물을 인접 빈 탱크로 파이프라인 등을 통해 이송시키는 경우가 있다.

② 일반적으로 질식소화 한다. 물에 의한 소화는 위험물의 비중이 물보다 가벼워서 물 위에 뜨고, 물에 녹지 않기 때문에 화재면적을 확대하므로 부적당하다. 소량의 위험물 연소에는 모래, 소다회, 포, 분말, CO_2, 할론(할론 2402, 할론 1211) 및 할로젠화합물 소화약제, 물분무등에 의한 질식소화가 적당하며 대량의 위험물 연소에는 포에 의한 질식소화가 좋다.

③ 높은 인화점을 갖거나 휘발성이 낮은 위험물 저장탱크나 용기의 화재는 일단 냉각해 외부벽에 주수함으로써 가연성의 증기발생을 억제한다. 상황에 따라서는 분무주수가 냉각시키기에는 지속적이고, 효과적인 방법이 될 수 있다.

④ 알코올, 케톤류, 에스터류 등 수용성 위험물에는 알코올형 포를 방사하거나 다량의 물로 희석하여 가연성 증기 발생을 억제하여 소화한다.

제2절 제4류 위험물의 각론

1. 특수인화물 지정수량 50 L

특수인화물의 지정품명은 다이에틸에터, 이황화탄소 2개이며 지정성상으로서는 1기압, 20℃에서 액체인 것으로서 발화점이 100℃ 이하인 것과 동일 조건에서 인화점이 −20℃ 이하로서 비점이 40℃ 이하인 것 2가지의 경우가 있다.

특수인화물의 위험 성상은 위의 조건에서 보는 바와 같이 발화점이나 인화점 자체가 낮고 비점이 매우 낮아서 기화·휘발하기 쉽기 때문에 이들의 유증기는 가연성 가스 다음으로 연소·폭발의 위험성이 매우 높다.

1) **다이에틸에터**(Di Ethyl Ether) $C_2H_5OC_2H_5$

〈별칭〉 이서, 에터, diethyl oxide, ethylether, ethyl oxide, DEE

〈용도〉 유지·수지·고무·왁스의 유기용제, 알카로이드의 추출제, 아세트산의 응축제, 나이트로셀룰로오스의 용매, 향료, 화약, 의약, 제약, 분석시약, 마취제, 한냉 시의 엔진 시동용 연료

〈제법〉 에탄올에 진한 황산을 넣고 130～140℃로 가열하면 에탄올 2분자 중에서 간단히 물이 빠지면서 축합반응이 일어나 $C_2H_5OC_2H_5$가 얻어진다.

$$2C_2H_5OH \xrightarrow{H_2SO_4} C_2H_5OC_2H_5 + H_2O$$

〈성상〉

① 무색 투명한 유동성의 액체로서 휘발성이 크고 자극성, 마취작용이 있다.

② 분자량＝74.12　　증기비중＝2.55　　증기압＝442 mmHg(20℃)
　융점＝－116.3℃　　비점＝35℃　　비중(물)＝0.71
　인화점＝－45℃　　발화점＝180℃　　연소범위＝1.9～48vol%

③ 비극성 용매로서 물에 잘 녹지 않지만 알코올, 유지 등을 잘 녹이는 용제이다.

④ C_2H_5OH과 Na이 반응하면 H_2를 발생하지만 $C_2H_5OC_2H_5$는 Na과 반응하여 H_2가 발생하지 않으므로 두 물질을 구별할 수 있다.

〈위험성〉

① 비점·인화점·발화점이 매우 낮고, 연소범위가 넓어 인화성·발화성이 강하다.

② 증기 누출이 용이하며 증기압이 높기 때문에 외부로부터 저장용기가 가열되면 변형이나 파손되기 쉽고 경우에 따라 폭발한다.

③ 장기간 저장할 때 공기 중에서 산화되어 구조불명의 불안정하고 폭발성의 과산화물을 만드는데 이는 제5류 위험물의 유기과산화물과 같은 위험성을 가지며 불안정하기 때문에 100℃로 가열하거나 충격·압축에 의해 폭발한다.

④ 연소범위가 넓을 뿐 아니라 연소범위의 하한치가 낮아 약간의 증기가 누출되어도 폭발을 일으킨다. 1기압 20℃에서 연소범위 하한치인 1.9vol%는 이론상 공기 1 L 중 약 58 mg을 차지한다. 즉 하나의 드럼통(200 L) 속에 $C_2H_5OC_2H_5$ 약 12 g이 존재하면 폭발할 가능성이 있게 된다.

⑤ 건조과정이나 동식물 섬유로 여과를 할 경우는 유체 마찰에 의해 정전기를 발생, 축적하기 쉽다. 또한 소량의 물을 함유하고 있는 경우 이 수분으로 대전되기 쉬우므로 비닐관 등의 절연성 물체 내를 흐르면 정전기를 발생한다. 이 정전기로 인한 스파크는 $C_2H_5OC_2H_5$ 증기의 연소·폭발을 일으키는데 충분하다.

⑥ 제1류 위험물, H_2O_2, HNO_3 등의 강산화제와 접촉하면 격렬하게 반응하고 혼촉발화한다.

⑦ 상온에서 $NaClO_4$과 혼합한 것은 습기 또는 햇빛에 의해 발화한다.

〈저장·취급〉

① 직사광선을 피하고 소량은 갈색병에 저장하고 대량은 밀폐된 용기나 탱크 중에 저장한다.

② 저장 중 낮은 온도의 유지와 통풍·환기가 잘되는 곳에 저장한다.
③ 탱크나 용기 저장할 때는 공간용적을 유지하고, 대량 저장은 불활성 가스를 봉입시킨다.
④ 저장·취급 중 액체의 누출뿐만 아니라 가연성 증기의 누설을 방지하며 불꽃·불티·고온체 및 정전기 등의 점화원을 피한다.
⑤ 폭발성의 과산화물 생성방지를 위해 40 mesh의 구리망을 넣어준다.
$C_2H_5OC_2H_5$ 중에 생긴 과산화물의 확인방법은 시료 10 mL를 무색의 마개달린 시험관에 넣고 새로 만든 아이오딘화칼륨용액(10%) 1 mL를 가한 후 1분간 계속 흔든 후 흰 종이를 배경으로 하여 정면에서 보았을 때 두 층에 황색이 나타나면 과산화물이 생성된 증거로 본다.
⑥ 정전기 생성방지를 위해 약간의 염화칼슘($CaCl_2$)을 넣어준다.
⑦ 일단 용기를 개방했을 경우는 가급적 1개월 이내에 사용하거나 폐기하며 개방하지 않았을 경우도 1년 내에 폐기하는 것이 바람직하다.
⑧ 제1류 위험물과 같은 강산화제 및 H_2SO_4 등 강산류와의 접촉을 피한다.

〈소화방법〉 소규모 화재는 물분무, CO_2, 불활성 가스, 건조분말, 할론 및 할로젠화합물 소화약제에 의한 질식소화가 유효하다. 대형화재의 경우는 다량의 알코올형 포방사에 의한 질식소화가 적당하다.
모래에 의한 소화 후라도 가연성 증기가 발생하여 재발화할 수 있으므로 주의가 필요하다. 소량의 경우를 제외하고는 물로서는 소화할 수 없다. 화재가 확대된 경우는 무인방수포 등에 의해 용기 외벽을 냉각시키는 것이 좋다. 연소하면 유해성 가스를 발생하므로 반드시 공기호흡기 등의 안전장비를 착용한다.

〈유해성〉 생물의 중추신경계통의 억제작용이 있으며 증기를 장시간 흡입하면 마취작용으로 사고력, 판단력이 흐려지고 지각상실, 운동능력 상실, 실신, 사망에 이른다. 피부와 접촉하면 탈지작용이 있고 피부염을 유발한다. 소화작업할 때도 증기 흡입으로 인한 마취에 주의하여야 한다.

2) **이황화탄소**(Carbon Disulfide) CS_2

〈용도〉 비스코스레이온 원료, 유지, 고무 등의 용제, 셀로판, CCl_4합성, 살충제, 고무가황 촉진제, 의약, 분석시약, 농약, 부유선광제 제조

〈제법〉
① 목탄 또는 코크스를 가열한 후 용융 황을 가하여 850~950℃ 가열하면 얻어진다.

$$C + 2S \xrightarrow{\triangle} CS_2$$

② 천연가스와 황을 가열하여 만든다.

$$CH_4 + 2S \xrightarrow[900℃]{Al_2O_3,\ Cr_2O_3} CS_2 + 2H_2\uparrow$$

$$\text{또는 } CH_4 + 4S \xrightarrow[500\sim700℃]{\text{실리카겔}} CS_2 + 2H_2S\uparrow$$

〈성상〉

① 순수한 것은 무색 투명하고 클로로폼과 같은 약한 향기가 있는 액체지만 통상 불순물이 있기 때문에 황색을 띠며 불유쾌한 냄새가 난다.

② 분자량 = 76.14 증기비중 = 2.6 증기압 = 300 mmHg(20℃)
융점 = −111.6℃ 비점 = 46℃ 비중(물) = 1.3
인화점 = −30℃ 발화점 = 100℃ 연소범위 = 1.3 ~ 50vol%

③ 물보다 무겁다. 물에 녹지 않지만 C_2H_5OH, C_6H_6, 에터에 임의로 녹는다.

④ 수지, 유지, 왁스, 고무, S, Br_2, P_4 등을 녹인다.

〈위험성〉

① 인화점, 비점이 낮고 연소범위가 넓어 휘발이 용이하고 인화하기 쉽다.

② 발화점이 매우 낮기 때문에 백열등, 수증기 파이프, 난방기구, 고온 물체 등의 열에 의해 발화한다. 발화점이 낮지만 공기 중 자연발화하지 않는다.

③ 점화하면 청색을 내며 연소하는데 연소생성물 중 SO_2는 자극성·유해성 가스이며 취급시설이나 장비를 부식시킨다.

$$CS_2 + 3O_2 \xrightarrow{\triangle} CO_2\uparrow + 2SO_2\uparrow$$

④ 제1류 위험물, H_2O_2, HNO_3, F_2 등의 강산화제와 접촉에 의해 격렬히 반응하고 혼촉발화 또는 폭발의 위험이 있다.

⑤ 증기는 공기보다 무겁다. 증기와 공기 혼합가스는 정전기 스파크 등의 소화원에 의해 인화·폭발의 위험이 있다.

⑥ Na과 같은 알칼리금속과 접촉하면 발화 또는 폭발한다.

⑦ 황린이 CS_2 중에 녹아 있을 때 방치하면 CS_2 증기가 방출하여 공기 중 황린이 노출되어 자연발화한다.

〈저장·취급〉

① 인화점이나 발화점이 낮아 인화가 용이하므로 액체 자체의 누출뿐만 아니라 증기의 누설을 방지하여야 한다.

② 직사광선을 피하고 불꽃, 정전기를 멀리하며 특히 발화점이 낮기 때문에 고온 물체와의 접촉을 피한다.

③ 용기 또는 탱크의 공간용적에 불활성 가스를 봉입하거나, 물보다 무겁고 물에 녹기 어렵기 때문에 물을 채운 수조탱크 중에 저장하면 가연성의 증기 발생을 억제할 수 있기 때문에 안전하다. CS_2를 저장하는 옥외저장탱크는 벽 및 바닥의 두께가 0.2 m 이상이고, 누수가 되지 않는

철근콘크리트의 수조탱크에 넣어 보관하여야 한다.

④ 강산화제, 알칼리, 강산류 또는 F_2와의 접촉을 피한다.

〈소화방법〉

① 화재확대 위험이 없거나 고정된 탱크나 밀폐용기 중의 화재인 경우는 표면에 조심스럽게 주수하여 물로 채워 피복하여 소화할 수 있다. 단, 강하게 주수하면 CS_2가 섞이게 되어 효과가 없다.

② ①의 경우가 아닌 경우는 초기소화는 분말, CO_2, 할론 및 할로젠화합물 소화약제가 유효하며 대형화재는 다량의 포방사에 의한 질식소화가 적당하다.

③ 모래를 이용하여 피복한 경우는 소화 후에도 증기가 발생하여 재발화할 수 있으므로 연소물의 주변을 계속 냉각시켜야 한다.

④ 산화성 물질과 함께 있을 때는 격리 조치한다.

⑤ 물분무에 의해 비산을 방지하고 소화작업 중 충분히 안전거리를 확보하고 엄폐물을 이용한다. 반드시 보호복 및 공기호흡기 등의 안전장비를 착용한다.

〈유해성〉

유독물질로서 독성이 강하며 증기를 흡입하면 중독된다. 중추신경계통이 마비되며 뇌와 신경에 장애를 주며, 현기증, 두통, 메스꺼움, 혼란, 마취, 사망에 이르기도 한다. 공기 중 1시간 허용농도는 480 ppm, 공기 중 1일 허용농도는 20 ppm이다.

유지를 잘 녹이기 때문에 피부와 접촉하면 탈지작용이 있고 피부염을 유발하며 눈에 들어가면 각막염을 일으키기도 한다. 연소하면 생긴 SO_2는 자극성의 유독한 가스이므로 주의하여야 한다.

3) 아세트알데하이드(Acetaldehyde) CH_3CHO

〈별칭〉 acetic aldehyde, ethanal, ethylaldehyde, 초산알데하이드

〈용도〉 용제, 유기약품의 합성, 환원제, 어류의 방부제, 곰팡이 방부제, 사진현상용, 플라스틱 및 합성고무의 원료, 아세트산, 퍼아세트산, 무수아세트산, 아세트산에틸, 에탄올, 클로릴, 아크롤레인, 펜타에리트리톨(PETN), 파라알데하이드, 아세트알코올 등의 제조원료

〈성상〉

① 무색이며 고농도의 것은 자극성 냄새가 나고, 저농도의 것은 과일 같은 냄새가 나는 휘발성이 강한 액체이다.

② 분자량 = 44.05　　증기비중 = 1.5　　증기압 = 750 mmHg(20℃)
융점 = −121℃　　비점 = 21℃　　비중 = 0.8
인화점 = −39℃　　발화점 = 175℃　　연소범위 = 4.0 ~ 60vol%

③ 물보다 가볍다. 물, C_2H_5OH, 에터에 잘 녹는다. 유기물을 잘 녹인다.

④ 반응성이 풍부하여 공기 중 O_2에 의해 산화되기 쉽다.

$$2CH_3CHO + O_2 \longrightarrow 2CH_3COOH$$

⑤ 환원되기 쉬워 은거울반응을 하고, 펠링용액을 환원시킨다.

$$CH_3CHO + 2Ag(NH_3)_2^+ \longrightarrow CH_3COOH + 2Ag^+ + 2NH_4^+$$
$$CH_3CHO + 2Cu^{2+} + H_2O + NaOH \longrightarrow CH_3COOH + Cu_2O + 4H^+$$

〈위험성〉

① 인화성이 강하다. 비점, 인화점, 발화점이 매우 낮고 연소범위가 넓어 인화되기 쉽기 때문에 수용액 상태에서도 인화 위험이 있다.

$$2CH_3CHO + 5O_2 \xrightarrow{\triangle} 4CO_2\uparrow + 4H_2O\uparrow + 2\times281.9\ \text{kcal}$$

② 증기압이 높기 때문에 휘발하기 쉽고 증기는 용기에서 누설되기 쉽다. 증기와 공기가 혼합하면 소화원에 의해서도 인화·폭발의 위험이 높다.

③ 진한 H_2SO_4 등 강산과 접촉하면 격렬히 중합반응을 일으키기 쉽고 발열한다.

$$3CH_3CHO \xrightarrow{c\text{-}H_2SO_4} (C_2H_4O)_3 + Q\ \text{kcal}$$

$$4CH_3CHO \xrightarrow{c\text{-}H_2SO_4} (C_2H_4O)_4 + Q\ \text{kcal}$$

④ Cu, Mg, Ag, Hg 및 그 합금으로 된 취급설비는 CH_3CHO와 폭발적 반응에 의해 중합반응을 일으켜 구조불명의 폭발성 물질을 생성한다.

⑤ 강산화제(제1류 위험물, H_2SO_4, H_2O_2 등)와 접촉하면 격렬히 반응하여 혼촉발화의 위험이 있고 O_2와 접촉하면 발열하고 산화반응에 의해 폭발할 위험이 있다.

⑥ 가압 하에서 공기와 접촉하면 폭발성의 과산화물을 만든다.

⑦ 가열하거나 햇빛에 의해 분해하여 가연성의 CH_4과 유해성의 CO를 발생한다.

〈저장·취급〉

① 화기엄금. 직사광선 및 작은 점화원도 배제하고 용기는 차고 건조하며 통풍·환기가 잘 되는 안전한 곳에 저장한다.

② 액체의 누출 및 증기의 누설방지를 위해 용기를 완전히 밀폐한다.

③ 산 또는 강산화제와의 접촉을 피한다.

④ 이동탱크 및 옥외탱크에 저장할 때는 불활성 가스 또는 수증기를 봉입시키고 냉각장치를 설치한다.

⑤ CH_3CHO 취급설비로서 Cu, Mg, Ag, Hg 및 그 합금으로 제작하지 말아야 하며 취급탱크에는 냉각장치 또는 보냉장치 및 불활성 가스 봉입장치를 설치하여야 한다.

〈소화방법〉 수용성이기 때문에 분무상의 물을 다량 방수하여 희석소화한다. 소량의 경우는 CO_2, 할론 및 할로젠화합물, 분말, 물분무도 유효하다. 경우에 따라서는 다량의 알코올형 포를 사용한다.

화재진압 중 충분히 안전거리를 유지하고 공기호흡기 등의 안전장비를 착용한다. 화재 중 화염의 색깔이 잘 보이지 않으므로 주의하여야 한다.

〈유해성〉 유독물질로서 눈에 들어가면 눈동자의 혈막염을 일으킨다. 피부와 접촉하면 자극하고 피부염을 일으킨다. 증기를 흡입하면 기관지의 점막 자극, 다량 흡입하면 사망할 수 있다.

4) 산화프로필렌(Propylene Oxide) CH_3CHCH_2 (O)

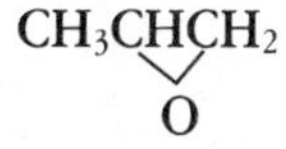

〈용도〉 프로필렌글라이콜 및 폴리프로필렌콜 제조의 중간원료, 아밀알코올, 아세톤, 아이소프로판올아민, 프로필렌카보네이트 제조원료, 안료, 살균제, 용제, 계면활성제, 의약품 중간품, 화장품, 부동액, 폴리에스터 및 폴리우레탄 등의 합성수지, 합성고무, 염화비닐 안정제

〈성상〉

① 에터와 비슷한 냄새를 가진 무색의 휘발성 액체이다.

② 분자량=58.1 증기비중=2.0 증기압=442 mmHg(20℃)
융점=−112℃ 비점=34℃ 비중=0.86
인화점=−37℃ 발화점=465℃ 연소범위=2.3~36vol%

③ 물, 알코올, 에터, 벤젠에 녹는다.

〈위험성〉

① 인화점이 낮고 연소범위가 넓어 인화가 용이하고 연소하기 쉽다. 증기는 공기와 혼합하여 적은 점화원에 의해 인화·폭발의 위험이 있고 연소속도가 빠르다. 연소생성물은 유독하다.

② 화학적으로 반응성이 풍부하다. Cu, Mg, Ag, Hg, Fe, Al 및 그 합금과 접촉하면 폭발성의 아세틸리드를 만들고 또한 강산, 염기, 염화제일철 등 활성이 강한 촉매류와 중합반응을 일으켜 발열하고 용기 내에서 폭발한다.

③ 수용액 상태에서도 인화 위험이 높다.

④ 밀폐용기를 가열하면 심하게 폭발하고 공기 중에서 폭발적으로 분해할 위험이 있다.

⑤ 강산화제(제1류 위험물, H_2O_2, HNO_3 등)와 접촉하면 혼촉발화를 일으킨다.

⑥ 염, 가연성 물질과 접촉하면 심하게 반응한다.

〈저장·취급〉

① 화기엄금. 직사광선 차단. 작은 점화원도 철저히 제거하고 용기는 차고 건조하며 안전한 곳에 저장한다.

② 중합반응 요인을 제거하고 강산화제, 산, 염기와의 접촉을 피한다.

③ 이동탱크 및 옥외탱크에 저장할 때는 N_2 등 불활성 가스 및 수증기를 봉입하고 냉각장치를 설

치하여 증기의 발생을 억제한다.

④ 용기는 밀폐하여 액체 누출과 증기의 누설을 방지한다.

⑤ 취급설비는 Cu, Mg, Ag, Hg 및 합금으로 제작하지 말아야 하며, 취급탱크에는 냉각장치 또는 보냉장치 및 불활성 가스 봉입장치를 설치하여야 한다.

〈소화방법〉 초기화재 시 분말, 할론 및 할로젠화합물, CO_2, N_2, 물분무에 의해 질식소화하며 기타의 경우는 알코올형 포로 일시에 소화한다. 저장용기나 탱크 외벽을 물로 냉각조치하여 폭발을 방지하고 소화는 연소가 확대되기 이전 짧은 시간에 이루어지도록 한다. 소화작업 중 안전거리를 확보하고 공기호흡기 등의 안전장비를 착용한다.

〈유해성〉 유독물질로서 눈에 들어가면 각막염을 일으키고 피부와 접촉하면 점막, 피부 자극, 폐부종을 일으키고 장시간 접촉하면 화상을 입는다. 증기를 흡입하면 고농도인 경우 두통, 평형감각 상실 등을 일으킨다.

5) **아이소프렌**(Isoprene) $CH_2 = C(CH_3)CH = CH_2$

〈용도〉 합성수지 원료, 합성고무 원료

〈성상〉

① 무색 순한 맛이 있는 휘발성·인화성이 강한 묽은 용액이다.

② 분자량＝68.1 증기비중＝2.4 증기압＝400 mmHg(15℃)
융점＝－146℃ 비점＝34℃ 비중＝0.7
인화점＝－54℃ 발화점＝220℃ 연소범위＝2～9vol%

③ 물에 녹지 않지만 알코올, 에터에 녹고 중합하기 쉽다.

〈위험성〉

① 직사광선, 높은 온도, 산화성 물질 및 과산화물에 의해 폭발적으로 중합한다. 인화점이 매우 낮고 증기는 공기와 혼합하여 인화·폭발의 위험성이 매우 높다.

② 밀폐용기가 가열되면 심하게 파열한다.

③ 물에 녹지 않고 물보다 가볍기 때문에 화재 때 주수하면 아이소프렌이 물 위에 떠서 퍼져 화재면적을 확대시킨다.

④ 유체 마찰에 의해 정전기를 발생하고 축적되기 쉽다.

⑤ 제1류 위험물 및 HNO_3과 혼촉하면 혼촉발화 위험이 있다.

⑥ 무기산, 할로젠, 산 무수물 등과 격렬히 반응하여 폭발할 위험이 있다.

〈저장·취급〉

① 화기엄금. 직사광선 차단. 차고 어두운 곳에 저장하고 통풍이 잘 되도록 유지한다.

② 강산화제, 강산류, 할로젠화합물과 철저히 격리한다.

③ 누설되면 모든 점화원을 제거하고 증기는 완전히 배출 희석시키며 누설 액체는 불연성 물질로 흡수 제거한다.

〈소화방법〉 초기화재는 분말, 포, 할론 및 할로젠화합물, CO_2가 유효하며 기타의 경우는 다량의 포로 질식소화한다. 화염에 직접 주수하는 것은 효과가 없고 열을 흡수하기 위해 분무주수한다.

불이 난 용기는 집중적으로 외벽을 분무주수하여 냉각시킨다. 연소확대 때는 폭발의 위험에 대비하여 엄폐물을 이용하고 가능한 짧은 시간에 진압하도록 한다. 신체 노출을 완전히 막고 보호복과 공기호흡기 등을 착용한다.

〈유해성〉 유독물질로서 자극성이 있으며 눈에 들어가면 점막을 자극하고 피부와 접촉하면 점막과 피부를 부식시킨다. 과다 노출의 증상은 현기증, 혼수상태, 마취 작용, 질식 또는 사망에 이른다.

6) 아이소프로필아민(Isopropylamine)　　$(CH_3)_2CHNH_2$

〈용도〉 염료 중간체, 농약, 계면활성제

〈성상〉

① 강한 NH_3 냄새가 나는 무색의 인화성 액체이다. 물에 녹는다.

② 분자량＝59.1　　증기비중＝2.04　　증기압＝478 mmHg(20℃)

융점＝－101℃　　비점＝34℃　　비중＝0.69

인화점＝－32℃　　발화점＝402℃　　연소범위＝2.0～10.4vol%

〈위험성〉

① 매우 인화 위험이 높다. 증기는 공기보다 무겁고 낮은 곳에 체류하며 점화원에 의해 쉽게 인화·폭발한다. 연소하면 역화의 위험이 있다.

② 연소할 때 유해성의 질소산화물을 포함한 연소생성물을 발생한다.

③ 강산류, 강산화제와 반응하며 경우에 따라 혼촉발화한다.

〈저장·취급〉

① 화기엄금. 가열금지. 직사광선 차단. 용기는 차고 건조하며 환기가 잘 되는 안전한 곳에 저장한다.

② 강산류, 강산화제와의 접촉을 방지한다.

③ 증기의 누설 및 액체의 누출방지를 위해 용기를 완전히 밀봉한다. 저장·취급시설 내의 전기설비는 방폭조치한다.

〈소화방법〉 건조분말, 알코올형 포, 할론 및 할로젠화합물, CO_2, 물분무가 유효하다. 직접 주수하는 것은 효과가 없고 물분무로 용기 외벽을 냉각시킨다. 화점에 접근할 때는 유증기, 분해가스, 연소생성물을 피하고 바람을 등진다. 충분히 안전거리를 유지하고 가급적 짧은 시간에 진압한다.

〈유해성〉 자극성·유해성 물질로서 흡입하면 눈, 코, 목, 피부 자극. 심하면 폐부종 증상

7) **다이비닐에터**(Divinyl Ether) $(CH_2 = CH)_2O$

〈용도〉 공중합용, 중간체

〈성상〉

① 무색, 독특한 냄새를 가진 유동성·인화성 액체이다.

② 분자량 = 70.1 증기비중 = 2.41
융점 = −101℃ 비점 = 28℃ 비중 = 0.8
인화점 < −30℃ 발화점 = 360℃ 연소범위 = 1.7 ~ 27.0vol%

③ 물에 녹지 않으며 중합하기 쉽다.

〈위험성〉

① 증기는 공기보다 무겁고 낮은 곳에 체류하며 작은 점화원에 의해서도 인화·폭발한다. 연소하면 역화의 위험이 있다.

② 밀폐용기가 가열되면 심하게 파열한다.

③ 유동에 의해 정전기가 발생하기 쉽다.

④ 물에 녹지 않고 물보다 가벼우므로 액체는 물 위에 떠서 퍼지고 점화원에 의해 불이 번진다.

⑤ 억제제가 없으면 인화성이 높은 C_2H_2 가스의 방출과 함께 폭발성의 과산화물 형태로 만든다.

⑥ 통제 안 된 모노머 증기는 통기관 또는 여러 공간에서 중합체를 만든다.

〈저장·취급>

① 직사광선 차단. 화기엄금. 용기는 차고 건조하며 통풍이 잘 되는 곳에 저장하며 외부와 멀리 떨어지도록 한다.

② 강산류, 강산화제와 격리시키고, 중합방지 억제제를 넣어준다.

③ 증기의 누설을 방지하고 누설되었다면 증기가 체류하지 않도록 강제 배출시킨다.

〈소화방법〉 분말, 포, 할론 및 할로젠화합물, CO_2, 물분무에 의해 질식소화한다. 직접 물로 소화하는 것은 효과가 없다. 불이 난 용기는 그 외벽을 물분무로 집중 냉각시킨다. 가능한 짧은 시간에 방호된 구역에서 진화한다. 완전히 신체 노출을 막고 방호의와 공기호흡기 등을 착용한다.

〈유해성〉 자체가 자극성·유해성. 증기 및 연소생성물도 자극성·유해성

8) **다이메틸설파이드**(Dimethyl Sulfide) $(CH_3)_2S$

〈용도〉 유기합성

〈성상〉

① 무색, 무나 양배추 썩는 듯한 불쾌한 냄새가 나는 휘발성·인화성 액체이다.

② 분자량 = 62.1 증기비중 = 2.14 증기압 = 400 mmHg(19℃)
융점 = −98℃ 비점 = 37℃ 비중 = 0.85(20℃)

인화점 = −38℃　　발화점 = 206℃　　연소범위 = 2.2 ~ 19.7vol%

〈위험성〉

① 인화점 및 비점이 낮아 인화가 용이하다.

② 증기는 공기보다 무겁고 점화원에 의해 일시에 번진다. 연소하면 역화의 위험이 있으며 SO_2 등의 유해성 가스를 발생한다.

③ 강산화제(염소산염류, 과산화물 등)와 심하게 반응한다.

〈저장·취급〉

① 화기엄금. 직사광선 차단. 차고 건조하며 통풍 환기가 잘 되는 안전한 곳에 저장한다.

② 강산화제와 격리하며 외부와 멀리 떨어지는 것이 좋다.

③ 누설되면 모든 점화원을 제거하고 누출액은 불연성 물질에 흡수하여 회수한다.

〈소화방법〉 건조분말, 포, 할론 및 할로젠화합물 소화약제, CO_2, 물분무에 의해 질식소화하며 직접 방수할 경우는 효과가 없다. 불이 난 용기는 물분무로 그 외벽을 집중 냉각시킨다. 화재진압 중 반드시 특수방호의와 공기호흡기 등을 착용한다.

〈유해성〉 SO_2를 포함한 연소생성물은 자극성·유해성. 증기 호흡하면 현기증과 질식작용

9) 에틸브로마이드/브로민화에틸(Ethyl Bromide)　　C_2H_5Br

〈용도〉 유기합성의 원료, 농약의 원료, 의약품의 원료, 냉동제의 원료

〈성상〉

① 자극성 냄새가 나는 무색 투명한 인화성 액체이다.

② 분자량 = 108.9　　증기비중 = 3.8
　융점 = −119℃　　비점 = 38℃　　비중 = 1.46
　인화점 = −23℃　　발화점 = 511℃　　연소범위 = 6.8 ~ 8.0vol%

〈위험성〉

① 인화점, 비점이 낮아 연소 위험성이 매우 높다. 증기는 공기와 혼합하여 낮은 곳에 체류하며 작은 점화원에 의해 쉽게 인화·폭발한다.

② 가열하거나 연소하면 유해성의 브로민화수소(HBr)를 발생한다.

③ 산화제와 혼합하고 있는 것은 가열·충격·마찰에 의해 발열·발화한다.

〈저장·취급〉

① 화기엄금. 가열금지. 직사광선 차단. 용기는 차고 건조하며 환기가 잘 되는 안전한 곳에 저장한다.

② 강산류, 산화제와의 접촉을 방지한다.

③ 취급소 내 전기설비에 대하여 방폭조치하고 정전기의 발생 및 축적을 방지한다.

④ 증기의 누설 및 액체의 누출방지를 위해 용기를 완전히 밀폐한다.

〈소화방법〉 초기소화는 CO_2, 건조분말, 할론 및 할로젠화합물 소화약제가 유효하다. 소규모 화재는 물분무, 포를 사용한다. 증기 폭발의 위험이 있으므로 충분히 안전거리를 유지하고 공기호흡기 등의 안전장비를 착용한다.

〈유해성〉 유독물질로서 눈과 피부에 약상을 입히며 증기를 흡입하면 호흡기계통을 자극하고 마취성이 있다.

10) **펜타보레인**(Penta Borane) B_5H_9

〈용도〉 반도체 공업

〈성상〉

① 강한 자극성 냄새가 나는 무색의 액체이다. 물에 녹지 않는다. 인화점이 매우 낮다.

② 분자량＝63.2 증기비중＝2.18 증기압＝171 mmHg(20℃)
융점＝－123～－47℃ 비점＝60～63℃ 비중＝0.61～0.66
인화점＝－30℃ 발화점＝35℃ 연소범위＝0.4～98vol%

〈위험성〉

① 발화점이 매우 낮기 때문에 공기 중 노출되면 자연발화의 위험성이 높은 인화성의 액체이다.

② 증기는 공기보다 무겁고 낮은 곳에 체류하며 연소범위가 매우 넓으며 작은 점화원에 의해서도 쉽게 인화·폭발한다.

③ 연소하면 역화의 위험이 있고 붕소증기를 포함한 자극성·유해성의 연소가스를 발생한다.

④ 밀폐용기가 가열되면 심하게 파열한다.

⑤ 매우 불안정하여 낮은 온도에서 심하게 분해하고 발화한다.

⑥ 산화성 물질, 직사광선, 그리스, 할로젠화합물 등과 반응하면 연소 위험성이 증가한다.

〈저장·취급〉

① 공기 중 누출방지. 직사광선 차단. 가열금지. 화기엄금. 용기는 차고 건조하며, 환기가 잘 되는 안전한 곳에 저장한다.

② 저장용기를 철저히 밀폐시키고 정전기로 인한 점화원 배제와 전기설비에 대한 방폭조치를 하여야 한다.

③ 고온체와 멀리 하며 산화성 물질, 고무, 그리스, 기름, 할로젠화합물과의 접촉을 방지한다.

④ 강제와 니켈로 만든 용기에 저장하고 공간에는 He과 같은 불활성 가스를 봉입시킨다.

〈소화방법〉 물분무로 용기 외벽으로부터 열 흡수에 주력한다. 물과 할론·할로젠화합물 소화약제는 효과가 없다. 화재진압 중 충분히 안전거리를 유지하며 가급적 짧은 시간에 진압하여야 한다.

〈유해성〉 눈과 피부 자극. 과다 노출되면 현기증, 두통, 졸음, 혼돈, 불안, 경련

2. 제1석유류 지정수량 { 비수용성 액체 200 L / 수용성 액체 400 L

제1석유류의 지정품명은 아세톤 및 휘발유 2가지이며 지정성상으로서는 1기압, 20℃에서 액체인 것으로서 인화점이 21℃ 미만의 것을 말한다.

인화점이 −20℃ 이하이지만 비점이 40℃를 초과하는 물품은 석유류 분류상 특수인화물에 속하지 않고 제1석유류로 분류되지만 이것은 경우에 따라서는 특수인화물과 같은 상태의 위험성을 나타내므로 주의가 필요하고 항상 상온 이하의 인화점이 유지되기 때문에 인화의 위험성이 큰 그룹이다. 1 atm, 20℃에서 석유류와 증류수를 동일량을 완전혼합하고 유동을 정지시켰을 때 균일한 외관이 유지되면 '수용성'이고 층이 생기면 '비수용성'이다. 이러한 구분은 지정수량을 달리 적용하기 위한 것이다.

1) 아세톤(Acetone) CH_3COCH_3 지정수량 400 L

〈용도〉 저비점용제(유지, 플라스틱, 왁스, 바니시, 고무, 수지, 필름, 화약제조, 니스, 도료), 질화면 제조, 무수아세트산의 제조, 아세틸렌 흡수제, 의약품(비타민 C) 제조, 화학분석, 접착제, 래커의 원료, 에폭시수지의 원료, 메타크릴산메틸, 비스페놀 A의 재료, 폭약, 염료, 인견, 니스 제거제, 감광용 화학물질 제조, 탈지용, 매니큐어 제거제

〈성상〉

① 무색 자극성의 과일 냄새가 나는 유동성·휘발성·인화성의 액체이다.

② 분자량 = 58.08 증기비중 = 2.0
융점 = −94.3℃ 비점 = 56℃ 비중 = 0.8
인화점 = −20℃ 발화점 = 468℃ 연소범위 = 2.5 ~ 12.8vol%

③ 물, 알코올, 벤젠, 에터, 클로로폼 및 휘발유에 잘 녹고 유기물을 잘 녹인다.

④ 아이오도폼반응을 일으킨다. 아세톤과 KI(아이오딘화칼륨) 용액 반응하면 노란색이 침전된다.

⑤ 장기간 보관 중 황색으로 변질되며 햇빛에 의해 분해한다.

⑥ C_2H_2을 녹이므로 C_2H_2 저장에 이용된다.

〈위험성〉

① 비점이 낮아 휘발하기 쉽고 상온에서 인화성 증기를 발생하기 때문에 인화성이 강하다. 매우 작은 점화원에 의해서도 인화한다.

② 가연성의 증기는 공기와 곧 혼합하여 연소범위를 형성하고 낮은 곳에 체류한다.

③ 제1류 위험물과 같은 강산화제, 질산, 황산, H_2O_2 등과 혼촉하면 발화할 위험성이 매우 높다.

④ 과염소산나이트릴($NOClO_4$), 과염소산나이트로실(NO_2ClO_4) 등의 과염소산염류와 혼촉하면 발화 또는 폭발의 위험이 있다. 그리고 액체 염소, 클로로폼, 알칼리혼합물, NaOH와 격렬히 반응한다.

⑤ 10% 수용액 상태에서도 인화의 위험이 있다.
⑥ 햇빛 또는 공기와 접촉하면 폭발성의 과산화물을 만든다.

〈저장·취급〉

① 직사광선 차단. 화기엄금. 용기는 차고 어두운 곳에 저장하고 통풍·환기가 잘 유지되도록 한다.
② 일부를 사용한 후에는 반드시 밀전하여 보관하며 빈 용기도 밀전할 필요가 있다.
③ 증기가 누설되면 모든 점화원을 제거하며 물분무로 증기를 제거시킨다. 원액이 누출되면 모래 또는 불연성 흡수제를 덮어 회수한다.
④ 취급소 내의 전기설비는 방폭조치하고 저장·취급 중 정전기의 발생 또는 축적을 방지하여야 한다.
⑤ 제1석유류를 저장·취급하는 옥외저장소의 주위에는 배수구 및 집유설비를 설치하고 비수용성의 것은 집유설비에 유분리장치를 설치하여야 한다. (법령상 모든 제1석유류에 적용된다.)

〈소화방법〉 소규모 화재의 경우는 알코올형 포, 할론, CO_2, 분말에 의해 질식소화한다. 대형화재의 경우는 다량의 알코올형 포를 사용한다. 수용성 석유류이므로 대량 주수하거나 물분무에 의해 희석소화가 가능하다. 화점과는 충분히 안전거리를 유지하고 공기호흡기 등의 안전장비를 착용한다.

〈유해성〉 증기를 흡입하면 구토 증세, 실신 증상, 마취 작용, 의식 상실, 피부와 접촉하면 탈지작용

2) **휘발유**(Gasoline) $C_5H_{12} \sim C_9H_{20}$ **지정수량** 200 L

〈용도〉 자동차 및 항공기 등의 연료, 공업용 용제, 세척제, 희석제, 추출제, 도료

〈성상〉

① 주성분은 $C_5H_{12} \sim C_9H_{20}$의 알케인 또는 알켄이다.
② 비점 = 30 ~ 225℃ 비중 = 0.65 ~ 0.76 증기비중 = 3 ~ 4
발열량 = 12,000 kcal/kg 인화점 = −43 ~ −20℃ 발화점 = 300℃
연소범위 = 1.4 ~ 7.6vol%
③ 무색 투명한 휘발성의 액상 유분으로 휘발유 특유의 냄새가 난다.
④ 물에 녹지 않고 고무, 수지, 유지 등을 잘 녹이며 유기용제에 잘 녹는다.
⑤ 비전도성으로 정전기를 발생 축적시키므로 대전을 일으키기 쉽다.

〈위험성〉

① 다양한 연료로서 이용되며 작은 점화원 또는 정전기 스파크에 의해서 인화가 용이하다.
② 증기는 공기보다 무겁기 때문에 낮은 곳에 흘러 체류하기 쉬우며 먼 곳에서도 인화하기 쉽다.
③ 연소범위의 하한이 낮아 조금의 증기량만 있어도 연소할 가능성이 있다. 연소범위 하한 1.4vol%는 1드럼통의 공간에 휘발유 약 9 g이 존재하면 형성된다. 따라서 빈 용기에 증기가 잔류하지 않도록 한다.

④ 비전도성(부도체)으로 정전기의 발생, 축적시키므로 대전을 일으키기 쉽다.

⑤ 제1류 위험물과 같은 강산화제와 혼합하거나 또는 [휘발유 + 강산화제]에 강산류가 혼합하면 혼촉발화하는 것이 있다. 예를 들면 [휘발유 + $KClO_3$ + 진한 HNO_3]이 있으며 이와 유사한 그룹도 혼촉발화한다.

〈저장·취급〉

① 화기엄금. 불꽃·불티 접촉방지. 가열금지. 직사광선을 차단한다.

② 증기의 누설 및 액체의 누출을 방지하고, 용기는 차고 건조하며 통풍·환기가 잘 되는 곳에 저장한다.

③ 강산화제, 강산류와의 접촉을 피한다.

④ 유체 마찰에 의해 저장 취급 중 정전기의 발생 및 축적이 되므로 옮겨 담는 작업할 때는 주의하고, 취급소 내 전기설비에 대해서는 방폭조치한다.

〈소화방법〉 초기화재 또는 소규모 화재의 경우 포, CO_2, 분말, 할론 소화약제에 의해 질식소화한다. 대량인 경우 냉각주수는 불가하며 포에 의한 질식소화가 적절하다. 대형화재인 경우 유증기 폭발이 우려되므로 화점과는 충분히 안전거리를 유지하고 공기호흡기 등의 안전장비를 착용한다.

〈유해성〉 탄화수소류의 독성은 있으나 강하지 않은 편이며 자동차 연료용은 안티녹킹제(테트라에틸납)를 혼합하고 있어 독성이 강하다. 연소생성물은 불순물에 의해 SO_2가 발생하고 엔진 내의 고온에 의해 질소산화물이 생겨 유독하다.

3) 벤젠(Benzene) C_6H_6  지정수량 200 L

〈용도〉 합성수지, 합성섬유, 계면활성제, 의약, 염료, 농약(BHC), 용제, 도료, 에탄올 변성제, 광범위한 화학제품의 원료, 에틸벤젠 → 스타이렌 → 폴리스타이렌, 큐멘 → 페놀 → 아디프산, 사이클로헥세인 → 카프로락탐 → 나일론, 알킬벤젠 → 알킬벤젠설포네이트, 무수말레산 → 불포화폴리에스터수지, 클로로벤젠 → 페놀, 나이트로벤젠 → 아닐린, 벤젠설폰산 → 벤젠설폰산나트륨 → 나트륨페놀레이트

〈성상〉

① 방향족 탄화수소이다. 무색 투명하며, 독특한 냄새를 가진 휘발성·인화성이 강한 액체이다.

② 분자량 = 78.1　　증기비중 = 2.8　　증기압 = 75 mmHg(20℃)
융점 = 6℃　　비점 = 80℃　　비중 = 0.9
인화점 = −11℃　　발화점 = 498℃　　연소범위 = 1.2 ~ 7.8vol%

③ 물에는 녹지 않지만 알코올, 아세톤, CCl_4, 에터에 임의로 녹고 고무, 유지, 수지 등 여러 가지의 유기물질을 잘 녹인다.

④ 불포화결합을 이루고 있으나 안정하다. 첨가반응 보다 치환반응이 많다.

a. 나이트로화 : 진한 황산의 존재 하에 진한 질산을 작용시키면 나이트로벤젠을 얻는다.

$$C_6H_6 + HNO_3 \xrightarrow{c\text{-}H_2SO_4} C_6H_5NO_2 + H_2O$$

b. 설폰화 : 발연 황산(진한 황산)과 반응하여 벤젠설폰산이 된다.

$$C_6H_6 + H_2SO_4 \xrightarrow[\triangle]{SO_3} C_6H_5SO_3H + H_2O$$

c. 할로젠화 : 철 촉매 하에서 염소와 반응시켜 클로로벤젠을 얻거나 햇빛 존재 하에서 BHC (Benzene Hexa Chloride)를 얻는다.

$$C_6H_6 + Cl_2 \xrightarrow{Fe} C_6H_5Cl + HCl$$

$$C_6H_6 + 3Cl_2 \xrightarrow{\text{햇빛}} C_6H_6Cl_6$$

d. 수소첨가 : 벤젠 증기와 수소와의 혼합물을 150℃에서 니켈 촉매 하에서 반응시켜 사이클로헥세인을 얻는다.

$$C_6H_6 + 3H_2 \xrightarrow[\triangle]{Ni} C_6H_{12}$$

〈위험성〉

① 연소 위험성이 강하여 인화하기 쉽고, 화재 발생 때는 다량의 흑연(그을음)을 발생하고 뜨거운 열을 내면서 연소한다.

$$2C_6H_6 + 15O_2 \xrightarrow{\triangle} 12CO_2\uparrow + 6H_2O\uparrow$$

② 융점이 6℃이고 인화점이 −11℃이기 때문에 겨울철에는 응고된 상태에서도 연소한다.

③ 오존(O_3)과 반응하여 오조니트를 만드는데 이것은 극히 불안정하여 폭발성이 강하다.

④ 증기는 공기보다 무거워 낮은 곳에 체류하며, 이때 점화원에 의해 불이 일시에 번지며 역화의 위험이 있다. 또한 증기는 마취성, 유해성이다.

⑤ 물위에 뜨며 이때도 점화원에 의해 불이 확산된다.

⑥ 제1류 위험물과 같은 강산화제와 반응하여 혼촉발화 위험이 높다.

⑦ 비전도성이므로 유체 마찰에 의해 정전기의 발생 및 축적 위험이 있다.

⑧ HNO_3, H_2SO_4, 과망가니즈산($HMnO_4$), 펜타플루오린화브로민(BrF_5) 등의 광범위한 강산화성 물질과 혼촉발화 위험이 높다.

⑨ $NaClO_3$, $NaClO_4$, $AgClO_4$, H_2O_2 등과 혼촉에 의해 발화 위험이 있다.

〈저장·취급〉

① 직사광선 차단. 화기엄금. 용기는 차고 어두운 곳에 저장하고 증기는 공기 보다 무거우므로 통풍·환기가 잘되는 안전한 곳에 저장한다.

② 외부와 멀리 떨어지도록 하고 산화성 물질과 철저히 격리한다.

③ 누출되면 증기 발생을 줄이기 위해 물분무하고 불연성 물질로 흡수 제거한다.

〈소화방법〉 물분무, 건조분말, 알코올형 포, 할론 및 할로젠화합물 소화약제, CO_2에 의해 질식소화한다. 불이 난 용기는 물분무로 집중냉각시킨다. 파이프라인에서 화재가 발생한 때에는 CO_2, 분말에 의해 소화한다. 피부 접촉을 피하고 위험한 증기를 피해 바람 부는 위쪽에서 보호복과 공기호흡기 등의 안전장비를 착용하고 접근한다.

〈유해성〉 유독물질로서 눈에 들어가면 자극을 주고 피부와 접촉하면 자극성, 탈지작용이 있다. 증기는 유독하며 급속중독되면 마취증상이 강하게 나타나고 두통, 빈혈, 메스꺼움, 호흡 곤란을 초래한다. 환경호르몬 발생물질이다. 장시간 노출되면 피부 및 호흡기질환, 만성중독, 간장 장애, 빈혈, 뇌와 신경 장애, 백혈병, 암 등을 일으키며 심하면 (20,000 ppm, 5～10분 흡입) 사망한다.

4) **톨루엔**(Toluene) $C_6H_5CH_3$ 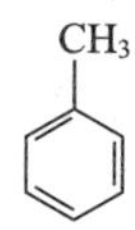 **지정수량** 200 L

〈용도〉 도료·용제·세제·잉크·래커·페인트 제조, 합성화학 원료, 염료, 수지 접착제, 염료, 폭약, 의약, 향료, 화약, 합성연료, 감미료, 표백제, 벤젠, 벤즈알데하이드 → 벤조산 → 카프로락탐, 테레프탈산, 페놀, 나이트로톨루엔, 다이나이트로톨루엔 → 톨루엔다이아이소사이아네이트(TDI), 톨루엔설폰산

〈성상〉

① 방향족 탄화수소이다. 무색 투명하며 벤젠 향의 독특한 냄새를 가진 휘발성·인화성 액체이다.

② 분자량＝92.14 증기비중＝3.1 증기압＝22 mmHg(20℃)
융점＝－95℃ 비점＝111℃ 비중＝0.9
인화점＝4℃ 발화점＝480℃ 연소범위＝1.1～7.1vol%

③ 진한 질산과 진한 황산으로 나이트로화시키면 TNT가 된다.

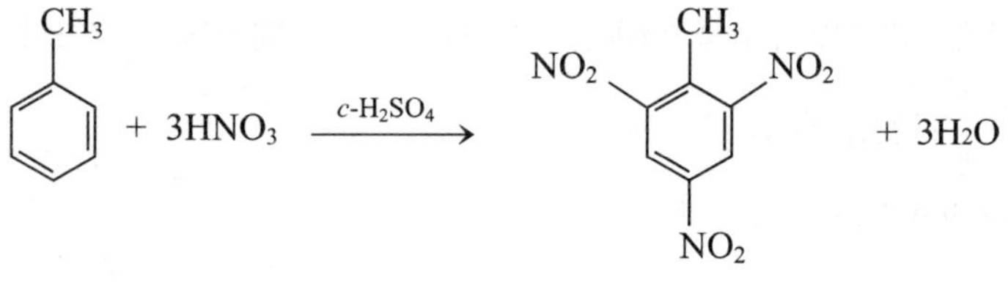

④ 톨루엔에 햇볕을 쪼이면서 염소를 반응시키면 치환반응이 일어난다.

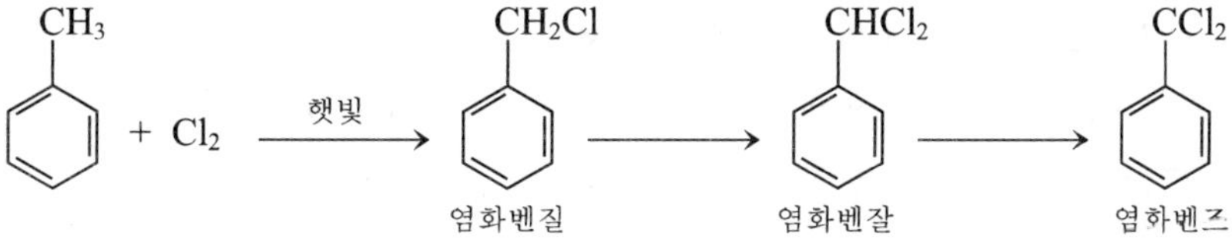

⑤ 톨루엔에 Fe를 촉매로 쓰면서 염소와 반응시키면 핵치환반응이 일어난다.

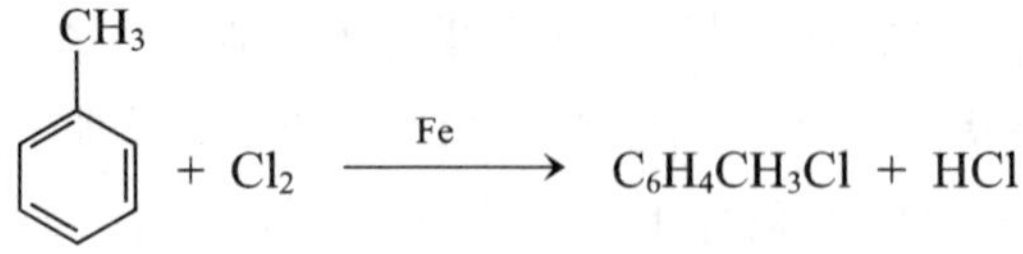

⑥ 물에 녹지 않지만 알코올, 에터, 벤젠 등의 유기용제에 잘 녹으며 유지, 수지, 고무 등을 잘 녹인다. 플라스틱과 고무를 부식시키나 금속은 부식되지 않는다.

〈위험성〉

① 휘발성이 강하여 인화가 용이하며 연소할 때는 자극성·유해성 가스를 발생한다.

$$C_6H_5CH_3 + 9O_2 \xrightarrow{\triangle} 7CO_2\uparrow + 4H_2O\uparrow$$

② 공기와의 혼합증기는 폭발성이며 증기는 공기보다 무거워서 낮은 곳에 체류하며, 점화원에 의해 인화·폭발한다.

③ 제1류 위험물 또는 제6류 위험물과 같은 산화성 물질, CCl_4, HCl 등과 격렬히 반응하여 혼촉발화 위험이 있다.

④ 고농도의 NO_2 또는 BrF_3(트라이플루오린화브로민)과 혼합하면 폭발위험이 있다.

〈저장·취급〉 C_6H_6에 준한다.

〈소화방법〉 분말, CO_2, 포에 의해 일시에 소화한다. 소규모 화재는 물분무에 의해 소화가 가능하다. 기타의 경우는 직접 화염에 주수하지 말고 주수는 용기 냉각과 화재확대 방지에 주력한다.

〈유해성〉 환각성 유독물질로서 눈에 들어가면 점막을 자극하고 피부로 흡수되면 탈지작용 및 중독증상이 나타난다. 증기는 마취성이 있고 피부와 접촉하면 자극성 탈지작용이 있다. 증기를 흡입하면 현기증, 두통, 구토, 호흡기 자극, 의식 불명이 나타나며 중독되면 빈혈, 위장장애를 일으키며 고농도에 노출되면 마취·환각작용, 마비상태, 의식상실, 질식 사망에 이른다(2,000 ppm : 중독증상, 7,500 ppm 30～60분 : 사망, 20,000 ppm 5～10분 : 사망). 독성은 벤젠보다 약하다.

5) **자일렌**(xylene) $C_6H_4(CH_3)_2$

〈별칭〉 xylol, dimethyl benzene, 크실렌

〈용도〉 용제(염료, 유기안료), 도료, 시너, 합성섬유 및 플라스틱 등 합성 고분자용 모노머의 제조원료, 의약품, 향료

o-xylene ⟶ 무수프탈산 ⟶ 가소제, 알킷수지

m-xylene ⟶ 아이소프탈산, 자일렌수지, *o*-자일렌, *p*-자일렌

p-xylene ⟶ 테레프탈산 ⟶ 불포화폴리에스터 섬유

〈성상〉

① 오쏘 자일렌(ortho-xylene), 메타 자일렌(meta-xylene), 파라 자일렌(para-xylene) 3가지의 이성체가 있다. 이들은 무색 투명하며 단맛이 있으며 방향성이 있는 방향족 탄화수소이다.

② 3가지 이성질체(분자식은 같으나 구조식이 달라서 성질이 다른 물질)의 주요 성상은 다음과 같다.

구분	구조식	융점	비점	인화점	발화점	연소범위	비고
o-자일렌	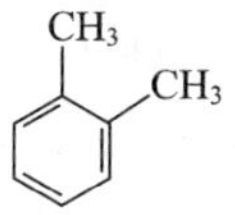	−25℃	144℃	17℃	464℃	0.9∼7.0%	제1석유류 (지정수량 200 L)
m-자일렌	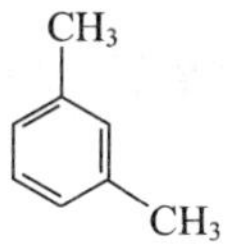	−48℃	139℃	25℃	527℃	1.1∼7.0%	제2석유류 (지정수량 1,000 L)
p-자일렌	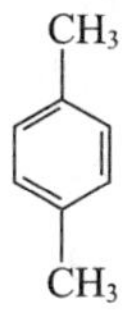	13℃	138℃	25℃	528℃	1.1∼7.0%	제2석유류 (지정수량 1,000 L)

분자량 = 106.2　　　증기비중 = 3.66　　　비중 = 0.8

③ 물에 녹지 않고 자극성·마취성·인화성이 강하다.

〈위험성〉

① 가연성 액체로서 증기는 공기보다 무거워 체류하며 점화원에 의해 인화되어 일시에 번진다.

② 난용성이고 물보다 가볍기 때문에 물 위로 누출되고, 화재 지점에 직접 봉상주수하면 멀리 화재가 확대되어 위험하다.

③ 강산화제(HNO_3 등의 강산류 또는 염소산염류, 질산염류)와 반응하여 혼촉발화 폭발의 위험이 높다.

④ 유동에 의해 정전기의 발생과 축적을 초래한다.

⑤ 과열에 의해 용기가 폭발하고 연소할 때는 자극성 유독가스를 발생한다.

〈저장·취급〉 C_6H_6에 준한다.

〈소화방법〉 건조분말, 포, CO_2, 물분무를 사용하여 질식소화한다. 직접 물을 화점에 뿌리면 효과가 없다. 연소생성물은 자극성·유해성 가스이기 때문에 화재진압 중 반드시 특수보호복과 공기호흡기 등을 착용한다.

〈유해성〉 유독물질로서 눈에 들어가면 약상을 입고, 피부와 접촉하면 피부염을 일으킨다. 증기는 눈, 코, 목을 자극하고 고농도 증기를 흡입하면 혼수상태, 두통, 흥분, 마취 상태가 되며 사망에 이르기도 한다. 만성중독 시는 골수 장애를 일으킨다.

6) 염화아세틸(Acetyl Chloride) CH_3COCl

〈용도〉 유기합성

〈성상〉

① 강한 자극성 냄새가 나는 무색 또는 미황색의 발연성·인화성의 액체이다.

② 분자량=78.5 증기비중=2.7 증기압=135 mmHg(8℃)
융점=−112℃ 비점=51℃ 비중=1.10
인화점=4℃ 발화점=390℃ 연소범위=5.0%~

〈위험성〉

① 증기는 공기보다 무겁고 공기와 혼합하면 점화원에 의해 인화·폭발하고 역화의 위험이 있다.

② 연소할 때는 유해성 가스인 염화수소(HCl)와 포스젠($COCl_2$)을 분해한다.

③ 밀폐된 용기가 가열되면 격렬하게 파열한다.

④ 물과 격렬하게 반응하여 자극성의 염화수소산(HCl)과 아세트산(CH_3COOH)을 만든다.

⑤ 알코올, 알칼리, 아민류와 강산화성 물질과 접촉하면 격렬하게 반응한다.

〈저장·취급〉

① 차고 건조하며 바람이 잘 통하는 곳에 저장한다.

② 알코올, 알칼리, 아민류, 강산화제와의 접촉을 방지한다.

〈소화방법〉 주수소화 엄금. 초기화재 또는 소규모 화재는 건조분말 또는 CO_2를 사용한다. 유해성의 증기와 분해가스를 피하여 바람을 등지고 접근한다. 공기호흡기 등의 안전장비를 착용하고 진화할 때는 엄폐물을 이용하며 가급적 먼 거리에서 짧은 시간에 진압하도록 한다.

〈유해성〉 부식성이 강하여 눈과 피부와 접촉하면 화상. 증기는 눈, 피부, 호흡기계통 자극

7) 아세토나이트릴(Aceto Nitrile) CH_3CN 지정수량 400 L

〈용도〉 향료, 썰파제 제조원료, 비타민 B_1제조, 유기합성, 알코올의 변성제, 합성섬유

〈성상〉

① 무색 투명하며 에터 냄새가 있는 인화성 액체이다.

② 분자량=41.05 증기비중=1.4 증기압=73 mmHg(20℃)
융점=−46℃ 비점=82℃ 비중=0.79
인화점=6℃ 발화점=524℃ 연소범위=3.0~16vol%

③ 물, 에터, 알코올과 자유롭게 섞이며, 수용액 상태에서도 유독하다.

〈위험성〉

① 증기는 공기보다 무겁고 혼합하면 점화원에 의해 인화·폭발의 위험이 있고, 화재 중 역화 위험도 있다.

② 가열하면 발화하고 연소하면 자신보다 연소생성물(질소산화물, HCN)은 더 유독하다.

③ 산화제와 혼촉에 의해 발열·발화의 위험이 있다.

〈저장·취급〉

① 화기엄금. 가열금지. 직사광선 차단. 용기는 차고 건조하며 환기가 잘 되는 안전한 곳에 저장한다.

② 산화제, 강산류와의 접촉을 방지한다.

③ 증기발생 및 액체의 누출방지를 위하여 용기를 완전히 밀폐한다.

④ 취급소 내 전기설비는 방폭조치하며 취급 중 정전기의 발생 및 축적을 방지하여야 한다.

〈소화방법〉 초기화재 또는 소규모 화재는 물분무, 분말, 알코올형 포, 할론 및 할로젠화합물, CO_2도 유효하지만 대형화재인 경우는 알코올형 포로 일시에 소화한다. 이때 물분무로 용기의 외벽을 냉각시켜주면 좋다. 증기 및 연소생성물은 유해성이 강하므로 공기호흡기 등의 안전장비를 착용한다. 화점에 접근할 때는 발생증기 및 유해성 연소생성물을 피하여 바람을 등지고 접근하여야 한다.

〈유해성〉 유독물질로서 눈, 피부에 심한 통증. 증기에 흡입하면 마취, 구토, 호흡 장애. 사망

8) 아크롤레인(Acrolein) $CH_2 = CHCHO$

〈용도〉 아크릴로나이트릴·알릴알코올·글리세롤의 제조원료, 수지 중간체, 아미노산 제조원료, 의약품, 섬유 처리제, 추출용 용제, 약품합성 원료, 향료, 염료, 살균제의 원료, 알코올의 변성제, 최루탄 제조

〈성상〉

① 무색 투명하며 불쾌한 자극성 냄새가 있는 인화성의 액체이다.

② 분자량 = 56.1　　증기비중 = 1.9　　증기압 = 210 mmHg(20℃)
　융점 = −88℃　　비점 = 52℃　　비중 = 0.8
　인화점 = −26℃　　발화점 = 220℃　　연소범위 = 2.8～31vol%

③ 물, 에터, 알코올에 잘 녹는다.

④ 상온 상압 하에서 공기에 의해 용이하게 산화되어 아크릴산이 된다.

$$2CH_2 = CHCHO + O_2 \longrightarrow 2CH_2 = CHCOOH$$

⑤ 장기 저장 중 NH_3와 쉽게 중합하여 수지상태와 같은 고체로 된다.

$$CH_2 = CHCHO + NH_3 \longrightarrow CH_2 = CHCH(OH)NH_2$$

〈위험성〉

① 휘발성이 강하고 아주 작은 점화원에 의해서도 인화하기 쉽고 증기는 공기 보다 무겁고 연소 시 역화의 위험이 있으며 점화원에 의해 폭발 위험이 강하다.

② 반응성이 풍부하여 중합반응을 일으키는데 이때 발열한다. 이 중합반응은 산화제, 과산화물, 강산류, 알칼리, 높은 온도 또는 직사광선에 의해 일어난다.

③ 누설된 모노머 증기는 환기구 등 내에서 중합체를 형성하고 공간을 폐쇄하여 예기치 못하는 위험을 초래한다.

④ 장시간 동안 과산화물과 강산류에 접촉하면 충격에 예민한 유기과산화물과 같은 형태의 물질을 형성한다.

⑤ 밀폐된 저장용기가 가열되면 심하게 파열된다.

⑥ 열이나 불꽃에 접촉하면 분해하여 자극성·유해성 가스를 발생한다.

⑦ NH_3, NaOH, 아민류 등과 혼합한 것은 가열에 의해 발화하고 O_2와 접촉하면 폭발성 물질을 생성한다.

〈저장·취급〉

① 직사광선 차단. 화기엄금. 증기누설 억제. 가열금지. 용기는 차고 건조하며 통풍이 잘 되는 곳에 저장하고 외부와 멀리 떨어지도록 한다.

② 공기와의 접촉을 방지하고 저장용기나 탱크의 공간에 N_2 등의 불활성 가스를 봉입시킨다.

③ 강산화제, 과산화물, 강산류, 알칼리와 철저히 격리하여 저장한다.

④ 누출되면 모든 점화원을 제거하고 용기는 물분무로 냉각시키며 누출된 액체는 불연성 물질로 흡수처리한다.

〈소화방법〉 초기화재는 물분무, 건조분말, 알코올형 포, 할론 및 할로젠화합물, CO_2를 사용하여 질식소화하며 그 밖의 경우는 알코올형 포로 소화한다. 연소하면 자극성·유해성 가스를 방출하므로 장시간 소화작업할 때는 반드시 특수보호복과 공기호흡기 등을 착용한다.

불이 난 용기는 물분무로 집중 냉각시키면 효과가 있다. 화재진압은 완전 엄폐된 장소에서 행하고 가능한 짧은 시간에 종료하여야 한다.

〈유해성〉 맹독성 유독물질이며 증기는 눈이나 호흡기를 자극하고 눈물이 난다. 액체가 피부와 접촉하면 심한 염증과 홍반 등의 약상이 나타난다. 증기를 흡입하면 치명적이며 점막을 자극하고 호흡곤란, 기관지염을 일으킨다.

9) 아크릴로나이트릴(Acrylo Nitrile) $CH_2 = CHCN$

〈용도〉 아크릴계 합성수지의 원료, 합성고무의 원료, ABS수지의 원료, 아디포나이트릴 제조

〈성상〉

① 단맛의 취기가 있는 무색 또는 미황색의 액체로서 물에 약간 녹는다.

② 분자량 = 53.1　　증기비중 = 1.8　　증기압 = 83 mmHg(20℃)
　융점 = −84℃　　비점 = 77℃　　비중 = 0.81
　인화점 = 0℃　　발화점 = 481℃　　연소범위 = 3.0∼18vol%

③ 매우 유독하며 반응성이 풍부하여 위험한 중합을 일으키기 쉽다.

〈위험성〉

① 증기는 공기보다 무겁고 공기와 혼합하여 아주 작은 점화원에 의해 인화·폭발의 위험성이 높고, 낮은 곳에 체류하여 흐른다. 연소 중 역화 위험이 있다.

② 밀폐용기를 가열하면 심하게 폭발하고 연소 중 유독가스(HCN, 질소산화물)가 발생한다.

③ 강산화제와의 혼촉에 의해 발열하거나 발화한다.

④ 인화점이 낮아서 희석용액 상태에서도 매우 위험하다.

⑤ 고온 분위기의 알칼리와의 접촉에 의해 위험한 중합반응을 일으킨다. 통제 안 된 모노머 증기는 통기관 또는 여러 공간에서 중합체를 형성하여 설비에 위험을 초래한다.

〈저장·취급>

① 증기발생 억제. 화염·불꽃·화기엄금. 가열금지. 직사광선 차단. 용기는 차고 건조하며 환기가 잘 되는 안전한 곳에 저장한다.

② 산화제, 알칼리, 강산류와의 접촉을 방지한다.

③ 증기의 누설 및 액체의 누출 방지를 위하여 용기를 완전히 밀폐하고 정전기의 발생 및 축적을 방지한다.

〈소화방법〉 초기소화는 물분무, 분말, CO_2, 알코올형 포가 유효하나 대형화재인 경우는 알코올형 포로 일시에 소화한다. 주수는 주위의 연소 방지 또는 용기를 냉각하는데 사용한다. 소화작업 중 엄폐하고 가능한 짧은 시간에 진압할 수 있도록 한다. 공기호흡기 등의 안전장비를 착용하여야 한다.

〈유해성〉 유독물질로서 눈에 들어가면 결막염. 피부 약상. 증기를 흡입하면 두통, 혐오감, 의식 불명 증상

10) 알릴아민(Allylamine)　　$CH_2 = CHCH_2NH_2$

〈용도〉 염료, 의약, 수지, 유기합성

〈성상〉

① 강한 NH_3 냄새가 나는 무색의 인화성 액체이다. 물에 녹는다.

② 분자량 = 57.1　　증기비중 = 1.97
　융점 = −88℃　　비점 = 53℃　　비중 = 0.76

인화점 = −20℃ 발화점 = 374℃ 연소범위 = 2.2 ~ 22.0vol%

〈위험성〉

① 증기는 공기보다 무겁고 공기와 혼합한 것은 점화원에 의해 쉽게 인화·폭발하며 연소하면 역화의 위험이 있다.

② 연소하면 질소산화물을 포함하여 자극성·유해성의 가스를 다량 발생한다.

③ 강산류, 하이포아염소산염류 등의 산화성 물질, 염소, 할로젠화합물, 활성이 강한 금속 및 유기화합물과 반응한다.

④ 분해하면 아민 증기를 포함하여 CO, CO_2, 탄소화합물류, 질소산화물을 발생한다.

⑤ 고온, 강산화제, 과산화물에 의해 중합반응을 일으킨다.

〈저장·취급>

① 산화성 물질, 강산류, 할로젠화합물과 격리한다.

② 용기는 차고 건조하며 통풍·환기가 잘 되는 곳에 저장한다.

〈소화방법〉 초기소화는 물분무, 건조분말, 알코올형 포, CO_2가 유효하며 기타의 경우는 다량의 알코올형 포를 사용한다. 용기를 물분무로 냉각을 병행하면 효과가 좋다. 강한 직사방수는 효과가 없다. 공기호흡기 등의 안전장비를 착용한다.

〈유해성〉 부식성 물질로 노출되면 눈에 화상을 입힌다. 증기는 눈을 자극하고 눈물흘림을 일으키고 흡입하면 기관지계통을 자극하고 심하면 혐오감, 폐부종 등을 일으킨다.

11) 뷰틸알데하이드(Butyraldehyde) $CH_3(CH_2)_2CHO$

〈용도〉 합성수지 원료, 고무가황 촉진제, 유기합성 원료

〈성상〉

① 특이한 질식성의 과일 냄새가 나는 무색의 인화성 액체이다.

② 분자량 = 72.1 증기비중 = 2.49 증기압 = 88.5 mmHg(20℃)
융점 = −99℃ 비점 = 76℃ 비중 = 0.8
인화점 = −12℃ 발화점 = 230℃ 연소범위 = 2.5 ~ 12.5vol%

③ 물에 잘 녹지 않으며 알코올에 잘 녹는다.

〈위험성〉

① 인화 위험성이 높으며 증기는 공기보다 무겁고 낮은 곳에 체류하여 흐른다. 작은 점화원에 의해 쉽게 인화·폭발하며 연소하면 역화의 위험이 있다.

② 장기간 공기 중 방치하면 불안정하고 폭발성의 과산화물을 생성한다.

③ 밀폐된 용기가 가열되면 심하게 파열하며 연소하면 자극성·유해성의 가스를 발생한다.

④ 위험한 중합반응을 일으키기 쉽고 강산화성 물질, 아민류, 강알칼리, 강산류와 접촉하면 심하게

반응하고 혼촉발화를 일으키는 경우도 있다.

〈저장·취급〉

① 화기엄금. 가열금지. 직사광선 차단. 증기 및 액체의 누출을 방지한다.

② 용기는 차고 건조하며 환기가 잘 되는 곳에 저장한다.

③ 강산화성 물질, 아민류, 강알칼리, 강산류 및 기타 위험한 반응을 일으킬 수 있는 화학물질과의 접촉을 방지시킨다.

④ 정전기의 발생과 축적을 억제시키고 취급장소에는 전기시설을 방폭조치하여야 한다.

⑤ 공기와의 접촉을 방지하고 저장용기 중에 불활성 가스를 봉입하여 자연 중합반응을 억제시켜야 한다.

〈소화방법〉 물분무, 포, CO_2가 유효하며 직접 주수하는 것은 효과가 없다. 안전거리를 충분히 유지하고 공기호흡기 등의 안전장비를 착용한다. 물분무로 용기의 외벽을 계속 방수하여 냉각시킨다.

〈유해성〉 증기는 눈, 코, 목을 자극하고 액체가 눈에 들어가면 화상을 입고 피부와 접촉하면 약한 상처를 입힌다. 고농도의 증기에 노출되면 혼수상태, 혐오감, 의식상실을 일으킨다.

12) 사이클로헥세인(Cyclohexane)　C_6H_{12} 

〈용도〉 용제(알코올, 에터, 고분자지방산, 탄화수소류, 아민, 수지, 왁스, 페인트, 바니시, 고무, 유지, 도료), 사이클로헥산올 → 사이클로헥실아민, 사이클로헥산온 → 아디프산 → 헥사메틸렌아민, 카프로락탐 → 나일론, 벤젠, 에틸렌, 뷰타다이엔 제조

〈성상〉

① 무색 석유와 같은 자극성 냄새를 가진 휘발성·인화성이 강한 액체이다.

② 분자량 = 84.16　　증기비중 = 2.9　　증기압 = 75 mmHg(20℃)
융점 = 6.5℃　　비점 = 82℃　　비중 = 0.8
인화점 = −20℃　　발화점 = 245℃　　연소범위 = 1.3 ~ 8.0vol%

③ 물에 녹지 않지만 광범위하게 유기화합물을 녹인다.

〈위험성〉

① 증기는 공기와 혼합하여 폭발성 가스를 형성하여 인화·폭발의 위험이 있으며 연소하면 역화의 위험이 있다.

② 가열에 의해 발열·발화하며 화재 중 자극성·유해성의 가스를 발생한다.

③ 산화제와 혼촉하거나 이것을 가열·충격·마찰에 의해 발열·발화한다.

〈저장·취급〉 C_6H_6에 준한다.

〈소화방법〉 초기화재는 분말, CO_2, 알코올형 포가 유효하며 대형화재인 경우는 알코올형 포로 일

시에 소화하고 무인방수포 등을 이용하는 것이 좋다. 탱크화재 중 탱크가 변색되면 폭발의 위험이 있으므로 즉시 피한다. 소화작업 중 공기호흡기 등의 안전장비를 착용한다.

〈유해성〉 유독물질. 눈 및 피부와 접촉하면 약상. 증기를 흡입하면 기침, 질식, 마취, 의식 상실

13) 아세트산에틸(Ethyl Acetate) $CH_3COOC_2H_5$

〈용도〉 유기용제, 향료의 원료, 접착제의 용제, 페인트, 필름, 도료, 인쇄잉크의 용제, 시약

〈성상〉

① 과일 냄새를 가진 무색 투명한 인화성 액체이다.

② 분자량=88.1 증기비중=3.0 증기압=60 mmHg(16.6℃)
융점=−82.4℃ 비점=77℃ 비중=0.9
인화점=−4℃ 발화점=426℃ 연소범위=2.0~11.5vol%

③ 물에 녹으며 다양한 유기물, 수지, 나이트로셀룰로오스를 잘 녹인다.

〈위험성〉

① 증기는 공기보다 무거워 낮은 곳으로 흐르며 공기와 혼합하여 인화·폭발의 위험이 있다.

② 수용액 상태에서도 인화 위험이 있다.

③ 가열에 의해 용기가 심하게 폭발하며 연소하면 유해성 가스를 발생한다.

④ 강산화제와 혼촉에 의해 발열·발화한다.

〈저장·취급〉

① 화기엄금. 가열금지. 직사광선 차단. 용기는 차고 건조하며 환기가 잘 되는 안전한 곳에 저장한다.

② 강산화제, 강산류와의 접촉을 방지한다.

③ 증기의 누설 및 액체의 누출방지를 위해 용기를 완전히 밀폐하며 정전기 등의 작은 점화원도 완전히 제거하여야 한다.

〈소화방법〉 초기화재는 CO_2, 분말, 알코올형 포가 유효하며 대형화재인 경우는 알코올형 포로 일시에 소화한다. 소규모 화재는 다량의 물로 분무주수하여도 효과가 있다. 증기 및 연소생성물은 유독하므로 반드시 공기호흡기 등 안전장비를 착용하여야 한다.

〈유해성〉 환각성 유독물질로서 눈에 들어가면 결막염을 일으키고 피부와 접촉하면 약상을 입는다. 증기를 흡입하면 마취·환각작용이 있으며 기침, 질식을 일으키고 장시간 흡입하면 급송 폐부종을 일으킨다.

14) **에틸벤젠**(Ethyl Benzene) $C_6H_5C_2H_5$

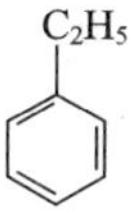

〈용도〉 스타이렌 모노머 제조, 용제, 희석제, 유기화합물 합성, 합성고무

〈성상〉

① 무색 방향성이 있는 인화성의 액체이다.

② 분자량 = 106.2 증기비중 = 3.7 증기압 = 7 mmHg(20℃)
　융점 = −95℃ 비점 = 136℃ 비중 = 0.9
　인화점 = 21℃ 발화점 = 432℃ 연소범위 = 0.8～6.9vol%

③ 물에 잘 녹지 않지만 알킬벤젠, CCl_4, 에터에 녹는다.

〈위험성〉

① 증기는 공기보다 무겁고 낮은 곳에 체류하며 점화원에 의해 쉽게 인화·폭발한다.

② 물보다 가볍고 물에 녹지 않기 때문에 화재진압 중 주수하면 화재면적을 확대한다.

③ 연소 또는 분해하면 자극성·유해성의 가스를 발생한다.

④ 산화성 물질과 반응한다.

〈저장·취급〉 벤젠에 준한다.

〈소화방법〉 초기소화는 물분무, 알코올형 포, CO_2, 건조분말이 유효하며 기타의 경우는 다량의 알코올형 포를 사용한다. 화재진압 중 위험한 증기나 분해가스를 피하고 반드시 공기호흡기 등의 안전장비를 착용한다.

〈유해성〉 눈, 피부, 호흡기계통을 자극한다.

15) **폼산에틸**(Ethyl Formate) $HCOOC_2H_5$

〈용도〉 각종 과실 및 음료용 향료의 원료, 유기합성의 원료, 훈증제

〈성상〉

① 럼주와 유사한 향기를 가진 무색 액체이다.

② 분자량 = 74.08 증기비중 = 2.6
　융점 = −80℃ 비점 = 54℃ 비중 = 0.9
　인화점 = −20℃ 발화점 = 455℃ 연소범위 = 2.8～16.0vol%

③ 물, 글리세롤, 유기용제에 잘 녹는다.

〈위험성〉

① 유증기와 공기의 혼합기체는 낮은 곳에 체류하여 점화원에 의해 인화·폭발하며 연소하면 역화의 위험성이 있다.

② 인화 위험이 매우 높고 휘발유와 비슷한 연소상태를 보이며 연소하면 유독가스를 발생한다.
③ 산화성 물질과의 혼촉에 의해 발열·발화의 위험이 있다.

〈저장·취급〉
① 화기엄금. 가열금지. 직사광선 차단. 용기는 차고 건조하며 환기가 잘 되는 안전한 곳에 저장한다.
② 산화성 물질, 강산류와의 접촉을 방지한다.
③ 증기의 누설 및 액체의 누출방지를 위하여 용기를 완전히 밀폐한다.
④ 정전기의 발생 및 축적을 방지하고 취급소 내 전기설비에 대하여 방폭조치한다.

〈소화방법〉 초기화재 때는 물, CO_2, 분말, 할론 및 할로젠화합물 소화약제가 효과적이며 대형화재의 경우 다량의 물로 일시에 소화한다. 포는 소화효과가 없다. 광범위하게 화재가 확대된 경우는 주위상황을 고려하여 액을 증발시킬 수도 있다. 공기호흡기 등의 안전장비를 착용한다.

〈유해성〉 눈, 피부와 접촉하면 자극하고 증기를 흡입하면 호흡기계통 자극, 기침, 호흡 곤란

16) **헥세인**(Hexane) C_6H_{14}

〈용도〉 식용유지 추출용제, 일반용제, 정밀기계 세척제, 인조피혁

〈성상〉
① 특이한 냄새가 나는 휘발성 강한 무색 투명한 액체이다.
② 분자량＝86.2 증기비중＝3.0
융점＝－95.3℃ 비점＝69℃ 비중＝0.7
인화점＝－22℃ 발화점＝225℃ 연소범위＝1.1～7.5vol%
③ 물에 잘 녹지 않지만 알코올, 에터 등에 녹는다.

〈위험성〉
① 휘발성이 강하여 인화·폭발의 위험이 크다. 증기는 낮은 곳, 바람의 아래쪽에 광범위하게 확산된다.
② 가열에 의해 용기가 폭발하고 연소하면 유독가스를 발생한다.
③ $NaClO_3$ 등의 산화제와의 혼촉에 의해 발열·발화한다.
④ 빈 용기에 증기가 잔존하면 소화원에 의해서 인화·폭발의 위험이 있다. 기타 위험성은 휘발유와 유사하다.

〈저장·취급> 휘발유에 준한다.

〈소화방법〉 초기화재는 마른 모래, 포, CO_2, 할론 및 할로젠화합물 소화약제, 분말이 유효하며 대형화재는 포에 의해 일시에 질식소화한다. 주수는 화재확대 방지와 용기 냉각에 사용하여야 한다. 용기는 안전한 장소로 옮기며 불가능한 경우 물로 냉각시킨다. 소화작업 중 안전거리를 충분히 유지하

고 공기호흡기 등의 안전장비를 착용한다.

〈유해성〉 눈에 들어가면 약상. 피부 접촉은 점막 자극. 증기 흡입은 기침, 질식, 마취 작용

17) 사이안화수소산(Hydrogen Cyanide) HCN

〈용도〉 염료, 향료, 의약, 메타크릴산메틸 합성, 헥사메틸렌아민 합성, 락트산 합성, KCN 제조, NaCN 제조, 아크릴로나이트릴수지, 아크릴산수지, 농약, 야금, 기타 유기합성 원료

〈성상〉

① 사이안화수소의 수용액으로서 독특한 자극성의 아몬드향 냄새가 나며, 상온에서는 무색의 액체이다. 물, 에터, 알코올에 잘 녹으며 수용액은 약산성이다. 청산이라고도 부른다.

② 분자량＝27.0　증기비중＝0.94
융점＝－14℃　비점＝26℃　비중＝0.69
인화점＝－18℃　발화점＝540℃　연소범위＝6～41vol%

〈위험성〉

① 맹독성 물질이다. 비점이 낮아서 휘발성이 매우 높아 인화 위험도 매우 높다. 증기는 공기보다 약간 가벼우며 연소하면 푸른 불꽃을 내면서 탄다.

② 밀폐용기를 가열하면 심하게 파열한다.

③ 순수한 것은 저온에서 안정하나 소량의 수분 또는 알칼리가 혼입되면 불안정하게 되어 중합한다. 이때 발열하여 폭발할 위험이 있다.

④ 매우 불안정하여 장기간 저장하면 암갈색의 폭발성 물질로 변한다.

〈저장·취급〉

① 화기엄금. 가열금지. 직사광선 차단. 용기는 차고 건조하며 통풍·환기가 잘 되는 안전한 곳에 저장한다.

② 안정제로서 철분 또는 H_2SO_4 등의 무기산을 소량 넣어준다.

③ 장기간 저장하지 않도록 하고 사용 후 3개월이 지나면 안전하게 폐기시키는 것이 좋다.

④ 저장 중 물 또는 알칼리와 접촉하지 않도록 하고 증기누설 및 액체의 누출방지를 위해 용기를 완전히 밀봉한다.

⑤ 색깔이 암갈색으로 변하였거나 중합반응이 일어난 것이 확인되면 즉시 안전하게 폐기한다.

⑥ 가연성·폭발성 물질, 강산화제 및 강산류와의 접촉을 피한다.

〈소화방법〉 초기소화는 알코올형 포, 건조분말, CO_2가 유효하다. 소규모 화재는 물분무도 유효하며 기타의 경우는 다량의 알코올형 포를 사용한다. 직접 주수하는 것은 효과가 없다. 화점에 접근할 때는 바람을 등지고 접근하며, 충분히 안전거리를 유지하고 가급적 짧은 시간에 진압하도록 한다. 공기호흡기, 보호복, 안전장갑 등의 안전장비를 반드시 착용한다.

〈유해성〉 맹독성 유독물질로서 증기를 흡입하면 치명적으로 헤모글로빈과 결합되지 않고서도 질식 유발, 두통, 메스꺼움, 구토, 경련, 치아노제, 마비, 의식 불명, 사망(치사량 2 g)

18) **메틸에틸케톤**(Methyl Ethyl Ketone, MEK) $CH_3COC_2H_5$

〈용도〉 래커용제, 인쇄잉크 용제, 각종 합성수지제 도료의 용제, 가황촉진 중간체, 윤활유 정제용 용제, 접착제, 세정제, 유기합성, 바니시, 셀룰로이드 원료, 페인트 제조

〈성상〉

① 아세톤과 비슷한 냄새가 나는 무색의 액체이다.

② 분자량＝72.1 증기비중＝2.5
융점＝－86.4℃ 비점＝80℃ 비중＝0.8
인화점＝－9℃ 발화점＝404℃ 연소범위＝1.4～11.4vol%

③ 물에 녹으며 에틸알코올, 에터에 잘 녹고, 휘발유를 잘 녹인다.

〈위험성〉

① 인화성이 강하며 증기는 공기와 혼합하여 인화·폭발의 위험이 있다.

② 수용액에서도 인화 위험이 있고 가열에 의해 용기가 파열한다.

③ 불완전연소하면 유해성의 CO를 발생한다.

④ 산화제와의 혼촉에 의해 발화위험이 있다.

〈저장·취급〉

① 화기엄금. 가열금지. 직사광선 차단. 용기는 차고 건조하며 환기가 잘되는 곳에 저장한다.

② 소화원 배제. 정전기의 발생 및 축적을 방지한다.

③ 증기의 누설 및 액체의 누출방지를 위해 완전히 밀폐한다.

④ 산화제, 강산류와의 접촉을 방지한다.

〈소화방법〉 강산류와의 접촉을 방지한다. 초기화재는 분말, CO_2, 포가 유효하며 기타의 경우는 알코올형 포로 일시에 소화한다. 소규모 화재는 물분무로 소화한다.

〈유해성〉 유독물질로서 눈 및 피부와 접촉하면 자극, 염증. 증기를 흡입하면 기관지 자극, 두통, 기침, 마취, 의식 불명

19) **폼산메틸**(Methyl Formate) $HCOOCH_3$

〈용도〉 용제, 향료, 유기합성

〈성상〉

① 달콤한 럼주 냄새가 나는 무색의 액체이다. 물에 잘 녹는다.

② 물과 가수분해하여 메탄올과 폼산으로 분해한다.

$$HCOOCH_3 + H_2O \longrightarrow CH_3OH + HCOOH$$

③ 분자량＝60.1　　증기비중＝2.07　　증기압＝476 mmHg(20℃)
융점＝－99℃　　비점＝32℃　　비중＝0.98
인화점＝－19℃　　발화점＝456℃　　연소범위＝5～23vol%

〈위험성〉

① 인화점과 비점이 낮아 매우 인화 위험이 높다. 증기는 공기보다도 무겁고 낮은 곳에 체류하며 작은 점화원에 의해서도 인화·폭발한다.
② 습기, 알칼리, 산화성 물질과의 접촉을 방지한다.
③ 증기의 누설 및 액체의 누출 방지를 위해 용기를 완전히 밀봉한다.
④ 취급장소의 전기시설에 대하여는 방폭조치하여야 한다.

〈소화방법〉 건조분말, 알코올형 포, CO_2가 유효하다. 직접 주수하는 것은 효과가 없다. 인화 위험이 높으므로 화재진압 중 충분히 안전거리를 유지하고 공기호흡기 등의 안전장비를 착용한다.

〈유해성〉 체내 침투되면 치명적이다. 과다 노출되면 코와 결막을 자극하고 구토, 메스꺼움, 가슴압박, 호흡 곤란, 중추신경계통 마비, 기관지 기능 정지로 사망에 이른다.

20) 메틸아이소뷰틸케톤(Methyl Iso Butyl Ketone, MIBK)　$CH_3COCH_2CH(CH_3)_2$

〈용도〉 래커용제, 합성수지, 질산셀룰로오스, 제약, 전기도금공업, DDT 제조, 페인트, 도료

〈성상〉

① 장뇌 냄새가 나는 무색 투명한 액체이다. 증기는 자극적이고 달콤한 향기를 가진다.
② 분자량＝100.16　　증기비중＝3.5
융점＝－84.7℃　　비점＝118℃　　비중＝0.8
인화점＝18℃　　발화점＝448℃　　연소범위＝1.2～8.0vol%
③ 물에 녹지 않지만 대부분의 유기용제와 잘 혼합한다.

〈위험성〉

① 증기는 공기 보다 무거워서 낮은 곳에 체류하며 폭발성 혼합가스를 만든다.
② 화재의 열에 의해 용기가 폭발하며 가열에 의해 유독가스를 발생한다.
③ 일부 강산화제와의 혼촉에 의해 발열·발화의 위험이 있다.
④ SO_2와 같은 환원성 물질이나 무기과산화물, 염소산염류와 같은 강산화제와 격렬히 반응한다.

〈저장·취급〉

① 가열금지. 화기엄금. 직사광선 차단. 용기는 차고 건조하며 환기가 잘 되는 곳에 저장한다.
② 증기의 누설 및 액체의 누출을 방지하고 산화제 및 강산류와의 접촉을 방지한다.

〈소화방법〉 초기화재는 CO_2, 분말이 유효하며 기타의 경우는 알코올형 포로 일시에 소화한다.

〈유해성〉 눈에 들어가면 결막염. 피부 자극 및 피부염. 증기를 흡입하면 자극, 마취작용

21) **메틸메타크릴레이트**(Methyl Methacrylate, MMA) $CH_2 = C(CH_3)COOCH_3$

〈용도〉 도료의 원료, 합성수지의 원료, 건축자재용, 광고 간판, 조명기구, 일용품, 접착제

〈성상〉

① 강한 과일 냄새가 나는 무색 투명한 액체로서 중합성이 우수하다. 물에 녹지 않는다.

② 분자량 = 100.1　증기비중 = 3.6　증기압 = 29 mmHg(20℃)
　융점 = −48℃　비점 = 100℃　비중 = 0.94
　인화점 = 10℃　발화점 = 435℃　연소범위 = 1.8 ~ 8.2vol%

〈위험성〉

① 증기는 공기보다 무겁고 공기와 혼합하여 낮은 곳에 체류하며 점화원에 의해 쉽게 인화·폭발의 위험이 있다. 연소하면 역화의 위험이 있다.

② 주입 또는 배출 중 유체 마찰에 의해 정전기를 발생하고 이것이 발화원이 될 때가 있다.

③ 연소할 때는 자극성·유해성의 가스를 발생한다. 밀폐용기를 가열하면 심하게 파열된다. 금속제 용기는 화재열에 의해 폭발한다.

④ 일부 강산화제와 혼촉하면 발화하거나 가열·충격·마찰에 의해 발열·발화한다.

⑤ 물보다 가볍고 물에 녹지 않기 때문에 물위에 누출되면 화재면적을 확대한다.

⑥ 고온, 산화제, 과산화물 및 직사광선에 의해 폭발적으로 반응한다.

⑦ 강산류, 알칼리와 혼합하면 폭발적으로 반응한다.

⑧ 분해하면 CO, CO_2, 악취가 나는 증기를 발생하며 누설 증기 모노머는 통기관 또는 여러 공간에서 중합체를 형성한다.

〈저장·취급〉

① 가열금지. 분해금지. 화기엄금. 직사광선 차단. 용기는 차고 건조하며 환기가 잘되는 안전한 곳에 저장한다.

② 강산화제, 강산류, 알칼리, 과산화물 및 기타 기폭제와의 접촉을 방지한다.

③ 증기누설 방지를 위해 용기를 완전히 밀봉한다. 장기 저장할 때는 중합방지제를 첨가한다.

〈소화방법〉 초기화재는 물분무, 분말, CO_2, 포, 마른 모래가 유효하며 대형화재인 경우는 물분무 또는 포로 일시에 소화한다. 충분히 안전거리를 유지하고 공기호흡기 등의 안전장비를 착용한다.

〈유해성〉 눈 및 피부와 접촉하면 점막과 피부 자극. 증기를 흡입하면 기침, 질식, 구토, 정신 혼란, 현기증, 두통, 메스꺼움.

22) 질산프로필(Propyl Nitrate) $CH_3(CH_2)_2NO_3$

〈용도〉 로켓연료, 유기화합물 용제(수지, 유지, 왁스, 합성고무)

〈성상〉

① 약한 클로로폼과 같은 냄새가 나는 무색의 액체이다. 물에 잘 녹지 않는다.

② 분자량 = 105.1 증기비중 = 3.62 증기압 = 18 mmHg(20℃)
융점 = −101℃ 비점 = 110℃ 비중 = 1.05
인화점 = 20℃ 발화점 = 175℃ 연소범위 = 2 ~ 100vol%

〈위험성〉

① 인화성 액체로 가열하면 폭발하고 밀폐공간이 가열되면 심하게 파열한다.

② 증기는 공기보다 무겁고 낮은 곳에 체류하며 점화원에 의해 인화·폭발한다.

③ 연소하면 역화의 위험이 있으며 질소산화물을 포함하여 자극성·유해성의 가스를 발생한다.

④ 매우 불안정하며 175℃에서 분해하고 충격에도 예민하다.

⑤ 산화성 물질과 접촉하면 심하게 반응한다.

〈저장·취급〉

① 화기엄금. 가열금지. 직사광선 차단. 용기는 차고 건조하며 환기가 잘 되는 안전한 곳에 저장한다.

② 산화성 물질, 강산류, 가연성 물질과 접촉을 방지한다.

③ 증기의 누설 및 액체의 누출방지를 위해 용기를 철저히 밀봉하고 취급장소 내의 전기설비는 방폭조치한다.

〈소화방법〉 건조분말, CO_2, 물분무가 유효하다. 직접 주수하는 것은 효과가 없다. 물분무로 용기의 외벽을 냉각시킨다. 폭발의 위험이 있으므로 화재진압 중 충분히 안전거리를 유지하고 공기호흡기 등의 안전장비를 착용한다.

〈유해성〉 유해성 물질로 피부 및 흡입을 통해 체내 침투하면 치명적이다.

23) 피리딘(Pyridine) C_5H_5N 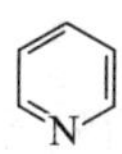 지정수량 400 L

〈용도〉 의약품, 용제, C_2H_5OH의 변성제, 계면활성제의 원료, 유기합성, 도료, 살충제

〈성상〉

① 불쾌한 악취가 나는 무색 또는 담황색의 액체이다.

② 분자량 = 79.1 증기비중 = 2.7 증기압 = 18 mmHg(20℃)
융점 = −42℃ 비점 = 115℃ 비중 = 0.98
인화점 = 20℃ 발화점 = 482℃ 연소범위 = 1.8 ~ 12.4vol%

③ 순수한 것은 무색이지만 불순물 때문에 담황색 또는 갈색으로 착색되어 있다.
④ 물, 에터, 알코올에 잘 녹고, 약알칼리성을 띠며 흡습성이 있다.

〈위험성〉
① 증기는 공기와 혼합하여 상온에서 소점화원에 의해 인화·폭발의 위험성이 있다.
② 수용액 상태에서도 농도 변화에 크게 좌우되지 않고 인화 위험이 있다.
③ 가열에 의해 용기가 파열하며 화재 중 질소산화물, CO, CO_2를 포함하여 유해성 가스를 발생한다.
④ 강산류, 강산화제와 혼합한 것은 가열·충격·마찰에 의해 발열·발화한다.

〈저장·취급〉
① 화기엄금. 가열금지. 직사광선 차단. 용기는 차고 건조하며 환기가 잘 되는 곳에 저장한다.
② 강산류와 강산화제와의 접촉을 방지한다.
③ 증기의 누설 및 액체의 누출방지를 위해 용기를 완전히 밀봉한다. 전기설비의 방폭조치를 하고 정전기로 인한 점화원 형성을 배제해야 한다.
④ 수용액 상태에서도 인화 위험이 있으므로 화기에 주의하여야 한다.

〈소화방법〉 초기화재는 CO_2, 할론 및 할로젠화합물 소화약제, 분말이 유효하며 대형화재인 경우는 알코올형 포로 일시에 소화한다. 소규모 화재는 안전한 곳에서 소각하거나 증발시킨다. 소화작업 중 안전거리를 충분히 유지하고 공기호흡기 등의 안전장비를 착용한다.

〈유해성〉 눈에 들어가면 결막염. 증기를 흡입하면 마취, 식욕 감퇴, 두통, 구토, 기침

24) **콜로디온**(Collodion) $C_{12}H_{16}O_6(NO_3)_4C_{13}H_{17}O_7(NO_3)_3$

〈용도〉 필름제조, 셀룰로이드, 질화면도료 제조, 사진용 감광막 제조, 접착제 제조

〈제법〉 질소함유율 11～12%의 질화도가 낮은 질화면에 에탄올과 에터(비율 3:1)에 녹여 만든다.

〈성질〉
① 무색 또는 끈기 있는 미황색의 액체이다. 물에 잘 녹지 않는다.
② 인화점 = −18℃
③ 질소의 양, 용해량, 용제, 혼합률에 따라 다소 성질이 달라진다.
④ 다른 물질의 표면에 도포하면 용제가 증발되어 물에 녹지 않는 가연성의 도막을 형성한다.

〈위험성〉
① 에탄올과 에터용제는 휘발성이 매우 크고 가연성 증기를 쉽게 발생하기 때문에 콜로디온은 인화가 용이하다.
② 용제가 증발하여 질화면만 남으면 제5류 위험물과 같이 격렬하게 분해하여 연소·폭발의 위험이 생긴다.

③ 연소하면 질소산화물을 비롯하여 자극성·유해성 가스를 발생한다.

〈저장·취급〉

① 화기엄금. 가열금지. 직사광선을 피하고 외부 요인에 의한 용제의 증발을 막는다.

② 불꽃·불티 등 적은 점화원과도 철저히 격리한다.

③ 저장용기의 증기의 누설 및 밀폐로 액체의 누출을 방지한다.

〈소화방법〉 직접 주수하는 것은 효과가 없다. 물분무로 용기의 외벽을 냉각시키는데 주력하여야 한다. 대규모 화재인 경우 다량의 알코올형 포로 질식소화한다. 화점과 충분히 안전거리를 유지하고 공기호흡기 등의 안전장비를 착용한다.

25) 기타 지정성상(1기압에서 인화점이 21℃ 미만인 것)에 따른 제1석유류

물질명	화학식	분자량	증기비중 (공기=1)	비중 (물=1)	융점 (℃)	비점 (℃)	인화점 (℃)	발화점 (℃)	연소범위 (vol%)
Allyl bromide	$CH_2=CHCH_2Br$	121.0	4.2	1.4	−119	71	−2	280	4.4∼7.3
Allyl chloride	$ClCH_2CH=CH_2$	76.5	2.6	0.94	−134	45	−29	392	3.3∼11.1
Amyl amide	$C_5H_{11}NH_2$	87.2	3.0	0.8	−55	99	−1		2.2∼22
Amyl mercaptan	$C_5H_{11}SH$	104.2	3.6	0.8	−76	127	18		
Benzonitrile	C_6H_5CN	103.1	3.9	1.0	−13	191	−12.9	75	
Benzotrifluoride	$C_6H_5CF_3$	146.1	5.0	1.19	−29.1	102	12	620	
Bromopropyne	$HC\equiv C\cdot CH_2Br$	119	4.1	1.57	−60	85	10	324	3.0∼
Butyl amine	$C_4H_9NH_2$	73.1	2.5	0.74	−50	77	−12	312	1.7∼9.8
Butylene oxide	$CH_3CH_2CH-O-CH_2$	72.1	2.5	0.84		63	−22	439	1.7∼19
Croton aldehyde	$CH_3CH=CHCHO$	70.1	2.4	0.85	−75	102	13	232	2.1∼15.5
Dichloro dimethyl ether	$(CH_2Cl)_2O$	115.0	3.9	1.33	−42	104	19		
Diethyl amine	$(C_2H_5)_2NH$	73.3	2.5	0.71	−50	56	−28	312	1.8∼10.1
Diisopropyl amine	$[(CH_3)_2CH]_2NH$	101.1	3.5	0.72	−96	84	−6	316	0.8∼7.1
Diisopropyl ether	$(CH_3)_2CHOCH(CH_3)_2$	102.2	3.5	0.72	−87	69	−28	443	1.4∼7.9
1,4-Dioxane	$OCH_2CH_2OCH_2CH_2$	88.1	3.0	1.03	12	101	12	180	2.0∼22
Ethyl acrylate	$CH_2=CHCO_2C_2H_5$	100.1	3.4	0.94	−72	100	9	372	1.4∼14.0
Ethylchlorocarbonate	$ClCOOC_2H_5$	108.5	3.7	1.14	−81	95	16	500	
Ethylene dichloride	$C_2H_4Cl_2$	99.0	3.4	1.26	−35	84	13	413	6.2∼15.9
Ethyleneimine	CH_2CH_2NH	43.1	1.5	0.83	−174	56	−11	320	3.3∼46.0
Ethyl mercaptan	C_2H_5SH	61.0	2.1	0.8	−148	35	−18	300	2.8∼18.0
Isobutyro nitrile	$(CH_3)_2CHCN$	69.1	2.9	0.8	−71.5	101	8	482	
Isopropyl ether	$(CH_3)_2CHOCH(CH_3)_2$	102.2	3.5	0.7	−85.5	69	−28	443	1.4∼7.9

Isopropyl formate	$HCO_2CH(CH_3)_2$	88.1	3.0	0.87		68	−6	434	
Methyl acrylate	$H_2C=CHCO_2CH_3$	86.1	3.0	0.96	−77	81	−3	468	2.8∼25.0
2-Methyl butyr-aldehyde	$C_2H_5CH(CH_3)CHO$	86.1	3.0	0.8		92	4		
Methylchloro methyl ether	CH_3OCH_2Cl	80.5	2.8	1.06	−103	59	15		
Methyl cyclopentane	$(C_5H_9)CH_3$	84.1	2.9	0.75	−142	72	−23	329	1.1∼8.7
Methyl isocyanate	$CH_3N=CO$	57.0	1.96	0.96	−80	39	−7	534	5.3∼26.0
Methyl vinyl ketone	$CH_3COCH=CH_2$	70.1	2.4	0.86	−7	81	−7	491	2.1∼15.6
Propion aldehyde	CH_3CH_2CHO	58.1	2.0	0.81	−81	49	−9	207	2.9∼17.0
Propyl amine	$C_3H_7NH_2$	59.1	2.0	0.7	−83	49	−37	318	2.0∼10.4
Propylene dichloride	$CH_3CHClCH_2Cl$	113.0	3.9	1.16	−100	96	16	557	3.4∼14.5
Tetrahydrofuran	$OCH_2CH_2CH_2CH_2$	72.1	2.5	0.9	−108	66	−14	321	2.0∼11.8
Tetramethoxy silane	$Si(CH_3O)_4$	152.2	5.2	1.02	−4	121	20		
Triethylamine	$(C_2H_5)_3N$	59.1	3.5	0.7	−114	89	−7	249	1.2∼8.0
Trimethoxy silane	$HSi(CH_3O)_3$	122.2	4.2	0.96	−115	81	7		4.3∼40.1
Vinyl acetate	$CH_3COOCH=CH_2$	86.1	3.0	0.93	−93	73	−6	402	2.6∼13.4
Vinylidene chloride	$CH_2=CCl_2$	96.9	3.4	1.22	−122	32	−18	570	1.3∼6.0

3. 알코올류(Alcohols) 지정수량 400 L

「위험물안전관리법」의 알코올류는 알킬기(C_nH_{2n+1})와 수산기(−OH)가 결합된 화합물을 말하며, 지정수량 400 L를 적용하여야 하는 「위험물안전관리법」상의 알코올류에 해당되기 위한 필수조건은 다음과 같다.

① 1기압, 20℃에서 액체 상태일 것
② 1분자 내의 C원자수는 1개 내지 3개일 것
③ 포화 알코올일 것
④ 1가 알코올일 것
⑤ 수용액 농도가 60wt% 이상일 것

따라서 위의 필수 5개 요소 중 ①의 경우 고형알코올일 때는 제2류 위험물 인화성 고체(지정수량 1,000 kg)에 속할 수 있으며, ②의 경우 C수가 4개 이상일 때와 ③의 경우 불포화 알코올일 때 및 ④의 경우 다가 알코올일 때 액상이면 인화점에 따라서 석유류로 분류한다. ⑤의 경우 가연성 액체량이 60vol% 미만이고 인화점 및 연소점이 C_2H_5OH 60wt% 수용액의 인화점 및 연소점을 초과한 때는 인화점에 따라 석유류로 분류한다. 주요 알코올의 성상은 <표 19>와 같다.

〈표 19〉 주요 알코올의 성상

품 명	화학식	분자량	증기비중 (공기=1)	인화점 (℃)	발화점 (℃)	연소범위 (vol%)	비중 (물=1)	비점 (℃)	품명
메틸알코올	CH_3OH	32.0	1.1	11	464	6.0 ~ 36.30	0.8	64	알코올류
에틸알코올	C_2H_5OH	46.1	1.6	13	363	3.3 ~ 19.0	0.8	78	알코올류
프로필알코올	C_3H_7OH	60.1	2.1	15	371	2.1 ~ 13.5	0.8	97	알코올류
n-뷰틸알코올	C_4H_9OH	74.1	2.6	37	343	1.4 ~ 11.2	0.8	117	제2석유류
n-아밀알코올	$C_5H_{11}OH$	88.1	3.0	33	300	1.2 ~ 10.0	0.8	138	제2석유류

알코올의 경우 대체로 C수가 증가함에 따라 다음과 같은 성상을 나타낸다.

① 분자량 증가와 함께 증기비중이 증가한다.

② 인화점이 높아진다.

③ 발화점이 낮아진다.

④ 연소범위가 좁아진다.

⑤ 비점이 높아진다.

변성알코올은 주성분이 C_2 이하 알코올이므로 알코올류의 지정품명에 포함된다.

1) 메틸알코올(Methyl Alcohol) CH_3OH

〈별칭〉 메탄올(methanol), 목정(wood spirits)

〈용도〉 염료용제, 매염제, 도료용 용제, 접착제, 알코올 변성제, 추출제, 테플론, 폼알데하이드의 제조원료, 유기화합물 합성원료, 자동차 연료, 메타크릴산메틸, 아세트산메틸 제조, 메틸아민 제조, 의약, 향료, 염료, PVA 제조, 광택제, 기계류 청소제, 모형 헬기·비행기의 추진연료

〈제법〉

① 촉매 존재 하에서 일산화탄소와 수소를 고온, 고압에서 합성시켜 만든다.

$$CO + 2H_2 \longrightarrow CH_3OH$$

② 천연가스 또는 나프타를 원료로 하여 촉매 존재 하에 고온, 고압에서 합성하여 만든다.

〈성상〉

① 알코올 특유의 술과 같은 냄새가 나는 무색 투명한 인화성이 강한 액체이다.

② 분자량 = 32.0 증기비중 = 1.1
융점 = −94℃ 비점 = 64℃ 비중 = 0.8
인화점 = 11℃ 발화점 = 464℃ 연소범위 = 6.0 ~ 36vol%

③ 농도가 높을수록 인화점이 낮아지며, 농도가 낮을수록 인화점은 높아진다.

④ 물, 벤젠, 에터에 잘 녹는다.
⑤ 산화되면 폼산(HCOOH)이 된다.

〈위험성〉
① 휘발하기 쉬워 인화가 용이하고 수용액 상태에서도 인화·폭발의 위험이 있다.
② 연소할 때는 C함량이 적기 때문에 그을음이 발생하지 않는 완전연소에 이르고 불꽃이 잘 보이지 않는다.

$$2CH_3OH + 3O_2 \xrightarrow{\triangle} 2CO_2\uparrow + 2H_2O\uparrow$$

③ 인화범위가 넓은 편이어서 용기 내에서도 인화 위험이 있으며, 용기가 파열할 수 있다.
④ 수용액 농도가 높아질수록 인화점이 낮아져서 더욱 연소 위험이 커진다.
⑤ $KMnO_4$, CrO_3, $HClO_4$, $HMnO_4$ 등의 강산화제와 접촉하면 폭발한다.
⑥ 고농도의 H_2O_2와 혼합한 것은 충격에 의해 폭발한다.
⑦ K, Na 등 알칼리금속과 반응하여 인화성이 강한 H_2를 발생한다.

$$2Na + 2CH_3OH \longrightarrow 2CH_3ONa + H_2\uparrow$$

⑧ 하이포아염소산칼슘[$Ca(ClO)_2$]과 혼합·혼촉하면 폭발 위험이 있다.

〈저장·취급〉
① 가열금지. 화기엄금. 직사광선 차단. 용기는 차고 건조하며 환기가 잘 되는 곳에 저장한다.
② 증기의 누설 및 액체의 누출방지를 위하여 용기를 완전히 밀폐한다.
③ 강산류, 강산화제, 알칼리금속과의 접촉을 방지한다.
④ 취급소 내 전기설비는 방폭조치하고 정전기의 발생 및 축적을 방지시켜야 한다.
⑤ 알코올류를 저장·취급하는 옥외저장소의 주위에는 배수구 및 집유설비를 설치하여야 한다.

〈소화방법〉 초기화재는 분말, CO_2, 할론 및 할로젠화합물 소화약제, 알코올형 포가 유효하며 대형화재인 경우는 알코올형 포로 소화하며 소규모 화재는 다량의 물로 희석소화 한다. 증기는 매우 유독하므로 소화작업 중 반드시 공기호흡기를 착용하여야 한다.

〈유해성〉 환각성·맹독성 유독물질로서 눈에 들어가면 시신경에 장애를 주어 실명하며 피부와 접촉하면 염증을 일으킨다. 증기 또한 마취·환각성 물질이며 흡입하면 중추신경 장애, 두통, 기침, 구토하고 소량 먹으면 실명(7～8 mL)하고, 30～100 mL 먹으면 사망한다.

2) **에틸알코올**(Ethyl Alcohol) C_2H_5OH

〈별칭〉 에탄올(ethanol), 주정(wine spirit)

〈용도〉 음료용, 유기용제, 에스터 원료, 셀룰로이드 제조, 래커, 바니시, 잉크, 살균 소독용, 도료 원료, 의약, 화장품, 분석시약, 추출제, 세척제, 연료, 합성원료

〈제법〉

① 당밀, 고구마, 감자 등을 원료로 하는 발효방법으로 제조하면 C_2H_5OH이 생기며, 부산물로 퓨젤유가 생긴다.

② 에틸렌(C_2H_4)을 H_2SO_4에 흡수시켜 가수분해하여 만든다.

③ C_2H_4를 물과 합성하여 만든다.

$$C_2H_4 + H_2O \xrightarrow[300℃,\ 70\ kg/cm^2]{H_3PO_4} C_2H_5OH$$

〈성상〉

① 무색 투명한 액체로서 단맛이 있고 특유의 냄새가 있다. 물에 잘 녹는다.

② 분자량 = 46.1　　증기비중 = 1.6
　 융점 = −113℃　　비점 = 78℃　　비중 = 0.8
　 인화점 = 13℃　　발화점 = 363℃　　연소범위 = 3.3 ~ 19vol%

③ 공기 중 쉽게 산화하여 아세트알데하이드나 아세트산이 된다.

$$2C_2H_5OH + O_2 \longrightarrow 2CH_3CHO + 2H_2O$$
$$2CH_3CHO + O_2 \longrightarrow 2CH_3COOH$$

〈위험성〉

① 휘발하기 쉽고 증기는 공기와 혼합하면 인화·폭발의 위험이 높다. 연소범위가 다소 넓은 편이어서 용기 내에서도 인화할 가능성이 있다.

② 완전연소하므로 낮에는 불꽃이 잘 보이지 않으며 그을음도 발생하지 않는다. 따라서 화재 현장에서 화점 발견이 곤란하다.

$$2C_2H_5OH + 6O_2 \xrightarrow{\triangle} 4CO_2\uparrow + 6H_2O\uparrow$$

③ 산과 반응하여 또 다른 위험물인 아세트산에틸을 만든다.

$$C_2H_5OH + HNO_3 \longrightarrow C_2H_5ONO_2 + H_2O$$
$$C_2H_5OH + CH_3COOH \longrightarrow CH_3COOC_2H_5 + H_2O$$

④ 알칼리금속(Li, Na, K, Rb, Cs, Fr)과 반응하여 인화성이 강한 H_2를 발생한다.

$$2K + 2C_2H_5OH \longrightarrow 2C_2H_5OK + H_2\uparrow$$

⑤ 농도가 높아질수록 인화점이 낮아져서 위험하다.

수용액 농도(vol%)	20	30	40	50	60	70	80	90	100
인화점(℃)	36	29	26	24	22	21	20	17	13

수용액 농도 60vol% 이상을 「위험물안전관리법」상 위험물로 지정하고 있다. 반대로 물과 다량 혼합할수록 농도가 떨어지면서 가연성 증기의 발생이 억제되어 위험성이 감소하기 때문에 알코올류 화재 발생 때는 다량의 물로 소화가 가능하다. 그러나 20～30vol% 농도에서도 인화 위험성이 완전히 제거되지 않음에 주의하여야 한다.

⑥ 가열하면 인화의 위험이 현저히 증가하고 용기가 화염에 쌓이면 폭발한다.

⑦ 제1류 위험물과 H_2O_2 등의 강산화제와 혼합하면 격렬하게 반응하여 발열·발화의 위험이 있고 특히 [C_2H_5OH + 산화제 + 강산] 형태의 유형은 혼촉발화한다.

⑧ $Ca(ClO)_2$와 혼합·혼촉하면 폭발 위험이 있다.

〈저장·취급〉

① 화기엄금. 화기와의 격리. 가열금지. 증기누설을 방지한다.

② 수용액 상태에서도 인화의 위험이 있으므로 취급에 주의한다.

③ 강산화제, 알칼리금속, 강산류와의 혼촉을 절대 방지한다.

〈소화방법〉 초기화재 및 소규모 화재는 분말, 할론 및 할로젠화합물 소화약제, CO_2가 유효하지만 대형화재인 경우는 알코올형 포로 질식소화하거나 다량의 물로 희석소화할 수 있다. 단, 알코올은 수용성이기 때문에 일반의 포를 사용하는 경우 기포가 파괴되므로 사용하지 않는 것이 좋다. 넘쳐흐른 알코올은 다량의 물로 희석, 세척한다.

〈유해성〉 눈 및 피부와 접촉하면 독성은 없으나 자극. 증기를 흡입하면 마취, 졸음, 두통, 구역질, 떨림, 식욕 부진

3) 아이소프로필알코올(Isopropyl Alcohol, IPA) $(CH_3)_2CHOH$

〈용도〉 합성아세톤의 중간원료, 용제, 탈수제, 글리세롤 합성원료, 페인트 원료, 소독용, 부동액

〈성상〉

① 안정된 화합물이다. 무색 투명한 유동성·인화성 액체로서 알코올 냄새가 난다.

② 분자량 = 60.10　　증기비중 = 2.1
융점 = −89.5℃　　비점 = 83℃　　비중 = 0.8
인화점 = 12℃　　발화점 = 399℃　　연소범위 = 2.0～12.7vol%

③ 흡습성은 없으나 물, 알코올, 에터에 녹는다.

〈위험성〉

① 인화점이 낮아 상온에서 인화 위험이 있고 증기는 공기보다 무거워서 낮은 곳에 체류한다.

② 가열하면 인화·폭발을 일으키며 밀폐된 상태에서 점화원이 있으면 폭발의 위험성이 크다.

③ 강산화제, 황산, 질산 등의 무기산, 할로젠화합물, PCl_3과 반응하면 위험성이 증가한다.

〈저장·취급〉 C_2H_5OH에 준한다.

〈소화방법〉 초기화재인 경우 CO_2, 분말이 유효하며 대형화재인 경우는 다량의 알코올형 포로 소화한다. 증기는 독성이 있으므로 공기호흡기 등을 착용해야 한다.

〈유해성〉 눈에 들어가면 각막을 다치고 피부와 접촉하면 습진 등 피부염을 일으킨다. 증기를 흡입하면 마취성·자극성이 있고 혈압 저하, 혐오, 구토, 호흡 장애를 일으킨다.

4. 제2석유류 지정수량 { 비수용성 액체 1,000 L / 수용성 액체 2,000 L

제2석유류의 지정품명은 등유와 경유 2가지이며 지정성상으로서는 1기압, 20℃에서 액체인 것으로서 인화점이 21℃ 이상 70℃ 미만의 것을 말한다.

「위험물안전관리법」 규제의 묶음을 크게 잡아 인화점의 범위가 넓지만 우리나라의 기후조건을 보면 제2석유류 중 인화점이 21℃ 이상 40℃ 이하의 석유류는 사실상 상온에서 연소 위험이 높은 편에 속하므로 제1석유류와 같은 안전관리가 필요하다.

도료류 그 밖의 물품에 있어서는 다음의 3조건을 만족하면 지정수량 1,000 L의 제2석유류에서 제외한다.

① 인화성 액체량이 40vol% 이하

② 인화점이 40℃ 이상

③ 연소점이 60℃ 이상

이 조건은 행정적 처리기준에 불과하므로 연소 위험성이 현저히 저하된다는 뜻이지, 완전히 불연성 물질로 바뀐다는 것이 아님에 주의할 필요가 있다. 따라서 이 경우의 것은 별도의 「화재의 예방 및 안전관리에 관한 법률」에서 규제하는 특수가연물로 지정하고 있다.

1) 등유(Kerosene) 지정수량 1,000 L

〈별칭〉 fuel oil

〈용도〉 연료, 살충제의 용제, 기계 세척제, 도료용 용제, 석유스토브, 제트 연료용

〈성상〉

① 무색 또는 담황색의 액체이며 형광성·인화성이 있다. 물에 녹지 않는다.

② 증기비중＝4.5 융점 ＜ －46℃ 비점＝151～301℃
비중＝0.8 인화점＝43～72℃ 발화점＝210℃
연소범위＝0.7～5vol%

〈위험성〉

① 상온에서 인화의 위험은 적으나 증기는 공기와 혼합하여 연소범위를 형성하면 인화·폭발의 위

험이 있다.

② 가열에 의해 용기가 심하게 폭발한다.

③ 제1류 위험물 또는 제6류 위험물의 강산화제와 혼촉되면 발화의 위험이 생긴다.

④ 화재진압 후에도 액온이 높기 때문에 인화성의 증기를 발생한다.

⑤ 여름철에 가열되어 인화점에 도달하면 제1석유류와 같은 위험성이 있다.

⑥ 분무상으로 부유하거나 섬유질, 종이 등에 배어 있을 때는 점화원에 의해 쉽게 인화된다.

⑦ 등유는 전기의 불량도체로서 분위기에 따라서 정전기를 발생 축적하므로 증기가 발생할 때 방전불꽃에 의해 인화할 위험이 있다.

〈저장·취급〉

① 가열금지. 화기엄금. 직사광선 차단. 용기는 밀봉·밀전하며 차고 건조하며 통풍·환기가 잘 되는 곳에 저장한다. 누출에 주의하고 용기는 항상 공간용적을 유지시킨다.

② 강산화제, 강산류, 다공성 가연물과의 접촉을 방지한다.

③ 취급소 내 전기설비는 방폭조치하고 정전기의 발생 및 축적을 방지시킨다.

〈소화방법〉 초기화재는 포, 분말, CO_2, 할론 및 할로젠화합물 소화약제가 유효하며 기타의 경우는 다량의 포에 의해 질식소화한다. 소규모화재는 물분무도 유효하다. 대형화재 때는 무인방수포 등을 활용하여 소화한다. 소화작업 중 안전거리를 유지하고 공기호흡기 등의 안전장비를 착용한다.

〈유해성〉 눈에 들어가면 결막염. 증기를 흡입하면 기침, 두통, 폐수종 및 폐출혈 증상

2) 경유(Diesel Oil) 지정수량 1,000 L

〈용도〉 디젤연료, 보일러 연료, 대형스토브용, 기계 세척용, AN-FO 폭약, 각종 교통기관의 연료

〈성상〉

① 담황색 또는 담갈색의 기름이다. 물에 녹지 않는다.

② 증기비중=4~5　　비점=300~350℃　　비중=0.85
인화점=50~70℃　　발화점=257℃　　연소범위=1.1~6.0vol%

〈기타〉 등유와 같다.

3) 아세트산(초산, Acetic Acid) CH_3COOH 지정수량 2,000 L

〈용도〉 아세트산비닐·아세트산에스터의 원료, 아세톤 제조, 사진, 염색의 원료, 식품 조미료(3%), 용제, 섬유 가공제, 합성섬유의 원료, 청소용, 소독제

〈성상〉

① 강한 자극성의 냄새와 신맛을 가진 무색 투명한 액체이며 겨울철에는 고화한다.

② 분자량=60.1　　증기비중=2.1　　증기압=11 mmHg(20℃)

융점 = 16.7℃ 비점 = 118℃ 비중 = 1.0
인화점 = 39℃ 발화점 = 463℃ 연소범위 = 4.0 ~ 19.9vol%

③ 물, 에터, 알코올과 잘 혼합하며 살균작용이 있다.
④ 부식성이 강하며 수용액에서도 유독하다.

〈위험성〉

① 고농도의 것은 증기와 공기가 쉽게 혼합하여 폭발성 가스를 만들며 증기는 공기보다 무겁고 낮은 곳에 체류하여 점화원에 의해 인화·폭발의 위험이 있다.
② 융점 이하에서는 얼음(빙초산)과 같은 상태가 되는데 이때도 증기가 발생하여 인화점에 도달하면 인화 위험이 있다.
③ 많은 금속을 강하게 부식시키고 금속과 반응하여 H_2를 발생한다.

$$Zn + 2CH_3COOH \longrightarrow (CH_3COO)_2Zn + H_2\uparrow$$

④ 알코올과 반응하여 아세트산에틸을 만든다.

$$C_2H_5OH + CH_3COOH \longrightarrow CH_3COOC_2H_5 + H_2O$$

⑤ 연소할 때는 청색 불꽃을 내며 연소하고 유해성 가스를 발생한다.

$$CH_3COOH + 2O_2 \xrightarrow{\triangle} 2CO_2\uparrow + 2H_2O\uparrow$$

⑥ 강산화성 물질(Na_2O_2, HNO_3 등)과 혼촉하면 발화·폭발의 위험이 있다.
⑦ 고농도의 아세트산은 $Na_2Cr_2O_7$과 접촉하면 발화한다.

〈저장·취급〉

① 가열금지. 화기엄금. 직사광선 차단. 용기는 차고 건조하며 환기가 잘 되는 안전한 곳에 저장한다.
② 알칼리금속 및 금속분, 알코올, 강산화제, 강산류와의 접촉을 방지한다.
③ 고농도의 아세트산의 경우는 증기의 누설 및 액체의 누출 방지를 위하여 용기를 밀폐한다.

〈소화방법〉 초기화재는 물, CO_2, 분말, 알코올형 포가 유효하지만, 대형화재인 경우는 다량의 물로 분무주수하거나 알코올형 포로 일시에 소화한다. 유출사고 때는 소다회 등으로 중화작업할 때는 발열이 일어나 액이 비산의 위험이 있으므로 주의하고 중화 후 다량의 물로 세척한다. 소화작업 중 공기호흡기, 안전장갑, 보호복 등 안전장비를 착용한다.

〈유해성〉 유독물질로서 눈에 들어가면 실명 위험. 피부와 접촉하면 화상. 증기를 흡입하면 기관지와 폐조직을 해친다.

4) **아크릴산**(Acrylic Acid) $CH_2 = CHCOOH$ **지정수량** 1,000 L

〈용도〉 각종 에스터의 원료, 폴리머의 원료, 섬유의 개질제

〈성상〉

① 무색 액체. 아세트산과 같은 자극성 냄새가 나며 물, 알코올, 에터에 잘 녹는다.

② 분자량=72.1　증기비중=2.5　증기압=3 mmHg(20℃)
융점=14℃　비점=141℃　비중=1.05
인화점=51℃　발화점=438℃　연소범위=2.0~8.0vol%

③ 매우 독성이 강하여 고온에서 중합하기 쉽다.

④ 융점이 14℃이므로 겨울철에는 응고한다.

〈위험성〉

① 증기와 공기가 혼합할 때는 점화원에 의해 인화·폭발의 위험성이 있다.

② 화염에 의해 쉽게 착화하며 연소에 의해 자극성의 가스를 발생한다.

③ 강산화제와 혼촉하거나 여기에 가열·충격·마찰에 의해 발열하거나 발화한다.

④ 중합반응을 일으킬 때는 증기압이 상승하여 폭발 위험이 높다. 중합반응은 강산화제, 과산화물, 햇빛, 고온에서 일어나기 쉽다.

⑤ 밀폐된 용기는 가열에 의해 심하게 파열한다.

⑥ 200℃ 이상 가열하면 CO, CO_2 및 증기를 발생한다.

⑦ 강산류, 알칼리와 접촉하면 심하게 반응한다.

〈저장·취급〉

① 화기엄금. 차고 건조하며 바람이 잘 통하는 장소에 저장한다.

② 산화제, 강산류, 기폭제, 알칼리와 격리한다.

〈소화방법〉 초기화재는 물, 분말, CO_2, 알코올형 포가 유효하며 그 밖의 경우는 알코올형 포로 집중방사로 일거에 소화하여야 한다. 주수할 때는 안전거리를 확보하고 보호복, 공기호흡기 등의 안전장비를 착용한다.

〈유해성〉 유독물질로서 눈에 들어가면 각막과 결막 손상, 시력 저하 및 실명 우려. 호흡기와 폐를 자극하고 점막을 다치며 다량인 경우 혐오감, 두통, 구토, 현기증, 호흡 곤란을 일으킨다.

5) **알릴알코올**(Allyl Alcohol)　$CH_2=CHCH_2OH$

〈용도〉 합성수지 제조원료, 의약, 향료

〈성상〉

① 자극성의 겨자 같은 냄새가 나는 무색의 액체이다.

② 분자량=58.1　증기비중=2.0　증기압=17 mmHg(20℃)
융점=−129℃　비점=97　비중=0.85
인화점=22℃　발화점=378℃　연소범위=2.5~18.0vol%

③ 물보다 가볍고 물과 잘 혼합한다.

〈위험성〉

① 증기는 공기보다 무겁고 낮은 곳으로 흐르며 점화원에 의해 쉽게 인화·폭발하며 연소하면 역화 위험이 있다.

② 연소할 때는 자극성·유해성의 연소생성물을 만든다.

③ 강산화제와 반응한다.

④ 고온, 강산화제, 과산화물에 의해 중합을 이루기 쉽다.

〈저장·취급〉

① 화기엄금. 차고 건조하며 통풍·환기가 잘 되는 곳에 저장한다.

② 강산화제, 과산화물과의 접촉을 방지한다.

〈소화방법〉 초기소화는 물분무, 건조분말, 알코올형 포, CO_2가 유효하며 기타의 경우는 다량의 알코올형 포를 사용한다. 직접주수는 효과가 없다. 저장용기 외벽에 물을 분무하여 냉각을 병행하는 것이 좋다. 공기호흡기, 고무장갑 등의 안전장비를 착용한다.

〈유해성〉 유독물질로서 피부 또는 호흡에 의해 체내로 침투하면 치명적. 증기는 눈, 코, 기관지계통 자극 및 폐부종

6) **뷰틸알코올**(Butyl Alcohol) C_4H_9OH **지정수량** 2,000 L

〈용도〉 도료용제, 아세트산뷰틸($CH_3COOC_4H_9$)의 원료, 안정제, 가소제(DBP)의 제조원료, 의약품의 원료

〈성상〉

① 포도주와 비슷한 냄새가 나는 포화지방족 알코올이다. 무색 투명한 액체이다.

② 분자량 = 74.12　　증기비중 = 2.6

융점 = −90℃　　비점 = 117℃　　비중 = 0.8

인화점 = 37℃　　발화점 = 343℃　　연소범위 = 1.4 ~ 11.2vol%

③ 물, 에틸알코올, 에터에 녹는다.

④ C_4H_9OH의 이성질체로 $C_2H_5OC_2H_5$가 있다.

〈위험성〉

① 증기는 공기와 혼합하여 폭발성 가스로 되어 인화·폭발의 위험이 있다.

② 가열에 의해 발열·발화하며 연소하면 자극성·유해성 가스를 발생한다.

③ 산화제와 혼합된 것은 가열·충격·마찰에 의해 발열·발화한다.

④ 금속제 용기는 화재열에 의해 폭발한다.

〈저장·취급〉

① 가열금지. 화기엄금. 직사광선 차단. 용기는 차고 건조하며 환기가 잘되는 곳에 저장한다.

② 증기의 누설 및 액체의 누출 방지를 위하여 용기를 완전히 밀폐한다.

③ 취급소 내 정전기의 발생 및 축적을 방지한다.

④ 알칼리금속, 강산화제, 강산류와의 접촉을 방지한다.

〈소화방법〉 물, 분말, CO_2, 할론 및 할로젠화합물 소화약제, 알코올형 포가 유효하며 대량 연소하는 경우는 물분무, 알코올형 포에 의해 일시에 소화하여야 한다. 대형화재 때는 무인방수포 등을 이용한다. 상황에 따라서는 안전한 곳에서 증발시킨다. 소화작업 중 공기호흡기 등의 안전장비를 착용한다.

〈유해성〉 눈, 피부와 접촉하면 점막과 피부 자극. 증기를 흡입하면 기침, 질식, 두통, 마취 작용

7) **아밀알코올**(Amyl Alcohol) $C_5H_{11}OH$ **지정수량** 2,000 L

〈별칭〉 1-pentanol, 펜탄올

〈용도〉 향료, 의약, 용제, 화학약품 제조 원료, 가소제 제조

〈성상〉

① 불쾌한 냄새가 나는 무색 투명한 액체이다. 물, 알코올, 에터에 녹는다.

② 분자량 = 88.15　　증기비중 = 3.0
융점 = −78℃　　비점 = 138℃　　비중 = 0.8
인화점 = 33℃　　발화점 = 300℃　　연소범위 = 1.2 ~ 10.0vol%

③ 8가지의 이성질체가 있으며 포화지방족 알코올이다. 알코올, 에스터, 에터, 케톤류, 방향족탄화수소 및 동식물유와 잘 혼합한다.

〈기타사항〉 C_4H_9OH에 준한다.

8) **질산아밀**(Amyl Nitrate) $C_5H_{11}NO_3$

〈성상〉

① 에터와 비슷한 냄새가 나는 무색의 액체이다.

② 분자량 = 133.15　　증기비중 = 4.6
비점 = 153 ~ 157℃　　비중 = 1.0　　인화점 = 48℃

〈위험성〉

① 인화성 액체로서 강한 산화성 물질이다.

② 연소하면 자신보다 질소산화물을 포함한 연소생성물은 더욱 유독하다.

〈저장·취급〉

① 용기는 차고 건조하며 통풍이 잘 되는 곳에 저장한다.

② 화기를 엄금하고 가연성 물질과 충분히 격리한다.

〈소화방법〉 물분무, 건조분말, CO_2가 유효하며 용기 외벽을 물분무로 냉각시키면 효과가 있다. 공기호흡기 등의 안전장비를 착용한다.

9) 아니솔(Anisole) $C_6H_5OCH_3$

〈용도〉 용제, 향료, 구충제, 유기합성, 비닐의 산화방지제, 구충제

〈성상〉

① 무색의 액체로서 향기가 있으며 물에 녹지 않지만 알코올, 에터에 녹는다.

② 분자량 = 108.14 증기비중 = 3.7
융점 = −37℃ 비점 = 154℃ 비중 = 1.0
인화점 = 52℃ 발화점 = 475℃ 연소범위 = 0.3 ~ 6.3vol%

③ 자극성 물질이다.

〈위험성〉

① 가열하면 인화성의 증기를 발생하고 이것은 공기와 혼합하여 폭발성 가스를 형성한다.

② 연소하면 자극성·유해성의 가스를 발생한다.

③ 강산화제와 혼합한 것은 가열·충격·마찰에 의해 폭발한다.

〈저장·취급〉

① 가열금지. 화기엄금. 직사광선 차단. 용기는 차고 건조하며 환기가 잘 되는 곳에 저장한다.

② 강산화제, 강산류와의 접촉을 방지한다.

③ 취급소 내 전기설비는 방폭조치하고 정전기의 생성 및 축적을 방지시킨다.

〈소화방법〉 초기소화는 CO_2, 분말소화약제가 유효하다. 대형화재의 경우는 물분무 또는 알코올형 포로 일시에 소화한다.

〈유해성〉 눈, 피부와 접촉하면 자극하고 증기를 흡입하면 기침, 질식, 점막을 자극한다.

10) 벤즈알데하이드(Benzaldehyde) $(C_6H_5)CHO$

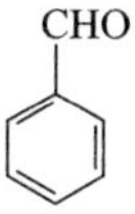

〈용도〉 염료의 중간체, 향료, 플라스틱, 합성탄닌의 제조

〈성상〉

① 아몬드 냄새가 나는 미황색의 액체이다. 방향족 탄화수소이다.

② 분자량 = 106.1　　증기비중 = 3.6　　증기압 = 1 mmHg(26℃)
　융점 = −56℃　　비점 = 179℃　　비중 = 1.04
　인화점 = 64℃　　발화점 = 192℃　　연소범위 = 1.4vol% ~

〈위험성〉

① 상온에서의 인화 위험성은 적으나 가온된 것은 인화 위험이 높다. 연소하면 자극성·유해성의 가스를 발생한다.
② 알칼리, 환원제, 산화제 등 광범위한 물질과 반응한다.

〈저장·취급〉

① 가열금지. 화기엄금. 용기는 차고 건조하며 통풍이 잘 되는 곳에 저장한다.
② 알칼리, 환원제, 산화제 등과 충분히 격리한다.

〈소화방법〉 물분무, 건조분말, 포, CO_2가 유효하며 물분무로 용기의 외벽을 냉각시킨다.

〈유해성〉 고농도의 증기는 마취성이 있다. 피부와 접촉하면 피부염과 알러지 반응을 일으킨다.

11) **다이뷰틸에터**(Dibutyl Ether)　$(C_4H_9)_2O$

〈용도〉 유기합성용 용제, 유기산 및 수지 등의 추출용제, 유지, 고무, 에스터의 용제

〈성상〉

① 연한 에터 냄새가 나는 무색의 액체이다. 물에 녹지 않는다.
② 분자량 = 130.2　　증기비중 = 4.5
　융점 = −98℃　　비점 = 142℃　　비중 = 0.77
　인화점 = 33℃　　발화점 = 194℃　　연소범위 = 1.5 ~ 7.0vol%

〈위험성〉

① 증기는 공기보다 무겁고 낮은 곳으로 흘러 멀리 가며 점화원에 의해 쉽게 인화·폭발하고 연소하면 역화의 위험이 있다.
② 물 위로 누출되면 물 위로 떠서 퍼지므로 연소확대의 위험이 있다.
③ 연소하면 자극성·유해성의 연소생성물을 발생한다.
④ 장시간 저장 방치하면 매우 민감한 과산화물을 생성한다.
⑤ 강산류와 반응한다.

〈저장·취급〉

① 화기엄금. 직사광선 차단. 가열금지. 용기는 차고 견고하며 환기가 잘 되는 곳에 저장한다.
② 강산화제, 강산류와의 접촉을 방지한다.
③ 장기저장 중 용기를 완전 밀폐하여 공기 유입에 의한 과산화물 생성을 방지시켜야 한다.

④ 증기의 누설을 방지하고 취급장소에는 전기시설에 대해 방폭화시켜야 한다.

〈소화방법〉 물분무, 포, 건조분말, CO_2가 유효하다. 직접 주수하는 것은 효과가 없다. 용기의 외벽을 물분무로 냉각시킨다. 공기호흡기 등의 안전장비를 착용한다.

〈유해성〉 눈, 피부와 접촉하면 자극. 증기를 흡입하면 기관지계통 자극, 현기증, 질식

12) **클로로벤젠**(Chlorobenzene) C_6H_5Cl 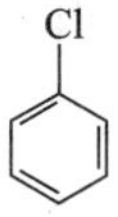 **지정수량** 1,000 L

〈용도〉 용제, 유기합성의 원료 및 제조, 향료, 의약품, 페놀 제조, 아닐린 제조

〈성상〉

① 석유 냄새가 나는 무색의 액체이다. 방향족 탄화수소이다.

② 분자량 = 112.6 증기비중 = 3.9 증기압 = 12 mmHg(25℃)
융점 = −45.2℃ 비점 = 132℃ 비중 = 1.11
인화점 = 29℃ 발화점 = 638℃ 연소범위 = 1.3 ~ 7.1vol%

③ 물에 녹지 않으나 알코올, 에터 등 유기용제에 잘 녹고 유지, 고무, 수지를 잘 녹인다.

〈위험성〉

① 증기는 공기보다 무겁고 증기는 공기와 혼합하여 낮은 곳에 체류하며 점화원에 의해 인화·폭발의 위험이 있다. 연소하면 역화의 위험이 있다.

② 가열하면 용기의 폭발위험이 있으며 연소하면 $COCl_2$, HCl를 포함한 유해성 가스를 발생한다.

③ 강산화성 물질($NaClO_3$, $NaClO_4$, HNO_3 등)과 혼촉에 의해 심하게 반응하고 경우에 따라 발화의 위험이 있다.

〈저장·취급〉

① 가열금지. 화기엄금. 직사광선 차단. 용기는 차고 건조하며 환기가 잘 되는 곳에 저장한다.

② 강산화제, 강산류와의 접촉을 방지한다.

③ 증기의 누설 및 액체의 누출방지를 위하여 용기를 완전히 밀폐한다.

④ 취급소 내 전기설비는 방폭조치하고 정전기의 발생 및 축적을 방지한다.

〈소화방법〉 포, CO_2, 분말, 소화약제로 일시에 소화한다. 인체 보호를 위해 보호복, 고무장갑, 공기호흡기 등의 안전장비를 착용한다.

〈유해성〉 눈 및 피부와 접촉하면 자극하고 결막염과 피부염을 일으킨다. 증기를 흡입하면 마취작용, 두통, 기침, 폐부종, 의식 상실을 일으키고 대량흡입 때는 사망에 이른다. 독성 벤젠보다 약하다.

13) **큐멘**(Cumene) $(CH_3)_2CHC_6H_5$

〈용도〉 유기합성, 산화촉진제 제조, 과산화물 제조

〈성상〉

① 방향성 냄새가 나는 무색의 액체이다.

② 분자량 = 120.2 증기비중 = 4.14 증기압 = 8 mmHg(20℃)
융점 = −96℃ 비점 = 152℃ 비중 = 0.86
인화점 = 36℃ 발화점 = 425℃ 연소범위 = 0.9 ~ 6.5vol%

③ 물에 녹지 않으며 알코올, 에터, 벤젠 등에 녹는다.

〈위험성〉

① 연소하면 자극성·유해성의 가스를 발생한다.

② 산화성 물질과 반응하며 HNO_3, H_2SO_4과 반응하여 열을 방출한다.

③ 공기 중에 노출되면 유기과산화물(큐멘하이드로퍼옥사이드)을 생성한다.

〈저장·취급〉

① 화기엄금. 가열금지. 공기와의 접촉을 방지한다. 용기는 차고 건조하며 환기가 잘되는 곳에 저장한다.

② 산화성 물질, HNO_3, H_2SO_4 등의 강산류와의 접촉을 방지한다.

③ 용기는 완전히 밀폐 저장하고 예상되는 점화원과 철저히 격리한다.

〈소화방법〉 물분무, 포, 건조분말, CO_2가 유효하다. 용기의 외벽을 물분무로 냉각한다. 공기호흡기 등의 안전장비를 착용한다.

〈유해성〉 눈, 피부, 기관지계통을 자극한다. 심하면 혼수상태에 이른다.

14) **폼산**(Formic Acid) HCOOH **지정수량** 2,000 L

〈용도〉 피혁 다듬질, 유기약품, 합성 원료, 염색 조제, 에폭시 가소용, 살충제, 의약, 폼산염류 제조, 폼산에스터 제조, 고무 응고제, 도금, 향료, 용제

〈성상〉

① 무색 투명한 액체로서 물, 에틸알코올, 에터와 잘 혼합한다.

② 분자량 = 46.0 증기비중 = 2.6 증기압 = 22 mmHg(20℃)
융점 = 9℃ 비점 = 101℃ 비중 = 1.22
인화점 = 50℃ 발화점 = 601℃ 연소범위 = 18 ~ 57vol%

③ 강한 자극성 냄새가 있고 강한 산성, 신맛이 있다.

〈위험성〉

① 고농도의 폼산은 휘발하여 연소하기 쉽다. 연소하면 자극성·유해성 가스를 발생한다.

② Pt, Rh 등의 촉매에 의해 가연성의 H_2를 발생한다.

$$HCOOH \xrightarrow{\text{촉매}} H_2\uparrow + CO_2\uparrow$$

③ 진한 황산에 의해 탈수되어 맹독성의 CO를 발생한다.

$$HCOOH \xrightarrow{c\text{-}H_2SO_4} H_2O + CO\uparrow$$

④ K 및 Na 등 알칼리금속과 반응하여 H_2를 발생한다.

⑤ 알칼리, 산화성 물질, 과산화물, 크로뮴산과 반응한다.

⑥ 공기 중 서서히 분해하고 화염에선 격렬하게 분해한다.

〈저장·취급〉

① 용기는 차고 건조하며 통풍·환기가 잘 되는 곳에 저장한다.

② 산화성 물질, 알칼리금속, HNO_3 등 강산류, 과산화물과 격리한다.

③ 증기의 누설 및 액체의 누출 방지를 위해 용기를 밀봉한다.

〈소화방법〉 물분무, 알코올형 포 또는 다량의 물로 희석소화한다. 바람을 등지고 소화작업하며 보호복, 방수화, 안전장갑 및 공기호흡기 등 안전장비를 착용한다.

〈유해성〉 맹독성 유독물질로서 피부에 닿으면 수포를 발생하고 눈에 들어가면 심각한 장애를 입힌다. 고농도의 증기는 코와 호흡기계통에 장애를 입힌다.

15) **퍼퓨랄**(Furfural) C_4H_3OCHO

〈용도〉 용제, 합성수지 제조, 나일론 원료, 의약, 원유 정제

〈성상〉

① 아몬드 냄새가 나는 무색 또는 엷은 갈색의 액체이다. 물에 약간 녹는다.

② 분자량 = 96.1 증기비중 = 3.31 증기압 = 2 mmHg(20℃)
융점 = −39℃ 비점 = 162℃ 비중 = 1.16
인화점 = 60℃ 발화점 = 316℃ 연소범위 = 2.1 ~ 19.3vol%

〈위험성〉

① 가열하면 연소 위험성이 증가한다. 연소하면 자극성·유해성의 가스를 발생한다.

② 강산, 강알칼리, 강산화제와 접촉하면 중합반응을 일으킨다.

③ 강산화제와 심하게 반응하며 어떤 경우에는 발화한다.

〈저장·취급〉

① 가열금지. 화기엄금. 직사광선 차단. 용기는 차고 건조하며 환기가 잘 되는 안전한 곳에 저장한다.

② 강산류, 강알칼리, 강산화제와의 접촉을 피한다.

〈소화방법〉 물분무, 건조분말, 알코올형 포, CO_2가 유효하며 물분무로 용기의 외벽을 냉각한다. 공기호흡기 등의 안전장비 등을 착용한다.

〈유해성〉 증기는 눈, 피부, 호흡기계통에 대해 심하게 자극한다.

16) **나이트로에테인**(Nitro Ethane) $C_2H_5NO_2$

〈용도〉 용제, 살충제

〈성상〉

① 연한 과일 냄새가 나는 무색의 액체이다. 물에 녹지 않는다.

② 분자량 = 75.1 증기비중 = 2.59 증기압 = 15.6 mmHg(20℃)
융점 = −90℃ 비점 = 114℃ 비중 = 1.05
인화점 = 28℃ 발화점 = 414℃ 연소범위 = 3.4vol% ~

〈위험성〉

① 고온으로 가열하면 심하게 폭발한다.

② 증기는 공기 보다 무겁고 낮은 곳에 체류하며 점화원에 의해 인화·폭발한다.

③ 밀폐용기를 가열하면 심하게 파열한다.

④ 고온에서 분해하면 CO, CO_2, 질소산화물을 발생한다. 다수의 강알칼리와 반응한다.

〈저장·취급〉

① 가열금지. 화기엄금. 직사광선 차단. 용기는 차고 건조하며 환기가 잘되는 곳에 저장한다.

② 다른 가연성 물질, 알칼리와 산화성 물질과의 접촉을 방지한다.

〈소화방법〉 다량의 물, CO_2, 건조분말, 포가 유효하다. 화재진압 중 안전거리를 유지하고 가급적 짧은 시간에 진압한다.

〈유해성〉 유독물질로서 눈과 점막을 자극한다.

17) **나이트로메테인**(Nitro Methane) CH_3NO_2

〈용도〉 용제, 유기합성 원료, 계면활성제, 폭약의 원료, 조연제, 의약품, 살충제, 살균제, 로켓 연료

〈성상〉

① 무색 투명한 액체이며 수용액은 산성이다.

② 분자량 = 61.04 증기비중 = 2.1 증기압 = 28 mmHg(20℃)

융점 = −28℃ 비점 = 101℃ 비중 = 1.13
인화점 = 35℃ 발화점 = 418℃ 연소범위 = 7.3vol%

③ 물에는 약간 녹으며 알코올, 에터에 녹는다.

〈위험성〉

① 급열하거나 고온, 고압 상태에서 폭발한다. 증기는 공기보다 무겁고 낮은 곳에 체류하며 점화원에 의해 인화·폭발한다. 역화의 위험이 있다.
② 화재 때는 질소산화물을 포함하는 자극성 또는 유해성의 가스를 발생한다.
③ 아민류, 알칼리, 강알칼리염류, 강산 및 이물질이 혼입되면 민감하게 반응하고 폭발의 위험이 있다.
④ 충격에 예민하여 열에 불안정하여 315℃에서 폭발적으로 분해한다. 밀폐용기는 가열하면 심하게 파열한다.

〈저장·취급〉

① 가열금지. 화기엄금. 직사광선 차단. 차고 건조하며 환기가 잘 되는 안전한 곳에 저장한다.
② 아민, 강산류, 염기, 산화성 물질, 금속산화물과의 접촉을 방지한다.

〈소화방법〉 초기화재는 알코올형 포, CO_2, 분말이 유효하며 대형화재인 경우는 알코올형 포로 질식소화한다. 용기는 안전한 장소로 옮기고 주수에 의해 냉각한다. 폭발에 대비하여 주민을 멀리 대피시키며 진화 직후 용기 가까이 가지 않도록 한다. 소화작업 중 안전거리를 충분히 유지하고 공기호흡기 등의 안전장비를 착용한다.

〈유해성〉 유독물질로서 눈의 점막을 자극하고 증기를 흡입하면 기침, 질식, 기관지 자극

18) **파라알데하이드**(Paraldehyde) $(CH_3CHO)_3$

〈용도〉 도료, 용제, 희석제, 향료, 의약품

〈성상〉

① 독특한 방향성 냄새를 가진 무색의 액체이다. 물에 녹는다.
② 분자량 = 132.2 증기비중 = 4.56
융점 = 13℃ 비점 = 124℃ 비중 = 0.99
인화점 = 36℃(oc) 발화점 = 238℃ 연소범위 = 1.3vol% ~

〈위험성〉

① 비교적 융점은 높으나 인화점은 그에 비해 낮은 편이다. 증기는 공기보다 무겁고 낮은 곳에 체류하며 점화원에 의해 쉽게 인화·폭발한다.
② 연소하면 역화의 위험이 있으며 자극성·유해성의 가스를 발생한다.
③ 강산류, 알칼리, 산화성 물질 등 여러 물질과 광범위하게 반응한다.

〈저장·취급〉

① 화기엄금. 가열금지. 직사광선 차단. 용기는 차고 건조하며 환기가 잘 되는 곳에 저장한다.

② 알칼리, 강산류, 산화성 물질, 아이오딘, 고무, 플라스틱 등 화학물질과의 접촉을 방지한다.

③ 증기의 누설 및 액체의 누출방지를 위해 용기를 완전히 밀봉하고 취급장소 내의 전기설비는 방폭조치한다.

〈소화방법〉 물분무, 건조분말, CO_2, 알코올형 포가 유효하다. 직접 주수하는 것은 효과가 없다. 물분무로 용기의 외벽을 냉각시킨다. 화점에 접근할 때는 바람을 등지며 연소가스 및 유증기를 피한다. 공기호흡기 등의 안전장비를 착용한다.

〈유해성〉 눈과 피부 자극. 과다 노출되면 두통, 최면, 중추신경계통 마비, 폐부종, 기관지염

19) 스타이렌(Styrene) $C_6H_5CH = CH_2$

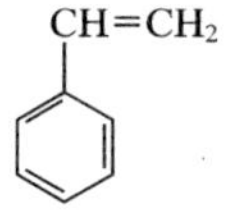

〈용도〉 폴리스타이렌수지 제조, 합성고무 제조(SBR, NBR), ABS수지 제조, 이온교환수지 제조, 도료, 폴리에스터수지 제조

〈성상〉

① 독특한 냄새가 나는 무색 투명한 액체이다. 방향족 탄화수소이다.

② 분자량 = 104.2　증기비중 = 3.6　증기압 = 5 mmHg(20℃)
　융점 = −33℃　비점 = 146℃　비중 = 0.91
　인화점 = 31℃　발화점 = 490℃　연소범위 = 1.1～7.0vol%

③ 햇빛 또는 공기와 접촉하거나 가열 또는 과산화물 기타 촉매에 의해 중합하고 발열한다.

④ 물에 녹지 않으나 유기용제(에틸알코올, 에터, 아세톤, 이황화탄소, 아세트산 등)에 잘 녹는다.

⑤ 마취성·유해성이 있다.

〈위험성〉

① 실온에서 인화가 용이하며 화재 시는 폭발성의 유기과산화물을 발생한다.

② 증기는 공기보다 무겁고 증기는 낮은 곳에 체류하고 공기와 혼합하여 폭발성 가스를 형성한다. 점화원에 의해 폭발하고 연소 시 역화한다.

③ 화재 상태이거나 가열하거나 햇빛에 의해 용이하게 중합반응을 일으키고 점도가 높으면 무색의 플라스틱과 같은 형상을 만든다.

④ 강산화제, 과산화물 또는 유기과산화물과 같은 중합촉매에 의해 용이하게 중합하고 반응열에 의해 반응이 촉진되어 용기의 파열을 일으킨다. 통제 안 된 모노머 증기는 통기관이나 여러 공간에서 중합체를 만들어 시설물의 파괴 등 위험을 초래한다.

⑤ 강산화성 물질과의 혼촉에 의해 발열·발화한다.

⑥ 물보다 가볍고 물에 녹지 않기 때문에 물에 누출되거나 화재 때는 직접 주수하면 화재면적을 확대시킨다.

⑦ 밀폐용기를 가열하면 심하게 파열한다.

〈저장·취급〉

① 직사광선 차단. 화기엄금. 가열금지. 용기는 차고 건조하며 환기가 잘 되는 안전한 곳에 완전 밀폐하여 저장한다.

② 강산화제, 과산화물, 유기과산화물, 중합촉진제, 금속염, $FeCl_3$, $AlCl_3$, 강산류와의 접촉을 방지하며 저장 중 통상 중합방지제를 첨가한다.

③ 증기의 누설을 방지하고 불꽃·불티를 엄금하고 스파크 등 소화원을 배제해야 한다.

〈소화방법〉 초기화재는 CO_2, 분말, 할론, 분말이 유효하며 기타의 경우는 다량의 물분무 또는 포에 의해 질식소화한다. 용기를 안전한 장소로 옮기고 이동이 불가능한 경우는 용기를 주수하여 냉각시킨다. 화점과 충분히 안전거리를 유지하고 소화작업 때는 공기호흡기 등의 안전장비를 착용한다.

〈유해성〉 유독물질로서 눈, 피부, 호흡기계통, 점막을 자극하고 피부염과 탈지작용이 일어난다. 고농도의 증기를 흡입하면 마취작용, 사망(1,000 ppm, 30～60분간 흡입)한다.

20) 테레핀유(Turpentine) 지정수량 1,000 L

〈용도〉 의약품의 원료, 용제, 도료의 원료, 도료, 방충제, 보르네올($C_{10}H_{18}O$) 등의 향료

〈제법〉 소나무과 식물 및 뿌리에서 채집하여 증류 정제하여 만든다.

〈성상〉

① 강한 침엽수 수지 냄새가 나는 무색 또는 담황색의 액체로서 α-피넨($C_{10}H_{16}$)이 주성분이다.

② 증기비중＝4.6 융점＝－182℃ 비점＝149℃
비중＝0.9 인화점＝35℃ 발화점＝253℃
연소범위＝0.8vol%～

③ 물에 녹지 않지만 알코올, 에터에 녹으며 황, 인, 고무, 유지 등을 잘 녹인다.

〈위험성〉

① 증기는 공기와 혼합하고 연소범위가 낮아 인화·폭발의 위험이 있다.

② 가열에 의해 용기가 폭발하며 연소하면 유해성의 CO를 발생한다.

③ 테레핀유가 묻은 종이 또는 엷은 천을 Cl_2와 접촉시키면 폭발한다.

④ 강산화제($NaClO_3$, $NaClO_4$, H_2O_2, Na_2O_2, HNO_3 등)와 혼촉하면 발화 위험이 있다.

⑤ 화학적으로는 유지는 아니지만 건성유와 유사한 산화성이 있기 때문에 공기 중 산화한다. 이때 발열에 의해 다공성의 가연성 물질 중에 스며들면 축열되기 쉬운 분위기 중에서는 고온으로 되

어 자연발화의 위험이 있다.

⑥ 산화성 물질과 혼합한 것은 충격·마찰을 받으면 발열·발화의 위험이 있다.

⑦ I_2과 혼합한 것은 가열하면 폭발한다.

〈저장·취급〉

① 가열금지. 화기엄금. 직사광선 차단. 용기는 차고 건조하며 환기가 잘 되는 곳에 저장한다.

② Cl_2, 강산화제, 강산류와의 접촉을 방지하며 다공성 가연성 물질에 스며들지 않도록 한다.

③ 증기의 누설 및 액체의 누출 방지를 위해 용기를 완전히 밀폐한다.

〈소화방법〉 분말, CO_2, 할론 및 할로젠화합물 소화약제가 적응되며 주수는 주위의 연소확대 방지 및 용기의 냉각에 사용한다. 화재진화 후에도 유온이 높기 때문에 가연성 가스가 발생하므로 주의가 필요하다. 소화작업 중 반드시 공기호흡기 등의 안전장비를 착용한다.

〈유해성〉 눈에 들어가면 자극이 있고 피부와 접촉하면 피부염, 약상을 입는다. 증기를 흡입하면 마취작용, 기침, 두통, 질식을 일으키고 기관지를 자극한다.

21) 기타 지정성상(1기압에서 인화점이 21℃ 이상 70℃ 미만인 것)에 따른 제2석유류

물질명	화학식	분자량	증기비중 (공기=1)	비중 (물=1)	융점 (℃)	비점 (℃)	인화점 (℃)	발화점 (℃)	연소범위 (vol%)
Allyl chlor-ocarboate	$H_2C=CHCH_2COOCl$	120.5	4.15	1.14		113	31		
Butyl acrylate	$CH_2=CH_2COOC_4H_9$	128.2	4.4	0.9	−64	149	39	279	1.3~9.9
Chloro acetonitrile	$ClCH_2{\equiv}N$	75.5	2.6	1.19		126	47		
o-Chloro phenol	C_6H_4ClOH	128.6	4.4	1.26	9	175	64		
Cyclohexylamine	$C_6H_{11}NH_2$	99.2	3.4	0.87	−18	135	28	293	1.5~9.4
Diamylamine	$(C_5H_{11})_2NH$	157.2	5.4	0.78		202	51		
Dibutylamine	$(C_4H_9)_2NH$	129.3	4.46	0.76	−59	159	47		1.1~
o-Dichloro benzene	$C_6H_4Cl_2$	147.0	5.0	1.3	−17	180	66	648	2.2~9.2
1,4-Dichlorobutane	$ClCH_2(CH_2)_2CH_2Cl$	127.0	4.4	1.14	−37	154	52		1.5~4.0
2,2-Dichloro ethyl ether	$(ClCH_2CH_2)_2O$	143.0	4.9	1.22	−52	178	55	369	2.7~
Dichloropropene	$ClCH_2CH=CHCl$	111.0	3.8	1.22		104	35		2.6~7.8
N,N-Dimethyl formemide	$HCON(CH_3)_2$	73.1	2.5	0.9	61	153	58	445	2.2~15.2
Divinyl benzene	$C_6H_4(CH=CH_2)_2$	130.2	4.5	0.9	−67	200	69	470	0.7~6.2
Ethylene chlorohydrin	CH_2ClCH_2OH	80.5	2.8	1.2	−60	130	60	425	4.9~15.9

Diketene	$CH=C-CH_2-C=O$ \ / O	84.1	2.9	1.07	−8	127	34	310	
Ethylene diamine	$H_2NCH_2CH_2NH_2$	60.1	2.1	0.9	8.5	116	33	385	1.5～5.8
Epichlorohydrin	$CH_2-CH-CH_2-Cl$ \ / O	92.5	3.2	1.2	−57	116	33	411	3.8～4.0
Mesityl oxide	$(CH_3)_2C=CHCOCH_3$	98.1	3.4	0.86	−59	130	31	344	
Methacrylic acid	$CH_2=C(CH_3)COOH$	86.1	3.0	1.02	16	163	68		1.6～8.0
2-Methyl-5-pyridine	$C_2H_5(C_5H_3N)CH_3$	121.2	4.2	0.92		178	68		1.1～6.6
Morpholine	$OCH_2CH_2NHCH_2CH_2$	87.1	3.0	1.0	−5	129	35	310	1.8～11.0
Nitro propane	$C_3H_7NO_2$	89.1	3.07	0.98	−93	120	24	421	2.2～
Propagyl alcohol	$HC{\equiv}CCH_2OH$	56.1	1.93	0.95	−50	115	33		
Propionic acid	CH_3CH_2COOH	74.1	2.55	1.0	−21	141	52	513	2.9～12.1
Propionic anhydride	$(CH_3CH_2CO)_2O$	130.1	4.5	1.01	−45	167	63	285	1.5～11.9
Tributylamine	$(C_4H_9)_3N$	185.4	6.4	0.78	−70	214	63		
Vinyl toluene	$CH_2=CHC_6H_4CH_3$	118.2	4.07	0.92	−77	168	51.7	494	0.1～11.0

5. 제3석유류 지정수량 { 비수용성 액체 2,000 L / 수용성 액체 4,000 L }

제3석유류의 지정품명은 중유, 크레오소트유 2가지이며 지정성상으로서는 1기압, 20℃에서 액체인 것으로서 인화점이 70℃ 이상 200℃ 미만의 것을 말한다. 도료류 그 밖의 물품에 있어서는 인화성 액체량이 40vol% 이하인 것은 지정수량 2,000 L의 제3석유류에서 제외하며 이 경우 연소 위험성 자체가 모두 없어지는 것은 아니므로 별도로 「화재의 예방 및 안전관리에 관한 법률」상의 특수가연물로 지정하여 규제한다.

1) 중유(Heavy Oil) 지정수량 2,000 L

〈용도〉 연료(내연기관용, 보일러용 등), 윤활유, 아스팔트의 원료, 연료가스 제조, 목재 방부제, 인쇄잉크 제조, 화학공업 원료

〈성상〉

① 석유 냄새가 나는 갈색 또는 암갈색의 끈적끈적한 액체이다.

② 비중 > 1　　　비점 = 200～330℃

인화점 = 60～150℃　　　발화점 = 254～263℃

〈위험성〉

① 상온에서의 인화 위험성은 없으나 가열하면 제1석유류와 같은 위험성이 생기며 인화성 증기를 발생하여 인화의 위험이 크다.

② 가열에 의해 용기가 폭발하며 불완전연소할 때는 CO 등의 유해성 가스와 다량의 흑연을 발생한다.
③ 천, 포, 종이 등의 다공성 가연물에 스며 배이면 장기간 방치되면 자연발화 위험이 생긴다.
④ 제1류 위험물과 같은 강산화제와 혼합하면 발화 위험이 현저히 증가한다.
⑤ 대형탱크에서 화재가 발생하면 보일오버(boil over) 현상 또는 슬롭오버(slop over) 현상을 초래한다. 따라서 화재의 확대가 가속화되며 탱크화재에서 지상화재로 진행되므로 화재의 진압이 곤란해진다. Boil over 현상은 장시간 연소가 계속되는 동안 상부 화염 부위의 액온이 상승하여 고온층을 형성하고 이것이 하층부로 내려가 물과 접촉하면 물이 비등을 일으키면서 뜨거운 기름과 함께 탱크 밖으로 분출 비산하는 현상이다.

〈저장·취급〉
① 가열금지. 화기엄금. 저장용기나 탱크 밖으로의 누출을 방지한다.
② 중유가 들어있는 용기나 탱크에 직접 용접하면 공간의 저비점의 유증기를 폭발시킬 수 있으므로 용접행위를 절대 금지시킨다.
③ 강산화제 및 강산류와의 혼촉을 방지시킨다.
④ 누출된 액체로 인해 다공성의 가연성 물질에 스며들지 않도록 한다.

〈소화방법〉 소규모 화재는 마른 모래, 물분무 소화도 유효하다. 초기화재는 포, CO_2, 할론 및 할로젠화합물 소화약제, 분말이 유효하며 기타의 경우는 다량의 포로 질식소화한다. 주수는 연소방지 및 용기나 탱크의 외벽을 냉각하는데 사용한다. 대규모 탱크화재 중 Boil Over 또는 Slop Over 현상을 일으킬 수 있으므로 이의 예측과 대응이 필요하다. 공기호흡기 등의 안전장비를 착용한다.

〈유해성〉 눈에 들어가면 결막염을 일으키고 증기를 흡입하면 기침, 두통, 구토 증상을 일으킨다.

2) **크레오소트유**(Creosote Oil) **지정수량** 2,000 L

〈용도〉 목재 방부제, 어망 염료, 방부 도료, 연료, 카본블랙 제조

〈성상〉
① 자극성의 타르 냄새가 나는 황갈색의 액체이다.
② 비중 = 1.05 비점 = 194 ~ 400℃
인화점 = 74℃ 발화점 = 336℃
③ 물에 녹지 않지만 알코올, 에터, 벤젠, 톨루엔 등에 잘 녹는다.
④ 부식성·살균성이 있다.

〈위험성〉 〈저장·취급〉 중유에 준한다.

〈소화방법〉 초기화재 또는 소규모 화재는 분무주수 소화하며 기타의 경우는 다량의 포로 질식소화한다.

〈유해성〉 유독물질로서 피부와 눈에 들어가면 자극적이다.

3) 아세트사이안하이드린(Acetone Cyanhydrin) $(CH_3)_2C(OH)CN$

〈용도〉 합성화학 원료, 살충제의 원료, 메타크릴수지의 원료

〈성상〉

① 무색 또는 미황색의 액체로서 아세톤과 같은 가벼운 냄새가 있다.

② 분자량＝85.1 증기비중＝2.9 증기압＝1.0 mmHg(20℃)
융점＝－19℃ 비점＝120℃(분해) 비중＝0.93
인화점＝74℃ 발화점＝688℃ 연소범위＝2.2～12.0vol%

③ 매우 유독하며 물에 녹으므로 수용액 상태에서도 유독하다.

〈위험성〉

① 용이하게 착화하며 가열에 의해 CH_3COCH_3과 HCN를 발생하며 발열·발화한다.

② 증기는 공기와 혼합하여 점화원에 의해 인화·폭발의 위험이 있다.

③ 강산화제와의 혼촉에 의해 발열·발화의 위험이 있다.

④ 강알칼리와 접촉하면 인화성의 CH_3COCH_3과 맹독성의 HCN를 발생한다.

⑤ 열분해에 의해 가연성이며 맹독성인 HCN를 방출한다.

⑥ 강산류, 환원성 물질과 접촉하면 반응을 일으킨다.

〈저장·취급〉

① 가열금지. 화기엄금. 직사광선 차단. 용기는 차고, 건조하며 통풍이 잘되는 곳에 저장한다.

② 증기의 방출을 억제하고 방출된 증기는 배출하여야 한다.

③ 강산류, 강알칼리, 강산화제, 환원제와의 분리·격리시켜야 한다.

〈소화방법〉 초기화재 또는 소규모 화재는 물분무, 분말, CO_2, 알코올형 포가 유효하지만 대형화재인 경우는 물분무, 알코올형 포로 일시에 소화한다. 화재진압 중 공기호흡기 등을 착용하고 유해성의 증기, 연소생성물 및 분해생성물을 피하여 바람을 등지고 접근하여야 한다.

〈유해성〉 눈에 들어가면 점막 자극 및 약상. 증기를 흡입하면 기침, 호흡 곤란, 두통, 구토 증상

4) 아디포나이트릴(Adiponitrile) $CN(CH_2)_4CN$

〈용도〉 나일론 제조 중간체

〈성상〉

① 특이한 냄새가 나는 백색의 묽은 액체이다. 맹독성 물질이다.

② 분자량＝108.1 증기비중＝3.7
융점＝1℃ 비점＝295℃ 비중＝0.97

인화점 = 93℃ 발화점 = 550℃ 연소범위 = 1.0vol% ~

③ 물에 녹으며 매우 민감한 물질이다.

〈위험성〉

① 상온에서 인화 위험은 없으나 가열하면 연소 위험성이 현저히 증가한다.

② 연소생성물은 그 자신보다 훨씬 유독하며, 연소생성물은 HCN를 포함하고 있어 매우 유독하다.

③ 강산화제와 심하게 반응을 일으킨다.

〈저장·취급〉

① 가열금지. 화기엄금. 용기는 차고 건조하며 통풍이 잘 되는 곳에 저장한다.

② 강산류와 강산화제와의 접촉을 방지시킨다.

③ 다른 가연성 저장물과 충분히 격리시킨다.

〈소화방법〉 물분무, 건조분말, CO_2, 포에 의해 소화한다. 소화작업 중 유해성의 증기 및 연소생성물을 피하여 화점에 접근하며 공기호흡기 등의 안전장비를 착용한다.

〈유해성〉 피부를 통해 침투되면 치명적이다. 흡입하면 기관지계통에 심한 알러지현상 초래

5) **아닐린**(Aniline) $C_6H_5NH_2$ 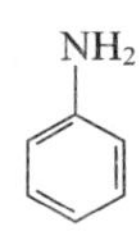 **지정수량** 2,000 L

〈용도〉 염료의 원료, 매염제, 의약품의 원료, 화약의 원료, 살균제, 방향족 화합물 합성원료, 유기합성 중간체, 페인트, 바니시, 향료, 하이드로퀴논 제조, 구두약, 제초제, 살충제

〈성상〉

① 무색 또는 담황색의 특이한 아민 같은 냄새가 있는 기름상의 액체로서 공기 중에서는 적갈색으로 변한다. 방향족 탄화수소이다.

② 분자량 = 93.13 증기비중 = 3.2 증기압 = 1 mmHg(20℃)
융점 = −6℃ 비점 = 184℃ 비중 = 1.02
인화점 = 70℃ 발화점 = 615℃ 연소범위 = 1.3 ~ 11vol%

③ 물에 약간 녹으며 C_2H_5OH, C_6H_6, $C_2H_5OC_2H_5$와 임의로 혼합한다.

④ 염산과 반응하여 염산염을 만든다.

$$C_6H_5NH_2 + HCl \longrightarrow C_6H_5NH_2 \cdot HCl$$

〈위험성〉

① 인화점이 높아 상온에서 인화 위험은 없으나 가열된 것은 연소 위험성이 증가한다.

② 가열하면 용기가 파열하며 증기는 공기와 혼합할 때 인화·폭발의 위험이 있다.

③ 산화되기 쉽고 강산화제와 혼합한 것은 가열·충격·마찰에 의해 발열·발화한다.

④ 알칼리금속 또는 알칼리토금속과 반응하여 가연성 가스인 H_2를 발생한다.
⑤ 강산화제, 진한 H_2SO_4과 같은 강산류와 접촉하면 격렬하게 반응한다.
⑥ 연소하면 질소산화물을 포함하여 여러 가지 유해성 연소생성물을 발생한다.

〈소화방법〉 물분무, 분말, CO_2가 유효하며 대형화재 중 알코올형 포로 일시에 소화한다. 연소하면 유해성 가스가 발생하므로 공기호흡기 등의 보호장비를 착용하여야 한다.

〈유해성〉 연소하면 유해성 가스를 발생한다. 유독물질로서 눈에 들어가면 충혈되며 피부에 닿으면 약상을 입는다. 증기를 흡입하거나 피부로 흡입되면 치아노제, 위장염, 질식, 의식 상실, 사망에 이른다.

6) **클로로벤조일**(Benzoyl Chloride) $(C_6H_5)COCl$

〈용도〉 염료, 향료, 유기합성 원료, 유기과산화물(BPO) 제조, 의약품 원료

〈성상〉
① 최루성이 있는 무색의 액체이다. 벤젠, 에터를 녹인다.
② 분자량＝140.6　증기비중＝4.8　증기압＝1 mmHg(20℃)
융점＝－1℃　비점＝197℃　비중＝1.21
인화점＝72℃　연소범위＝1.2～4.9vol%

〈위험성〉
① 상온에서의 인화 위험은 적으나 가온되거나 직사광선을 받아서 액온이 상승되면 점화원에 의해 인화 위험이 있다.
② 연소하면 유해성의 HCl 가스와 자극성의 연소생성물을 발생한다.
③ 물과 반응하여 분해하고 여러 가지 물질과 심하게 반응한다.
④ 가열하면 유해성의 포스젠($COCl_2$)을 방출한다.

〈저장·취급〉
① 가열금지. 화기엄금. 직사광선 차단. 용기는 차고 건조하며 환기가 잘 되는 곳에 저장한다.
② 물, 습기, 알칼리, 산화성 물질 및 알코올과의 접촉을 방지한다.

〈소화방법〉 주수소화 엄금. 건조분말, 포, CO_2를 사용하여 질식소화한다. 조심스럽게 용기 외벽에 물분무하여 냉각시킨다. 공기호흡기 등의 안전장비를 착용한다.

〈유해성〉 부식성·유해성 물질로 피부에 침투하거나 증기를 흡입하면 치명적이다. 눈, 피부의 점막을 자극하고 심하면 화상을 입는다. 고농도로 흡입하면 폐부종을 일으킨다.

7) **다이클로로에틸렌**(Dichloro Ethylene) ClCH = CHCl

〈용도〉 합성수지의 원료, 용제

〈성상〉

① 에터와 비슷한 냄새가 나는 무색의 액체이다. 물에 녹지 않는다.

② 분자량=97.0 증기비중=3.34 증기압=180～265 mmHg(20℃)
융점=－80℃ 비점=60℃ 비중=1.28
인화점=97～102℃ 발화점=460℃ 연소범위=9.7～12.8vol%

〈위험성〉

① 상온에서의 위험성은 적으나 가열하면 위험하며 증기는 공기보다 무거워서 낮은 곳에 체류하며 점화원에 의해 인화한다.

② 연소하면 맹독성의 HCl와 $COCl_2$을 포함한 연소생성물을 발생한다.

③ 밀폐용기를 가열하면 심하게 폭발한다.

④ 공기 중 직사광선, 고온체, 산화제 및 과산화물에 의해 위험한 중합반응을 일으킨다.

⑤ 누출된 모노머 증기는 통기관 또는 여러 공간에서 중합체를 형성한다.

⑥ 공기와 장시간 접촉하면 폭발성의 유기과산화물을 만든다.

〈저장·취급〉

① 가열금지. 직사광선 차단. 차고 건조하며 환기가 잘 되는 곳에 저장한다.

② 중합방지를 위해 공기와의 접촉을 방지하고 강산화제, 과산화물과의 접촉을 피한다.

〈소화방법〉 건조분말, 포, CO_2, 물분무가 유효하다. 물분무로 용기 외벽을 냉각시킨다. 소화작업 중 충분히 안전거리를 확보하고 연소생성물을 피하며 공기호흡기 등의 안전장비를 착용한다. 가급적 짧은 시간에 소화하도록 한다.

〈유해성〉 증기를 흡입하면 호흡기계통 자극. 신경계통기능 저하, 혼수상태를 일으킨다.

8) **다이에틸렌트라이아민**(Diethylene Triamine) $NH_2CH_2CH_2NHCH_2CH_2NH_2$

〈용도〉 유기화학 중간체

〈성상〉

① 암모니아 냄새가 나는 무색 또는 황색의 액체이다. 물에 녹는다.

② 분자량=103.2 증기비중=3.55 증기압=0.22 mmHg(20℃)
융점=－35℃ 비점=207℃ 비중=0.95
인화점=101℃ 발화점=358℃ 연소범위=2.0～6.7vol%

〈위험성〉

① 상온에서의 위험성은 적으나 가열하면 연소 위험이 있다.

② 강산류, 산화성 물질, 염소, 하이포아염소산염류, 할로젠화합물, 유기화합물과 반응한다.

③ 연소 또는 분해하면 아민 증기뿐만 아니라 질소산화물, CO, CO_2, 탄화수소를 발생한다.

〈저장·취급〉

① 가열금지. 용기는 차고 건조하며 환기가 잘 되는 곳에 저장한다.

② 산화성 물질, 강산류, 할로젠화합물과의 접촉을 피한다.

〈소화방법〉 물분무, 건조분말, 알코올형 포, CO_2가 유효. 직접 주수하면 화재면적을 확대한다.

〈유해성〉 부식성 물질로 피부에 화상을 입고 눈에는 자극을 주고 짧은 시간에도 각막을 다친다. 증기를 흡입하면 점막과 호흡기계통을 자극한다.

9) **다이에틸황산**(Diethyl Sulfate) $(C_2H_5)_2SO_4$

〈용도〉 염료, 의약, 농약, 유기화합물 합성원료, 탈수제, 추출제

〈성상〉

① 박하향 냄새가 나는 기름상의 무색 액체이다. 장기간 저장한 것은 어두운 색으로 변한다.

② 분자량＝154.2　증기비중＝5.32　증기압＝1 mmHg(47℃)
　융점＝－25℃　비점＝210℃(분해)　비중＝1.18
　인화점＝104℃　발화점＝436℃　연소범위＝4.1vol%～

〈위험성〉

① 상온에서의 인화 위험성은 적으나 가열하면 연소 위험성이 증가한다.

② 고온에서 분해하여 $C_2H_5OC_2H_5$를 만드는데 이것은 그 물질 자체보다 위험성이 현저히 증가한다.

③ 연소하면 자극성·유해성의 연소생성물을 발생한다.

④ 물과 접촉하면 서서히 분해하고 염기, 산화제 및 여러 화학물질과 반응한다.

〈저장·취급〉

① 가열금지. 화기엄금. 용기는 차고 건조하며 환기가 잘 되는 곳에 저장한다.

② 물, 공기, 염기, 산화성 물질, 강산류와의 접촉을 방지한다.

〈소화방법〉 물분무, 건조분말, CO_2, 포가 유효하다. 직접 주수하는 것은 효과가 없다. 용기 외벽을 물분무로 냉각한다. 화점에 접근할 때는 위험한 증기나 분해 생성 가스를 피하여 접근하고 공기호흡기 등의 안전장비를 착용한다.

〈유해성〉 맹독성·부식성의 유독물질로서 눈과 피부에 닿으면 심하게 화상을 입힌다. 과다 노출하면 기침, 구토, 메스꺼움, 두통, 호흡 곤란을 일으킨다.

10) **다이메틸황산**(Dimethyl Sulfate) $(CH_3)_2SO_4$

〈용도〉 유기합성의 메틸화제, 의약품의 원료, 염료의 원료, 향료, 방향족 탄화수소의 추출용제

〈성상〉

① 무색의 기름상의 액체로서 매우 유독하다.

② 분자량＝126.1 증기비중＝4.4 증기압 < 1 mmHg(20℃)
융점＝－31.8℃ 비점＝188℃ 비중＝1.33
인화점＝83℃ 발화점＝188℃

③ 찬물에는 서서히 녹지만 더운 물 또는 산의 존재 하에서 급속히 분해한다.

〈위험성〉

① 물과 접촉에 의해 분해하여 유해성의 모노메틸황산, 메탄올, 황산을 만든다.

② 연소하면 유해성의 SO_2를 발생한다.

③ 알코올계 또는 페놀계와의 접촉에 의해 발열한다.

〈저장·취급〉

① 용기는 철저히 밀폐시키고 찬 곳에 저장한다.

② 용기에 수분 또는 이물질의 혼입을 방지한다.

③ 누출되었을 경우는 묽은 NaOH용액으로 중화한다.

〈소화방법〉 초기화재 때는 포, CO_2, 분말이 유효하며 소규모의 경우는 다량의 물로 물분무소화하고 대형화재의 경우는 포로 일시에 소화한다. 소화작업 중 공기호흡기 등의 안전장비를 착용한다.

〈유해성〉 유독물질로서 눈에 들어가면 각막의 혼탁, 약상을 입고 피부와 접촉하면 약상을 입고 증기를 흡입하면 피로감, 혼미, 폐수종, 사망에 이른다.

11) 에틸렌글라이콜(Ethylene Glycol) HOC_2H_4OH **지정수량** 4,000 L

〈용도〉 폴리에스터수지 및 섬유의 원료, 알키드수지 원료, 폴리우레탄의 원료, 자동차 라디에이터 부동액, 내한용 냉각제의 원료, 건조 방지제의 원료, 의약품의 원료, 부동 다이너마이트의 원료, 염료, 향료, 화장품, 래커, 용제, 향온조

〈성상〉

① 무색, 무취의 끈적끈적한 액체로서 강한 흡습성이 있고 단맛이 있다.

② 분자량＝62.1 증기비중＝2.1
융점＝－12.6℃ 비점＝197℃ 비중＝1.1
인화점＝111℃ 발화점＝398℃ 연소범위＝3.2vol%～

③ 물, 알코올, 아세톤, 글리세롤 등에 잘 녹는다.

〈위험성〉

① 상온에서의 인화 위험이 없으나 가열하면 연소 위험성이 증가하고 가열하거나 연소에 의해 자

극성 또는 유해성의 CO를 발생한다.

② 강산화제와 혼합한 것은 가열·충격·마찰에 의해 발열·발화한다.

③ 상온에서 Na_2O_2, CrO_3, $KMnO_4$, 표백분 등과 접촉하면 혼촉발화하며 제1류 위험물과 가연성의 황, 적린, 금속분 등이 혼합하고 있을 때 에틸렌글라이콜이 혼합하면 발화한다.

④ 드럼 내에서 화재가 발생한 경우는 열에 의해 폭발의 위험이 있다.

〈저장·취급〉

① 가열금지. 화기엄금. 용기는 차고 건조하며 환기가 잘 되는 곳에 저장한다.

② 강산화성 물질, 강산류, 황, 적린, 금속분과의 접촉을 피한다.

〈소화방법〉 초기화재는 물, 분말, CO_2, 알코올형 포가 유효하며 대형화재인 경우는 물분무, 알코올형 포로 일시에 소화한다. 탱크화재 중 탱크가 변색할 때는 폭발할 위험이 있으므로 즉시 대피한다. 공기호흡기 등의 안전장비를 착용한다.

〈유해성〉 눈에 들어가면 약한 자극이 있고 장시간 피부와 접촉하면 약상을 입는다. 증기를 흡입하면 중추신경 장애, 환각, 의식 불명, 구토, 호흡 곤란을 일으킨다.

12) **글리세롤**(Glycerol) $C_3H_5(OH)_3$ **지정수량** 4,000 L

〈용도〉 나이트로글리세롤 $C_3H_5(ONO)_3$ 제조, 화장품, 의약, 감미제, 담배 건조방지제, 인쇄 잉크용, 부동액, 용제, 에어컴프레서 윤활유, 알키드수지, 폭약, 향료, 섬유 윤활제

〈성상〉

① 무색의 액체로서 단맛이 난다.

② 분자량＝92.1　증기비중＝3.1　융점＝17℃
비점＝171℃　비중＝1.26　인화점＝199℃
발화점＝370℃

③ 흡습성이 있으며 물, 알코올, 에터와 임의로 혼합한다.

〈위험성〉

① 가열하면 비점 부근에서 분해하여 인화 위험이 있다.

② 강산화제($KMnO_4$, Na_2O_2, CrO_3, 고농도 표백분 등)와 혼촉하면 발화한다.

③ 강산화제와 혼합한 것은 가열·충격·마찰에 의해 발열·발화한다.

〈저장·취급〉 가열금지. 화기엄금. 강산화제, 강산류와 접촉금지. 기타 에틸렌글라이콜에 준한다.

〈소화방법〉 초기화재는 CO_2, 포, 분말이 유효하며, 소규모 화재는 다량의 물로 냉각소화한다. 기타의 경우는 알코올형 포로 소화한다.

13) **나이트로벤젠**(Nitro Benzene) $C_6H_5NO_2$ 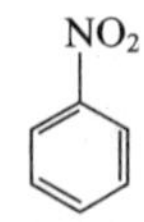 **지정수량** 2,000 L

〈용도〉 염료의 원료, 향료의 원료, 산화제, 용제, 폭약의 원료, 아닐린·벤지딘·퀴노린·아조벤젠의 중간물, 독가스 제조, 분석시약

〈성상〉

① NH_3와 같은 냄새가 나는 담황색의 유상 액체이다.

② 분자량 = 123.1　　증기비중 = 4.3　　증기압 = 1 mmHg(20℃), 50 mmHg(12℃)
융점 = 5℃　　비점 = 211℃　　비중 = 1.2
인화점 = 88℃　　발화점 = 482℃　　연소범위 = 1.8vol% ~

③ 물에 잘 녹지 않지만 에틸알코올, 에터에 녹는다.

〈위험성〉

① 상온에서의 연소 위험성은 적지만 가열하면 연소 위험성이 증가하고 발열·발화한다.

② 단독으로는 화약류와 같은 폭발을 일으키지 않지만 가열하면 용기가 심하게 폭발한다.

③ 연소하면 질소산화물을 포함한 유독가스를 발생한다.

④ 산화제와 혼촉에 의해 발열·발화한다.

〈저장·취급〉

① 가열금지. 화기엄금. 직사광선 차단. 용기는 차고 건조하며 환기가 잘 되는 어두운 곳에 저장한다.

② 강산류, 염, 산화성 물질, 금속과의 접촉을 방지한다.

〈소화방법〉 초기화재는 CO_2, 분말, 포가 유효하며 대형화재는 다량의 포로 일시에 질식소화한다. 소규모 화재는 물분무로 소화가 가능하다. 소화작업 중 방열복 및 공기호흡기 등의 안전장비를 착용한다.

〈유해성〉 맹독성 유독물질로서 체내 침투되면 치명적이다. 눈에 들어가면 각막 장애를 일으키고 피부와 접촉하면 약상을 입는다. 증기를 흡입하면 두통, 현기증, 마비, 경련, 구토, 메스꺼움, 졸음, 기침 등을 일으킨다.

14) **나이트로톨루엔**(Nitro Toluene) $NO_2(C_6H_4)CH_3$

〈용도〉 염료, 유기합성, 톨루이딘 및 다이나이트로톨루엔의 중간체

〈성상〉

① 방향성 냄새가 나는 황색의 액체이다. 물에 잘 녹지 않는다.

② 분자량 = 137.1　　증기비중 = 4.72　　비중 = 1.16

	융점(℃)	비점(℃)	인화점(℃)	발화점(℃)	연소범위(%)
o-Nitro Toluene	−9	222	106	305	2.2%~
m-Nitro Toluene	16	233	101		1.6%~
p-Nitro Toluene	54	238	106	390	1.6%~

p-Nitro Toluene은 20℃에서 고체 상태이므로 제3석유류에서 제외된다.

③ 알코올, 에터, 벤젠 등 유기용제에 잘 녹는다.

〈위험성〉

① 상온에서의 연소 위험성은 없으나 가열하면 위험하다.

② 연소하면 질소산화물을 포함한 자극성·유해성의 가스를 발생한다.

③ 강산화제, 환원제, 강산류, 알칼리 등 여러 물질과 광범위하게 반응한다.

〈저장·취급〉

① 가열금지. 화기엄금. 용기는 차고 건조하며 환기가 잘 되는 곳에 저장한다.

② 강산화제, 환원제, 강산류, 알칼리, 기타의 화학물질과의 접촉을 방지한다.

〈소화방법〉 초기소화는 건조분말, CO_2, 물분무로 질식소화한다. 기타의 경우는 물분무, 포, 알코올형 포를 사용한다. 급격히 직사주수하면 비산한다. 용기의 외벽은 물분무로 냉각시킨다. 연소생성물 및 유증기를 피하고 바람을 등지고 부서해야 하며 공기호흡기 등의 안전장비를 착용한다.

〈유해성〉 맹독성·부식성의 유독물질로서 눈과 피부를 강하게 부식시킨다. 과다 노출되면 무산소증, 치아노제, 두통, 허약, 현기증, 메스꺼움 및 두통 증상이 나타난다.

15) **이염화이황**(Disulfur Dichloride) S_2Cl_2

〈용도〉 황의 용제, CS_2·CCl_4 제조, 합성고무 가황제, 살충제, 분석시약, 염료, 목재 경화

〈성상〉

① 자극성 냄새가 나는 황적색 또는 등황색의 발연성 액체이다. 물에 녹는다.

② 분자량=135.0　　증기비중=4.65　　융점=−77℃

비점=138℃　　비중=1.67　　인화점=118℃

발화점=234℃

〈위험성〉

① 가연성 액체로서 상온에서 안전하나 가열한 것은 연소 위험성이 증가한다. 연소하면 자극성·유해성의 가스를 발생한다.

② 물과 접촉하면 매우 부식성이 강한 물질인 SO_2, HCl을 발생한다.

③ 알코올, 산화성 물질과 접촉하면 심하게 반응한다.

〈저장·취급〉

① 가열금지. 화기엄금. 용기는 차고 건조하며 환기가 잘 되는 곳에 저장한다.

② 물, 알코올, 산화성 물질과의 접촉을 방지한다.

〈소화방법〉 건조분말, 포, CO_2가 유효하며 물분무로 용기의 외벽을 냉각시킨다. 열분해증기 및 연소가스를 피하고 공기호흡기 등의 안전장비를 착용한다.

〈유해성〉 부식성의 유독물질로서 눈과 피부에 화상을 입히며 증기도 매우 유독하다.

16) 기타 지정성상(1기압에서 인화점이 70℃ 이상 200℃ 미만인 것)에 따른 제3석유류

물질명	화학식	분자량	증기비중 (공기=1)	비중 (물=1)	융점 (℃)	비점 (℃)	인화점 (℃)	발화점 (℃)	연소범위 (vol%)
Ethanolamine	$NH_2CH_2CH_2OH$	61.1	2.1	1.01	10	171	86	410	3.0～23.5
N-Ethylaniline	$(C_6H_5)NHC_2H_5$	121.2	4.2	0.96	−64	204	85		1.6～9.5
Ethylcyanoacetate	$CH_2CNCOOC_2H_5$	113.1	3.6	1.1	−23	205	110		
Ethylenecyanohydrin	$HO(CH_2)_2CN$	71.1	2.45	1.04	−46	228	129	494	2.3～12.1
2-Ethylhexyl acrylate	$CH_2=CHCOOCH_2-CH(C_2H_5)C_4H_9$	184.3	6.35	0.88	−90	184	70		0.7～8.2
Tolylene diisocyanate	$CH_3C_6H_3(N=CO)_2$	174.2	6.0	1.22	20	251	132	148	0.9～9.5
o-Toluidine	$CH_3C_6H_4NH_2$	107.2	3.7	1.0	−16	200	85	482	1.5～
o-Xylidine	$(CH_3)_2C_6H_3NH_2$	121.2	4.2	0.99	2	221	96		
Ethyl oxalate	$(COOC_2H_5)_2$	146.0	5.0	1.1	−40.6	186	76		

6. 제4석유류 지정수량 6,000 L

제4석유류의 지정품명은 기어유와 실린더유이며 지정성상은 1기압, 20℃에서 액체인 것으로서 인화점이 200℃ 이상 250℃ 미만인 것을 말한다. 그리고 도료류 그 밖의 물품으로서 인화성 액체량이 40wt% 이하인 것은 제4석유류에서 제외되지만 이 경우는 별도로 「화재의 예방 및 안전관리에 관한 법률」상의 특수가연물로 지정하여 규제한다. 윤활유, 절삭유, 전기절연유, 열매체유, 가소제 등이 여기에 속한다.

〈위험성〉 인화점이 200℃ 이상 250℃ 미만이기 때문에 상온에서의 인화 위험은 없다. 그러나 가열하면 연소 위험성이 증가하게 되며 일단 연소하면 화재의 열에 의해 액온이 상승하게 되어 화재가 확대가 된다. 따라서 물을 직접 주수하거나 물을 주성분으로 하는 소화약제를 사용하면 물이 급속히 기화하여 연소 중인 액체를 비산시켜 오히려 화재면적을 확대시킬 위험이 있으므로 간단히 소화하기가 곤란하다.

〈저장·취급〉 인화점 이상 가열금지. 가열하지 않는 한 연소 위험성은 적으나 가열하여 사용되는 경우는 화기를 엄금하고 발생된 증기의 누설을 방지하고 통풍·환기시켜야 하며 제1석유류와 같은 안전관리가 필요하다. 가연성 물질 또는 강산화성 물질과 격리한다. 액체의 누출 금지. 누출되어 섬유류 등 다공성 가연물에 스며들지 않도록 한다.

〈소화방법〉 초기화재는 분말, 할론 및 할로젠화합물 소화약제, 물분무, CO_2가 유효하며 소규모 화재는 물분무가 유효하다. 기타 대형화재인 경우는 다량의 적응성 있는 포에 의한 질식소화한다. 화재 진압 중 반드시 방열복과 공기호흡기 등의 안전장비를 착용한다.

1) **윤활유**(Lubricating Oil)

윤활유란 기계의 활동부분에서 그 마찰을 감소케 하고 마찰열을 제거하는 등 윤활작용을 하는 액체를 말한다. 윤활유는 석유제품, 석유타르제품 등의 광물성유지, 동식물유지, 합성윤활유가 있으나 제4석유류에 해당되는 윤활유는 대부분이 석유제품에서 분류된 것이다.

이것은 고분자 탄화수소가 주성분이고 S, N 등이 함유되어 있는 복잡한 화합물이다. 1기압, 20℃에서 고상인 것은 제4석유류에서 제외되고 인화점이 200℃ 미만인 것은 제3석유류 등으로 분류된다. 중요한 윤활유의 예를 들면 <표 20>과 같다.

〈표 20〉 주요 윤활유의 용도

종 류	용 도
기계유 (machine oil)	윤활유 중에서 가장 많이 쓰인다. 일반 기계의 금속 회전 마찰장소에 쓰이는 외부용 윤활유이다. 인화점은 200~300℃ 정도이다. 계절에 따라 쓰이는 곳에 따라 적정한 점도와 인화점을 주어 여러 종류로 나누고 있다.
실린더유 (cylinder oil)	각종 증기기관의 실린더에 사용된다. 인화점은 230~370℃ 정도이나 과열 수증기를 사용하는 경우는 인화점이 280℃가 적당하다.
스핀들유 (spindle oil)	방적기계의 스핀들에 사용된다. 사용 후 스핀들이 깨끗이 보존되는 이점이 있다.
다이나모유 (dynamo oil)	발전기, 고속도 차축에 사용된다.
터빈유 (turbine oil)	증기터빈, 발전기, 화력 및 수력터빈에 사용된다. 인화점은 200~250℃ 정도이다.
모빌유 (mobile oil)	항공발전기, 자동차엔진, 디젤엔진, 가스엔진에 사용된다.
엔진오일 (engine oil)	기관차, 증기기관, 가스엔진 등의 외부용 윤활유로 쓰인다.
컴프레서오일 (compressor oil)	에어컴프레서에 주로 사용된다. 공기와의 접촉하면 산화 중합 및 연소 위험성이 적어야 한다.
기어유 (gear oil)	기계, 자동차 등의 치차에 사용된다.

2) 가소제(Plasticizer)

가소제란 합성수지 또는 합성섬유에 배합하여 유리 전이점이나 탄성률을 저하시켜 가소성을 늘려서 성형 가공을 용이하게 하고 제품의 유연성과 내한성 등의 성능을 부여해 주는 물질이다. 염화비닐수지, 나이트로셀룰로오스수지, 아세트산셀룰로오스, 폴리비닐알코올, 가소제 중에서도 1기압, 20℃에서 고체 상태인 것은 제외되며 인화점이 200℃ 미만인 것은 제3석유류 등으로 분류된다. 주요 가소제의 성상은 <표 21>과 같다.

〈표 21〉 주요 가소제의 성상

물질명	화학식	융점 (℃)	비점 (℃)	비중	인화점 (℃)	용도
아디핀산다이아이소데실 (diisodecyl adipate, DIDA)	$C_{10}H_{21}COO(CH_2)_4-COOC_{10}H_{21}$	－18～43	349	0.92	219	가소제
아제라인산다이-(2-에틸헥실) (di-(2-ethylhexyl) azelate, DOZ)	$C_8H_{17}COO(CH_2)_7-COOC_8H_{17}$	－65	237	0.92	213	가소제 윤활유
세바신산다이뷰틸 (dibutyl sebacate, DBS)	$C_4H_9COO(CH_2)_8-COOC_4H_9$	－12	345	0.94	202	가소제
세바신산다이옥틸 (dioctyl sebacate, DOS)	$C_8H_{17}COO(CH_2)_8-COOC_8H_{17}$	－62	377	0.91	215	가소제 윤활유
인산트라이크레실 (tricresyl phosphate, TCP)	$(CH_3C_6H_4O)_3PO$	－33	250	1.13	255	가소제
인산트라이-(2-에틸헥실) (tri-(2-ethylhexyl) phosphate, TOP)	$(C_8H_{17}O)_3PO$	－74	220	0.92	207	가소제
인산옥틸다이페닐 (octyl diphenyl phosphate)	$C_8H_{17}O(C_6H_5O)_2-PO$	－35	375	1.01	224	가소제
프탈산다이옥틸 (dioctyl phthalate, DOP)	$C_6H_4(COOC_8H_{17})_2$	－50	230	0.98	216	가소제 안정제
프탈산다이아이소노닐 (diisononyl phthalate, DINP)	$C_6H_4(COOC_9H_{19})_2$	－45		0.98	228	전선 필름
프탈산다이-(에틸헥실) (di-(ethylhexyl)phthalate)	$C_6H_4(COOC_8H_{17})_2$	－46	231	0.98	207	가소제
프탈산다이아이소데실 (diisodecyl phthalate)	$C_6H_4(COOC_{10}H_{21})_2$	－37	420	0.97	232	전선 필름
구연산아세틸트라이뷰틸 (acetyltributyl citrate)	$C_{19}H_{35}O_9$	－80	173	1.05	204	합성 수지

7. 동식물유류　지정수량　10,000 L

「위험물안전관리법」상 동식물유류란 1기압, 20℃에서 액체로서 인화점이 250℃ 미만인 것을 말한다. 따라서 동 조건 하에서 고체 상태인 것은 동식물유류에서 제외하며, 1기압, 20℃에서 액상이고 인화점이 250℃ 미만인 것으로서 용기와 같은 불연성 용기에 수납 밀전되고 용기 외부에 일정의 표시를 하여 저장, 보관되어 있는 것과 1기압, 20℃에서 인화점이 250℃ 이상인 것은 제외되며 이 경우는 조건에 따라 별도로 「화재의 예방 및 안전관리에 관한 법률」상의 특수가연물로 지정하여 규제하고 있다.

〈성상〉

동식물유류의 화학적 주성분은 고급지방산(glycerol ester)으로서 R, R′, R″가 포화 또는 불포화탄화수소로 되어 있다.

$$
\begin{array}{c}
RCOOCH_2 \\
| \\
R'COOCH \\
| \\
R''COOCH_2
\end{array}
$$

동식물유에 함유된 주요 고급지방산으로서는 미리스틴산, 팔미트산, 헥사데센산, 스테아린산, 올레인산, 리놀산, 리놀레산, 아라킨산, 이코센산, 페헨산 등이 있다.

동식물유류는 순수한 경우는 무색, 무취이나 불순물이 함유된 것은 미황색 또는 적갈색으로 착색되어 있고 장기간 저장된 것은 냄새가 있다. 대체로 점성이 크며 일반적으로 300℃ 이상 가열하면 분해한다. 물에 녹지 않지만 $C_2H_5OC_2H_5$, CS_2, C_6H_6 등 유기용제에 잘 녹는다. 물보다 대부분 가볍다.

〈위험성〉

동식물유류는 대체로 인화점이 220～300℃ 정도(겨자유의 경우 인화점 46.1℃)이므로 연소 위험성 측면에서는 제4석유류와 유사하다. 상온에서 가열하지 않는 한 인화 위험은 없으나 가열하면 연소 위험성이 증가하여 제1석유류와 같은 위험에 도달한다. 가열하면 발생된 증기는 공기 보다 무겁고 연소범위의 하한값이 낮아 인화 위험이 높다. 일단 연소하면 화재의 열에 의해 액온이 상승하여 대형화재로 전환되기 때문에 소화가 곤란하다.

이러한 연소 위험성 외에 동식물유류의 특이한 위험성은 자연발화의 위험성이 있다. 동식물유류의 고분자화합물 속에는 불포화결합을 가지고 있는 것이 있으며 이것은 장기간 저장 중 섬유, 종이, 천 등 다공성 가연물 속에 배어들어가 방치하면 공기 중의 산소와 산화 중합을 일으켜 산화물을 만드는데 이때 산화열을 발생하고 이 열이 다공성 가연물 내에 장시간 축적되어 발화점에 도달하면 자연발화에 이른다.

공기 중 불포화유와 O_2와 산화반응의 예는 다음과 같다.

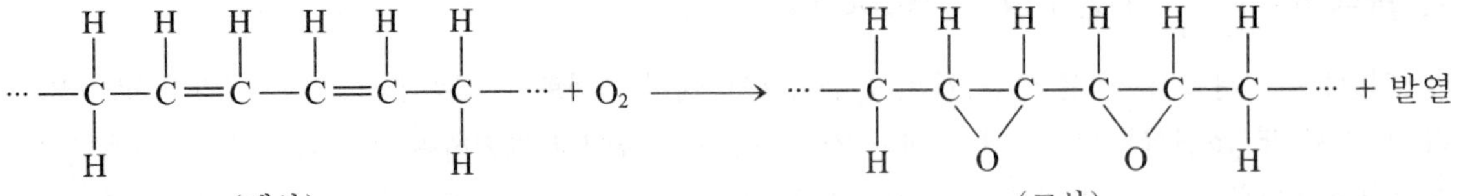

따라서 동식물유류 중 불포화결합이 많이 포함되어 있을수록 자연발화를 일으키기 쉽다. 이러한 성질을 가지는 것은 건성유(乾性油)라 하며 건성유는 공기 중 산소와 결합하기 쉽고 건조되기 쉽다. 또한 산화 발열량이 커서 섬유 등 다공성 가연물에 스며 배이면 공기와 잘 반응, 축열하기 쉬운 상태가 되면 산화가 계속되어 재차 고온이 되어 자연발화한다.

동식물유류 내 불포화결합의 정도를 나타내는 것이 아이오딘값(iodine value)이다. 이 아이오딘값은 기름 100g에 첨가되는 아이오딘(I_2)의 g수를 말하는데 아이오딘값 130 이상인 것을 건성유, 100～130인 것을 반건성유, 100 이하인 것을 불건성유라 한다.

즉, 아이오딘값이 크면 동식물유류 내에 이중결합을 많이 가진 불포화지방산을 많이 가지므로 자연발화가 용이한 건성유가 여기에 해당된다. 건성유의 용도는 공기 중 산화중합으로 생긴 고체가 도막을 형성해 주기 때문에 도료류의 원료로 사용된다.

주요 동식물유의 성상은 <표 22>와 같으며 인화점 250℃ 미만의 것만이 규제 대상인 동식물유류에 해당된다.

〈저장·취급〉

가열하여 취급하는 경우가 많으므로 화기에 주의하여야 하며 발생한 증기는 인화하지 않도록 한다. 액온이 상승하였을 때는 제1석유류와 같이 연소 위험성이 증가하므로 주의하여야 한다.

건성유의 경우 자연발화를 일으키는 요인이 되므로 다공성 가연물과의 접촉을 방지하며 평소의 재고관리를 철저히 하여 무분별하게 방치되는 일이 없도록 하여야 한다. 용기 누출을 방지한다.

자연발화의 예방요령으로는 통풍·환기를 잘 시켜서 주위 온도를 낮추고, 열의 축적방지와 습도가 높은 곳을 피하며 공기와의 접촉면적을 줄여야 한다.

〈소화방법〉 초기화재는 할론 및 할로젠화합물 소화약제, CO_2, 분말소화가 유효하지만 화재의 규모에 따라서는 물분무 소화도 가능하다. 대규모 화재의 경우는 물에 의한 냉각소화는 부적절하며 다량의 포에 의한 질식소화가 일반적이다. 대형화재의 경우는 연소열량이 크므로 방열복의 착용과 공기호흡기 등의 안전장비를 착용하고 인접 가연물에의 연소확대 방지에 주력하여야 한다.

〈표 22〉 주요 동식물유의 성상

물질명	원료	인화점 (℃)	아이오딘값	용도	비고
동유 (tung oil)	중국종 오동의 열매	289	145～176	도료의 도막형성 요소 방식용, 고무 충진제, 니스	건성유
잇꽃유 (safflower oil)	잇꽃의 종자		122～155	페인트, 기름, 바니시의 도막형성 요소	건성유
아마인유 (linseed oil)	아마의 열매	222	168～190	도료의 대표적 도막형성 요소, 고무, 의약품, 비누	건성유
해바라기종자유	해바라기씨		113～146	도료, 식용, 화장품	건성유
들기름 (perilla oil)	들깨	272	192～208	도료, 식용	건성유
정어리기름	정어리 어체 및 내장		154～196	경화유	건성유
어유 (fish oil)	바다고기 어체 및 내장		92～150	경화유	건성유 반건성유
대두유 (soybean oil)	콩	282	114～138	식용, 마가린	반건성유
옥수수 (corn oil)	옥수수 열매		88～147	식용	반건성유
겨자유 (mustard oil)	겨자 종자	46.1	97～107	식용	반건성유
정어리기름 (poge oil)	청어 어체 및 내장	223	123～147	경화유	건성유 반건성유
참기름	참깨	255	104～118	식용	반건성유
면실유 (cotten seed oil)	목화씨	252	88～121	식용, 의약품, 경화유, 방수용	반건성유
야자유 (coconut oil)	코프라 야자유 열매	216	7～16	식용, 비누	불건성유
올리브유 (olive oil)	올리브 열매	225	75～90	화장품	불건성유
피마자유 (castor oil)	아주까리씨	229	81～91	도료, 화장품, 윤활유, 브레이크유	불건성유
낙화생유 (peanut oil)	땅콩	282	82～109	식용	불건성유

연습문제 7

01. **다음 물질의 소속 품명이 맞는 것은?**

① 아세트알데하이드 - 제1석유류
② 휘발유 - 특수인화물
③ 헥산올 - 알코올류
④ 산화프로필렌 - 특수인화물

02. **다음 중 C_5H_5N에 대한 설명 중 틀린 것은?**

① 순수한 것은 무색이고 악취가 난다.
② 상온에서 인화의 위험이 있다.
③ 강한 산성을 나타낸다.
④ 물에 잘 녹는다.

03. **물보다 무겁고, 물에 녹지 않기 때문에 대량저장 시 수조탱크 중에 넣어서 저장하는 것은?**

① 휘발유
② 이황화탄소
③ 아세트알데하이드
④ 알코올

04. **연소범위가 가장 넓은 것은?**

① 아세트알데하이드
② 산화프로필렌
③ 휘발유
④ 아세톤

05. **증기비중이 가장 가벼운 것은?**

① CS_2
② CH_3COCH_3
③ $C_2H_5OC_2H_5$
④ CH_3CHO

06. **제4류 위험물의 특성 중 올바른 것은?**

① 인화가 용이한 가연성 고체이다.
② 증기는 공기보다 가볍다.
③ 대부분 연소범위의 상한이 높다.
④ 대부분 물보다 가볍고 물에 녹지 않는다.

07. **"제4류 위험물의 증기는 공기보다 무겁다"라고 했을 때 그 위험성은 어떤 의미를 가지나?**

① 증기를 쉽게 발생한다.
② 물에 의한 소화가 곤란하다.
③ 연소범위를 쉽게 형성한다.
④ 정전기 발생을 높인다.

08. **제4류 위험물에 관한 설명 중 맞는 것은?**

① 비휘발성 석유류가 휘발성 석유류보다 위험하다.
② 수용성 석유류는 난용성 석유류보다 소화가 곤란하다.
③ 인화점이 높을수록 인화점이 낮은 것보다 위험하다.
④ 증기비중이 1보다 큰 것이 1보다 작은 것보다 인화 위험이 높다.

09. **제4류 위험물의 일반 성상 중 틀린 것은?**

① 인화점이 낮을수록 증기발생이 용이한 편이다.
② 대부분 물에 녹는다.
③ 가연성 물질이다.
④ 모두 액체 상태이다.

10. **[질화면 + 에탄올 + 에터]로 만들어진 것은?**

① 콜로디온 ② 유기과산화물
③ 하이드라진 ④ 특수가연물

11. **$C_2H_5OC_2H_5$에 대한 성상 중 틀린 것은?**

① 휘발성이 강한 인화성 액체이다. ② 증기는 자극성, 마취작용이 있다.
③ Na과 반응하여 H_2를 발생한다. ④ 인화점과 발화점이 낮다.

12. **다이에틸에터의 저장·취급 중 잘못된 것은?**

① 정전기 발생을 억제한다.
② 낮은 온도의 유지와 통풍, 환기시킨다.
③ 강산화제와의 접촉을 방지시킨다.
④ 대형 화재의 경우 물에 의해 냉각소화한다.

13. **발화점이 가장 낮은 것은?**

① CS_2 ② $C_2H_5OC_2H_5$
③ 휘발유 ④ C_6H_6

14. **제2류 위험물과 제4류 위험물의 공통 성질은?**

① 모두 가연성 물질이다. ② 모두 물보다 가볍다.
③ 모두 산소를 가지고 있다. ④ 모두 물에 의해 소화가 가능하다.

15. **제4류 위험물의 일반 성상 중 틀린 것은?**

① 증기는 공기보다 무거운 것이 많다.
② 상온에서 액체 또는 고체이다.
③ 물에 녹지 않고 물보다 가벼운 것이 많다.
④ 증기는 공기와 혼합해야 연소한다.

16. **C_2H_5OH 2분자를 진한 H_2SO_4 촉매 하에 반응시켜 탈수시킬 때 얻어지는 것은?**

① 아세트알데하이드　② 아세트산
③ 다이에틸에터　④ 벤젠

17. **벤젠에 질산과 황산의 혼합물을 작용시킬 때 황산이 촉매와 탈수제 역할을 하여 얻어지는 화합물은?**

① 클로로벤젠　② 알킬벤젠
③ 벤젠설폰산　④ 나이트로벤젠

18. **산화프로필렌의 위험성 중 적절한 것은?**

① 수용액 상태에서는 위험성이 완전히 없어진다.
② 강산화제와 접촉하면 연소 위험은 증가하지 않는다.
③ 구리, 마그네슘과 중합반응을 일으켜 폭발성의 아세틸라이드를 생성한다.
④ 가연물에 스며들면 자연발화한다.

19. **아세톤에 대한 일반 성상 중 틀린 것은?**

① 휘발성이 강한 인화성 액체이다.
② 물 또는 알코올에 잘 녹는다.
③ 인화점이 −20℃ 이하이므로 특수인화물에 속한다.
④ C_2H_2을 녹이는 성질이 있다.

20. **휘발유의 위험성 중 잘못 설명하고 있는 것은?**

① 증기는 정전기 스파크에 의해서 인화한다.
② 휘발유의 연소범위는 아세트알데하이드보다 넓다.
③ 비전도성으로 정전기의 발생, 축적이 용이하다.
④ 강산화제, 강산류와의 혼촉발화의 위험이 있다.

21. 인화점이 가장 낮은 것은?

① 아닐린 ② 피리딘
③ 톨루엔 ④ 에틸렌글라이콜

22. 제4류 위험물의 위험성에 대한 설명으로 옳은 것은?

① 수용성 위험물은 난용성 위험물보다 소화가 곤란하다.
② 증기비중의 큰 것일수록 작은 것보다 인화의 위험성이 높다.
③ 발화점이 높을수록 발화점이 낮은 것보다 위험하다.
④ 비점이 높을수록 비점이 낮은 것보다 위험하다.

23. 아세트알데하이드가 「위험물안전관리법」상 위험물로 지정된 이유를 설명한 것이다. 연관성이 가장 가까운 것은?

① 자극성 냄새가 나며, 물에 녹기 때문이다.
② 산화되면 아세톤과 폭발성 물질이 생성되기 때문이다.
③ 수소로 반응하여 산화하면 벤질알코올이 되기 때문이다.
④ 끓는점, 인화점, 발화점이 낮아 화재의 위험성이 높기 때문이다.

24. 휘발유 취급 시 주의사항에 관한 내용이다. 틀린 것은?

① 증기가 모여 있지 않도록 통풍을 잘 시킨다.
② 온도가 0℃ 이하일 때는 화기가 접근해도 무방하다.
③ 유체 마찰에 의해 정전기가 발생하므로 옮겨 담는 작업에는 특히 주의해야 한다.
④ 제1류 위험물과 같은 강산화제와 혼합하거나 혼합하면 혼촉발화의 위험이 있다.

25. 아세트산에스터류의 분자량이 증가할수록 달라지는 성질 중 옳지 않은 것은?

① 인화점이 높아지는 경향이 있다.
② 이성질체수가 줄어드는 경향이 있다.
③ 수용성이 감소되는 경향이 있다.
④ 증기비중이 커지는 경향이 있다.

26. 아래의 물질 중 인화점이 0℃ 이하이며, 물에 녹는 것은 모두 몇 개인가?

테레핀유, 아세톤, 톨루엔, 아세트산, 나이트로벤젠

① 1개 ② 2개 ③ 3개 ④ 4개

27. **제4류 위험물의 공통 성질로서 옳지 않은 것은?**

① 물보다 가벼운 것이 많으며 전부 물에 용해된다.
② 상온(20℃)에서는 고체로 존재하는 물질은 없다.
③ 제4류 위험물은 모두 가연성 물질이다.
④ 증기의 비중은 대부분이 공기보다 무겁다.

28. **제4류 위험물 중에서 비중이 0.82~0.85 정도이며 원유의 종류에서 나오는 혼합탄화수소로 끓는점이 200~350℃ 정도의 유분으로 탄소수가 11~19를 가지고 있는 물질은 어느 것인가?**

① 휘발유 ② 경유
③ 중유 ④ 벤젠

29. **이황화탄소의 성질에 대한 설명 중 옳지 않은 것은?**

① 이황화탄소의 증기비중은 공기보다 무겁다.
② 순수한 것은 무취, 미황색 액체이다.
③ 나트륨(소듐)과 접촉하면 발화한다.
④ 고무나 황린을 용해시킨다.

30. **아세트산에틸의 일반 성질 중에서 틀린 것은?**

① 과일 냄새를 가진 무색 투명한 액체이다.
② 수용액 상태에서도 인화의 위험이 있다.
③ 물에 녹으며 수지, 유기물을 잘 녹인다.
④ 인화성 물질로서 인화점은 －30℃ 이하이다.

31. **알코올 화재가 발생하면 포소화약제가 쓰이지 못하는 가장 큰 이유는?**

① 포가 파괴되어 소화효과가 없다.
② 연소면적을 확대한다.
③ 유독가스가 발생한다.
④ 포와 반응하여 산소를 발생한다.

32. **메탄올의 성상에 관한 설명이다. 틀린 것은?**

① K, Na 금속의 저장액으로 이용된다.
② 무색, 투명한 액체로서 물, 에터에 잘 녹는다.
③ 눈에 들어가면 시신경에 장애를 주어 실명하게 된다.
④ 비중이 물보다 작으며, 수용액의 농도가 높아질수록 인화점이 낮아진다.

33. 다음은 제4류 위험물에 관한 설명 중 옳은 것은?

① 가연성 액체이다.
② 대부분 물에 잘 녹는 극성용매이다.
③ 일반적으로 전기의 도체이다.
④ 인화점이 높을수록 증기발생이 용이하다.

34. 다음 중 제2석유류에 해당하는 것은?

① 나이트로벤젠
② 메틸에틸케톤
③ 아크릴산
④ 에틸렌글라이콜

35. 다음 중 증기밀도가 가장 큰 것은?

① CH_3OH
② C_2H_5OH
③ CH_3COCH_3
④ $CH_3COOC_5H_{11}$

36. 다음 중 비중이 물보다 무거운 것은?

① 에틸알코올
② 이황화탄소
③ 테레핀유
④ 아세트알데하이드

37. 아세톤, 메탄올, 피리딘 및 아세트알데하이드의 공통된 성질은?

① 모두 액체로 무취이다.
② 모두 인화점이 0℃ 이하이다.
③ 모두 분자 내 산소를 함유하고 있다.
④ 모두 물에 녹는다.

38. 다이에틸에터의 저장·취급 중의 현상으로 틀린 것은?

① 장시간 공기와 접촉하면 과산화물이 생성되어 폭발 위험이 있다.
② 정전기 생성 방지를 위해 약간의 $CaCl_2$를 넣어준다.
③ 연소범위는 휘발유 보다 좁지만 발화점이 낮아 위험하다.
④ 화재가 발생하면 CO_2 소화기는 소화 적응성이 있다.

39. 경유의 화재가 발생하면 주수소화가 부적당한 이유는?

① 경유가 연소할 때 물과 반응하여 H_2가스를 발생하여 연소를 돕기 때문에
② 주수하면 경유의 연소열 때문에 분해하여 O_2를 발생하여 연소를 돕기 때문에
③ 경유는 물과 반응하여 유독가스를 발생하므로
④ 경유는 물보다 가볍고 또 물에 녹지 않기 때문에 화재가 널리 확대되므로

40. 취급하는 설비가 구리나 마그네슘으로 되어 있을 때 반응을 일으켜서 폭발성의 아세틸라이트를 생성하는 물질은?

① 이황화탄소 ② 아이소프로필알코올
③ 산화프로필렌 ④ 아세톤

41. 제4류 위험물 중 윤활유 화재에 적절한 소화방법끼리 묶인 것은?

① 이산화탄소와 분말 소화 ② 이산화탄소와 봉상 분무주수 소화
③ 스프링클러설비와 봉상 분무주수 소화 ④ 옥내소화전설비와 분말 소화

42. 벤젠의 성질에 대한 설명으로 맞지 않는 사항은?

① 불포화결합을 이루고 있으나 첨가반응 보다는 치환반응이 많다.
② 무색 투명한 독특한 냄새를 가진 액체이다.
③ 물에 잘 녹으며 유기용매와 혼합된다.
④ 끓는점은 약 80℃이다.

43. 제4류 위험물 중 석유류를 구분하는 주요 기준은?

① 인화점 ② 발화점
③ 비점 ④ 수용성 여부

44. 인화점이 높은 석유류의 대량 화재 때 액온이 높아지면 포 및 주수 등으로 소화할 때 수분이 비등·증발하면서 포의 파괴로 인하여 소화가 곤란해지는 현상을 무엇이라 하는가?

① 슬롭오버(slop over) ② 프롯스오버(froth over)
③ 파이어볼(fire ball) ④ 베이퍼록(vapor rock)

45. 다음 중 인화점이 20℃ 이상인 것은?

① CH_3COOCH_3 ② CH_3COCH_3
③ CH_3COOH ④ CH_3CHO

46. 메탄올의 화학적, 물리적 성질을 잘못 설명한 것은?

① 산화되면 폼알데하이드가 된다.
② 비중이 0.8이므로 물과 층분리가 일어난다.
③ 알칼리금속과 반응하여 수소를 발생한다.
④ 완전연소시키면 물과 CO_2가 생성된다.

47. 비스코스레이온 원료로서, 비중이 1.3, 끓는점이 약 46℃이고, 연소하면 유독한 이산화황을 발생시키는 위험물은?

① 황화인 ② 이황화탄소
③ 아이소프렌 ④ 산화프로필렌

48. 동식물유류의 일반적 성질에 관한 내용이다. 거리가 먼 것은?

① 아마인유는 건성유이므로 자연발화의 위험이 존재한다.
② 아이오딘값이 클수록 포화지방산이 많으므로 자연발화의 위험이 적다.
③ 화재 때는 액온이 상승하여 대형 화재로 발전하기 때문에 소화가 곤란하다.
④ 동식물유는 대체로 인화점이 220~300℃ 정도이므로 연소 위험성 측면에서 제4석유류와 유사하다.

49. 다음 위험물의 화재와 적절한 소화방법이 되지 못한 것은?

① 아세트알데하이드 : 단백포로 질식소화
② 산화프로필렌 : 알코올형 포로 질식소화
③ 이황화탄소 : 탱크 내부화재 시 물을 조심히 유입하여 질식소화
④ 다이에틸에터 : 이산화탄소소화설비로 질식소화

50. 제4류 위험물 중 비수용성 인화성 액체의 탱크 화재 때 물을 뿌려 소화하는 것은 적당하지 않다. 그 이유로서 가장 적당한 것은?

① 인화점이 낮아진다. ② 가연성 가스를 발생한다.
③ 화재면(연소면)이 확대된다. ④ 발화점이 낮아진다.

51. 메탄올(CH_3OH)과 에탄올(C_2H_5OH)의 공통점이 아닌 것은?

① 증기 비중이 같다.
② 연소생성물은 같다.
③ 인화성 액체이다.
④ 금속 나트륨과 반응하여 수소가 발생한다.

52. 이황화탄소의 액면 위에 물을 채우는 이유로 가장 적합한 것은?

① 자연분해 방지를 위해
② 화재 발생하면 물로 소화하기 위해
③ 불순물을 물에 용해시키기 위해
④ 가연성 증기의 발생을 억제하기 위해

53. 등유의 저장 및 취급 중 주의사항에 관한 설명이다. 틀린 것은?

① 화기를 피해야 한다.
② 통풍이 잘 되는 곳에 밀봉 밀전한다.
③ 전도성으로 정전기의 발생 위험성이 없다.
④ 누출에 주의하고 용기에는 항상 여유를 남긴다.

54. 제1석유류 중에서 인화점이 −20℃, 분자량이 58.08이고 햇빛에 분해되며 발화점이 538℃인 위험물은 다음 중 어느 것인가?

① 가솔린
② 아세톤
③ 에틸알코올
④ 벤젠

55. 메틸에틸케톤에 대한 설명 중 바른 것은?

① 물보다 무겁다.
② 증기는 공기보다 가볍다.
③ 화재진압의 원칙은 질식소화한다.
④ 물과 접촉하면 발열한다.

56. 아세트알데하이드에 관한 설명으로 옳은 것은?

① 물, 에탄올에 잘 녹는다.
② 연소범위는 약 1.4∼7.6% 이다.
③ 질소함유율이 11%인 미황색 액체이다.
④ 불포화결합을 이루고 있으나 안정하며, 첨가반응보다 치환반응이 많다.

57. 다음 중 벤젠의 일반적 성질로서 틀린 것은?

① 증기는 유독하다.
② 수지 및 고무 등을 잘 녹인다.
③ 휘발성 있는 무취의 노란색 액체이다.
④ 인화점은 −11℃이고, 분자량은 78.1이다.

58. 다이에틸에터의 성질 중 맞는 것은?

① 착화 온도는 300℃이다.
② 증기는 공기보다 가볍고 물에 잘 녹는다.
③ 피부에 닿으면 피부가 상한다.
④ 연소 범위는 1.9∼48vol%이다.

59. **등유에 관한 다음 중 틀린 것은?**

① 물보다 가볍고, 물에 녹지 않는다.
② 착화온도 120℃이다.
③ 석유 유분 중 비점이 약 150~300℃이다.
④ 증기는 공기보다 무겁다.

60. **제4류 위험물의 「위험물안전관리법」상 정의가 맞지 않는 것은?**

① 특수인화물이란 1기압에서 액체가 되는 것으로 발화점이 100℃ 이하 또는 인화점이 −20℃ 이하로서 비점이 40℃ 이하인 것을 말한다.
② 제1석유류란 1기압에서 액체로서 21℃ 미만인 것을 말한다.
③ 동식물유류란 1기압과 20℃에서 액체로 되는 인화점이 250℃ 미만의 동식물유를 말한다.
④ 제2석유류란 1기압에서 액체로서 인화점이 70℃ 이상 200℃ 미만인 것을 말한다.

61. **산화프로필렌의 성질 및 위험성에 관한 설명으로 틀린 것은?**

① 연소범위는 가솔린 보다 넓다.
② 산, 알칼리가 존재하면 중합반응을 한다.
③ 인화점이 −37℃이므로 제1석유류에 속한다.
④ 화학적으로 활성이 크고 강산이나 염기와 반응을 할 때에는 발열한다.

62. **아세톤과 아세트알데하이드의 성질에 관한 설명 중 잘못된 것은?**

① 증기는 공기보다 무겁다.
② 무취이며 휘발성이 강하다.
③ 무색의 액체로 인화성이 강하다.
④ 물보다 가볍고, 물에 잘 녹고, 유기물을 잘 녹인다.

63. **메틸알코올에 대한 설명으로 옳지 않은 것은?**

① 무색 투명한 액체이다.
② Pt, CuO 존재 하에서 공기 중에서 서서히 산화하여 HCOOH가 생긴다.
③ 물에 잘 녹는다.
④ 향기가 약간 있고, 마취성이 있으나 독성은 적다.

64. **다음은 아세톤의 성질에 관한 설명이다. 틀린 것은?**

① 휘발성이 강하며 인화성이다.
② 물에 불용이므로 물속에 보관한다.
③ 아이오도폼반응을 한다.
④ 무색의 액체로 특이한 냄새가 난다.

65. **휘발유의 일반적인 성질에서 틀린 것은?**

① 주성분은 C_5H_{12}~C_9H_{20}의 알케인 또는 알켄이다.
② 특유한 냄새를 가지고 고무, 유지 등을 녹인다.
③ 물에는 거의 용해되지 않으며 비전도성 물질이다.
④ 인화점은 －43~－20℃이고 발화점은 100℃ 이하이다.

66. **C_6H_6 화재 때 소화약제로 적합하지 않은 것은?**

① 물(봉상수)
② 이산화탄소
③ 인산염류분말
④ 할로젠화합물

67. **동식물유류의 성질 중에서 틀린 것은?**

① 상온에서 고체인 것은 없다.
② 들기름은 건성유이고 올리브유는 불건성유이다.
③ 인화점은 대체로 250~300℃ 정도가 많다.
④ 불건성유일수록 자연발화의 위험이 크다.

68. **아세트산에틸의 성상 중 틀린 것은?**

① 물보다 가볍다.
② 비점은 약 77℃이다.
③ 무색, 무취의 투명한 액체이다.
④ 제4류 위험물 제1석유류에 해당한다.

69. **다음 알코올류 중 분자량이 약 32이고, 취급 중 소량이라도 흡입하면 시신경을 마비시키는 물질은?**

① 메틸알코올
② 에틸알코올
③ 아밀알코올
④ *n*-뷰틸알코올

70. **제4류 위험물의 공통 성질이 아닌 것은?**

① 대단히 인화하기 쉽다.
② 증기는 공기보다 가볍다.
③ 착화온도가 낮은 것은 위험하다.
④ 물보다 가볍고 물에 녹기 어렵다.

71. 메탄올과 에탄올의 공통성이 아닌 것은?

① 무색 투명한 휘발성 액체이다.
② 비중은 물보다 작다.
③ 인체에 대한 유해성은 없다.
④ 물에 잘 녹는다.

72. 다음 중 에틸렌글라이콜과 글리세롤의 공통점이 아닌 것은?

① 독성이 있다.
② 수용성이다.
③ 무색의 액체이다.
④ 단맛이 있다.

73. 이황화탄소의 성질에 대한 설명 중 틀린 것은?

① 순수한 것은 무색 투명한 액체로 약한 향기가 난다.
② 불순물이 존재하면 황색을 띠며 불쾌한 냄새가 난다.
③ 인화점은 −30℃, 끓는점은 약 46℃이다.
④ 분자량은 86이며, 증기비중은 3.5이다.

74. $C_nH_{2n+1}OH$의 명칭은?

① 알코올 ② 알데하이드 ③ 에터 ④ 에스터

75. 다음 중 아이오딘값이 가장 큰 것은?

① 야자유 ② 올리브유 ③ 땅콩기름 ④ 아마인유

76. 아세트산메틸의 성질 중 올바른 것은?

① 비점이 100℃ 이상이고 안전한 물질이다.
② 마취성이 있는 액체로 향기가 난다.
③ 불연성 액체이다.
④ 초록색의 액체로 물보다 무겁다.

77. 다음 보기의 위험물에 해당하는 것은?

> 1. 순수한 것은 무색 투명한 액체이다.
> 2. 물에 녹지 않고 벤젠에는 녹는다.
> 3. 물보다 무겁고 독성이 있다.

① 아세트알데하이드
② 이황화탄소
③ 다이에틸에터
④ 아이소프렌

78. **다음 중 인화점이 낮은 순서대로 열거된 것은?**

① 휘발유 - 자일렌 - 아세톤 - 벤젠
② 휘발유 - 아세톤 - 톨루엔 - 벤젠
③ 휘발유 - 자일렌 - 벤젠 - 아세톤
④ 휘발유 - 아세톤 - 벤젠 - 톨루엔

79. **짚, 헝겊 등 다공성 가연물과 다음의 물질을 적셔서 장기간 쌓아 두었을 경우 자연발화의 위험성이 가장 큰 것은?**

① 들기름
② 야자유
③ 올리브유
④ 피마자유

80. **톨루엔에 관한 설명 중 올바른 것은?**

① 인화점은 상온 이상이다.
② 물보다 무겁고, 물에 녹지 않는다.
③ 톨루엔에 진한 질산과 진한 황산을 작용시키면 TNT가 된다.
④ 피부에 흡수되면 탈지작용이 있다.

정답

01.④	02.③	03.②	04.①	05.④	06.④	07.③	08.④	09.②	10.①	11.③	12.④
13.①	14.①	15.②	16.③	17.④	18.③	19.③	20.②	21.③	22.②	23.④	24.②
25.②	26.①	27.①	28.②	29.②	30.④	31.①	32.①	33.①	34.③	35.④	36.②
37.④	38.③	39.④	40.③	41.①	42.③	43.①	44.①	45.③	46.②	47.②	48.②
49.①	50.③	51.①	52.④	53.③	54.②	55.③	56.①	57.③	58.④	59.②	60.④
61.③	62.②	63.④	64.②	65.④	66.①	67.④	68.③	69.①	70.②	71.③	72.①
73.④	74.①	75.④	76.②	77.②	78.④	79.①	80.③				

Chapter 06

제5류 위험물 (자기반응성 물질)

제1절 개 관

1. 종류

성 질	품 명	지정수량
자기반응성 물질	1. 유기과산화물	제1종 : 10 kg 제2종 : 100 kg
	2. 질산에스터류	
	3. 나이트로화합물	
	4. 나이트로소화합물	
	5. 아조화합물	
	6. 다이아조화합물	
	7. 하이드라진 유도체	
	8. 하이드록실아민	
	9. 하이드록실아민염류	
	10. 그 밖에 행정안전부령이 정하는 것 (① 금속의 아지화합물 ② 질산구아니딘)	
	11. 제1호부터 제10호까지의 어느 하나에 해당하는 위험물을 하나 이상을 함유한 것	

2. 「위험물안전관리법」상의 범위 및 한계

① "자기반응성 물질"이란 고체 또는 액체로서 폭발의 위험성 또는 가열분해의 격렬함을 판단하기 위하여 소방청장이 정하여 고시하는 시험에서 고시로 정하는 성질과 상태를 나타내는 것을 말하며, 위험성 유무와 등급에 따라 제1종 또는 제2종으로 분류한다.

② 제5류 제11호의 물품에 있어서는 유기과산화물을 함유하는 것 중에서 불활성 고체를 함유하는 것으로서 다음에 해당하는 것은 제외한다.

a. 과산화벤조일의 함유량이 35.5wt% 미만인 것으로서 전분가루, 황산칼슘2수화물 또는 인산수소칼슘2수화물과의 혼합물

b. 비스(4-클로로벤조일)퍼옥사이드의 함유량이 30wt% 미만인 것으로서 불활성 고체와의 혼합물

c. 과산화다이쿠밀의 함유량이 40wt% 미만인 것으로서 불활성 고체와의 혼합물

d. 1 · 4비스(2-터셔리뷰틸퍼옥시아이소프로필)벤젠의 함유량이 40wt% 미만인 것으로서 불활성 고체와의 혼합물

e. 사이클로헥산온퍼옥사이드의 함유량이 30wt% 미만인 것으로서 불활성 고체와의 혼합물

③ 위 표의 성질란에 규정된 성상을 2가지 이상 포함하는 물품(복수성상물품)이 속하는 품명은 다

음에 따른다.

a. 복수성상물품이 산화성 고체의 성상(제1류) 및 자기반응성 물질의 성상(제5류)을 가지는 경우 : 제5류 위험물 제11호에 따른 품명

b. 복수성상물품이 인화성 액체(제4류)의 성상 및 자기반응성 물질의 성상(제5류)을 가지는 경우 : 제5류 위험물 제11호에 따른 품명

3. 일반 성질

대표적인 성질은 자기반응성 물질이다. 자기연소성 물질 또는 폭발성 물질이라고도 한다.

자기반응성 물질이란 외부로부터 공기 중의 O_2 공급 없이도 가열·충격 등에 의해 발열 분해를 일으켜 급속한 가스의 발생이나 연소·폭발을 일으키는 폭발성 물질이다. 이것은 비교적 저온에서 열분해가 일어나기 쉬운 불안정한 위험성이 높은 물질이다.

반응성 화학물질이란 자기 스스로 또는 다른 물질과 반응에 의해 화재 폭발을 일으킬 가능성이 있는 물질이다. 전자를 '자기반응성 물질'이라고 하고 후자를 '다른 물질과의 반응성 물질'이라 한다.

① 제5류 위험물의 품명은 무기화합물과 유기화합물로 구성되었다. 또한 유기과산화물을 제외하고는 질소를 함유한 유기질소화합물이다.

② 모두 가연성 물질이고 자체분자 내에서 연소할 수 있고 분해할 때는 단시간 내에 이루어지며 분해생성물은 CO, CO_2, H_2O, N_2, NO_2 등 다량의 가스를 발생한다.

③ 일부 품명은 액체이고 대부분이 고체이며 모두 물보다 무겁다.

④ 대부분 물에 잘 녹지 않는 비수용성 물질로서 물과의 직접적인 반응 위험성은 적다.

4. 위험성

① 자기반응성 물질로서 함산소물질인 유기과산화물, 질산에스터류, 나이트로화합물, 나이트로소화합물은 특히 외부의 O_2 없이도 자기연소하며 연소속도가 빠르다. 따라서 소화가 곤란하다. 아조화합물, 다이아조화합물, 하이드라진 유도체는 고농도인 경우 충격에 매우 민감하고 연소하면 순간적인 폭발로 이어진다.

② 유기질소화합물은 불안정하여 분해가 용이하고 공기 중 장시간에 걸쳐 분해열이 축적되면 자연발화하는 것도 있다. 이 경우 연소하면 연소생성물인 질소산화물은 유해성이 강하다.

③ 나이트로화합물은 나이트로기($-NO_2$)가 많을수록 분해가 용이하고 가열·충격 등에 민감해지면 분해 발열량도 크며 폭발력도 커진다.

④ 연소하면 다량의 연소생성물을 발생하고 유해성 가스가 많이 함유되어 있어 밀폐된 곳에서의 화재·폭발을 일으키면 중독 위험이 높다.

⑤ 화기·가열·고온·건조할수록 충격·마찰·타격에 민감하여 쉽게 발화·폭발 위험이 있다.

⑥ 강산화제, 강산류와 혼합한 것은 발화를 촉진시키고 위험성도 크게 증가하게 된다.

⑦ 일부 액체 상태인 것은 극히 인화하기 쉽고 제4류 위험물 제1석유류와 같이 가열에 의해 폭발의 위험이 있다.

⑧ 유기과산화물은 독특한 구조와 성질에 의해 매우 불안정한 물질로서 농도가 높은 것은 직사광선·가열·충격·마찰에 의해서 폭발한다. 또한 다른 품명과는 달리 강산화성 물질이다.

⑨ 저장·취급을 잘못하면 중대한 폭발사고를 일으킨다.

5. 제5류 위험물의 시험·판정 및 지정수량의 분류

제5류 위험물(자기반응성 물질)에 해당하는 자기반응성 물질의 시험방법 및 판정기준은 소방청 고시 「위험물안전관리에 관한 세부기준」 제2장(위험물의 판정 및 시험) 중 폭발성 시험과 가열분해성 시험(부록 II 참조)에 따르며, 위험성의 유무와 등급에 따라 지정수량을 제1종(10 kg) 또는 제2종(100 kg)으로 분류한다.

6. 예방대책

① 잠재적 위험성이 큰 자기반응성 물질은 사전에 충분한 시험평가를 실시하고 그 성질에 따른 엄격한 안전관리가 이루어져야 한다.

② 화염·불꽃 등의 점화원의 엄금, 가열·충격·타격·마찰 등을 철저히 피한다.

③ 직사광선 차단·건조하지 않게 적정 습도를 유지하고 통풍이 양호한 찬 곳에 저장한다.

④ 강산화제, 강산류, 기타 물질이 혼입되지 않도록 한다.

⑤ 가급적 소분하여 저장하고 용기의 파손 및 위험물의 누출을 방지한다.

⑥ 화약류의 기폭제 원료로 사용되는 미세한 분말 상태의 것은 정전기에 의해서도 폭발의 우려가 있으므로 완전히 접지 등 철저한 안전대책을 강구하고 전기기구는 방폭조치한다.

⑦ 폭발에 대비하여 토담, 제방 등을 설치하여 폭풍으로 인한 직접 피해를 줄이도록 한다.

⑧ 화재의 결과 폭발하는 위험물이기 때문에 도난방지 등의 보안관리에도 주의하여야 한다.

⑨ 유별을 달리하는 위험물과는 동일한 위험물 저장소, 특히 옥내저장소의 경우 함께 저장하지 않도록 한다.

⑩ 제5류 위험물 제조소등에는 적색바탕에 백색문자로 "화기엄금"이라는 주의사항을 표시한 게시판을 설치하여야 한다.

⑪ 지정과산화물(지정수량 10 kg의 유기과산화물 또는 이를 함유한 것), 알킬알루미늄등 및 하이드록실아민등을 옥내저장소에 저장할 때는 안전거리, 보유공지, 외벽 및 창고지붕의 기준에 대해 강화된 특례 규정을 두고 있다.

7. 진압대책

① 일반적으로 다량의 주수에 의한 냉각소화가 양호하다. 액상인 것은 일부 마른 모래나 건조분말로 소화할 수 있고 화재 초기 또는 소량화재인 경우 화염 제거를 위해 건조분말로 소화할 수 있으나 결국 최종적으로는 다량의 물로 냉각소화하여야 한다.

② 질식소화는 효과가 없다. O_2가 함유된 자기연소성 물질인 유기과산화물, 질산에스터류, 나이트로화합물, 나이트로소화합물에는 더욱 효과가 없으며 특히 건조분말, CO_2, 할론(할론 2402, 할론 1211) 및 할로젠화합물 소화약제는 소화에 적응하지 않는 소화약제이므로 사용해선 안 된다.

③ 산소는 함유하지 않아 자체 산소공급이 안 되는 아조화합물, 다이아조화합물, 하이드라진 유도체도 특성상 할론·할로젠화합물 소화약제는 소화에 적응하지 않는다.

④ 화재 때 분해 생성가스나 연소생성 가스가 많이 발생할 뿐만 아니라 유해성 가스가 포함되어 있으므로 공기호흡기 등의 보호장비 착용을 의무화하고 바람의 위쪽에서 소화작업을 하여야 한다.

⑤ 화재 중 폭발의 위험성이 상존하므로 충분히 안전거리를 확보하고 가급적 무인방수포 등에 의해 진압하고 부득이하게 접근이 필요할 때는 소화종사요원은 철저히 엄폐 조치를 하여야 한다.

⑥ 일시적, 순간적, 예기치 못한 시기에의 폭발과 예기치 못한 장소, 피해 전파 등을 고려하여 철저히 불필요한 사람의 접근을 통제하고 위험지역 밖으로 사람을 대피시켜야 한다.

제2절 제5류 위험물의 각론

1. 유기과산화물(Organic Peroxide) 지정수량 제1종: 10 kg, 제2종: 100 kg

일반적으로 과산화기(−O−O−기)를 가진 산화물을 과산화물(peroxide)이라 하며 공유결합 형태의 유기화합물에서 이 같은 구조를 가진 것을 유기과산화물이라 하며 강산화제에 속한다.

유기과산화물은 본질적으로 매우 불안정하고 자기반응성 물질이기 때문에 무기과산화물보다 더 위험하다. 유기과산화물은 H_2O_2의 1개 또는 2개의 H원자를 알킬기, 알릴기, 아실기 등 유기기로 치환한 것으로 라디칼의 형식 또는 구조에 따라 <표 23>과 같이 분류한다.

유기과산화물이 공업적으로 이용된 것은 benzoyl peroxide가 밀가루 표백제로 처음 사용되었으며 최근에는 합성수지공업의 발전에 따라 중합촉매로 많이 이용되게 되었다. −O−O−그룹은 매우 반응성이 크고 불안정하다. 따라서 유기과산화물도 매우 불안정한 화합물로서 쉽게 분해하고 활성산소를 방출한다. 유기과산화물의 폭발 위험성은 그 분자구조나 분자량에 따라 다르지만 제조·취급·저장·운반 등의 과정에서 폭발 재해가 많이 발생하였다.

〈표 23〉 유기과산화물의 유형 및 예

유 형	기본분자식	대표물질	명 명
Hydroperoxide	R—O—O—H	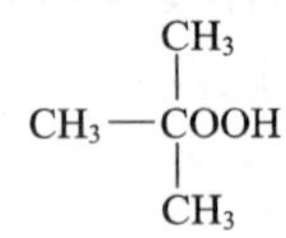	*t*–butylhydroperoxide
Dialkylperoxide	R—O—O—R	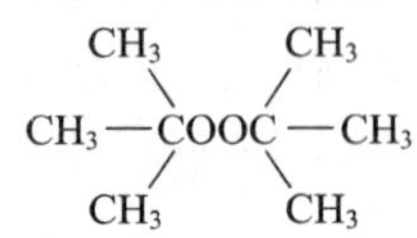	di–*t*–butylperoxide
Peroxyester	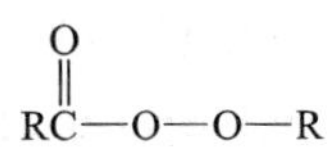	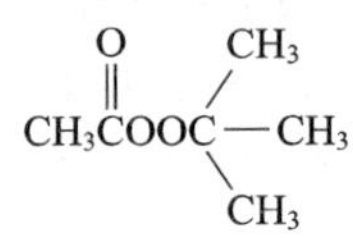	*t*–butylperoxyacetate
Peracid	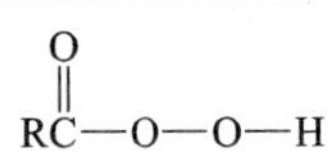	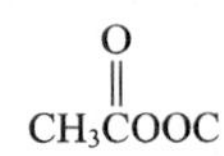	peroxyacetate
Diacylperoxide	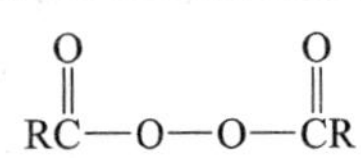	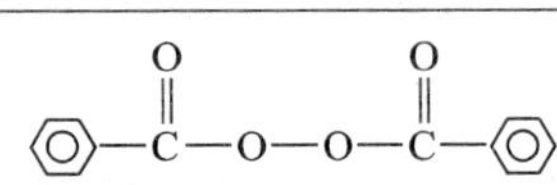	benzoyl peroxide
Peroxyacetal	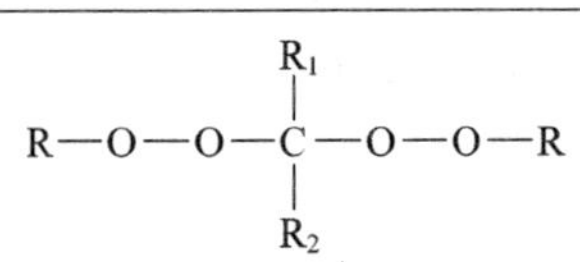	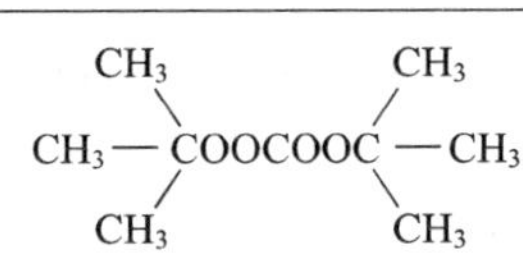	2,2–bis(*t*–butylperoxy)propane
Dialkylperoxy –dicarbonates	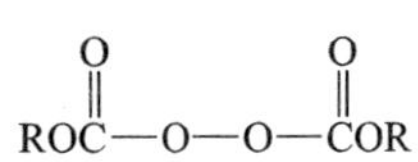	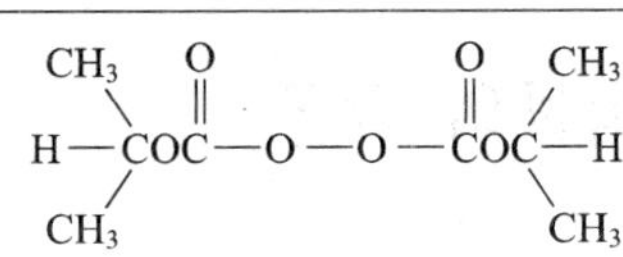	diisopropyl peroxy dicarbonate
Ozonide	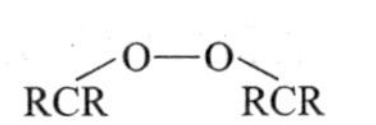	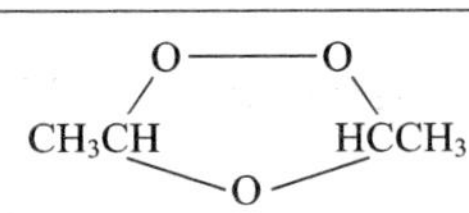	2–buteneozonide

유기과산화물의 위험성은 독특한 자신의 불안정한 구조에 기인한다.

–O–O–기 안에 존재하는 전자의 결합 상태를 알아보면 하나의 O원자는 다른 하나의 O원자 혹은 C원자와 공유결합을 만들 수 있는 전자가 6개이다. 예를 들면 과산화다이메틸[$(CH_3)_2O_2$]의 구조를 보면 O전자를 •, C전자를 ×, H전자를 ○으로 표시하면 다음과 같다.

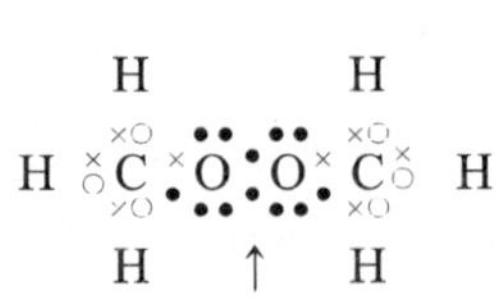

이 구조식에서 O원자 사이의 결합(↑한 곳)은 비교적 약하다. 이 결합이 약하기 때문에 가열·충격·마찰에 의해 과산화물은 −O−O−의 결합이 끊어져서 분해된다.

$$즉,\ R-O:O-R' \longrightarrow R-O\bullet + R'-O\bullet$$

이와 같이 −O−O−기의 절단에 이해 생기는 2가지 종류는 결합이 끊어진 것을 의미하는 단독의 전자를 포함하고 있다. 그 물질들의 각각을 유리기라 부르는데 이것은 일시적으로 존재하지만 전형적으로 불안정하고 반응성이 현저하다. 따라서 다른 라디칼이나 분자와 접하면 즉시 반응해서 새로운 분자 또는 라디칼을 형성하려고 한다.

이 유리기의 파괴가 그 생성을 유지할 수 없을 때 이 물질은 통상 폭발한다. O와 O의 결합력이 불안정하고 약하여 분해가 쉽고 열, 햇빛에 의해서도 분해하기 쉽기 때문에 분자 상태의 분해 O_2에 의해 강한 산화작용을 일으키고 가열·충격·마찰 등에 의해 폭발을 일으키기 쉽다.

또한 메틸에틸케톤퍼옥사이드(MEKPO)의 구조를 보면 [가연성 + 조연성]으로 되어 있어 일단 점화되면 외부에서 별도의 O_2 공급 없이도 연소할 수 있는 자기연소성 물질이며 그 결과로서는 폭발에 이르는 경우가 많아 소화작업 중 주의하지 않으면 안 된다.

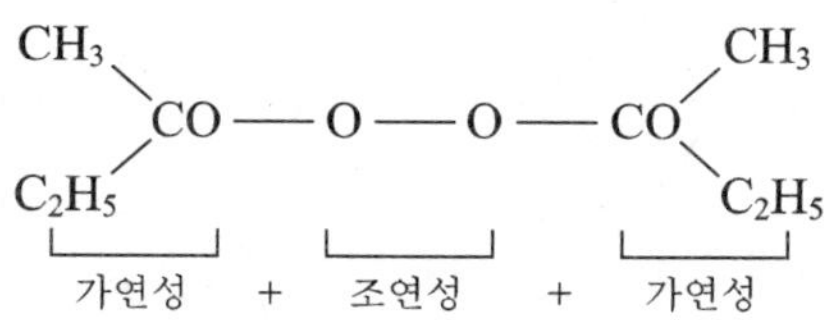

유기과산화물의 제조·저장·취급할 때는 특별한 안전관리가 필요한데 제조·취급 중 반응기, 분리기, 여과기, 탈수기, 건조기, 계량기, 촉매조 등에 있어서는 취급 유기과산화물을 불활성 유기용매, 가소제(예; DOP, DMP 등), 물 등으로 충분히 농도를 낮추어 희석하고 제조장치류는 원격조작으로 자동제어 방식을 선택하여야 하고, 이상 사태가 발생하면 즉시 긴급 조치할 수 있도록 하여야 한다.

취급 중 유기과산화물의 원료 및 제품에 대해서는 금속분, 강산류, 유기물 등과 접촉하면 반응하여 분해를 촉진시키므로 이러한 이물질이 혼입되지 않도록 한다. 발연 H_2SO_4, HCl, 발연 HNO_3, 클로로설폰산(HSO_3Cl)과 접촉하면 발열·발화의 위험이 있다. 취급기구나 용기에 충격·마찰이 행해지지 않도록 하고 불활성 용매, 가소제, 물로 희석하여 취급하고 건조 상태나 고농도의 상태를 피하도록 한다.

저장 중에는 불꽃·불티, 고온체에의 접근이나 과열되지 않도록 하고 화기를 엄금하고, 직사광선을 차단하며, 찬 곳에 저장하고 용기의 충격·마찰·진동·전도나 낙하가 되지 않도록 한다. 또한 유기과산화물을 저장하는 옥내저장소의 경우는 다른 건축물 등으로부터 저장소의 외벽 사이에는 충분한 안전거리를 둠으로써 폭발로 인한 피해 방지에 노력하여야 한다.

누출되면 즉시 팽창질석으로 덮어 회수하여야 한다.

화재진압할 때는 폭발에 대비해서 충분히 안전거리를 두고 무인방수포 등에 의해 원격조정으로 소화작업을 행하여야 한다. 불에 휩싸인 용기나 탱크 외벽에 대해서도 냉각주수를 병행하고 안전지역으로 이동시키는 것이 좋다. 유기과산화물은 자기연소성 물질로 화재 중 자체에서 O_2를 공급받으므로 질식소화의 효과가 없으며 CO_2, 불활성기체, 분말은 소화적응이 안 되며, 특히 할론(할론 2402, 할론 1211) 및 할로젠화합물 소화약제는 소화에 적응하지 않는 소화약제이므로 사용하여서는 안 되며 스프링클러설비, 옥내·외소화전설비 등에 의한 냉각소화가 적절하다.

1) 벤조일퍼옥사이드(Benzoyl Peroxide, BPO) 지정수량 10 kg

〈별칭〉 과산화벤조일, 과벤

〈용도〉 합성수지의 중합촉매(98℃는 아세트산비닐수지, 아크릴수지 등이며 59%는 폴리에스터수지 등), 불포화 폴리에스터수지의 경화제, 밀가루, 납작보리의 표백제(0.3 g/kg), 의약, 화장품, 고무 배합제, 소독제, 방부제

〈제법〉 염화벤조일과 과산화나트륨을 작용시켜 만든다.

〈화학식〉

$C_{14}H_{10}O_4$

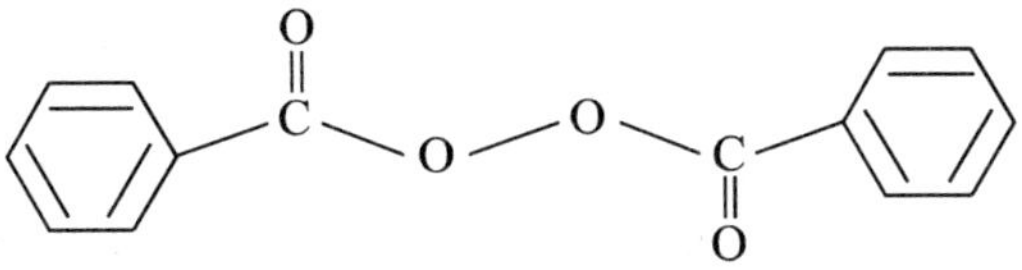

〈성상〉

① 무미 무취 백색의 분말 또는 무색의 결정성 고체이다.

② 융점 = 105℃ 발화점 = 125℃ 비중 = 1.33

③ 물에 녹지 않으며 알코올, 식용유에 약간 녹고 대부분의 용기용제에 녹는다.

④ 다른 유기과산화물보다도 대량 제조되고 있으며 운반할 때는 30% 이상의 물을 포함시켜 풀은 상태로 수송된다.

〈위험성〉

① 폭발성이 강한 강산화제로서 유기물, 환원성 물질, 기타 가연성 물질과 접촉하면 화재 또는 폭발을 일으킨다.

② 가열하면 100℃ 전후에서 백연을 내면서 격렬하게 분해하고 폭발의 위험성이 있으며 일단 착화되면 순간적으로 폭발하고 유해성의 다량의 흑연(다이페닐)을 내면서 연소한다.

③ 상온에서는 안정하지만 발화점이 낮아서 위험하며 가열·충격·마찰에 의해 분해하기 쉽고 폭발한다.

④ 진한 H_2SO_4, 진한 HNO_3, 금속분, 중합촉진제, 아민류 등과 혼합하면 분해를 일으켜 폭발한다.

⑤ 폭발에 대한 감도는 TNT, 피크르산보다 예민하다.

⑥ 물, 불활성 용매 등의 희석제를 혼합하면 폭발성이 줄어든다. 따라서 저장·취급 중 희석제의 증발을 막아야 한다.

⑦ 양이 많은 경우 높은 온도에 노출되거나 급속히 가열되면 폭발을 일으키기 쉽다.

⑧ 가소제, 용제 등의 안정제가 함유되지 않은 건조 상태일 때는 약간이 가열 또는 충격·마찰에 의해 폭발한다.

⑨ 다이메틸아민[$(CH_3)_2NH$], 황화다이메틸[$(CH_3)_2S$]과 접촉하면 분해를 일으키고 폭발한다.

〈저장·취급〉

① 직사광선 차단. 화기엄금. 충격·마찰 등의 물리적 에너지원 배제. 저장 중 전도·낙하를 방지한다.

② 저장용기에 희석제를 넣어서 폭발 위험성을 낮추며, 건조방지를 위해 희석제의 증발도 억제하여야 한다. 고체인 경우는 희석제로서 물을 30%를 첨가하고 페이스트인 경우 DMP 50%, 탄산칼슘($CaCO_3$), 황산칼슘($CaSO_4$)을 첨가한다.

③ 많은 양을 한꺼번에 저장하거나 사용하지 말고 소량씩 사용한다. 용기는 차고 어두운 곳에 저장한다. 사용 중인 용기는 함부로 방치하지 말아야 한다.

④ 이물질의 혼입 방지 및 강산류, 인화성 액체류, 화학류, 강산화제, 강환원제, 유기물, 금속분, 가연성 기체, 기타 가연성 물질과의 접촉을 피한다.

⑤ 용기는 완전히 밀전, 밀봉하고 용기의 파손을 방지하며, 외부 누출을 방지하며, 환기가 좋은 찬 곳(저장온도 40℃ 이하)에 저장하고 취급 중 충격을 주거나 전도·낙하되지 않도록 한다.

〈소화방법〉 양이 적은 경우는 물분무, 포, 분말, 마른 모래도 유효하지만 다량의 물로 냉각소화한다. 소화작업 중 공기호흡기 등의 보호장비를 착용하며 폭발의 위험이 있으므로 안전거리를 충분히 확보한 후 작업한다.

〈유해성〉 유독물질로서 눈에 들어가면 자극하여 결막염을 일으키고, 피부와 접촉하면 염증이 생긴다. 분진을 흡입하였을 때는 기관지를 자극한다. 가열될 때 유해성 가스와 다량의 흑연을 발생하므로 공기호흡기 등을 착용한다.

2) 메틸에틸케톤퍼옥사이드(Methyl Ethyl Ketone Peroxide, MEKPO) 지정수량 10 kg

〈용도〉 도료건조 촉진제, 비닐 및 에스터형의 합성수지 제조할 때 중합촉매, 섬유 강화제, 불포화 폴리에스터수지의 경화촉매, 산화제, 단추, 브로치 등의 성형

〈화학식〉

〈성상〉

① 무색 투명한 기름상의 액체로 특이한 냄새가 난다.

② 융점 = −20℃ 이하 인화점 = 172℃

발화점 = 177℃ 비중 = 1.12

③ 물에 잘 녹지 않지만 알코올, 케톤, 에터 등에 녹는다.

④ 촉매로 쓰이는 것은 대개 가소제로 희석되어 있다.

〈위험성〉

① 강산화제임과 동시에 가연성 물질로서 화기에 의해 쉽게 인화하고 격렬하게 연소한다.

② 순품은 충격·타격·마찰에 매우 민감하며 직사광선, Hg·Fe·Pb·Cu합금과 접촉하면 분해가 촉진되고 폭발한다.

③ 자연 분해의 경향이 있으며 상온에서 안정하지만 40℃ 이상이 되면 분해가 촉진되고, 80～100℃에서 격렬히 분해하며, 100℃를 넘으면 심하게 백연을 발생하고 이때 분해가스에 이물질이 접촉하면 발화 폭발한다.

④ 포, 천 등 다공성 가연물과 접촉하면 30℃ 이하에서도 분해한다.

⑤ 일단 점화되면 외부에서 O_2 공급 없이도 연소가 계속되며, 대량 연소하면 예상치 못한 폭발의 위험이 있다.

⑥ 나프텐산코발트와 접촉하면 폭발하고 아세톤과 접촉하면 예민한 아세톤퍼옥사이드를 만들며 구리분, 철분, 고무 및 NaOH, KOH 등 알칼리성 물질과 접촉하면 분해가 촉진된다.

〈저장·취급〉

희석제로 DMP, DBP를 40% 첨가하고 그 농도가 60% 이상이 되지 않도록 하며 저장온도는 30℃ 이하 유지한다. 기타 사항은 BPO와 같다.

〈소화방법〉 초기소화에는 CO_2, 건조분말 소화약제도 유효하다. 소규모 화재는 포가 유효하지만 기타의 경우는 다량의 물로 냉각소화한다. 이때 폭발의 위험에 대비하여 무인방수포 등으로 안전거리에서 방수한다. 제조소등에서 대량으로 제조소등에는 스프링클러설비를 설치하는 것이 좋다.

〈유해성〉 유독물질로서 눈에 들어가서 점막에 부착할 때는 강한 통증이 있고 염증을 일으킨다. 장시간 피부와 접촉하면 염증을 일으키고 피부가 벗겨진다. 잘못하여 먹었을 경우 사망한다.

3) 다이아이소프로필퍼옥시다이카보네이트(Diisopropylperoxydicarbonate)

〈용도〉 염화비닐, 염화비닐덴, 다이에틸렌글라이콜, 비스알릴카보네이트의 중합 개시제

〈화학식〉

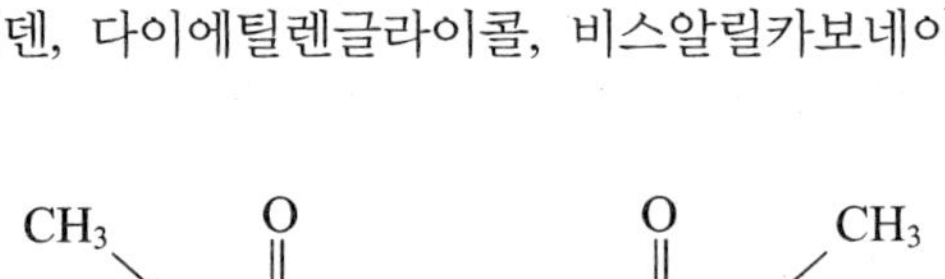

〈성상〉

① 순품은 융점이 8～10℃이므로 액체이며 가열·충격·마찰에 민감하다.

② 강산류, 알코올, 아민류, 금속분, 기타 가연성 물질과 혼합하면 혼촉발화하거나 또는 발화 위험성이 현저히 증가한다.

③ 중금속분과 접촉한 것은 폭발의 위험이 있다.

〈저장·취급〉 희석제로 톨루엔 70% 첨가하고 저장온도는 영하를 유지한다.

〈소화방법〉 다량의 물로 냉각소화하여 O_2의 분해방출 방지 및 연소확대 방지에 주력한다.

4) 아세틸퍼옥사이드(Acetyl Peroxide)

〈용도〉 아크릴계수지·염화비닐·올레핀 등의 중합촉매, 살균제

〈화학식〉 $(CH_3 \cdot CO)_2O_2$

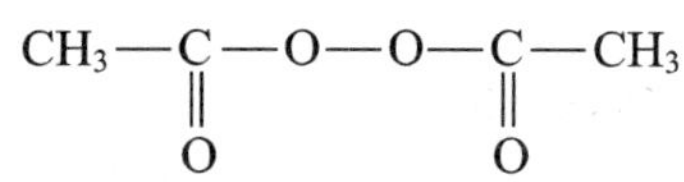

〈성상〉

① 가연성 고체이다. 가열하면 폭발하고 충격·마찰에 의해서 분해한다.

② 인화점＝45℃　　발화점＝121℃　　비중＝1.2

〈저장·취급〉 희석제 DMP를 75% 첨가시키고 저장온도는 0～5℃ 유지

〈소화방법〉 초기소화 또는 기타의 경우를 막론하고 다량의 물로 냉각소화한다. 폭발의 위험이 있으므로 충분히 안전거리를 유지하고 접근할 때는 주위 엄폐물을 이용한다.

5) 터셔리뷰틸퍼(옥시)피발레이트(*t*-Butyl Peroxypivalate)

〈용도〉 염화비닐, 에틸렌의 중합개시제

〈화학식〉

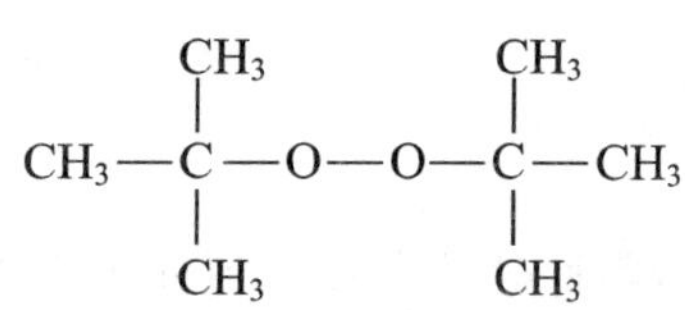

〈성상〉 32℃에서 급속히 분해하고 가열하면 폭발한다. 인화점은 67～71℃이다.

〈저장·취급〉 희석제로 미네랄스피릿을 25% 첨가하고 저장온도는 40℃ 이하를 유지한다.

6) 터셔리뷰틸퍼옥시아이소뷰틸레이트(*t*-Butyl Peroxyisobutylate)

〈용도〉 폴리올레핀 등의 중합개시제

〈화학식〉 $(CH_3)_2CHCO-O-O-C(CH_3)_3$

〈성상〉 분해온도 79℃, 저장온도 15℃ 이하

〈저장·취급〉 희석제로 C_6H_6 또는 미네랄스피릿 25% 첨가. 15℃ 이하 유지

7) **터셔리뷰틸퍼(옥시)아세테이트**(*t*-Butyl Peroxyacetate)

〈용도〉 합성수지 중합촉매(폴리에스터, 폴리에틸렌 등), MMA, 스타이렌, 실리콘수지의 중합촉매

〈화학식〉 $CH_3-CO-OO-C(CH_3)_3$

〈성상〉 인화점 < 27℃, 가열하면 폭발한다.

〈저장·취급〉 희석제로 C_6H_6 25%를 첨가하고 저장온도는 40℃ 이하 유지한다.

8) **호박산퍼옥사이드**(Succinicacid Peroxide)

〈용도〉 유기불화합물 합성용

〈화학식〉 $(CH_2COOH)_2O_2$

〈성상〉 고체, 저장온도 30℃ 이하 유지

〈소화방법〉 초기소화 및 기타의 경우 모두 다량의 물로 냉각소화하며, 분해방지와 연소확대 방지에 주력한다. 폭발의 위험이 있으므로 안전거리를 확보하고 방수할 때는 무인방수포 등을 활용하고, 접근할 때는 주위의 엄폐물을 이용한다.

9) **터셔리뷰틸하이드로퍼옥사이드**(*t*-Butyl Hydro Peroxide)

〈용도〉 메타크릴레이트, 폴리에틸렌, 아세트산비닐, 스타이렌 등의 중합촉매, SBR, NBR, 폴리에스터의 경화제, 페인트의 건조제

〈화학식〉 $(CH_3)_3COOH$

〈성상〉

① 순수한 제품은 융점이 5℃로 액체 상태이다. 가열하면 심하게 분해한다.

② 인화점 < 27℃ 비중 = 0.9 비점 = 35℃(17 mmHg)

〈저장·취급〉 희석제로 물을 30% 이상 첨가하거나 t-butylalcohol 5%를 첨가하고, 저장온도는 40℃ 이하를 유지한다.

〈소화방법〉 알코올형 포, 분말, CO_2가 유효하나 대량인 경우 다량의 물로 소화한다.

10) **메틸아이소뷰틸케톤퍼옥사이드**(Methyl isoButyl Ketone Peroxide, MIBKPO)

〈용도〉 불포화폴리에스터의 경화제

〈화학식〉

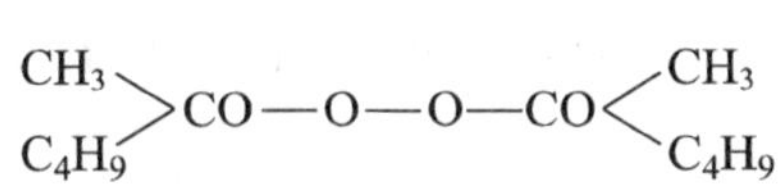

11) 사이클로헥산온퍼옥사이드(Cyclohexanoneperoxide)

〈용도〉 비누 경화제

〈화학식〉

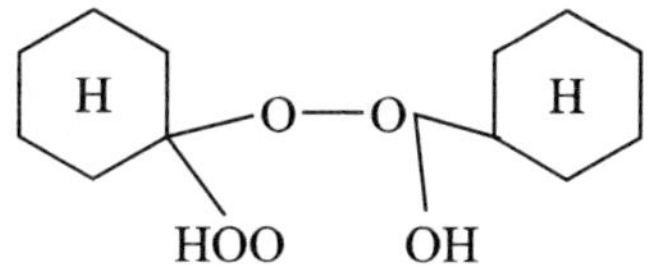

〈성상〉 액체, 충격에 민감하여 가소제를 첨가하거나 용제로 희석하여 사용한다. 인화점＝81℃

〈저장·취급〉 희석제로 DBP를 40% 첨가하고 온도는 30℃ 이하를 유지한다.

〈소화방법〉 질식소화에는 효과가 적으며 다량의 물로 냉각소화하여 O_2 분해방지와 연소확대를 방지한다. 폭발의 위험성이 있기 때문에 충분히 안전거리를 확보하며 무인화방수를 해야 한다. 접근할 때는 폭발에 대비하여 주위 엄폐물을 이용한다.

12) 다이터셔리뷰틸퍼옥시프탈레이트(Di－*t*－Butylperoxyphtalate)

〈용도〉 AS수지, 스타이렌, 에틸렌의 중합 개시제, 폴리에스터의 경화제

〈화학식〉

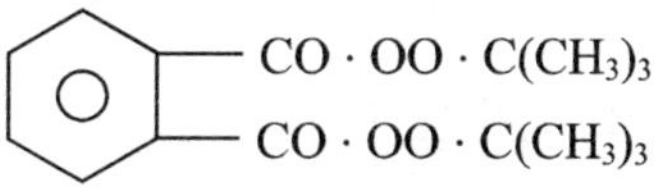

〈성상〉 고체

〈저장·취급〉 희석제로 DBP를 40% 첨가하고 저장온도는 40℃ 이하 유지

〈소화방법〉 다량의 물로 냉각소화하여 화재의 확대방지에 주력한다. 폭발의 위험이 있으므로 충분히 안전거리를 확보하고 접근할 때는 주위 엄폐물을 이용한다.

13) 프로피오닐퍼옥사이드(Propionylperoxide)

〈용도〉 합성수지의 중합촉매, 산화제, 석유정제

〈화학식〉 $(CH_3-CH_2-CO)_2O_2$

〈성상〉

① 가연성 액체이며 인화점 52℃이다. 가열·충격에 의해 폭발한다.

② 충격에 민감하므로 가소제 또는 용제를 넣어 안정화시킨다.

〈소화방법〉 모두 다량의 물로 냉각소화하여 O_2 분해방지와 연소확대 방지에 주력한다.

14) **파라클로로벤젠(벤조일)퍼옥사이드**(ParachloroBenzoylperoxide)

〈용도〉 실리콘 고무 가교제, 표백제, 중합촉매

〈화학식〉

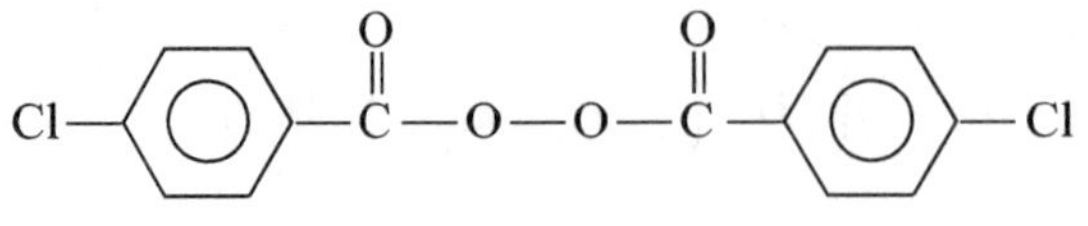

〈성상〉 38℃에서 폭발한다. 충격·마찰에 민감하다.

〈저장·취급〉 희석제로 DBP 10%와 실리콘 액체 40% 첨가. 30℃ 이하 유지

〈소화방법〉 물분무, 분말, CO_2가 유효하다.

15) 2,4-**다이클로로벤젠(벤조일)퍼옥사이드**(2,4-Dichloro Benzoylperoxide)

〈용도〉 실리콘 고무 가교제, 불포화폴리에스터의 중합촉매

〈화학식〉

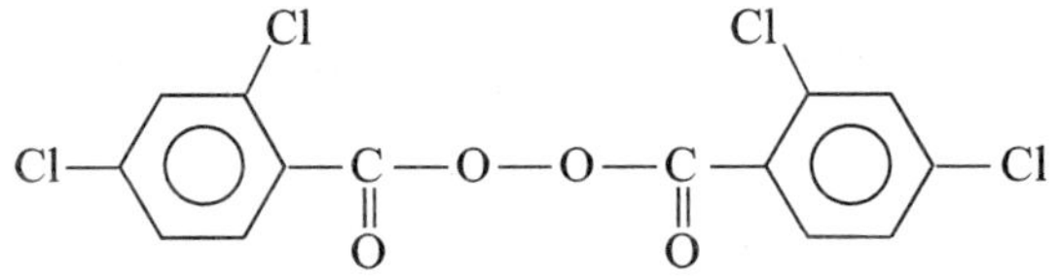

〈성상〉 BPO 보다 분해온도가 낮다. 순수한 제품은 충격·마찰에 민감하며 가소제를 넣어준다.

〈저장·취급〉 희석제로 DBP를 50% 첨가하고 저장온도는 30℃ 이하 유지한다.

〈소화방법〉 다량의 물로 냉각소화하고 연소확대 방지에 주력한다.

16) 2,5-**다이메틸 헥세인** 2,5-**다이하이드로 퍼옥사이드**(2,5-Dimethylhexane 2,5-Dihydroperoxide)

〈용도〉 ABS, 합성고무, 아크릴에스터의 중합촉매

〈화학식〉

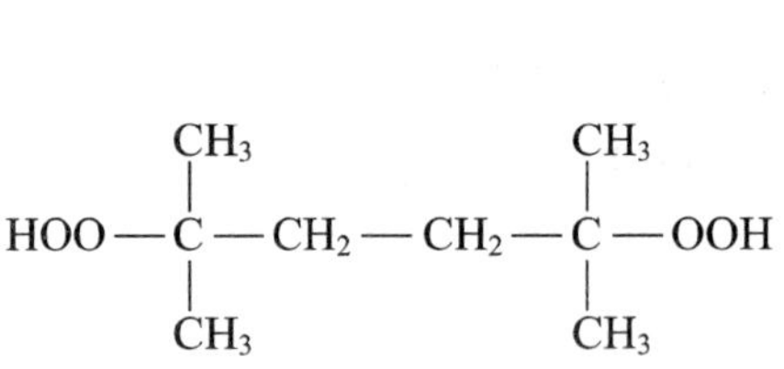

〈성상〉

① 순수한 제품은 분말. 충격·마찰에 비교적 민감하고 폭발적이다.

② 융점 = 102℃ 인화점 = 71℃ 발화점 = 140℃

〈저장·취급〉 희석제로 물을 30% 첨가하고 저장온도는 40℃ 이하 유지한다.

〈소화방법〉 다량의 물로 냉각시켜 산소의 분해 방출을 방지하고 연소확대를 방지한다. 폭발의 위험성이 있으므로 충분히 안전거리 확보하고, 접근할 때는 주위 엄폐물을 이용한다.

17) 비스하이드록시 사이클로헥실퍼옥사이드(Bishydroxy Cyclohexylperoxide)

〈용도〉 합성수지 경화제, 스타이렌, 염화비닐, 메타크릴산메틸 중합촉매

〈화학식〉

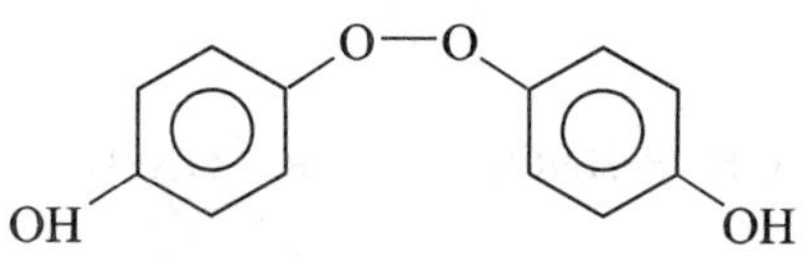

18) 퍼아세트산(Peracetic Acid) CH_3COOOH

〈용도〉 섬유 표백제, 합성수지 중합촉매, 살균제, 각종 유기화합물 제조원료, 산화제

〈성상〉

① 강한 아세트산 냄새가 나는 무색의 액체이다. 물, 알코올, 에터에 녹는다.

② 분자량＝76.1　증기비중＝2.62　융점＝0℃
비점＝105℃　비중＝1.23　인화점＝41℃
발화점＝200℃

③ 시판품은 보통 32～40wt%이다.

〈위험성〉

① 매우 불안정한 과산화물로서 가연성·폭발성 물질이다. 가열하면 폭발적으로 분해한다.

② 56% 이상의 고농도의 것은 충격 또는 마찰에 매우 예민하다.

③ 밀폐용기를 가열하면 심하게 파열된다. 연소하면 자극성·유해성 가스를 발생한다.

④ 증기는 점화원에 의해 폭발의 위험이 있으며, 물과 혼합한 것도 부식성이 강하다.

⑤ 강산류, 알칼리, 강산화제, 중금속과 심하게 반응하고 경우에 따라 혼촉발화한다.

〈저장·취급〉

① 가열금지. 화기엄금. 직사광선 차단. 용기는 차고 건조하며 환기가 잘되는 안전한 곳에 저장한다.

② 강산류, 알칼리, 강산화제, 중금속, 가연성 물질과의 접촉을 방지한다.

③ 취급 중 충격·마찰·타격·전도 등을 방지한다.

〈소화방법〉 초기소화는 포, 분말이 유효하다. 대형화재인 경우는 다량의 물로 냉각소화한다. 물분무로 용기의 외벽을 냉각시킨다. 폭발의 위험이 있으므로 화재진압 중 충분히 안전거리를 유지하며 가급적 짧은 시간에 진압해야 한다. 연소가스, 분해가스를 피하고 바람을 등지며 화점에 접근한다. 공기호흡기 등의 안전장비를 착용한다.

〈유해성〉 맹독성·부식성 물질로서 체내 침투되면 치명적이고 눈과 피부에 화상을 입는다.

2. 질산에스터류 지정수량 제1종: 10 kg, 제2종: 100 kg

알코올기를 가진 화합물을 질산과 반응시켜 알코올기가 질산기로 치환된 에스터들을 질산에스터류라 한다. 즉, 알코올과 산이 반응하여 물이 분리된 것을 말하며 질산을 반응시킨 것이 질산에스터이다.

$$\underset{\text{알코올}}{R-OH} + \underset{\text{질산}}{HNO_3} \longrightarrow \underset{\text{질산에스터}}{R-ONO_2} + \underset{\text{물}}{H_2O}$$

이것은 불안정하여 분해가 용이하고 가열·충격으로 폭발하기 쉽다. 폭약의 원료로 많이 사용된다.

1) 나이트로셀룰로오스(Nitro Cellulose, NC) $[C_6H_7O_2(ONO_2)_3]_n$

〈별칭〉 질산섬유소, 질화면, 면약, nitro cotten

〈용도〉 다이너마이트 원료, 무연화약의 원료, 의약품, 인조견사, 래커 건조제, 셀룰로이드 제조, 콜로디온 제조, 사진필름의 원료, 도료의 도막형성 요소

〈제법〉 천연 셀룰로오스를 진한 H_2SO_4과 진한 HNO_3의 혼산으로 반응시켜 만든다.

$$\underset{\text{cellulose}}{4C_6H_{10}O_5} + 11HNO_3 \xrightarrow{H_2SO_4} \underset{\text{nitrocellulose}}{C_{24}H_{29}O_9(NO_3)_{11}} + 11H_2O$$

질산기의 수에 따라 강면약과 약면약으로 나누어지며 강면약의 배합은 HNO_3 23% : H_2SO_4 70% : H_2O 7~8%이고 약면약의 배합은 HNO_3 23% : H_2SO_4 60% : H_2O 10~20%이다. 강면약은 질산기가 9~11개 정도이고 약면약은 7~9개 정도이다.

〈성상〉

① 무색 또는 백색의 고체이며 햇빛에서 황갈색으로 변하고 물에 녹지 않지만 아세톤, 아세트산에스터, 나이트로벤젠에 녹는다. 약면약은 알코올, 에터 혼액에 녹지만 강면약은 녹지 않는다.

② 비점 = 1.7℃ 인화점 = 13℃ 발화점 = 160~170℃

〈위험성〉

① 질화도가 큰 것일수록 분해도, 폭발성, 위험도가 증가한다. 질화도에 따라 차이는 있지만 점화·가열·충격 등에 격렬히 연소하고 양이 많을 때는 압축 상태에서도 폭발한다.

② 산, 알칼리의 존재 또는 장기간 보존한 것은 직사광선과 습기의 영향에 따라 열분해하여 자연발화하고 폭발위험이 증가한다.

조제품은 자연분해성이 있으며 조제품은 직사광선, 가열에 의해 분해하기 쉽고 축열되기 쉽기 때문에 자연발화의 위험이 있다.

③ 에탄올, 에터 혼액에 침윤시켜 놓은 것은 인화성이 강하다.

④ 매우 불안정하여 비교적 낮은 온도에서 분해한다. 130℃에서 서서히 분해하고 180℃에서 격렬히 연소하고 다량의 유해성 가스를 발생한다.

$$2C_{24}H_{29}O_9(ONO_2)_{11} \xrightarrow{\triangle} \underbrace{24CO\uparrow + 24CO_2\uparrow + 12H_2O\uparrow + 22N_2\uparrow + 17H_2\uparrow}_{\text{다량의 가스}}$$

⑤ 습윤 상태에서 건조하게 되면 충격·마찰 때는 예민하여 발화 폭발의 위험성이 증대되고 건조한 NC는 마찰전기를 띠기 때문에 방전불꽃에 의해서 발화 위험이 있고 폭발성이 증가한다.

⑥ 강산류, 수은염을 함유하고 있는 것은 건조 상태가 되면 가열·충격·마찰에 의해 폭발 위험성이 높아진다.

⑦ 저장용기가 가열되면 심하게 폭발하고 연소속도가 빠르다. 연소하면 자극성·유해성 가스를 발생한다.

⑧ 유기과산화물, 강산화제와의 혼촉에 의해 발열·발화하고 다이에틸아민, 모노에틸아민, 다이뷰틸아민, 아닐린, 페놀 등과 혼촉에 의해 자연발화의 위험이 있다.

〈저장·취급〉

① 물과 혼합할수록 위험성이 감소되므로 운반 시는 물(20%), 용제 또는 에탄올 등의 알코올(30%)을 첨가 습윤시킨다. 건조 상태에 이르면 즉시 촉촉한 습한 상태를 유지시킨다.

② 불꽃·화기엄금. 점화원과 충분히 이격. 직사광선 차단. 차고 통풍이 잘되는 곳에 가급적 적게 분할하여 저장한다.

③ 제조·건조·저장 중 충격·타격·마찰·전도·낙하의 방지, 국부적 건조방지

④ 자연발화 방지를 위한 안전용제로서 에탄올, 메탄올, 아세트산에틸, 아세트산메틸, 아세톤, 메틸에틸케톤을 사용하며 이들이 휘발되지 않도록 주의한다.

〈소화방법〉 질식소화는 효과가 적다. 특히 CO_2, 건조분말 및 할론·할로젠화합물 소화약제는 적응성이 없으며 다량의 물로 냉각소화한다. 연소속도가 매우 빠르고 폭발하므로 소화작업할 때는 충분히 안전거리를 유지하고 무인방수포 등에 의해 방수한다.

〈유해성〉 눈과 피부에 약상을 입히며 증기를 흡입하면 질식작용이 있다. 화염 중 질소산화물, HCN 등의 자극성·유해성 가스를 발생하므로 주의하여야 한다.

2) 나이트로글리세롤(Nitro Glycerol, NG) $C_3H_5(ONO_2)_3$

〈용도〉 제라틴, 다이너마이트의 원료, 무연화학의 원료, 소량은 의약용(심장 및 혈관확장용), 초안폭약의 예감제, 발사약의 원료, 로켓의 연료

〈제법〉 질산과 황산의 혼산 중에 글리세롤을 반응시켜 나이트로글리세롤을 만든다.

$$\begin{array}{l} CH_2OH \\ | \\ CHOH \\ | \\ CH_2OH \end{array} + 3HNO_3 \xrightarrow{H_2SO_4} \begin{array}{l} CH_2ONO_2 \\ | \\ CHONO_2 \\ | \\ CH_2ONO_2 \end{array} + 3H_2O$$

glycerol nitroglycerol

〈성상〉

① 순수한 것은 무색 투명한 무거운 기름상의 액체이며 시판공업용 제품은 담황색이다.

② 융점 = 13℃ 비중 = 1.6
비점 = 257℃ 발화점 = 205 ~ 215℃

③ 물에 녹지 않지만 알코올, 에터, 벤젠, 아세톤, 아세트산에스터, 클로로폼 등에 잘 녹는다.

④ 상온에서 액체이지만 겨울철에는 동결한다. 순수한 것은 동결 온도가 8 ~ 10℃이며, 얼게 되면 백색 결정으로 변한다. 이때 체적이 수축하고 밀도가 커진다.

⑤ 다공질의 규조토에 NG를 흡수시켜 다이너마이트를 제조한다.

〈위험성〉

① 점화하면 즉시 연소하고 발열을 수반하며 연소생성물은 모두 기체이다. 다량이면 폭발력이 강하다. 따라서 화재 현장에서의 인명구조 및 소화 대응이 곤란하다.

$$4C_3H_5(ONO_2)_3 \xrightarrow{\triangle} \underbrace{12CO_2\uparrow + 10H_2O\uparrow + 6N_2\uparrow + O_2\uparrow}_{\text{다량의 가스}}$$

이때의 다량의 기체는 반응열에 의해 급속히 온도가 상승하므로 짧은 시간에 극히 높은 압력이 발생한다. 즉 온도는 300℃에 달하며 폭발 시의 폭발속도는 7,500 m/s이고 폭발열은 1,470 kcal/kg에 이른다. 나이트로글리세롤의 1용적은 1,200용적의 기체(연소생성물)를 생성하고 동시에 온도의 상승으로 거의 1만 배의 체적으로 팽창한다. 이 팽창에 의해 생긴 압력이 폭발의 원인이 된다. 이것은 같은 양의 흑색화약보다 약 3배의 폭발력을 가진다. 그리고 25배 정도의 폭발속도를 나타낸다.

② 40 ~ 50℃에서 분해하기 시작하고 145℃에서 격렬히 분해하여 200℃ 정도에서 스스로 폭발을 일으킨다. 폭발의 원인이 되는 $-NO_2$기가 다른 부분을 공격한 것이다.

③ 점화·가열·충격·마찰에 대단히 민감하며 작은 타격·낙하·물체 표면에의 충돌로도 맹렬히 폭발하고 강산류와 혼합하면 자연 분해를 일으키고 폭발할 위험이 있다.

④ 밀폐 상태에서 착화되면 폭발한다. 액체 상태의 경우 충격·마찰에 매우 민감하다. 동결되어 있는 것은 액체 상태보다 충격·마찰에 둔감하다. 외력에 대해 국부적으로 영향을 미칠 수 있어 위험성이 상존한다.

⑤ 강산화제, 아닐린($C_6H_5NH_2$), 페놀(C_6H_5OH) 등의 유기용제, H_2SO_4, HNO_3, HCl 등의 강산류,

Na, S, Al분, NaOH 등과 혼촉하면 발화·폭발 위험이 있다.

⑥ 공기 중의 수분과 작용하면 가수분해하여 HNO_3을 생성할 수 있는데 이 HNO_3과 나이트로글리세롤의 혼합물은 특이한 위험성을 가진다. 따라서 장기간 저장할 경우는 이러한 이유에서 자연분해할 위험이 있다.

〈저장·취급〉

① 액체 상태로 직접 운반하지 말고 다공성 물질에 흡수시켜 운반한다.

② 직사광선 차단. 화기엄금. 가열·충격·타격·마찰을 방지한다.

③ 통풍·환기가 좋은 찬 곳에 저장한다.

④ 강산류, 강산화제, 유기용제, 환원성 물질, O_3과의 접촉을 피한다.

⑤ 저장용기는 구리제 용기를 사용한다.

⑥ 수송 중 목재펄프, 톱밥, 소맥분, 전분 등의 흡수제에 흡수시켜 운반하면 안전하다.

〈소화방법〉 다량의 물로 일시에 냉각소화한다. 비상상황에서 수중에 투입하면 폭발을 방지할 수 있다. 대량 연소하면 폭발의 위험이 있으므로 충분히 안전거리를 확보하며, 접근할 때는 주위의 엄폐물을 이용하며 인접 가연물에의 연소확대 방지에 노력한다. 폭발이 감지되면 지면에 엎드려서 폭발의 영향을 피한다. 다량 연소생성물(CO, 질소산화물)은 유독하므로 공기호흡기 등을 착용하고 고무장갑, 보호의, 보호안경을 착용한다.

〈유해성〉 피부를 통해 체내에 흡수되면 혈관을 확장시키고 발열하며, 증기나 액체 흡입하면 피부가 붉어지고 심한 두통, 경련, 혈압 저하, 의식 불명을 초래한다.

3) **질산에틸**(Ethyl Nitrate) $C_2H_5ONO_2$

〈용도〉 용제, 합성화학 원료

〈성상〉

① 무색 투명한 액체로서 향긋한 냄새가 나며 단맛이 있다.

② 융점 = −112℃ 비점 = 87℃ 비중 = 1.11
증기비중 = 3.1 인화점 = −10℃

③ 물에 녹지 않지만 알코올, 에터 등 유기용제에는 잘 녹는다.

〈위험성〉

① 휘발하기 쉽고 증기는 공기보다 무겁기 때문에 낮은 곳에 체류하고 인화점이 낮기 때문에 상온에서 인화하기 쉽다.

② 비점 이상으로 가열하면 격렬하게 폭발한다.

③ 기타의 위험성은 제4류 위험물의 제1석유류와 유사하다.

〈저장 · 취급〉

① 불꽃 · 화기엄금. 직사광선 차단.

② 용기는 금속제 용기, 갈색병에 넣어 밀봉하고 통풍 · 환기가 잘 되는 찬 곳에 저장한다.

〈소화방법〉 초기소화에는 모래, CO_2, 분말 소화약제도 유효하지만 보통 다량의 물로 냉각소화한다. 폭발의 위험이 있으므로 충분히 안전거리를 확보한다.

4) **질산메틸**(Methyl Nitrate) CH_3ONO_2

〈용도〉 로켓 추진제

〈성상〉

① 무색 투명한 액체로서 물에 약간 녹고 알코올에 잘 녹는다.

② 비점 = 65℃ 인화점 = 15℃

비중 = 1.22 증기비중 = 2.66

③ 고농도는 마취성이 있으며 유독하다.

〈위험성〉 〈저장 · 취급〉 〈소화방법〉 $C_2H_5ONO_2$에 준한다.

〈유해성〉 강한 자극성이 있다.

5) **나이트로글라이콜**(Nitroglycol) $(CH_2ONO_2)_2$

〈용도〉 부동 다이너마이트 제조

〈성질〉

① 순수한 것은 무색, 공업용의 암황색의 무거운 기름상 액체로 유동성이 있다.

② 비중 = 1.5 응고점 = −22℃ 발화점 = 215℃

③ 나이트로글리세롤로 제조한 다이너마이트는 여름철에 휘발성이 커서 흘러나오는 결점을 가지고 있다.

〈저장 · 취급〉

① 화기엄금. 직사광선 차단. 충격 · 마찰을 방지하고 환기가 잘 되는 찬 곳에 저장한다.

② 수송 중 안정제에 흡수시켜 운반한다.

〈소화방법〉 다량의 물, 포로 소화한다. 폭발 위험이 있으므로 충분히 안전거리를 확보하고 대규모 화재의 경우 주민을 대피시키며 인접 가연물에로의 확산을 방지하도록 해야 한다.

〈유해성〉 증기를 마시면 심한 두통이 발생한다.

6) **펜트리트**[Penthrit(Pentaerythritol tetranitrate, PETN)]

〈용도〉 도폭선의 심약, 뇌관의 첨장약, 군용폭약

〈화학식〉

$C(CH_2NO_3)_4$

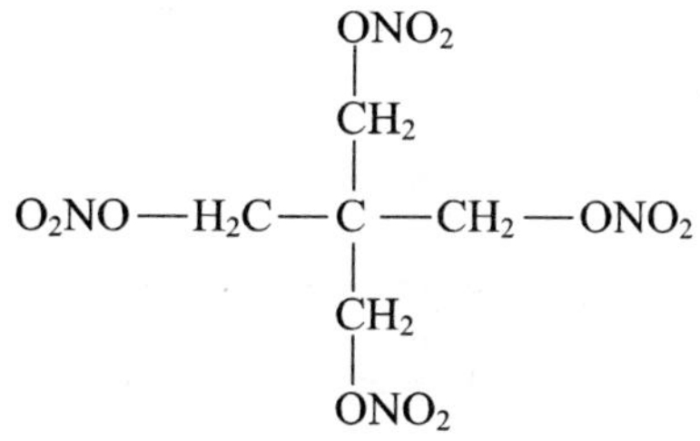

〈성질〉

① 백색 분말 또는 결정으로 물, 알코올, 에터에 녹지 않지만 나이트로글리세롤에 녹는다.

② 융점 = 141℃　　발화점 = 215℃　　비중 = 1.74

③ 충격에 예민하다. 210℃에서 폭발하며 폭발속도는 약 8,000 m/s, 폭발열은 1,500 kcal/kg이다. 헥소겐의 폭발력과 거의 비슷하다.

④ 저장용기에 안정제로 아세톤을 첨가한다.

7) 셀룰로이드류(Celluloids)

〈용도〉 완구, 장식용, 필름, 안경테, 탁구공, 문방구, 가정용품

〈제법〉 질화도가 낮은 나이트로셀룰로오스(질소함유량 10.5～11.5%)에 장뇌와 알코올을 녹여 교질상태로 만든다. 보통 나이트로셀룰로오스 40～45% : 장뇌 15～20% : 알코올 40% 비율로 배합하여 24시간 반죽하여 섞어 만든다. 일종의 인조 플라스틱이다.

〈성상〉

① 무색 또는 황색의 반투명 유연성을 가진 고체로서 일종의 합성수지와 같다. 열, 햇빛, 산소의 영향을 받아 투명성을 잃고 담황색으로 변한다. 보통의 제품은 안료나 염료로 착색되어 있다.

② 발화점 = 165℃　　비중 = 1.32

③ 물에 녹지 않지만 진한 황산, 알코올, 아세톤, 아세트산, 에스터에 녹는다.

④ 열가소성이 풍부하여 90～100℃에서 유연해진다.

〈위험성〉

① 열이 가하면 매우 연소하기 쉽고 연소속도가 빠르다. 외부에서 O_2 공급이 없어도 연소가 지속되므로 일단 연소하면 소화가 곤란하다.

② 장기간 공기 중 방치된 것은 햇빛, 고온도, 고습도 등에 의해 열분해가 촉진되고 이때의 분해열이 축적되면 자연발화의 위험이 있다. 또한 조제품이나 순도가 높은 것은 통풍·환기가 안 좋고, 습기가 높고, 온도가 높은 경우 자연발화한다.

③ 145℃로 가열하면 백색 연기를 발생하고 발화한다.

④ 밀폐용기가 착화되면 폭발하고 강열에 의해서도 용기가 폭발한다.

⑤ 연소할 때는 함유된 장뇌 때문에 심한 악취가 나며 연소할 때 유해성 가스(HCN, HCOOH, NO, CO 등)가 다량 발생한다. 따라서 밀폐된 공간에서 화재가 발생할 경우는 인명 피해가 클 것으로 예상된다.

〈저장·취급〉

① 화기엄금. 직사광선 차단. 통풍·환기가 좋은 곳에 저장하며 저장창고는 통풍장치, 냉방장치 등을 설치하여 저장창고 안의 온도가 분해온도 이하를 유지하도록 하여야 한다.

② 장기간 방치된 것은 변색되며 일정기간 경과 후 폐기 처리하고 셀룰로이드의 반제품, 찌꺼기, 필름 제조할 때 생긴 파편 등은 방치하지 말고 안전하게 폐기 처리한다.

③ 저장창고 내에 강산화제, 강산류, 알칼리, 가연성 물질을 함께 저장하지 말아야 한다.

④ 가온, 가습 및 열분해가 되지 않도록 주의한다.

〈소화방법〉 자기연소성 물질이기 때문에 CO_2, 건조분말, 할론·할로젠화합물 소화약제에 의한 질식소화는 효과가 없다. 다량의 물로 냉각소화하는 것이 가장 적합하다.

소화작업 중 유해성 가스가 다량 발생하므로 반드시 공기호흡기 등의 보호장비를 착용한다. 셀룰로이드류 화재는 순간적으로 확대할 위험이 있고 또한 물의 침투가 나쁘기 때문에 때에 따라서는 주의깊게 계면활성제를 사용하던가 응급적으로 포를 사용하여도 된다.

〈유해성〉 연소가스는 눈을 자극하고 흡입하였을 때는 현저히 장애를 준다.

3. 나이트로화합물(Nitro Compounds) 지정수량 제1종: 10 kg, 제2종: 100 kg

나이트로화합물이란 유기화합물의 알킬기(C_nH_{2n+1}) 또는 페닐기 등의 탄소원자에 나이트로기($-NO_2$)가 직접 결합(나이트로화 반응)하고 있는 화합물들을 말한다. 나이트로기가 2개 이상인 것은 폭발성을 가지며 많아질수록 연소하기 쉽고 폭발력도 커진다. 방향족화합물로서 나이트로기가 3개 이상인 것은 실제로 폭발성이 크다.

이 나이트로기는 화학적으로 그 분자의 다른 나머지 부분을 공격하여 위험에 이르게 된다. 공기 중 자연발화의 경향은 거의 없으나 가열·충격·마찰에 예민하다. 주로 C, H, O, N 성분을 가지고 있는 나이트로화합물은 다른 성분의 배합 없이도 스스로 폭발하는 성질을 가지고 있다. 따라서 나이트로화합물의 화약류는 폭발 위력이 크므로 폭탄, 탄환 등의 군용 또는 공업폭약의 예감제 및 뇌관의 첨장약으로 사용한다. 산소밸런스(oxygen balance)가 (−)이므로 연소하면 불완전연소하여 CO, NO 등의 유해성 가스를 다량 발생하므로 소화작업 중 반드시 공기호흡기 등을 착용하여야 한다.

1) 트라이나이트로톨루엔(트로틸) (Trinitro Toluene, TNT, Trotyl)

〈용도〉 산업용 도화선, 도폭의 심약, 질산암모늄(NH_4NO_3) 폭약, 흑색화약, 전폭약, 군용 폭약 및 장약, 다이너마이트 제조

〈화학식〉

$C_6H_2CH_3(NO_2)_3$

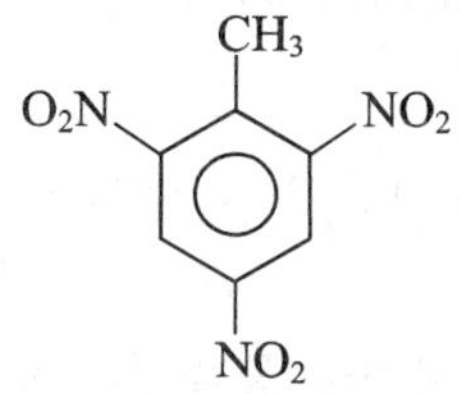

〈제법〉 톨루엔에 질산, 황산을 반응시켜 mononitro toluene을 만든 후 나이트로화하여 만든다.

$$C_6H_5CH_3 + 3HNO_3 \xrightarrow{H_2SO_4} C_6H_2CH_3(NO_2)_3 + 3H_2O$$

〈성상〉

① 순수한 것은 무색 결정이지만 담황색의 결정이며 햇빛에 의해 다갈색으로 변한다. 이때 성분 자체는 변하지 않는다. 모발을 변색시킨다.

② 융점 = 80.7℃　　비점 = 240℃　　분자량 = 227
발화점 = 약 300℃　　비중 = 1.7

③ 물과 반응하지 않으며 물에 녹지 않고 알코올, 벤젠, 에터, 아세톤 등에 잘 녹는다. 흡습성이 없으며 공기 중 자연 분해하지 않는다.

④ TNT는 중성 물질이기 때문에 금속과 반응하지 않는다.

⑤ 나이트로글리세롤과 달리 공기 중 수분에 의해 가수분해하는 일이 없어 안정하고 장기간 저장해도 자연 분해할 위험 없이 안정하다.

⑥ 에너지가 부여되면 급속한 화학반응을 일으킨다.

〈위험성〉

① 강력한 폭약이다. 폭발속도나 폭발력은 다른 나이트로화합물보다 낮지만 점화하면 쉽게 연소하여 다량의 흑색연기를 발생한다. 기폭약을 설치하여 폭파하거나 급열하면 폭굉을 일으키고 폭발속도는 비중이 1.55일 때 6,800 m/s이고 비중이 1.66일 때 7,500 m/s로서 주변으로 일시에 전파되며 폭발열은 약 1,000 kcal/kg이다. 화학적으로는 벤젠고리에 붙은 $-NO_2$기가 TNT의 급속한 폭발에 대한 신속한 산소공급원으로 작용한다. 피해 범위가 넓다.

② 피크르산에 비하여 충격·마찰에 둔감하며 대기 중에서 점화하면 연소하지만 다량이라도 기폭약을 쓰지 않으며 폭발하지 않는다.

③ 알칼리와 혼합하고 있는 것은 발화점이 낮아져서 160℃ 이하에서 폭발한다.

④ K, HCl, KOH, $Na_2Cr_2O_7$과 접촉하면 조건에 따라서 발화하거나 충격·마찰에 민감하며 폭발의 위험성이 높아진다.

⑤ 열분해하면 발열을 수반한 분해반응이 일어나고 다량의 기체를 발생한다. 이때 다량의 기체는 반응열에 의해 급속히 온도가 상승하므로 짧은 시간에 높은 압력이 발생한다. 불완전연소할 때는 유해성의 질소산화물과 CO를 발생한다.

$$2C_6H_2CH_3(NO_2)_3 \xrightarrow{\triangle} \underbrace{12CO\uparrow + 2C + 3N_2\uparrow + 5H_2\uparrow}_{\text{다량의 가스}}$$

따라서 NH_4NO_3과 TNT를 3 : 1 wt%로 혼합하면 폭발력이 현저히 증가하여 폭파약으로 사용된다.

⑥ 황, 요소, 글리세롤, 유기물 등을 혼합하면 충격·마찰 등에 의해 폭발할 위험성이 있다.

⑦ 환원성 물질과 격렬히 반응하고 강산화제와 혼촉하면 발열, 발화·폭발한다.

〈저장·취급〉

① 저온의 격리된 지정된 장소에서 엄격히 관리한다.

② 화기엄금. 충격·타격·마찰 금지. 직사광선 차단. 알칼리, 강산류, 강산화제와의 접촉을 회피한다.

③ 분말로 취급될 때는 정전기 발생을 억제시킨다.

④ 운반 시는 10%의 물을 넣어 운반하면 안전하다.

〈소화방법〉 다량의 물로 냉각소화한다. 소량의 경우에도 폭발하여 다량의 유해성 가스(CO, 질소산화물)를 발생하므로 특히, 지하실, 갱 내 등 밀폐된 공간에서 주의가 요구되며 공기호흡기 등의 보호장비를 착용한다.

폭발성이고 연소속도가 빠르므로 소화작업 중 충분히 안전거리를 확보하고 주위 가연물에의 연소확대를 방지하여야 한다. 소화가 곤란한 조건이라면 수중에 투입하는 방법도 있다.

〈유해성〉 눈을 자극하고 시력에 장애를 준다. 피부와 접촉하면 피부염, 체내 침투하면 황달현상이 나타나고 흡입하면 구토, 식용부진, 위장 및 간에 장애를 준다.

2) 트라이나이트로페놀(피크르산, 피크린산) (Trinitro Phenol, Picric Acid)

〈용도〉 황색염료, 농약(클로로피크린), 산업용 도폭선의 심약, 뇌관의 첨장약, diazodinitro phenol (DDNP)의 제조 원료, 군용 폭파약, 합성화학 원료, 피혁공업

〈화학식〉

$C_6H_2OH(NO_2)_3$

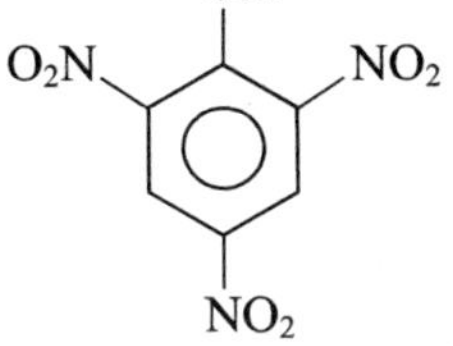

〈성상〉

① 순수한 것은 무색이지만 보통 공업용은 광택있는 휘황색의 침상 결정이다.

② 융점 = 122℃　　비점 = 255℃(분해)　　비중 = 1.76

발화점 = 약 300℃　　인화점 = 150℃

③ 물에 전리하여 강한 산이 되며 이때 선명한 황색이 된다.
④ 강한 쓴맛이 있고 유독하다. 더운 물, 알코올, 에터, 아세톤, 벤젠 등에 녹는다.
⑤ 충격·마찰에 비교적 둔감하며 공기 중 자연분해하지 않기 때문에 장기간 저장할 수 있다.

〈위험성〉

① 점화하면 서서히 다량의 유해성 흑연을 내면서 연소하고 뇌관을 넣어 폭발시키면 폭굉하여 8,100 m/s의 폭발속도를 나타내며, 폭발열은 약 1,000 kcal/kg이다.
② 금속과 반응하여 H_2를 발생한다. Fe, Pb, Cu, Al 등의 금속분과 화합하여 예민한 폭발성의 금속염을 만들며, 본래의 피크르산보다 폭발 강도가 예민하여 건조한 것은 폭발 위험이 있다.
③ 단독으로 타격·충격·마찰에 둔감하고 안정하지만 Fe_2O_3과 혼합한 것과 C_2H_5OH을 혼합한 것은 급격한 타격에 의해 격렬히 폭발한다.
④ 용융하여 덩어리로 된 것은 타격에 의해 폭굉을 일으키며 TNT보다 폭발력이 크다.

$$2C_6H_2OH(NO_2)_3 \xrightarrow{\triangle} \underbrace{12CO\uparrow + H_2\uparrow + 3N_2\uparrow + 2H_2O\uparrow}_{\text{다량의 가스}}$$

⑤ 황, 숯, 요소, 글리세롤, 알코올, 휘발유, 기타 산화되기 쉬운 유기물과 혼합한 것은 충격·마찰에 의해 연소 또는 폭발한다.
⑥ 300℃ 이상으로 급격히 가열하면 폭발하고 건조 상태일수록 위험성이 증대한다. 밀폐용기를 가열하면 심하게 폭발한다.

〈저장·취급〉

① 화기엄금. 가열금지. 직사광선 차단. 충격·타격·마찰 금지. 차고 통풍이 좋은 지정된 장소에서 안전하게 보관한다.
② 황, 알코올, 금속분, 산화철 및 인화점이 낮은 석유류와의 접촉을 피한다.
③ 산화되기 쉬운 물질 또는 강산화성 물질 및 강산류와의 접촉을 피한다.
④ 제조 중 중금속과의 접촉을 피하며 Fe, Cu, Pb으로 만든 용기에 저장하지 말아야 한다.
⑤ 드럼통에 넣어서 밀봉하고 운반할 때는 10～20% 물로 젖게 하면 안전하다.

〈소화방법〉 초기소화에는 포소화약제도 효과가 있지만 보통 다량의 물로 주수소화한다. 소화작업 중 방호의, 고무장갑, 보호안경 및 공기호흡기 등을 착용하며 폭발의 위험이 극도로 높기 때문에 충분히 안전거리를 확보하여야 한다.

〈유해성〉 유독물질로서 부식성이 강하여 눈에 들어가면 눈을 자극하고 통증이 있고 결막염과 각막염을 일으킨다. 피부에는 피부염을 일으킨다. 흡입하면 호흡기관을 자극하고 기침, 두통, 경련, 위장장애를 끼친다.

3) 트라이나이트로페닐메틸나이트라민(테트릴) (2,4,6-Trinitrophenyl-N-Methylnitramine, Tetryl)

〈용도〉 산업용 전폭약, 공업용, 뇌관의 첨장약, 공업용 신관의 첨장약

〈화학식〉

$C_6H_2(NO_2)_3NCH_3NO_2$

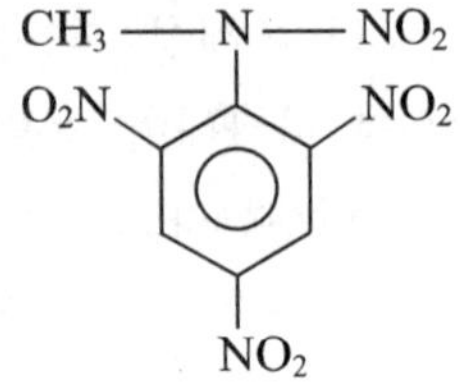

〈성상〉

① 황백색의 침상 결정이며 흡습성이 없다.

② 융점 = 131℃ 발화점 = 190℃ 비중 = 1.57

③ 물에 녹지 않으나 알코올, 에터, 아세톤, 벤젠 등에 녹는다.

④ 유해성 물질이다.

〈위험성〉

① 열에 대하여 불안정하여 분해하고 260℃에서 폭발한다.

② 충격과 마찰에 매우 민감하고 충격 강도는 피크르산이나 TNT에 비해 예민하고 폭발력도 크며 폭발속도는 7,520 m/s이다.

〈소화방법〉 무인화하여 다량의 물로 냉각소화한다. 소량의 경우에도 폭발하며 이때 유해성 가스를 발생하므로 풍상 또는 풍횡의 방향에서 소화활동하며 공기호흡기 등의 보호장비를 착용한다. 폭발에 대비하여 150 m 이상의 충분한 안전거리를 확보하고 접근할 때는 엄폐물을 이용한다. 순간적으로 폭발이 예상될 때는 위험지역에 노출되어 뛰는 것보다 지면에 엎드려 파괴력을 피하는 것이 좋다.

4) 사이클로트라이메틸렌트라이나이트라민(헥소겐) (Cyclotrimethylene trinitramine, Hexogen)

〈용도〉 산업용 전폭약, 공업뇌관의 첨장약, 도폭선의 심약, 군용폭약, 플라스틱 폭약

〈화학식〉

$(N_3C_3)(NO_2)_3H_6$

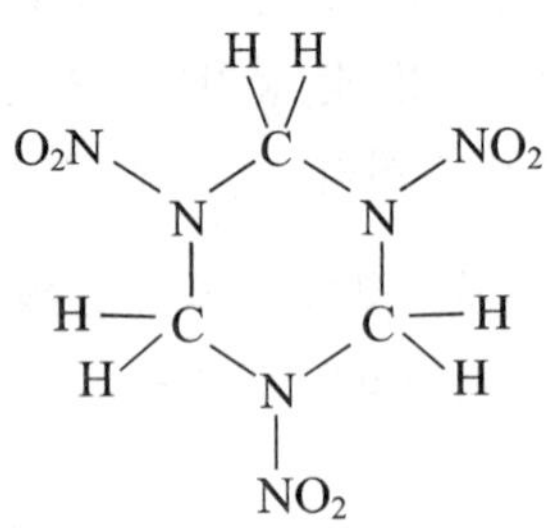

〈성상〉

① 무취 백색 결정으로 물에 녹지 않으며 에터, 알코올에 잘 녹지 않지만 아세톤에 녹는다.

② 융점 = 220℃ 발화점 = 230℃ 비중 = 1.8

〈위험성〉

① 충격감도는 tetryl보다 둔감하지만 고성능 폭약으로 폭발성은 매우 크다.
폭발속도는 8,400 m/s, 폭발열은 1,460 kcal/kg이다.

② 197℃에서 폭발을 일으킨다.

〈저장·취급〉〈소화방법〉 tetryl에 준한다. 운송할 때는 밀랍과 혼합시키면 열에 매우 안정하다.

〈유해성〉 먹으면 구토, 경련을 일으키고 다량 먹으면 사망한다.

5) 1,2-**다이나이트로벤젠**(1,2-Dinitro Benzene, DNB)

〈용도〉 유기화학공업 원료, 염료, NH_4NO_3 폭약의 예감제, 폭약의 장약

〈화학식〉 3가지의 이성질체가 있다.

$C_6H_4(NO_2)_2$

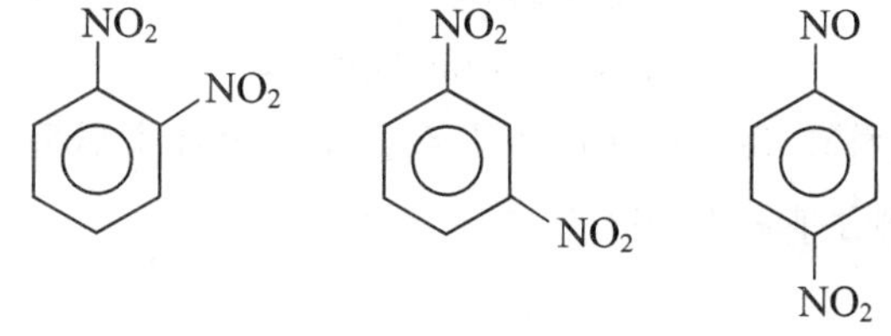

ortho DNB meta DNB para DNB

〈성상〉

① 담황색의 침상 결정으로 온수에 녹지 않고 알코올, 벤젠에 녹는다.

② 융점 = 119℃ 비점 = 319℃ 증기압 < 1 mmHg(20℃)
인화점 = 150℃ 비중 = 1.31

〈위험성〉

① 폭약으로서는 둔감하지만 점화하면 격렬히 연소하고 충격·마찰·타격에 의해서도 폭발한다. 연소할 때는 유해성이 질소산화물을 발생한다.

② H_2O_2, $NaClO_3$, Na, HNO_3, NaOH, 벤조일퍼옥사이드와 혼합하면 발화 위험이 있다.

③ 분해온도 이상에서 분해하였을 경우 밀폐용기 상태라면 격렬하게 폭발한다. 공기 또는 O_2 공급 없이도 폭발한다.

④ 분말은 분진폭발의 위험이 있으며 화염 속에서는 심하게 분해 폭발한다.

〈저장·취급〉 tetryl에 준한다.

〈소화방법〉 연소속도가 빠르기 때문에 초기소화는 다량의 물로 냉각소화한다. 폭발의 위험이 있기 때문에 안전거리를 충분히 두고 소화작업하며 방호의 및 공기호흡기 등의 보호장비를 착용해야 한다.

〈유해성〉 유독물질로서 눈에 들어가면 시력 장애. 증기노출 시 두통, 구토, 혼란, 허탈 증상

6) 다이나이트로톨루엔(Dinitro Toluene, DNT)

〈용도〉 유기합성, 화약의 중간체, TNT, 염료, NH_4NO_3 및 염소산염류 폭약의 예감제

〈화학식〉 3가지 이성질체가 있다.

$C_6H_3CH_3(NO_2)_2$

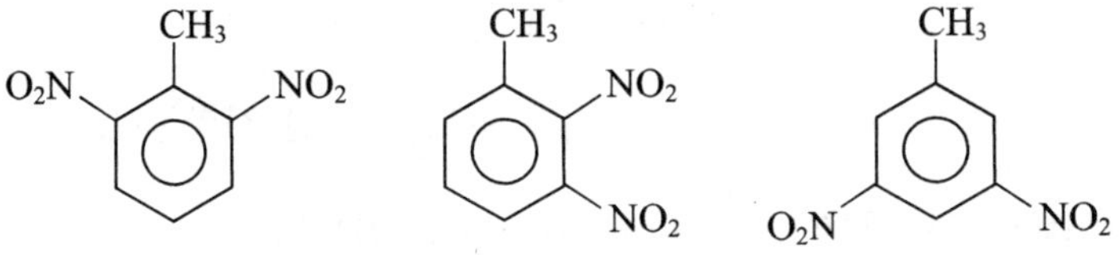

〈성상〉

① 담황색의 결정으로 물에 녹지 않지만 알코올, 에터, 벤젠 등에 녹는다.

② 융점 = 70℃ 비점 = 250℃ 인화점 = 207℃
비중 = 1.3 ~ 1.5 증기압 = 1 mmHg(20℃)

③ 폭약으로서는 둔감하고 폭굉이 어려우며 폭발력도 적어서 단독으로 사용하지 않는다. 따라서 NH_4NO_3 폭약의 예감제로 쓰인다.

〈위험성〉

① 고온뿐만 아니라 충격·마찰에 의해 연소·폭발한다. 연소속도가 빠르며 연소하면 유해성의 질소산화물을 발생한다.

② 280℃ 이상에서 분해하고 밀폐용기는 공기 또는 O_2 공급 없이도 심하게 폭발한다.

③ 여러 유기화합물과 혼합한 것은 분해온도 이하에서도 현저히 폭발 위험성이 증가한다.

④ DNT의 폭발에너지는 TNT의 약 85% 정도이다.

〈저장·취급〉

① 용기는 차고 건조하며 환기가 잘 되는 곳에 저장한다.

② 화기엄금. 가열금지. 직사광선 차단. 저장 취급 중 충격·마찰을 방지한다.

③ 강산화제, 환원제 등 이물질과의 접촉을 방지하여야 한다.

④ 용융 상태로 저장할 때는 핫코일의 온도가 90℃ 이상 넘지 않도록 한다.

〈소화방법〉 초기소화부터 다량의 물로 냉각소화하고 소화작업 중 안전거리를 확보한다.

〈유해성〉 눈에 들어가면 자극성 결막염을 일으키고 흡입하면 두통, 위염, 현기증, 혐오, 구토, 호흡곤란, 의식 불명

7) 다이나이트로페놀(Dinitro Phenol, DNP)

〈용도〉 염료 중간체, 방부제, 사진 전착제, 피크르산 제조, 고폭약, 농약(살충제)

〈화학식〉

6가지 가능 이성질체가 있으며 meta nitrophenol로 나이트로화할 때는 다음 3가지가 있다.

$C_6H_4OH(NO_2)_2$

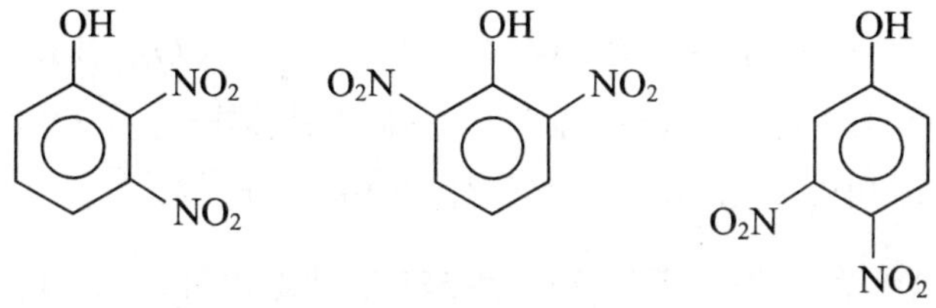

〈성상〉

① 무색 또는 황색의 결정으로 나이트로페놀($C_6H_5OHNO_2$)이나 페놀(C_6H_5OH)에 비해 강한 산이다.

② 물에 녹지 않고 알코올, 에터, 벤젠, 클로로폼 등에 녹는다.

③ 연소속도가 빠르며 가열하면 격렬하게 폭발한다.

④ 운반 중 저장용기에 물을 20% 정도 함유시키면 안정하다.

〈소화방법〉 초기소화부터 다량의 물로 냉각소화하여 소화작업 중 안전거리를 확보한다.

〈유해성〉 맹독성 물질로서 눈에 들어가면 결막염. 흡입한 경우 두통, 권태감, 발열, 의식 불명

8) 2,4-다이나이트로아닐린(2,4-Dinitroaniline)

〈용도〉 유기합성

〈화학식〉

$C_6H_3NH_2(NO_2)_2$

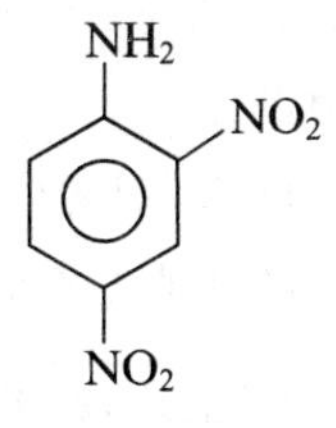

〈성상〉

① 황색 또는 황록색의 결정이다. 물에 녹지 않지만 알코올에 녹는다.

② 융점 = 188℃ 비중 = 1.62 인화점 = 224℃

〈위험성〉

① 화염 속에서 분해·폭발한다. 이때 O_2나 공기의 공급 없이도 일어나며 밀폐용기는 가열에 의해 심하게 파열한다.

② 연소하면 유해성의 질소산화물과 여러 가지 자극성 가스를 발생한다.
③ 여러 화합물과 접촉하면 심하게 반응을 일으킨다.

〈저장·취급〉

① 화기엄금. 가열금지. 직사광선 차단. 용기는 차고 건조하며 환기가 잘되는 안전한 곳에 저장한다.
② 강산류, 강산화제와 철저히 격리한다.

〈소화방법〉 물분무, 포가 유효하며 소규모인 경우는 CO_2, 건조분말도 유효하다. 화재진압 중 충분히 안전거리를 유지하고 가급적 짧은 시간에 진압한다. 공기호흡기 등을 착용하고 유해성의 연소생성물을 피하고 바람을 등지고 화점에 접근해야 한다.

〈유해성〉 맹독성·부식성 물질로서 피부와 점막을 자극한다. 직접 피부와 눈에 닿으면 심하게 화상을 입는다. 과다 노출되면 두통, 현기증, 메스꺼움, 혼수상태에 이른다.

9) **다이나이트로나프탈렌**(Dinitro Naphtalene, DNN)

〈용도〉 염료, 유기합성, 다이너마이트, NH_4NO_3 폭약의 예감제

〈화학식〉

$C_{10}H_6(NO_2)_2$

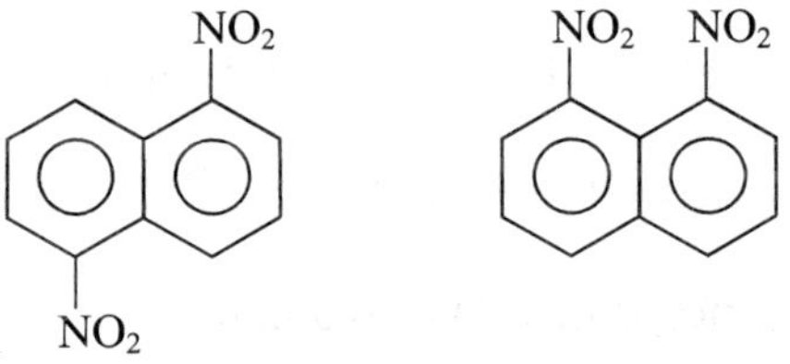

1,5-DNN　　1,8-DNN

〈성상〉

① 무색 또는 황백색의 침상 결정으로 물에 녹지 않지만 알코올, 에터, 벤젠, 아세톤 등에 녹는다.
② 발화점은 310~320℃이다.
③ 충격에는 둔감하며 뇌관으로 전폭시켜도 잘 폭발하지 않으므로 단독으로는 폭약으로 사용하지 않고 NH_4NO_3 폭약의 예감제로 쓰인다.

〈소화방법〉 다량의 물로 냉각소화. 안전거리를 확보하고 공기호흡기 등 착용한다.

10) **다이나이트로클로로벤젠**(Dinitrochloro Benzene)

〈용도〉 염료, 유기합성

〈화학식〉

$C_6H_3Cl(NO_2)_2$

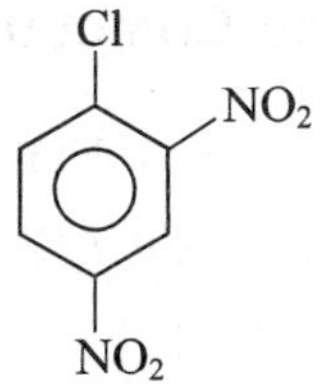

〈성상〉

① 무색 또는 황색의 침상 결정으로 물에 녹지 않지만 알코올에 녹는다.

② 융점＝27～53℃ 인화점＝186～194℃ 연소범위＝2～22vol%
비점＝315℃ 비중＝1.5～1.7

〈위험성〉

① 공기 공급 없이도 분해·폭발의 위험이 있다. 밀폐용기를 가열하면 심하게 파열된다.

② 149℃ 이상 가열하면 폭발하고 자극성·유해성 가스를 발생한다.

③ 알칼리, 산화성 물질과 반응한다.

〈저장·취급〉

① 화기엄금. 가열금지. 직사광선 차단. 용기는 차고 건조하며 환기가 잘 되는 안전한 곳에 저장한다.

② 알칼리, 강산류, 산화제와의 접촉을 방지한다.

〈소화방법〉 연소속도가 빠르기 때문에 초기 소화부터 다량의 물로 냉각소화한다. 연소하면 유해성 가스가 발생하므로 공기호흡기 등의 보호장비를 착용한다. 화재진압 중 충분히 안전거리를 확보하고 가급적 짧은 시간에 진압하여야 한다.

〈유해성〉 맹독성 물질로 피부 침투 및 흡입하면 치명적. 2～4시간 노출되면 구토, 메스꺼움, 치아노제 발생

11) **트라이나이트로벤젠**(Trinitro Benzene, TNB)

〈용도〉 폭약

〈화학식〉

$C_6H_3(NO_2)_3$

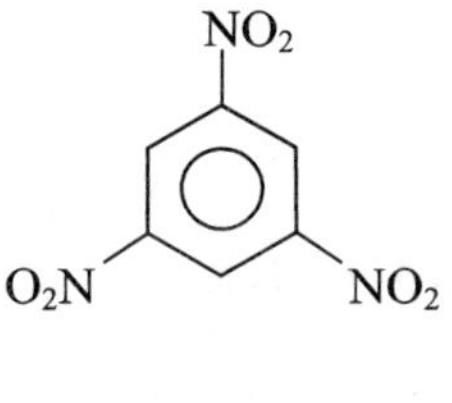

〈성상〉

① 열이나 충격에 둔감하나 폭발의 맹도는 크다.

② 융점＝120℃ 폭발온도＝약 6,100 m/s

4. 나이트로소화합물(Nitroso Compounds) 지정수량 제1종: 10 kg, 제2종: 100 kg

나이트로소화합물이란 나이트로소기(−NO)를 가진 화합물을 총체적으로 말한다.

나이트로소화합물은 산소를 함유하고 있는 물질로서 자기연소성이며 폭발성 물질이다. 대부분 불안정하고 연소속도가 빠르며 가열·충격·타격에 의해 폭발할 위험이 높다.

1) 파라다이나이트로소벤젠(Para Dinitroso Benzene)

〈용도〉 고무 가황제, 합성고무특성 개량제

〈화학식〉

$C_6H_4(NO)_2$

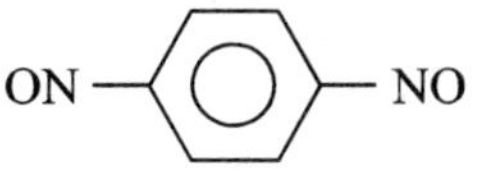

〈성상〉

① 황갈색의 분말로서 가연물(C_6H_6핵)과 산소(−NO기)가 공존하고 있다.

② 분해가 용이하고 가열 또는 충격·마찰에 의해 폭발한다.

〈저장·취급〉

① 화기엄금. 직사광선 차단. 가열·충격·마찰을 피하고 환기가 양호한 찬 곳에 저장한다.

② 다량 저장하지 않도록 하고 저장용기 중에 파라핀을 첨가하여 안정을 가한다.

〈소화방법〉 연소속도가 빨라 소화가 곤란하다. 질식소화는 효과가 없고 다량의 물로 냉각소화한다. 폭발한 가능성에 대비하여 안전한 위치에서 무인방수하며 연소생성물은 유독하므로 공기호흡기 등의 보호장비를 착용한다.

2) 다이나이트로소레소시놀(Dinitroso Resorcinol)

〈용도〉 목면의 나염, 분석시약

〈화학식〉

$C_6H_2(OH)_2(NO)_2$

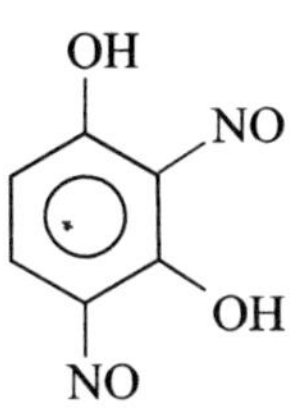

〈성상〉

① 흑회색 결정으로 폭발성이 있다.

② 약 160℃에서 분해한다.

〈위험성〉〈저장·취급〉〈소화방법〉 ρ−dinitroso benzene에 준한다.

5. 아조화합물(Azo Compounds)　지정수량　제1종: 10 kg, 제2종: 100 kg

1) 아조다이카르본아마이드(Azodicarbonamide, ADCA)

〈용도〉 폴리에틸렌 · 폴리프로필렌 · ABS · PVC · 합성고무제의 발포제[5)]

〈화학식〉

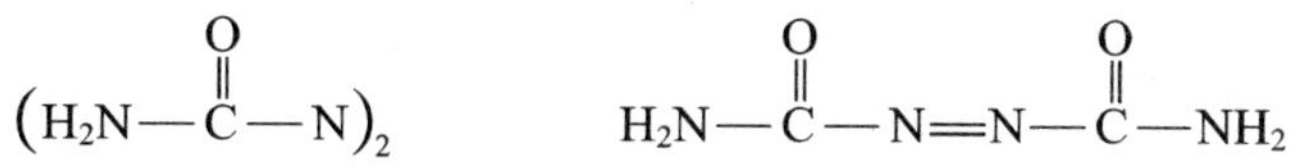

〈성상〉

① 담황색 또는 황백색의 미세 분말로 무독성이며 물보다 무겁다.

② 분해온도 205℃에서 분해하여 N_2, CO, CO_2가스를 발생하며 가스발생량은 250 mg/g이다.
비중 = 1.65　　분해열 = 286 kcal/mol

③ 플라스틱, 고무에 대한 분산성이 좋고 변색이 없어 발포제로 많이 사용된다.

④ 발포제 용도로서 가열에 의한 발포 공정에서 순수한 것은 폭발적으로 분해할 위험이 있다.

⑤ 건조 상태, 고농도의 것은 고온에서 매우 위험하고 강한 타격에 의해서도 위험하며 일단 분해하기 시작하면 멈추기가 힘들다.

⑥ 유기산과 접촉한 것은 분해온도가 낮아진다.

2) 아조비스아이소뷰티로나이트릴(Azobisisobutyronitrile, AIBN)

〈용도〉 비닐수지, 합성고무, 에폭시 및 PVC 발포제, 비닐화합물의 중합 개시제

〈화학식〉

$[(CH_3)_2C(CN)N]_2$

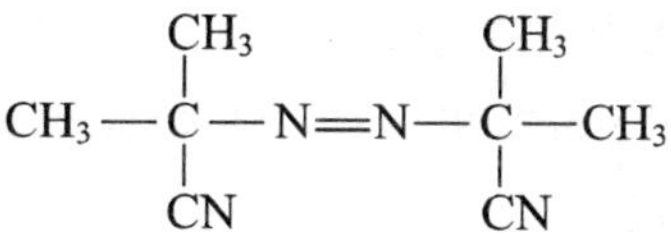

〈성상〉

① 백색 결정성 분말로 물에 잘 녹지 않고 알코올, 에터에 녹는다.

② 분해온도는 100℃ 전후이며 N_2를 쉽게 발생하며 약간의 유해성 HCN를 발생한다. 가스발생량은 139 cm^3/g이다.
비중 = 1.64　　분해열 = 23.5 kcal/mol

③ 기타의 위험성은 ADCA와 유사하다.

---

5) 발포제(blowing agent) : 유기발포제는 가열에 의해 N_2, CO_2 등 많은 가스를 발생하고 이 가스의 압력으로 기포를 만들어 다공성 물질을 제조한다.

3) 2,2′-**아조비스**-(2,4-**다이메틸 발레로나이트릴**) {2,2′-Azobis-(2,4-Dimethyl Valeronitrile)}

〈용도〉 비닐화합물의 라디칼 중합개시제

〈화학식〉

$[C_4H_9C(CN)(CH_3)N]_2$

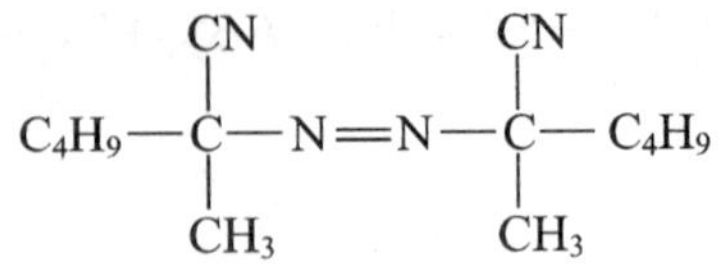

〈성상〉

① 무색 또는 백색의 결정으로 물에 녹지 않지만 벤젠, 아세톤, 에터, 유기용매에 녹는다.

② 충격·마찰에 안정하지만 25℃온도에서 장시간 방치하면 N_2 가스를 방출하면서 분해한다.

③ 융점 = 55 ~ 77℃

〈저장·취급〉 화기엄금. 직사광선 차단. 20℃ 이하의 차고 통풍이 잘 되는 곳에 저장한다.

4) 2,2′-**아조비스**-(4-**메톡시**-2,4-**다이메틸 발레로나이트릴**)

{2,2′-Azobis-(4-methoxy-2,4-dimethyl Valeronitrile)}

〈용도〉 중합개시제(저온)

〈화학식〉

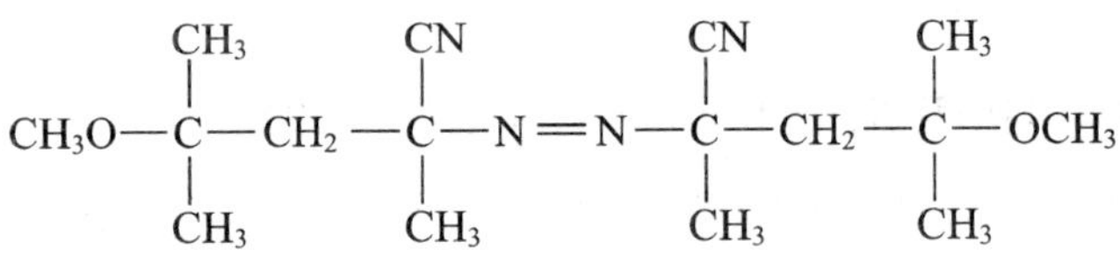

〈성상〉

① 백색 또는 미갈색의 결정성 분말로 물에 녹지 않지만 벤젠에도 잘 녹지 않는다.

② 충격·마찰에 안정하지만 낮은 온도에서 분해하여 N_2 가스를 방출한다.

③ 융점 = 50 ~ 100℃

〈저장·취급〉 화기엄금. 직사광선 차단. −10℃ 이하인 찬 곳에 저장한다.

5) 2,2′-**아조비스**-(2-**아미디노프로페인**)**이염산염**

{2,2′-Azobis-(2-amidinopropane) Dihydrochloride}

〈용도〉 중합 개시제(수용성)

〈화학식〉

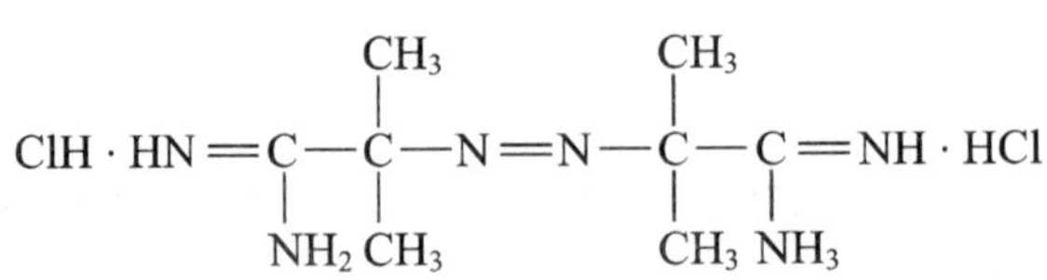

〈성상〉

① 담홍 백색을 띤 결정으로 물에 녹으며 알코올, 아세톤에 잘 녹지 않는다.

② 융점＝170℃

6) 2,2′-아조비스아이소아세트산다이메틸(Dimethyl 2,2′-Azobisisobutyrate)

〈용도〉 중합 개시제

〈화학식〉

$[H_3COOCC(CH_3)_2N]_2$

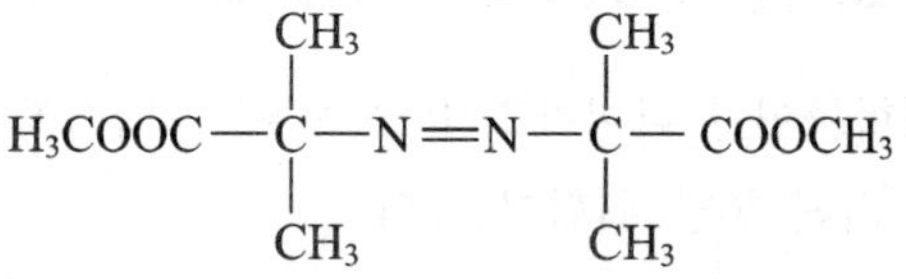

〈성상〉

① 미황색의 결정 또는 담황색의 기름상의 액체로서 물에 녹지 않지만 벤젠, 알코올, 톨루엔, 클로로폼, 헥세인 등에 녹는다.

② 융점＝22～28℃

7) 1,1′-아조비스-(사이클로헥세인-1-카르보나이트릴) {1,1′-Azobis-(cyclohexane-1-carbonitrile)}

〈용도〉 중합 개시제(고온), 불포화 폴리에스터의 경화제

〈화학식〉

$C_{14}H_{20}N_4$

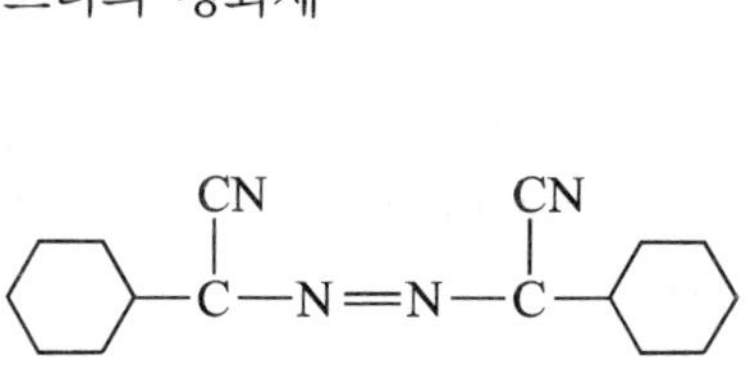

〈성상〉

① 백색 결정으로 벤젠, 아세톤, 알코올, 클로로폼에 잘 녹고 물, 에터에 잘 녹지 않는다.

② 융점＝113℃

8) 기타

① 아조벤젠(azobenzene) : 살충제

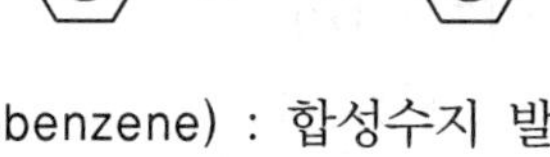

② 다이아조아미노벤젠(diazoaminobenzene) : 합성수지 발포제

③ 다이아조아세트산에틸(diazoethylate) : 합성수지 발포제

$$N_2CHCOOC_2H_5$$

④ 아조비스폼아마이드(azobisformamide) : 합성수지 발포제

$$H_2NOCN = NCONH_2$$

6. 다이아조화합물(Diazo Compounds) 지정수량 제1종: 10 kg, 제2종: 100 kg

다이아조화합물이란 다이아조기(−N≡N)를 가진 화합물을 말하며, 고농도의 것은 예민하여 가열·충격·마찰에 의해 폭발 위험이 높다.

분진이 체류하는 곳에서는 대형 분진폭발 위험이 있고 제조과정 또는 다른 물질과의 합성반응 시에도 폭발 위험이 따른다. 따라서 다이아조화합물 저장소는 지정유기과산화물과 같이 위험물시설 기준이 강화되어야 하고 화약류와 같이 안전관리하여야 한다. 저장할 때 안정제로는 황산알루미늄[$Al_2(SO_4)_3$]이 쓰인다.

1) 다이아조다이나이트로페놀[Diazo Dinitrophenol(DDNP)]

〈용도〉 기폭제(initiator) 점폭약, 공업용 뇌관

〈화학식〉

$C_6H_2ON_2(NO_2)_2$

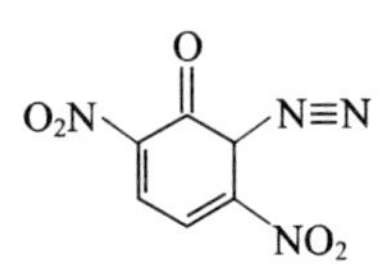

나이트로기(−NO_2)도 2개 있지만 특이구조상 다이아조화합물로 분류하였다.

〈제법〉 피크르산을 환원하여 피크라민산[$C_6H_2OHNH_2(NO_2)$]을 만들고 염산 산성의 물속에 넣고 $NaNO_2$ 용액을 작용시켜 diazo화하여 만든다.

〈성상〉

① 빛나는 황색 또는 홍황색의 미세한 무정형 분말 또는 결정으로 물에 녹지 않지만 $CaCO_3$에 녹으며 NaOH 용액에 분해한다.

② 융점 = 158℃ 발화점 = 170 ~ 180℃ 비중 = 1.63

〈위험성〉

① 매우 예민한 물질로서 가열하거나 충격·타격 또는 작은 압력에 의해 폭발한다.

② 점화하면 폭발한다. 기폭제 중에서 맹도가 가장 크며 폭발속도는 6,900 m/s이다.

③ 기폭제로 사용할 때 이것이 폭발하면 인접한 폭약류의 폭약을 유도할 수 있다.

〈저장·취급〉

① 저장용기에 물을 10% 이상 첨가하여 운반한다.

② 대량 누출하면 누출량의 10배로 10% NaOH 용액으로 처리한다.

③ 안정제로 $Al_2(SO_4)_3$을 넣어준다.

④ 가능한 습식 상태에서 저장·취급 또는 제조하여야 한다.

⑤ 고농도, 건조 상태로 취급할 때는 충격 조건을 배제하여야 한다.

⑥ 분진을 취급할 때는 전기설비의 방폭조치와 정전기의 제거방법을 동원하며 철저히 점화원에 대하여 통제한다.

2) 다이아조아세토나이트릴(Diazo Acetonitrile) C_2HN_3

〈용도〉 염료 중간체

〈화학식〉 N≡N－CHCN

〈성상〉

① 담황색의 액체로서 물에 용해하며 에터 중에서는 비교적 안정하다.

② bp＝45.6℃

③ 공기 중에서 매우 불안정하며 고농도의 것은 가열·충격·마찰, 소화원에 의해서 폭발한다.

④ 점막 등을 자극하는 물질이다.

3) 메틸다이아조아세테이트(Methyl Diazoacetate) $C_3H_4N_2O_2$

〈용도〉 염료 중간체

〈화학식〉 N≡N－$CHCOOCH_3$

〈성상〉

① 황색 액체로서 고농도의 것은 불안정하며 가열·충격·마찰, 소화원에 의해서 폭발한다.

② 비중＝1.139 bp＝129℃/720 mmHg, 73℃/80 mmHg

4) 파라다이아조벤젠설폰산(*p*-Diazo Benzene Sulfonicacid)

〈용도〉 염료

〈화학식〉 $C_6H_4(SO_3H)N_2$

〈성상〉

① 백색 또는 붉은 빛을 띤 결정으로 냉수, 알코올에 약간 녹고 더운 물 또는 묽은 알칼리, 묽은 염산에 녹는다.

② 고농도의 것은 가열·충격 또는 밀폐공간 중 부유할 때 점화원에 의해 쉽게 폭발한다.

5) 기타

① 염화벤젠다이아조늄(Benzene Diazo Chloride) : 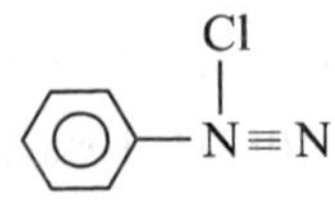

② 플루오린화벤젠다이아조늄(Benzene Diazo Fluoride) : 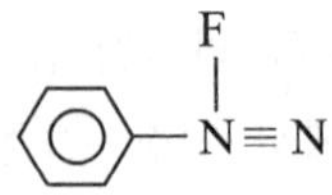

7. 하이드라진 유도체(Hydrazine Derivatives) 지정수량 제1종: 10 kg, 제2종: 100 kg

1) 하이드라진(Hydrazine) N_2H_4

〈용도〉 하이드라진 유도체, 로켓연료, 항공기 연료(무수하이드라진), 플라스틱 발포제, 수증기 보일러의 탈산소제, 탈탄소제, 중합촉매, 환원제, 시약, 합성수지, 합성섬유, 의약품, 염료, 비료, 농약, 폭약, 섬유, 용융체, 방식제, 화력발전소 냉각수

〈제법〉

과잉 암모니아를 하이포아염소산나트륨 용액으로 산화시켜 하이드라진을 만든다.

$$2NH_3 + NaClO \longrightarrow N_2H_4 + NaCl + H_2O$$

〈성상〉

① 외관은 물과 같으며 무색의 가연성 액체로서 물, 알코올에 녹으며 흡습성이 있다. NH_3 냄새가 나며 강한 알칼리성으로 부식성이 큰 맹독성 물질이다.

② 분자량 = 32.0　　증기비중 = 1.1　　증기압 = 10 mmHg(20℃)
　융점 = 2℃　　비점 = 113℃　　비중 = 1.0
　인화점 = 38℃　　발화점 = 270℃(유리용기)　　연소범위 = 4.7 ~ 100vol%

③ 물과 수화물을 만들어진 수가하이드라진(hydrazine hydrate)은 무색 발연성 액체이다.

④ 수용액에 $BaCl_2$ 용액을 가하면 백색 침전이 생긴다.

⑤ 공기 중 증기의 연소범위는 4.7 ~ 100vol%이며 밀폐공간 내에서 폭발 위험이 있다.

⑥ 자체가 불안정한 물질이지만 Cu, Fe의 분해 촉매로 작용하여 분해하나 그 분해과정은 상온에서 완만한 편이다.

〈위험성〉

① 열에 매우 불안정 하여 공기 중에서 가열하면 약 180℃에서 매우 강한 열과 다량의 NH_3, N_2, H_2를 발생한다. 공기와 O_2 없이도 분해한다. 밀폐용기를 가열하면 심하게 파열한다.

$$2N_2H_4 \xrightarrow{\triangle} \underbrace{2NH_3\uparrow + N_2\uparrow + H_2\uparrow}_{\text{다량의 가스}}$$

② 환원하기 쉬운 금속산화물인 CuO, CaO, HgO, BaO과 접촉할 때 불꽃이 발생하면서 분해하고 혼촉발화한다.

③ 목재, 석면, 섬유상의 물질, 넝마 등 광범위한 다양한 다공성 가연물질에 흡수되거나 금속산화물 표면에 접촉하면 상온에서 발화한다.

④ 화염을 접촉하거나 강산화제($NaClO_4$, $AgNO_3$, $K_2Cr_2O_7$, Cl_2 등)와 접촉하면 위험성이 현저히 증가하고 폭발한다.

⑤ HNO_3, H_2SO_4 등의 강산과 K, Na, $HgCl_2$, $Zn(C_2H_5)_2$, tetryl과 접촉하면 혼합, 충격 등의 조건에 따라 발화 폭발한다. 강알칼리, 강환원제와도 반응한다.

⑥ 고농도의 N_2H_4과 고농도의 H_2O_2가 혼촉하면 심하게 발열반응을 일으키며 혼촉발화한다.

$$N_2H_4 + 2H_2O_2 \longrightarrow 4H_2O\uparrow + N_2\uparrow$$

⑦ N_2H_4 증기가 혼합하면 점화원에 의해 폭발적으로 연소한다.

⑧ 제조과정에서 1,1-다이메틸하이드라진과 혼합하고 있을 때 강산화제와 접촉하면 혼촉발화한다.

$$N_2H_4 + O_2 \longrightarrow N_2\uparrow + 2H_2O\uparrow$$

⑨ 밀폐공간에서 분진상태로 부유하면 분진폭발의 대형화 위험이 있다.

〈저장·취급〉

① 화기엄금. 가열금지. 직사광선 차단. 용기는 밀폐하고 차고 통풍이 잘 되는 안전한 곳에 저장한다. 증기누설과 액체의 누출을 방지한다.

② 금속산화물, 강산류, 강알칼리, 강산화제, H_2O_2, 다공성 가연물질과의 혼촉을 방지한다.

③ 누출되면 다량의 물로 세척하고 $Ca(OH)_2$ 중화제로 중화시킨다.

④ 수용액 35wt% 이상이면 인화점이 형성되지 않으므로 저장·취급·운반 중 물을 잘 이용하면 안전을 기할 수 있다.

〈소화방법〉 초기소화에는 분말, CO_2가 유효하며 대형화재 때는 포로 질식소화한다. 경우에 따라서는 안개상의 물분무와 다량의 물로 희석 냉각소화한다. 넘쳐흘러 나오는 경우 발화 폭발의 위험이 있으므로 가급적 짧은 시간에 다량의 물로 희석하며 안전거리를 충분히 확보한다. 용기의 냉각과 연소방지에 노력한다. 반드시 공기호흡기 등을 착용한다. 소화작업 중 분해 및 연소생성물을 피하고 바람을 등지고 화점에 접근해야 한다.

〈유해성〉 맹독성·부식성의 유독물질로서 피부와 점막 부식작용. 질소산화물을 포함한 연소생성물은 유독하다.

2) 염산하이드라진(Hydrazine Hydrochloride) $N_2H_4 \cdot HCl$

〈용도〉 하이드라진 유도체 제조

〈성상〉

① 백색 결정성 분말로 물에 녹기 쉽고 C_2H_5OH에는 약간 녹는다.

② 융점=890℃
흡습성이 강하며 $AgNO_3$ 용액을 가하면 백색의 침전이 생긴다. 피부와 접촉하면 매우 부식성이 강하다.

3) 황산하이드라진(Dihydrazine Sulfate) $N_2H_4 \cdot H_2SO_4$

〈용도〉 하이드라진 유도체, 플라스틱 발포제, 농약(살균제), 중합 촉매, 탈산소제, 탈탄소제, 합성수지, 화합섬유, 분석시약, 의약품, 화학약품 제조

〈성상〉

① 무색 무취의 결정 또는 백색 결정성 분말이다. 온수에 녹고 알코올에 녹지 않는다. N_2H_4보다는 위험성이 적다.

② 융점=85℃ 비중=1.37

③ 강산화제이며 유독한 물질로서 피부와 접촉하면 부식성이 강하다.

④ 유기물과 접촉하고 있을 때는 위험하다.

〈소화방법〉 주위 가연물의 소화에 주력하고 대량 누출되면 소다회로 중화시킨다.

4) 다이메틸하이드라진(Dimethyl Hydrazine) $(CH_3)_2NNH_2$

〈용도〉 하이드라진 유도체 제조, 로켓 연료

〈성상〉

① 암모니아 냄새가 나는 무색 또는 미황색의 기름상의 액체이다. 물에 녹는다.

② 분자량=60.1 증기비중=2.01 증기압=103 mmHg(20℃)
융점=－58℃ 비점=64℃ 비중=0.78
인화점=－15℃ 발화점=249℃ 연소범위=2～95vol%

〈위험성〉

① 증기는 공기보다 무겁고 낮은 곳에 체류하며 고농도의 것은 충격·마찰, 작은 점화원에 의해서도 쉽게 인화·폭발하며 연소하면 역화의 위험이 있다.

② 연소하면 유해성의 질소산화물 등을 발생한다.

③ 강산화제, 강산류, 할로젠, 일부 금속 등 광범위한 물질과 반응한다.

〈저장·취급〉

① 화기엄금. 가열금지. 정전기 등 점화원 배제. 직사광선 차단. 용기는 차고 건조하며 환기가 잘 되는 곳에 저장한다.

② 강산화제, 강산류, 할로젠, Hg, Fe, Cu와 그 화합물을 격리한다.

③ 증기의 누설 및 액체의 누출을 방지하지 위해 용기를 완전히 밀봉한다.

④ 누출되면 불연성 물질로 희석하여 회수하여야 한다.

〈소화방법〉 안개상의 분무, 건조분말, 알코올형 포, CO_2가 유효하다. 소규모 화재 때는 다량의 물로 희석소화가 가능하다. 대형화재의 경우는 폭발의 위험이 있으므로 용기 외벽을 냉각하는데 주력하여야 한다. 소화작업 중 충분히 안전거리를 유지하고 공기호흡기, 보호복 등의 안전장비를 착용하여야 한다.

〈유해성〉 맹독성·부식성 물질로 체내 흡입하면 치명적. 피부와 눈에 접촉하면 화상. 과다 노출되면 폐부종

5) 메틸하이드라진(Methyl Hydrazine) CH_3NHNH_2

〈용도〉 하이드라진 유도체 제조

〈성상〉

① 독특한 NH_3 냄새가 나는 가연성의 액체이다. 물에 녹는다.

② 분자량 = 46.1　　증기비중 = 1.59　　증기압 = 38 mmHg(20℃)
융점 = −52℃　　비점 = 88℃　　비중 = 0.87
인화점 = 70℃(oc)　　발화점 = 196℃　　연소범위 = 2.5 ~ 97vol%

〈위험성〉

① 상온에서 인화 위험은 없으나 발화점이 비교적 낮고 연소범위는 매우 넓은 편이다. 증기는 공기보다 약간 무겁고 낮은 곳에 체류하며 점화원에 의해 쉽게 인화·폭발한다.

② 연소하면 역화 위험이 있고 질소산화물은 포함한 유해성 가스를 발생한다.

③ 밀폐용기를 가열하면 심하게 파열한다.

④ 강산류, 강산화제, 할로젠화합물 또는 공기와 접촉하면 심하게 반응하고 때때로 혼촉발화한다.

〈저장·취급〉

① 가열금지. 화기엄금. 직사광선 차단. 용기는 차고 건조하며 환기가 잘 되는 안전한 곳에 저장한다.

② 강산류, 강산화제, 할로젠화합물 및 공기와의 접촉을 방지한다.

③ 증기의 누설 및 액체의 누출 방지를 위해 용기를 완전히 밀봉한다.

〈소화방법〉 대량 방수하여 소화한다. 용기 외벽을 물분무로 냉각한다. 유해성 연소생성물을 피하고

바람을 등지며 공기호흡기 등 안정장비를 착용한다. 충분히 화점과 안전거리를 유지하며 가능한 짧은 시간에 진압한다.

〈유해성〉 맹독성·부식성의 유독물질로서 체내에 침투하면 치명적이다. 피부와 접촉하면 화상을 입는다. 과다 노출되면 기관지 알러지, 경련, 간장 및 신장 장애를 일으키고 심하면 사망에 이른다.

6) 싸이오세미카바자이드(Thiosemi Carbazide) $NH_2CSNHNH_2$

〈용도〉 살서제, 탈산소제, 의약품

〈성상〉

① 백색의 결정성 분말로 물, 알코올에 녹는다.

② 융점은 180℃이며 이 온도에서 분해된다.

〈유해성〉 맹독성 물질로 먹었을 경우 심한 경련을 일으키고 사망에 이른다.

7) 기타

① 페닐하이드라진(phenyl hydrazine) : $C_6H_5NHNH_2$

융점＝19℃ 비점＝240℃

비중＝1.1 인화점＝88℃

약제나 염색시약 합성에 사용된다. 유독물질로서 노출되면 피부염, 빈혈, 간과 신장에 손상을 줄 수 있다.

② 질산하이드라진(hydrazine nitrate) : $N_2H_4 \cdot HNO_3$

가열하면 심하게 폭발한다.

③ 과염소산하이드라진(hydrazine perchlorate) : $N_2H_4 \cdot ClO_4$

융점＝137℃ 비점＝145℃ 비중＝1.9

④ 아세트산하이드라진(hydrazine acetate) : $N_2H_4 \cdot CH_3COOH$

⑤ 수가하이드라진(hydrazine hydrate) : $N_2H_4 \cdot xH_2O$

융점＝－52℃ 비점＝119℃

비중＝1.03 인화점＝95℃

⑥ 다이페닐하이드라진(diphenyl hydrazine) : $C_6H_5NHNHC_6H_5$

⑦ 에틸하이드라진(ethyl hydrazine) : $C_2H_5NHNH_2$

8. 하이드록실아민 NH_2OH 지정수량 제1종: 10 kg, 제2종: 100 kg

〈용도〉 환원제(사진), 유기합성, 알데하이드나 케톤의 정제, 지방산과 비누의 안정제

〈성상〉

① 물, 암모니아 용액, 메탄올에 매우 잘 녹고, 에터·벤젠·이황화탄소·클로로폼에 약간 녹는다.

② 알칼리에서는 환원제로 산성 매체에서는 산화제이다.

③ 공기 중에 습기와 CO_2가 존재하면 실온에서 빠르게 분해된다.

④ 습기가 있는 조건에서는 서서히 분해된다.

〈위험성〉

① 가열하면 심하게 폭발할 가능성이 있다.

② 황산염은 170℃까지 가열되면 폭발할 수 있다.

③ 금속과 접촉하면 가연성의 H_2 가스를 발생한다.

④ 용기가 가열되어서 물에 접촉되면 폭발 위험이 있다.

〈저장·취급〉

① 통풍이 잘 되는 냉암소에 밀폐 보관한다.

② 저장용기는 물리적 손상에 견딜 수 있어야 한다.

③ 필요에 따라 국소배기장치를 가동하여야 한다.

④ 하이드록실아민을 저장·취급하는 위험물 제조소에서는 규정에 의한 안전거리를 강화하고 주위에 담 또는 토제를 설치하여 폭발에 대비한다. 취급설비에는 온도 및 농도 상승방지와 철이온의 출입방지 조치를 하여야 한다.

〈소화방법〉

① 건조분말, CO_2, 물분무, 내알코올성 포를 사용한다.

② 화재의 규모가 큰 경우에는 물분무, 안개, 내알코올성 포를 사용한다.

③ 대형화재가 발생한 때는 최대한 먼 거리에서 진화하고 무인방수포를 활용한다.

④ 화재확대 위험이 없으면 화재지역에서 용기를 옮긴다.

⑤ 용기 내에 물이 들어가지 않도록 주의하며 직사주수를 사용하지 말아야 한다.

〈유해성〉 유독물질로서 급성 독성이 있다.

9. 하이드록실아민염류 지정수량 제1종: 10 kg, 제2종: 100 kg

1) 염산하이드록실아민 $NH_2OH \cdot HCl$

〈위험성 및 유해성〉

① 가열하면 폭발을 일으킬 수 있다.

② 유독물질로서 눈, 피부 및 호흡계에 자극성이 있고 유독하다. 흡입하거나 피부와 접촉하면 심

각한 위험성이 있다.

〈취급 시 주의사항〉

① 하이드록실아민염류를 저장·취급하는 위험물 제조소에 있어서는 규정에 의한 안전거리를 강화하고 주위에 담 또는 토제를 설치하고, 취급설비에는 온도 및 농도 상승방지와 철이온의 출입방지 조치를 하여야 한다.

② 눈에 접촉하면 즉시 다량의 물로 씻어내고 의사의 검진을 받으며 피부와의 접촉하면 즉시 제조소에 의해 지정된 물질로 충분히 씻어낸다.

③ 적절한 장갑을 착용하고 불쾌감을 느끼면 의사의 검진을 받아야 한다.

2) 황산하이드록실아민 $NH_2OH \cdot H_2SO_4$

염산하이드록실아민에 준한다.

10. 그 밖에 행정안전부령으로 정하는 것 지정수량 제1종: 10 kg, 제2종: 100 kg

1) 금속의 아지화합물(아자이드화합물)

(1) 아자이드화바륨 $Ba(N_3)_2$

〈용도〉 화약류 제조

〈성상 및 위험성〉

① 흰색 결정체 또는 분말

② 마른 상태에서 마찰을 주면 민감한 반응과 함께 폭발한다.

〈저장·취급〉 물에 젖어 있는 물질에 대하여 낮은 온도 상태에서의 운송이 예상되는 경우에는 액체의 응결점을 낮추기 위하여 알코올과 같이 적절하고 혼적 가능한 용제를 첨가한다.

〈소화방법〉 다량의 물에 의해 소화한다. 포, CO_2, 분말소화약제는 효과가 없다.

〈유해성〉 증기, 분진 등을 흡입하면 폐암 우려. 호흡기의 점막 부식, 흉통, 호흡 곤란 등

(2) 기타

① 아자이드화아연 $Zn(N_3)_2$: 유독물질

② 아자이드화납 $Pb(N_3)_2$: 폭발성 분말, 유독물질

③ 아자이드화구리 $Cu(N_3)_2$

④ 아자이드화나트륨 $Na(N_3)$: 유독물질, 살균제, 살충제

2) 질산구아니딘 $H_2NC(NH)NHNO_2$

〈성상 및 위험성〉

① 흰색 고체

② 점화가 쉽다. 불과 접촉하면 유해한 연기를 방출한다.

〈저장·취급〉 물에 젖어 있는 물질에 대하여 낮은 온도 상태에서의 운송이 예상되는 경우에는 액체의 응결점을 낮추기 위하여 알코올과 같이 적절하고 혼적 가능한 용제를 첨가할 수 있다.

〈소화방법〉 다량의 물로 냉각소화한다. 포, CO_2, 분말소화약제는 효과가 없다.

〈유해성〉 증기, 분진 등을 흡입하면 폐암의 우려. 호흡기의 점막 부식, 흉통, 호흡 곤란 등

11. 상기 각 호에 정하는 어느 하나 이상을 함유한 것
지정수량 제1종: 10 kg, 제2종: 100 kg

연습문제 8

01. 분해가 용이한 것끼리 짝지어진 것은?

① 제2류, 제6류 위험물 ② 제2류, 제4류 위험물
③ 제1류, 제5류 위험물 ④ 제4류, 제6류 위험물

02. 폭발성 시험 및 가열분해성 시험을 통한 위험성 유무와 등급에 따라 지정수량을 제1종 또는 제2종으로 분류하는 것은?

① 질산암모늄 ② 알킬알루미늄
③ 나이트로화합물 ④ 과망가니즈산염류

03. 함산소 제5류 위험물은 다음 중 어떤 혼합물의 형태와 유사한가?

① 제1류 + 제2류 위험물 ② 제2류 + 제3류 위험물
③ 제2류 + 제4류 위험물 ④ 제3류 + 제4류 위험물

04. 「위험물안전관리법」상 제5류 위험물 품명별 소속 위험물이 잘못 연결된 것은?

① 유기과산화물 – 벤조일퍼옥사이드
② 질산에스터류 – 질산
③ 나이트로화합물 – 트라이나이트로톨루엔
④ 아조화합물 – 아조다이카르본아마이드

05. 제5류 위험물의 일반 성상 중 맞는 것은?

① 대부분 무기화합물이다.
② 가연성 물질이다.
③ 물과 반응하면 위험하다.
④ 화재 때 질식효과가 효과적이다.

06. 셀룰로이드류의 자연발화 형태를 가장 바르게 나타낸 것은?

① 잠열에 의한 자연발화
② 흡착열에 의한 자연발화
③ 미생물에 의한 자연발화
④ 분해열에 의한 자연발화

07. 제5류 위험물의 성질 중 틀린 것은?

① 유기화합물과 무기화합물로 구성된다.
② 대부분 질소함유 물질이다.
③ 분해할 때는 장시간이 걸린다.
④ 폭발의 위험이 있다.

08. 외부의 산소 공급이 없이도 자기연소하는 물질이 아닌 것은?

① 칼슘탄화물
② 셀룰로이드
③ 유기과산화물
④ 질산에스터

09. 고농도의 경우 충격에 민감하고 순간적인 폭발을 일으키는 것은?

① 아조화합물
② 다이에틸에터
③ 염소산칼륨
④ 알킬알루미늄

10. 제5류 위험물의 위험성 중 틀린 것은?

① 건조하고 고농도일수록 충격·마찰하면 위험성이 증가한다.
② 나이트로화합물은 나이트로기가 많을수록 분해가 용이하다.
③ 밀폐된 곳에서의 화재, 폭발 때 중독 위험이 있다.
④ 대부분 강산화성의 위험성까지 가진다.

11. 제5류 위험물의 제조소에 알맞은 주의사항 게시판은?

① 충격주의
② 물기엄금
③ 화기엄금
④ 폭발주의

12. **제5류 위험물 화재 중 소화요령으로서 부적절한 것은?**

① 화재 초기에는 다량의 물로 냉각소화가 적절하다.
② 항상 폭발에 대비하여 소화작업 중에는 안전거리를 유지하고 엄폐물을 잘 활용하여야 한다.
③ 화재현장이 밀폐공간인 경우는 질식이나 급성중독에 대비하여 공기호흡기 등의 호흡보호구를 착용하여야 한다.
④ 소화효과를 볼 수 없는 경우에는 외부로부터 산소 공급을 강력하게 차단한다.

13. **제5류 위험물의 진압요령 중 잘못된 것은?**

① 폭발에 대비 강력한 통제를 실시한다.
② 소화종사요원의 화점 직근 공격으로 진압한다.
③ 유해성 연소생성물의 흡입에 대비하여 공기호흡기 장착한다.
④ 모두 주수소화가 가능하고 무인방수포를 이용한 화점공격을 실시한다.

14. **유기과산화물에 관한 설명 중 틀린 것은?**

① 매우 불안정하다.
② 분말에 의해 질식소화한다.
③ 강산화제이다.
④ 분해가 용이하다.

15. **메틸에틸케톤퍼옥사이드에 대한 설명 중 틀린 것은?**

① 가연성 + 조연성 성분으로 되어있다.
② 점화되면 산소 공급이 없이도 자기연소한다.
③ 폭발에 이르는 경우가 많다.
④ 안정제로 알코올을 넣고 희석시킨다.

16. **트라이나이트로톨루엔에 관한 설명 중 틀린 것은?**

① 피크르산에 비해 충격·마찰에 둔하다.
② 폭발하면 다량의 가스를 발생한다.
③ TNT라고도 한다.
④ 물에 녹아 발열하고 발화에 이른다.

17. **벤조일퍼옥사이드의 저장·취급요령 중 틀린 것은?**

① 가급적 소량식 소분하여 저장한다.
② 직사광선을 차단한다.
③ 용기는 완전히 밀봉하지 말아야 한다.
④ 충격·마찰을 피한다.

18. **하이드라진과 혼촉하면 발화에 이르는 물질은?**

① 금속분
② 과산화수소
③ 물
④ 알코올

19. 제5류 위험물에 관한 설명 중 틀린 것은?

① 유기과산화물을 제외하고 모두 질소함유물질이다.
② 모두 자기반응성 고체이다.
③ 산소를 가진 것과 갖지 않은 것이 있다.
④ 다량의 물에 의한 냉각소화가 적당하다.

20. 하이드라진에 대한 설명 중 올바른 것은?

① 가연성의 고체로서 물에 녹지 않는다.
② 증기의 연소범위는 아세톤보다 넓다.
③ 하이드라진은 알코올과 접촉하면 혼촉발화한다.
④ 열에 안정한다.

21. 다음 중 나이트로글리세롤의 성상 및 용도에 관한 설명으로 맞지 않은 것은?

① 시판공업용 제품은 담황색이다.
② 물에는 녹지만 유기용매에는 녹지 않는다.
③ 연소가 폭발적이므로 소화하기 힘들다.
④ 다이너마이트의 원료로 쓰인다.

22. 질산에틸의 성상에 관한 것 중 틀린 것은?

① 향기를 가진 무색의 액체이다.
② 휘발성 물질로 증기 비중은 공기보다 적다.
③ 물에는 녹지 않으나 에터에 녹는다.
④ 비점 이상 가열하면 폭발의 위험이 있다.

23. 나이트로화합물 중 쓴맛이 있고 유독하며, 물에 전리하여 강한 산이 되며, 뇌관의 첨장약으로 사용되는 것은?

① 나이트로글리세롤
② 셀룰로이드
③ 트라이나이트로페놀
④ 사이클로트라이메틸렌트라이나이트라민

24. 다음 중 규조토에 흡수시켜 다이너마이트를 제조할 때 사용되는 위험물은?

① 벤조일퍼옥사이드
② 질산에틸
③ 나이트로글리세롤
④ 나이트로셀룰로오스

25. 다음은 나이트로글리세롤의 성질에 관한 설명이다. 올바른 것은?

① 물에 매우 잘 녹는다.
② 알코올, 에터 등에 녹는다.
③ 상온에서는 백색 결정으로 존재한다.
④ 순수한 것은 황색·담황색의 끈기 있는 액체이다.

26. 트라이나이트로톨루엔(TNT)에 관한 다음 설명 중 틀린 것은?

① 피크린산이라고도 부른다.
② 중성 물질이기 때문에 금속과 반응하지 않는다.
③ 톨루엔에 질산과 황산을 반응시켜 모노나이트로톨루엔을 만든 후 나이트로화하여 만든다.
④ 물에 녹지 않고 알코올, 벤젠, 아세톤 등에 잘 녹으며, 흡습성이 없으며 공기 중 자연분해하지 않는다.

27. 과산화벤조일에 대한 설명 중 틀린 것은?

① 상온에서 고체이다.
② 산소를 함유한 산화성 물질이다.
③ 발화점이 약 300℃로 비교적 안전하다.
④ 물을 혼합하면 폭발성이 줄어든다.

28. 나이트로셀룰로오스(질화면)의 성질에 알맞은 사항은?

① 질화도가 클수록 물에 잘 녹는다.
② 질화도가 클수록 폭발성이 강하다.
③ 열분해하여 자연발화하지 않는다.
④ 수분을 많이 포함 할수록 폭발성이 크다.

29. 질산에틸의 성상 중 틀린 것은?

① 화재 때 주수소화가 가능하다.
② 비점 이상으로 가열하면 폭발의 위험이 있다.
③ 휘발성 물질로 증기 비중은 공기보다 작다.
④ 물에는 녹지 않으나 에터에 녹는다.

30. 질산에틸에 대하여 틀린 것은?

① 에탄올을 진한 질산에 작용시켜서 얻는다.
② 방향을 가진 무색의 액체이다.
③ 비중=1.11, 끓는점=88℃을 가진다.
④ 인화점이 높아서 인화의 위험이 적다.

31. 셀룰로이드에 대한 설명 중 틀린 것은?

① 연소하면 산화질소, 사이안화수소 등의 유독한 가스를 발생한다.
② 여름보다 겨울에 자연발화가 많고 순도가 낮을수록 자연발화가 쉽다.
③ 통풍 환기가 나쁜 장소, 온도가 높은 곳에서 자연발화가 쉽다.
④ 일반적으로 착화온도가 180℃이지만, 제품 저장하는 곳의 조건에 따라 낮은 온도에서도 착화할 위험이 있다.

32. 자기반응성 물질이 질식소화 효과가 없는 가장 큰 이유는?

① 인화성 액체이기 때문에
② 외부 산소공급 없이도 연소가 지속되기 때문에
③ 연소가 폭발적이기 때문에
④ 산화반응이 일어나기 때문에

33. 유기과산화물의 저장 중 주의사항으로 옳지 않은 것은?

① 화기나 열원으로부터 멀리한다.
② 강한 환원제와 가까이 하지 않는다.
③ 직사일광을 피하고 찬 곳에 저장한다.
④ 산화제이므로 다른 산화제와 같이 저장하면 안전하다.

34. 나이트로셀룰로오스의 성질에 대하여 잘못 설명한 것은?

① 별칭으로 질화면이라고 부른다.
② 질화도가 높은 것보다 낮은 것이 위험성이 크다.
③ 다이너마이트 원료, 무연화약의 원료, 셀룰로이드 제조 등의 용도로 쓰인다.
④ 물과 혼합할수록 위험성이 감소되므로 운반 중 물 등의 용제를 첨가 습윤시킨다.

35. 다음은 트라이나이트로톨루엔에 관해서 설명한 내용이다. 틀린 것은?

① 화학식은 $C_6H_2CH_3(NO_2)_3$이다.
② 폭약으로 사용되고 물에 녹지 않는다.
③ 별명으로는 T.N.T 혹은 피크르산이라 부른다.
④ 사람의 머리카락(모발)을 변색시키는 작용이 있다.

36. 다음 물질 중 황색 염료와 산업용 도폭선이 심약으로 사용되는 것으로 페놀에 진한 황산을 녹이고 이것을 질산에 작용시켜 생성되는 것은?

① 트라이나이트로페놀
② 질산에틸
③ 나이트로셀룰로오스
④ 트라이나이트로페닐메틸나이트라민

37. 트라이나이트로톨루엔(TNT)에 관한 설명이다. 틀린 것은?

① 물에 녹지 않는다.
② 장기간 저장 중 자연분해 할 위험이 없다.
③ 피크르산에 비해 충격·마찰에 민감하다.
④ 중성 물질이므로 금속과 반응하지 않는다.

38. 유기과산화물의 저장 시 주의사항으로 옳은 것은?

① 일광이 드는 건조한 곳에 저장한다.
② 자신은 불연성이지만 다른 가연물이 있으면 폭발의 위험이 있다.
③ 알코올, 아민류, 금속분, 기타 가연성 물질과 혼합하지 않는다.
④ 산화제이므로 다른 산화제와 같이 저장해도 좋다.

39. **제5류 위험물이 소화하기 어려운 이유로 가장 알맞은 것은?**

① 물과 발열반응을 일으킨다.
② 발화점이 높다.
③ 자기연소를 일으키며 연소속도가 매우 빠르다.
④ 연소할 때 연소물이 튀어 넓게 퍼진다.

40. **건조하면 타격, 마찰에 의하여 폭발하므로 저장, 운반할 때 물(20%) 또는 알코올(30%)을 첨가 습윤 시키는 위험물은?**

① 셀룰로이드　② 트라이나이트로톨루엔
③ 나이트로셀룰로오스　④ 다이나이트로나프탈렌

41. **제5류 위험물의 위험성에 대한 설명 중 올바른 것은?**

① 자기반응성 유기질소화합물로 장시간 분해열이 축적되면 자연발화의 위험성을 갖는다.
② 무기질소화합물로 가열·충격·마찰에는 위험성이 없다.
③ 무기질소화합물로 직사일광이나 충격·마찰에 민감하게 반응하지 않는다.
④ 자기반응성 유기질소화합물로 소화원에 의해서는 연소가 잘 일어나지 않는다.

42. **셀롤로이드류를 저장할 경우 가장 알맞은 장소는?**

① 습도가 높고 온도가 높은 장소　② 습도가 높고 온도가 낮은 장소
③ 습도가 낮고 온도가 높은 장소　④ 습도가 낮고 온도가 낮은 장소

43. **다음 중 열분해에 의해 자연발화하는 물질은?**

① 아크릴산　② 클로로벤젠
③ 트라이나이트로톨루엔　④ 나이트로셀룰로오스

44. **나이트로셀룰로오스(질화면)의 저장·취급 방법으로 틀린 것은?**

① 가열·타격·마찰을 피한다.
② 공기와 접촉을 피하기 위하여 석유 속에 저장한다.
③ 열원을 멀리하고 냉암소에 저장한다.
④ 물(20%), 알코올(30%)을 첨가 습윤시켜 운반한다.

45. **다음 위험물 중 단독으로는 마찰·충격에 둔감하나 금속염으로 만들면 폭발이 쉬운 것은?**

① 피크린산　② 유기과산화물
③ 알루미늄분　④ 톨루엔

46. $C_6H_2OH(NO_2)_3$와 $C_2H_5NO_3$의 공통 성질 중 옳은 것은?

① 나이트로화합물에 속한다.
② 인화성이고 또 폭발성이 있는 액체이다.
③ 무색 또는 담황색 액체로서 방향이 있다.
④ 모두 알코올에 녹는다.

47. 가연성 물질이며 산소를 다량 함유하고 있기 때문에 자기연소가 가능한 물질은?

① $NaClO_3$
② $C_6H_2CH_3(NO_2)_3$
③ HNO_3
④ $CH_3COC_2H_5$

48. 유기과산화물에 대한 설명 중 틀린 것은?

① 지정수량은 10 kg이다.
② 벤조일퍼옥사이드, 메틸에틸케톤퍼옥사이드 등이 여기에 속한다.
③ 화재 때 소화방법으로는 질식소화가 효과적이다.
④ 저장하면 고온체나 화기의 접근을 회피하여야 한다.

49. 다음 중 나이트로화합물은 어느 것인가?

① TNT
② 질산암모늄
③ 질산메틸
④ 셀룰로이드류

50. 피크르산에 대한 설명 중 틀린 것은?

① 화재 때는 다량의 물로 주수소화 할 수 있다.
② 트라이나이트로페놀이라고도 한다.
③ 플라스틱과 반응하므로 철 또는 납의 금속 용기에 저장하여야 한다.
④ 알코올, 아세톤에 잘 녹는다.

정답

01.③	02.③	03.①	04.②	05.②	06.④	07.③	08.①	09.①	10.④	11.③	12.④
13.②	14.②	15.④	16.④	17.③	18.②	19.②	20.②	21.②	22.②	23.③	24.③
25.②	26.①	27.③	28.②	29.③	30.④	31.②	32.②	33.④	34.②	35.③	36.①
37.③	38.③	39.③	40.③	41.①	42.④	43.④	44.②	45.①	46.④	47.②	48.③
49.①	50.③										

Chapter 07

제6류 위험물

(산화성 액체)

제1절 개 관

1. 종류

성 질	품 명	지정수량
산화성 액체	1. 과염소산	300 kg
	2. 과산화수소	300 kg
	3. 질산	300 kg
	4. 그 밖에 행정안전부령이 정하는 것(할로젠간화합물)	300 kg
	5. 제1호부터 제4호까지의 어느 하나에 해당하는 위험물을 하나 이상 함유한 것	300 kg

2. 「위험물안전관리법」상의 범위 및 한계

① "산화성 액체"란 액체로서 산화력의 잠재적인 위험성을 판단하기 위하여 소방청장이 정하여 고시하는 시험에서 고시로 정하는 성질과 상태를 나타내는 것을 말한다.

② 과산화수소는 그 농도가 36wt% 이상인 것에 한하며, 상기 ①의 성상이 있는 것으로 본다.

③ 질산은 그 비중이 1.49 이상인 것에 한하며, 상기 ①의 성상이 있는 것으로 본다.

3. 일반 성질

① 대표적인 성질은 산화성 액체이다. 모두 무기화합물이며 물보다 무겁고 물에 녹기 쉽다.

② H_2O_2를 제외하고 강산성 물질이며 수용액도 강산작용을 나타낸다.

③ 할로젠간화합물을 제외하고 산소를 함유하고 있으며 다른 물질을 산화시킨다.

④ 자신은 모두 불연성 물질이다.

⑤ H_2O_2를 제외하고 분해하여 유해성 가스를 발생한다. 부식성이 강하여 피부를 침투한다. 증기 또한 유독하여 피부와 접촉하면 점막을 강하게 부식시킨다. 소화잔수도 산성으로 변하므로 소화작업 중 방호의 및 공기호흡기 등의 보호장비를 착용한다.

4. 위험성

① 자신은 불연성 물질이지만 강산화제로서 가열하면 열분해하여 O_2를 발생한다. 따라서 다른 가연성 물질을 착화, 연소시키는 산화성 액체이다.

② 할로젠간화합물은 비산소 강산화제이다.

③ 가연성 위험물인 제2류 위험물, 제3류 위험물, 제4류 위험물, 제5류 위험물 및 강환원제, 일반 가연물과 혼합한 것은 직접 혼촉발화하거나 가열 등에 의해 위험한 상태로 변한다.
④ 가열되거나 제1류 위험물과 혼합하면 심하게 발열하고 산화성이 현저하게 증가한다.
⑤ H_2O_2를 제외하고 물, 염기와 접촉하면 격렬하게 발열한다.
⑥ H_2O_2를 제외하고 모두 강산에 속하는데 이들의 상대적인 산의 세기는 다음과 같다.

$$HNO_3 < H_2SO_4 < HClO_4$$

5. 제6류 위험물의 시험 및 판정

제6류 위험물(산화성 액체)에 해당하는 산화성의 시험방법 및 판정기준은 소방청 고시「위험물안전관리에 관한 세부기준」제2장(위험물의 판정 및 시험) 중 연소시간 측정시험에 따른다.

6. 예방대책

① 화기 및 분해 촉진 물품 엄금. 직사광선 차단. 가열을 피하고 강환원제, 유기물질, 가연성 위험물과의 접촉을 피한다.
② 염기 및 습기·물과의 접촉을 피하고 건조상태를 유지시킨다.
③ 용기는 내산성의 것을 사용하고 용기의 밀전, 파손방지, 전도방지, 용기변형 방지에 주의한다.
④ 강산화성 고체인 제1류 위험물과의 혼합, 접촉을 방지한다.
⑤ 유별을 달리하는 위험물과는 동일한 위험물저장소 내에서 저장하여서는 안 된다.
⑥ 저장창고에 있어서 위험물이 침윤될 우려가 있는 부분은 아스팔트 등으로 피복하여 부식하지 않도록 유지한다.

7. 진압대책

① $HClO_4$, HNO_3은 주수에 의한 냉각소화는 적당하지 않다. H_2O_2는 양의 대소에 관계없이 다량의 물로 희석소화하고, 나머지는 소량인 경우 다량의 물로 희석시키며 기타는 마른 모래, 건조분말 등으로 질식소화한다. 소화 후에는 다량의 물로 씻어낸다.
② 자신은 불연성이지만 대개 가연물과 혼합하여 연소하므로 가연물과 격리가 우선이고, 가연물에 알맞은 소화방법을 취한다. 마른 모래로 덮어 비산을 방지한다.
③ 소화작업 중 피부·피복 노출을 방지하고 연소 중 발생하는 유해성 가스에 대비하여 보호복, 고무장갑, 고무장화, 보호안경, 공기호흡기 등을 착용한다.
④ 저장용기의 냉각을 위해 용기 벽에 주수하고, 이때 뜨거운 용액을 직접물이 들어가면 비산하므

로 (이때 피부와 접촉하면 화상을 입는다) 절대 직접 방수해서는 안 된다.

⑤ 소량 누출되면 마른 모래나 흙으로 흡수시키며, 대량으로 누출되면 H_2O_2는 물로, 나머지는 약 알칼리의 중화제[Na_2CO_3, $NaHCO_3$, $Ca(OH)_2$]로 중화한 후 다량의 물로 씻는다.

제2절 제6류 위험물의 각론

1. 과염소산(Perchloric Acid) $HClO_4$ 지정수량 300 kg

〈용도〉 탈수제, 산화제, 유기화합물 합성촉매, 합금의 용해, 과염소산염류 제조

〈성상〉

① 무색 무취의 유동하기 쉬운 액체이다. 흡습성이 대단히 강하다. 공기 중에서는 휘발하여 자극성이 강한 연기(Cl_2 냄새)를 낸다. 불연성 물질이지만 산화성이 매우 강하다.

② 분자량 = 105 증기비중 = 3.46 융점 = −112℃
비점 = 39℃ 비중 = 1.76

③ $HClO_4$ 이온은 다른 대부분의 산 라디칼보다 착화물의 형성이 작다.

④ 금속 또는 금속산화물 등과 반응하여 과염소산염을 생성한다. Fe, Cu, Zn과는 격렬히 반응하여 산화물을 만든다.

⑤ 수용액은 완전히 전리한다.

〈위험성〉

① 대단히 불안정한 강산이다. 산화력이 강하고 순수한 것은 분해가 용이하며 매우 폭발적이다. 또한 강산화제로서 고농도의 것은 종이, 나뭇조각, 여러 가지 유기물 등과 접촉하면 연소 폭발한다.

② 물과 반응하면 소리를 내며 심하게 발열하며 이때 생긴 혼합물도 강한 산화력을 가진다.

③ 무수$HClO_4$은 방치하면 분해하고 상압에서 가열하면 폭발적으로 분해하고 때로는 폭발한다. 이때 유해성인 가스인 HCl를 발생한다.

④ 순수한 것이나 농도가 높으면 모두 유기물과 폭발적으로 반응하고, $C_2H_5OC_2H_5$ · H_2SO_4 · 무수 CH_3COOH · 빙초산 · 목탄분 · 알코올과 혼합하면 심한 반응을 일으켜 발화 또는 폭발한다.

⑤ 수용액 상태에서 탈수효과가 높은 진한 H_2SO_4이나 P_2O_5와 접촉하면 무수물이 형성되는데 때에 따라서 폭발의 위험이 있다.

⑥ 아세톤(CH_3COCH_3), 에틸렌(C_2H_4)과 접촉하면 격렬하게 분해하며 셀룰로오스와 혼합한 것은 가열하면 심하게 반응하면서 폭발한다. 밀폐용기를 가열하여도 심하게 파열한다.

⑦ 사이안화합물(사이안화아연[$Zn(CN)_2$], 사이안화칼륨(KCN), 사이안화나트륨(NaCN) 등)과 반응하여 유해성, 가연성의 사이안화수소(HCN) 가스를 발생한다.

⑧ $BaCl_2$와의 혼촉에 의해 발열·발화하며 NH_3와 접촉하면 격렬하게 반응하여 폭발 비산의 위험이 있다. Na_2O_2와 접촉하면 유해성 가스를 발생하며 $KClO_3$과 혼촉에 의해 폭발한다.

⑨ 25℃에서 며칠 동안은 안정하나 Cl_2O_7를 발생하면서 분해한다. Cl_2O_7는 무색의 유상액체로 가열하거나 충격을 주면 폭발한다.

⑩ 92℃ 이상에서는 폭발적으로 분해한다.

⑪ 하이포아염소산, 아염소산, 염소산과의 강산의 세기 비교는 다음과 같다.
$HClO_4$는 산 중에서 가장 강한 산이다.

$$HClO < HClO_2 < HClO_3 < HClO_4$$

〈저장·취급〉

① 유리나 도자기 등의 밀폐용기에 넣어 밀봉·필전하여 저장하고 저온에서 통풍이 잘 되는 곳(냉암소)에 저장한다.

② 가열금지. 화기엄금. 직사광선을 차단하고 유기물, 가연성 물질의 접촉을 피한다. $HClO_4$을 저장하는 옥외저장소에는 불연성 또는 난연성의 천막 등을 설치하여 햇빛을 차단시킨다.

③ 누설되면 톱밥이나 종이, 나무부스러기 등의 다공성 가연물에 섞여 폐기되지 않도록 한다.

④ 습기, 비, 눈 등의 물과의 접촉을 피하고 충격·마찰을 주지 않도록 주의한다.

⑤ 강산화제, 환원제, 알코올, 사이안화합물, $BaCl_2$ 및 알칼리와의 접촉을 방지한다.

〈소화방법〉 직접 주수는 피하고 다량의 물로 분무주수하거나 분말 소화약제를 사용한다. 용기의 외벽을 물분무로 냉각시킨다. 인근에 유기물이 있으면 폭발 위험이 있으므로 잘 격리하고 소화작업 중 피부 노출을 절대 방지하고 안전장갑, 고무장화, 보호복, 보호안경, 공기호흡기 등을 착용한다.

〈유해성〉 눈에 들어가면 눈을 자극하고, 각막에 열상을 입히며, 실명할 위험이 있다. 부식성이 가하며 피부 점막에 대해 염증 또는 심한 화상을 입는다. 고농도의 것은 강한 자극을 주며 기침, 구토를 일으키고 화재 때 발생한 증기도 자극성이 있어 눈, 코, 목의 점막을 침해한다.

2. 과산화수소(Hydrogen Peroxide) H_2O_2 지정수량 300 kg

〈한계〉 수용액 농도 36wt%(비중 약 1.137) 이상이 위험물에 해당된다.

〈용도〉 양모·펄프·종이·면·실·식품·석유·명주·유지 등의 표백제(농도 30%), 산화제, 발포제, 탈색제, 방부제(농도 3%), 살균제(농도 3%), 소독제(농도 3%), 비닐화합물 등의 중합촉진제, 중합촉매, 폭약, 유기과산화물의 제조, 농약, 의약, 제트기·로켓의 산소공급제(농도 85%), 화장품 정성분석, 공해 처리제, 가소제, 연마제, 염색, 유성페인트 청결제, 혈흔감식, 치아미백제(10%)

〈성상〉

① H_2O_2는 H와 O로 이루어진 화합물로서 많은 과산화물의 출발점이다.

② 순수한 것은 옅은 푸른색을 띠며 무취 투명하며 HNO_3과 유사한 약한 특유의 냄새가 있다. 양이 많을수록 푸른색을 띤다.

③ 물보다 무거우며, 조성에 따른 밀도는 다음과 같다.

조성(%)	1	10	20	30	40	60	80	100
밀도(g/mg)	1.022	1.051	1.072	1.112	1.153	1.241	1.341	1.446

④ 분자량＝34.02 융점＝－0.89℃ 비점＝152℃

⑤ 어떤 비율로도 물과는 임의로 혼합하며 수용액 상태는 비교적 안정하다. 알코올, 에터에는 녹지만 벤젠, 석유에는 녹지 않는다.

⑥ H_2O_2는 산화제로서도 작용하지만 환원제로도 사용된다.

산화제 : $2KI + H_2O_2 \longrightarrow 2KOH + I_2$

환원제 : $2KMnO_4 + 3H_2SO_4 + 5H_2O_2 \longrightarrow K_2SO_4 + 2MnSO_4 + 8H_2O + 5O_2\uparrow$

⑦ 분해하면 발생한 발생기 O_2에 의해 강한 표백작용과 살균작용이 있다.

⑧ 약알칼리 용액에서는 급격히 분해하지만 약산성에서는 분해가 어렵다.

〈위험성〉

① 강산화제로서 분해하여 발생한 산소라디칼[O]은 분자상의 O_2가 산화시키지 못한 물질도 산화시킨다.

$$H_2O_2 \longrightarrow H_2O + [O]$$

② 자신은 불연성 물질이지만 강산화성이므로 유기물 등의 가연물에 접촉하면 연소를 촉진시키고 혼합물질에 따라서는 발화한다.

③ 농도가 상승할수록 불안정하므로 방치하거나 누출되면 O_2를 분해하며 온도가 높아질수록 분해속도가 증가하며 비점 이하에서도 폭발한다. 또한 열, 햇빛에 의해서도 쉽게 분해하여 O_2를 방출하고 HF, HBr, KI, Fe^{3+}, OH^-, 촉매(MnO_2) 하에서 분해가 촉진된다.

$$2H_2O_2 \longrightarrow 2H_2O + O_2\uparrow + \text{발열}$$

상온에서 보관 중 서서히 분해되며 용기가 가열되면 내부에 분해 O_2가 발생하기 때문에 용기가 파열하는 경우가 있다.

④ 농도 66% 이상은 충격·마찰에 의해서도 단독으로 분해폭발 위험이 있다. 따라서 로켓의 추진제로 사용되는데 이 분해반응은 발열반응이고 다량의 O_2를 발생한다.

⑤ 고농도의 것은 알칼리, Ag, Pb, Pt, Cu, Pd, 목탄분, 금속분말, 탄소분말, 불순물, 중금속산화물

(MnO_2, Co_2O_3, Hg_2O), 미세한 분말 또는 미립자에 의해 격렬히 분해하여 폭발한다. 이 분해반응은 발열반응이다.

⑥ NH_3, 아세톤, 글리세롤, 테리핀유, 등유, 폼산, 산화제이수은, 알코올, 중금속분과 상온에서 접촉하면 폭발한다. 곡물가루, 면, 양모, 수지 등 가연물과 접촉하면 발열한다. 유기산, 알코올, 케톤류, 알데하이드류 등과 접촉하여 과산화물을 생성하는데 이때 가열하거나 충격을 주면 폭발한다.

⑦ 농도가 낮더라도 용기 중에 O_2가 분해되면 내압이 높아지면 파열 사고를 일으킬 위험이 있으며 과망가니즈산염류와 접촉하면 폭발적으로 분해한다.

⑧ 고농도의 H_2O_2의 경우 [아세탈＋아세트산＋H_2O_2], [N,N-다이메틸하이드라진＋H_2O_2], [에터＋H_2O_2], [메틸알코올＋H_2O_2], [C_6H_6＋H_2O_2] 그룹 등은 혼촉발화한다.

⑨ 염화주석(Ⅳ)($SnCl_2 \cdot 2H_2O$)과 격렬하게 반응하고 발열한다.

⑩ 나이트로글리세롤과 혼촉에 의해 발화 또는 폭발한다.

⑪ 하이드라진과 접촉하면 분해 폭발한다. 이것을 잘 통제하면 유도탄의 발사에 이용할 수 있다.

$$N_2H_4 + 2H_2O_2 \longrightarrow 4H_2O\uparrow + N_2\uparrow$$

〈저장·취급〉

① 직사광선, 햇빛 차단, 용기는 갈색으로 착색시킨다. 화기엄금. 충격금지. 환기가 잘 되는 냉암소에 저장하고 온도의 상승을 방지한다. H_2O_2를 저장하는 옥외저장소에는 불연성 또는 난연성의 천막 등을 설치하여 햇빛을 차단시키고, 운반용기 외부표시는 "가연물 접촉주의"라고 표기한다.

② 농도가 상승할수록 위험성이 높아지므로 분해방지 안정제(인산나트륨, 인산, 요산, 요소, 글리세롤 등)를 넣어 O_2분해를 억제시킨다.

③ 먼지, 촉매 등의 분해촉진 이물질의 혼입을 방지하며 유기과산화물, 강산화제, 알칼리, 알코올, 금수성 물질, 금속분, 가연물과 접촉을 방지시킨다.

④ 유리용기는 알칼리성으로 H_2O_2를 분해를 촉진시키므로 유리용기에 장기 보존하지 않아야 한다. 용기는 완전히 밀전하지 말고 가스를 빼는 마개가 붙은 폴리에스터병에 90% 이하를 넣어서 저장한다.

〈소화방법〉

① 화재가 발생하면 용기를 즉시 안전한 곳으로 운반하고 운반이 불가능한 경우는 용기 및 그 주위를 다량의 물을 뿌려 냉각한다. 용기 내에서 분해하고 있는 경우 폭발이 우려되므로 안전거리를 충분히 유지하고 다량의 물로 과다하게 주수한다.

② 농도와 관계없이 소량 누출되면 다량의 물로 희석하고, 다량 누출되면 토사 등으로 막아 차단시키고 다량의 물로 씻는다.

③ 화재 중 모든 피부의 노출을 피하고 방호의, 방호안경을 착용한다. 풍하에서 작업하지 않도록

한다.

〈유해성〉 유독물질로서 농도 25% 이상의 H_2O_2에 접촉하면 피부나 점막에 물집, 화상, 염증을 일으킨다. 흡입하면 호흡기 계통을 자극하고 식도, 위점막에 염증을 일으키고 출혈한다. 진한 H_2O_2용액이 피부와 접촉하면 표백되며 심한 화상을 입으며 눈에 들어가면 심한 통증과 각막에 침해를 받으며 심한 경우 실명한다.

3. 질산(Nitric Acid) HNO_3 지정수량 300 kg

〈한계〉 비중 1.49(약 89.6 wt%) 이상이 위험물이다.

〈용도〉 질산염류·질산에스터·나이트로화합물의 합성, 초안 비료, 폭약의 원료, 화약류 제조, 로켓 추진약 제조, 셀룰로이드 제조, 염료, 산화제, 금속 용해, 향료, 인견, 황산, 사진 제판, 의약, 각종 시약, TDI 제조, 야금, 왕수

〈성상〉

① 3대 강산 중의 하나로서 흡습성이 강하며, 습한 공기 중에서 발연하는 무색의 무거운 액체이다. 자극성·부식성이 강하다. H_2SO_4는 비휘발성이지만 HNO_3은 비점이 낮아 휘발성이고 발연성으로서 적갈색의 NO_2를 발생한다.

② 분자량＝63.02 융점＝－43.3℃

비중＝1.5 비점＝86℃

③ 햇빛에 의해 일부 분해하여 자극성의 이산화질소(NO_2)를 만들고 담황색을 나타낸다. 물에 잘 녹아 강한 산성반응을 나타내는 강산이며 이때 발열한다.

④ Ag, Cu, Hg 등은 다른 산과 작용하지 않지만 HNO_3과 반응하여 질산염과 유해성의 일산화질소를 만든다.

$$3Cu + 8HNO_3 \longrightarrow 3Cu(NO_3)_2 + 2NO\uparrow + 4H_2O$$

⑤ Au, Pt은 HNO_3에 녹지 않지만 왕수(HNO_3 1V : H_2SO_4 3V)에 녹는다.

⑥ HNO_3은 아연, 철 등 금속분을 용해하여 H_2를 발생하지만 질산의 산화력이 커서 곧 산화한다.

$$Zn + 4HNO_3 \longrightarrow Zn(NO_3)_2 + 2H_2O + 2NO_2\uparrow$$

〈위험성〉

① 자신은 불연성 물질이지만 강한 산화력을 가지고 있는 강산화성 물질이다. 진한 HNO_3을 가열하거나 햇볕을 쪼이면 O_2를 발생하며 매우 강한 산화작용을 나타낸다.

$$4HNO_3 \longrightarrow 4NO_2\uparrow + 2H_2O + O_2\uparrow$$

특히 진한 HNO_3 중에 NO_2를 녹여 만들어진 발연 HNO_3은 진한 HNO_3보다 산화력과 부식성

이 더 강하다. 또한 NO_2는 질식성이 있어 유독하다. 이 발연 질산은 셀레늄화수소, 아이오딘화수소산과 접촉하면 발화한다.

② 환원되기 쉬운 물질과 접촉하는 경우 분해가 더욱 진행되어 O_2를 발생한다.

③ 물과는 임의로 혼합하고 발열한다(용해열 = 7.8 kcal/mol).

④ 목탄분, 목재 잔부스러기, 톱밥, 종이부스러기, 천, 실, 솜뭉치에 스며들어가 방치하면 서서히 갈색 연기를 발생하면서 자연발화한다.

$$C + 4HNO_3 \longrightarrow CO_2\uparrow + 4NO_2\uparrow + 2H_2O\uparrow$$

⑤ 셀룰로오스나 C_6H_6 등 방향족 화합물과 작용하여 질산에스터나 나이트로화합물을 만들어 폭발성 물질로 변한다.

⑥ Na, K, Mg, $NaClO_3$, C_2H_5OH, CH_3CN, $Ca(ClO)_2$, $C_6H_5NO_2$, H_2S, $NaClO_2$, NH_4OH, 강산화제와 접촉하면 폭발의 위험성이 있다.

⑦ 진한 HNO_3은 가연성 물질(유기과산화물, $C_6H_5NH_2$, C_2H_2, CS_2, H_2S, 아민류, 톨루엔, 에터, C_6H_6, 중유, 등류, 탄화수소류, 테레핀유, 하이드라진류, C_4H_9SH, PH_3 등)과 접촉하면 혼촉발화 위험이 있다.

⑧ 셀레늄과 혼합하면 폭발성 응고물을 형성한다. 철분과 접촉하면 격렬하게 반응하여 발화한다.

⑨ NH_3와 접촉하면 격렬하게 반응하여 폭발 비산의 위험이 있으며, $KClO_3$와 혼촉에 의해 폭발위험이 있다. $BaCl_2$과 혼촉에 의해 발열·발화한다.

⑩ 가연성 물질과 혼합한 상태에서 화염에 의해 위험성이 증가하고 폭발의 위험이 있다.

⑪ 화재열에 의해 유해성의 질소산화물을 발생하고 여러 금속과 반응하여 H_2를 방출한다.

⑫ 가연성 물질, 산화성 물질, 유기용제, 금속분, 카바이드, 사이안화합물, 황, 알칼리와 심하게 반응한다.

⑬ 구리붙이와 접촉하여 반응하거나 가열된 진한 HNO_3은 유독한 갈색의 NO_2를 발생한다.

〈저장·취급〉

① 화기엄금. 직사광선 차단. 습기·물기와의 접촉금지. 통풍이 잘 되는 차고 어두운 곳에 저장한다. 소량의 경우는 갈색병에 보관한다.

② 강산화제, 알칼리, 금속분, 환원성 물질, 유기과산화물, 셀룰로오스, 방향족화합물, 톱밥 등 가연성 물질과의 접촉을 피한다.

③ 고농도의 경우 물과 접촉하거나 강염기와 접촉하면 발열하여 갑자기 비산하므로 주의해야 한다.

〈소화방법〉 소량의 화재는 다량의 물로 희석한다. 다량의 경우는 안전거리를 확보하며, 가연성 물질과 혼합하여 연소하고 있을 때는 가연물과 격리하고 포, CO_2, 물, 마른 모래 등으로 소화한다. 화재 중 뜨거워진 HNO_3용액은 비산의 우려가 있으므로 직접 주수하지 말아야 한다.

화재 중 발생되는 질식성 가스인 NO_2로부터 보호하기 위해 공기호흡기를 착용하고 부식성이 강하므로 안전장갑, 보호안경, 보호복 등을 착용한다. 다량 누출되면 소석회, 소다회로 중화시킨 후 다량의 물로 희석한다. 피부 접촉하면 다량의 물로 세척한다.

〈유해성〉 유독물질로서 눈에 들어가면 실명할 우려가 있으며 피부와 접촉하면 심하게 부식되고 화상을 입는다. 치사량은 7~8 g 정도이다. 흡입하면 호흡기계통을 자극하고 폐수종을 일으킨다.

4. 그 밖에 행정안전부령으로 정한 것 지정수량 300 kg

1) 할로젠간화합물 지정수량 300 kg

(1) 펜타플루오린화브로민 BrF_5

〈성상 및 위험성〉

① 무색의 액체. 산화성 물질이다. 유독물질에 속한다.

② 융점 = −60.5℃ 비점 = 40.76℃

③ 물과 접촉하면 폭발 위험성이 있다.

④ 물과 심하게 반응하고 산과 반응하여 부식성 증기를 발생한다.

⑤ 벤젠 등 인화점이 낮은 석유류와 접촉 시 혼촉발화한다.

〈저장·취급〉 구획된 곳에 저장하고 용기에서 누출되지 않도록 한다.

〈소화방법〉

① 폭발에 대비하여 충분한 안전거리 확보 후 무인방수포로 소화하고, 작업 중 보호장비를 착용한다. 분말 소화약제가 유효하다.

② 소량 누출하면 다량의 물로 씻는다.

〈유해성〉 흡입하면 유해성이며 피부에 닿으면 화상을 입는다.

(2) 트라이플루오린화브로민 BrF_3

〈성상 및 위험성〉

① 자극성 냄새. 융점 = 8.77℃ 비점 = 125℃

② 무색 액체. 강산화제이다.

③ 피부 접촉하면 심한 화상을 입는다.

④ 톨루엔 등 인화점이 낮은 석유류와 접촉하면 혼촉발화한다.

(3) 펜타플루오린화아이오딘 IF_5

〈성상〉 융점 = 9.43℃ 비점 = 100.5℃ 물에 대한 용해도 = 187.4 g(13℃)

〈저장·취급〉 BrF_5와 유사하다.

〈소화방법〉 물, 분말, 포소화가 유효하며 다량의 물로 냉각소화한다.
폭발에 대비하여 충분한 안전거리 확보 후 무인 방수소화 작업 중 방호장비를 착용할 것.

(4) 트라이클로로아이오딘 ICl_3

5. 상기 각 호에 정하는 어느 하나 이상을 함유한 것 지정수량 300 kg

연습문제 9

01. **제1류 위험물과 제6류 위험물의 공통 성상은?**

① 산화성 ② 가연성
③ 금수성 ④ 수용성

02. **제6류 위험물의 대표적 성질은?**

① 산화성 고체 ② 환원성 고체
③ 자연발화성 고체 ④ 산화성 액체

03. **제6류 위험물의 일반 성질 중 틀린 것은?**

① 불연성 물질이다.
② 무기화합물이다.
③ 대통령령으로 정한 것은 산소를 가지고 있다.
④ 물과 접촉하면 안정하다.

04. **제6류 위험물의 위험성 중 올바른 것은?**

① 가열하면 H_2를 발생한다.
② 강산화제이다.
③ 금속분과 HNO_3이 접촉하면 O_2를 발생한다.
④ 제1류 위험물과 혼합하면 안정하다.

05. 제6류 위험물의 소화방법으로 틀린 것은?

① 마른 모래로 질식소화한다.
② 연소의 상황에 따라 분무주수도 효과가 있다.
③ 환원성 물질을 사용하여 중화하여 소화시킨다.
④ 과산화수소는 다량의 물을 사용하여 희석소화할 수 있다.

06. 다음 그룹 중 즉시 혼촉발화하는 것이 아닌 것은?

① 질산 + $KClO_3$ + 에터
② $KMnO_4$ + 에틸렌글라이콜
③ 황린 + $KClO_3$ + 질산
④ $KClO_3$ + 황 + 금속분

07. 다음 중 제6류 위험물의 위험 성상 중 틀린 것은?

① 물과 접촉하면 산소가스를 발생하는 것이 있다.
② 제1류 위험물과 혼합하면 산화성이 현저히 증가한다.
③ 가열하면 산화성이 현저히 증가한다.
④ 부식성이 강한 것이 있다.

08. $HClO_4$의 성상 중 올바른 것은?

① 흡습성이 강한 고체이다.
② 매우 불안정한 강산류이다.
③ 증기는 공기보다 가볍다.
④ 공기 중 증기는 점화원에 의해 폭발한다.

09. 과염소산의 성상 중 틀린 것은?

① 강산화제이다.
② 물과 심하게 반응하고 발열한다.
③ 고농도의 것은 유기물과 접촉하면 혼촉발화 또는 폭발한다.
④ $BaCl_2$은 분해억제 안정제이다.

10. H_2O_2의 성상 중 틀린 것은?

① 물 및 C_2H_5OH에 잘 녹는다.
② 물과 접촉하면 안정하나 발열한다.
③ 고농도의 것은 햇빛에 의해 분해한다.
④ 특유의 냄새가 난다.

11. **과산화수소에 관한 설명 중 틀린 것은?**

① 저장용기는 공기가 통하지 않게 마개를 꼭 막아둔다.
② MnO_2와 접촉하면 심하게 분해한다.
③ 불연성 물질이지만 가열하면 산소를 발생한다.
④ 강산화제이다.

12. **과산화수소의 분해요인 중 틀린 것은?**

① 온도를 높일 때
② 농도가 증가할 때
③ 직사광선을 받을 때
④ 인산과 반응할 때

13. **보관 중 인산 등의 분해방지 안정제를 첨가하는 제6류 위험물에 해당하는 것은?**

① H_2SO_4
② H_2O_2
③ HNO_3
④ $HClO_4$

14. **알루미늄분 + 과염소산의 혼합물이 반응할 때 발생하는 것은?**

① 수소
② 산소
③ 메테인
④ 황화수소

15. **다음 화학물질 중 제6류 위험물에 속하지 않는 것은?**

① HNO_3
② $HClO_4$
③ H_2O_2
④ H_2SO_4

16. **질산의 성질 중 틀린 것은?**

① 불연성 물질이다.
② 가열하면 적갈색의 유해성 가스를 발생한다.
③ 물과 접촉하면 발열한다.
④ 비휘발성 물질이다.

17. **질산의 성상 중 틀린 것은?**

① 햇빛에 의해 분해하고 담황색으로 변한다.
② 습한 공기 중에서 발열한다.
③ 비점이 낮아서 쉽게 휘발한다.
④ 금속분과 접촉하면 다량의 N_2 가스를 발생한다.

18. **HNO_3의 성상 중 틀린 것은?**

① 금속분과 반응하면 가스를 발생하지 않는다.
② 톱밥 속에 HNO_3이 침투되면 발화한다.
③ 가열하면 O_2를 발생한다.
④ 강한 산화력을 가진다.

19. **황산과 질산의 비교 중 틀린 것은?**

① 황산은 비휘발성이고, 질산은 휘발성이 강하다.
② 물과 접촉하면 발열량은 황산보다 질산이 크다.
③ 모두 가열하면 O_2를 발생한다.
④ 아연, 마그네슘, 알루미늄분말과 접촉하면 황산은 H_2를 발생하지만 질산은 발생하지 못한다.

20. **과염소산 또는 질산이 다음의 물질과 접촉 혼합하면 발화에 이르지 못하는 것은?**

① 유기과산화물 ② 황린
③ 나트륨 ④ 삼산화크로뮴

21. **제6류 위험물의 취급방법으로서 틀린 것은?**

① 건조사로 위험물의 비산을 방지한다. ② 습기가 많은 곳에서 취급한다.
③ 소화 후에는 많은 물로 씻어 내린다. ④ 피복이나 피부에 묻지 않게 주의한다.

22. **대통령령으로 정한 산화성 액체 위험물의 공통 성질이 아닌 것은?**

① 자신들은 모두 불연성 물질이다.
② 물보다 무겁고 물에 녹기 쉽다.
③ 과산화수소를 제외하고 강산성 물질이다.
④ 제1류 위험물과 혼합하면 환원성이 증가한다.

23. **과염소산 저장 및 취급으로 옳지 않은 것은?**

① 반드시 습기 많은 곳에서 취급한다. ② 피부 접촉하면 물로 충분히 씻는다.
③ 통풍이 잘 되고 찬 곳에 저장한다. ④ 가연성 유기물과 떨어진 곳에서 취급한다.

24. **진한 질산이 손이나 몸에 묻었을 때 응급처치 방법 중 가장 먼저 해야 할 일은?**

① 묽은 황산으로 씻는다. ② 암모니아수로 중화시킨다.
③ 다량의 물로 충분히 씻는다. ④ 수산화나트륨 용액으로 중화시킨다.

25. 다음 중 과염소산의 성상 중 올바른 것은?

① 흡습성이 강한 고체이다.
② 매우 불안전한 강산류이다.
③ 물과 반응하여 조연성 가스를 발생한다.
④ 공기 중 증기는 점화원에 의해 폭발한다.

26. 다음은 제6류 위험물의 공통적 성질에 대한 설명이다. 틀린 것은?

① 비중은 물보다 크다.
② 피부에 닿으면 매우 위험하다.
③ 일부는 분해하면 인체에 유해한 가스가 발생한다.
④ 비휘발성 액체로서 에탄올과 반응하면 탈수작용을 한다.

27. 다음 중 제6류 위험물에 해당되는 것은?

① 염산(HCl)
② 폼산($HCOOH$)
③ 아세트산(CH_3COOH)
④ 과염소산($HClO_4$)

28. 법령에서 정의한 제6류 위험물인 진한 질산의 비중은 얼마 이상인가?

① 1.49 이상
② 1.69 이상
③ 1.89 이상
④ 1.29 이상

29. 제6류 위험물 취급방법으로 옳지 않은 것은?

① 습기가 많은 곳에서 취급한다.
② 소화 후 많은 물로 씻어 내린다.
③ 피복이나 피부에 묻지 않게 주의한다.
④ 소량 누출하면 마른 모래나 흙으로 흡수시킨다.

30. 과산화수소의 저장 방법으로 올바르게 나타낸 것은?

① 착색병에 100% 넣고 밀봉해서 건조한 곳에 둔다.
② 폴리에틸렌병에 90% 이상 넣어 밀봉해서 보관한다.
③ 가스를 빼는 마개가 붙은 폴리에틸렌병에 90% 이하 넣어서 둔다.
④ 가스를 빼는 마개가 붙은 내산 유리병에 100% 넣어서 양지바른 곳에 둔다.

31. 제6류 위험물의 취급에 관한 설명 중 틀린 것은?

① 소화작업 중 저장용기의 냉각을 위해 용기벽에 주수한다.
② 분해를 촉진하는 약품과의 접촉은 피하는 것이 좋다.
③ 가연물과의 접촉을 피하는 것이 좋다.
④ 화재 중 할로젠화합물 소화약제가 가장 적당하다.

32. 다음 중 과산화수소의 성질을 잘못 설명한 것은?

① 상온에서도 서서히 분해한다.
② 분해하면 산소를 방출한다.
③ 36wt% 이상은 위험물에 속한다.
④ 밀봉된 용기에 넣어 완전 밀폐하여 보관한다.

33. 다음은 질산의 성상에 관한 설명이다. 맞는 것은?

① 질산은 비휘발성 물질이다.
② $KClO_3$와 혼합하면 안정한 질산염이 생성된다.
③ 자신은 불연성 물질로 강한 환원력을 갖고 있다.
④ 「위험물안전관리법」상 질산의 비중이 1.49 이상을 위험물로 간주하고 있다.

34. 과산화수소(H_2O_2)의 성질에서 틀린 것은?

① H_2O_2는 무색 또는 엷은 파란색으로 특유의 냄새가 나는 액체이다.
② 유리용기에 장기간 보존하지 않도록 한다.
③ 과산화수소는 석유, 벤젠에는 녹지 않는다.
④ 농도가 높아질수록 과산화수소는 안정하여 분해하기가 어렵다.

35. 다음은 제6류 위험물에 대한 설명이다. 틀린 것은?

① 무기화합물이다.
② 자신들은 불연성 물질이다.
③ 물보다 무겁고 물에 녹기 쉽다.
④ 강한 환원력을 모두 가지고 있다.

36. 다음은 진한 질산의 성질에 관한 설명이다. 틀린 것은?

① 부식성이 강하다.
② 강한 산화작용을 한다.
③ 물과는 임의로 혼합하고 발열한다.
④ 진한 질산을 가열하면 분해하여 H_2가 발생한다.

37. 제6류 위험물의 공통된 특징은?

① 유기화합물 ② 환원성 물질
③ 가연성 물질 ④ 산화성 물질

38. 다음 제6류 위험물 중 강한 표백작용과 살균작용을 하고, 장기간 저장 중에는 유리용기 사용을 자제해야 하는 것은?

① $HClO$ ② H_2O_2
③ H_2SO_4 ④ HNO_3

39. 진한 질산의 위험성과 저장에 대한 설명 중 적당하지 않는 것은?

① 부식성이 크고 산화성이 강하다.
② 황화수소와 접촉하면 폭발을 한다.
③ 일광에 쪼이면 분해되어 O_2를 발생한다.
④ 저장 보호액으로는 물이 안전하다.

40. 질산의 성질에 관한 설명 중 옳은 것은?

① 금·백금 등 귀금속을 녹인다.
② 가열 또는 햇빛에 의하여 H_2 가스가 발생한다.
③ 황(S), 인(P), 탄소와의 혼합물은 가열해도 반응하지 않는다.
④ 강한 산성을 나타내며 68% 수용액일 때 가장 높은 끓는점을 가진다.

41. 과산화수소에 대한 설명으로 틀린 것은?

① 저장용기는 밀봉, 밀전하여 보관한다.
② 직사일광을 피하여 냉암소에 저장한다.
③ 이산화망가니즈와 반응하면 O_2 기체가 발생한다.
④ 농도가 진한 것을 피부와 접촉시키면 물집이 생긴다.

42. 과염소산 취급 시 주의사항이 아닌 것은?

① 누설하면 톱밥에 흡수시킨다.
② 가연성 물질과는 멀리 저장한다.
③ 물과의 접촉을 피하고, 밀봉·밀전하여야 한다.
④ 용기는 직사광선을 피하고, 통풍이 잘되는 찬 곳에 저장한다.

43. 제6류 위험물의 공통된 특성으로 옳지 않은 것은?

① 과산화수소를 제외하고 강산성 물질이다.
② 무기화합물이며 물보다 무거운 액체이다.
③ 자신들은 모두 불연성 물질이다.
④ 물과 반응하여 발열하고 연소한다.

44. H_2O_2에 관한 설명 중 틀린 것은?

① 물보다 무겁다.
② 산화제이지만 환원제로서도 작용한다.
③ 에터에 녹지 않으며, C_6H_6에 녹는다.
④ 분해방지 안정제로는 인산, 요산 등이 사용된다.

45. 다음 중 할로젠간화합물이 아닌 것은?

① BrF_5 ② IF_5 ③ ICl_3 ④ I_2O_5

46. 제6류 위험물의 공통적인 특성으로서 틀린 것은? (단, 과산화수소는 제외한다.)

① 센 산화력이 있다. ② 가열하면 발화한다.
③ 물로 희석하면 발열한다. ④ 피부나 의류에 닿으면 부식시킨다.

47. 강산 중 질산의 성질에 관한 설명 중 올바른 것은?

① 가연성 액체이다. ② 환원제로 이용된다.
③ 물에 희석할 때 발열한다. ④ 무색 결정이며 가열하면 O_2가 발생한다.

48. 제1류 위험물과 제6류 위험물의 공통 성상은?

① 금수성 ② 가연성 ③ 산화성 ④ 자기반응성

49. $HClO_4$이 물과 접촉한 경우 일어나는 반응은?

① 중합반응 ② 연소반응 ③ 연쇄반응 ④ 발열반응

50. 산화성 액체 위험물에 적응하는 소화설비가 아닌 것은?

① 스프링클러설비 ② 포소화설비
③ 할로젠화합물소화설비 ④ 물분무소화설비

정답

01.① 02.④ 03.④ 04.② 05.③ 06.④ 07.① 08.② 09.④ 10.② 11.① 12.④
13.② 14.① 15.④ 16.④ 17.④ 18.① 19.② 20.④ 21.② 22.④ 23.① 24.③
25.② 26.④ 27.④ 28.① 29.① 30.③ 31.④ 32.④ 33.④ 34.④ 35.④ 36.④
37.④ 38.② 39.④ 40.④ 41.① 42.① 43.④ 44.③ 45.④ 46.② 47.③ 48.③
49.④ 50.③

부록 I

대형화재와 소방전술

1. 대형화재사례

1) 인천 D 보세창고 폭발·화재

[개관]

일시 : 1979.8.13. 23:54

각지 : 1979.8.13. 23:57

진화 : 초진 : 1979.8.14. 08:00

완진 : 1979.8.14. 09:35

인명피해 : 부상 104명

재산피해 : 창고 6동 소실, 위험물 및 수입 화학약품 등 140종 3,000여톤 소실, 창고 인근주택 200여동의 마루와 천장이 내려앉고 지붕 9,700여평, 주택 500여 가구의 유리창 6,300여평 및 가재도구 등의 파손으로 총 16.5억원에 이름. 주요 위험물로는 메틸에틸케톤퍼옥사이드 248톤, 카본블랙 219톤, 페인트 15톤, 파라핀왁스 19톤, 아세톤 4톤 등이다.

[원인]

화재 당시 창고는 슬레이트지붕으로 되어 있었으며 복사열을 방지할 수 있는 단열처리나 최소한의 자연환기설비도 없는 밀폐창고로서 위험물 허가량을 초과하여 제1류 위험물(산화성 고체)과 제4류 위험물(인화성 액체) 및 제5류 위험물(자기반응성 물질)을 동일 저장소 내에 저장하고 있었으며 기상은 30℃가 넘은 무더운 날씨로서 낮 동안 직사광선을 받아 창고 안은 40～50℃까지 온도가 상승하였다.

이때 가연성 위험물인 메틸에틸케톤퍼옥사이드, 아크릴산메틸 및 케톤류와 강산화성 고체인 $NaClO_2$과 $NaNO_3$이 상호 혼합·화합하면서 자연발열이 일어나고 혼촉에 의해 자연발화가 일어났다.

[위험물]

구분 \ 위험물	아염소산나트륨 $NaClO_2$	질산나트륨 $NaNO_3$	메틸에틸케톤퍼옥사이드 $(CH_3C_2H_5CO)_2O_2$	아크릴산메틸 $CH_2=CH-COOCH_3$
유별	제1류 위험물	제1류 위험물	제5류 위험물	제4류 위험물
성상	강산화제로서 백색 또는 결정성 분말. 175℃에서 분해·발열한다.	강산화제로서 무색 투명 또는 백색의 결정체. 가연성 물질에 대한 연소성을 촉진시킨다.	유기과산화물로서 열 및 일광에 의해 분해. 산화성 물질 및 강산류와 접촉하면 혼촉발화를 일으킨다.	가연성 액체로서 휘발성이 강하다. 인화점 −2.8℃, 비점 −80℃, 1℃ 이상에서 중합이 용이해진다.

저장방법	외부 충격방지. 차고 건조한 장소에 저장한다. 유기물, 가연성 물질과 격리시킨다.	물리적 손상방지. 가열·충격·마찰 방지. 가연물, 종이, 목재와의 접촉 방지	통충, 환기가 잘 되는 찬 곳에 저장한다. 산화성 물질, 강산류, 인화성 액체류와의 접촉 방지	액체의 누출 및 유증기의 누설 방지. 산화성 물질과 격리 저장. 가열, 화기엄금
소화방법	주수소화	주수소화	대량 저장은 일제살수식 스프링클러설치. 대규모 화재에 대비하여 분산시키고 부근 화재는 물로 저장용기를 냉각시킨다.	분말, 포, CO_2로 질식 소화한다. 대규모화재 때는 안전거리를 유지한다.
용도	섬유, 펄프의 표백	비료, 염료, 화약	중합촉매	도료, 접착제

[경과]

메틸에틸케톤퍼옥사이드가 저장된 창고에서 폭죽과 같은 소리와 함께 불길이 치솟았고 이 후 4~5분 간격으로 큰 폭음과 함께 연쇄폭발을 일으키며 2시간여만에 창고전체로 번졌으며 100여 m가 넘는 불기둥이 치솟았고 5개동의 창고 550평, 야적장 1,600여평과 50 m 거리에 있는 S창고(수입 생고무, 생사 등 저장) 200여평을 태우고 화공약품 3,000여톤을 폭발과 함께 태웠다.

폭발음은 마치 집중포화를 당한 듯이 연속적으로 계속되었고 사고현장에서 4 km 떨어진 지점도 대낮처럼 밝았다.

여기서 [$NaClO_3$ + $CH_2=CHCOOC_2H_5$]의 경우 최대반응열이 840 cal/g이므로 혼촉발화 가능성이 있으며 [MEKPO + $NaClO_2$], [MEKPO + $NaNO_3$], [MEKPO + $CH_2=CHCOOC_2H_5$]의 경우도 강산화제와 불안정한 가연성 물질의 혼합이므로 혼촉발화 위험이 높다.

더욱이 밀폐된 창고의 실내온도가 40~50℃이고 당시 습도가 80%였으므로 위험물 간에 상호 혼합하면 분해·중합·흡습 및 산화작용 등으로 자연발열하고 그 열이 축적되면서 화재가 발생하였다.

[방어활동]

화재접보 즉시 소방차 30여대, 소방관 170여명이 동원되었으나 연기와 유독가스 때문에 진화작업이 곤란하였고 주민대피에 주력하였다. 점차 불길이 누그러지자 화학차로 진화작업을 본격적으로 개시하여 일단 화재를 제압하였으나 유류 드럼통이 간헐적으로 폭발하였다. 사고지점 1 km 지점에 10만드럼 용량의 저유탱크가 있었고 바로 곁에 송유관이 통과하고 있었으나 폭발 및 화재 발생 후 50분후 송유관 차단으로 유류의 피해는 없었다.

화재와 동시에 계속된 폭발로 발생한 파편 등으로 현장 소방대의 접근이 곤란하였다.

[대책]

① 위험물 창고는 「위험물안전관리법」의 옥내저장소 기준에 적합하게 설치 및 유지·관리하여야 한다. 지붕의 단열조치와 함께 내부에 발생한 유증기의 외부 방출을 위한 배출설비 또는 환기

설비의 설치가 선행되어야 한다.

② 허가 용량을 초과하여 위험물을 저장하지 않도록 해야 한다. 적량 초과할 때 안전관리상 제반 문제가 발생할 수 있기 때문이다.

③ 허가 품명 외의 성질이 다른 물질을 한 창고에 혼합 저장함으로서 혼촉발화 또는 위험성의 발생을 초래하였으므로 특히 유별이 다른 위험물과는 함께 저장하여서는 안 된다.

④ 수입 위험물을 편의에 따라 저장 분류하던 방식을 지양하고 법령상의 유별 위험물로 분류하여 저장, 관리하여야 한다.

⑤ 평소에 화재예방을 위한 제반 조치와 함께 소방훈련을 철저히 하여 초기 화재진압 및 화재 확대방지에 체계적으로 대응할 수 있어야 한다.

⑥ 평상시의 위험물 안전관리 상태를 수시 안전점검 하여 화재예방에 주력하여야 한다.

[교훈]

유별을 달리하여 위험물은 동일 위험물 저장소에 함께 저장할 수 없다는 기본원칙의 준수가 필요했다. 체계적이고 과학적인 물품관리와 안전수칙의 이행을 철저히 함으로써 완벽한 화재예방을 할 필요가 있다.

2) 알루미늄분 화재·폭발

[화재개요]

1986. 12. 27. 시즈오까현 스소노시의 알루미늄 제조공장에서 알루미늄 폭발화재로 7명의 사상자(사망 2, 부상 5)를 발생하였다.

이 알루미늄 제조공장에서는 알루미늄을 용해·압연·가공·포장작업을 주로 하고 있으며 화재가 발생한 베라실은 베라(박 압연, 박 가공에서 나오는 박의 부스러기, 분말을 배관으로 옮겨 흡퍼 속에 쌓고 베라로 눌러서 덩어리 형태의 알루미늄으로 만드는 기계)가 낡았기 때문에 고장방지를 위해 연말 휴일을 이용하여 기계를 교체하려 하였다.

이 교체작업을 협력업체에 의뢰하였으며 7명의 종업원과 함께 공장에 도착하여 오전 중에 베라실의 알루미늄 찌꺼기(조각)를 제거하기 위한 청소를 하였으며 오후부터는 해체작업에 들어가 흡퍼 상부의 철판을 용접기에 의해 용단하기 시작했다. 용단할 때의 불꽃이 부근의 알루미늄 분말에 착화했는데 CO_2소화기로 소화시킬 수 있었다.

두번째 몸체(추녀안)의 ㄷ형강 속에 퇴적되어 있던 알루미늄 찌꺼기에 착화했다. 협력업체의 종업원은 초기소화 때는 회사의 지침수칙에 따라 소화기로 소화토록 하였기 때문에 주위에 있던 CO_2 소화기 및 분말소화기 5대로 소화에 임했다. 그러나 출화장소와 ㄷ형강이 접해 있어서 간격도 없고 또 위치도 나빠서 소화하기 어려운 장소였기 때문에 소화시킬 수 없었다. 그러던 중 갑자기 화재가 확대되어 우왕좌왕하고 있을 때 갑자기 부근에 있던 수도호스로 물을 뿌렸는데 수초 후에 베라실의 지붕과 외벽이 모두 파괴되고 초기화재에 임했던 7명 중 1명 사망, 3명 중상을 입었고, 부근의 회사직원 1명이 경상을 입었다. 중상자중 1명은 6일 후 병원 치료 중 사망하였다.

[화재진압]

현장도착 소방대는 회사책임자의 부재로 적절한 협의나 상황파악이 곤란하여 소방활동에 지대한 영향을 끼쳤다.

먼저 도착한 소방대는 알루미늄 공장이므로 물을 뿌려서는 안 되는 장소가 많음을 알고 후착대에게 무선으로 방수하지 않도록 연락하는 한편 공장 내의 구내 도로를 지나 박 가공공장 베라실 부근으로 진입하였다.

슬레이트 파편이 어지럽게 흩어져 있었지만 연기의 양은 적었다. 이미 화재현장에서는 부상자가 발생했다는 통보를 받고 확인해보니 3명이 안면 및 전신에 화상을 입고 있어서 즉시 수송하였다. 자체소방조직은 폭발과 동시에 부근에 있던 종업원 수명이 소화기 몇 대와 옥외소화전 2곳으로부터 호스를 꺼내어 배관을 덮고 있던 보온재 등에 방수하여 화재확대를 방지하였다.

[교훈 및 대책]

이 화재는 금속화재이고, 분진화재이며, 폭발화재 3가지 요인을 가진 위험물의 복합화재이고, 특수한 화재로 볼 수 있다.

알루미늄은 전해용, 촉매, 내화물 등에 사용되는 산화알루미늄(Al_2O_3), 알루미늄염의 제조, 피혁제품의 마무리에 사용되는 질산알루미늄[$Al(NO_3)_3$], 그밖에 황산알루미늄, 수산화알루미늄 등 다종다양하므로 일반적인 알루미늄의 성상을 보면, 공기 중 산화 피막을 형성하고 덩어리의 경우는 공기 중 연소하기 어렵지만 잘라낸 부스러기는 일단 조심해야 한다. 특히 미세한 분말이 되면 인화·폭발에 주의함과 동시에 연소하고 있는 알루미늄 분말에 물을 뿌리면 폭발할 우려가 있다.

타고 있는 알루미늄 부스러기에 물을 부었기 때문에 화학반응이 급속히 진행되고 H_2가 발생해서 갑자기 폭발하였다.

$$2Al + 6H_2O \longrightarrow 2Al(OH)_3 + 3H_2\uparrow$$

알루미늄의 발열량은 196.7 kcal/g으로 상당히 고온이며 분말화재에는 물을 뿌릴 수 없으므로 산소의 차단효과가 큰 소화기로 CO_2나 분말소화기로 소화할 때 연소 중인 표면은 어느 정도 억제가 가능하지만 내부의 중심부(알불)까지 소화하기는 곤란하다.

아무튼 물 이외의 소화설비를 충분히 설치할 필요가 있고, 용접 용단 작업 전에는 깨끗이 청소하고 이번 사례와 같이 추녀의 ㄷ형강에 퇴적된 알루미늄을 완전히 제거해야 한다.

이번 화재에서 보듯 “불”에는 “물”이라는 관념은 금속화재와 같은 금수성 물질(제3류 위험물 화재와 유사) 화재에는 적응되지 않으며 특히 알루미늄분은 위험성이 크고, 그 밖의 금속이라도 절삭 조각이나 분진은 저장·취급·폐기할 때 주의가 필요하다. 산업 쓰레기와 함께 버려진 알루미늄 조각 폐기물에서 화재가 발생했다면, 그 내용을 모르고 방수했을 때는 오히려 H_2의 발생으로 폭발 또는 화재확대를 가져올 수 있다. 알루미늄 분말이 들어있는 용기 중에서 화재가 발생했을 때 습기 찬 모래로 용기를 충만시켰다면 질식소화 되기는커녕 오히려 2차적인 H_2가 발생하여 폭발이 일어난 사례가 있었다.

따라서 금수성 물질에 대해서는 적응 소화설비의 설치, 경방카드의 정리 및 활용, 화재출동 중인 소방대에 대한 통보, 자체소방조직의 현장상황 훈련실시, 화재현장에서의 적절한 소방전술이 필요하다.

3) 사이클로헥세인 폭발

[개관]

1974.6.1. (토) 16:53 영국 나이프로사 카프로락탐 제조공장에서 대폭발 사고가 있었다. 재해를 일으킨 플릭스보로(Flixborough)공장은 런던의 북방 약 250 km에 위치하고 있었다.

당시 카프로락탐 생산량은 연산 약 70,000톤으로 세계 전체의 1/7을 차지하였으며 증설계획을 가지고 있었다.

카프로락탐의 DSM법에 의한 제조방법은 다음과 같다. 이 공장에서 사이클로헥세인(C_6H_{12})을 촉매를 이용하여 공기산화하여 사이클로헥산온을 얻는 프로세스에서 발생하였다.

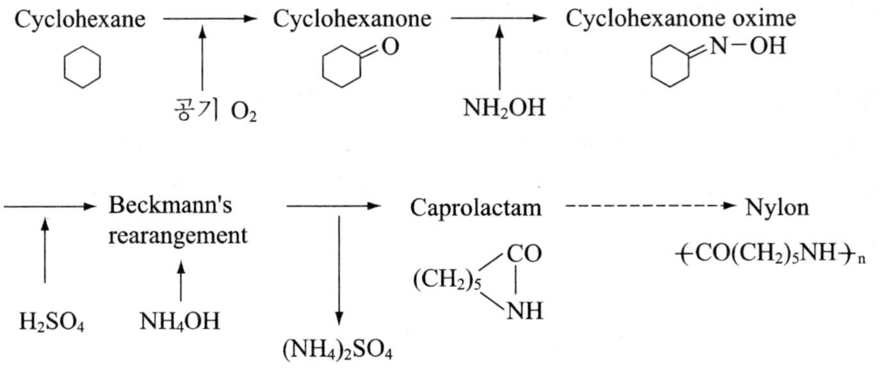

〈그림 17〉 **카프로락탐 제조공정**

[폭발사고에 의한 손해]

2계열인 사이클로헥세인은 플랜트의 서쪽 계열의 반응조에서 다량의 사이클로헥세인이 누설하여 폭발사고가 발생했다. 폭발을 일으키기 직전에 플랜트 전체가 안개상의 증기운(vapor cloud)을 형성, 대폭발을 일으킬 때 맹렬한 화염을 동반하였다.

그 후 여러 차례 소폭발이 이어지고 화재는 50시간에 걸쳐 많은 소화방법을 동원하여 겨우 진화하였으며 공기 중 나온 흑연은 약 30 km 거리에서도 관측되었다. 피해는 플랜트 2기 전소, 3층 사무실 본관 완전도괴, 컨트롤룸은 전파 소실하였고 여기서 다수의 사상자 발생, 실험실 도괴, 증류 플랜트는 전소, 황산암모늄[$(NH_4)_2SO_4$]창고 전소, 황산 플랜트 반파, 카프락탐 탱크군은 폭발을 일으켜 윗부분이 비산하였으며 화재 발생 최후까지 소화하였다. 인접한 액화 암모니아의 용량 1,000톤의 구형 탱크는 파괴는 면하였지만 엥카볼트가 횡으로 휘었다.

사망 28명, 부상 105명이었다. 공장에서 약 1.5 km 이내의 민가에는 지붕, 벽 등의 파손된 가옥이 44동, 창유리가 파손된 것은 약 5 km 이내에 200동 이상이었다.

[폭발 및 화재발생의 경과]

사이클로헥산온 플랜트는 그림과 같이 No.1～6, 6기의 산화반응조가 상호직렬로 연결되어 있다. 조간의 간격은 약 1.2 m로서, 조 사이는 내경 71 cm의 직관으로 연결되어, 각 반응조는 개스킷 방식을 위해 상호간에 약 35 cm의 계단차가 있으며 각 조의 크기는 직경 약 3.6 m, 높이 약 6.3 m, 용적 약 66 m^3, 스테인리스강의 팽팽히 당긴 연강제로 내압은 8.8 kg/cm^2, 온도는 155℃였다.

사고의 6주 전에 서측의 계열 No.5의 반응조에 균열이 발견되었다. 이를 위해 No.5 반응조를 제거하고 그림과 같이 No.4 및 No.6을 연결, 반응조간격은 6 m였다.

그림 (b)에 나타낸 바와 같이 Z자 형태의 굴곡인 직경 51 cm, 길이 1.2 m의 각각의 벨로즈를 지지한 단관을 연결하였다. 일반적으로 벨로즈는 축 방향의 응력에는 강하지만 축에 직각방향의 응력에는 약하다. 또 가배관의 지지가 충분하지 않는 경우에는 Z자 형태로 굴곡진 연결관이 압력 또는 온도의 변화에 따른 굴신(屈伸)작용을 행할 때 응력은 벨로즈의 축에 대하여 횡방향에서 걸리기 쉽다.

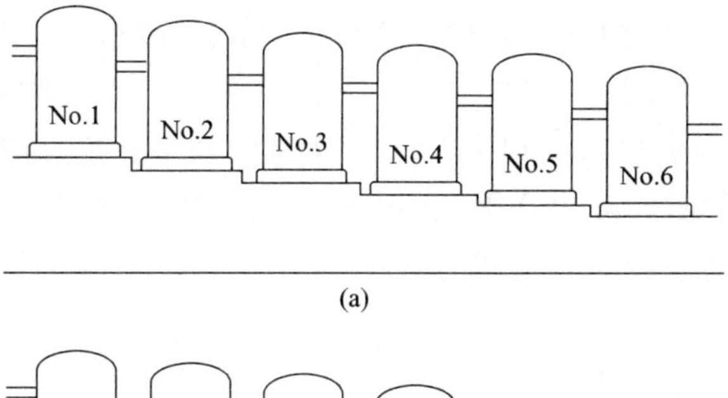

(a)

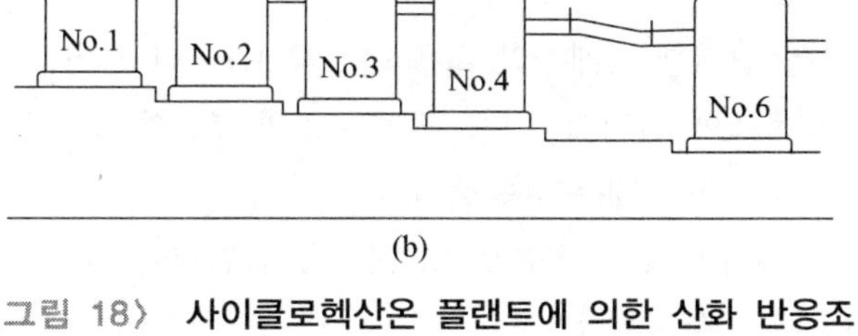

(b)

〈그림 18〉 **사이클로헥산온 플랜트에 의한 산화 반응조**

사고의 초기는 이 연결관이 무슨 원인에 의해서 반응조에서 탈락하여 내용물의 사이클로헥세인이 대량 누설한 것으로 추정한다.

사고 당시 당국자는 이때 분출한 사이클로헥세인의 양을 45초 사이에 약 75톤, 또는 1분 10초 사이에 150～200톤으로 추정하고 있다. 또는 일련의 반응장치 중에 보유되고 있는 사이클로헥세인의 총량은 약 400톤에 달하였지만 최초의 폭발에 관여한 양은 70톤 전후로 추정된다.

[사이클로헥세인의 증기압과 온도]

증기압(mmHg)	온도(℃)	증기압(atm)	온도(℃)
60	14.7	2	106.0
200	42.0	5	146.4
400	60.8	10	184.0
760	80.8	30	257.5

[사고의 원인 및 경과]

1. 반응조 내부의 혼합가스 폭발의 가능성

산화반응조 No.4 및 No.6을 직접 연결한 가배관의 탈락이 이 사고의 최초였다면 반응조 또는 가배관의 내부에서 사이클로헥세인 증기는 도입된 공기와 동시에 폭발성 혼합가스를 형성하고 배관 탈락의 사고는 이 혼합가스 폭발이 원인으로 되어 일어난 것은 아니지만 일단 생각하기 쉽다. 반응조 내부의 온도는 155℃였기 때문에 사이클로헥세인의 증기압은 6.1 kg/cm^{2}이다.

반응조 내부의 압력은 절대압으로 9.8 /cm^{2}이 되면 조 내에 있어 기상의 조성은 사이클로헥세인 증기 62.3% + 공기 37.7%가 된다. 그런데 사이클로헥세인 증기의 연소범위는 상온 상압에서 1.2～8.3%이다. 일반적으로 탄화수소의 상한계는 압력 또는 온도의 상승과 동시에 증가하는 것이지만 반응조 내부의 기상의 조성은 사이클로헥세인 증기 62.3%를 초과하기 힘들므로 반응조 내부에서의 폭발은 어렵다.

2. 배관의 균열과 증기폭발

No.4 및 No.6의 반응조를 연결한 가배관의 내용적은 약 1.1톤의 사이클로헥세인이 충만하고 있어 배관의 전중량이 양단의 벨로즈에 걸리게 된다. 또 벨로즈의 부분에 소균열이 들어가면 가배관 내의 액체의 일부에 이 소균열을 통하여 내부에 분출한다.

이때 가배관의 내부에 충만하고 있는 고온의 액체는 급히 압력이 감소하기 때문에 평형상태를 상실하여 순간적으로 과열상태로 옮겨진다.

과열상태의 액체는 매우 불안전하여 액체의 내부에 끓음이 생기고 기포가 급히 생성할 때, 배관 내의 액체는 급팽창으로서 내압이 크게 발생한다.

그 결과 가배관의 벨로즈에 생긴 소균열은 확대하여 배관의 일단은 반응조에서 이탈하고 관의 액체는 끓어서 구멍을 통해 분출하게 된다.

이 때문에 배관은 작용을 받아 완전히 반응조에서 이탈하고 낙하한다. 즉 고온·고압 상태에서 사이클로헥세인은 이 같은 조건에서 증기폭발을 일으킨다.

3. 배관 탈락 후의 반응조의 증기폭발

반응조에서 가배관이 완전탈락할 때, No.4 및 No.6의 2개의 반응조의 측면에는 각각 직경 71 cm의 원형의 개구부가 생기게 된 셈이 되었다. 각 반응조 내에는 155℃의 사이클로헥세인(사이클로헥산온 포함) 약 50톤이 내장되고 있어, 그 압력은 9.8 kg/cm^{2}였으므로 측벽의 71 cm 개구부를 통해 사이클로헥세인 증기가 격렬하게 분출하였다.

4. 증기운의 착화와 화재

사이클로헥세인 75톤이 증기폭발에 의해 플랜트에서 분출한 것으로 가정하면 일부는 순간적으로 기화하고 일부는 안개상으로 되어 증기운은 플랜트 주변의 지상으로 확산되어 나갔다.

또 당일은 무풍 상태였으며 증기는 지상 약 1 m의 층높이로 확산하면 그 면적은 약 21,000 m^{2}가 되며 직경 160 m 전후의 원형의 영역을 장악하여 주요 제조공정을 점하는 결과를 가져왔다.

착화원은 일설에 의하면 수소플랜트 또는 탈황장치 등이라지만 확실치 않다. 기온 15℃에 있어서 사이클로헥세인의 증기압은 61 mmHg로서 공기 중의 농도는 8.0%에 해당된다.

위와 같이 사이클로헥산온 플랜트를 중심으로 확대한 증기운에 무슨 착화원으로 인화가 일어나면 폭발범위 내에 있는 혼합가스 내를 연소파는 급속히 전파하여 광범위하게 격렬히 가스폭발을 일으킨다. 그 폭풍에 의해서 누설가스는 산란시켜 공기 중에서 폭굉을 일으키고 이 가스폭발에 의해 직접적 피해범위는 사이클로헥산온 플랜트를 중심으로 직경 160～200 m 전후의 지역 내에 있는 건물과 설비에서 그에 가까운 공장전체로 화재 폭발이 일어났다.

실제 이 가스 폭발에 의해 직접 대파괴를 받아 사무실 본관 실험실, 컨트롤룸 등에서 옥사논 플랜트, 카프로락탐 플랜트, 증류 플랜트, $(NH_4)_2SO_4$ 비료창고 등에 화재가 발생하고 그 주변의 플랜트의 가연물이나 제품탱크가 연소하였다.

구내의 수개의 카프로락탐의 원통탱크(용량 약 1,000 m^3)는 화재에 의해 내용물은 용융하여 액상으로 되었으며, 그 액면에서 위쪽의 탱크시설은 화염을 받아 고온으로 되고 강도가 열화되는 한편, 액체의 열분해에 의한 가스압력의 증가에 의해 탱크상반부는 파괴되어 비산하고 대폭발을 일으킴과 동시에 파이어볼(fire ball) 형성과 불기둥이 올라가면서 내용물도 연소하였다.

이 사고 발생의 최초에는 가배관의 탈락에 의한 비정상적인 액체의 분출음이 들렸으며 결국에 가스폭발에 의한 최대 폭발음과 드럼통이나 제품탱크의 파열에 의한 소폭음이 연속하여 들렸다.

[폭발사고의 예방대책]

이 사고는 그 피해의 규모가 매우 크고, 약 8만평의 공장시설이 거의 파괴되어 공장사고 중 최대의 것이다. 그러나 이 사고를 일으킨 최초의 것은 반응조에 부착된 가배관의 벨로즈 1개에 생긴 작은 균열이라 추정한다. 이 균열을 통하여 액체의 누설이 시작, 가배관이 탈락하고 결국 연쇄적으로 고압 사이클로헥세인의 증기폭발이 일어났으며 그 결과로서 순식간에 대량의 사이클로헥세인의 유출을 초래, 누설증기의 확산, 인화점에 의한 폭발에 의해 대화재 폭발이 발생, 전 공장이 파손되었다. 내부에 고온고압의 가연성의 사이클로헥세인 1.1톤의 충만한 전 길이 6 m의 가배관의 양단을 벨로즈로 지지하는 구조는 불안정하고, Z자상의 배관에 굴곡이 가 있기 때문에 지지물의 유무에 관계없이 벨로즈에 이상응력을 피할 수 없었다. 게다가 일반적으로는 증기폭발의 위력에 대하여 잘 알려졌지만 고압용기 내에 저장된 고온액체가 가진 잠재적 위험성에 대해 충분히 지식을 가질 필요가 있다. 특히 그것이 사이클로헥세인과 같이 가연성 액체가 있는 경우 잘 알고 있어야 한다.

또 사이클로헥산온 플랜트 프로세스에는 위의 위험성을 포함하여 알고서 플랜트의 설계와 공사의 시공을 하지 않으면 안 된다. 따라서 No.1～6의 6개의 산화반응조가 설계를 통해 순조롭게 운전되었다면 전체사고는 없었을 것이다. 이 사고는 No.5 반응조를 제거하고 No.4 와 No.6 반응조를 가배관에서 연결하여 운전을 개시할 때 발생했다.

즉, 본래의 설계가 아닌 임시조치를 행하여 운전을 재개한 것을 미경험의 위험을 가지고 있다. 또 사전검토에 있어서도 위험 예측이 없었고 본래의 설계가 아닌 임시공사에 의한 운전은 중지되어야 한다.

혹은 No.5의 위치에 예비의 산화반응조를 설치하여 정상적으로 투입되었다 하더라도 일상점검 때 발견하도록 노력하고 플랜트의 수리공사에 착공이전에 안전공학의 전문기술자에 의한 사전 정밀점검 실시요망되며 이 폭발사고에서 배울 수 있는 것은 사고발생 후의 피해에 대비하여 안전거리의 충분한 확보와 실제에 있어 경과에 대한 기구를 정확히 알고 사전 예측하는 방법을 배우며 최초의 발단이 되는 소규모사고를 예방하는 구체적인 대책을 강구하도록 노력해야 할 것이다. 아무튼 이 대형사고의 교훈으로 화학공장에 대한 위험성평가를 과학적으로 연구하는 계기가 되었다.

4) 그리스 테살로니키 유조소 화재

1986.2.24. 그리스의 테살로니키(Thessaloniki)에 있는 유조소(oil terminal)에서 대화재사고가 발생하여 7일 후에야 진화되었다. 이 사고에는 직경 40 m의 원유탱크의 boil over, 직경 85 m의 원유탱크의 둘레에 링화재(ring fire), 연료유탱크의 boil over로 인한 내용물 분출, 바닥면의 파손 등이 발생하였고, 유조소의 탱크 12기 중 10기가 화재를 일으켰고 지상 화재가 유조소 부지의 75%에 이르렀다. 또 소화 주배관이나 고정소화설비가 모두 파손되어 소화활동이 매우 곤란하게 되었다.

[유조소의 개요]

사고장소는 수도 아테네에서 북방 약 300 km 지점에 위치하고 있었다. 에게해에 면한 그리스 제2의 도시로서 북부의 행정·문화·경제의 중심지역이다. 인접국인 옛 유고슬라비아와 60 km 떨어져 있다.

재해 유조소는 이 테살로니키 교외의 공업지역이며 가까운 해상 입출하 시설과 파이프로 연결되어 있다. 이 유조소에는 원유, 연료유 및 가솔린을 저장한 12기의 고정 원추형 탱크 및 부유식 탱크이며 이중 9기는 1970년대 초에 건설하여 사용하고 있었다.

남은 3기 탱크는 최근 건설한 것이며 그 중 2기는 사용하지 않은 것이다. 부대설비로서는 탱크로리 출하설비, 제어실 겸 사무소 보일러실, 소화펌프 등이 있다.

유조소의 배치도는 그림과 같으며 남측에는 다른 유조소가 있고 그 가장 가까운 탱크는 약 60 m 거리였다.

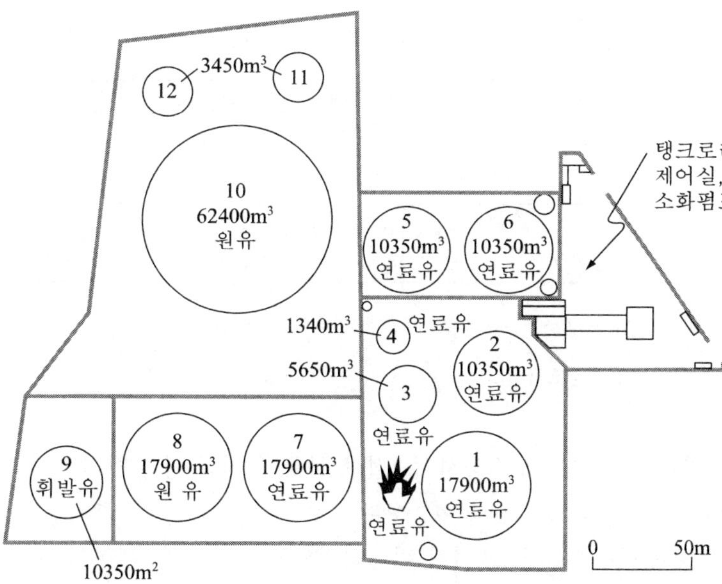

〈그림 19〉 **유조소 배치도**

[화재 및 소화활동의 상황]

화재의 시간적 경과에 따른 화재상황은 다음 표와 같다.

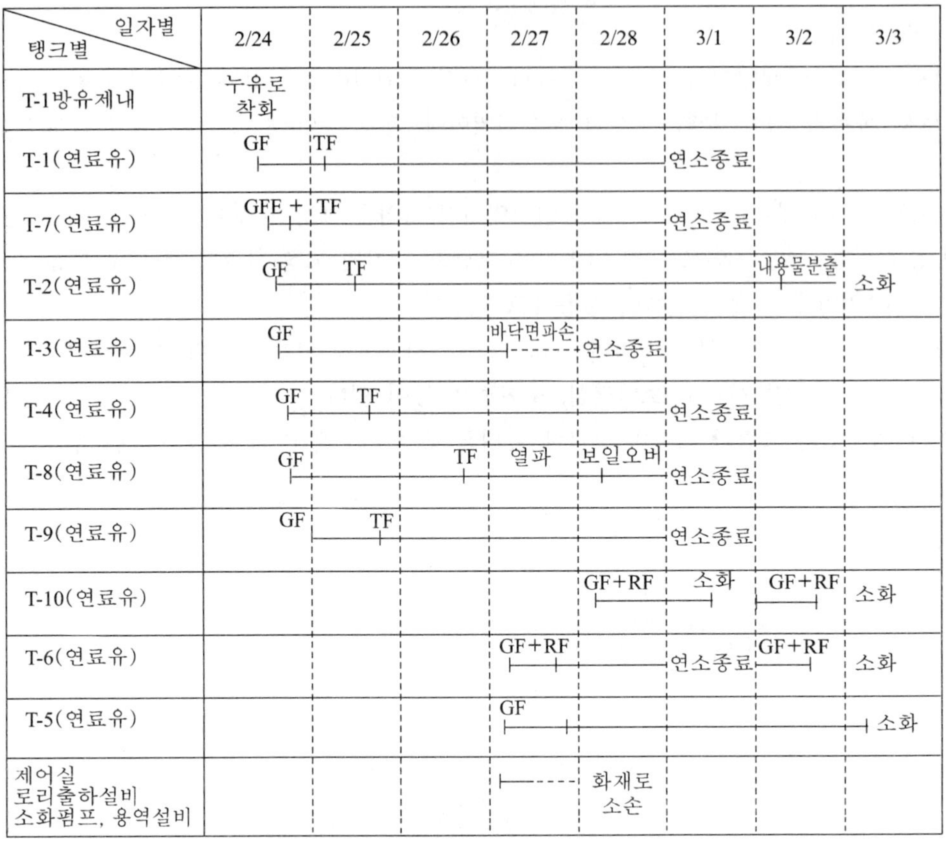

GF : 방유제 내의 지상화재
TF : 내압상승에 의한 지붕판이 파열된 후 전면화재
RF : 링화재
E : 탱크폭발

① 연료유탱크 T-1의 방유제 내에서 보수공사 중 절단 불꽃에 의해 방유제 내의 누출유에 착화하여 소화재가 발생했다.

② 화재는 방유제 내의 누출유 및 마른 풀까지 확대되었으며, 방유제를 관통한 도랑을 통하여 탱크 T-7과 탱크 T-8이 인접한 방유제로 옮겨 갔고 이 방유제 내에서도 누출유가 탔으며 화재는 연료유탱크 T-7의 예열기의 봉우리로 확산되었다.

③ 유조소의 종업원은 지상화재를 가반식 소화기로 소화하려 하였고, 지원 관설 소방대에의 통보는 약 30분 후였기 때문에 관설 소방대의 현장도착이 지연되었다.

④ 도착한 관설 소방대 및 자체 소방대원의 소화활동과 관계없이 폭발로 파열한 탱크 T-7에서 기름이 연소하면서 계속 유출하였기 때문에 방유제 내의 지상화재 제어는 불가능하였다. 화재는 쉽게도 대량의 원유를 저장하고 있는 탱크 T-8로 확대되었다.

⑤ 한편, 광역에서 관설 소방대 및 육군 소방대가 소방활동을 위해 현지에 점차 도착하였으나 도

로의 정비가 불충분하였기 때문에 소화활동이 곤란했다. 각 소방대도 소화용 포원액이 부족하게 되어 다음날 결국 화재가 T-9로 확대되었다.

⑥ 화재가 더욱 확대할 위험성이 있었기 때문에 인접 유조소의 재해 유조소에 면한 탱크군 및 인접 화학공장의 암모니아 저장소의 내용물이 외부로 이송되었다.

⑦ 바람의 영향 때문에 화재는 더욱 탱크 T-1,2,3,4의 방유제 내로 확대했다.

⑧ 화재발생 후 2일간에 CRT T-1,2,3,4,7,8,9의 합계 7기의 탱크 중 6기가 지상화재의 방사열에서 내압이 상승하고 지붕판이 파열되어 전면화재를 일으켰다. 6기의 화재는 내용물이 완전연소하였다.

⑨ 7기중 1기 탱크 T-3은 화재 4일 후 내압상승에 의해 측판과 바닥면이 계속 파열, 내부의 연료유 전량이 화염 중에 누출되었으며 이 때문에 지상화재가 한꺼번에 확대하여 제어실, 탱크로리, 출화설비, 보일러실 및 소화펌프실에서 화재가 발생했다. 또 연료탱크 T-5 및 T-6, 2기가 지상화재로 되어 내압상승에 의해 지붕판이 파열 전면화재로 확대되었다.

⑩ 전면화재를 일으킨 탱크를 원유탱크 T-8은 화재 후 5일 후에 boil over를 일으켰다. Fire ball이 약 300 m 높이까지 올라갔으며 착화한 기름이 탱크에서 150 m 거리까지 날아가 떨어져 주의를 요했다. 이 때문에 지상화재가 광범위하게 확대되어 직경 85 m의 원유탱크 T-10의 모든 주위가 ring fire를 일으켰다.

⑪ 지상화재 및 탱크화재의 유조소는 외부로 확대되었으며 소화설비 및 프로세스 배관은 큰 장해를 받아 사용 불가능하게 되었다. 또 다수의 소방대원이 불에 휩싸여 위험하게 되었고 소방차 1대가 탔다.

⑫ 화재의 제어 불가능하게 되어 충만된 대형 원유탱크 T-10이 boil over를 일으킬 가능성이 있었기 때문에 소방지휘관은 소방대원의 퇴거명령을 내리고 인근 외국에의 응원을 요청했다.

⑬ 산업화재 전문가, 외국에서의 응원 소방대, 소방자재 및 대량의 포원액이 5일 후 저녁에 도착했다. 진압전술을 재조정하며 실행에 옮겼으며 또한 토제의 유출방지제나 중점지점에의 도로가 가설됐다.
대체의 소화용수 공급설비를 가설하고 가반식 포소화 설비를 준비하고, 대형 원유탱크의 원밸브 주변의 지상화재를 소화하고 이들의 파괴에 의한 대량 누출 방지를 도모함과 동시에 대형원유 탱크 ring fire를 소화하고 탱크전면 화재 및 boil over의 발생을 방지하게 되었다.

⑭ 계획은 순조롭게 진전되었지만 화재 7일 후 타고 있던 연료유탱크 T-2에서 boil over 후 내용물 분출을 일으켜, 기름이 연소하여 주변으로 비산하였다. 대형 원유탱크 T-10이 재차 ring fire를 일으키고 그 주변의 지상화재도 재차 화세가 확대되었다.

⑮ 각 소방대의 공동작전이 주효하여 재차원유 탱크 T-10의 ring fire 및 주변의 지상화재의 소화에 성공했다. 화재 8일 후 최후까지 남은 연료유탱크 T-5의 화재가 진화되었다.

⑯ 진압활동에는 소방관 외에 육군부대 및 옛 유고슬라비아에서 온 공장 소방대도 포함되었으며

소방관 8명이 화상을 입었다.

⑰ 유조소 시설의 대부분은 화재로 소손되었으며 미사용의 탱크 2기가 그대로 남았고, 탱크 2기가 수리 가능한 상태로 남았다. 유조소에서 저장한 연료유, 가솔린 및 원유는 모두 화재로 연소했다. 남은 것은 대형 원유탱크(약 10만kL) 내의 원유였다.

[교훈]

1. 탱크지구의 작업환경 정비 및 화기사용 관리

화재의 발단은 용단작업의 불꽃에 의한 방유제 내의 누출유에 착화되었으므로 탱크지구는 누출유, 마른 풀 등의 가연물이 없도록 잘 작업환경을 정비하여 화재 중 연료원으로 되지 않도록 하여야 한다. 탱크지구 내에서의 화기사용 작업은 필요 최소한으로 하여야 하며 허가를 득한 화기사용 작업을 실시할 때는 다음과 같은 특별한 안전대책을 강구하여야 한다.

① 작업장소 주변의 가연물을 사전에 제거하고 필요한 화기 안전조치를 강구하여야 한다.
② 관계배관은 견고히 파지시켜야 한다.
③ 환경농도가 안전한가를 가스검지기로 정기적 또는 수시로 확인한다.
④ 소화호스, 가반식 소화기 등의 파손 방지 및 관리에 주의하고 감독관을 배치한다.

2. 인접 방유제 내에의 연소방지

화재의 초기단계에서 인접 방유제 내에의 연소가 일어났는데 이것은 콘크리트 방유제를 배수구가 관통하고 있기 때문이다. 연소방지 대책으로서는 탱크군의 배수계통 및 방유제의 구조의 적절한 설계, 시공 및 정비가 중요하다.

3. 고정식 CRT의 내압 상승 시의 안전조치

유조소 내의 고정 CRT 9기 모두는 지상화재가 되고 측판과 지붕판 또는 바닥판의 이음눈이 파열되었다. 내압 상승으로 이음부분이 파열한 메커니즘은 다음과 같다.

① 화재열에 의한 유증기의 생성
T-1,2,3,4,5,6(연료유), T-8(원유), T-9(휘발유) 이들 탱크는 외부화재로 되어 24~48시간 후에 파손이 일어났다.
② 탱크 내 폭발
T-7(연료유)가 내압 상승으로 파손된 원인은 연료유에 경질분 등이 들어갔기 때문에 기상부에 폭발성 혼합기가 생겨 지상화재의 불에 의해 개방 통기관에서 인화하면 폭발에 이른 것으로 보인다.
이 유조소에서는 탱크의 내압 상승에 대비한 안전대책으로서 탱크는 파손이 쉬운 지붕구조로

하는 설계방침이 채택되었다. 파손이 쉬운 지붕구조에 대하여는 측판과 지붕판의 이음방법이 다른 이음보다 약하게 하고, 지붕 위에 설비를 설치할 때는 충분한 배려가 있어야 한다.

또 탱크직경이 약 15 m 이하의 소형탱크의 경우에는 내압 상승에 탱크에 작용하는 상승력에 대하여 측판 중량이 부족할 가능성이 있어 그보다 강한 설계가 필요하다.

연료탱크 T-3이 측판과 바닥판의 이음눈에서 파열하는 것은 소형탱크의 파손이 쉬운 지붕구조의 설계 또는 시공 중에 문제가 있었기 때문이다.

4. 원유탱크에서 발생한 boil over의 대응책

직경 40 m의 고정 CRT T-8은 외부 화재로 된 결과, 내압 상승으로 지붕판이 파열하고 전면화재를 일으켜, 전형적인 boil over를 발생했다. 열파의 하강 전파속도는 일반적으로 1시간당 약 1 m이다. 따라서 이것을 계산에 의해 예정시간을 측정하여 이 시간대에는 탱크에의 접근을 억제시켜야 한다. 또한 탱크의 벽을 냉각시켜 열류층의 형성과 하강을 막아야 한다.

5. 연료유탱크에서 발생한 boil over 시의 내용물 분출에 대한 대응책

연료유탱크 T-2가 원유 boil over로 맹렬한 내용물 분출이 발생했다. 그것에 이르는 메커니즘은 다음의 열파 또는 열전도의 2개가 고려되지만 열전도의 가능성이 크다.

① 열파

이 메커니즘은 원유탱크의 boil over와 기본적으로 동일하다. 연료유가 알코올 또는 경질분과 섞이면 비점범위가 넓어지기 때문에 화재 시에 액면하에 미연소 중질분이 축적되고, 열파로 되어 하강한다.

탱크바닥의 수분과 접촉할 때 돌비현상이 일어나 기름이 연소하면서 분출한다. 동일 사례로서는 1982. 2. 베네수엘라의 카라카스 타고아발전소 화재가 있다.

② 열전파

연료유의 경우에는 외부의 지상화재 및 내부의 전면화재 때문에 장시간 화재열에 접하면 고비점의 연료유 전체가 고온이 되어 이윽고 바닥의 수분이 비점에 달하고 바닥에 체류한 물이 돌비현상이 일어난다. 연료유 등 비점이 물의 비점보다도 높은 기름류에서는 탱크의 직경이 적거나, 유면이 낮을 때, 이 현상이 일어날 가능성이 있다.

외부화재 및 내부 전면화재가 발생하여 시간이 길어지고 탱크 측판에 당하는 화염이 광범위하게 될 때 촉진된다.

6. FRT에서 발생한 ring fire의 대책

FRT의 ring fire는 조기에 소화하지 않으면 지붕판이 내려앉으며 전면화재로 이행할 위험이 있다. 원유탱크가 한번 전면화재로 되면 필히 열파가 생기고 전면화재를 소화시키지 못하면 머지않아 boil over가 일어나게 된다.

따라서 FRT의 ring fire 때는 소방전술상 boil over를 예측하고, 전면화재에의 확대가능성을 고려하여 대응할 필요가 있다.

7. 대규모 지상화재의 경우 소방전술

지상화재가 광범위하고 연소하는 원유를 포소화제로 소화작업하는 소방대원의 위험은 크다. 상당수의 소방대원이 호스의 연장이나 발포 노즐의 조작으로 종사하고 있으며 그 때에 소화한 부분의 포 피막이 파괴되고 재발화할 위험성이 있다.

① 소방대원의 위험으로부터의 노출을 적게 하기 위해 될수록 고정 포 모니터 등을 많이 사용한다.

② 지상화재를 소화할 때에는 포 피막을 지속적으로 집중 방사함으로써 점차 화재범위를 줄여야 한다.

③ 재발화가 일어날 때에는 소방팀 간에 상호응원하는 협력체제가 중요하다.

[결론]

이 유조소 대형사고는 소규모의 누출유 착화 사고가 어떤 경유로 인접 탱크화재로 발전하고 유조소 시설의 대부분이 소손한 전형적인 것이었다. 따라서 사전에 충분한 예방활동과 더불어 소방력의 확보를 통해 최소한으로 그칠 수 있도록 평소의 화재확대 방지노력과 대형화된 석유콤비나트일수록 주도면밀하고 과학적인 소방종합전술이 세워져야 할 것이다.

2. 대형탱크화재와 소방전술

1) 대형탱크화재 현상

(1) Boil over

원추형 탱크의 지붕판이 폭발에 의해 날아가고 화재가 확대될 때 저장된 연소 중인 기름에서 발생할 수 있는 현상이다. Boil over 현상에서는 기름의 표면부에서 장기간 조용히 타고 있는 동안 갑자기 탱크로부터 연소 중인 기름이 폭발적으로 분출되어 화재가 일시에 격화된다.

화재가 지속된 부유식 탱크나 지붕과 측판을 약하게 결합한 구조의 기름 탱크에서도 일어난다.

Boil over는 저장된 기름 표면부가 그 경질성분의 연소에 의해 중질화되어서 아랫부분의 연소 안 된 기름보다 비중이 커지면 표면 아래로 가라앉아서, 고온층을 형성하고 그 층의 연소에 의한 화재 액면이 타들어가면서 저하되는 것보다 빠르게 아래쪽으로 진행될 때 발생한다.

즉, 열유층(熱油層)이라 부르는 이 고온의 기름층이 아래로 가라앉아서 탱크의 바닥부분에 고인 물층 또는 물 에멀젼층에 이르면 뜨거운 열유층에 의해 비점 이상으로 가열되어 액압이 상승일 때 이 불안정한 상태가 된 물층이 어느 순간에 폭발적으로 끓어 올라와 상부의 뜨거운 기름과 함께 탱크 밖으로 분출시키게 된다.

Boil over는 기름탱크의 일종의 수증기 폭발이라 할 수 있다. 이와 같은 현상에서 보듯 boil over를 발생할 수 있는 기름의 종류로서는 보통 원유, 중유나 합성 혼합유 등이 있다.

위와 같이 상부 개방식 탱크가 원유 등과 같이 넓은 비점 범위의 기름을 저장하고 있을 때 화재에 의해 우선 표면부의 저비점 성분이 타기 시작하면 표면부에서는 경질성분은 증기로 되어 타 없어진다. 남은 중질의 고비점 성분은 표면에서 액중으로 가라앉아 고온층을 형성하게 된다.

이 고온층은 표면 아래 액중의 저온유에 열을 전달하고 표면 아래의 경질 저비점 성분이 표면부로 상승하여 타기 쉬운 연료를 공급하게 된다. 화재가 계속 됨에 따라 고온층이 커지고 액 밀도는 증가하며, 내용액의 온도가 150～300℃에 이르게 된다. 이처럼 열유층이 탱크 아랫부분에 있는 물층이나 물 에멀젼층에 이르면 우선 물이 과열상태까지 가열되고 이어서 수증기 폭발을 일으킨다. 물은 대기압 상태에서 100℃에서 비등하여 수증기가 타게 되는데 그 부피는 1,700배로 팽창한다. 이 수증기 폭발에 의해 연소 중의 표면부를 포함한 고온유와 가스가 탱크직경의 10배 정도로 커져서 비산한다. 1982년 12월에 있은 베네수엘라 타고아발전소 화재라던가, 어떤 boil over의 예로서 직경 330 m의 화염덩어리가 수백m 상공에까지 이른 경우도 있다. Boil over에 의한 비산거리는 고온층과 물의 접촉에 의해 생긴 수증기의 양과 기름에 따라 달라진다.

1964년 리오브라보에서 있었던 직경 28 m의 원유탱크 화재에서는 약 27 m 떨어진 높이 1.8 m의 방유제를 넘어 여러 방향으로의 지상화재로 번진 사례도 있다.

원유탱크 화재에서 언제 boil over가 일어나는가는 <표 24>에 있는 고온층의 연소속도를 통해 예측해 볼 수 있다.

또 기름화재는 표면에서 난 화재로서 그 아랫부분은 상온이라는 사실에서 탱크 외부측판에 물을 뿌려서 그 상태로부터 고온층을 예측하거나 탱크측판의 도료의 색깔의 변화 정도에 따라 예측할 수 있다. 탱크화재 진압 중 반드시 고려해야 할 사항 또 하나는 日本防災學會, タンク火災(東京, 全國可除法令出版)에 의한 고온층의 연소속도의 추이를 보고 boil over를 예측해 볼 수도 있겠다.

〈표 24〉 고온층의 연소속도

기름의 종류 및 상황		고온층 연소속도 (cm/h)	연소속도 (cm/h)
원 유	건성 (수분 3% 이하)	38～39	10～46
	습성 (수분 3% 이상)	43～127	10～46
중 유	건성 (수분 3% 이하)	8～50	8～13
	습성 (수분 3% 이상)	30～127	8～13

(2) Slop over

원유처럼 비점범위가 넓은 기름이 연소하는 경우에는 단 하나의 비점을 가진 기름의 연소와 달리 연소하고 있을 때 액체의 증류(蒸留)가 일어난다. 그래서 표면 가까이에 있는 뜨거운 중질성분과 그 아래의 차가운 경질성분이 바뀌어 들어가서 약 1시간 전후로 하여 거의 균일한 온도 분포를 이루게 된다.

원유탱크에는 원래부터 수분 또는 에멀젼 형태로 들어 있다. 수분이 탱크에 침전되어 바닥부분의 기름찌꺼기 속에 고여 있던 흙탕물(수분)이 0.2～0.3% 정도 된다.

탱크에 접속되어져 있는 배관의 물청소에 의해 들어온 공기 중의 습기 등 수분이 포함되어 있다. 만약 기름 속에 수분이 조금이라도 있으면 급격히 증발하여 기름거품이 되고 더욱이 팽창해서 급기야 기름탱크로부터 밖으로 내뿜어져 나온다. 이처럼 탱크상부로부터 기름이 넘쳐흐르는 현상이 slop over 현상이다.

이 현상은 원유탱크나 물의 비점보다 높은 고 인화점유의 소화작업 중 물 또는 포를 상부 화재 표면 위에 방사하였을 때 사례가 더 많았음에 경계하지 않으면 안 된다.

연소가 계속되어서 고온 중유층이 다시 기름 속으로 내려가서 결국 탱크 바닥에 이르면 바닥부분에 침적되어져 있는 수분을 급격히 가열시켜 끓게 하고 기화 팽창에 의해 발생한 압력으로 상부의 기름을 탱크로부터 뿜어 나오게 된다.

고온층의 발생은 기름의 비점이 넓은 것으로, 상당히 중질의 비휘발성유를 포함하고 있는 것에 한정되어 있음은 알지만 어떤 원유속의 불순물이 고온층 발생에 관계하는지에 대해서는 아직 증명된 이론은 없다.

휘발유나 등유와 같은 석유 정제품은 비점범위가 좁으므로 균일하게 연소해서 고온층의 생성은 없고 또 정제된 디젤유나 경유에서는 중질분을 거의 포함하고 있지 않기 때문에 고온층의 형성은 어려운 편이다.

(3) Froth over

Froth over는 원유나 중유탱크의 화재 중에 일어나는 boil over 현상과 관련해서 원유, 중유 등 고점도의 기름 속에 수증기를 포함한 볼 형태의 물방울이 형성되는데 이것은 고점도유로 쌓여있는데 이러한 액적(液滴)이 생겨 탱크 밖으로 넘치는 현상이다. 이것은 boil over 현상과 밀접한 관계를 가지고 있다.

(4) Fire ball

Fire ball은 대량으로 증발된 가연성 액체가 갑자기 연소했을 때 커다란 구형의 불꽃을 발한다.

이 fire ball의 생성형태는 가연성 액화가스가 누출되어 지면 등으로부터 흡수된 열에 의해 급속히 기화한다. 결국 액화가스는 정상적으로 증발이 되어 확산되며, 개방공간에서 증기운(vapor cloud)을 형성한다. 여기에 착화해서 연소한 결과 fire ball을 형성한다. 현실적으로는 대형탱크 화재의 경우 화재의 열에 의해 유증기를 순간적으로 다량 방출하여 예측하지도 못한 상태에서 폭발과 동시에 fire ball을 형성하는 때가 많다.

(5) 블레비(BLEVE)

BLEVE(boiling liquid expanding vapor explosion)란 비등상태의 액화가스가 기화하여 팽창하고 폭발하는 현상이다. 예를 들면 LP가스 탱크가 화재에 노출되면 가스가 증발하여 탱크속의 압력이 상승하기 때문에 안전밸브 등으로는 파열을 막을 수 없다.

계속 가열되면 탱크 일부가 파괴되어 그 때까지 탱크 내부에 평형 상태로 있었던 기상부와 액상부가 압력이 방출되기 때문에 평형이 깨어진다. 이것을 보상하고 열역학적으로 평형이 되도록 하는 데는 상압 고온의 액상부가 급격히 증발해서 기체로 되는 수밖에 없다.

이 때문에 내용물은 미세화 되면서도 격렬한 기세로 증기와 부딪쳐서 이것을 파괴하면서 동시에 외부로 분출한다. 이때 주위에는 이미 불꽃이 존재하기 때문에 즉시 이 증기운에 착화하여 폭발적인 연소를 일으킨다.

Fire ball은 지표면 부근에서 생기고, 이것이 공기 중에서의 거대한 fire ball로 성장하는데 비해 BLEVE는 폭발을 수반하므로 파편이 중심에서 1,000 m 이상까지 날아가며 화염전파속도는 대략 250 m/s 전후이다.

2) 소방전술

대형화재 또는 대규모화재 현장에 있어서 상황판단과 출동 진압대의 활동에 대한 규제는 화재방어의 승패를 좌우하므로 현장지휘는 중요하다.

(1) 원추형 탱크(CRT)화재

① 인화·폭발의 판단과 대책

위험물탱크 화재 중 탱크 외벽의 변색 여부를 살피고, 인접 탱크 부근의 가연성 가스를 가스측정기로 누설여부를 조사한다. 그리고 탱크에 설치된 고정소화설비의 가동여부를 신속히 확인하여야 한다.

인화·폭발의 위험이 있다고 판단되는 경우는 대량주수에 의한 냉각을 시킬 수 있도록 최우선하여 소방력을 배치시킨다. 고정용 소화설비가 가동되고 있지 않는 경우는 관계자에게 즉시 가동하도록 하고 고정소화설비에 공급되는 물의 양과 소방대가 사용하는 물의 사용량을 적절히 조절할 필요가 있다.

② Boil over 및 Slop over의 예측

Boil over의 경우는 탱크측판의 표시도료의 변색 여부를 통해 저장 중인 기름의 양과 온도를 예측한다. 또는 탱크측판에 방수하여 수증기의 발생 유무 및 발생 정도에 따라 고온층의 위치를 예측할 수 있고 고온층의 강하속도를 약 1 m/h로 가정하고 시간적 경과에 따른 계산에 의해 저장량을 예측한다.

Boil over가 발생하기 몇 분 전에는 화염이 갑자기 눈에 띄게 높아지거나 급격히 빛을 발하고 지글지글하는 소리가 격렬해진다. 또한 기름 덩어리가 기름 표면으로부터 흩어져 날아오른다. Slop over의 경우는 탱크 꼭대기 부분과 바람 부는 아래쪽에 수증기의 발생에 수반된 엷은 연기가 발생하고 지글지글하는 소리만 난다. 이때는 모든 소화종사자와 장비를 철수시키고 무인화된 장비에 의해 화재진압 형태로 재배치하여야 한다.

③ 소화활동

원추형 탱크의 지붕 부분의 일부 또는 전부가 화재에 의해 파손되는 경우 소화의 수단도 다양해진다. 이 소화활동은 그림처럼 체계적이고 보완되어야 한다.

A의 경우 : 탱크 내 주수소화 엄금, slop over를 일으킨다.

B의 경우 : 주수소화 엄금, 탱크의 적열 부분에 물이 접촉하면 뜨거운 물 또는 수증기가 쏟아져 소화종사자에게 장애를 줄 수 있다.

C의 경우 : 탱크 내의 상부 기름층은 탱크벽의 적열 부분으로부터 1.5 m 이하 정도이다. 이 부분에도 함부로 주수하여서는 안 된다.

D의 경우 : 냉각주수는 탱크 아래쪽으로부터 ① → ② → ③순으로 행하고 열유층의 범위를 확인하고 천천히 안전하게 상부 쪽으로 주수한다.

E의 경우 : 소화활동은 대개 풍상으로부터 행하고 어쩔 수 없는 경우는 바람의 수평에서 행한다.

F의 경우 : 포방사는 동시에 그리고 대량 집중방사한다. 포소화약제가 부족한 경우는 주위의 연소저지에 주력하여야 한다.

G의 경우 : 포방사는 한곳에 집중적으로 실시하고 멀리 살포하거나 화염과 닿는 경우는 효과가 없다. 또한 포방사로 인한 기름 표면을 휘젓지 않도록 하고 탱크 측판을 완충판을 활용하여 집중되게 한다. 포소화약제의 부족에 의해 포방사를 중단하면 slop over 현상을 유발하게 되며 소화효과도 감소되므로 필요량 이상을 확보하고 있어야 한다. 소화종사자는 방열복 등 안전장비를 착용하고 소화작업에 임하여야 한다.

H의 경우 : 고정소화설비가 작동되고 있는 경우는 연결송수구를 활용하여 소방대가 포를 투입할 수 있어야 한다.

I의 경우 : 방유제 내에 탱크측판 냉각으로 인해 물이 모이는 곳이므로 배수구가 막혀 있으면 물이 차서 boil over나 slop over 때는 방유제 밖으로 기름이 넘쳐 지상화재로 번질 수 있다. 따라서 평소에 배수구를 잘 정비하여야 한다.

J의 경우 : boil over의 요인은 탱크바닥에 고인 물층 또는 물 에멀젼층에 의해 일어나므로, 평소는 물론이고 화재 중에도 물을 밖으로 배출하기 위하여 적당량의 물을 고이도록 대형탱크의 경우 집수구를 설치하는 것이 좋다.

K의 경우 : 대형화재로 확대되는 경우 또는 화재진압이 어려운 경우는 탱크속의 기름을 빼내 파이프라인을 통해 빈 탱크로 이송시킨다면 화재진압에 부가적인 효과를 부여한다.

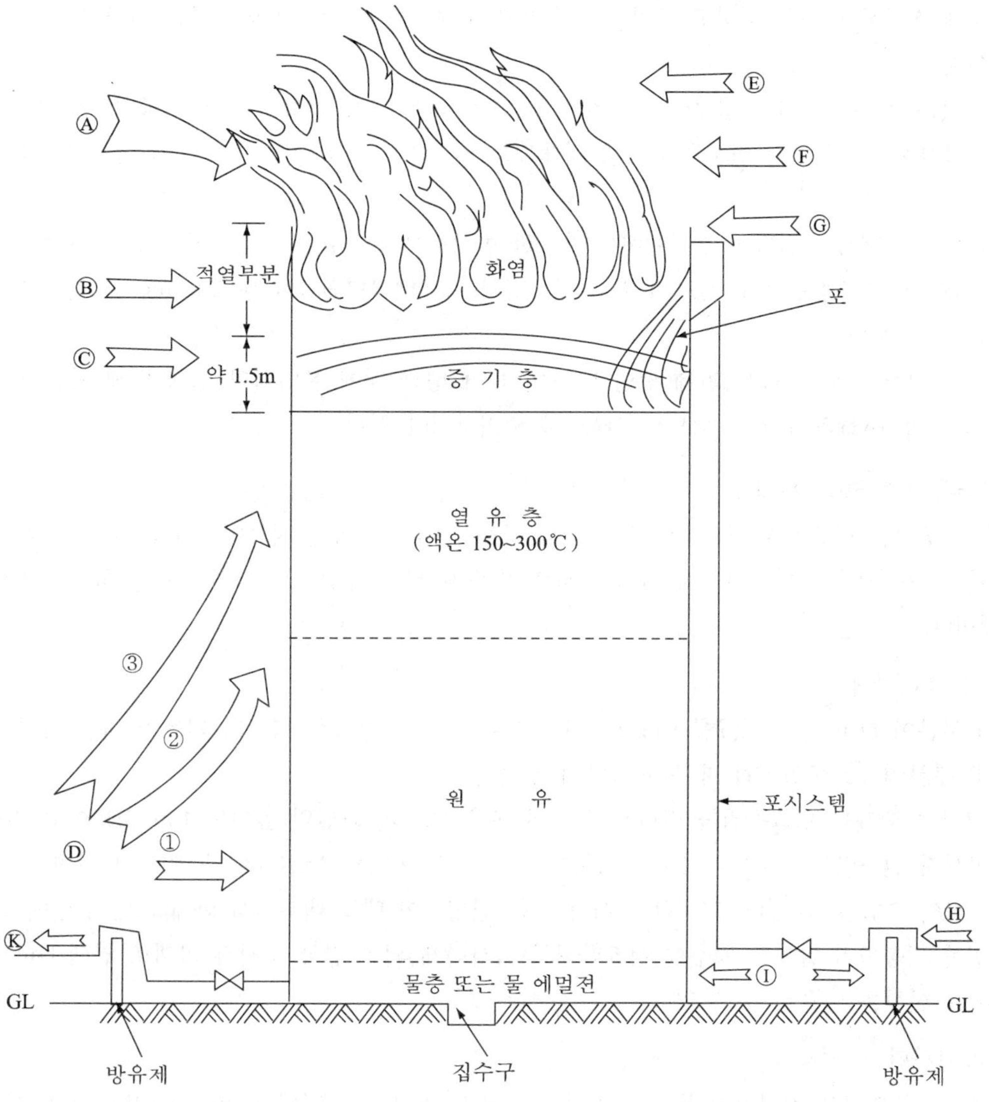

〈그림 20〉 **탱크화재에 대한 소화활동도**

위와 같은 일반적인 사항 외에 고려할 사항을 알아보면, 포방사는 탱크 등의 규모에 따라 방사각도를 정하고 재해의 규모와 호스를 잡고 부서하는 상황에 따라 일제히 포를 방사하여야 한다. 타오르고 있는 탱크 속의 유면은 탱크벽 적열 부분 아래쪽 1.5 m 정도의 위치이므로 이를 판단하여 적열부분에는 물을 뿌리지 않도록 한다.

또한 보조 포소화설비 또는 소방대를 통하여 방유제 중에 포를 방사하여 방유제 내 화재와 지상화재로의 확대를 막아야 한다.

고정포시스템 고장 때는 고가방수탑차 등을 이용하여 높은 곳으로부터 탱크 내에 포를 방사한다.

탱크 내에 직격하는 것은 피하고 측판을 이용하고 포방사를 중단없이 화재진압 때까지 계속 방사하도록 한다.

타고 있는 탱크는 시간이 경과함에 따라 탱크 측판 등이 열을 받아서 탱크 안쪽이 활 모양으로 휘어지고 아래로 가라앉아서 연소유가 유출 확대되는 일이 있으므로 이러한 부분에 집중적으로 냉각을 행한다.

탱크에 대한 냉각을 담당한 부서에서는 가능한 범위로부터 유효한 사정거리가 있는 방수총을 활용하여 포위하여 집중방수한다. 탱크에 방수하는 냉각수는 탱크벽면 1 m^2당 2 L/min 이상을 목표로 냉각범위를 결정한다.

냉각수를 뿌릴 때는 탱크측판에 닿아 반사된 물이 탱크 내에 유입되면 포에 의해 만들어진 막을 파괴하고 slop over의 원인이 되므로 사용 시 주의하여야 한다.

(2) 부유식 탱크(FRT)화재

부유식 탱크는 비교적 대형탱크로 사용된다. 화재에 의해 떠있는 지붕이 부력을 잃고 유면 아래로 침몰하는 경우 외에는 떠있는 지붕과 측판과의 빈틈에 있는 유면이 연소하는 ring fire가 보통의 화재형태이다.

① 화재의 형태

봉인 부분이 타고 있는 상태를 ring fire라 하는데 이것은 부유식 탱크의 외통과 내통 사이 공간인 씰(seal) 부분이 ○ 모양이기 때문에 그렇게 부른다.

이 규모의 화재는 탱크주위를 따라서 화재의 폭은 10 cm, 화염의 높이도 1 m 정도이고 지붕판이 있는 곳까지 연소면이 확대되더라도 화염폭은 2 m 정도, 높이도 3～4 m이다. 이 정도라면 쉽게 탱크에 접근하여 진압할 수 있다. 그러나 화재가 계속 진행되어 탱크 내부에서 화재에 열에 의해 폭발 등으로 인한 지붕판이 날아간 원추형 탱크화재와 흡사하게 되어 결국 장시간 화재로 인해 boil over와 slop over 현상을 일으킬 수도 있다.

② 상황판단

2차적 폭발 위험은 적지만 공통적인 소화활동 요령 외에, 연소범위가 ring fire인지 전면 화재인지를 확인한다. 원유 등의 저장량을 조기에 확인하고 떠있는 지붕의 위치를 확인하며 헬기 또는 고가사다리 등을 활용하여 탱크상부의 연소상황을 확인한다.

③ 소화활동

대형탱크 화재의 소화활동은 1차적으로는 탱크에 설치되어 있는 고정소화설비를 활용하고 고정포노즐에 의해 대량 분무주수하여 방사열을 차단한다. 또한 대형화학차, 특수차, 고가방수탑차, 무인방수탑차, 고발포차 등에 의해 화점에 접근하여 일시에 소화한다. 기타 사항은 원추형 탱크화재 소화활동과 같이 진화를 시도한다.

(3) 고정 지붕 부착 부유식 탱크화재

① 화재의 형태

화재·폭발로 인해 떠있는 지붕이 파손되고 부력이 없어져서 유면 아래로 침몰하는 경우 외에 화재의 상태는 ring fire의 형태에 그치지만 고정 지붕이 떨어져 있기 때문에 탱크 내부에서 화염의 영향에 의해 부유식 탱크에 비해 탱크상부 전면 화재로 이행될 위험성이 크다.

② 상황판단

원추형 탱크화재의 상황 판단에 준하고, ring fire의 형태가 고정 지붕으로 덮여있는 상황에서 탱크 외부로의 화염 분출은 풍하 쪽이 크기 때문에 잘 확인해야 되고 고정 지붕의 파손 상태 및 지붕의 상황을 확인한다.

③ 소화활동

포방사는 화염의 분출이 적고 탱크에 접근할 수 있는 초기인 경우는 탱크의 씰 부분에 포를 집중 방사하며 고정 지붕부분과 탱크본체 사이의 빈틈은 탱크 바깥쪽에서 아래를 향하여 개방되어져 있기 때문에 고가방수탑차 등에 의해 탱크 보다 높은 위치에서 포방사에 의한 소화는 곤란하다.

지상으로부터 이동식 방사포 등에 의한 포방사는 아래쪽으로 향해서 개방되어 있는 고정 지붕의 빈틈으로부터 포를 방사한다.

연소시간이 경과됨에 따라 떠있는 지붕과 고정 지붕의 중간 부분에 연소열이 축적되고 떠있는 지붕자체가 이 열로 인하여 파손되고 탱크 전면에 화재가 될 위험성이 크다.

(4) 방유제 내부화재

① 화재의 형태

방유제 내부의 화재는 파이프라인 등으로부터 기름이 누출되거나 탱크의 균열로 인해 누출된 기름이 화재가 되는 경우와 boil over, slop over에 의해 탱크에서 타고 있는 기름이 넘쳐서 화재가 되는 경우가 있다.

탱크화재에 의해 방유제 내부의 면적이 넓기 때문에 화재면적이 크고 더욱이 지반면과 거의 동일한 부분으로 연소한다. 따라서 탱크 및 주위의 시설 등이 받는 방사열도 크고 주변으로의 불길이 확대되어 지상화재로 확대될 위험성이 크다.

② 상황판단

방유제 내부화재는 탱크화재의 상황판단에 준하고, 특히 방유제 내의 화재상황, 탱크가 열을 받을 수 있는 면적 및 상황, 배수구의 이상 유무, 파이프라인의 기름누출 상황, 방유제의 면적, 주위의 위험물시설, 방유제 내의 소화수의 양을 확인한다.

③ 소화활동

소화활동은 방유제 내의 화재로부터 탱크화재로 번지는 것을 방지하는 것에 중점을 두고 즉시 포방사 태세를 확립하여 전환하여야 한다. 포방사를 할 때에는 탱크 측판에 포를 흘려보내듯이 행하며 방유제 내부의 화면을 탱크로부터 떼어 놓도록 한다. 또한 방유제 내의 연소면적에 따라서 풍상 또는 풍횡에 부서 배치를 중점적으로 행하고 탱크 측판에 포방사를 하여 화면을 탱크로부터 떼어놓고 순차적으로 방유제 내부에 포로 덮어나간다.

포에 의해 덮어진 부분에 대해서는 포의 막이 파괴되지 않도록 한다. 파이프라인 등에서 기름이 새어 나와 부분적인 화재가 된 경우 해당 부분에 대해 집중적으로 포방사를 행함과 동시에 원격조작을 통해 기름이 새는 것을 정지시켜야 한다.

탱크에서 기름을 빼내 이동시킬 때는 관계자와 충분히 협의 후 행하되, 탱크와 방유제 내에서 동시에 화재가 발생한 경우는 접근이 불가능할 때 주위 탱크에 불길이 번지지 않도록 냉각주수한다. 방유제가 큰 경우는 방유제 내의 기름화재를 제압한 후 탱크화재의 방어활동에 임한다.

방유제 내의 소화부대와 탱크소화부대를 편성 지정하고 높은 곳에서, 대량분무주수 등을 활용하여 방사열을 차단토록 한다. 방유제 내의 화재, 탱크화재에 필요한 대형화학차, 고가방수탑차 등의 무인방수포를 가능한 사정거리까지 배치하고 가능한 포위시켜 대량 포방사를 계속하여 화면에 집중시킨다.

(5) 방유제 외부화재

① 화재의 형태

방유제 밖의 화재는 배관 등에서 새어나온 기름이 화재가 된 것으로서 새어나온 기름의 양이 많고 적음에 따라 화재의 규모가 다르다. 또 해당 시설 배관의 상황에 따라 2차적 재해의 위험성도 크다.

② 상황판단

방유제 외부의 화재는 기름이 새는 면적이 화재면적이 되고, 또 부근시설의 상황에 따라 2차적 재해 유무를 판단하여야 한다. 초기단계에서는 기름이 새는 양이 크면 화재면적이 시간의 경과에 따라 넓어진다. 따라서 화재의 추이, 배관 및 시설의 상황을 검토하여 화재방어 전술을 세워야 한다.

③ 소화활동

화재규모는 새어나온 기름이 낮은 방향으로 흐르기 때문에 화재면적도 넓어지므로 이들의 추이에 따라 인접 탱크로의 화재가 번지지 않도록 하는데 중점을 두고 기름이 새어나오는 배관을 폐쇄한다.

바람의 위치와 방향을 생각하고 가능한 한 높은 곳에서 포를 방사한다. 탱크의 배관이 파손되어 밸브조작으로도 멈추게 할 수 없는 경우에는 탱크에 물을 넣어서 기름 표면을 높이고 바닥 부분에 물을 채운다. 이로 인하여 배관으로부터 유출되는 것은 물과 치환되어 소화할 수 있다.

기름이 새어나오는 화재는 바로 주변에서부터 소화시켜 한 방향으로 밀고 나간다. 압력탱크, 압력탑, 압력조에 대해서는 관계자에게 지시하여 압력을 낮추도록 한다.

새어나온 기름이 옆에 있는 도랑이나 홈 등으로 기름이 유출되면 생각지도 않는 지점으로 화재가 확대될 위험이 있으므로 중간에 완전히 차단하여야 한다.

탱크 내 화재나 유출된 기름에 의한 화재가 동시에 일어난 경우는 유출된 기름에 의한 화재로부터 소화시키는 것이 원칙이다. 유출된 기름에 의한 화재로부터 소화해 감으로써 주위의 시설에 불길이 번지는 것을 방지하고, 또 방사열의 감소로 인해 탱크에의 접근이 가능해진다.

(6) 플랜트화재(공장설비화재)

① 화재의 형태

화학공장 생산시설은 가연성 기체나 액체가 흐르는 배관이 낮은 곳 또는 높은 곳에 파이프라인으로서 설치되어 있다. 이들 배관으로부터 새어나온 기름이 반응탑의 폭발 등에 의한 화재가 플랜트화재이다. 따라서 화재도 낮은 곳과 높은 곳 혹은 지상면과 높은 곳의 입체적으로 양면에 걸쳐있는 경우도 생각할 수 있다.

또한 배관화재 때는 화재의 확대 또는 폭발을 일으킬 경우가 있기 때문에 소화종사자의 안전을 확보하고 관계자와 긴밀히 협의하여 기름이 새는 배관의 폐쇄 등 필요한 조치를 행하면서 소화활동에 임해야 한다.

② 상황판단

탱크화재의 소화활동에 준하되, 특히 화재가 일어나고 있는 배관 또는 장치의 종별, 위험물의 성질과 상태를 파악하며, 가연성 가스 분출화재 등에 의한 소화활동 중 사전에 위험성을 자세히 살핀다.

화재에 수반된 장치의 파괴 또는 각종 폭발의 예지, 2차적 재해의 발생위험 및 사고발생 억제를 위한 수단과 방법에 대해 검토한다. 재해 발생장소 또는 규모 등으로부터 필요한 소방력의 투입을 결정한다. 플랜트 제어실의 파악과 긴급차단장치의 유무, 긴급할 때의 조치 등에 대한 정보를 수집·활용한다.

③ 소방대지휘

소방대 활동은 강력히 통제되어야 하고 화재방어 수단을 확실히 결정한 후에 활동을 하여야 한다. 원칙적으로 재해가 발생한 플랜트의 운전을 긴급차단시킨다. 새어나온 기름 등의 확산을 방지하며 동시에 재해 발생장소의 앞뒤 밸브를 폐쇄하고 기름의 유출을 방지한다.

탑조류(塔槽類), 송유관 등에서 가연성 액체나 기체가 유출되어 인화되었을 때 폭연을 동반하는데 있다. 게다가 방유제가 없는 경우에는 유출된 기름 등이 단시간에 광범위하게 확산되고 화재가 확대될 위험이 있으므로 주의한다. 투입 소방력과 불길이 번지는 상황으로부터 피해확대 위험을 예측한다. 또 2차적 재해의 발생에 대비하여 소방대원의 행동가능범위를 제한한다. 화재의 열을 받아 파이프 접속부의 팩킹, 나사 부분이 헐렁해지면 뜨거운 위험물이 분출하고 불길이 번질 우려가 크므로 냉각시킨다.

④ 소화활동

플랜트화재의 소화는 타고 있는 물질들의 상황에 의해 직접 소화 또는 점화원의 차단에 의한 방법이 있다.

점화원의 차단을 행하고 적응 소화약제를 결정한다. 대량의 가스화재는 소화시키면 미연소 가스가 주위에 가득차서 폭발을 일으킬 우려가 있으므로 불기운이 강한 동안은 소화하지 말고 불길의 확대를 방지하여야 한다. 탑조류 시설에 대해서는 대개 포에 의한 소화효과는 적다. 왜냐하면 플랜트화재는 입체화재, 공중화재, 분출 분사화재, 낙하화재, 가스나 유증기의 화재, 압력을 동반한 화재로 나타나므로 포에 의한 질식소화는 효과가 없는데 이것은 거품이 형성될 만한 공간이 없어서 흘러내리기 때문이다.

따라서 탑조류 시설에 대해서는 연결 밸브 등의 폐쇄로 위험물의 흐름을 차단하는 것이 가장 중요하고 탑조류 상부화재는 폭발을 수반하거나 무너져서 파괴되는 일이 있어 접근이 곤란하므로 그대로 연소시켜 자연진화를 시키는 것이 좋다.

파이프류의 소화에는, 화재계통의 파이프에 N_2, CO_2 등의 불활성 가스를 봉입하여 소화시키며, 입체적인 고압가스시설을 가진 위험물시설은 포소화약제 사용범위가 큰 폭으로 제한되므로 대량, 고압송수에 의한 소화를 행한다.

화염에 노출되고 있는 금속 부분에 가능한 한 빨리 냉각주수하고 이어서 밸브를 닫아서 연료 공급을 중지시키고 화염을 소화시킨다. 소화활동 중 고정모니터설비, 소화전을 병행하여 이용하면 매우 좋은 효과를 가져온 예가 많으므로 적극 활용하여야 한다.

소화활동 중에는 불길이 번져서 2차 폭발을 일으킬 위험이 있으므로 부주의하게 접근하는 것을 피하고 동시에 방수포 등을 활용하여 소화종사자의 안전에 유의하며, 소화활동 중에 예상밖의 폭발에 의해 파편 등의 비산이 있을 수 있으므로 견고한 시설 공작물을 차폐물로 이용하는 등 위험방지에 노력하여야 할 것이다.

폭발 화재의 경우는 배관, 각종기기의 파손장소에서 날아온 파편에 의한 부상에 주의한다.

구조활동 중에는 위험물 배관 등이 복잡하게 설치되어 있으므로 소화활동을 하는 가까운 곳부터 안전 여부를 확인하고 폭발로 생긴 수직 공간, 기존의 배수구나 맨홀 등에 빠지지 않도록 주의하여야 한다.

⑤ 화재확대 방지

탱크화재의 일반방법 외에도 인접 위험물시설에 불길이 번지는 것을 방지하기 위해 주력하고 냉각주수하여 인접건물의 플랜트가 제2차 화재, 폭발을 일으키지 않도록 수막(水幕)을 만들어 방사열을 차단함과 동시에 상황에 따라서는 인접 플랜트의 가동을 정지시키고 압력을 제거하거나 낮춘다. 또 비교적 온도가 낮은 플랜트의 경우에는 직접 물을 뿌려 방사열을 차단시킨다.

⑥ 기타

소화설비 및 기자재의 활용과 자체소방조직과의 연계에 긴밀히 관계자와 협조하고 재해가 발생한 플랜트는 시간의 경과에 따라 온도가 내려가고 시스템 내의 압력이 낮아지며 파괴를 일으키는 일도 있으므로 불활성 가스를 시스템 내부에 봉입하는 방법을 강구한다. 대형화재의 경우는 해당 관할 소방서에만 의존할 수 없으므로 관련 기업 간의 상호지원 체제, 지역 유관기관과의 소방응원체제를 잘 정비하여 효과적인 화재방어 전술이 종합적이고 체계적으로 이루어지도록 하여야 한다.

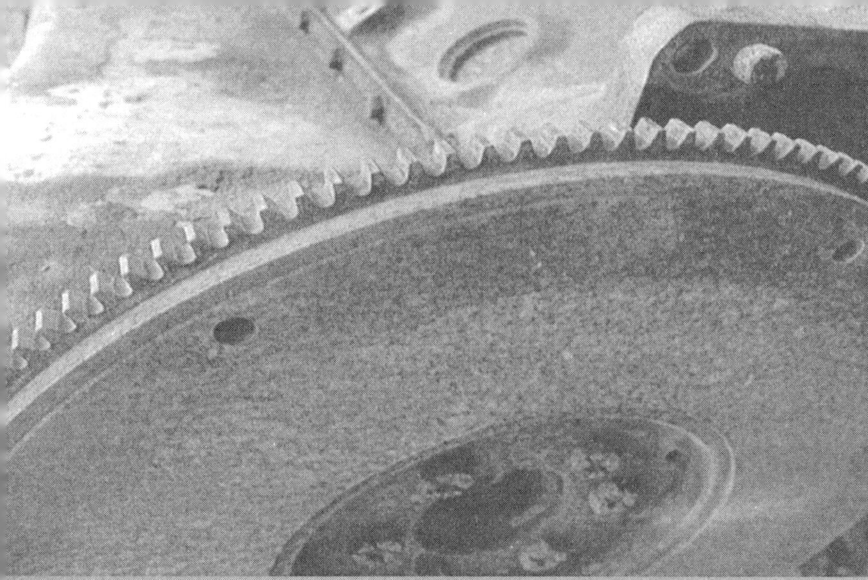

부록 II

제5류 위험물의 시험 및 판정

1. 폭발성 시험 및 판정

1) 폭발성 시험방법

폭발성으로 인한 위험성의 정도를 판단하기 위한 시험은 열분석시험으로 하며 그 방법은 다음에 의한다.

(1) 표준물질의 발열개시온도 및 발열량(단위 질량당 발열량을 말한다. 이하 같다)

① 표준물질인 2,4-다이나이트로톨루엔 및 기준물질인 산화알루미늄을 각각 1 mg씩 파열압력이 5 MPa 이상인 스테인리스강재의 내압성 쉘에 밀봉한 것을 시차주사(示差走査)열량측정장치(DSC) 또는 시차(示差)열분석장치(DTA)에 충전하고 2,4-다이나이트로톨루엔 및 산화알루미늄의 온도가 60초간 10℃의 비율로 상승하도록 가열하는 시험을 5회 이상 반복하여 발열개시온도 및 발열량의 각각의 평균치를 구할 것

② 표준물질인 과산화벤조일 및 기준물질인 산화알루미늄을 각각 2 mg씩으로 하여 ①에 의할 것

(2) 시험물품의 발열개시온도 및 발열량 시험은 시험물질 및 기준물질인 산화알루미늄을 각각 2 mg씩으로 하여 (1)의 ①에 의할 것

2) 폭발성 판정기준

폭발성으로 인하여 자기반응성물질에 해당하는 것은 다음에 의한다.

① 발열개시온도에서 25℃를 뺀 온도(이하 "보정온도"라 한다)의 상용대수를 횡축으로 하고 발열량의 상용대수를 종축으로 하는 좌표도를 만들 것

② ①의 좌표도상에 2,4-다이나이트로톨루엔의 발열량에 0.7을 곱하여 얻은 수치의 상용대수와 보정온도의 상용대수의 상호대응 좌표점 및 과산화벤조일의 발열량에 0.8을 곱하여 얻은 수치의 상용대수와 보정온도의 상용대수의 상호대응 좌표점을 연결하여 직선을 그을 것

③ 시험물품의 발열량의 상용대수와 보정온도(1℃ 미만일 때에는 1℃로 한다)의 상용대수의 상호대응 좌표점을 표시할 것

④ ③에 의한 좌표점이 ②에 의한 직선상 또는 이 보다 위에 있는 것을 위험성이 있는 것으로 할 것

2. 가열분해성 시험 및 판정

1) 가열분해성 시험방법

가열분해성으로 인한 위험성의 정도를 판단하기 위한 시험은 압력용기시험으로 하며 그 방법은 다음에 의한다.

(1) 압력용기시험의 시험장치는 다음에 의할 것

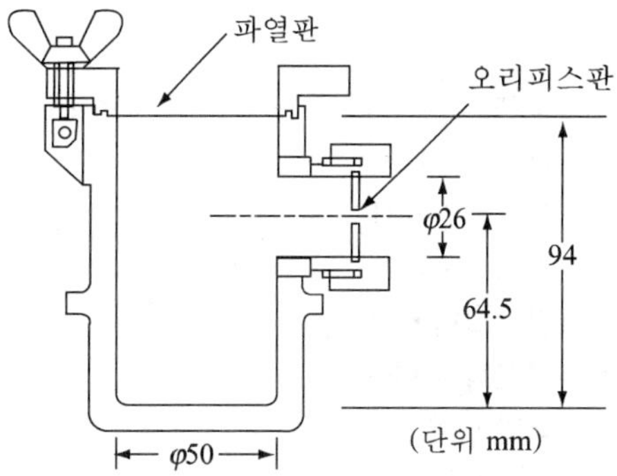

① 압력용기는 오른쪽 그림과 같이 할 것

② 압력용기는 그 측면 및 상부에 각각 불소고무제 등의 내열성의 개스킷을 넣어 구멍의 직경이 1 mm 또는 9 mm인 오리피스판 및 파열판을 부착하고 그 내부에 시료용기를 넣을 수 있는 내용량 200 cm^3의 스테인리스강재로 할 것

③ 시료용기는 내경 30 mm, 높이 50 mm, 두께 0.4 mm의 것으로 바닥이 평면이고 상부가 개방된 알루미늄제의 원통형의 것으로 할 것

④ 오리피스판은 구멍의 직경이 1 mm 또는 9 mm이고 두께가 2 mm인 스테인리스강재로 할 것

⑤ 파열판은 알루미늄 기타 금속제로서 파열압력이 0.6 MPa인 것으로 할 것

⑥ 가열기는 출력 700 W 이상의 전기로를 사용할 것

(2) 압력용기의 바닥에 실리콘유 5 g을 넣은 시료용기를 놓고 해당 압력용기를 가열기로 가열하여 해당 실리콘유의 온도가 100℃에서 200℃의 사이에서 60초간에 40℃의 비율로 상승하도록 가열기의 전압 및 전류를 설정할 것

(3) 가열기를 30분 이상에 걸쳐 가열을 계속할 것

(4) 파열판의 상부에 물을 바르고 압력용기를 가열기에 넣고 시료용기를 가열할 것

(5) (2) 내지 (4)에 의하여 10회 이상 반복하여 1/2 이상의 확률로 파열판이 파열되는지 여부를 관찰할 것

2) 가열분해성 판정기준 등

가열분해성으로 인하여 자기반응성물질에 해당하는 것은 1)에 의한 시험결과 파열판이 파열되는 것으로 하되, 그 등급은 다음과 같다(2 이상에 해당하는 경우에는 등급이 낮은 쪽으로 한다).

① 구멍의 직경이 1 mm인 오리피스판을 이용하여 파열판이 파열되지 않는 물질 : 등급 Ⅲ

② 구멍의 직경이 1 mm인 오리피스판을 이용하여 파열판이 파열되는 물질 : 등급 Ⅱ

③ 구멍의 직경이 9 mm인 오리피스판을 이용하여 파열판이 파열되는 물질 : 등급 Ⅰ

3. 제5류 위험물 판정기준 등

열분석시험의 결과 및 압력용기시험의 결과를 종합하여 자기반응성물질은 아래 표와 같이 구분한다.

압력용기시험 / 열분석시험	등급 Ⅰ	등급 Ⅱ	등급 Ⅲ
위험성 있음	제1종	제2종	제2종
위험성 없음	제1종	제2종	비위험물

찾아보기

저자 : **오 백 균**

- 전) 중앙소방학교 소방연구실장
- 전) 광주광역시 소방학교장
- 전) GIST 생산성본부 소방영재과정 강의전담 교수
- 전) GIST 위촉 멘토링 전문가
- 전) 전남도립대학교 소방안전관리학과 초빙교수
- 현) 한국소방안전원 외래교수

저자 : **한 형 순**

- 전) 한국생산기술연구원 연구원
- 전) GIST 에너지환경센터 연구원
- 현) 전남대학교 화학과 강사
- 현) 조선대학교 생명화학고분자공학과 강사
- 현) 조선이공대학교 생명환경화학공학과 강사

위험물 안전관리 정가 35,000원

발 행 2025년 3월 10일 6판 1쇄
저 자 오백균 · 한형순
발행인 정우용
발행처 도서출판 **동 화 기 술**
경기도 파주시 광인사길 201(문발동, 파주출판도시)
Tel (031)955-4211~6 donghwapub@nate.com
Fax (031)955-4217 www.donghwapub.co.kr
(등록) 1977년 12월 19일/9-16호

Printed in Korea
ISBN 978-89-425-9650-8